协会 行业 企业

发展再研究

姚 兵 编著

中国建筑工业出版社

图书在版编目（CIP）数据

协会　行业　企业　发展再研究/姚兵编著. —北京：中国建筑工业出版社，2015.2

ISBN 978-7-112-17631-1

Ⅰ.①协…　Ⅱ.①姚…　Ⅲ.①建筑结构-金属结构-行业协会-研究-中国②建筑企业-企业发展-研究-中国　Ⅳ.①TU39-262②F426.9

中国版本图书馆 CIP 数据核字（2014）第 301767 号

本书是中国建筑金属结构协会会长姚兵同志对协会的工作发展、建筑金属行业的科学改革和相关企业转型升级的深入思考的续篇。全书共分十篇，包括综合篇、协会工作篇、钢结构篇、门窗幕墙及配套件篇、光电建筑业篇、模板脚手架及扣件篇、给水排水篇、采暖散热器篇、民族建筑研究篇及附录。可供广大住房城乡建设系统干部、协会成员和相关行业从业人员学习参考。

责任编辑：郦锁林　周方圆

责任校对：张　颖　姜小莲

协会　行业　企业

发　展　再　研　究

姚　兵　编著

*

中国建筑工业出版社出版、发行（北京西郊百万庄）

各地新华书店、建筑书店经销

北京红光制版公司制版

北京君升印刷有限公司印刷

*

开本：787×1092 毫米　1/16　印张：33¼　字数：683 千字

2015 年 2 月第一版　2015 年 2 月第一次印刷

定价：**70.00** 元

ISBN 978-7-112-17631-1

（26856）

序言

《协会　行业　企业　发展研究》的序言完全适用于此书，故择用如下。

中国建筑金属结构协会是由国内外从事建筑门窗、幕墙、建筑钢结构、采暖散热器、建筑扣件、建筑模板脚手架、建筑门窗配套件、光电建筑构件、建筑给水排水设备，地暖、喷泉及配套产品、服务领域的相关企事业单位（大专院校、科研设计单位等）自愿结成的行业性非营利性社会组织。协会成立30年来，在住房和城乡建设部、民政部的领导下，切实履行为行业及会员企业提供服务、反映诉求、规范行为的宗旨，充分发挥桥梁和纽带作用，加强行业自律，认真服务企业，大力实施自主创新和可持续发展战略，积极推动行业技术进步，努力促进产业结构升级，加快转变行业发展方式，积极推动行业健康发展。

回顾本届理事会4年来的工作历程，协会在姚兵会长的领导下，全体人员以科学发展为主题，以转变发展方式为主线，以"服务企业发展、当好政府参谋、促进行业自律"为宗旨，坚持改革、坚持探索、坚持创新，各项业务不断发展，协会工作生机勃勃。

姚兵会长从事建筑管理工作近40年，正如他自己所说：20世纪70年代做承包商（在建筑安装公司工作13年，任书记、经理），80年代在地方（任省建委副主任、主任10年），90年代在"百万庄"（任建设部建筑业司司长、监理司司长、建设部总工程师10余年），世纪之交当甲方（任国家大剧院业主委员会副主席3年）。40年来，他坚持根据工作需要勤奋学习，结合实际钻研业务，从未间断。他在学习中理论联系实际深入思考，能够做到针对工作中出现的问题提出自己独到的见解，并以此指导工作。业余时间，他把自己工作中的体会和经验总结出来，编著了《论工程建设和建筑业管理》、《论建筑企业经营管理》、《现代建筑企业论》、《建筑管理》、《建设监理的理论和实践》、《建筑行业和企业的发展战略》、《建筑管理学研究》、《建筑经济学研究》、《建筑经营学研究》、《房地产学研究》等一系列有关建筑业发展和建筑企业管理的专门论述，用以启迪后人。

2009年，他来到中国建筑金属结构协会担任会长以后，又开始在新的领域学习、探索、总结。他潜心学习建筑金属结构领域各个行业的专业知识，虚心向企业家和地方协会的同志学习，了解行业的发展状况，深入进行调查研究，积极参加各种行业研讨座谈，与企业家和行业专家广泛进行交流，掌握大量行业发展的第一手材料，并把自己的研究和思考在行业的会议论坛上与大家分享。每次会议他都要查阅大量资料，认真准备会上的讲话，提出自己对行业研究的体会，对行业发展的认识。他的讲话思路清晰，论点明确，论述精辟，内容丰富。既能联系行业的实际，又有理论的高度；既能够引导大家思考，又能够给予大家新的启发。

姚兵会长到中国建筑金属结构协会任职的4年间，共发表讲话百余次，整理出来的有70多篇。这些讲话对很多行业的问题都提出了自己独到的见解，而且有着合乎逻辑的推断和系统的表达，对行业的发展有很强的针对性和指导作用。特别是姚兵会长在讲话中提出的加强学习的观点、合作共赢的观点、调查研究的观点、科技创新的观点、全球战略的观点和推动信息化建设的观点，以及一系列的工作要求，对我们行业适应低碳经济的发展，满足节能环保的社会需要，开拓国际市场有着十分重要的意义。很多会议代表在听过姚兵会长的讲话之后，都希望能够看到文字稿，以便进一步地学习和领会。为此，我们协会将姚兵会长的讲话录音做了认真的整理，并合订成册，供广大会员企业和相关人员学习。

当前，中国建筑金属结构行业正面临史无前例的发展机遇和挑战，中国建筑金属结构协会肩负历史性的重大责任和任务。我们应认真学习姚兵会长关于我们行业发展的相关论述，在节能减排、绿色建筑、民生工程、保障房建设中，树立全局观念和大局意识，抓住历史机遇，转变发展方式，提升产业水平，脚踏实地，开拓创新，高举科学发展的旗帜，努力奋进，实现行业的可持续发展，再创新的辉煌。

中国建筑金属结构协会秘书处

目　录

一、综合篇

推进建筑业职业教育现代化

新型建筑工业化需要职业教育现代化作支撑。为此，我们要大力推进建筑业职业教育现代化。

一、职业教育现代化的标志

1. 观念的现代化

职业教育在传统上被认为是单纯传授技术技能的教育。现代新的职业教育观念主张：职业能力不应是局限于具体岗位的专门知识与能力，而被视为多种能力与品质的综合体现。新职业能力观重视个人品质在职业活动中的作用，它把人际交往能力、合作共事能力、组织规划能力、解决问题能力、创新能力等作为职业能力的重要因素。正如联合国教科文组织早在20世纪90年代，在《学会关心：21世纪的教育》的报告中曾经指出："归根结底，21世纪最成功的劳动者将是最全面发展的人，是对新思想和新的机遇开放的人。"

2. 职业教育体系的现代化

现代化的职业教育是一个相互沟通衔接的完整教育体系。这种认识来源于终身教育思潮，终身教育是20世纪最重要的教育思潮，也是"现代教育"最基本的特征。现代化的职业教育体系包括了学校职业教育、行业企业职业培训、在工作中学习等正规教育与非正规教育、学历教育与非学历教育各种教育形式。使教育学习打破时空限制，全民学习、时时学习、处处学习、终身学习，贯穿人的一生。

3. 职业教育模式的现代化

现代化的职业教育特别强调教育与生产劳动的需要紧密结合。因此，"现代职业教育的模式，一定是打开学校大门，注重校企合作、工学结合的教育。只有这样才能更好地为社会经济发展服务，才能更好适应社会需要，使职业教育自身也得到发展。"美国20世纪90年代高等教育界就提出了"工程教育回归工程"口号。说明，各级专业职业教育紧密结合生产实际的需要是职业教育发展的趋势。

4. 职业教育教学方法的现代化

信息化已经成为现代社会的基本特征，网络普及带来的教育资源"爆炸"，信息技术在教育中的广泛应用，必将引起教育观念、教育过程、教育模式、教师角色等一系列变革。职业教育要不断变革和创新，才能适应形势的发展。

二、我国建筑职业教育现代化的发展

1. 成绩：较早建立起了行业的职业资格制度体系

从20世纪80年代末，我们建设行业在全国率先探索逐步实施职业资格制度，包括涉及工程技术人员的执业资格制度、涉及一线技术管理人员的岗位培训制度和涉及技术工人的职业技能培训与鉴定制度。职业资格制度既是劳动管理制度，是就业准入制度的基础，本质上也是职业教育制度。所以上述职业资格制度体系起到了行业职业教育体系的作用，为从业人员有组织、有计划、有目标的学习开展继续教育，起到了很好的引导作用。

2. 不足之一：职业教育许多观念还比较落后

这表现在很多方面。2011年住房城乡建设部组织编制并印发了《建筑业发展十二五规划》，这是住房城乡建设事业"十二五"专项规划之一，是未来五年乃至更长时期指导建筑业发展的纲领性文件。就人才发展来说，建设事业十二五规划没有像以前一样，编制专门的人才规划，而是将建筑业的人才要求概括地反映在《建筑业发展的十二五规划》中。这个规划中明确指出当前建筑业人才短缺的问题之一是高素质复合型人才不足。这说明我们的人才观念有待扩展和丰富，有技术和技能是人才，具有复合能力更是人才。复合型人才也可以说是多功能人才，其特点是多才多艺，能够在很多领域大显身手。复合型人才包括知识复合、能力复合、思维复合等多方面。具体到我们建设领域，复合型人才就是不仅单纯只懂技术的人才、只会技能的人才，而是需要即懂技术，又懂法律、懂经济、会管理的人才。

3. 不足之二：专业职业教育与生产实际的联系还不紧密

我们的教育教学内容还不能及时与建筑工业化、信息化、标准化的新发展联系起来。教育教学内容陈旧，不能适应行业的产业发展趋势和技术创新要求。

4. 不足之三：适应建筑业发展需要的工人教育培训体制没有建立起来

建筑业与其他行业不同，存在管理层与劳务层"两层分离"的组织结构。这导致对建筑工人教育培训责任主体的认识存在分歧。现在以管理层为主的总包企业不认为自己有承担建筑工人教育培训的责任义务，理由是建筑工人都不是总包企业的职工。但实际上不论是理论分析还是从建筑发达国家的经验来看，建筑业农民工教育培训的责任，需要包括管理层企业和劳务层企业在内的建筑业企业共同负担。

建筑业与其他行业不同点还在于流动性大，特别是建筑工人的流动性大，这导致建筑业的教育培训工作组织如果由建筑企业一家一户地进行，每个建筑企业都会有担心，自己为建筑工人的培训投入被其他企业"搭便车（美国建筑业在讨论这个问题时用的一个词——FREE RIDE)”，因此制约了建筑企业对工人培训投入的意愿，从行业企业发展战略的角度来看这个问题，肯定对建筑业、对建筑企业的长期发展不利。

因此，建筑业的工人培训需要建立起一个跨企业的机制和模式。香港建筑业训练局就是这种模式，它通过培训基金制度把各建筑企业的培训经费集中起来，由全行业统筹安排组织培训。我国建筑业的工人培训还没有建立起上述有效的体制，所以，建筑业工人培训是目前行业人才培训最薄弱的环节，导致建筑业技能人才短缺，这个问题越来越突出。

三、加强建筑业相关政府管理人员的培训提高

政府管理人员是国家机关职能运行的承载者，他们的素质水平决定着行政质量和行政效率，影响着行业经济的发展。建筑业也是如此。加强建筑业相关政府管理人员的培训很有意义。

政府管理人员的培训重点，要围绕提高政治鉴别能力、依法行政能力、公共服务能力、调查研究能力、学习创新能力的需要组织进行。

1. 提高政治鉴别能力

对政府管理人员来说，政治鉴别能力的培养显得尤为重要，他们处于管理者的地位，一言一行、一举一动都对事业发展有重大影响。因此应将提高政治鉴别能力的培训放在首要位置，贯穿于始终。要大力推进思想政治理论教育，要教育和帮助政府管理人员树立科学的发展观和正确的政绩观，自觉贯彻执行党的路线、方针和政策，增强全心全意为人民服务的观念和廉洁自律的意识。

2. 提高依法行政能力和公共服务能力

依法行政是政府工作人员必须遵守的准则，提高他们的法律意识、法制观念，认识到公共权力的行使不偏离法制轨道、不打擦边球，必须严格依法办事，维护公平正义。政府管理人员还需依“规”行政，这就是要有尊重事物发展规律的意识。这需要学习市场经济知识，牢固树立市场经济观念，严格遵循市场经济规律办事，学习有关生态建设、环境保护、能源节约、循环经济的知识，树立尊重自然和谐发展的意识。并在此基础上开展以公共行政、公共政策、公共经济为核心的公共管理知识培训，使他们丰富公共管理知识，了解公共管理的基本技能和实务，提高公共服务的能力。

3. 提高调查研究能力和学习创新能力

政府公务人员的职位要求和职业发展特点，要求其必须牢固树立终身学习的理念。同时要重视调查研究能力的培训，通过认真学习和不断实践，逐步掌握开展调研的相关知识，提高调研技能，建立科学、完善的调研能力体系，切实提高公务员在工作实践中调研能力和水平。

四、加强工程技术人员的继续教育

专业技术人才是建筑业发展的骨干力量，建筑业应创新高层次专业技术人才的培养机制，全面推行执业资格证书制度。建立以品德、知识、能力和业绩为主要内容的人才评价体系，探索适应建筑业行业特点的人才评价的新途径、新办法。特别要加强工程技术人员继续教育，这是提高专业技术人员创新能力和整体素质的重要途径。接受继续教育，是专业技术人员的权利和义务。加强继续教育工作，对于建设高素质、创新型的专业技术人才队伍，增强自主创新能力，建设创新型国家，具有重要作用。

（1）要合理选定继续教育内容，加强教育培训的针对性，主要继续教育开展要因地制宜、按需施教，重在学以致用、取得实效。根据不同项目、不同层次专业技术人才的特点，精心设计培训方案，综合运用集中培训、研讨、进修、自修、案例教学、技术考察、咨询服务、对口培训、特殊培养等多种培训形式，为专业技术人员提供量身合体的继续教育服务。对重要、特殊和关键岗位上的人才可以采取个性化方式进行培养。大力推广网络继续教育，开发网络课程，实行网络化管理，不断提高继续教育的信息化、现代化水平。

（2）要重视新型复合型专业技术人才的培养。要认识到培养复合型人才是时代发展的需要。21 世纪，经济、科技发展与各级专业教育之间突出的矛盾就是“高科技与低素质”的矛盾，不解决这一问题，专业教育就很难适应社会的客观需要，难以充分发挥其对于国民经济发展的促进作用。时代呼唤高素质人才的出现，而我国人才如何接受国际竞争环境的挑战，已经成为人才培养的重要的任务。加上当今社会新技术、新工种、新行业不断涌现，岗位职业越来越不稳定，学科相互交叉与渗透，不断向综合化、整体化方向发展，因此，社会迫切要求培养高素质的复合型人才。

（3）要重视并加强对企业总工程师等技术负责人的培养、培训工作，充分发挥其在生产施工中技术带头人的重要作用。加强执业资格动态管理，规范执业行为。建筑业从业人员培养自己的复合型能力，需要既关注自身工作，也要关注行业发展，同时在工作实践中积极累积本职业相关知识技能，同时主动培训和学习增强自己的国际化视野和意识。用宽阔的视野来促进能力的发展。重视工程实践的锻炼，使专业技术人才在工程实践中积累经验，攻克技术难题，创造业绩，提高自身素质和水平。

五、加强新型建筑产业工人的培养

生产操作工人队伍是建筑业发展的坚实基础，随着社会环境的改变和农民工群体结构的变化，“民工荒”已在“十一五”期间显现，劳动力资源较以前更为稀缺。当前建筑业生产操作工人的技能水平和个人素质参差不齐，是三支人才队伍中最薄弱和不稳定的一环。基础不稳，则难以发展。因此，稳定产业骨干工人队伍。建立健全建筑业农民工培训工作长效机制，加强建筑农民工培训工作，构建适应建筑业行业特点和要求的农民工培训体系是一项很艰巨的任务。要采取多渠道、多种形式开展农民工培训，提高建筑施工生产操作工人的整体素质。

（1）积极寻求政府主管部门的支持下，争取财政资金补贴，在劳务输出地或施工所在地采取有效措施开展劳务企业各类操作人员教育培训和技能考核鉴定工作。推动劳务企业持续提高务工人员素质，建设产业化工人队伍。

（2）充分发挥企业主体作用，组织开展建筑业生产操作人员的岗位培训。在施工现场，由总承包企业牵头、劳务企业配合，走“企业自主培训”路子，紧密结合施工需要，充分发挥农民工夜校作用，组织农民工开展新工法、新工艺、安全质量、标准规范、职业道德、依法维权、城市知识等教育培训。

（3）重点依托建设类中等职业学校、技工学校、建筑劳务基地，开展职业技能培训和综合素质的培训提高。

（4）行业企业要积极推进建筑行业职业技能证书、培训证书的持证上岗制度。积极组织开展生产操作工人的技能竞赛。通过制度引导和社会技能竞赛，推动中高级技能操作人才的培养。

六、促进建筑业企业家健康成长

建筑企业是建筑业经济发展的主体，建筑企业家是引领建筑企业也是引领建筑业发展的重要力量。因此，企业家的能力素质一定程度上影响了建筑业的发展水平。全面提升建筑企业家队伍整体素质有非常重要的意义。

建筑业在我国国民经济的各行各业中是市场化程度比较高的行业，因此我们的民营企业家也比较多，这些民营企业家多是从基层带领建筑工队施工起家，所以知识能力都存在局限。他们的企业能够发展得益于的是行业的大规模发展，过去一二十年，像每一个经历城市化和工业化的发展的国家一样，我国的建筑业随着城市化和工业化进程的持续推进，也在迅速发展。进入21世纪以来，我国建筑业总产值翻了好几番，建筑业产值的复合增长率在20%，国家固定资产投资里每1万亿中约有4000亿变成了建筑行业的产值。未来持续这种建筑业的辉煌，肯定不能再完全依靠规模扩张、依靠投资，要依靠建筑业的内涵发展、依靠技术创新，要依靠项目管理能，要依靠合理的经营。这需要企业家要有先进的管理理念、敏锐的创新意识、遵纪守法环境友好的理念，特别需要有战略眼光和战略思维。目前我们建筑企业家还有很大的差距。

(1) 我们的许多建筑企业家缺乏战略眼光。普遍存在着重企业事务、轻战略发展，重眼前利益、轻长远规划的现象，具体事务缠身，挤不出时间学习，或不重视学习，更有少数经营者思想道德偏差，社会责任意识淡薄。个别甚至道德缺失不诚实守信，不但给社会造成恶劣的负面影响，对企业的发展也是十分有害。这方面需要多学习树立正确的意识和观念。

(2) 一些建筑企业家缺乏创新意识。缺乏依靠科技进步和培育自主产权带动企业做大做强的意识，企业缺乏技术创新的原动力，缺乏学习新技术的积极性和意识，参与市场竞争不能立足于依靠技术创新和管理创新提高劳动生产率，就只能是压低投标价格及偷工减料，导致建筑生产存在隐患。所以，加强新技术、新方法的学习很有必要。

(3) 一些建筑企业家缺乏现代企业运作应具备的管理和专业知识，部分的中小企业仍以家族式经营为主，仍然实行传统的管理模式，小富即安，做事讲求稳妥，多数凭经验，不重视加强管理。所以需要加强经营管理知识的学习。

(4) 许多建筑企业家缺乏“人才是第一生产力”的观念。其本人的心态和处事方式仍停留在以往的“业务员”和“个体户”阶段，企业团队精神相对缺乏。近年来，企业家对人才已越来越重视，但仍存在重引进、轻培养，重产出、轻激励的现象，一些企业在人才使用上急功近利，忽视人才储备和后续开发，有的企业引进人才时仅考虑专业技术人才，而轻视经营管理人才队伍建设。这方面加强学习很有必要。

城镇化建设与绿色建筑行动

一、绿色建筑的发展背景

城镇化将是我国未来最大的内需所在。首先，城镇化会极大刺激投资需求。城镇化的发展有利于加快城镇的交通、供水、供电、通信、文化娱乐等公用基础设施建设，给建筑和房地产市场带来巨大需求，并带动多产业的发展。同时，城镇化又能够加速农村剩余劳动力转移，通过农业规模化经营提高农民收入水平，使农村潜在的消费需求变为现实有效需求。城镇化可以引发消费需求。推进城镇化发展，有利于大批农民进入城市，变农民消费为市民消费；再次，城镇化助推服务业发展。城镇化的发展不仅能够推动教育、医疗、社保、就业等公共服务发展，同时能够推动以商贸、餐饮、旅游等为主要内容的消费型服务业和以金融、保险、物流等为主要内容的生产型服务业的发展。据测算，城市化率每提高 1 个百分点，新增投资需求 6.6 万亿元，能够替代 10 万亿元出口。因而，城镇化将成为扩大内需的巨大引擎和转变经济发展方式的突破口、着力点。

习近平同志在 2012 年年底召开的中央经济工作会议上释放了一个极其重要的信号：城镇化是现代化建设的历史任务，也是扩大内需的最大潜力所在。必须实现调整经济结构和转变发展方式，调整经济结构最重要的是扩大内需，而扩大内需的最大动力在于城镇化。

1. 城镇化建设的内在要求——绿色建筑行动

新型城镇化为我国建筑节能提出了新的要求。新型城镇化应该是绿色的、低碳的、可持续性的城镇化，城镇化的发展趋势预示着经济结构的调整和建筑节能产业的发展机遇，为绿色建筑业提供新一轮发展动力。

新型城镇化建设要走“集约、智能、绿色、低碳”的道路，才能符合我国建设资源节约、环境友好型社会的要求，这就意味着需要进一步降低建筑全生命周期能耗。目前，建筑能耗已占我国社会总能耗的 46.7%，随着总建筑面积的不断增长，建设总能耗也在不断地增长。按照“十二五”规划，到“十二五”末期，我国的城镇化率将达到 51.5%。以“十一五”每年新增建筑面积推算，届时我国城镇累计新增建筑面积将达到 40 亿～50 亿平方米。

城市建设要遵循可持续发展的原则，营建绿色建筑，推进城市的绿色行动，实现城市的可持续发展。

我国既有建筑总面积已经达到400亿平方米，建筑的规划、设计、建造都应符合绿色建筑的标准，绿色建筑行动会使城市更加美好。

2. 城镇化的功能——达到生态化和实现绿色建筑标准

城镇化的功能发挥离不开生态化，生态化主要体现在以下三个方面：

一是节能，我国建筑能耗占总能耗的46.7%，所占比重比欧洲等先进国家高近10%，欧美等发达国家都已提出把建筑节能作为节约能源的重要手段。

目前我国正在开展既有居住建筑节能改造，预计到2015年，累计完成居住建筑供热计量和节能改造4亿平方米以上，夏热冬冷地区节能改造5000万平方米，公共建筑节能改造6000万平方米，公共机构办公建筑节能改造6000万平方米。

据测算，北方采暖地区节能改造平均成本约为220元/平方米。如果对既有建筑进行全面的节能改造，预计可带动形成近1200亿元的建筑节能产业链。住房和城乡建设部副部长仇保兴曾表示，当前中国有400亿平方米既有建筑，至少有三分之一需要进行节能改造。预计今后10年产值可以达到1.5万亿元人民币。绿色建筑行业发展前景广阔。

二是环境友好型。建设资源节约型、环境友好型社会，推进生态文明建设，是破解日趋强化的资源环境约束的有效途径。随着工业化、城镇化的快速推进，经济总量不断扩大，人口继续增加，资源相对不足、环境承载力弱已经成为我国在新的发展阶段的基本国情。只有节约资源和保护环境，才能有效破解经济增长资源环境瓶颈的制约。

三是建筑的舒适性。居住的舒适性，包括居住、出行、采购、娱乐的舒适和便利性，提高舒适性的有效途径是建设绿色建筑。

3. 城镇化的建设——通过新型建筑工业化实现绿色建筑行动的重要途径

什么叫新型建筑工业化？所谓新型建筑工业化，新就新在科技含量越来越高，经济效益越来越佳，质量安全越来越优，资源消耗越来越低，环境污染越来越少。我们必须认真研究，避免走上重建轻管的老路，或者是重规模数量、轻质量安全的错路，还要避免走“先污染后治理、先发展后治理”的弯路，让我们共同努力，走出一条新型建筑工业化的康庄大道。

建设要考虑建筑的设计、结构、施工等多方面因素。20世纪50年代的茅草房，60年代的砖瓦房，70年代房屋中加走廊，80年代的钢筋混凝土建筑，当达到一定经济水平后，我们更提倡发展钢结构建筑。

钢结构是新型工业化的重要体现，钢结构住宅产业化是未来的发展方向，住宅产业化的概念最早于20世纪60年代末出自日本通产省，其含义是采用工业化生产方式生产住宅，以提高住宅生产的劳动生产率。联合国经济委员会对“产业化”的定义是：生产的连续性，生产物的标准化，生产过程各阶段的集成化，工程高度组织化，机械化，生产与组织一体化的研究与实验的概念。

由中国建筑金属结构协会承担，与住房和城乡建设部住宅产业化促进中心，联合相关企业一起开展研究，将钢结构住宅产业化推进研究作为2012年部级软科学研究项目，组织专家、企业共同研发，重点解决钢结构住宅产品的生产和推广问题，技术成果最终要转化为工业产品，形成工业化生产、现场装配施工，展示钢结构住宅产品的综合优势，才能真正造福社会，惠及百姓。

随着区域规划的出台和实施，各区域产业发展、生态环境建设、基础设施建设等领域将取得大的发展和提升。随着建设资金的大量投入，大批建设项目将为钢结构提供机遇和舞台，钢结构的明天会更加美好。

过去我们把建筑业看成一个技术含量低的行业，相比较而言，建筑不是高新技术，但是我们需要用高新技术来改造我们的产业，建筑需要随着科技的进步而进步。我们强调新型建筑工业化，如搭积木一样的造房子，像造汽车一样的建房子。什么是建筑，汽车是马路上跑的建筑，军舰是在海上航行的建筑，飞船是建在太空的建筑，飞机是飞行的建筑，这些都是建筑。如果把这些技术和材料用到我们的建筑上，我们的建筑会是什么样的？新型建筑工业化就是强调绿色建筑，绿色建筑是新型建筑工业化的重中之重。绿色建筑包含着工艺、材料、设计、施工等多方面，所以城镇化建设要把绿色建筑作为内在需求，才能保证我们实现新型城镇化。

4. 城镇化的关联——新四化联动与同步

我们过去强调四化是工业现代化、农业现代化、国防现代化、科学技术现代化，而我们现在强调的新四化是新型工业化、信息化、城镇化、农业现代化，我们党和国家当前抓的中心就是新四化的建设。新四化之间是相互关联的，强调的是新四化的深度融合、同步发展。

绿色建筑与新四化存在着密切的关系。四化联动离不开绿色行动，新型建筑工业化是新型工业化的一个重要方面。党和国家要求政府各部门加强城镇化建设，而城镇化建设中的绿色建筑行动需要我们的聪明才智，需要我们去贡献力量。在座的也许是未来的建筑师、工程师，也许是未来的建筑企业家，也许是未来的建筑业管理者，我们的任务任重而道远，时势造英雄，今天我们在这里学习，明天等待我们的将是更大更广阔的战场。

二、绿色建筑的主要内容

首先，我们谈一谈什么叫绿色建筑。在欧洲，如法国、德国首先提出了“被动式建筑”概念。那什么是被动式建筑？被动式建筑就是利用自然通风、自然现象、自然环境，降低建筑能耗，例如我们中国的窑洞，冬暖夏凉。绿色建筑同时要靠绿色技术指导、绿色施工工艺和选用绿色建材等诸多方面。

绿色建筑是在建筑的全寿命周期中，最大限度地节约资源（节能、节水、节地、节材）、保护环境、减少污染，为人们提供健康、舒适和高效的使用空间，与自然和谐共生。又可称之为可持续发展建筑、生态建筑、回归大自然建筑、节能环保建筑等。

绿色建筑的基本内涵包含了三个方面——减轻环境的负荷，节约能源及资源；提供安全、健康、舒适性良好的生活空间；与自然环境亲和，让人、建筑、环境达到和谐共处、永续发展。

我国关于这方面也出台了一些政策法规，来促进绿色建筑的有序发展。1992 年巴西里约热内卢联合国环境与发展大会以来，中国政府连续颁布了若干相关纲要、导则和法规，大力推动绿色建筑的发展。2004 年 9 月建设部“全国绿色建筑创新奖”的启动标志着我国的绿色建筑发展进入了全面发展阶段；2006 年，建设部正式颁布了《绿色建筑评价标准》；2007 年 8 月，建设部又出台了《绿色建筑评价技术细则（试行）》和《绿色建筑评价标识管理办法》，逐步完善适合中国国情的绿色建筑评价体系；2008 年 3 月，成立中国城市科学研究会节能与绿色建筑专业委员会，对外以中国绿色建筑委员会的名义开展工作；2009 年、2010 年分别启动了《绿色工业建筑评价标准》、《绿色办公建筑评价标准》编制工作。

1. 绿色设计

对于建筑设计来说，我们过去的方针讲的是安全、可靠、美观、经济。现在，我们强调的是绿色设计，所谓绿色设计是 20 世纪 80 年代末出现的一股国际设计潮流，绿色设计反映了人们对于现代科技文化所引起的环境及生态破坏的反思，同时也体现了设计师的道德和社会责任心，也可称为生态设计、环境设计等。进行绿色设计要适应当地人的居住环境，还有确保人的健康，建筑能耗的降低，合理地利用当地的资源，降低环境的负荷，延长建筑寿命。

在这举个例子，上海有一个老建筑，有一家英国设计院提出这是他们设计的，已经过了一百年，但是本院不再承担责任了，希望你们加强维护。一个设计院，一百年以后还对他们的设计负责，还提醒我们加强管理，这是一种责任心。

建筑也是有寿命的，建筑从设计、建设到拆除，才是建筑完整的生命周期。在整个建筑的全周期之内的各使用阶段，都是设计要考虑的。

国际上还有很多新型的建筑。美国的一个设计，建筑的窗户如同向日葵，跟随太阳的方向不断变化；还有一个设计建筑外围护结构如同人体一样是可以呼吸的；又有某一个建筑，资源是可以循环的，如澳大利亚墨尔本市政府的建筑，它的所有部位通过新风循环系统，人呼吸的是室外的新鲜空气，人在里面生活的质量很高。

近年来地暖技术取得了较大的发展，北方地区，包括山东开始大面积采用，在地板下的热循环，可以用水循环，也可用电采暖，地暖提供的温度是从地板到房顶温度逐步降低的，它符合人的生理要求，大大提高了室内的舒适度。

但也要看到地暖业存在的种种问题。《中国建设报》有篇文章叫《地暖施工：重重漏洞谁来堵》，文中提出："令人谈之色变的漏水事故几乎每年都会发生。与此同时，由于房间温度太高，不少人冬天必须打开窗子散热"，"跑冒滴漏、冷热不均、温度过高等地暖工程质量后患无穷"，这些问题要引起我们高度重视，企业不仅仅要创造利润，更要尽到社会责任。地暖是人性化的，只有更多的高度人性化的企业家和对人高度负责的专业施工人员从事地暖行业才能健康发展。

建筑设计还包括节能规划设计、建筑的选址、建筑的布局、建筑的形态设计、建筑的间距设计、建筑的避风设计、建筑朝向设计、建筑围护结构设计、光电建筑设计，这些都是建筑设计新的分支。

节能规划设计就是分析构成气候的决定因素——辐射因素、大气环流和地理因素的有利和不利影响，通过建筑的规划布局对上述因素进行充分利用、改造，形成良好的居住条件和有利于节能的微气候环境。

建筑选址，是住宅建筑的首要问题。古代风水理论关于建筑选址的基本原则之一，叫作"相形取胜"，即选用山川地貌、地形地势等自然景观方面的优胜之地。风水中关于聚落选址的最佳格局，即："背山、面水、向阳"。向阳，则背阴；面南，则背北。背山，可以阻挡冬天北来之寒流；面水，可以迎接夏天南来之凉风；向阳，可以取得良好的日照。其中，水源具有特殊的重要意义。中国古代在建立城市（又称立国或营国）的时候，把周围的山川、地形看得比规矩准绳还要重要。《管子·乘马篇》说："凡立国者，非于大山之下，必于广川之上，高毋近旱而水用足，下毋近水而沟防省，因天时，故城郭不必中规矩，道路不必中准绳。"按照这一原则所选择的建筑基址，有利于形成优越的小气候和良性的生态循环。在这样一个自然环境中安家落户，必然有利于人的生存与健康，同时节能环保。

利用建筑的布局，形成优化微气候的良好界面，建立气候防护单元，对节能有利，建立一个小型组团的自然—人工生态平衡系统。

建筑布局方式：形体组合关系分集中式、分散式、组群式；组合手法分为规整式、自由式、混合式。具体要求：①与场地取得适宜关系；②充分结合总体分区及交通组织；③有整体观念，统一中求变化，主次分明；④体现建筑群性格；⑤注意对比、和谐手法的运用。

建筑形态设计，①从形态的横向构成来看，形态是"形"与"态"的组合。"形"指形状，它是由事物的边界线即轮廓所围合成的呈现形式，包括外轮廓和内轮廓。

"态"是事物的内在发展方式，它与物体在空间中占有的地位有着密切的关系。②从形态的纵向层次来看，形态是由材料层、形式层和意蕴层三个层次构成的。材料层是设计品的物质基础。形式层是针对意蕴层而言的，专指形态的外部呈现形式，也就是我们的视觉和触觉接触到的物象。它包括外形式和内形式。意蕴层深藏于形态内部，是整个形态的核心层。它是在长期的社会文化发展进程中积淀的，具有稳定性的意义。

影响建筑朝向的主要因素是日照和通风。由于我国处于北半球，因此大部分地区最佳的建筑朝向为南向，适宜朝向为东南向。

建筑结构设计就是建筑结构设计人员对所要施工建筑的表达。建筑结构设计主要分为三个阶段：结构方案阶段、结构计算阶段与施工图设计阶段。其中结构方案阶段的内容是：根据建筑的重要性，工程地质勘查报告，建筑所在地的抗震设防裂度，建筑的高度和楼层的层数以及建筑场地的类别来确定建筑的结构形式。在确定了结构形式之后，就需要根据不同结构形式的要求和特点来布置结构的受力构件和承重体系。

我国城乡建筑围护结构保温隔热和气密性能较差，采暖空调系统的能源效率低下，与发达国家不断提高的建筑节能要求相比，差距较大。我国已经编制的居住建筑与公共建筑节能设计标准都是在原有能耗基础上，通过改善建筑围护结构保温隔热性能，以及提高设备和系统能源利用效率，达到一定的节能标准。

太阳能光电建筑使建筑物本身成为一个大的能量来源，而不必用外加方式加装太阳能板，因为在设计阶段就有考量，所以发电率和成本比值最佳，天窗和外墙是通常最大的接光面。可以部分或全部供应建筑用电，现有建筑也可能用改装方式成为太阳能光电建筑。

2. 绿色建材

绿色建筑首先要强调绿色设计，其次是绿色建材，所谓的绿色建材又称生态建材、环保建材和健康建材，主要是指健康型、环保型、安全型的建筑材料，在国际上也称为"健康建材"或"环保建材"。绿色建材不是指单独的建材产品，而且对建材"健康、环保、安全"品性进行评价。注重建材对人体健康和环保所造成的影响及安全防火性能，具有消磁、消声、调光、调温、隔热、防火、抗静电的性能，并具有调节人体机能的特种新型功能建筑材料。

现在我们的新型建材有很多，包括外墙保温材料、内墙隔热材料、亲热高强材料，还有各种各样的建材制品和建材产品。建材的成品包括很多，在建筑环保的系统机能设计中，建材的产品有各种不同的材质。所以很多各种各样的化学建材，采光性能很好的玻璃，建造室内照明系统，还有多层玻璃、中空玻璃等这些建材，像各种高效灯、节能灯都是绿色建材的范畴。

目前，建筑业对居住环境建造中节能环保材料的运用主要体现在窗户和照明节能上。例如在玻璃窗的设计上，双层玻璃越来越普遍，它既可防尘，又可防噪声，还可防暑避寒。在一些室内设备上更多地采用光电池作为能源；自动转向的遮阳伞、光电池自动遮帘等，它们既能保证室内采集到足够的光线，又能保持室内的热舒适度，从而使传统建筑向建设智能化迈出了一大步。新型节能装置还包括：照明中广泛采用荧光灯、卤素灯等，均以获得室内节能与照明的最佳效果。

此外，在屋顶安装可调节的采光系统，可将阳光通过反射的“管道”送往室内。如果在设计墙体、屋顶时，通盘考虑门窗、遮阳、热量采集、自然通风和太阳能发电、热水等的功能和需求，也可为楼房提供或节省能源。其实就环保建筑材料的实用性而言，关键还要有一个好的设计，才能充分发挥材料的环保优势。所谓好的设计，不仅仅是外观，建筑设计中最重要的东西，大到总体规划层面，小到构造设计层面，很多都是隐形的。比如说一栋经过节能设计的房子，可能会有一个设计得很好的采暖和通风系统，也采用了保温性能很好的外墙和屋顶材料，门窗的隔热材料也采用了很好的品牌，其中每一个构造都务求做到精益求精，以保证其耐久性和质量。但这些东西大都是看不见的。在节能设计中，即使是一颗钉子的构造，都会对房子的整体保温性能产生很大影响，更不要说藏在外墙饰面下的保温砂浆层了。由此可见环保建筑材料的应用必将成为以后居民房屋住宅设计的一个方面，而从我国现阶段的经济发展速度而言，环保建筑材料也必将更会得到国人的青睐。

3. 绿色施工

绿色施工不是过去破坏环境的施工，不是给老百姓带来不安的施工。我们强调绿色施工是指工程建设中，在保证质量、安全等基本要求的前提下，通过科学管理和技术进步，最大限度地节约资源与减少对环境负面影响的施工活动，实现四节一环保。其原则减少场地干扰、尊重基地环境、施工结合气候，绿色施工要求节水节电环保、减少环境污染、高环境品质、实施科学管理、保证施工质量等。它不是独立于传统施工技术的全新技术，而是用“可持续”的眼光对传统施工技术的重新审视，是符合可持续发展战略的施工技术。可持续发展思想在工程施工中应用的重点在于将“绿色方式”作为一个整体运用到工程施工中去，从而使我们实现绿色施工。

绿色施工怎么做到科学施工？是一个值得研究的问题。

绿色施工并不仅仅是指在工程施工中实施封闭施工，没有尘土飞扬，没有噪声扰民，在工地四周栽花、种草，实施定时洒水、全部密目式安全围挡封闭和硬地坪施工等文明工地的内容，它还应如绿色设计一样，涉及可持续发展的各个方面，如生态与环境保护、资源与能源的利用等。

绿色施工作为建筑全寿命周期中的一个重要阶段，是实现建筑领域资源节约和节能减排的关键环节。要严格执行绿色施工技术标准。

4. 绿色技术

近年来，中国的住宅市场发展比较快，现阶段关键是如何将绿色技术应用到房地产中去。绿色技术的内容也相当多，包括绿色技术的新的产品、绿色建筑的新型材料、供暖技术、制冷技术，还有建筑物的新能源开发技术。

节能建筑有关的技术与产品包括在建筑物的管道、风道上应用的各种保温、隔热材料；外墙保温、隔热复合技术及产品；屋顶保温、隔热技术及相关材料、制品；各种不同材质门窗的保温、隔热技术及产品、多层玻璃、中空玻璃、充气镀膜玻璃、密封技术与材料、遮阳与换气技术与设备；节能建筑的优化设计以及节能设备的优选与集成。

建筑物的新能源开发利用技术有太阳能在建筑中的应用；地热能用于采暖、制冷和生活热水；水源、空气源热泵的应用；风能的开发与利用；其他可再生能源的开发和在建筑中的综合利用等。

我国目前正处于经济快速发展阶段，作为大量消耗能源和资源的建筑业，必须发展绿色建筑，改变当前高投入、高消耗、高污染、低效率的模式，承担起可持续发展的社会责任和义务，实现建筑业的可持续发展。面对全球经济一体化的发展趋势，发展绿色建筑是我国的必由之路。

山东省很多房子上面都有太阳能热水器，光电技术还远远不够。在德国，德国农民强烈要求自己的房顶建成光电技术，他们的政策很好，出现一种新的工种叫作光电技术施工人员，我们国家也制定过政策，建设过，努力过，有了很大的进步。

欧洲目前正在掀起一场“建筑革命”，人们期待新一代的房屋不仅能确保能源自给自足，还能将剩余的能源输入电网。可见这是人们对当今建筑行业提出的一个新要求，也是世界环保意识增强的一个表现。相应环保建筑材料的使用，将会为整个建筑行业注入一股新鲜血液，不仅解决了人们异常关注的环境污染问题，也充分实现了资源的合理、重复利用，使整个建筑在设计和构造上更加趋于完美化、合理化，能够跟上时代的步伐。

中国是目前世界上最大的太阳能电池生产国。2009 年，中国太阳能电池产量达 4382MW，有 4 家中国企业跻身全球前十大光伏企业之列。从 2005 年到 2008 年，中国太阳能电池产量的年增长率都超过 100%；2008 年到 2010 年增长率也在 70%以上。目前，中国企业已基本掌握了太阳能电池及多晶硅材料的关键工艺技术。但由于光伏发电成本高、并网制约等多种因素，导致国内光伏发电市场规模较小。2009 年，我国太阳能电池出口额超过了 71 亿美元，而国内市场需求量不足全国产量的 10%。对国外市场严重依赖不是长久之计，它使得我国光伏产业面临着国际贸易保护主义的严峻挑战。我国有那么大屋顶面积，假如都用上太阳能，那我们的电是用不完的。

绿色建筑包括四个方面：绿色设计，绿色建材、绿色施工、绿色技术，这对于推动城镇化绿色建筑行动是非常重要的。

三、关于绿色建筑的技术经济政策

1. 中国节能技术政策大纲（2006）

大纲提出：新建建筑应严格执行节能设计标准，积极开展既有建筑的节能改造，使建筑能耗大幅度降低。

大纲提出的节能工作方针和原则：节能是一项长期的战略任务，也是当前的紧迫任务。节能工作要全面贯彻科学发展观，落实节约资源基本国策，以提高能源利用效率为核心，以转变经济增长方式、调整经济结构、加快技术进步为根本，强化全社会的节能意识，建立严格的管理制度，实行有效的激励政策，逐步形成具有中国特色的节能长效机制和管理体制。

坚持开发与节约并举、节约优先的方针，通过调整产业结构、产品结构和能源消费结构，用高新技术和先进适用技术改造提升传统产业，促进产业结构优化升级，淘汰落后技术和设备，提高产业的整体技术装备水平和能源利用效率。

坚持节能与发展相互促进，把节能作为转变经济增长方式的主攻方向，从根本上改变高耗能、高污染的粗放型经济增长方式；坚持发挥市场机制作用与政府宏观调控相结合，努力营造有利于节能的体制环境、政策环境和市场环境；坚持源头控制与存量挖潜、依法管理与政策激励、突出重点与全面推进相结合。

2.“十二五”建筑节能专项规划

2012年5月9日，住房和城乡建设部以建科［2012］72号文印发了《“十二五”建筑节能专项规划》。该《规划》分发展现状和面临形势，主要目标、指导思想、发展路径，重点任务，保障措施，组织实施5部分。总体目标是：到“十二五”末，建筑节能形成1.16亿吨标准煤节能能力。

规划总结了“十一五”期间建筑节能发展成就，按照《国务院关于印发节能减排综合性工作方案的通知》（国发［2007］15号）的总体要求，截至2010年底，新建建筑施工阶段执行节能强制性标准的比例达到95.4%；组织实施低能耗、绿色建筑示范项目217个，启动了绿色生态城区建设实践；完成了北方采暖地区既有居住建筑供热计量及节能改造1.82亿平方米；推动政府办公建筑和大型公共建筑节能监管体系建设与改造；开展了386个可再生能源建筑应用示范推广项目，210个太阳能光电建筑应用示范项目，47个可再生能源建筑应用示范城市和98个示范县的建设。探索农村建筑节能工作。新型墙体材料产量占墙体材料总产量的55%以上，应用量占墙体材料总用量的70%。到“十一五”期末，建筑节能实现节约1亿吨标准煤的目标任务 。

到"十二五"期末，建筑节能形成1.16亿吨标准煤节能能力。其中发展绿色建筑，加强新建建筑节能工作，形成4500万吨标准煤节能能力；深化供热体制改革，全面推行供热计量收费，推进北方采暖地区既有建筑供热计量及节能改造，形成2700万吨标准煤节能能力；加强公共建筑节能监管体系建设，推动节能改造与运行管理，形成1400万吨标准煤节能能力。推动可再生能源与建筑一体化应用，形成常规能源替代能力3000万吨标准煤。

3. 关于加快推动我国绿色建筑发展的实施意见

2012年4月27日，财政部与住房和城乡建设部联合发布了《关于加快推动我国绿色建筑发展的实施意见》财建［2012］167号。主要目标是切实提高绿色建筑。

具体内容有七个方面，如下：

(1) 充分认识绿色建筑发展的重要意义

绿色建筑是指满足《绿色建筑评价标准》GB/T 50378—2006，在全寿命周期内最大限度地节能、节地、节水、节材，保护环境和减少污染，为人们提供健康、适用和高效的使用空间，与自然和谐共生的建筑。

我国正处于工业化、城镇化和新农村建设快速发展的历史时期，深入推进建筑节能，加快发展绿色建筑面临难得的历史机遇。目前，我国城乡建设增长方式仍然粗放，发展质量和效益不高，建筑建造和使用过程能源资源消耗高、利用效率低的问题比较突出。大力发展绿色建筑，以绿色、生态、低碳理念指导城乡建设，能够最大效率地利用资源和最低限度地影响环境，有效转变城乡建设发展模式，缓解城镇化进程中资源环境约束；能够充分体现以人为本理念，为人们提供健康、舒适、安全的居住、工作和活动空间，显著改善群众生产生活条件，提高人民满意度，并在广大群众中树立节约资源与保护环境的观念；能够全面集成建筑节能、节地、节水、节材及环境保护等多种技术，极大带动建筑技术革新，直接推动建筑生产方式的重大变革，促进建筑产业优化升级，拉动节能环保建材、新能源应用、节能服务、咨询等相关产业发展。

各级财政、住房城乡建设部门要充分认识到推动发展绿色建筑，是保障改善民生的重要举措，是建设资源节约、环境友好型社会的基本内容，对加快转变经济发展方式，深入贯彻落实科学发展观都具有重要的现实意义。要进一步增强紧迫感和责任感，紧紧抓住难得的历史机遇，尽快制定有力的政策措施，建立健全体制机制，加快推动我国绿色建筑健康发展。

(2) 推动绿色建筑发展的主要目标与基本原则

1) 主要目标。切实提高绿色建筑在新建建筑中的比重，到2020年，绿色建筑占新建建筑比重超过30%，建筑建造和使用过程的能源资源消耗水平接近或达到现阶段发达国家水平。"十二五"期间，加强相关政策激励、标准规范、技术进步、产业支撑、认证评估等方面能力建设，建立有利于绿色建筑发展的体制机制，以新建单体建筑评价标识推广、城市新区集中推广为手段，实现绿色建筑的快速发展，到2014年政府投资的公益性建筑和直辖市、计划单列市及省会城市的保障性住房全面执行绿色建筑标准，力争到2015年，新增绿色建筑面积10亿平方米以上。

2）基本原则。加快推动我国绿色建筑发展必须遵循以下原则：因地制宜、经济适用，充分考虑各地经济社会发展水平、资源条件、气候条件、建筑特点，合理制定地区绿色建筑发展规划和技术路线，建立健全地区绿色建筑标准体系，实施有针对性的政策措施。整体推进、突出重点，积极完善政策体系，从整体上推动绿色建筑发展，并注重集中资金和政策，支持重点城市及政府投资公益性建筑在加快绿色建筑发展方面率先突破。合理分级、分类指导，按照绿色建筑星级的不同，实施有区别的财政支持政策，以单体建筑奖励为主，支持二星级以上的高星级绿色建筑发展，提高绿色建筑质量水平；以支持绿色生态城区发展为主要抓手，引导低星级绿色建筑规模化发展。激励引导、规范约束，在发展初期，以政策激励为主，调动各方加快绿色建筑发展的积极性，加快标准标识等制度建设，完善约束机制，切实提高绿色建筑标准执行率。

(3) 建立健全绿色建筑标准规范及评价标识体系，引导绿色建筑健康发展

1）健全绿色建筑标准体系。尽快完善绿色建筑标准体系，制（修）订绿色建筑规划、设计、施工、验收、运行管理及相关产品标准、规程。加快制定适合不同气候区、不同建筑类型的绿色建筑评价标准。研究制定绿色建筑工程定额及造价标准。鼓励地方结合地区实际，制定绿色建筑强制性标准。编制绿色生态城区指标体系、技术导则和标准体系。

2）完善绿色建筑评价制度。各地住房城乡建设、财政部门要加大绿色建筑评价标识制度的推进力度，建立自愿性标识与强制性标识相结合的推进机制，对按绿色建筑标准设计建造的一般住宅和公共建筑，实行自愿性评价标识，对按绿色建筑标准设计建造的政府投资的保障性住房、学校、医院等公益性建筑及大型公共建筑，率先实行评价标识，并逐步过渡到对所有新建绿色建筑均进行评价标识。

3）加强绿色建筑评价能力建设。培育专门的绿色建筑评价机构，负责相关设计咨询、产品部品检测、单体建筑第三方评价、区域规划等。建立绿色建筑评价职业资格制度，加快培养绿色建筑设计、施工、评估、能源服务等方面的人才。

(4) 建立高星级绿色建筑财政政策激励机制，引导更高水平绿色建筑建设

1）建立高星级绿色建筑奖励审核、备案及公示制度。各级地方财政、住房城乡建设部门将设计评价标识达到二星级及以上的绿色建筑项目汇总上报至财政部、住房城乡建设部（以下简称“两部”），两部组织专家委员会对申请项目的规划设计方案、绿色建筑评价标识报告、工程建设审批文件、性能效果分析报告等进行程序性审核，

对审核通过的绿色建筑项目予以备案，项目竣工验收后，其中大型公共建筑投入使用一年后，两部组织能效测评机构对项目的实施量、工程量、实际性能效果进行评价，并将符合申请预期目标的绿色建筑名单向社会公示，接受社会监督。

2）对高星级绿色建筑给予财政奖励。对经过上述审核、备案及公示程序，且满足相关标准要求的二星级及以上的绿色建筑给予奖励。2012 年奖励标准为：二星级绿色建筑 45 元/平方米（建筑面积，下同），三星级绿色建筑 80 元/平方米。奖励标准将根据技术进步、成本变化等情况进行调整。

3）规范财政奖励资金的使用管理。中央财政将奖励资金拨至相关省市财政部门，由各地财政部门兑付至项目单位，对公益性建筑、商业性公共建筑、保障性住房等，奖励资金兑付给建设单位或投资方，对商业性住宅项目，各地应研究采取措施主要使购房者得益。

（5）推进绿色生态城区建设，规模化发展绿色建筑

1）积极发展绿色生态城区。鼓励城市新区按照绿色、生态、低碳理念进行规划设计，充分体现资源节约环境保护的要求，集中连片发展绿色建筑。中央财政支持绿色生态城区建设，申请绿色生态城区示范应具备以下条件：新区已按绿色、生态、低碳理念编制完成总体规划、控制性详细规划以及建筑、市政、能源等专项规划，并建立相应的指标体系；新建建筑全面执行《绿色建筑评价标准》中的一星级及以上的评价标准，其中二星级及以上绿色建筑达到 30%以上，2 年内绿色建筑开工建设规模不少于 200 万平方米。

2）支持绿色建筑规模化发展。中央财政对经审核满足上述条件的绿色生态城区给予资金定额补助。资金补助基准为 5000 万元，具体根据绿色生态城区规划建设水平、绿色建筑建设规模、评价等级、能力建设情况等因素综合核定。对规划建设水平高、建设规模大、能力建设突出的绿色生态城区，将相应调增补助额度。补助资金主要用于补贴绿色建筑建设增量成本及城区绿色生态规划、指标体系制定、绿色建筑评价标识及能效测评等相关支出。

（6）引导保障性住房及公益性行业优先发展绿色建筑，使绿色建筑更多地惠及民生

1）鼓励保障性住房按照绿色建筑标准规划建设。各地要切实提高公共租赁住房、廉租住房及经济适用住房等保障性住房建设水平，强调绿色节能环保要求，在制定保障性住房建设规划及年度计划时，具备条件的地区应安排一定比例的保障性住房按照绿色建筑标准进行设计建造。

2）在公益性行业加快发展绿色建筑。鼓励各地在政府办公建筑、学校、医院、博物馆等政府投资的公益性建筑建设中，率先执行绿色建筑标准。结合地区经济社会发展水平，在公益性建筑中开展强制执行绿色建筑标准试点，从 2014 年起，政府投

资公益性建筑全部执行绿色建筑标准。

3）切实加大保障性住房及公益性行业的财政支持力度。绿色建筑奖励及补助资金、可再生能源建筑应用资金向保障性住房及公益性行业倾斜，达到高星级奖励标准的优先奖励，保障性住房发展一星级绿色建筑达到一定规模的也将优先给予定额补助。

(7) 大力推进绿色建筑科技进步及产业发展，切实加强绿色建筑综合能力建设

1）积极推动绿色建筑科技进步。各级财政、住房城乡建设部门要鼓励支持建筑节能与绿色建筑工程技术中心建设，积极支持绿色建筑重大共性关键技术研究。加大高强钢、高性能混凝土、防火与保温性能优良的建筑保温材料等绿色建材的推广力度。要根据绿色建筑发展需要，及时制定发布相关技术、产品推广公告、目录，促进行业技术进步。

2）大力推进建筑垃圾资源化利用。积极推进地级以上城市全面开展建筑垃圾资源化利用，各级财政、住房城乡建设部门要系统推行垃圾收集、运输、处理、再利用等各项工作，加快建筑垃圾资源化利用技术、装备研发推广，实行建筑垃圾集中处理和分级利用，建立专门的建筑垃圾集中处理基地。

3）积极推动住宅产业化。积极推广适合住宅产业化的新型建筑体系，支持集设计、生产、施工于一体的工业化基地建设；加快建立建筑设计、施工、部品生产等环节的标准体系，实现住宅部品通用化，大力推广住宅全装修，推行新建住宅一次装修到位或菜单式装修，促进个性化装修和产业化装修相统一。

4. 绿色建筑行动方案

2013年1月1日，国务院以国办发［2013］1号文转发了国家发展改革委、住房城乡建设部《绿色建筑行动方案》，提出了开展绿色建筑行动的指导思想、主要目标、基本原则、重点任务和保障措施等。

据住房和城乡建设部副部长仇保兴此前预计，2020年前，我国用于节能建筑项目的投资将至少达到1.5万亿元。2012年以来，我国已发布了关于推广金太阳、长江中下游及北方地方建筑节能改造、可再生能源建筑应用等多个文件，绿色建筑产业未来的市场空间十分巨大。按照住房和城乡建设部的解释，绿色建筑是指在建筑的全寿命期内，最大限度地节约资源、保护环境和减少污染，为人们提供健康、适用和高效的使用空间，与自然和谐共生的建筑。在这个行动方案中，两部委确定了行动的主要目标。城镇新建建筑严格落实强制性节能标准，“十二五”期间，完成新建绿色建筑10亿平方米；到2015年末，20％的城镇新建建筑达到绿色建筑标准要求。

《方案》还提出了绿色建筑的具体任务。其中包括政府投资的国家机关、学校、医院、博物馆、科技馆、体育馆等建筑，直辖市、计划单列市及省会城市的保障性住房，以及单体建筑面积超过2万平方米的机场、车站、宾馆、饭店、商场、写字楼等

大型公共建筑，自2014年起全面执行绿色建筑标准。从总量上看，绿色建筑领域未来的市场空间巨大。根据《"十二五"建筑节能专项规划》显示，截至2010年底，全国共有337个项目取得国家绿色建筑标识认证，建筑面积超过4000万平方米。但是与每年约20亿平方米的新增建筑面积相比，显然是杯水车薪。业内人士认为，中国绿色建筑产业链较长，将有效带动新型建材、新能源、节能服务等产业发展，其潜在的市场规模将超过万亿元。

《方案》表示，要将绿色建筑行动的目标任务科学分解到省级人民政府，并将绿色建筑行动目标完成情况和措施落实情况纳入省级人民政府节能目标责任评价考核体系。这也是近年来强化绿色建筑目标责任的重要做法。

《方案》强调，研究完善财政支持政策，继续支持绿色建筑及绿色生态城区建设、既有建筑节能改造、供热系统节能改造、可再生能源建筑应用等，研究制定支持绿色建材发展、建筑垃圾资源化利用、建筑工业化、基础能力建设等工作的政策措施。对达到国家绿色建筑评价标准二星级及以上的建筑给予财政资金奖励。

此外，财政部、税务总局要研究制定税收方面的优惠政策，鼓励房地产开发商建设绿色建筑，引导消费者购买绿色住宅。改进和完善对绿色建筑的金融服务，金融机构可对购买绿色住宅的消费者在购房贷款利率上给予适当优惠。国土资源部门要研究制定促进绿色建筑发展在土地转让方面的政策，住房城乡建设部门要研究制定容积率奖励方面的政策，在土地招拍挂出让规划条件中，要明确绿色建筑的建设用地比例。

对既有建筑节能改造，提出"十二五"期间完成北方采暖地区既有居住建筑供热计量和节能改造4亿平方米以上，夏热冬冷地区既有居住建筑节能改造5000万平方米以上，公共建筑和公共机构办公建筑节能改造1.2亿平方米，结合农村危房改造实施节能示范40万套；并提出到2020年，基本完成北方采暖地区有改造价值的城镇居住建筑节能改造。我国的供暖都是串联的，我国应该弄成定点的，就像每家都一个电表一样，每家都一个计量表，消耗多少交多少费用，不至于楼上太热了把窗户开开，浪费能量，这些都是不科学的。大力发展钢结构建筑，也特别提出了门窗的改进，门窗能耗占建筑能耗的50%，占总能耗的20%。

同时，开展城镇供热系统改造，开展城市老旧供热管网系统改造，减少管网热损失，降低循环水泵电耗。另外，推进可再生能源建筑规模化应用。即积极推动太阳能、浅层地能、生物质能等可再生能源在建筑中的应用。

《方案》要求，太阳能资源适宜地区应在2015年前出台太阳能光热建筑一体化的强制性推广政策及技术标准，普及太阳能热水利用，积极推进被动式太阳能采暖。研究完善建筑光伏发电上网政策，加快微电网技术研发和工程示范，稳步推进太阳能光伏在建筑上的应用。同时，合理开发浅层地热能。

《方案》还表示，财政部、住房和城乡建设部要研究确定可再生能源建筑规模化应用适宜推广地区名单。开展可再生能源建筑应用地区示范，推动可再生能源建筑应用集中连片推广，到2015年末，新增可再生能源建筑应用面积25亿平方米，示范地区建筑可再生能源消费量占建筑能耗总量的比例达到10%以上。

5.“十二五”绿色建筑和绿色生态城区发展规划

2013年4月3日，住房城乡建设部颁布《“十二五”绿色建筑和绿色生态城区发展规划》（建科［2013］53号）。《规划》明确了发展目标、指导思想、发展战略、实施路径以及重点任务，并提出了一系列保障措施。

《规划》提出，“十二五”时期，将选择100个城市新建区域（规划新区、经济技术开发区、高新技术产业开发区、生态工业示范园区等）按照绿色生态城区标准规划、建设和运行。2014年起，政府投资的党政机关、学校、医院、博物馆、科技馆、体育馆等建筑，直辖市、计划单列市及省会城市建设的保障性住房，以及单体建筑面积超过2万平方米的机场、车站、宾馆、饭店、商场、写字楼等大型公共建筑，将率先执行绿色建筑标准。同时，将引导商业房地产开发项目执行绿色建筑标准，鼓励房地产开发企业建设绿色住宅小区。2015年起直辖市及东部沿海省市城镇的新建房地产项目力争50%以上达到绿色建筑标准。此外，将完成北方采暖地区既有居住建筑供热计量和节能改造4亿平方米以上，夏热冬冷和夏热冬暖地区既有居住建筑节能改造5000万平方米，公共建筑节能改造6000万平方米；结合农村危房改造实施农村节能示范住宅40万套。到“十二五”期末新建绿色建筑10亿平方米，建设一批绿色生态城区、绿色农房，引导农村建筑按绿色建筑的原则进行设计和建造。

其发展路径包括：

（1）规模化推进——根据各地区气候、资源、经济和社会发展的不同特点，因地制宜地进行绿色生态城区规划和建设，逐步推动先行地区和新建园区（学校、医院、文化等园区）的新建建筑全面执行绿色建筑标准，推进绿色建筑规模化发展。

（2）新旧结合推进——将新建区域和旧城更新作为规模化推进绿色建筑的重要手段。新建区域的建设注重将绿色建筑的单项技术发展延伸至能源、交通、环境、建筑、景观等多项技术的集成化创新，实现区域资源效率的整体提升。旧城更新应在合理规划的基础上，保护历史文化遗产。统筹规划进行老旧小区环境整治；老旧基础设施更新改造；老旧建筑的抗震及节能改造。

（3）梯度化推进——充分发挥东部沿海地区资金充足、产业成熟的有利条件，优先试点强制推广绿色建筑，发挥先锋模范带头作用。中部地区结合自身条件，划分重点区域发展绿色建筑。西部地区扩大单体建筑示范规模，逐步向规模化推进绿色建筑过渡。

（4）市场化、产业化推进——培育创新能力，突破关键技术，加快科技成果推广应用，开发应用节能环保型建筑材料、装备、技术与产品，限制和淘汰高能耗、高污染产品，大力推广可再生能源技术的综合应用，培育绿色服务产业，形成高效合理的绿色建筑产业链，推进绿色建筑产业化发展。在推动力方面，由政府引导逐步过渡到市场推动，充分发挥市场配置资源的基础性作用，提升企业的发展活力，加大市场主体的融资力度，推进绿色建筑市场化发展。

（5）系统化推进——统筹规划城乡布局，结合城市和农村实际情况，在城乡规划、建设和更新改造中，因地制宜纳入低碳、绿色和生态指标体系，严格保护耕地、水资源、生态与环境，改善城乡用地、用能、用水、用材结构，促进城乡建设模式转型。

6. 建筑节能标准规范

我们颁布了建筑节能的标准规范，例如：国家标准 GB/T 3935.1—83，标准的定义："标准是对重复性事物和概念所做的统一规定，它以科学、技术和实践经验的综合为基础，经过有关方面协商一致，由主管机构批准，以特定的形式发布，作为共同遵守的准则和依据"。即标准是由一个公认的机构制定和批准的文件，它对活动或活动的结果制定了规则、导则或特殊值，供共同和反复使用，以实现在预定领域内最佳秩序的效果。学生在学校学习，要认识标准，当今时代是管理标准化，产品标准化的社会，有人说，三流企业是卖劳力的，二流企业是卖产品的，一流企业是卖技术的，超一流的企业才是卖标准的，标准的重要性不言而喻。

现如今新的材料和技术很多没有制定标准，我们制定的标准也多年不变，时代是进步的，应当适时进行修改，例如：美国的混凝土标准三年修改一次，标准应及时修改。现如今我们有些标准是滞后的，在我当建设部总工程师的时候，视察宁波的招宝山大桥，各部门都说是按照标准严格执行的，结果桥断了，最后查明的事故原因是错误地应用标准，整座桥梁的三分之二是斜拉桥、三分之一是平跨桥，整个桥梁是全部按照斜拉桥的标准施工的，这是错误的。

建筑节能设计的基本原则：

（1）与气候适应性原则：充分利用良好的气候条件（如自然通风利用，建筑朝向选择等），消除、削弱恶劣气候影响（如上海地区重视隔热，提高围护结构热工性能提高采暖、空调能耗比 ERR 等）。上海气候特征在我国建筑气候区域中，上海处于第Ⅲ建筑气候区，气候特点是夏季闷热，冬季湿冷；气温日差小，年降水量大，日照偏小（44%）居住建筑通过采用增强建筑围护结构保温隔热性能和提高采暖空调设备能耗比的节能措施，在保证相同室内热环境指标的前提下，与未采取节能措施前相比，采暖、空调能耗应节约 50%

（2）整体性原则：从建设的全过程考虑，以酝酿出整体性的解决方案，满足用户需求、合适利用资源并符合管理要求，从项目规划、立项阶段就入手。

（3）综合性原则：通过对建筑物能耗和用能特点的综合性分析，采用多种手段进行节能设计，而非实施单项节能措施或技术。

（4）性能性原则：节能设计是提高建筑物使用性能的必要组成部分，而非为节能而牺牲其他性能的要求。

我国从 2006 年到 2010 年，制定了以下标准。

标 准 名 称	编 号	颁布年度
严寒和寒冷地区居住建筑节能设计标准	JGJ 26—2010	2010
夏热冬冷地区居住建筑节能设计标准	JGJ 134—2010	2010
民用建筑太阳能光伏系统应用技术规范	JGJ 203—2010	2010
太阳能供热采暖工程技术规范	GB 50495—2009	2009
地源热泵系统工程技术规范	GB 50366—2009	2009
供热计量技术规程	JGJ 173—2009	2009
建筑节能施工质量验收规范	GB 50411—2007	2007
绿色建筑评价标准	GB/T 50378—2006	2006

7. “十二五”期间中央财政支持建筑节能主要经济激励政策

随着我国经济的飞速发展，节约能源已经成为我国的基本国策。其中建筑节能对我国节能贡献率要高于其他行业，所以要大力支持发展建筑节能。但是由于建筑往往是较大的工程体系，在节能方面由于资金的不足，使节能市场难以发展。因此，国家政府提出经济激励政策，弥补其他政策的不足，并通过政府干预，推进市场化进程。

以下为我国推出的经济激励政策：

（1）财政部关于印发《国家机关办公建筑和大型公共建筑节能专项资金管理暂行办法》的通知（财建［2007］558 号）。

（2）财政部关于印发《北方采暖地区既有居住建筑供热计量及节能改造奖励资金管理暂行办法》（财建［2007］957 号）。

（3）财政部、建设部关于印发《可再生能源建筑应用示范项目评审办法》的通知（财建［2006］459 号）。

（4）财政部关于印发《太阳能光电建筑应用财政补助资金管理暂行办法》的通知（财建［2009］129 号）。

（5）财政部、住房城乡建设部关于印发《可再生能源建筑应用城市示范实施方案》的通知（财建［2009］305 号）。

（6）财政部、住房和城乡建设部关于印发《加快推进农村地区可再生能源建筑应用的实施方案》的通知（财建［2009］306 号）。

（7）财政部 国家发展改革委关于印发《高效照明产品推广财政补贴资金管理暂行办法》（财建［2007］1027 号）。

“十二五”期间中央财政支持建筑节能主要经济激励政策

文件名称	实施对象	补贴（贴息）方式和标准
财政部关于印发《国家机关办公建筑和大型公共建筑节能专项资金管理暂行办法》的通知（财建［2007］558号）	国家机关办公建筑和大型公共建筑	中央财政支持国家机关办公建筑和大型公共建筑能耗监管体系建设（能耗统计、能源审计、能效公示）。 中央财政对建立政府办公建筑和大型公共建筑能耗监测平台给予一次性定额补助
财政部关于印发《北方采暖地区既有居住建筑供热计量及节能改造奖励资金管理暂行办法》（财建［2007］957号）	实施北方采暖地区既有居住建筑供热计量及节能改造。包括： 建筑围护结构节能改造，室内供热系统计量及温度调控改造，热源及供热管网热平衡改造	气候区奖励基准分为严寒地区和寒冷地区两类：严寒地区为55元/m^2，寒冷地区为45元/m^2。 单项改造对应权重为：建筑围护结构节能改造、室内供热系统计量及温度调控改造、热源及供热管网热平衡：60%、30%、10%
财政部、建设部关于印发《可再生能源建筑应用示范项目评审办法》的通知（财建［2006］459号）	开展可再生能源建筑应用示范工程，主要支持以下技术领域： 与建筑一体化的太阳能供应生活热水、供热制冷、光电转换、照明； 利用土壤源热泵和浅层地下水源热泵技术供热制冷； 地表水丰富地区利用淡水源热泵技术供热制冷； 沿海地区利用海水源热泵技术供热制冷； 利用污水源热泵技术供热制冷；	根据增量成本、技术先进程度、市场价格波动等因素，确定每年不同示范技术类型的单位建筑面积补贴额度。 对可再生能源建筑应用共性关键技术集成及示范推广、能效检测、标识、技术规范标准验证及完善等项目，根据经批准的项目经费金额给予全额补助
财政部关于印发《太阳能光电建筑应用财政补助资金管理暂行办法》的通知（财建［2009］129号）	开展太阳能光电建筑应用专项示范，主要支持具备以下条件项目： 单项工程应用太阳能光电产品装机容量应不小于50kWp； 优先支持太阳能光伏组件应与建筑物实现构件化、一体化项目； 优先支持并网式太阳能光电建筑应用项目； 优先支持学校、医院、政府机关等公共建筑应用光电项目	2009年补助标准原则上定为20元/W，实际标准将根据与建筑结合程度、光电产品技术先进程度等因素分类确定。 2010年补贴标准为：对于建材型、构件型光电建筑一体化项目，补贴标准原则上定为17元/W；对于与屋顶、墙面结合安装型光电建筑一体化项目，补贴标准原则上定为13元/W

续表

文件名称	实施对象	补贴（贴息）方式和标准
财政部、住房城乡建设部关于印发可再生能源建筑应用城市示范实施方案的通知（财建［2009］305号），财政部、住房和城乡建设部关于印发加快推进农村地区可再生能源建筑应用的实施方案的通知（财建［2009］306号）	开展可再生能源建筑应用集中示范，主要支持具备以下条件的地区： 已对太阳能、浅层地能等可再生资源进行评估，具备较好的可再生能源应用条件； 已制定可再生能源建筑应用专项规划； 在今后2年内新增可再生能源建筑应用面积应具备一定规模； 可再生能源建筑应用设计、施工、验收、运行管理等标准、规程或图集基本健全，具备一定的技术及产业基础。 推进太阳能浴室建设，解决学校师生的生活热水需求； 实施太阳能、浅层地能采暖工程，利用浅层地能热泵等技术解决中小学校采暖需求	资金补助基准为每个示范城市5000万元，具体根据2年内应用面积、推广技术类型、能源替代效果、能力建设情况等因素综合核定，切块到省。推广应用面积大，技术类型先进适用，能源替代效果好，能力建设突出，资金运用实现创新，将相应调增补助额度，每个示范城市资金补助最高不超过8000万元；相反，将相应调减补助额度。 农村可再生能源建筑应用补助标准为：地源热泵技术应用60元/平方米，一体化太阳能热利用15元/平方米，以分户为单位的太阳能浴室、太阳能房等按新增投入的60%予以补助。以后年度补助标准将根据农村可再生能源建筑应用成本等因素予以适当调整。每个示范县补助资金总额最高不超过1800万元
财政部　国家发展改革委关于印发《高效照明产品推广财政补贴资金管理暂行办法》（财建［2007］1027号）	大宗用户和城乡居民用户	大宗用户每只高效照明产品，中央财政按中标协议供货价格的30%给予补贴；城乡居民用户每只高效照明产品，中央财政按中标协议供货价格的50%给予补贴。 补贴资金采取间接补贴方式，由财政补贴给中标企业，再由中标企业按中标协议供货价格减去财政补贴资金后的价格销售给终端用户

同时技术奖励政策也是至关重要的，一个好的技术经济政策可以推动一个产业的发展。我曾跟很多省长、市长交流过，科学的发展要制定几个优秀的、有利于发展的技术经济政策。制定出优秀的技术经济政策，对于发展是非常重要的。

四、城镇化建设与绿色建筑行动，呼唤建筑业企业转型升级

现在我讲一个学校和企业的关系，我给我的博士生讲过，不能关起门来办学，一定要让企业家进入学校参与研究。在德国允许教授创办企业，但在我们国家不行。如果不了解企业的动向，不了解产业发展的动向，是不能促进相关学科发展的。

我们讲过技术是要运用的，我们协会办论文研讨会，发一、二等奖和科技进步奖，大家写文章、发表、获奖就满足了。当年我在黑龙江当省建委主任的时候去原苏联建筑科学研究院考察，到现在印象最深的是那个院长给我讲的一句话，他说你们中国和我们苏联都是社会主义国家，我们整天研究论文、发表论文，就是为了得到列宁勋章。而日本把我们杂志上发表的论文很多制成了新产品，形成了生产力。今天我们的研究和技术也要形成生产力，我们教授要培养人才，培养更多懂技术、懂业务的科学人才，同时我们要学和研紧密结合，也就是产学研结合，我们学习和研究的东西要能够形成生产力。所以就要求我们学校必须了解企业，必须熟悉企业，满腔热情地参加企业的各项精英合作，提出我们的主张。假如说因为我们一个教授的主张、一个老师的主张被企业利用形成生产力，我相信这个企业是不会忘记你的。

千万不要关起门来办学，我跟我的博士生讲过一句话，你们是博士研究生，不能省略研究两个字，研究是博士生、硕士生的天职。当然也不能为了研究而研究，要使研究的东西形成生产力，要能够解决实际问题，我从不否认基础科学，但我强调的是科学的运用，学习三大目标是学以立德，学以增智，学以致用。

下面讲述一下企业转型升级的必要性以及转型升级的主要内容。

1. 是需求更是市场——三大文明社会进步

建绿色建筑是生活的需求、国家的需求和政治的需求，对于我们企业而讲，要把需求变成我们的市场。人类社会有三大进步，人类由原始人随处捡拾野果，到取得种子，种植粮食，体现了人类社会进步到农业文明。随着蒸汽机的发明、机械工具的出现，生产效率的大大提高，人类社会由农业文明进步到了工业文明。而今天，二氧化碳的排放，空气的污染，北极圈气温的升高等现象很可能导致地球的毁灭。人类社会要进入到低碳文明，世界各国领导人在竞选时，都把这一问题放到首位。中国作为一个大国，理应承担一个大国在人类社会进步中的责任，发达国家则更应该承担更大的责任，不应把一些高污染的企业放到发展中国家。过去招商引资就遇见过这种问题，领导四处招商引资，未经过仔细的分析考察，把有污染的厂商引进来。当初，我在国务院检查地方开发区时，曾批评过一个占地面积很大的外国公司，该公司不仅浪费大量土地，还造成了严重污染，问其究竟，他们表示是政府批准的，这就是招商不慎的后果。当然，现在我们招商引资已经很谨慎，有选择的筛选，择优入选。

人类社会经过了三大文明社会，随着社会进步，企业的市场要强调低碳文明的需求，要适应低碳文明的需求。

2. 是差距更是潜力——创新

改革开放让中国的整体实力有了巨大的提升。目前我国经济总量位居世界第二，钢产量更是居于世界首位，我国与发达国家的差距正在逐步缩短。但我们还要正视我国与发达国家的差距，不能不承认差距，故步自封，同时也不能自我贬低，夸大差距，要实事求是的分析解决问题。我举一个关于门窗制造的例子，我国的窗口尺寸缺乏明确的标准，随机性很强，而发达国家则有一套窗口尺寸标准，这就是第一个差距。而第二个差距则体现在窗户的热传导系数上，我国通常要求其达到 2.5～3.5 左右，而德国要求达到 1.3 以下，如果用德国的标准来要求我国的窗户制造，显然都不符合其标准要求。原北京市委书记刘淇在德国经过一段时间的考察，发现了我国这方面的不足，正视其中的差距，回国率先在北京市进行改革，引进先进的科学技术，使北京门窗的 K 值要求在 1.5 以下。

我国的钢结构虽然在现阶段被大量接受，但是发达国家早在 2000 年建筑用钢量已经占总产钢量的 70％以上，而我国现如今却只达到 30％左右，我国的建筑用钢所占比例，与发达国家差距太大。以前因为钢产量较低，我国政策是限制用钢，节约用钢，而现在由于钢产量的增加，开始强调鼓励和发展用钢。但是我国的钢厂却一直处于尴尬状态，产钢量多，却没有足够的销售市场。再谈一谈钢结构住宅，我国钢结构住宅比例不到 1％。发达国家城市根据抗震的需要，城市中 75％的房子为钢结构住宅。我们为何不大力发展钢结构住宅？有人说成本太贵，我觉得不然，钢筋混凝土的有效使用面积占总建筑面积占 75％左右，而钢结构的使用面积占建筑面积的 85％以上，如果按使用面积去买房，房子价格不是太贵。在维修方面，钢筋混凝土结构在拆除后，留下的是建筑垃圾，而钢结构住宅留下的则是一笔财富，因为钢材可以重复利用。我国钢结构发展存在欠缺，但近几年取得了不小的进展，很多城市的大剧院、文化宫、体育馆基本都采用了钢结构。

国外对建筑节能有很深的研究，很多方面我国的确存在差距。差距是什么，差距就是潜力。对于企业来说要缩小差距，就要创新，创新包括原始创新，集成创新以及引进消化吸收再创新这几方面。要有我们自己的专利，要进行专业分析，把国外的先进技术引进来。

3. 是机遇更是挑战——商机

对于建筑业来讲，承建绿色建筑、参与城镇化建设就是其发展的机遇。任何的教育都应顺应国家科技的进步而进步、生产力的发展而发展。在中国，由于市场经济体制的不完善，一些民营企业家认为中国市场存在太多的不公平，有太多的黑暗、腐败。但是太阳总是东方升起、西方落下，在同样的市场竞争中、政策制度中，有人成功，有人失败，绝不能怨天尤人，抱怨社会不公，要勇敢地迎接这一挑战。

我国存在很多的商机，在“十一五”期间，建筑企业就取得了巨大的成就。同时我们也面临着更多的机遇与挑战，其一，对建筑企业的要求越来越高，尤其是低碳社会的要求，要求我们要绿色施工，建设环境友好型社会，建筑企业将面临一个巨大的挑战。其二，由于近年自然灾害的不断出现，火灾、尤其高层建筑的防火以及地震破坏的影响，给工程建设提出新的要求。再加上建筑能耗占社会总能耗的 46.7％，所以建筑节能已成为全社会节能减排的一个重要领域，是低碳社会低碳经济发展的重要领域。其三，建筑企业从经济效益来讲也面临着挑战，过去大量的企业靠廉价的农民工获得利润，而现在农民工也不再廉价了。农民工是我们建筑业的产业工人，任何一个国家对产业工人的要求都越来越高，产业工人不会是廉价的，因此农民工待遇的提高也给建筑企业的利润目标带来了挑战。相对而言，建筑企业需要通过高新技术进行改造，这方面的任务相当重。因此要抓住商机、迎接挑战，从而使我们的企业有所发展。

4. 建筑业转型升级要求

实现建筑业企业的转型升级应从以下八个方面入手。

(1) 科技先导型企业：不同于笨拙的原始劳动，时代的进步要求企业家要成为科技先导型企业家，企业要成为科技先导型企业，要与科学技术相结合，任何企业都要有自己的专利。

科技是第一生产力，必须要提倡创新。科技创新分三类，原始创新，集成创新和引进消化吸收再创新。原始创新简单地说就是各种专利、工法；集成创新是把各种技术集中到建筑上；引进消化吸收再创新说明创新不是从零开始，而是站在别人的肩膀上，把国外的先进技术引进消化，变成我们自己的。

今天的社会是知识经济的时代，经济全球化的时代，知识和科技正以幂指数的速度增长，变化速度相当之快，科技发展相当之快，这种变化在人们的日常生活中体现得非常明显，数码相机、手机、电视等等产品的更新换代速度之快令人惊讶。科技的发展对建筑行业的影响同样也十分深远，我们必须用先进的技术来改造建筑业企业。

建筑业在人们的印象中并不是高新技术产业，但实际上，建筑业亟须用高新技术进行改造，在这个背景下，国家住房和城乡建设部发布的《建筑业十项新技术》，有助于提高企业核心竞争力和强化社会责任感。

建筑企业要有自己的专利、要有自己的工法，才能成为长寿的企业。而对建筑企业来说，重视施工，重视质量，这是为了企业的今天，重视科技创新，是为了企业的明天。企业同人一样，是有寿命的，技术领先，企业就是年轻的，技术落后，企业就进入老年。过去国有企业的创新有个问题，只许成功不许失败，但是创新哪有一次成功的，不能不允许失败，要宽容创新人才、创建宽松的环境、重视创新人才的培养、重视创新技术的推广、表彰具有创新精神的单位。

(2) 资源节约型企业：无论是生产过程中还是已经生产出的产品都是可以节约能源的。

传统经济是“资源－产品－废弃物”的单向直线过程，创造的财富越多，消耗的资源和产生的废弃物就越多，对环境资源的负面影响也就越大。循环经济应尽可能少的消耗资源和环境成本，获得尽可能大的经济和社会效益，从而使经济系统与自然生态系统的物质循环过程相互和谐，促进资源永续利用。因此，循环经济是对“大量生产、大量消费、大量废弃”的传统经济模式的根本变革。循环经济条件下，资源得到充分利用，要按照循环经济的要求思考我们的建筑过程，提倡修旧利废，提倡节能、节材、节地。

建筑节能是一门科学，实现建筑节能要从材料、施工、结构、装修全面解剖建筑节能。例如，传统的北方地区冬季供热是按照面积收费，现在改造为分户热计量方式，这种计量方式的改造就是建筑节能的具体体现。

建筑材料是建筑业的物质基础。我国建筑材料消耗巨大、浪费严重，但是反过来也表明我国建筑节材潜力巨大。就目前技术而言，建筑节材技术可以分为三个层面：建筑工程材料、建筑设计、建筑施工方面的节材技术。建筑要合理地利用材料实现其功能要求，现在涌现出各种新型建筑节能材料，对实现建筑节能十分有益。

节地就是要使有限的土地创造最大的价值，但节约土地不能矫枉过正，既要节约土地，又要布置合理的城市空间，不能把城市建得太拥挤。建筑企业必须配合设计单位精心规划，在总体设计、单体建筑和户型功能布局上，充分考虑气候、地形等自然条件，通过有序的规划布局、合理的施工组织设计、人性化的细节设计、因地制宜地运用高新技术和精心的施工，来提高城市空间的舒适度。

(3) 环境友好型企业：无论是本企业的生存现状，还是运行状态以及本企业产品在项目启动的状态都能使环境更加亲近友好，而不是去破坏环境。

1) 文明施工

所谓文明施工，通俗地说就是不能因为一个工地破坏了一大片环境。这个环境第一是指自然环境，脏乱差的工地到处是砖头、瓦头、钢筋头，卫生不合格，因此，工地必须加强现场仓库、现场排水、现场道路的管理；第二是指人文环境，每个工地内部要有一个和谐的工作氛围，上升到企业也是一样。

2) 减排降耗

对施工过程来说，减少污水排放，污气和各种污染物的排放，措施是多种多样的，比如预制混凝土以及禁止砂浆现场搅拌，一方面可以实现减排降耗的要求，同时又可以保证质量，可以说建筑企业的减排降耗需要做的工作很多，这方面的任务很重。

(4) 质量效益型企业：强调质量与效益，不能只看总量，而要注重更能给人带去多少实惠。凡是搞工程的人，都必须牢记质量第一是永恒主题，人的生命第一是最高准则，研究工程质量问题必须要坚持这个主题和准则。其主要内容包括：

1) 质量安全是永恒主题

当前我国住宅工程质量的总体水平与经济发展的要求和人民群众改善居住条件的需求，还存在着一定的差距。主要表现在：一是住宅工程质量事故仍时有发生，给人民生命财产安全造成损失，也引起社会舆论强烈反映。二是我们住宅的许多质量通病还没有完全消除，住宅工程的质量投诉事件仍然较多。现在媒体中出现的“楼倒倒”、“楼歪歪”等称呼，反映的是社会舆论和人民群众对工程质量问题的关注和担忧。

2）工程质量新概念

随着国家投资体制和工程建设管理体制改革的进一步深化，特别是住房制度改革的深化，社会对于工程质量的期望越来越高，工程质量已经不再是单纯追求满足建筑物的结构安全和使用功能，仅仅满足符合性要求，完善的工程质量应以顾客满意为宗旨，内涵包括结构质量、功能质量、魅力质量和可持续发展质量四大新概念。

① 结构质量：结构质量是建设工程质量价值实现的核心，一旦发生结构质量隐患，后果就不堪设想。建设工程结构质量的优劣，不仅决定工程质量的好坏，而且涉及人民生命财产的安全。建筑结构的安全、可靠是建筑工程质量的重要指标。结构安全既包括正常使用条件下的安全、耐久、适用，也包括极端条件下（如地震、台风、冰冻灾害）工程的良性破坏和工程使用人的人身安全，要提高建筑抗灾防灾能力，比如对地震来说，建筑应该大震不倒，小震可修。要说明的是，强调建筑的结构质量不能搞极端，不能单纯地追求结构质量而把建筑搞成碉堡，而是要在确保结构安全的前提条件下优化材料的使用。

② 功能质量：不同的建筑有不同的功能要求，比如说国家大剧院，2000 人的座位，演出结束，人们站起来，椅子不能哗哗响，舞台上表演的声音要确保坐在最后一排的观众也能听清楚，这是大空间的剧场建筑。又比如住宅，走廊长长的，卧室小小的，客厅大大的，门窗开闭不严，屋顶裂缝，地面裂纹，这些都是通病，对住宅功能造成影响。一句话，功能质量要满足用户的需求。

③ 魅力质量。建筑与音乐，诗词、戏剧一样，是人类社会的艺术成果，建筑的造型和颜色必然给建筑周围的环境带来这样那样的影响，要么增加了城市的景点，要么成为城市的败笔，国家大剧院建设之前，我考察了德国、意大利、芬兰、澳大利亚，还有香港澳门的剧院，主要是考察功能质量和魅力质量。建筑之美能够熏陶人，也能够影响人的心情，在美国一个州，学生学习不好，秩序不好，除了教育等原因，学校的建筑使学生心情浮躁也是其中一个原因。

④ 可持续发展质量。建筑质量贯彻落实可持续的科学发展观，首先应总结探讨随着社会经济的发展和人民生活水平的提高，工程质量是否已体现了可持续发展的含义，即不仅可以改善和提高当代人的生活与发展质量，而且也体现了为后代人改善和提高生存与发展质量创造了条件。追溯在工程项目的规划、设计、建造和建成后的每个阶段，不仅要充分考虑到建筑质量的适用性、安全性、耐久性和经济性，同时还要充分考虑到可持续性。

3）项目管理

谈质量不能不谈项目管理，首先说项目，一个城市的发展，是靠一个个项目发展起来的，一个公司的成长，靠一个个项目积累的，我们是个人靠一个个项目增长才干的，所以项目至关重要。第二，什么叫管理？让别人劳动叫管理，自己劳动叫操作，叫别人怎么劳动就很有门道了，劳动分很多种：积极性劳动、被动性劳动、主动性劳动、“磨洋工”的劳动、干一天混一天的劳动，带有创造性的劳动，都不一样，这要看管理水平的高低。回想每一个人的成长经历，在有些领导的领导下，累死也要干，在有些领导的领导下，不用干活白给钱也不高兴。管理要讲科学，管理科学已经发展到第五代，第一代是美国泰勒的动作管理，把每个工序用秒表记录下来，把先进水平确定为劳动定额，完成定额给钱，完不成定额就不给钱；第二代是行为管理，行为靠需求产生，理论基础是马斯洛的需求层次理论；第三代全面管理，以日本为代表，认为管理是全过程全方位全员的管理；第四代是比较管理，企业纵向比较，今年和去年比、企业横向比较，与国内最大、国际最大的企业比较，尤其是与日本、美国和德国的公司比，这些企业很多都是百年老店，值得我们学习；还有实质性的比较。到了今天，第五代的管理是文化管理、信息管理和知识管理，管理学的不断发展，是我们搞管理的人的理论依据，必须好好研究。

（5）联盟合作性企业：世界经济中，国家与国家的关系，企业与企业的关系，都在强调合作。合作是更高层次的竞争。任何企业要善于联盟、善于合作才能做到真正的竞争。

1）建立竞争与合作的先进理念

过去讲，市场经济是竞争的，所谓竞争，是你死我活的，是大鱼吃小鱼，小鱼吃虾米，是残酷的，是无情的，这种说法有一定的道理，但不完全对。在市场经济条件下，企业与企业之间，同行之间有时候是竞争对手，比如我们多家企业同时投标，但在更多的情况下，企业是合作的伙伴，是联盟关系，所以现在全世界强调的是联盟合作，既有竞争又有合作，因此称为竞合理念。2000 年我们加入 WTO 时学到一个词，叫共赢：项目要赢，企业要赢；甲方要赢，乙方要赢；施工承包商要赢、监理公司要赢、设计单位还要赢、材料供应商也要赢；公司要赢、我们每一个人都要赢。世界上很多组织，像是 G20、东盟合作组织、上海合作组织、金砖五国、北约组织，都强调联盟合作，现在很多连锁店，都是在市场、技术和多种生产要素中合作的。

2）搞好合作，建立合作共赢关系

合作包括很多方面，我在这里强调三大合作。

第一个是银企合作。我们的企业要做大，无论是上市还是不上市，和银行的合作很重要、银行分两类：一种是政策性银行，像中国人民银行，研究金融政策，掌握金融工具；还有商业性银行，就是经营人民币的商店。银行需要企业，企业也需要银行，因为企业需要资金，需要更大的金融实力，所以企业与银行的合作至关重要。

第二个是产学研合作。讲科技创新，不是从零开始，从原始开始，而是跟现有的院校，现有的科研机构，现有的转化科研成果的单位进行合作，包括国外的、国内的，拿别人的为我所用，这不是抄袭，而是站在别人的成果上进行再研究再发展，同时也是积聚社会力量充实企业的研发机构。

第三是甲乙方合作。任何工程的完成，无论是房地产项目还是建筑工程项目都是合作的结果，而合作的过程中不断产生矛盾、不断解决矛盾，如果一点矛盾没有反而可能会出现大问题。作为建筑业来讲，业主永远是建筑业发展的动力，只有业主的需求，才有建筑业，反过来，业主和监理公司、施工企业之间是一个合作的过程，是不断产生矛盾不断解决矛盾的过程。甲乙双方的合作还包括所有合同双方，所有产业链企业之间，所有产业群企业之间合作。可以说，合作是更高层次的竞争。

（6）社会责任型企业：一个企业要强调社会责任性，否则将不会被社会所接受。企业要讲诚信，现在很多企业不讲诚信，造假事件屡禁不止，比如奶粉事件、胶囊事件、食用盐事件等。还有部分企业依靠蒙骗、吹捧吸引投资商和消费者，对现在消费市场产生重大影响。所以要通过诚信建立企业优势，以提高企业竞争，并成立品牌。因为品牌寄托着产品的情感，使人们更深入地了解产品，所以要重视品牌建设。其主要内容包括：

1）企业家要流着道德的血液

企业是经济的主体，企业家要有道德。每个企业家都应该流着道德的血液，每个企业都应该承担起社会责任。合法经营与道德结合的企业，才是社会需要的企业。什么是流着道德的血液？就是要讲究社会道德，需要树立平等互利、自由竞争、公平交易、以义求利、诚实守信、团结合作、勤俭廉洁、遵纪守法等维系市场经济的基本道德观念，以使我们的道德行为成为一种理性选择。

2）劳资关系

建筑企业要正视劳方与资方的关系，正确对待农民工，什么叫老板？松下电器的老板松下幸之助讲过，作为老板，就是给员工端茶倒水的人。而我们有的人对农民工吆五喝六的，有一个企业怕安全大检查的时候农民工说话不合适，竟然把农民工关起来，这怎么行！尊重和爱护农民工，是社会进步的表现。新的社会条件下，劳资关系是非常重要的，不能使矛盾激化。我们强调企业与员工的和谐关系，员工因为有了企业才有了施展才干的舞台，企业有了施展才干的员工才能发展壮大，企业和员工的关系相辅相成。

3）诚信体系

企业家要作为有文化教养的学者化的商人。诚信同商业经济关系最为密切。企业家要从自己做起，以“诚”为做人第一要义，以“信”为处世第一准则，以诚取信，以信养诚。建筑承包商，是儒商，要讲究诚信，现在，不诚信的情况太多了，简单地说，三个字，一个是吹，一个是假，一个是赖。什么是吹，十几个人的小公司也叫集团，也称总裁，计划经济条件下我们有个毛病，大企业就是级别高的，科级的，处级的，局级的，部级的，现在叫大名字的就是大企业，我们开个饺子店，也要叫饺子城，建个大楼不叫大厦，叫广场，叫花园。一个小区挖个坑，灌点水，广告里就说本小区碧波荡漾、四通八达、豪宅、巨无霸，等等，都是吹牛。人多也不是大企业，美国75%的企业是3到17人的企业，企业的强大要靠经营能力，融资能力。还有假，哪怕是中小城市，也有卖法国的香水，意大利的皮货，但很多都是假的，假奶粉，假药，等等，假的太多了。还有一个赖，沾边就赖，能赖就赖，集中体现为拖欠工程款。住房和城乡建设部市场司清理拖欠工程款，花很大力气。我们到美国到德国问人家，你们有没有什么清理拖欠工程款的经验，人家就问什么叫清理拖欠工程款，就是干活不给钱，人家就说那太简单了，不给钱就蹲监狱。我们要建立诚信的企业，有的企业觉得诚信吃亏，好的东西卖不出去，这是因为我们的市场经济还有不成熟的方面，要靠发展来解决，不能因为这个就埋怨社会，要有信心诚信地搞好自己的企业。

(7) 全球开放型企业：自主创新不等于自己创新，我们不能闭门造车，要与全国同步、全球同步，开放发展企业，这样可以降低成本、增加竞争力、减少腐败、促进我们研发的发展。其主要内容包括：

1) 走出去战略

建筑企业要实施走出去的战略，实现经济全球化。世界是一个地球村，中国的建筑企业和国际上的对手竞争，现在我们的步伐相当大，按照ENR的统计，全球最大的225家承包商，中国的企业越来越多。走向世界，走向国际市场，是企业发展的战略。怎么走出去，一个是属地化经营，一个是本土化策略。

2) 属地化经营

现在我们的很多建筑企业走出去搞承包，在中东、南美、非洲等许多国家和地区开展工程建设，每个国家都有自己的一些规定，你要了解当地的规定，了解工程所在国的法规和标准，包括民风、民俗，这就是属地化经营。要按照当地的市场要求来经营，不能拿自己的一套标准到处套。

3) 本土化策略

要善于挖掘国内的人才，外资企业在中国经营得很好，靠的是高薪聘用我们的专业人才，没有我们的人才，也不能发展起来。我们的中建总公司在香港的本部有三分之二是香港人，三分之一是内地人，他们拿的工资比内地人高得多，这样做目的就是要实施本地化策略。

(8) 组织学习型企业：当今社会是知识增长的社会，人们不学习是适应不了社会的。党明确指出要成为学习型政党，我们的企业要成为学习的企业，我们的员工应当成为知识型员工。学习是人的追求，是社会竞争的武器，是人生价值的体现，所以学习至关重要，要珍惜在校学习的时间。其主要内容包括：

1）知识经济时代

今天的文盲不是不识字的人，而是不肯学习不善于学习的人。世界各国都重视学习。美国提出人人学习的口号，日本提出要把大阪神户建立成学习型城市，德国提出终身学习，新加坡提出 2015 学习计划，到 2015 年，新加坡大人小孩人均两台电脑。一个人长知识和长见识的过程都是在学习，长知识靠读书，长见识要靠实践，因此说读万卷书行万里路。

2）企业文化创新

企业文化是企业的指导思想和行为准则，是人们共同遵守的行动目标和方向。企业要有自己的文化和创新，企业文化是企业的物质财富和精神财富总和，是企业成长过程中的动力、形象和价值。企业文化能创造企业良好的氛围，我们的企业是充满亲情的家，是充满友情的家，这个家对人的成长至关重要。

有些人生怕别人比自己强，这是错误的想法。美国钢铁之父卡耐基说要高度重视比自己强的人，我们的总书记也说过，要创造人人想创新，人人想进行经济建设谋发展的良好氛围，企业的氛围好了，不想干好的人坐不住，氛围不好，想干事的人干不成，氛围对事业非常重要。

3）人力资源开发

人人都可以成才，企业的管理者把身边的人培养成人才，就是创造的最大价值。人力资源开发的方式有很多，事业留人，待遇留人，感情留人，要高度重视他人的创造，高度尊重他人的人格，高度尊重他人的智慧，尊重知识，尊重才能。

以上讲述的绿色建筑行动是城镇化建设的内在要求，绿色建筑的主要内容，国家在绿色建筑方面的技术经济政策，城镇化建设和绿色建筑行动对建筑业企业转型升级的要求，共四个方面。供大家参考。

时势造英雄，在城镇化推进大潮中，在绿色建筑行动大潮中，必将会涌现出更多有造就的城镇化建设和绿色建筑方面的技术大师和专家学者；必将涌现出更大、更强的建筑企业和建筑企业家。我们坚信：通过我们共同努力，城镇化建设和绿色建筑行动带给我们的明天一定会更加美好。

（2013 年 5 月 17 日在聊城大学“聊大讲坛”上的讲话）

人力资源开发的十大要义

我曾给全国房地产总裁班讲过人力资源开发的十大理念，如果说理念是指导思想的话，那么要义就是行动实践的要点。

党中央、国务院对实施《国家中长期人才发展规划纲要（2010－2020年）》进行了全面部署，提出了到2020年我国人才发展的战略目标、指导方针、总体部署和重大举措。该规划是新中国成立以来第一个中长期人才发展规划，是我国昂首迈进世界人才强国行列的行动纲领。颁布和实施这个规划，对于实现全面建设小康社会的宏伟目标具有重大而深远的意义。

人才兴则民族兴，人才强则国家强。人才是社会文明进步、人民富裕幸福、国家繁荣昌盛的重要推动力量，是我国经济社会发展的第一资源。当前，世情、国情正在发生深刻变化，人才发展面临新形势、新任务、新挑战。世界正处于大发展、大变革、大调整时期，世界多极化、经济全球化深入发展，科技进步日新月异，知识经济方兴未艾，人才已经成为一个国家的核心竞争力。

经济发展、社会发展，归根结底是为了人的全面发展；硬实力、软实力，归根结底要靠人才的实力。自然资源和物质资源终归是有限的，唯有人力资源，才是永不枯竭的战略资源；人才优势是最需培育、最有潜力、最可依靠的优势，当今时代，综合国力竞争的广度和深度前所未有，谁掌握了人才竞争这个关键，谁就能永续发展、长盛不衰。培育好、开发好、利用好人才这个第一资源，形成人才辈出、人尽其才的生动局面，是当前和今后一个时期人才工作关键而紧迫的任务。

一、人力资源开发理念要清晰

我讲过人力资源十大理念，但最重要的理念就是要将人才视为第一资源，现在我们提倡资源节约型社会，最大的资源浪费是什么？是人才资源。在各种资源浪费中，人力资源浪费还没有引起足够重视，人才又是决定企业成长和经营成败的第一力量。对企业而言，参加今天会议的主要是建筑企业和装饰企业的人才是第一资源、第一力量。如果这个理念不在企业老板心中，如果企业的老板及管理人员没有对人力资源有清晰认识，企业是做不好的。我曾经说过，所有的公司经理都要看成是该公司人力资源开发的总经理，要先把自己身边属下培养成人才，人人都可以成才，关键看教育、培养。

二、看人待人要全面、不可求全责备

人力资源开发与我们怎么看人、怎么待人是关系极大的，看人一定要全面，不可求全责备。我多次讲过，每个人都有自己的优缺点，世上无完人，我们所打交道的人都是有缺点、有错误的人，没有缺点、没有错误的人是死人，我们不和他打交道。在我们民间有这么三句话是说看人的，仆人眼中无伟人，衙役眼中无英雄，忙人手下无闲人，看人要全面，人无完人，要用人之所长。我们过去在用人方面有许多毛病，比如对人求全责备，某些领导不愿任用比自己能力强的人，而美国钢铁大王卡耐基的墓志铭是：这里长眠着一位先知，他勇于用比自己强的人才。美国著名管理学家德鲁克曾讲过一个故事，一个剧团老板任用了一个很好的演员，只要这个演员登台，演出便是一票难求，但这个演员有三只手，喜欢偷些小东西，如果剧团老板将这个演员的第三只手剁了，虽然可以让他不再偷东西，但他的演出魅力便也消失了，随之剧团的利益也会受损。意思就是说要包容一些人的缺点，当然这个缺点不能过分。用人之所长，同时又要包容缺点。现在我们常谈创新，一般创新的人都有很多毛病，做的事越多，缺点暴露得就越多，不做事就不暴露。比如数学家陈景润，脑子里整天都是数学，走路都会撞到树上，还跟树说对不起。汉高祖刘邦有段名言："夫运筹帷幄之中，决胜千里之外，吾不如子房（张良）；镇国家，抚百姓，给馈饷，不绝粮道，吾不如萧何；连百万之众，战必胜，攻必取，吾不如韩信"。此三者，皆人杰也，吾能用之，此吾从以取天下也。所以我们强调看人一定要全面，看全面看人待人用人，包括我们的父母、夫、妻、子、女，都不能求全责备。

三、人的素质与岗位要对称

每个人都有自己的岗位，企业和员工是什么关系？对于员工来说，有了企业，员工才有了工作岗位，有了这个岗位员工就有了增长知识的机会，同时也有创造个人财富的机会；而对于企业而言，正是因为有了有才干的员工，企业才能成长壮大，赚取利润。员工不论在企业的哪个岗位上，一定是要相对称的。如果员工的能力高于这个岗位，这就是人力资源的浪费，如果员工的能力低于这个岗位，那么便不能完成这个岗位的职责。所以个人的素质一定要与岗位相匹配，要能胜任岗位的要求。

四、用人责权利要匹配

人的责权利一定要统一，一个是责任，一个是权力，一个是利益。首先，如果说，责任大于权力，没有给予这项权力，怎么做好这份工作？就尽不到责任。责任大，权力小，人微言轻，说话不能算数，工作不可能做好；反之，而权力太大，则容易走偏，不该管的去管，不该负责的去负责，容易越位，造成失误，影响他人，破坏全局；第三便是利，我们常说一个企业要把员工留住有三条：事业留人，感情留人，待遇留人。待遇太低了不行，过去计划经济，是国企开除员工，而现在是员工开除老板，待遇太低，没人愿意留下。所以说用人的责权利一定要相当。

五、班子群体配备要得当

工作通常是要团队配合完成的，但我在这里有一个观点，人才加人才不一定等于人才。人才之间要有一个配比，要配备得当。比如《三国演义》中刘、关、张三人，三个人性格迥异，相互配合形成很强的团队力量，如果三个人都是刘备或者张飞，那便成不了事。《西游记》中师徒四人也是各不相同，如果都是孙悟空或唐僧，那他们到不了西天，正因为四个人不同，相互扶持，最后才能到达西天求取真经。我们的班子群体配备也要这样，不能要求性格都一样，比如有的企业老板是外向型的，有的是内向型的，有的谨慎，有的张扬，但不管怎么样都要配备副手，这就要求班子群体配备要得当，必须要求相互配合默契，形成一个整体的竞争力。

六、管理职责要明确

管理是非常关键的，管理职责要明确。今天在座的都是管理者，什么叫管理？让别人劳动就叫管理，自己劳动不是管理，是操作。劳动有多种多样，有创造性的劳动，有呆板的劳动，有积极的劳动，有消极的劳动，有主动的劳动，有被动的劳动。要达成什么样的劳动，就要看管理水平的高低。我到北京三建，建筑工人跟我说今天被经理骂了，但表现得很高兴。从这就能看出管理水平，一般的员工要是被骂肯定会骂回去，但这位建筑工人没有，反而还很高兴地说出这件事，便是管理水平高的表现。我们都参加工作这么多年，会有这种体会，在有些领导的管理下，加班加点地干也没有怨言，而在有些领导的管理下，让待着也还不高兴，这便是管理水平太差。管理要讲究管理科学，管理科学最早的是美国的动作管理，动作管理即将一个人的生产动作进行分解，形成定额，以完成定额来进行要求。再到后来的行为管理，人有 X

行为、Y行为、Z行为，人有需求，最低的生理需求是吃饱穿暖，最高的需求是自我实现，从不同层次的需求，形成人的形为管理。再到后来日本的全面管理，即全员、全过程、全方位的全面质量管理，企业工地装修的好不好与办公大楼扫地的员工也有关系，全方面全员的管理。到今天又有三大管理，知识管理、信息管理、文化管理，这三大管理是当今市场经济条件下的管理，外国企业有知识主管，将知识融入整个管理之中，用信息管理全过程，用文化管理全方位。管理与人力资源有很大关系，管理得好，人力资源才能充分发挥作用，管理得不好人力资源将造成重大浪费，会妨碍人的全面发展，管理水平的高低会关系到企业人员的发展，所以企业老板不能只埋怨员工，员工做不好是管理的责任，管理就是要充分发挥每一位员工的作用。

七、文化氛围与人的能动作用要一致

人都有感情，回到家里有亲情，但更多时候我们是在充满友情的工作岗位上。两个人能在一起工作是缘分，要珍惜这种情义。但现实生活中有些人看到别人比自己强会嫉妒，看到别人比自己差会嘲笑，这就与企业文化氛围有关。有一种围棋文化，围棋中是通过包围对方来取胜的，而有些棋子就要被牺牲，这所说的是一种敢于牺牲的文化；有一种桥牌文化，要相互配合来赢；但我们有的却是一种麻将文化，看住上家、盯着下家，瞒着对象，自己不和也不让别人和，自己做不成也不让别人做成，这种企业文化很糟糕。在好的文化氛围里，不干活的人待不住，差的文化氛围，想干事干不成。所以文化氛围很重要，人都在这种氛围之中，人才是在好的氛围中产生的，差的氛围会谋杀人才。

八、企业精神要深入人心

在文化氛围的基础上要形成企业精神。企业应该有自己的发展战略，用发展战略去鼓舞人，用发展战略求得人才，让人才在战略的实施上发生作用。企业没有发展战略无法发展，尤其是我们建筑行业，很多企业老板反映说我们是很难过的行业，不求上进，不求突破，叫什么日子难过年年过，日子过得还不错。企业必须要有企业的精神，要用发展战略去鼓舞人才，让他们能在长远规划中实现自己的人生目标，没有企业精神员工便是混日子。任何一个企业要制定自己的企业精神，制定好长期的发展战略规划，我们与国外企业的差距就在这里。我到过德国、日本，他们有很多百年企业，而我们没有，做企业要有“百年大计”，自己干完儿子干，儿子干完孙子干。当今我们的民营企业有两大问题，第一个问题就是下一代不愿意继承父辈的事业，甚至将企业败坏掉；第二个问题便是企业的成长，很多企业老板只考虑到赚钱，我有一个前年的资料，全国有72位亿元资产的民营企业家发生问题，其中三分之一病死了，实际是操劳过度，好的管理专家能把手下累死，把自己累死说明管理有问题。还有三分之一是被属下害死，主要原因就是劳资矛盾，日本松下幸之助说过，聪明的老板是给员工端茶倒水的老板，而我们有几位老板愿意给员工端茶倒水，只会吆五喝六，结果发生了矛盾激化。还有三分之一不能管住自己健康的发展，进了监狱，我们一些企业老板拿了来路不明的钱，放在家里怕偷，放在身上怕抢，存在银行怕查，像得了癌症一样，这是“腐败的癌症”。人的一生就像坐飞机一样，不管飞机飞多高、飞多远、飞多快，最重要的是安全着落，老板一被抓，企业也就完了，这样的事情也不少发生，所以企业精神对于人力资源来讲是非常关键的，对人才的发展规划也是有很大影响。

九、人力资本投资要充足

据一份统计人力资本报告，将一个国家人力资本通过四个指标来恒定，教育质量、健康状况、技能和就业、环境基础。中国排第43位，并不高。企业也同样如此，人力资源开发要投入，我们不肯投入或投入很少，比如说安全，什么叫安全事故，是人的不安定因素和物的不安定因素交叉就会发生重大安全事故。比如说塔吊，塔吊在运转过程中，塔吊不倒下来，塔吊是安全的，如果倒下来就是物的不安定因素，人如果站在塔吊运转半径之外，人是安全的，如果站在塔吊运转半径之内是不安全的。假如一个人处在不安定因素，站在塔吊运转半径之内，如果塔吊倒下来了，或吊的东西掉下来了，那这个人就被砸死了。所以要投入，做安全教育，我在德国看到国际劳工组织在德国做安全教育，所有的人员，包括老板每周要接受半小时安全教育，如果一家单位发生安全事故，便要看他的安全投入，我们在人的安全教育方面投资是很差劲的。我们宁可喝酒、抽烟，也不看书，老板就只知道喝酒，不知道给员工以教育。毛泽东说一支没有文化的军队是一支愚蠢的军队，同样，今天一个没有文化的企业注定是一个短寿的企业。企业今天有着不错的利润只能决定今天，而人力资源教育却决定着你企业的明天。

十、人才队伍建设要有规划

人才队伍有四大队伍：企业家队伍、技术专家队伍、管理专家队伍、工人技师队伍。

首先说企业家队伍。我说的是企业家队伍不是个人，不能将老板一个人看成是企业家，有一本书叫《中国没有企业家》，书中从明清时代开始分析中国，说中国没有企业家。我并不赞同这本书的题目，但其中有些观点我是赞同的。什么叫企业家？光有资本不会管理，光投资不会管理的叫资本家，光会管理没有资本的叫管理专家，有资本会管理的人叫企业家。在企业内部，管理班子是企业家队伍，包括董事会、中层管理人员、部门管理人员都属于企业家队伍，因为他们干的是企业家的工作。

二是技术专家队伍。技术专家队伍很重要，一个企业我们强调要科技创新，要变中国制造为中国创造，从原始创新到集成创新，再到引进吸收再创新，企业要有自己的专利，要成为科技主导型的企业，企业家也要成为科技先导型的企业家。没有科技，光靠笨重的体力劳动，增加体力消耗，延长劳动时间，赚取利润的企业也是短寿的。企业和人一样，也有成长时期、壮年时期、老年时期，还有死亡时期。当企业产品在市场上旺销的时候，企业就处在壮年时期，当企业产品在市场上滞销时，企业就处在老年时期，当企业产品无人问津时，企业就死亡了。所以企业的技术专家非常关键，要不停地创新，要靠科技进步获得企业的明天。我们现在技术人员不值钱，有人开玩笑说我们建筑行业的工程师是一毛钱买十一个，意思就是一分不值，还有人说人人都可以搞建筑业，这是胡说八道。大学建筑也要学四年，我们行业虽没有高新科技，但也不是没有科技、没有知识就能建大楼的。

三是管理专家队伍。企业从事方方面面的管理，有人力资源管理、财务管理、质量管理、安全管理等等，所有的管理人员在岗位上干三五年要成为本企业的专家，干了八年、十年要成为本地区的专家，干了十五年、二十年要成为中国的专家乃至世界的专家。在管理上要钻进去，管理是一门科学，要有管理专家。

第四个就是工人技师队伍。我有个观点，我从来不主张农民工这个提法。人类社会从农业文明到工业文明再到今天的生态文明，所有的工人都是农民来的，我也是农民来的，是工业革命发生，使农民进行到工厂成为产业工人，最终才形成工业文明。我们建筑行业的农民工就应该是名副其实建筑业的产业工人，要提高建筑业产业工人的素质，我们要建立工人技师队伍。我多次主张评工人技师，过去搞过将工人分成三等四等，但好像没有搞下去。我很欣赏计划经济年代那一套，将工人分成八级，如果我不是上大学，我早就学建筑工了，给师父端茶倒水三年，学徒成功，再过三年考应知应会能转成一级工，再过三年再考成二级工，一般人到 50 岁能成为六级工、八级工，也有人到 60 岁也是五级工。要形成工人技师队伍，我们不太注重工人技师队伍，这样是不行的。建筑是人造的，而人是靠发挥技能，人力资源包括建筑产业工人的人力资源，谁掌握了建筑产业工人的人力资源，这个建筑企业才有希望。

这四大队伍都不可忽视，人力资源包括这四大队伍的全面发展，尤其是我们建筑行业。我们强调以人为本，以人为本就是一切为了人、一切依靠人。一切为了人，我们不论做什么都是为了人，办工厂是了本企业员工日益增长的物质和文化需求，本企业提供产品也是为了社会人员日益增长的物质和文化需求。同时我们还要造就一代新人，本企员工、本企人的精神，本企人具有现代人的素质。一切依靠人，所有的事都是人做的，电脑也是人操作的，所以要充分调动人的主观能动性，调动人的积极性，发挥人的本能和能动作用，这样企业就能做好。可以简单说成“为人，人为”，我们要造就新人，人才队伍很重要。我们的企业老板要记住，人人可以成才，要将自己身边的人培养成人才。人要做一行爱一行，要成为这个行业的专家。

习近平在欧美同学会成立100周年庆祝大会上发表重要讲话强调“脚踏着祖国大地，胸怀着人民期盼，书写无愧于时代人民历史的绚丽篇章”。

习近平指出，在亿万中国人民前行的伟大征程上，广大留学人员创新正当其时、圆梦适得其势。广大留学人员要把爱国之情、强国之志、报国之行统一起来，把自己的梦想融入人民实现中国梦的壮阔奋斗之中，把自己的名字写在中华民族伟大复兴的光辉史册之上。

习近平还指出，学习是立身做人的永恒主题，也是报国为民的重要基础。梦想从学习开始，事业从实践起步。希望广大留学人员砥砺道德品质，掌握真才实学，练就过硬本领，努力成为堪当大任、能做大事的优秀人才。在激烈的国际竞争中，惟创新者进，惟创新者强，惟创新者胜。

习近平一再强调学习是立身做人的永恒主题，现在全世界什么情况？叫技术经济经济时代，科技知识在的幂指数增长，科学技术发展突飞猛进，人力资源开发就是要人的素质要赶上科技发展的步伐。

习近平对留学人员指出的也是对人才的期盼，也是对人才资源的战略思维，是在号召更大规模、更有成效地培养我国改革开放和社会主义现代化建设急需的各类人才。对此，我们要深刻理解，增强对人力资源开发的自信和自觉。你们各位是企业的人才，更是人才开发的人才，时代呼唤人才，时代造就人才，祝愿各位为人才强企、人才强国作出更大贡献。

（2013年11月3日在重庆“人力资源论坛”上的讲话）

二、协会工作篇

创新思路　突出服务

党的十八大提出了要把中国共产党办成学习型、服务型、创新型的政党，中国建筑金属结构协会作为党领导下的社团组织，肩负着壮大行业、做强企业的使命，应该努力创新、突出服务。因此我从下面几个方面加以阐述。

一、服务的理念

1. 为行业、企业和政府部门服务是协会的宗旨

为行业、企业、政府部门服务是协会的宗旨。从行业来说，要提供信息、指导繁荣产业文化、规范行业行为，将整个行业与国际上发达国家同行业比较，走向全球最大的行业。从企业来说，我们主要是为企业提供咨询、提供商机，为企业健康发展开展交流考察，让企业做大做强，特别是我们各个行业中的领军企业。我多次讲过，当今世界最大的企业应该在哪里？应该在中国，而不应该在其他国家，但是现在却是在德国、日本、美国。为什么说应该在中国？一是中国人有聪明才智，二是中国市场是世界最大的，只要扩大内需就能把我们企业做成一流企业。还要实施走出去战略，拓展更多的国际市场份额。从政府部门来说，主要是标准规范的制定、修改、修订和市场机制的健全方面，协会应该做力所能及的工作。

2. 最好的服务就是最好的管理

从协会管理来说有两大方面：

（1）协会自身的管理。比如我们协会的一个分会和十二个专业委员会的管理，包括协会本身的民主管理、协会 4000 多个会员之间的管理。协会自身的管理首先强调的是最好的服务就是最好的管理，而不是去管人家，是通过服务实行管理。

（2）行业的管理。政府部门委托的这一块是行业管理，行业的标准规范、行业的市场秩序以及行业其他需要研究解决的问题，为政府部门服务、为行业发展服务，是我们最好地协助政府做的行业管理。

3. 专家、企业家、社会活动家是服务的主体

我们服务靠谁，为谁服务？我经常强调协会有三个家：一个是专家，我们的一个分会和十二个专业委员会都有各自的专家委员会，或者专家顾问团。充分发挥专家的作用，给专家提供平台，让专家们了解国际前沿技术，同时使中国建筑制品由制造型

变成创造型，把产品由中国制造变成中国创造。另一个是企业家，企业家是我们行业的主力，也是协会的主力，专家是协会的宝贵财富、是协会的实力所在，而企业家是协会的主力，把科技转变成生产力靠企业和企业家，我们办协会重点要放在使走中国社会主义道路的企业家健康茁壮成长。还有一个是社会活动家，发动社会方方面面为我们行业进行宣传、为我们行业发展进行推动和强有力的咨询服务，这是我们的服务主体，也是服务的对象。

4. 壮大行业、做强企业是服务的主要内容

所谓壮大行业，就是对行业的规范、行业的健康发展、行业的科技进步使行业在国民经济发展中的地位显得更加突出，作用显得更加强大，同时要做好行业结构调整，包括全国生产力布局状况、行业布局发展。对企业来讲，主要指导企业的转型升级，使企业规模逐步做大、效益显著、品牌突出。我多次讲过我们国家现在特别注重品牌建设，在制造业相当大的品牌还在国外，而中国的最新品牌要我们现代企业家来创造，要我们协会来推动，突出品牌发展战略或者说为品牌服务、为做出品牌的企业和企业家服务。

5. 所有的服务都是双向服务

我为你服务你就要为我服务，我为你服务得好你，也为我服务更好，这就是双向服务。

（1）与政府部门之间的双向服务。住房城乡建设部领导对我们中国建筑金属结构协会特别信任，全力支持，部里的标准定额司、标准定额所、市场监管司、人事司、质量安全监督司、节能和科技司，以及住宅产业化中心、科技服务中心，还有各个研究部门等，我们协会协助部里组织了五十项标准。节能和科技司给我们下达了软课题项目，有关钢结构住宅课题的研究，要协会组织专家去完成；市场司正在研究《钢结构总承包资质》，我们很多项目是以钢结构为主的，而不是土建混凝土为主的；还有在建筑节能方面，与科技发展中心也做了大量工作。可以说住房和城乡建设部对我们各项业务的开展给予了有力的指导服务，在此我代表中国建筑金属结构协会，对住房城乡建设部及相关的司局表示衷心的感谢！

还有民政部也给了我们全力支持。民政部给予我们协会中国先进社团组织荣誉，又评为四星级社团组织。审批成立光电建筑构件应用委员会、喷泉水景委员会、辐射供冷供热委员会，在协会组织建设方面给予了有力的指导服务，把三个委员会进行了扩大和充实，在此我代表中国建筑金属结构协会对民政部表示最大感谢！

这就是双向服务，你把政府部门服务好，政府部门才能支持你，你作为政府部门的助手，只有自己有能力，才能当好这个助手。

（2）与会员单位之间双服务。我们同广大的会员单位，特别是理事单位的会员单位、副会长单位的会员单位，也是双向服务的。我多次讲过什么是协会，协会就是为会员单位创造商机的商会，不为会员创造商机，你搞什么活动叫人家花钱、花时间、花精力来，谁愿意来。由于我们为会员创造了商机，我们广大会员单位、常务理事单位、副会长单位各专业委员会的副主任单位以及众多的会员企业对协会的工作给予了全力支持，在这里我也表示感谢！

（3）与专家之间双服务。我们为专家提供平台、为专家服务，我们各个分会专家的工作是勤恳的、是踏实的，有的专家甚至 80 多岁了还要为行业发展服务，我们协会总结工作的时候，我们对专家包括国外的专家，也表示衷心的感谢！

（4）与兄弟社团之间双向合作服务。中国当前的协会社团组织有相当一部分是交叉的，是有联系的。我们协会与中国建筑业协会、中国房地产协会、中国工商联房地产商会、中国钢结构协会、中国建筑装饰协会、中国节能协会、中国建筑节能协会之间都有着密切的联系，我们很多活动都是共同组织的。你中有我，我中有你。他们是我们这个协会的嘉宾，我们也是他们协会的嘉宾，我们相互之间充满信任。我讲过什么是协会，协会就是协作办会，加强我们对兄弟协会的协作就是双向服务，对此我对兄弟协会表示最衷心的感谢！

（5）与新闻媒体之间的双向合作。可以说这几年新闻媒体大量报道了我们行业发展状况，报道了我们会员单位的新的成就。人民日报、经济日报、中国建设报、中国房地产报、中国建筑时报、中华建筑报、中央财经报，还有中央和地方的电视台、电台以及各种网站，他们对我们会员单位甚至于比我们还了解，多次报道协会会员单位的情况。新闻媒体发挥了巨大作用，起到行业与企业之间的联系，起到了企业的导航作用。同时也在全社会中对我们钢结构以及建筑部品知识的作用及其对人们生活的作用，进行了舆论导向服务在此我对新闻媒体表示最衷心的感谢！

二、服务方式

协会的服务方式体现在很多方面，我主要讲以下几点：

1. 咨询服务

所谓咨询服务就是帮助会员单位攻坚克难，中国没有做不到的东西，外国所有的东西中国都能做到，我们通过引进消化吸收再创新，全世界的前沿技术我们都能学到，在此基础上还能发展。咨询服务是协会一项重要的职责和使命，只有多层次、全方位、多渠道的咨询服务才能凸现协会的力量。

2. 营销服务

所谓营销服务就是帮助企业创造商机，树立信誉、树立品牌，评选我们产品的品牌，评选我们信得过的企业，评选我们像钢结构的金奖等等。营销服务就是创造商机、推介先进、拓展市场的服务，提高社会对产品对企业的可信度和知誉度的服务。

3. 科技服务

科技服务体现在原始创新、集成创新、引进消化吸收再创新的方方面面，我们发动产学研之间的服务，使院校、建研所和我们企业紧密结合。有个统计，近四年我们协会的会员单位发明的专利至少有500项之多。还有我们的工法，钢结构施工的工法。这都是我们特别重视的科技创新。让协会在变中国制造为中国创造的行业发展过程中成为会员单位的良师益友和可信赖、可依靠、有能量的行业组织。

4. 人力资源开发的服务

我们强调行业企业的四大人力资源：

（1）企业家队伍。企业家是具有资本、有管理能力的人，中国现代企业家知名的是海尔集团的张瑞敏和联想集团的柳传志等。这些企业家成为美国哈佛大学中中国成功现代企业家教材，进行学习。我们成功的企业家队伍还不大，但从事企业家工作的人很多很多，也就是说我们企业家队伍在不断壮大。协会要为企业家健康成长服务，我前年看过一个材料，有四十几岁的企业家被累垮了，病死的，还有违反党纪国法的成了经济犯罪进了监狱，还有一种是被人所害，这是值得我们惊醒的。但我们看到更多的智商注重科学，儒商注重诚信，更多的华商注重自信和胆略。企业家的健康成长是我们协会的职责。

（2）技术专家队伍。我们的技术专家、博士生、工程院院士，还有各个行业的专家包括国外同行业专家是协会的财富，也是协会工作的能量所在。

（3）管理专家队伍。我们企业要搞好管理，无论是金融管理，还是财务管理。过去说我们的企业管人事不懂人事。管财务只管收账进账，不懂资本经营，那不行。科学发展一要技术、二要管理，特别是当今时代的信息管理、知识管理和文化管理。

（4）工人技师队伍。所有国家的工人都是由农民过来的，历史是由农业文明走向工业文明，由农民变成工人。我不太赞成农民工这个说法，今天工地上的是我们建筑业的产业工人，工厂里的是我们建筑部品的产业工人，要有产业工人的素质和要求，壮大工人技师队伍也是协会的职责所在。

5. 信息服务

现金的社会是知识经济和信息社会，国内外信息的发布、世情的分析，中国国情以及行业的行情分析、企业的企情分析，在经济建设时期非常重要，我们所有发明创造都不是从零开始的，是在前人的肩上往前发展的，必须掌握大量的信息情报。信息服务是一项重要的服务。

6. 法律服务

两个律师事务所和我们协会签订了合作协议，维护我们会员单位的自身权利，包括国内外的权利，要维护中国产品的权威、中国企业的权威。法律服务是企业家的外脑服务，包括降低管理成本、化解经营危机、预防市场风险，从而实现会员企业的长久发展。

7. 标准规范服务

包括制定标准、修订标准、宣贯标准的服务。

8. 合作服务

包括银企合作（银行和企业之间的合作），产学研合作，产业链和产业群之间的合作，国际合作等，合作是更高层次的竞争策略。

9. 走出去战略实施服务

包括国际交流、国际考察、国际展销、国际商贸等。

10. 新闻媒体服务

包括广告宣传、媒体搭桥，新闻监督等。媒体服务应成为协会的长项，为会员企业创造好的经营环境。

三、服务能力

我们讲服务要有能力，要为你服务没有能力不行。一句话要想干事、能干事、会干事、干成事，还要不出事。要有求真务实、真心实意、真抓实干的能力。

1. 学习与研究的能力

（1）学习的价值。要真正意识到学习的价值，中国共产党要办成学习型政党。美国要搞人人学习之国，德国提出终身学习理念，新加坡提出2015学习计划，日本要把大阪、神户办成学习型城市，我党要办成学习型政党，学习是财富之源，学习是人生价值之本，会员企业要成为学习型员工，要成为知识型员工。要有对学习价值的高度认识。

（2）学习的目的。要做到学有所得，学以增智，学以致用。

（3）学习与研究的能力决定了服务的水平及效果。

2. 掌握世情的能力

（1）掌握世情是为了尽一个大国的责任。要掌握世界情况、国际情况，作为企业你不要忘记了你是大国的企业，你的行业是中国一个大国的行业，要尽到一个大国的责任，我们要对人类发展做到一个大国的责任包括节能减排，我们总理在国际上也提出了中国作为大国应该尽到自己的责任，这个责任要落实到行业、落实到企业。协会要有掌握世情的能力，才能使我们的会员企业尽到大国的责任。

（2）掌握国情的能力为了道路自信。要做到高度自信，中国要走中国特色社会主义道路，理论自信、道路自信、制度自信是十八大提出的要求，也是我们要有自信力，在中国办企业我自信能够做到最大、能够做到最强、能够做到最优，我不行我儿子行，儿子不行，孙子行，要有这种自信。协会要开展各种有益活动，促进企业自信，企业家自信。

(3) 掌握行情的能力为了发展行业特色。我们有管钢结构生产的、管建筑部品的，都是为房地产服务的。行业有行业的特点，协会要特别重视中小微型企业的发展，我们要看到我们行业里有相当一部分技术还是落后的，是小作坊生产，但是也有一部分是集成化生产，是自动化生产线生产。我们现在最新的也有、最落后的也有，中国的有、外国的也有，要用最新的理念、最新的装备来充实自己。协会要有行业发展的号召力。

(4) 增强掌握企情的能力是为了提高会员企业的竞争力。增强企业市场竞争力、国际竞争力，这是非常需要的。协会的活动要受企业所欢迎，会员单位参加活动要有所得。最近，协会秘书处向会员单位印发了国务院及部门下发的扶持中小企业的58个文件，协会要帮助会员企业用足、用活、用好这些文件。

3. 品牌活动的影响力

(1) 品牌价值。协会要开展活动，我多次强调品牌活动、品牌价值。如果质量好是一个产品物理属性的话，那么品牌不光是物理属性还包括产品的情感属性，所以一个企业家终身是为创造一个品牌而奋斗的，我们要学习品牌的价值。协会所开展的活动要有较大影响力，参与人数多，社会知誉度高才能称得品牌活动。

(2) 品牌战略。作为企业、作为行业，要推进品牌战略，我们走社会主义道路就不要故步自封、不走老路邪路，不做人家做过的、社会要淘汰的产品，要做先进的品牌产品。协会有责任组织专家根据不同会员企业、不同产品去制订好，促进实施品牌发展战略。

4. 人格魅力与凝聚力

就是说你要有能力，人格是关键。我经常讲过政府工作靠权力办事，靠“三定”方案当然也要受人民拥戴。而协会则要靠魅力、靠品德、靠品行和企业打交道，靠不断创新开展工作，要有事业心、责任心，要有向心力、凝聚力，要有亲和力和号召力。

5. 推进联盟合作、构建和谐文化氛围的能力

现在全球全人类都在讲联盟，如东盟合作组织、上海合作组织、五十国集团、金砖四国等都在谈合作，我们也要开展合作。企业要推进联盟合作，构建行业和谐文化的氛围。

(1) 在为人处世上以人为本。所谓以人为本，就是两句话：一个是“所有事情都是人做的”，另一个是“所有事情都是为了人”。共产党的最高原则是为了人的全面解放。我们除了要干企业之外，也是造就一代企业新人。

(2) 在市场活动中以和为本。现在说市场是竞争的、是你死我活的、是残酷的、是无情的、是大鱼吃小鱼，小鱼吃虾米的，这是过去老话，不完全确切，当前合作是更高层次的竞争，谁善于合作谁就站到竞争的制高点。要以和为本，做到合作共赢。

（3）在社会责任方面以诚为本。我们一个企业要有社会责任感，要对中国社会、中国人民、当代政府尽到我企业的责任，千万不要假、吹、赖、骗，要以诚信为本。

（4）在研发过程中以实干为本。一句话就是要干出成就、干出成效，要实干实绩，要把研究成果变成生产力，要用实干推动我们行业的发展。

今天我讲了三个方面，讲了服务的理念、服务方式和服务的能力，我们现在召开的是协会第十次代表大会，在十大期间同时举办了国际门窗高级研讨会，有来自美国、日本、德国、意大利，还有西班牙大概十九个国家的专家。同时我们明天还将在北展新馆举办世界第二的中国国际门窗幕墙博览会，我要求在本届也就是4年期间要办成世界最大的博览会，要超过德国的纽伦堡。为什么我们中国的展会扩不大呢？我们要发动各省市协会、各专业委员会共同努力把中国的展会办成全球最大的。现在我们是和欧洲门窗协会共同主办，欧洲也很欣赏中国举办的第十届中国国际门窗幕墙博览会，所以我们与会代表要到博览会上去看一看，百闻不如一见，有很多建筑节能的新产品新技术，会对你企业发展思路有一个新的启发。我们除了学习长知识，还要增加见识，还要增强胆识，不断地充实自己，真心办成受会员单位信赖的服务性协会，提高自己。

同志们，党的十八大的精神重在坚持高举伟大旗帜走向美好未来。强调理论自信、道路自信、制度自信，对于我们行业的专家来说，正是聪明才智迸发之时机；对于我们的企业家来说，正是雄伟蓝图实现之契机；对于我们行业的社会活动家来说，正是万丈豪情发挥之良机。让我们增强自我净化、自我完善、自我革新、自我提高能力，让我们学习学习再学习、创新创新再创新、服务服务再服务，建设好服务型的社团组织，解放思想，实事求是，与时俱进，求真务实，干出一番具有实践特色、理论特色、民族特色、时代特色的壮大行业、做强企业的伟大事业！

（2012年11月22日在北京“中国建筑金属结构协会第十次会员代表大会”上的讲话）

新春寄语

我想就我们协会的工作讲四个方面，即进入 2013 年后新闻报刊上用得最多的四个字——“梦、美、清、新”。

一、梦

1. 中国梦、行业梦、企业梦、协会梦

首先，是习近平同志提出的“中国梦”，对我们来说就是行业的梦、企业的梦、协会的梦。所谓梦，它的本质就是一种追求、一种理想。

2. 追求、理想

对于一个单位、一个个人来说都应该有所追求，有所理想。如果说我们中国建筑金属结构协会的工作得到了领导的肯定、社会的公认，正是我们在座的各位有追求、有理想的结果。我们有些同志在协会工作多年，不说是为这个行业呕心沥血，也总是想在这个行业做出些名堂。我们各个专业委员会的主任，能够得到行业的认可、企业家的认同，也就是我们一种追求和理想——把行业做强、把企业做大，协会的作用也就是如此。

今天我们在座的以专业委员会为代表的每个人有追求、有理想，也都有自己的梦，我们的梦也是“中国梦”的一部分，是我们各个行业之梦、各个企业之梦和我们协会之梦。

3. 反思：事业心、责任心

围绕事业心、责任心，我们要反思，我们的事业心、责任心还有不强的地方。具体表现有三点：

(1) 行情不清。我们协会的 15 个专业委员会对于所属的行业究竟有多少，搞不清楚。以铝门窗委员会为例，有玻璃、铝型材、铝门窗、门窗配件、机械制造、密封胶等诸多的行业，我们在座的每一位同志都要关心我这个行业在中国是个什么状况？行业有多少从业人员？有多少大中小企业？行业发展存在哪些问题？行业有哪些技术是领先的？有哪些技术在世界上是落后的？我们现在对这些了解的并不是那么清楚，那么我们的梦要怎么做呢？如果“情况不明决心大，数字不清点子多”，这就很麻烦了。

（2）会员发展慢。可以这样说，我们现在各专业委员会的会员作为协会的代表，其代表性是够了——在中国比较成型、比较像样的企业都已经加入了我们协会，具有协会的代表性。但是，还有很多中小企业没有加入到协会当中来。也就是说协会仅有代表性而不具备普遍性，这是不行的。

（3）有些人在搞好协会工作中还多多少少存在着些畏难的情绪。如何克服这种畏难情绪呢？那就要充分依靠地方建设行政主管部门和兄弟协会，省建筑业协会有管我们门窗、钢结构的，房地产协会也有管我们的部品的，所以我们要发挥他们的作用，关键是我们自已要有强烈的事业心和责任心，才能克服畏难情绪。

这三点对于我们“做梦”是有影响的。或者说让我们做好梦，做好行业梦、企业梦、协会梦，必须克服行情不清的问题、会员发展比较慢的问题、多多少少存在的畏难情绪的问题。

二、美

1. 美丽中国、美好未来、大美人生

“美”的本质我理解是指一种能力、一种水平，没有能力、没有水平谈不上美。我们的追求是美丽中国、美好未来，实现我们自身的大美人生。

2. 能力、水平

各专业委员会之所以取得一些成就，也正是其能力所在。

（1）标准化工作是行业工作的基础，我们协会各专业委员会在行业各项标准规范的制定中，起了相当大的作用。2012 年经过大家的努力，在以下方面取得了较大成就：

1）已批准发布的标准有：《上滑道车库门》JG/T 153—2012、《工业滑升门》JG/T 353—2012、《建筑用塑料门》GB/T 28886—2012、《建筑用塑料窗》GB/T 28887—2012、《建筑门窗五金件 双面执手》JG/T 393—2012、《建筑门窗复合密封条》JG/T 386—2012）、《碗扣式钢管脚手架构件》GB 24199—2012、《钢板冲压扣件》GB 24910—2012、《建设工程分类标准》GB 50841—2013、《建设工程咨询分类标准》GBT 50852—2013 等。

2）正报批在编的标准有：《木门窗》、《电动卷门开门机》、《电动伸缩围墙大门》、《飞机库门》、《户门》、《集成材木门窗》、《电动开门机》、《塑料门窗设计及组装技术规程》、《建筑门窗用未增塑聚氯乙烯共混料性能要求及测试方法》、《建筑用硬质塑料隔热条》、《建筑幕墙抗震性能振动台试验方法》、《建筑门窗五金件 通用要求》、《建筑门窗配套件应用技术导则》、《建筑光伏夹层玻璃用封边保护剂》、《建筑光伏组件用 PVB 胶膜》、《建筑光伏组件用 EVA 胶膜》、《建筑用光伏系统技术导则》、《建筑用光伏遮阳构件通用技术条件》、《喷塑铸铁无砂散热器》、《采暖用钢制散热器配件通用技术条件》、《脚手架安全统一标准规范》、《建筑同层排水工程技术规程》、《减压型倒流防止器应用技术规程》、《建筑给水水锤吸纳器应用技术规程》、《喷泉水景工程技术规程》、《高压冷雾系统技术规程》、《冷热水用分集水器》、《外墙外保温技术要求及评价方法》、《建筑市场主体信用评价标准》、《国际工程风险评估技术规范》等。

3）参与了《国家职业大典》修编，修订了《管网叠压供水设备》、《给水排水软密封闸阀》标准等。

4）制定了《建筑钢结构行业“十二五”发展规划》、《压铸铝散热器“十二五”发展规划》、《铜管对流散热器“十二五”发展规划》、《铸铁散热器-“十二五”发展规划》等，为推动行业的健康发展提供了指导性意见；进行了“钢结构住宅产业化推进课题研究”和“散热器采暖系统低温运行节能效果”、“塑料门窗系统评价方法”等课题研究。

（2）协会在重点企业的发展中也起重要的影响作用，进行了大量的引导、扶持工作，涌现出一大批领导行业健康发展的领军企业。2012年协会评出了117个科技创新优秀企业；各专业委员会分别评出了66家钢木门窗领军企业，18家中国塑料门窗行业名牌窗企业，25家塑料门窗定点企业，16家门窗配套件企业的48个推荐产品，光电建筑应用“四新”优秀企业，108家获“中国钢结构金奖”企业，56家建筑钢结构定点企业，6家采暖散热器中国驰名商标企业，21家知名品牌企业，13家建筑模板行业重点推荐企业等等。

（3）在行业的难点、热点、重点问题上各专业委员会做了大量的行之有效的工作：

1）钢结构住宅体系推广将是未来我国钢结构行业实现可持续发展的必由之路，住房和城乡建设部印发的《住房和城乡建设部2012年科学技术项目计划》中，已将“钢结构住宅产业化推进研究”列为2012年软科学研究项目下达给协会。钢结构委员会按照住房和城乡建设部的要求，组成了钢结构住宅产业化研究的课题组，积极开展钢结构住宅产业化的调查研究。

2）全力推进建材下乡活动，所谓建材下乡就是建材制品下乡、成品下乡，塑窗正是下乡的主要内容。塑料门窗委员会在北京召开了塑料门窗下乡工作会，讨论确定了调研方案和调研路线，明确了以集中建设的新农村建设、撤村并镇、危房改造、节能示范等作为突破口开展工作。《中国建筑金属结构》杂志开辟“建材下乡”专栏，专题介绍中央有关建材下乡政策、意义、观点和把握商机、企业应对及市场展望。

3）逐步解决门窗幕墙行业的“三难”（即安全、节能、防火）问题，积极探索创新发展新思路。

（4）在国际交流方面，协会、各专业委员会分别组织企业赴欧洲、美国、日本等国进行考察与交流，了解发达国家的先进管理和技术，引进消化吸收再创新。特别是铝门窗幕墙委员会、联络部在其中扮演了相当重要的角色，每年都和德国门窗幕墙协会一起合办幕墙展，均取得了巨大的成功。

(5) 我们的各行业的期刊、网站发挥了巨大作用，尤其是协会的杂志《中国建筑金属结构》和网站，建立了行业与企业之间的联系，起到了企业的导航作用。

3. 反思：学习与思考

即便是取得了如此大的成功，我们还是要反思：

(1) 有些专业委员会的文字表达能力实在是不高；

(2) 口头表达能力不够；

(3) 社会活动家的学习热情不高。

我常说协会有“三家”—企业家、专家和社会活动家。我们是社会活动家，当然我们有些专业委员会的主任本身也是专家，但我们的工作不在专家上应该在社会活动家上，社会活动家就是要把专家、企业家发动起来，把行业振兴起来。企业要办成学习型企业，员工要成为知识型员工，当今社会不善于学习的人就叫作“现代文盲”。作为社会活动家要有顽强的学习精神，时刻把自己摆在社会活动家的位置上，想问题、做事情，发动社会方方面面为我们行业进行宣传、为我们行业发展进行推动和强有力的咨询服务。

三、清

1. 清平世界、清政文明、清廉做事

我们追求的是清平世界，我们政府部门要清政文明，我们协会要清廉做事。

2. 素质、品德

我们要做到崇清、尚清，清正廉明，其本质就是人的素质问题、品德问题。我多次讲过，我们协会的专业委员会总体看来是做到这一点的，我们在开展活动的同时就能把廉洁办会的精神贯彻下去。人生如飞机——不在乎你的飞机飞多高、飞多远、飞多快，不在你做多大的官、挣多少钱，这个飞机要安全着陆才是成功，人生也是如此。

3. 反思：自我净化、自我完善、自我革新

我们要经常反思自我，做到自我净化、自我完善、自我革新。

(1) 我们有些同志，动不动就围绕自己私利开展协会工作，这是不行的，协会不是为我们任何一个人谋私利的地方；

(2) 有些同志找企业报销费用，数目虽然不大，但影响非常不好；

(3) 合作精神不强。任何人都有缺点，不能以自己的好恶与同事、与会员单位打交道。同我们一起工作的人，有我的领导、我的同属、我的下属，这三种人都是有缺点、有错误的人，要以大局为重，要有容忍精神。北京精神其中有两个字叫作“包容”，我们要有容人之度。

四、新

1. 创新、求新、履新

新包括创新、求新、履新，本质就是一个标准和要求。

2. 标准、要求

关于协会的工作我经常强调两点：第一，协会的工作干起来没完没了，要不干不多不少。第二，协会工作没有硬性规定，都是自己找活干，所有的工作都是创新的。

近些年来，协会的创新工作不少，有很多品牌化的活动。所谓品牌化活动有三个标志：知名度高、影响力大、参与人数多。如协会、各专业委员会组织、主办的中国国际门窗幕墙博览会、中国（永康）国际门博会、铝门窗幕墙新产品博览会、国际塑料门窗及相关产品展览会、光伏四新展、北京国际供暖展、中国国际现代施工技术、模板脚手架展览会、上海建筑给排水展览会，以及中国国际门窗城、中国门道馆等宣传和推广新产品、新技术；召开的塑料门窗保温节能技术交流会、“节能行为打造健康舒适生活——中国壁挂炉与新型散热器采暖系统应用论坛”、中国（上海）国际建筑给排水高峰论坛、海峡两岸建筑消防技术论坛、热泵论坛、中国喷泉水景高峰论坛、建筑门窗配套件行业技术交流会、中国国际现代施工技术、模板脚手架工程技术交流会及各种标准宣贯会和技术培训班等，为新技术的推广应用铺路搭桥；还有组建“中窗联”引导节能木窗行业健康发展，建筑门窗配套件行业科技创新论文大赛鼓励和表彰科技创新等等活动。

3. 反思：联合驱动力、品牌活动力

从联合驱动力和品牌活动力这方面我们也要反思三点：

（1）有些时候我们指导工作对行业也好，对协会的企业也好离不开两个“老”：老生常谈、老话常说。尤其对我们在协会工作时间比较长的人，这是一大挑战；

（2）自我满足，自我感觉良好。如果自我满足了，就会停滞不前，就没有工作压力，就会失去学习的动力；

（3）缺乏世界眼光、战略思维。我们协会是在中国这个大国里搞协会，我们作为一个大国的协会应该承担起一个大国的责任，我们要把我们的协会做大，做成应有的大国协会的样。我常说，真正的大企业，应该是在中国，而不应该是在欧洲、美国、日本，因为中国的市场太大了。当然，这需要一个过程，我们从新中国成立到现在也不过 60 多年，人家一个企业动辄就是百年企业，我想我们用不了百年之后，也应该有世界上最大的企业、最大的行业。而作为一个行业的负责人，我们就要有大国的姿态，大国的责任感，同时要有放眼世界的战略性思维。

今天我围绕“梦、美、清、新”这四个字讲了一些体会，每个字我都充分肯定大家的成绩，但同时我也分别指出了3个不足，共12个不足，仅供参考，希望大家深入思考。当然，我们各专业委员会还要互相交流，有很多好的经验、做法，内部之间值得相互学习、相互启发和提高。

今天在协会年度工作总结会上，各专业委员会和秘书处对去年一年的工作进行了总结，我是完全赞同的，现在我把“梦、美、清、新”四个字作为新春寄语，送给大家，与大家共勉，希望大家在新的一年里把协会工作做得更好！

（2013年1月30日在北京“中国建筑金属结构协会2012年度工作会议”上的讲话）

把协会工作当作一项创新去研究

为什么要把协会工作当作一项创新去研究？我多次讲过，协会工作没有“三定”方案，即：定机制、定职责、定人员，协会是一个社团组织，其次上级主管部门也没有工作指派，我也没有安排委员会的工作内容。没有人给我们布置任务，所有的事情都是自己思考、自我寻找。困难也是自找的，工作也是自找的，它是一种创新。到今天为止，作为一个协会应该如何做，都在探索过程中。所以说协会工作要作为一项创新去完成，也就是说我们开展的工作都是创新，关于创新我从四个方面简单说一下。

一、创新研究的宗旨

作为我们协会创新的宗旨就是：壮大行业，做强企业。我们是为行业、为企业服务的。目前与建筑相关的行业有多少个，无法说清。我原来在建设部工作时，我跟部长说过，建设部究竟管多少个行业？谁也说不清楚。行业有大行业、中行业、小行业，同样的我们协会也是，每个专业委员会管的不是一个行业，大行业还可以细分若干小行业，还有许多专业不同的行业。

我在此讲一件事情，近期我参加了一个中山的会议，给我感触很大，我回来之后想了很久，什么事情呢？一家名外国公司，他们主要从事门窗配套件生产，这家公司兼并了我们多家企业，而这几家企业都是我们行业比较著名的大企业。我在会上讲过要学习这家公司，反过来我想，我们的企业干什么去了，我们这么好的企业被他们兼并了，他们有本事有能耐，我们企业本事能耐到哪里去了？国外企业发展到目前这个程度，把我们行业中的大企业、名企业兼并了，我们应该为他们感到高兴。但是反过来思考我们自己的企业，任何一个企业从开始成立处在原始资本积累阶段，到企业快速发展阶段，再到扩张发展阶段，这个阶段就要通过兼并收购其他企业，才能把自己企业做大做强。我们的会员单位企业怎么让自己做大做强，怎么去实行自我企业扩张发展，这个问题值得我们深思。

国外企业也是为行业作出了很大的贡献，也值得我们学习，我们向国外企业学习，学习的目的是什么，学习就是为了赶过你、超过你。我们要时刻牢记协会创新的宗旨是：壮大行业做强企业。

二、创新研究依靠的力量

每个专业委员会都管很多行业，大大小小的少则有五六个，多则有七八个的行业，怎么把它做大做强？我们要有所依靠，我们要研究依靠的力量，具体有三个方面。

1. 依靠“三家”（专家、企业家、社会活动家）

我们本身作为社团工作人员就是社会活动家，当然我们专业委员会主任相当多的也是专家，但是我们不是企业家。在地方上也有不少社会活动家在某一个省、某一个市开展多样的活动，这都是我们紧密依靠的对象。我们要依靠这些专家、企业家，依靠地方各个方面、各个部门、各个行业的社会活动家去开拓创新我们的工作。

2. 依靠政府主管部门和地方协会

中国太大，一个国家协会将全中国的行业管起来很不容易，当然我们这个协会有先天不足，它不同于中国建筑业协会、不同于中国房地产协会、不同于装饰协会，他们都是中央有协会、省里有协会、市里有协会，甚至于县里也有协会，我们从成立到今天，辽宁、山东等省有类似协会，但多数没有，有的是在其他协会之中。作为我们来讲还是要紧紧地依靠地方协会，即使是在其他协会之中的，只要负责相关方面工作给我们的行业管理有利的，我们都要依靠。比如我们要到某地开展活动，往往都有家企业赞助，有地方某个协会的支持。还有地方政府主管部门如市里的建设局、省里的建设厅，我们都应该主动联系。作为我们的会员单位，他们也希望通过我们协会能够紧紧依靠本地区的政府主管部门，以使这个行业、这些企业能够引起地方政府、主管部门的重视和支持。

3. 依靠媒体

媒体的力量是强大的，我们有的专业委员会开展活动不声不响，不邀请记者只能在会员企业内部开展，往往活动的影响很小，如果我们邀请媒体单位出席，能够让他们采访我们会员单位，我们会员企业家是高兴的，他们希望能够宣传。另外，作为我们会员单位的企业家是希望有记者新闻单位报道他们的事迹，对他们企业成长是有利的，因为他有商业的需求。作为专业委员会主任你也要接受采访。因为你不是你自己个人有什么需求，而是你代表一个行业，你要宣传你这个行业。所以要做到电台有声、电视有影、报刊有字、网上有页。凡是有关协会的报道的报纸我都收集了，《中国建设报》2013 年 7 月 11 号有关地暖的报道，地暖行业不算个大行业，但在建设报的宣传中相当多，他们经常报道会员单位和行业的发展。这次仅《中国建设报》就两版都是地暖的。我要求每个专业委员会都要定一份建设报，不能没有建设报，我们在建设行业工作没有《中国建设报》是不行的，这是建设部机关的喉舌，是代表行业的。而我们有的委员会在建设报中无声无影，为什么我们其他委员会不能跟地暖刘浩同志学习，互相交流呢，值得学习交流的。

三、创新研究的基础

协会工作展开要研究目前的各种状况，我们研究就要有研究的基础，离开基础就无法研究创新。这个基础包括很多方面。主要有：

1. 尽力掌握“四情”（世情、国情、行情、企情）

“四情”是指世界情况、国家情况、行业情况、企业情况。关于“四情”我们有时很难完全掌握，因为我们协会机构不像政府机构那样严密，很难准确全面掌握，只能尽力尽可能地去掌握。现在我们协会谁能把这个行业说清楚吗？我想了解了一下各个行业涉外的情况，如有多少产品出口了，出口到哪些国家，出口量是多少，多少人民币，多少美元？有的能说清楚，有的说不清楚。我不埋怨大家，因为我们协会没有严密的组织机构，很难掌握情况。但是尽管如此我们要尽可能地掌握情况，不调查研究，不掌握情况，叫“情况不明决心大，数字不清点子多”。这样工作很难讲究成效。

2. 尽力了解会员单位诉求（商情、商机、商场）

我们开展活动，我们会员单位有什么想法，他究竟想搞什么活动，有的活动我们是为整个行业举办的，有的活动是为某一个企业举办的，有的是为某一个地区的企业举办的，这些都可以。只要是为企业服务的，这里有企业需要的商情、商机和商场，也就是我们的市场。我们的企业都是商人，都是制造商、供应商、采购商，他们追求的是商机，在某种意义上协会也是商会，在这方面要有个意识。要尽力了解诉求，做到与政府主管部门有效沟通和为会员企业创造商机。

3. 尽力争取合作伙伴（企业、院所校、地方、兄弟社团）

做任何一个事情，都需要有人帮忙，都要合作。今天的事情靠一个人、一个部门是很难完成的，必须要重视合作，从国家发展来说，比如金砖五国、东盟十国、二十国集团等，所有国与国之间都是谋求建立战略联盟关系，企业也是如此，协会也是如此。从中国的协会来讲，有一些协会跟我们协会管的差不多，我们很多协会与协会之间有交叉，我们不能去排斥，尽量联合他们成为我们的合作伙伴。合作伙伴包括：

（1）企业，特别是行业中的领军企业；

（2）与行业相关的院、所、校，就是研究院、研究所、高等院校，是我们的合作伙伴，既是培养人才的需要，又是课题研究的需要；

（3）地方政府主管部门，我们到哪一个省、一个市、一个县都要和地方主管部门进行合作，不要我们自称老大，因为他们熟悉地方的情况，要主动争取领导和支持。

（4）兄弟协会，包括地方协会，地方协会不是我们所领导的协会，他也是兄弟协会，他跟我们没有隶属关系，但是对于行业来讲我们还是紧密的联系，我们要和他们为了一个共同的目标开展紧密的合作，这样才能壮大行业协会的力量。

四、创新研究的方法

1. 品牌活动

近几年我们委员会搞的品牌活动，今天我不表扬了，每个专业委员会都有自己的品牌活动，连续举办了许多年，办得很不错，已经有影响了，社会影响力比较大。我们会展十九届，就是十九年了，是多少年坚持下来的，包括我们的年会、专家委员会会、研讨会、展览会等等都是品牌性的活动。我在此介绍一媒体报道的品牌活动，有《十大品牌创造力》、《中国十大锁王》、《打造品牌创造力》，这些品牌活动肯定是协会举办的，都值得我们学习。所谓品牌活动就是我们组织的活动在社会中有较高的知名度，参与企业多，影响力大，高度具有成效，受会员单位的欢迎和关注。

最近我还看到某一个协会评选中国十大面条，引起很多争论，公布完了之后，陕西人非常不满，陕西有二三十种面条一个没有入选，苏州的奥灶面也入选了，弄得不好会引起争议的，该选的没有选上，不该选的选上了也不行的，总之品牌活动是要动脑及多研究、多总结才能开展好的。

2. 咨询服务

包括集体咨询服务、个别咨询服务，都是为企业的服务。

3. 考察交流

国际国内考察，国外考察分三大考察：市场考察，产品考察，企业考察。

4. 培训、研讨、学习

这里强调一下学习。最近习近平同志在中央党校建校 80 周年讲话中提到，全党面临一个重要课题，就是如何正确认识和妥善处理我国发展起来后不断出现的新情况、新问题。现在我们遇到的问题中有些是老问题，或是我们长期解决还没有解决好的问题，或者是有新的表现形式的老问题，但大部分出现的是新问题，新问题每时每刻都在出现。而且都是属于我们过去不熟悉或者不太熟悉的，出现这样的状况是由世情、国情、党情发展变化引起的，不论是新问题还是老问题，不论是长期存在的老问题还是改变了形式的老问题要认识好、解决好，唯一的途径就是增强我们的自已的本领，增强本领就是加强学习，即把学到的知识运用于实践，又在实践中增加检验解决新问题的本领。学习的目的是为了应用，领导干部要加强学习，根本目的是更好掌握本领、提高解决实际问题的水平，空谈误国，实干兴邦。反对学习和工作中的空对空，战国赵括纸上谈兵的历史教训值得大家引起警戒。讲兴趣激励学习的最好老师，知之者不如好知者，好之者不如乐之者，学习是领导干部的一种追求、一种爱好、一种健康的生活方式，做到好学乐学，除了浓厚学习兴趣就可以变要我学，我要学，变学一阵，为学一生，学习和思考，学习和实践，是相辅相成的，正所谓博学之、审问之、慎思之、明辨之、笃行之，即强调学习的重要性。总之，好学才能上进，中国共产党人依靠学习走到今天，也必然要依靠学习走向未来，我们的干部要上进，我们的党要上进，我们的国家要上进，我们的民族要上进，就必须大兴学习之风，坚持学习学习再学习，坚持实践实践再实践。现在我们中国学习之风值得重视，据调查现在读书的人太少了，电脑普及之后看书便少了，写字的人也少了，不学习只空谈，包括一些领导干部整天忙于接待事务，不学习就无法做好我们的工作。我们有些同志身在协会工作，自己不重视其自身的工作价值，放松了学习，这是绝对不行的。

5. 参与政府部门的决策

要提高我们政府主管部门决策的参与度，包括标准规范都是为政府部门服务的，政府部门开展的活动尽量让我们多参加，我们参加得越多，参与度越高，我们协会的地位和作用越突出。每个专业委员会都要有兴趣认真地对待政府部门布置的每一项决策，参与其中，体现我们的作用，不能埋怨政府主管部门不找你，不发挥你作用，那是我们联系不够，水平不高，或者说行业的话语权不多，有你没你都行。你有用人家才找你，没用也就不找你了。

总之今天的交流会要强调的是三句话，即：任何时候都要牢记要工作就要创新，要创新就要研究，要研究就要学习。

今天的内部交流也是一种学习，应该说到今天为止，我们中国建筑金属结构协会在行业中、在社会上、在全国城乡建设系统中，还是有相当威望的，外界对我们的工作表示了赞扬，我听了很高兴，还有很多新闻单位，包括清华大学、中央新闻单位都发通知要求我参加各类活动。一句话，协会工作干得好，社会公认就好了，举办一个活动有影响力，自然有口皆碑。但说你好的也有，说你坏的也有，所以我们看到大家的赞誉要更加谨慎，要做到好上加好。

今天我们互相交流，人活在世上也是要死的，活一天干一天就要做有价值的事情，活动一天就写一天历史，这就是人的价值，其他毫无意义，功名利禄都是次要的。我们要在协会工作中对金属结构协会负责，对协会的会员单位负责，同时实现我们每一个人的人生价值。

另外，中国建筑业协会建材分会下面的一个三级、四级协会砂浆搅拌委员会，他们经常叫我们去，我很欣赏他们举办的活动。每开一次会，大屏幕上把他们的活动、他们所有的讲话都在大屏幕展示出来，充分利用这个大屏幕，我们拍不起这个片子，我们开会不会利用屏幕，现在认真听报告的人不多，要是通过大屏幕来展现效果是相当好的。所以我经常用 PPT 讲话，希望我们的专业委员会会议、我们的年会，开得更有水平一点。

最后还要强调学习，我们的文字能力还要提高，要大胆发表署名文章，其次提高自己的文字水平。我们一是要讲话，要有号召力，要有煽动力，要把企业煽动起来，其次还要写出文字，能总结问题、提升高度，这也很关键的。

我所有给你们讲的就是对我讲的，所有要求你们的都是要求我自己，我在协会现在是第二届了，我有时老担心，第一届我可能刚来，还想了不少事，讲话有新内容，可是到了第二届了老讲就老生常谈了，老话常说，老调重弹，那就需要学习。同样的我们在专业委员会工作多年了，优点是有经验、有朋友；缺点是缺少创新，必须自己加以注意了，只要我们自己能认识到便能有所提高。

衷心祝愿我们的会议圆满，我们在座的都是我们协会的骨干，时间过得太快，7月份马上就结束了，一年的时间已经过去了一半，所以时间要抓紧，工作要抓紧。

（2013年7月12日在北京“协会内部交流大会”上的即席讲话）

壮大协会十项展望

在过去的一年，大家做了很多工作，秘书处进行了总结，提出了要求，在此我想再谈谈我对协会工作的一些想法。

我时常说，我们协会的使命就是八个字“壮大协会，做强企业”，要将我们的会员企业做大做强，我们协会本身也要做大做强。对于怎么壮大协会，我提出包括我们已经做了的和还有今后要加强的十项展望。

一、振兴行业的会展业

会展是一个产业，随着市场经济的发展，会展越来越重要，协会要紧抓展会，这对于我们振兴行业非常重要。对于展会我们协会有一些成功的经验，对此我想提出五点想法：

1. 门窗幕墙五会联办四大展会

中国国际门窗幕墙展已经办了11届，广州门窗幕墙展已经到了20届，都有了非常长的历史了，对此我有一个五会联办的想法，即铝门窗幕墙委员会、塑料门窗委员会、钢木门窗委员会、建筑门窗配套件委员会及协会联络部五个部门联合办展会，将展会办得更加盛大。

我2013年要求国际门窗幕墙展必须超过德国的展会，在上海的展览会上参观人数等几个方面已经超过了，展会面积上还有欠缺，今年在北京的希望更进一步。希望四个委员会和联络部五个部门能联合兴办展会，一同作为展会的主人，都要对展会负责。在上海的中国国际门窗幕墙展之后，我要求四个委员会分别对自己的会员单位参展情况写出总结，因为任何一次展会都是一次学习，都会存在需要继续发扬光大的成就和经验，也会存在各种不足之处，所以要不断地总结才能不断提高。

四大展会即东方的上海展会、南方的广州展会、北方的北京展会、西方的重庆展会。重庆展会自我去年提出，现在正在筹备，我去过展会地点，位置还是不错的。广州的展会，我希望铝门窗幕墙委员会能将它办成门窗幕墙展，而不单是铝门窗幕墙展，严格说我们这个协会应该成为门窗协会，门窗协会就应该包括各种各样的门窗，除了现行的三大门窗之外，还有很多其他材料的门窗，比如我上次在广州见到的碳门窗，像此类新型材料的门窗将越来越多。欧洲就是门窗协会，每年中国国际门窗幕墙展欧洲门窗协会主席豪克都自费来参加，并且还组织欧洲的企业来参加展会。所以我觉得应该将广州门窗幕墙展变成五个部门联办的展会，将展会规模办大。

2. 建筑钢结构会展

钢结构与其他不同，并不是产品，包括幕墙其实是施工，产品好办展会，而建筑不好展示。住房城乡建设部曾办过建筑展会，但建筑不能搬迁，所以只能展示图纸和照片，所以钢结构办展会有一定难度，但仍然要办，钢结构主要办成就展。新中国成立以来，举办过几次住宅钢结构、交通钢结构、工业钢结构等方面的成就大展，包括展示我们的钢结构金奖。但规模有待扩大，影响有望深远。

3. 给排水设备会展

给排水设备相当一部分是产品，给排水设备分会应该与国际供水协会及其他协会联合起来举办一些大型展会。

4. 采暖、地暖会展

采暖散热器委员会与辐射供暖供冷委员会联合起来办展会，这部分对于日常老百姓生活十分重要，与生活息息相关，这样的展会应该要办好。

5. 模板与扣件会展

建筑模板脚手架委员会与建筑扣件委员会应该联合起来办展会，这几年建筑模板脚手架委员会参加了建材协会的展会，这也很好，并不一定是我们自己的展会，参加其他协会的也行，但参加其他协会的展会要将我们的展会越搞越强大，虽不说喧宾夺主，但要占到一席之地，不能显得可有可无。

6. 光电建筑会展

光电建筑也跟钢结构一样，并不好办展会，所以也要办成就展，甚至可以与钢结构联合起来办成就展。

总之，会展展出的是企业新产品，企业家新风貌，也是向全社会普及我们行业、企业和产品的新知识。

二、全力推进科技创新

十八届三中全会以后强调科技创新，应该说从总体看，我们所做过的行业的水平与国外发达国家的水平还是有一定差距，包括门窗、钢结构等。但是我们这几年也有赶上、甚至在国际上领先的技术，总体上有差距，但单方面我们有突破、有进步。2013 年建筑钢结构分会组织到欧洲考察，回来之后有一部分企业反映，说德国的设备技术太先进，我们学不了，我们没有钱，那些设备买不了。这种结论绝对不对，但客观上反映了我们与德国在钢结构加工机械设备技术的差距，但是让国家出资给企业购买设备是不可能的，但在不远的将来，我们的企业一定会通过引进消化吸收在创新超过他们的。协会工作要将科技创新作为重点。

1. 行业年会

我们各行业每年都有行业年会，但我想这个行业年会能不能改进一下，我想将行业科技大会和年会合并在一起，一个行业一年开一次科技大会，在科技大会上表彰这一年科技上的成果，宣传科技攻关的经验，表扬有科技贡献的专家。这既是科技大会也是行业年会，只是将年会的重点放在科技进步上。企业的发展，一个是科技，另一个是管理。关于科技大会的想法是我 2013 年参加中建钢构的科技大会受到的启发，中建钢构是一家企业，一家企业开了一个科技大会，我当时就想，科技大会应该是我们协会来主办、行业来开。2013 年九个省钢结构协会在厦门开会，我在会议上提出，建筑钢结构分会要开钢结构的科学技术大会。

2. 行业的科技成果推广

刚才说过，我们总体上不如国外发达国家，但某些单方面成果还是有先行的，但推广远远不够。我当年任建设部建筑业司司长时就抓了一件事，请专家们评定了中国建筑业十大新技术，然后对新技术进行表彰、推广，对新技术的示范工程、示范单位进行表彰。科技成果需要推广，这样才能发挥新技术的作用。后来我不当司长了，大约七八年之后建筑市场司又进行了改进，虽然还叫十大新技术，但内容上有了改进，随着时间的推移，新技术会变成旧技术，又会有更新的技术推出。我想我们每个行业都应该有自己的十大或更多新技术需要我们认真组织推广。建筑钢结构分会已经在整理该行业十大新技术，我们每个行业委员会都有很多专家，应该将新技术总结、推广，形成成果推广的强大力量。

3. 行业科技研讨与攻关

行业科技研讨与攻关要发挥专家的作用，扣件委员会是一个较小的委员会，但在科技攻关方面做了不少工作。我国的扣件生产十分落后，有的还停留在 20 世纪 50 年代的水平，但扣件委员会进行技术改进，进行流水线生产，改变了过去笨重的手工生产方式。这里我们要把我一个观点。差距也好，落后于好，这都是潜力所在，是我们的大有作为所在。

4. 行业的科技专利与工法

行业的科技专利与工法大家要引起重视，没有科技专利不要紧，但要研究科技专利，要学习科技专利，国家有专利法进行专利保护。采暖散热器委员会在这方面做了很多工作，编撰了两本《中国采暖散热器行业专利汇编》，其中包括发明专利、包装专利、使用专利等多方面专利，内容详细。这对行业太有用了，如果我是企业负责人我一定会认真学习，提高自己的科技水平。要重视行业专利，另外幕墙、钢结构行业要重视工法问题，工法即施工方法。

5. 群众的合理化建议活动

每个专业委员会要在行业内号召，在会员企业中号召开展广泛的群众合理化建议活动。群众合理化建议活动最早是在20世纪50年代鞍钢宪法中提出的，但没有进行发展，后来日本借鉴了此方法，日本企业利用群众合理化建议活动推动了企业的科技进步。我到过德国一家企业，这家企业有一句口号是“群众合理化建议是企业的准宪法”，由此可以看出该企业对于群众合理化建议的重视程度，为此企业还有群众合理化建议奖，如果被采纳将要重奖。我们不要小看我们的工人，我20世纪70年代在黑龙江四建公司，至今我还记得当时公司有几个工人发明了不少东西，有时这些小发明能节省很多时间，提高不少工作效率。不要光盯着大的发明创造，有时这些小的发明创造能促进科技进步，要用群众的合理化建议来促进企业的科技进步。

三、注重奖励

我们是协会，处理问题不能以批评为主，要以鼓励表扬为主。行业协会不是政府部门，我们没有权力去强制别人，但我们奖励也不能泛滥，奖励太多也会有问题。有这么一件事情，某个协会评选了一个中国十大面条奖，结果陕西落选，一种面条没有被选入，在网络上引发了群众的不满。所以评奖要慎重，另外国家有规定，不能滥奖，更不能收钱去评奖。

现在我们协会比较成功的有“钢结构金奖”，我们“钢结构金奖”的水平还要提高，现在建筑钢结构分会已在进行一系列的改进，还增加了钢结构住宅的奖项，这是非常不错的。

另外还可以设立科技成果奖，不一定要群奖，可以单独颁发；还有科技推广奖、行业贡献奖，不论是个人还是企业，对于行业发展作出了贡献，都应该予以奖励，奖励贡献者是为了让更多的人以他为榜样，进行学习，也表明了我们协会态度和立场。

一次奖励完一定要进行总结提高，要一年比一年提高，最终要形成品牌活动，形成影响力，使奖项拥有含金量。

四、培植命名基地

协会培植命名基地的工作已经开展十多年了，命名了不少基地，而基地命名之事我想有几件工作要做。

1. 总结现有命名基地的效能

奥润顺达的门窗城、永康的门都、山东临朐、广东南海等等一些已命名的基地要发挥作用，之所以命名基地实际上是对当地产业集群的肯定。地区通过产业基地带动地方经济，在当地形成了相对的科技集中、产品集中、知名度集中，要总结现在命名基地的效能，希望能出一本已命名基地的中英文简介，向国内外推介。

2. 研究基地如何发挥作用

中国建筑金属结构杂志社要率领其他新闻媒体对于基地进行不间断的报道，宣传基地。不能命名之后就搁置一旁，要让社会都知道。除了我们协会命名的基地之外，其他组织命名的基地只要与我们协会相关，我们都要进行了解。

3. 建立基地命名机制

要进一步健全我们地基命名机制，基地命名要由企业提出、地方提出，专业委员会审查，专家委员会评议，协会秘书处讨论，要让社会了解基地命名过程。基地命名不能随意，基地的命名是一笔无形的资产，对于企业是一笔巨大的财富，所以要建立基地命名机制。

五、大力协助政府部门

协会不要忘记政府部门，协会是政府部门的助手，尤其是在中国。

1. 标准、规范、规程的制订

标准、规范、规程是由政府部门颁布的，对于标准要引起高度重视，这也是我们协会的工作，希望各专业委员会多了解世界其他国家的标准，因为我们的产品出国到国外要符合出口国的标准，还要对其他国家的标准进行参照学习。

我任司长的时候到比利时考查国际劳工组织的安全工作是如何进行的，当时比利时国家安全局图书馆馆长接待我，他对我说，比利时的安全标准是依据三方面来制定的：一是联合国国际劳工组织提出的要求；二是世界其他各国的安全标准；三是依据比利时国情参照前两项来制定比利时的安全标准。当时我有些不服，便问有没有中国的标准，结果那位馆长说有，我说中国在60年代有一个《安全规范规程》你们有没有？结果他们马上就调出了中文版的《安全规范规程》。这件事给我感触很大，恐怕我们现在找出这份安全规范都不容易，由此可见他们对于这项事业的专注和深度。

我们也要了解国际标准，了解联合国的要求，制定我们的标准。协会自成立三十年来可以说在标准、规范、规程的制定方面做了大量工作，在此要特别表扬一下建筑门窗构配件委员会，他们协助政府部门制定了将近60多项各种标准，希望其他专业委员会能学习。

2. 部门科研和调研课题的接入

政府部门的科研课题我们要接触，要提出一些课题，比如建筑钢结构分会的“钢结构住宅产业化研究”是住房城乡建设部下达的科研课题，当然，这也是我们主动去申请的，住房城乡建设部会有很多科研项目，有很多课题，我们要积极参加，要介入到其中。

3. 中央与地方政府部门活动的互为参与

各委员会到地方去开展活动不要忘了邀请当地的建设主管部门来参加，要让政府部门参加我们的活动，要让政府部门请我们去参加他们的活动，互为参加，当政府部门研究我们某一个行业的课题时能马上想到我们，这样才能体现我们的作用。

大力协助政府部门并不是与政府拉关系，请客吃饭，而是参加我们的活动。

六、灵活开展会员企业服务活动

协会是为会员企业服务的，我曾有一个讲话就是协会要将服务作为协会的重要使命，服务的内容有很多。在此列举几项：

1. 组织专家为企业咨询服务

当企业有问题时，不论是一整个地区的企业有问题，还是某一家企业有问题，都要组织专家帮助企业解决问题，很多企业找不到相对应的专家，只有我们对他们有所了解，企业是不会忘记我们为他们所做的工作的。

2. 组织新闻单位为企业品牌服务

我们各专业委员会要与新闻单位紧密结合，要让新闻单位去宣传企业。自我任会长以来，有很多新闻媒体要采访我，我都拒绝了，让他们去采访我们的专业委员会，我宣传我们的专业委员会，而我们的专业委员会就要宣传我们的企业，特别是企业产品品牌。

3. 积极参与企业的诚信商业活动

企业的商业活动我们要参加，但要分诚信和不诚信，值得我们参加的商业活动，我们应该参加。例如春节之前之江在北京举办客户答谢晚会，这个我们去参加是可以的，企业注重客户、答谢客户是应该的。企业的商业活动我们要参加，但一般的活动就不要过多地介入了。

4. 有效开展各类培训

各专业委员会都进行了很多培训，有针对性的、有效的、有必要的培训是我们始终要掌控的，企业欢迎的不是为了培训而培训。企业有时会需要一些资格证书，我们应该搞好这些培训。

5. 打造工厂到工地的经营捷径

我们很多产品是在工厂生产的，工厂的产品要变成工地的用品。任何一个产品都有它的上游企业和下游企业，这叫产业链。与上游企业接触能获得更好原材料，与下游企业接触能获得更多的市场，我们联络部与房地产商会建立的部品采购联盟便提供了很多市场。我们要研究企业直销，协会是为企业创造商机的商会。

七、注重行业企业国际化研究

我们在行业企业国际化的工作还有许多不足，我刚来协会时就在安徽召开过对国际市场的专题研讨会，我很重视国际化，中国加入WTO很多年了，当今的世界联系越来越紧密，无论是欧洲、美洲还是非洲的交流都越来越多，我们生活在地球村之中，所以我们应该走向世界，而世界其他国家也很注重中国的市场，尤其是我们这个行业。我们行业中比较著名的企业都与国外企业有关系，比如奥润顺达与德国墨瑟，强大的企业都与国外有联系，在此我们要重视以下几个方面：

1. 国际考察

国际考察要加强，国际考察不是游山玩水，是去学习了解先进的科技，获得一些启发。我要求各委员会将这些年国际考察的报告收集起来，我们一起做一些分析和研究。企业也很愿意去国外开阔眼界，所以国际考察要加强。

2. 国际交流

我们要邀请国外专家来讲课，到国外去了解情况，包括与国外的交往、活动、协议的方面的工作都要加强。

3. 国际市场

国际市场分两部分，一是我们要占领国际市场，二是国际市场有哪些值得我们学习的。曾经有个建筑施工企业到国外施工，看见工地上的一个螺丝与众不同，都捡回来研究，值得我们学习的太多了。

4. 国际合作

国际合作包括联合办企业，在国际合作方面我比较欣赏瑞典的亚萨合莱，亚萨合莱兼并了我们多个企业，其中不少还是国内著名企业，如国强五金、盼盼门业等。据我了解，国强五金被兼并很高兴，增加了企业的技术内容，而管理上还是自己负责。但我们的领军企业要学会在国际范围内的兼并收购或者多方面的合作。

5. 国际信息

信息包括行业的信息、企业的信息、产品的信息，在当今世界经济环境下，信息情报是非常重要的，特点是信息化的今天，如何了解国际的科技信息、标准、法规信息，企业信息十分重要。

6. 国际华侨行业经纪人队伍

我一直想建国际华侨行业经纪人队伍，但没有建起来。让我们的华侨帮助我们的企业进行产品销售，我们予以回报，这是合理的不叫行贿，是经纪人费用，商业上是允许的，当然官员不能参与，容易变成权钱交易。在世界上任何一个国家都有华侨，我曾经参加过广东汕头的华商大会，汕头人很骄傲地说，自己到世界任何一个国家一个星期吃饭不花钱，因为哪里都有汕头的华商协会。华侨也要赚钱，这种合作是一种双赢，对于我们企业开拓国际市场很有帮助。

八、协会自身建设的创新

协会自身建设创新，有以下几方面的工作可以研究：

1. 企业联盟

我们本身是协会，协会下面又有若干个企业联盟，这是很有必要的事情。十八届三中全会强调要系统创新，要建立产、学、研创新机制，而企业联盟是产业创新的有效载体，系统创新是科技创新的必然选择，政府应研究联盟的发展规律，营造创新环境，支持联盟服务产业发展，成为系统发展的组织者和推动者，推动其成为新的高端服务仪态。协会是政府的助手，产业联盟是协会的助手。

2. 与地方协会联谊

我们两年召开一次地方协会联谊大会。我们协会先天不足，我们不像其他协会，在全国各级地区都有设立分会，而我们相关的协会在地方上往往参与其他协会之中，所以我们要把他们联合起来，我们到地方上去开展活动，也不要忘了与我们相关的协会。

3. 国际协会联系

各专业委员会都与很多国际协会有联系，特别是港、澳、台的协会很需要我们与他们联系，我到澳门参加建筑钢结构分会的活动，见到了台湾、香港的钢结构协会，他们很希望得到我们的支持。我们应该想方设法与国际协会联系，有条件的建立国际协会组织，这是中国作为一个大国的责任。

4. 与关联协会的联合

与我们关联的协会有很多，我们要多与他们合作，与他们联合举办活动。

5. 新闻媒体作用

我在黑龙江省任建委主任时，我在大庆召开了一个全国建设新闻媒体工作会议，对一些对于我们黑龙江建设有帮助的新闻媒体进行表彰。我们协会将来也要表彰新闻媒体，在地方开展活动也要邀请地方相关媒体。我们《中国建筑金属结构》杂志是经国家新闻出版署批准的正式杂志，而还有很多没有得到批准的杂志也很活跃，每个专业委员会下面都有许多这样的杂志，希望他们能与《中国建筑金属结构》杂志联合起来。我经常强调，我们的工作要做到“电视有影、报纸有字、网上有页、广播有声、刊上有文”，每个专业委员会必须定一份《中国建设报》，在《中国建设报》发表文章最多是我们的建筑钢结构分会和地暖委员会，值得大家学习。

九、切实尊重专家、企业家

我们协会每个专业委员会都有专家组，如何尊重专家，我想有以下几个方面：

1. 尊重知识、尊重人才是协会的最高准则

要做到，真正尊重知识，真正尊重人才，我们有时对专家尊重得不够。还有要高度重视发挥行业中人大、政协代表的作用。两会之中，会有很多代表提出钢结构方面的提案，这样很好，发挥了他们的作用。

2. 真正的尊重要体现在发挥作用上

什么是尊重？真正的尊重要体现在发挥作用上。“文革”之中口头上说尊重知识分子，实际上不让知识分子发挥作用。专家并不是一种职称，谁都可以成为专家，如果不发挥作用，就无法体现出专家的价值，而如何让专家发挥作用是我们要考虑的问题。我经常讲专家是我们协会的财富、是协会的力量，但只有专家发挥作用才能体现财富的价值，体现力量的存在。

3. 拜企业家为师，视壮大行业做强企业为己任

中国的民营企业家创业很不容易，很多文化不高却能创办很大的企业，有的产值高达上百亿元，真不简单。我们要拜企业家为师，企业家身上有很多值得我们学习的东西，比如很多企业车间的标语口号就很不一般，这是企业文化的体现。我们协会的副会长是企业家，我们要尊重他们，让他们发挥作用。企业家是我们当代最可爱的人，是国家最宝贵、最稀有的财富，经济的发展离不开企业家，所以我们要尊重企业家，视壮大行业做强企业为己任。

十、增加协会工作使命感

不论在哪里工作都要增加使命感，不论在哪里工作都要书写自己的历史。人只要活着就要有自己活着的价值，而不是只为吃口饭，苟活一世。

1. 协会一定要有房产，逐步积累资产

近年来协会工作得到了一定的社会认可，这让我们很有自豪感，但协会工作到今天，我们没有一寸房产，其他协会都有自己的房产，我们始终没有。为此我做了很多工作，但都没有能完成，这一直是我一个遗憾。协会会一定存在下去，我们退休了还有下一代人，协会不是营利性组织，应有一定的资本积累，而资本积累也是为了会员单位，为了扶助行业，甚至我们应该有自己的基金会，虽然这些一时无法完成，但应该是努力的方向。

2. 协会一定要办成学习型组织，工作人员要成为知识型员工

在协会需要学习的东西太多了，经常会有企业邀请我们去讲话、发言，可是如果不学习，讲什么？官话、套话企业都听够了。我们要想把协会工作做好，必须加强自身的学习，我们编制标准、规范，可不学习怎么能编制标准、规范？所以必须要加强学习。现在我们中国人看书的太少了，我们国民一年人均看 4.5 本书，远低于韩国 11 本，法国 20 本，日本 40 本，以色列 64 本。特别是协会工作的年轻人，更是要加强学习，向前辈学习，向专家学习，向企业学习，做到学以立德，学以增智，学以致用。

3. 尊重协会工作的缘分，增强团队感和凝聚力

曾经大家都各自在不同的地方工作，但今天我们在这里，我们人生中有一段时光是在这里，这是我们大家的缘分。每个人都有自己的优、缺点，都有不足之处，我们在一起共事，需要兼容、团结。要增加协会的团队感，具有团队精神。俗话说，谁人背后无人说，谁在背后不说人。我们要注意这一点，因为我身处其位，有很多人当面说我好，但谁知道人家背后是怎么评论的，不要在意别人说好说坏，自己要对自己有一个深刻的认识，自己要把握自己。千万千万，日复一日，年复一年，不要以碌碌无为而后悔。要努力做到作为一个协会工作者，要无愧于行业、无愧于企业，学习学习再学习，创新创新在创新。

今天是我们学会全员近百名在一起总结过去的一年，展望新的一年，我所讲的是我实实在在所想的、所希望的，肯定有不全面不深刻之处，恳请诸位批评指正，让我们共同期盼马年协会的新业绩、企业的新辉煌。

（2014 年 2 月 18 日在北京“中国建筑金属结构协会工作会议”上的讲话）

三、钢结构篇

钢结构住宅的发展观

非常高兴参加这次高层钢结构住宅技术现场交流会。2011 年我们曾经在成都开过一次这样的研讨会，主要是介绍宝钢的钢结构住宅。我跟杭萧钢构的接触已经很长时间了，20 世纪 90 年代我还在建设部当总工程师的时候就在杭萧讲过，21 世纪是钢结构建筑的时代，现在我们已经处于了这样的时代。上个月，我刚到鄂尔多斯参加了一个钢结构产业技术研讨会，今天就到包头参加钢结构住宅技术现场交流会，上午我们参观了一个高层钢结构住宅的小区，是杭萧的作品，应该说做得是相当成功的，有很多东西值得借鉴。对于内蒙古西部省份，这样高度重视钢结构建筑的发展，我感到非常欣喜。今天我主要讲讲我国钢结构住宅的五大发展观。

一、全局经济观

全局经济观就是国民经济与钢结构住宅的关系。

1. 钢的销量

中国现在的钢产量是世界第一。但是，近期钢铁业的巨大产能和市场紧缩的矛盾，全行业出现了产能过剩和库存加大的风险压力，遭遇新一轮的市场“寒冬”。生产出的大量钢铁销不出去，这是国民经济的一件大事。关于这方面，浙江省钢结构协会会长方鸿强同志专门研究了建筑与钢产量的关系，并由中国建筑网站，分别于 8 月 20 日、27 日在《中国建设报》上连续两次刊登了他的文章。现在钢结构建筑是很受重视的，是全世界都关注的新型建筑体系。

20 世纪 90 年代，当时的国家冶金部和建设部联合成立了一个建筑用钢的领导小组。领导小组的组长是由冶金部部长和建设部部长担任，我当时担任了副组长。那段时间，我们着重研究了建筑用钢的问题，深受钢厂的欢迎。现在，钢铁业低迷的现状，一些专家也提出很好的建议，有的文章还得到了国务院领导的关注，相信钢结构产业的未来是大有希望的。

现在，我们也在通过各种渠道，为钢铁行业的脱困进行造势。大家可以看到，最近一段时间，新闻媒体和行业组织对钢铁企业相对集中的关注和报道，包括什么“每吨钢只有 1.6 元的利润，什么 2000 钢贸企业集体给政府上书、抱团过冬”等，都是为钢铁企业寻找新的发展出路，也是为建筑钢结构行业造势。建筑行业是用钢大户，如果可以促成钢铁与建筑业的广泛结合，在住宅建设中推广钢结构体系，无疑是最现实的选择。

2. 支柱产业

建筑业是国家经济的支柱性产业，之所以称之为支柱性产业，是因为它能够带动国民经济方方面面的发展。在工业化、城镇化进程中，住宅建设既减少对环境的损害，又保持相应的增长规模。而建筑业要保持支柱性产业的地位，就要注重住宅建设，住宅建设是最大的市场增量，能够同时带动钢铁、建材、机械设备、五金制品等相关产业的发展，起到刺激消费、拉动内需的作用。

3. 民生建设

国家全面实施以经济适用住房、公共租赁住房、廉租住房等为主体的保障性住房建设，由于其安置型、周转性的特点，要求结构安全、装配化程度高、速度快、质量有保证。因此，保障性住房建设，最适合推广钢结构住宅体系。国家要求，在“十二五”期间，全国要建成3600万套保障房，2011年开工1000万套，2012年计划开工800万套。目前北京、上海等一些城市已经开始对钢结构产品、材料进行了考察，并且准备启动钢结构保障房的建设工作。

保障性住房户型面积小，今后面临改建或拆建的难题，2012年上半年我们向建设部领导提出应推广钢结构体系的建议后，得到了部领导的高度重视，目前，北京、上海、浙江、厦门等省市，都以政府为主导，对一批钢结构企业的研发产品、材料进行了考察，准备启动试点工作。相关承担保障房任务的钢结构企业要高度重视，一定要在民生工程上干出好名声。

从以上三方面来看，钢结构产业在国民经济全局发展中的地位都非常重要。

二、可持续发展观

欧洲一些国家专门有一个部门，叫作“可持续发展部”，专门研究社会经济的可持续发展。我们的可持续发展，从建筑方面来讲表现为六个方面：

1. 可抗灾能力

钢材的延展性好，抗拉伸能力强，使得钢结构住宅抵御地震灾害的性能优异。四川绵阳地区有一个钢结构建筑，地震期间，成为民众的避难所、抗震救灾的指挥所。我国的地震频发地区分布较广，由于钢结构住宅的应用比例小，一些地区房屋建筑的抗震设防系数较低，加上工程质量监管方面的原因，使得住宅抗震性降低。不久前，云贵交界地区发生了5.7级地震，都给当地造成了重大人员和财产损失，也给我们的新建住宅敲响了警钟。

2. 可再生使用

钢筋混凝土住宅，留给我们后代的是建筑垃圾，特别是中国很多建筑的寿命很短，造成了大量建材的浪费。而钢结构建筑就不同，钢是可回收、可再生使用的材料。最近，上海宝钢建筑集成公司在调整钢结构住宅建设思路时，准备向集团申请，组建自己的新型材料生产基地，主要原料就是充分利用宝钢生产排放的废渣、粉灰和纤维等，生产轻质、环保、无害的建筑板材和型材，实现工业废料的综合利用开发，不仅产品为钢结构住宅配套。还准备打出品牌，为钢结构住宅产业化创造条件。

3. 可协调发展

这是指钢结构建筑要和其他建筑一起，和城市建设一起同步、协调发展。

4. 可宜居美化

中国城市用地紧张，城镇化发展速度不断增快，农村人口大量涌向城市。这些人也要生活、也要住房，钢结构住宅可以提升城市的品质，建设舒适、宜居的城市对民生来说尤为重要。

5. 可传承保护

建设可传承保护建筑物是我们建设者的重任。

6. 可节能环保

钢结构住宅是实现科技创新最佳载体。要运用钢结构体系，就必须对建筑墙板维护体系进行革新，采取工厂化生产、现场装配施工，有利于新材料、新工艺的推广，并且可以促进保温、隔声和防腐处理等环节，研发更经济、更适用的体系。

三、科技含量观

传统的建筑生产方式，是过去我们主要靠人力，日出而作、日入而息，每天累得要死，产出却很少。现在随着科技的发展，各类机械的使用，同样的工种，生产效率大大提高，产出远高于过去，钢结构是建筑业最具技术含量的建筑体系。

1. 技术工艺先进

这些年钢结构住宅发展缓慢的原因之一，与我们住宅整体质量水平不高、工程造价相对偏高等因素有很大关系。因此，只有把精力集中到优化钢结构住宅体系设计、改进工艺上来。从行业调研情况看，我国的低层独栋、多层住宅体系这几年发展较快，产品甚至已经打入国际市场，研发生产的企业也比较多。但对于高层钢结构住宅的开发，敢于涉足的企业并不多。由于技术、材料方面原因，目前高层钢结构住宅的技术研发，主要靠企业自身摸索发展，包括在高强度钢结构设计技术、墙体技术、钢异形柱技术、构件板件技术、梁柱端板式连接技术、现场吊装技术等方面进行的深入研究，也都是一些钢结构企业自己在做。

2. 装备高效

要善于运用高效的施工手段。住宅建设的主要梁板配件都在工厂化生产，工艺化流程，对材料消耗、产品质量控制有着明显的效果。上海宝钢建筑集成在研发第二代钢结构住宅体系时，就给自己设定了“六无”目标，即在施工现场做到无砌筑、无模板、无焊接、无水泥砂浆、无钢筋绑扎、无脚手架施工，通过不断运用高效的施工手段，降低工程成本，提高建筑的整体装配化水平。

3. 新型部件和材料

钢结构住宅不光使用钢材，与之相配套的部品和材料也至关重要。钢结构的围护产业要大力发展。随着钢结构住宅的推广，与钢结构住宅配套的门窗、地板、装饰材料等也都要相应改进，特别是门窗，建筑能耗占总能耗的40%左右，而维护体系能耗占建筑能耗的50%左右，也就是说建筑围护结构占总能耗的20%左右，而建筑围护节能的重点就是门窗。

想要通过技术创新，优化钢结构住宅户型设计、针对不同结构采用标准的构配件，不断满足消费者的需要。要在住宅的使用功能、结构体系、节能减排的效果、建造的经济性和实用性上多下功夫，开发和生产出与钢结构住宅防火、防腐、隔声、保温等相配套的门窗、水暖件和小五金连接件，制订相应的质量标准和安装工艺，不断总结完善，最终形成行业统一的标准和规范。

四、经济全球观

作为钢结构企业，要善于学习、借鉴发达国家的先进技术和工艺，要加强国际交流、合作，积极参与国际竞争，把我们的产品打入国际市场。

1. 国际交流

世界发达国家在推进钢结构住宅的政府主导方式、产业政策和技术标准、规范等方面对我们研究政策和措施上非常有帮助、启发作用。中国的钢结构企业要和世界一些发达国家的钢结构企业进行比较，有比较才能找到差距、促进发展；我们协会也要与国外相关协会多交流；政府同样要与各国多沟通交流，以推动经济发展。同时我们还要发挥使馆商务参赞、外国华人社团、中外合资钢构企业作用，做好钢构住宅的信息情报工作。

另外，在交流的同时必须坚持从我国的实际出发，考虑到国内地区之间的经济发展不平衡的现状，对不同地区房屋建筑水平、建筑风格，对不同地震灾害的影响程度、不同地方民众的住房标准、生活习惯等进行考察研究，走出一条切实可行的加快推行钢结构住宅建设的路子。

2. 国际合作

开展钢结构住宅，行业组织、科研机构要与国外的组织、机构的合作，企业间要善于学习，取长补短，共享人类科技的文明成果。如果不去和世界一流企业看齐，只靠闭门造车、故步自封，不利于钢结构行业的转型升级。实践证明，现在钢结构行业发展形势较好的企业，往往都是外向型产品的企业，通过与国外科研设计机构的交流合作，也为自己产品的完善，逐步推广创造了条件。

3. 走出去战略

“走出去”战略是经济全球化的必然趋势。我国已经加入WTO，中国市场也是国际市场的一部分，在中国国内施工，实际上也是在国际建筑市场的施工，全球经济一体化趋势，任何国家的市场也是国际市场一部分。我们中国人有能力，有信心“走出去”，必须“走出去”，这是必然趋势。

从全球建筑市场看，钢结构的市场份额最大，我们发展钢结构几个重要的宗旨之一就是打入国际市场。事实上，全球近几年的大型钢结构建筑都是中资企业才能与建造的。树立中国名牌、中国品牌是协会和会员单位的重要使命和历史责任。要“走出去”，没有品牌是不行的，全世界最有价值的知名品牌共100个，美国占了52个，欧洲40个左右，日本6个，韩国2个。当然我们的新品牌也在产生和成长，我们要为创立中国的世界钢结构知名品牌而奋斗。

五、新型建筑工业观

今天，我们讲的新型工业化，就建筑业来讲，就是新型建筑工业化。所谓新型建筑工业化，新就新在科技含量越来越高，经济效益越来越佳，质量安全越来越优，资源消耗越来越低，环境污染越来越少。我们必须认真研究，避免走上重建轻管的老路，或者是重规模数量、轻质量安全的错路，还要避免走“先污染后治理、先发展后治理”的弯路，让我们共同努力，走出一条新型建筑工业化的康庄大道。新型建筑工业化，特别是钢结构建筑的工业化，我主要讲三个方面。

1. 专业化

钢结构是新型工业专业化的重要方面，建筑专业化主要包括：基础及岩土工程专业化施工、安装专业施工、装饰装修专业施工、光电建筑业专业施工、模板脚手架租赁和专业化作业、钢筋配送专业化作业、混凝土集中搅拌作业专业化、砂浆集中搅拌作业专业化、建筑机械租赁作业专业化和最重要的钢结构施工专业化。钢结构施工的专业化集中体现了新型建筑的工业化。

2. 工厂化

新型建筑工业化就是施工生产工厂化、建筑部件标准化、钢结构住宅规模化、建筑管理规范化、产业链企业现代化。工厂化生产，工业化流程是钢结构的优势。住宅建设的主要梁板配件都在工厂化生产，工艺化流程对材料消耗、产品质量的控制有着明显的效果。

现在我们国家西部地区，要建大量的学校、卫生所、养老院，我希望未来可以采用工业化标准化来建设我们的学校、卫生所、养老院，推广钢结构体系，所有的框架全部工厂化生产，现场去安装，几个集装箱运到地点一搭建，就是一个学校，就是一个医院、一个养老院，简单快捷、安全实用。

3. 产业化

我们提出钢结构住宅产业化，住宅产业化的概念最早于 20 世纪 60 年代末出自日本通产省，其含义是采用工业化生产方式生产住宅，以提高住宅生产的劳动生产率，这个规模要上百万吨，规模很关键。联合国经济委员会对“产业化”的定义是：生产的连续性；生产物的标准化；生产过程各阶段的集成化；工程高度组织化；尽可能用机械代替人的手工劳动；生产与组织一体化的研究与实验的概念。

而我们的“产业化”观念主要体现在以下三种方式：第一，要实现住宅的现代生产方式；第二，实现住宅企业的现代化经营方式；第三，实现住宅行业的现代化管理方式。

住宅产业化的重要意义在于：①用产业现代化的方式转变粗放型的生产方式，发展住宅产业；②推广应用现代化技术提升住宅建设的水平，改善住宅品质；③以住宅建设发展与相关产业联动的关系和支柱性产业的作用，发挥对国民经济积极促进作用。

住宅产业化基本工作是从编制住宅产业的技术政策及标准，到建立住宅部品认证制度，到建立国家住宅产业化基地，再到建立住宅性能认定制度，最后到组织实施国家康居示范工程这样的一个框架进行。

以上我从五大方面提出了钢结构住宅建设的发展观，需要引起社会共识。杭萧钢构成立于 1985 年，是钢结构第一家上市公司、国家火炬计划重点高新技术企业、国家住宅产业化基地。在单银木的领导下，形成了实力雄厚的人才队伍，特别是凝聚了国内外钢结构专家的智慧。多年来，公司一直致力推动钢结构住宅运用、发展，先后通过了 60 多项系统权威的试验与检测，承担并通过了 10 多项国家科研课题研究，主编或参编了 30 多项国家标准、规范和规程，拥有 50 多项钢结构住宅相关专利技术。公司在全国建成了 9 大钢结构制造基地和 1 个配套三板体系（楼板及内外墙板）制造基地，年产规模达到 1000 万平方米，并先后承建了武汉世纪家园、安哥拉国家安居公房、浙江杭州萧山人才公寓、新疆棚户区改造项目、河南许昌空港新城以及我们今天参观的 100 多万平方米钢结构住宅小区等结构住宅，创造了多项成套技术，研发了多项专利和工艺，值得交流和推广，杭萧为钢结构住宅的新兴起到示范作用。

从当前的研究进程看，关注钢结构住宅体系推广和产业化推进，正在开展应用研究的有三个国家级的部委和机构。

一个是国家科技部。前不久成立了住宅产业化科技创新联盟，通过新型住宅体系的技术革新，加强住宅建设实用技术研究，加快钢结构在民用住宅领域的推广步伐，侧重从住宅产品的绿色节能和低碳排放的功能，组建技术创新联盟，开发有利于环境保护、实现人与自然和谐共生的绿色建筑体系。

第二个是中国工程院建筑工程学部委员会。由同济大学牵头，围绕钢结构住宅的体系设计和技术、材料运用等环节，侧重从建筑设计和结构优化入手，解决装配式钢结构住宅的数模化、设计标准化的问题，最近也召开了新型钢结构民用建筑设计和规模化工厂应用技术研究的研讨会。

第三个是我们住房城乡建设部。由中国建筑金属结构协会承担，和部住宅产业化促进中心，并联合相关企业一起开展研究，将钢结构住宅产业化推进研究作为2012年部级软科学课题项目，组织专家、企业共同研究、开发，重点解决钢结构住宅产品的生产和推广问题，技术成果最终要转化为工程产品，形成工业化生产、现场装配施工，展示钢结构住宅产品的综合优势，才能真正造福社会，惠及百姓家庭。

2009年以来，我国陆续出台《国务院关于支持福建省加快建设海峡西岸经济区的若干意见》、《国务院关于推进海南国际旅游岛建设发展的若干意见》、《促进中部地区崛起规划》、《横琴总体发展规划》、《江苏沿海地区发展规划》、《辽宁沿海经济带发展规划》、《关中一天水经济区发展规划》、《鄱阳湖生态经济区规划》、《中国图们江区域合作开发规划纲要》、《黄河三角洲高效生态经济区发展规划》、《皖江城市带承接产业转移示范区规划》、《长江三角洲地区区域规划》、《成渝经济区区域规划》、《河北沿海地区发展规划》、《西部大开发“十二五”规划》、《东北振兴“十二五”规划》、《陕甘宁革命老区振兴规划》等多个区域经济发展规划，并相继上升为国家战略，构筑了“东、中、西”和“沿海、沿江、沿边”多头并进的区域发展格局。在众多区域规划出台和实施将迎来建设高峰期，各区域产业发展、生态环境建设、基础设施建设等领域将取得大的发展和提升，随着建设资金的大量投入，大批建设项目将为钢结构提供机遇和舞台，我们钢结构行业要抓住发展机遇，我们钢结构的明天会更加美好！

（2012年9月23日在内蒙古包头“高层钢结构住宅产业化技术现场交流会”上的讲话）

增强钢结构建筑板材构件或围护产品的研发能力

万事达长期坚持钢结构围护产品的研发给我们留下深刻印象。随着我国经济的快速发展，建筑设计、施工水平的不断提高，钢结构建筑以总重轻、建造速度快、抗震性能好、绿色节能、可循环利用的优势受到市场的欢迎和青睐。尤其2008年汶川大地震以后，在国家产业政策的支持下，在协会的管理和引导下，钢结构建筑在工业建筑和民用建筑，特别是轻钢钢结构住宅、超高层钢结构建筑、空间大跨度钢结构建筑等，都有了很大的创新和跨越式发展。

伴随着钢结构建筑的发展，围护结构如屋顶、外墙、隔墙、楼板、门窗等系列产品如雨后春笋般发展成长起来，尤其金属围护系统以金属材料的轻质高强、设计灵活、色彩丰富、造型独特、建造成本低和施工快捷的优势，在市场中得到广泛的应用。

钢结构建筑围护产品发展的时间短、势头猛，也造成了众多企业无序竞争和鱼龙混杂的市场局面，行业的健康发展受到一定的影响，需要政府相关部门和行业组织的良性引导和行业监管。在这里，我要向我们的专家请教。

第一，今天我们参观了万事达生产的五大体系产品，主要是金属屋面板、外墙板、地面（楼承板）、隔墙板、装饰板等，这个叫做什么？你们一般叫做围护系统，或叫围护产品、围护行业，我总觉得不太确切。比如建筑门窗我们叫什么，建筑能耗占社会总能耗的40%左右、围护系统占建筑能耗的50%以上，能耗最大的是门窗，而不完全是外墙，所以说围护系统应该包括门窗。

第二，说我们的板材，外墙板算围护系统，屋面板叫做围护系统，隔墙板、楼板算不算围护系统？叫做什么好，我希望我们的专家好好研究一下。我个人认为应该叫建筑板材构件，梁、柱也是建筑构件，板材构件指五大构件：屋面板、楼板、隔墙板、外墙板、装饰板等。建筑板材构件的生产与钢结构梁、柱构件生产施工企业的分工，应该是钢结构领域新型建筑工业化发展趋势。新型建筑工业化的发展，要求精细化和专业化。现在一些钢结构企业，板材都想自己生产，不要专业生产企业的产品。但从发达国家的情况看，作为钢结构建筑配套的板材都是专门企业生产，提供优质产品，这是新型建筑工业化的水平所在，或者说是标志之一。

第三，大型设计院所和钢结构施工企业，是建筑板材生产专业企业发展的动力，没有他们，建筑板材生产专业企业就发展不起来。这次会议万事达请了很多大业主、大型钢结构企业和设计院，这些单位对推进建筑板材构件行业、产品的发展提供了强大的动力。

第四，建筑板材构件直接影响到工程的结构质量。结构并不单靠梁、柱的作用，梁柱结构能影响房屋主体质量，但从建筑承载的质量、安全能力来说，围护系统也起了很大作用。如建筑受到暴风雨影响、台风影响等，建筑围护系统能够遮蔽外界恶劣气候的侵袭，保证使用的安全可靠。不仅如此，围护系统也直接影响了建筑的功能质量、建筑魅力质量和建筑的可持续发展的质量，在节能减排、减少环境污染等方面发挥更多的作用。从以上几点可以看出建筑围护体系、围护产品的重要性所在；今天就专业企业增强钢结构建筑板材构件产品的研发、创新，我主要讲以下几个方面。

一、钢结构板材构件产品研发能力的制约问题

1. 标准规范的制约

围护结构尤其屋面、墙面、门窗，肩负着建筑物防水、保温、隔热、防火等重要的作用。据有关研究数据显示，围护结构的传热损失约占70%～80%，门窗缝隙渗透的热损失约20%～30%，所以对屋面设计的防水、保温要求，以及墙体保温、防火，门窗的气密要求是实现建筑物节能的关键所在。但对此，相关国家技术规程和验收标准有缺失。主要问题是，无论是设计，还是施工，或是标准更新不及时，我们制定一个标准出台后多少年不变，美国的建筑标准平均4～5年就修订一次，混凝土标准3年就修订一次；或是我们的新标准、规范的出台跟不上产品的创新，新产品出来，没有标准，推广使用上也受到制约。

2. 企业研发管理能力的制约

目前大部分钢结构建筑板材构件产品生产企业，技术能力、品牌的影响力相对较弱，行业发展的话语权比较低，技术研发、产品创新以及人才培养方面投入不足，存在模仿国外的产品、利用国内低端的设备制造、以低于成本价的低价竞争的倾向，缺少自己的核心技术和专利产品，没有真正成为具有创新研发能力的板材构件产品生产企业，以适应未来的竞争和发展。

国外钢结构的运用与推广已近200年的历史，有许多的经验值得我们借鉴。例如美国的钢结构住宅体系的发展，以产业协会为主导，以市场为手段，在技术标准上统一，部件和部品上通用。产品的研发和设计，以及行业协会的关注点更多的是在节能降耗或者可循环利用上，无论是构件还是产品等都实现了标准化、系列化、通用化、产业化。

国际上在金属材料应用于建筑墙面、屋面围护系统方面发展不错的企业，有一家美国的盛亚国际公司，始创于19世纪初，经过100多年的发展，已经成为设计、生

产供应、施工、安装指导、技术支持等一体化的百年企业，成为金属建筑围护系统的行业领导者，值得我们学习借鉴。

现阶段的围护企业以制造为中心，是典型的劳动力密集型企业，制造现场管理粗放，生产方式单一，在设计、产品、施工、技术服务等价值服务方面，没有形成一体化服务体系，企业核心竞争力不强，一句话，我们企业的自主研发能力还较弱，还受到方方面面的制约。

企业要发展，就要研发，要研究制约研发的因素；制约是差距，更是我们发展的潜力所在；制约需求创新，是我们攻关的方向；制约是困难，攻坚克难是我们行业创新的意义所在。要辩证地看待受制约的问题。

二、钢结构板材构件产品研发的主要内容

1. 钢结构板材构件产品的工厂化制造及装配式安装的研发

我们讲的工厂化制造和装配式安装，是指构配件、产品在工厂从原材料进场到产品出厂流水线生产，施工现场机械化装配。国外行业发展的经验告诉我们，板材构件产品在工厂批量生产、施工现场装配式配套安装，是提高钢结构建筑质量和效率的最有力措施和保障。和国外工厂相比，在生产线的流程工艺上我们还有很大差距，我们过去总认为劳动力成本便宜，农民工进城，工资低。现在情况变了，人工成本越来越高，逼使我们企业必须采用新的生产工艺流程、转变生产方式来降低人工费用。

目前国外已有较完善的产业模式值得借鉴。我国许多企业也做了这方面的工作，形成了企业较为完善的产品体系和技术指导手册，这也是未来行业发展的技术保障，但在板材构件产品的质量、通用性、技术标准化和协调性方面存在众多的差异，还需要政府及有关行业部门进行引导，完善板材构件的产品体系，从技术、材料、产品上满足经济、安全、节能等综合要求，促进钢结构板材构件产品的工厂化制造及装配式安装，提高轻钢结构住宅体系的推广速度。

2. 绿色钢结构板材构件产品的研究

我们强调钢结构是绿色建筑，我还是中国节能协会的副理事长，整天讲推广绿色建筑、绿色施工问题。但是我们的工程符不符合绿色建筑标准？我国现有房屋400亿平方米，真正符合绿色建筑标准的不到1%。如德国门窗热传导系数只有1.3，我们的门窗系数都是2.3～3.5，按照德国的标准，我们的门窗都是不合格产品。最近，我刚在北京参加了一次塑料门窗的研讨会，北京发布了新的规范标准，门窗K值提高了1.5，这是值得在全国推广的。否则，我们总是落后的。还有我们的板材，特别是外墙板、屋面板，不仅要做到轻质高强，还有保温、防火的要求，我们的高层建筑防火是一个大问题。还有要学习德国的零能耗建筑的理念。协会成立了光电委员会，

专门研究光电建筑应用和可再生能源建筑应用的问题。当然和发达国家比，我们的政策环境上也有差距。德国的老百姓，都愿意把自己家的屋顶安上太阳能，因为德国有政策，屋顶太阳能发的电可优先上网，给予补贴，3～4 年可以收回成本，把太阳能作为一种资源开发利用。而我们在这方面现在做得还很不够，政策的差距也很大。我们要在绿色钢结构板材构件的研发上下大力气。

3. 钢结构板材构件产品生产的标准化管理、精细化管理和信息化管理与研发的关系

企业要提高研发水平，要处理好管理与研发的关系，没有好的管理，研发水平也不容易提高。管理是相当关键的。现阶段生产操作工人和现场安装工人均为整体素质和技能较低的群体，企业要在产品、技术、管理等领域内实现标准化，精细化管理是企业增强竞争力的前提，对产品、技术、施工、安装均应形成一套标准化的体系以保证产品的质量。

精细化的管理和成本的控制，是现代企业经营的核心，面对 21 世纪信息时代的竞争，信息化的建设和服务使企业更好地对接市场，了解客户，及时改进和创新，为客户创造价值。我们的研发，不能是从零起点的研发，应该是在最新成果基础上的研发，要善于在别人研究成果的基础上再研发。外国有的，我们应该引进消化吸收，再创新，接受最新信息；开展研发工作，不怕失败，把失败也作为宝贵财富，最终才能进步。

4. 打造钢结构板材构件产品的品牌

研发是技术但最终是开发企业的品牌。如果说产品的质量是物理属性的话，产品的品牌则是情感属性。用户对品牌有种偏爱，就是品牌的附加值，一个企业要为自己品牌而奋斗。国家高度重视品牌建设，而我们这个行业的工艺品牌、产品品牌建设还远远不够。需要我们的企业，不断采用科学先进管理运营体系，增强设计、产品、施工、技术支持等方面的服务能力，形成企业的最佳品牌效应，更好地让企业与产品的使用者进行无缝对接，成就建筑钢结构板材构件最具品牌价值的企业愿景，打造行业内影响中国乃至世界的权威品牌。

今天我们开的是研讨会，也是现场会。研讨会是专家和企业家结合对钢结构板材构件产品进行研究，把研讨的成果转化成生产力。20 世纪 80 年代我去苏联访问，苏联的专家跟我说，他们把研究成果发表论文、得了什么勋章、什么奖作为目标。而日本不一样，研究成果发表后，他们在此基础上再研发、生产，很快就形成产品到市场上了。所以我到处讲，我们的研究成果，不光为了发表论文，而是要和企业家结合，要到工厂中从事指导，形成实实在在的生产力。

说今天的会议是一个现场会，是指我们来学习推广产品的，推广以万事达为代表的，在钢结构板材构件产品或者说围护产品生产的领军企业的经验，刚才万事达介绍了他们推行 TPM 管理的经验，万事达的发展有 30 多年历史了，是国家级的高新技术企业，和众多钢结构企业保持紧密的合作关系，和很多大业主、大设计机构、科研院校保持良好的关系，这些经验很值得其他企业学习。

三、协会的责任

1. 研讨考察交流

我们协会有责任推进钢结构板材构件系统的产品研发，推广企业的品牌产品，我们有条件产生世界最大的企业；因为我们的市场最大、我们的潜力最大，我们的企业应该敢于和世界上的一流企业媲美。当然现在还不行，我们要组织企业走出去，学习考察交流，学习别人的长处，既不能自暴自弃，也不能自以为是。要吸收再创新，形成自主品牌。

2. 推进联盟协作

协会要支持一些钢结构企业成立产业联盟，来共同推动行业的发展。帮助一些重点企业和世界范围内的一流企业进行联盟，制定联盟章程、实现合作发展。企业家要树立联盟意识、协会支持联盟活动。这方面山东万事达已经做了很多工作，和国内的一些科研机构和企业开展交流合作，这是非常有意义的事情。

3. 协助政府制定相关标准、规范

近几年，根据行业的发展需要，我们协助住建部制订或修订了上百种的标准规范，这也为行业的发展提供了有利的条件，推动了企业的技术创新工作。今天讲的钢结构板材构件产品或者说围护产品方面的标准规范以及规程，要协助政府部门组织专家、企业家促进其早日建立、健全。

4. 推进专家咨询和企业家相结合

协会的资源在专家队伍，我们在全国有几百名跨行业、跨部门的技术专家队伍，企业有什么需要我们就组织专家来服务。我们还有几千家会员企业和企业家，企业家是我们国家最宝贵的资源，是创新的主力军。协会还有很多社会活动家，协会的价值在于为企业服务的能力上，体现在创新能力上。我常说，政府部门靠权力，协会活动靠魅力，我们协会将开展更好的服务和活动，来推动行业的发展，为会员创造更多的商机。

21世纪，就建筑结构来说是钢结构的世纪。钢结构在更广的领域应用上，是需求也更是我们企业的市场。在与国际比较上，特别是在绿色建筑方面有差距更是我们企业发展的潜力。在“十二五”期间及今后相当一段时期，发展钢结构是历史的机遇更是我们企业的挑战。作为钢结构板材构件或者说围护产品方面的生产企业一定要有更强的研发能力、要有更多的专利发明。我们坚信有志于钢结构创新的各方面专家和企业家，特别是钢结构板材构件产品或者围护产品的制造专家和企业家，一定能在提高产品研发能力上作出更大的贡献，我们的专业企业也一定能在做大、做强、做优方面开拓进取，创造新的业绩。

（2012年10月23日在山东“2012年中国（万事达）建筑围护系统行业发展研讨会”上的讲话）

建筑钢结构发展的产业政策与环境

感谢组委会邀请，能有机会到我国著名的学府上海同济大学参加“2012年建筑钢结构产业发展论坛”，并就我国建筑钢结构的产业政策和发展环境问题作一个发言。参加论坛的有好几位工程院的院士，是我的老师，我的发言是向院士们汇报、向各位专家教授们汇报，我汇报的题目是“钢结构发展的产业政策与环境”。

众所周知，我国近20年建筑钢结构的飞速发展，所取得的成就举世瞩目。当然和世界发达国家比我们还有差距，但和我们自己比，发展相当之快了。钢结构在工业、交通、桥梁等基础设施上，在公共建筑、工业厂房的应用都很普遍了。当今中国，那个城市要建机场候机楼、建火车站、建大剧院，都会选择钢结构了。20世纪我讲过一句话，就建筑结构来说，21世纪是钢结构的世纪。10年过去了，钢结构的推广并没有达到应有的水平。

从我国的建筑结构发展看，20世纪50年代茅草房、70年代砖瓦房、80年代外走廊，90年代建楼房，主要是钢筋混凝土结构。20世纪末，国家冶金部和建设部联合成立了一个建筑用钢领导小组，当时我是建设部的总工程师，是领导小组副组长，主要研究建筑用钢的问题，受到众多钢厂的欢迎。冶金部撤销后，现在是钢铁工业协会，和我们金属结构协会、中国钢结构协会为钢结构的发展呼吁。

从钢结构的发展现状看，自己和自己比，发展很快、进步很大，但和发达国家比我们的差距不小、潜力很大。我们的钢产量世界第一，发达国家的建筑用钢占到40％～60％，我国只占20％左右，我们的钢铁企业产能过剩、利润上不去。在发达国家，钢结构住宅相当普遍，而在我国钢结构住宅的比例很低，可能5％都不到。我今年到日本考察，日本的企业在国内搞钢结构，到我们中国却还搞钢筋混凝土结构的房子，说我们不喜欢住钢结构。还说他们搞钢结构房子，给子孙后代留下的是财富，而我们给子孙后代留下的是建筑垃圾。这里我就不展开讲了。这次由我们工程院来牵头研究钢结构发展，太有意义，太必要了，说明我们的钢结构事业大有希望了。

一、行业的快速发展得益于产业政策的影响和带动

回顾20多年来建筑钢结构行业的发展成就。产业政策对行业的影响和带动作用，我认为应该从两方面来认识：

1. 钢结构工程的建设和发展催生了产业政策的出台

从20世纪末到21世纪的前10年，是我国钢结构行业的快速增长时期，也是国家及相关部门钢结构产业政策制定和出台的密集时期。从1997年建设部发布了《1996—2010年建筑技术政策》，明确提出了合理使用钢材，推广和发展钢结构，开发钢结构制造和安装施工新技术的要求，国家及相关部委出台的钢结构产业政策和涉及钢结构推广的文件有十几份。20世纪五六十年代，由于钢铁产量不高，那时候叫节约用钢，到八十年代末，随着钢铁产量的提高，我们提出了合理用钢，现在我们的政策是鼓励用钢、发展用钢。1998年建设部下发的《关于建筑业进行推广应用的10项新技术的通知》，提出了推广使用钢结构技术的建议。1999年国务院转发八部委《关于推进住宅产业现代化，提高住宅质量的若干意见》（国办发［1999］72号），提出要引进先进住宅建筑体系和成套的工程技术，通过推广钢结构住宅体系，全面提高住宅质量的要求。1999年建设部颁布的《国家建筑钢结构产业十五计划和2010年发展规划纲要》提出了"十五"期间，钢结构将遵循环保型、易于工业化和再次利用的结构体系作为重点，在全国范围内大力推广。

进入新的世纪，2002年建设部科技促进中心发布《钢结构产业化技术导则》、评审通过了三批36项钢结构住宅科研项目。2003年建设部《建设事业技术政策纲要》，又提出到2010年建筑钢结构要占到钢产量6%以上。2005年7月20日国务院常务会议审议通过的《钢铁产业发展规划》，明确钢铁工业的产业目标，鼓励钢铁企业生产研发高强建筑用钢等措施。2005年10月，国家"十一五"规划，确立了把节约资源作为基本国策，提出循环经济，保护生态，实现可持续发展。2009年，国务院常务会议又审议并原则通过了《钢铁产业振兴规划纲要》等政策性指导文件，为钢结构建筑提供了契机。2011年住房和城乡建设部发布的《建筑业发展"十二五"规划》中，明确了"钢结构工程比例增加"的目标，把高层钢结构技术作为建筑业重点推广的十大技术之一，体现了对钢结构工程的重视，也为钢结构发展创造了新的机遇。

2. 在政策指导下钢结构行业得到健康发展

近20年钢结构工程的快速发展，相关产业政策的实施，为行业发展起到了指路标和加速器的作用。好的政策引导企业根据市场需要开展技术创新和产品研发，加大资金的投入，进行生产要素和资源配置，使钢结构产业得到快速的发展。钢结构是建筑业最具技术含量的专业，对我国建筑业来说是一个新型建筑体系，尽管在世界发达国家已经是普遍采用。但在我国发展的时间不长，需要政策的支持和鼓励。这些年一些钢结构企业发展，短短十几年成长为相当规模的知名品牌，是政府大力扶持和指导，并在财税支持和土地、建设环境给予优惠政策的结果。

与传统的建筑方式比，钢结构有投入大、技术要求高的特点，国家出台的支持政策，广义上包括国家政策、法规条款和部门的指导性意见等，也包括地方和行业组织的技术政策标准和规范等内容。一些新建的重点工程、大型基础设施项目、大型公共建筑，政府决策部门全力支持采用钢结构体系外。在民用住宅建设领域也给予支持和宽容，鼓励企业开展创新和技术研发。对一些企业在钢结构建筑的投入和立项、钢结构产业园建设上，政府部门给予支持，开放绿灯，实行优先立项、优先审批，对新型结构体系的建筑，在满足结构安全条件下容许技术标准和设计规范进行修订、调整等，有效解决了钢结构快速发展带来的标准、规范滞后等问题。

近10年来，为了促进我国钢建构产业良性发展，不断提高其质量，我们又修订了一系列与钢结构有关标准和规范，如《钢结构设计规范》GB 50017—2003、《钢结构工程施工质量验收规范》GB 50205—2001、《冷弯薄壁型钢结构技术规范》GB 50018—2002、《钢结构焊接规范》GB 50661—2011等，为我国钢结构产业发展提供了必要的技术条件。2005年建设部颁布了《钢结构住宅国家标准图》，2009年我国第一部《钢结构住宅设计规范》CECS 261—2009颁布实施。不久前国务院颁发的《"十二五"节能环保产业发展规划》，将资源循环利用产业列为"十二五"节能环保产业发展的三大重点领域之一。昨天上午，我又参加了周绪红院士组织专家委员会讨论通过了《高耸和复杂钢结构检测和验收标准（送审稿）》，这一系列政策及措施的颁布，为发展钢结构行业创造了有利条件。

二、行业的健康发展需要政策和措施的指导

中国不仅是钢铁生产大国，也是钢结构用量的大国，2011年我国的钢材产量已达7亿吨，而钢结构用量约5000万吨左右，占7.1%，和每年我国新开工建设的市场规模比，钢结构的市场还有相当大的发展空间。应该说，现在正是我国钢结构发展的重要机遇期，但从我国的现状来看，钢结构工程的建设和施工中还存在着观念落后、要求不高；存在着对政策的认识理解有差距，落实不力；存在着钢结构工程发展质量不高、技术和标准亟待完善等问题。新的发展阶段，钢结构建筑绿色、环保、可持续发展的定位，满足人民希望更舒适居住环境的美好向往及发展趋势，需要出台进一步的发展政策和配套措施，来保证钢结构行业的正确发展方向。

钢结构发展需要什么样的政策，我们认为应该与经济增长的方式的调整相适应、与提高发展质量的新要求相结合。我们研究钢结构的产业政策，并非单纯只是专业的技术政策或者经济政策，也应该包括广义上适合钢结构推广、运用的技术标准、规范等。

（1）应该出台实现经济可持续增长相应的扶持和鼓励政策。对在建筑节能减排、绿色环保方面有着独特优势的钢结构体系，应该按照绿色建筑标准，提高钢结构的标准评价系数，或对钢结构建筑给予相应的节能补贴，出台导向性奖励政策等。

（2）应该学习借鉴发达国家推广钢结构的政策。借鉴和学习发达国家的政策，比如日本，钢结构的发展快是地震带来的。我国也属地震灾害多发地区，新建的学校、医院等公共设施强制性推广钢结构体系，提高建筑抗震标准和住宅设防等级等。

（3）应该鼓励地方政府因地制宜出台相应的扶持政策。地区经济发展的不平衡，决定了对钢结构建筑的采用能力和条件，可以因地制宜地出台地方及行业产业政策和鼓励措施。不同地区不同的发展环境、基础条件，决定了钢结构推广的水平。最近，浙江、青海、陕西等省市陆续出台《关于加快推进绿色建筑发展意见》，对星级建筑标准的奖励，城市配套费用采取先征后返的政策。青海提出到2015年，全省政府投资项目必须按照绿色建筑标准进行规划、设计、建设和运行。陕西西安市提出从2013年开始，1万平方米以上的新建公益性建筑、公共建筑项目，必须按照绿色建筑设计标准进行设计和施工。地方政府对绿色建筑的财政补贴和鼓励政策出台的力度加大，建立星级建筑评价标准和考核标准，这些都应该适用于钢结构工程。最近协会参加了《绿色建筑评价标准》的修订，在标准中增加钢结构的内容。

（4）应该根据行业发展需要，调整或修订过时的标准、规范。标准很重要，但是要根据发展不断修改完善。我们有一个毛病，就是标准制订后几年、十几年不改，有的已经成为科技发展的阻碍，所以，技术标准也必须随着发展不断地修订，根据最新技术研发成果的需要，出台新的政策和支持措施，推动这一行业的健康发展。

三、充分利用好政策环境促进钢结构产业健康发展

钢结构行业必须苦练内功，在提升钢结构工程的品质和功能上下功夫，经得住市场的检验和用户的选择。据资料显示，我国建筑业对资源使用占到50%以上，消耗的能源占到40%，造成的排放可污染50%的大气，污染30%的水体、土壤，建筑业产生的固体垃圾占到垃圾总量的40%以上，单位建筑能耗比发达国家高出2～3倍，解决建筑能耗的问题，靠的是严格技术标准条件下优秀钢结构工程，靠的是工业化生产方式变革，钢结构并不等于绿色建筑，只有设计优化、结构合理、采用真正绿色环保材料的钢结构工程才能称得上绿色建筑。

改革传统的建筑生产方式，走新型建筑工业化道路，钢结构在构配件工厂化生产、现场化装配施工的优势明显，如果采用钢结构建筑体系，可以大大降低现场湿作业和砌筑工程，建筑垃圾排放可控制在3%以内，减少污染、改善环境。钢结构行业必须充分利用自身的优势条件，以成熟的技术和先进的产品，向社会和用户提供安全舒适、满足使用功能，经济实用的钢结构建筑产品，发挥其在节能减排和工业化的优势，才能得到国家及相关部门的关注和重视。

（1）实现可持续发展，是行业的历史责任。

①可持续发展在我国也叫科学发展。欧洲一些国家有个部门叫可持续发展部，专门研究各行各业的可持续发展问题，我们没有这个部门，行业协会就应该多做些这方面的事情。要以设计为龙头，企业为主体，专家为支撑，研发我国经济适用、功能完善、舒适安全的钢结构建筑产品。②要看到钢结构住宅在研究可持续住宅发展方面的重要作用和意义。

（2）只有靠过硬的产品质量和性能，钢结构工程才能在市场中立于不败之地。

昨天下午我到上海巴特勒调研，这是一家澳大利亚的钢结构企业，他们的部件生产都严格按照标准化、规范化，生产的雨水管、外墙板等产品，注重细节，产品又出口国外。

（3）通过示范引路、技术创新，赢得市场的关注和认可。

由于时间关系，就不展开讲了。

四、推行新政策改善环境是行业组织的重要任务

（1）行业发展的基础是制定政策的依据。

2002年研究钢结构住宅推广问题时，住房和城乡建设部住宅产业化促进中心就组织专家进行了一次全国性的钢结构住宅情况调研，围绕要不要推广钢结构住宅体系，钢结构住宅体系存在什么问题以及如何解决等问题。历时半年，走访了京津沪及山东等省市，考察了20多个企业和项目实施情况。专家的结论是：钢结构住宅是先进生产力和可持续发展理念在建筑领域的重要体现，在此基础上出台了《钢结构产业化技术导则》。所以政策的制定，要依据行业发展的基础和条件。

（2）钢结构应充分展示节能的优势，才能获得政府给予更大的支持。

钢结构行业应在优化设计，充分体现钢结构工程在节能、减排和抗震安全方面的优势，同时又要通过技术创新，合理地降低工程造价，成为建筑领域最优的结构形式，成为用户和市场信赖的产品，提高钢结构建筑的认知度，才能获得国家相关政策扶持或推广的机会。

（3）研究和制订政策必须符合发展趋势。

科学发展落实到建筑业、钢结构行业，就是要推广绿色建筑。一是要节能，二是要环保，三是要宜居。体现在设计优化、节省；降低排放、绿色；提高效率、节能；可在循环利用、低碳等等几个方面。保持一定的经济增长规模是社会稳定基础，政府新的经济增长点就在低碳减排和绿色环保的可持续发展目标上，我们不能再走先建设、后治理的弯路、老路。因此，建筑钢结构应当成为建筑业新的增长极。

（4）作为政府管理部门的参谋和助手，充分发挥协会的作用。

中国建筑金属结构协会、今年承担了部里下达的一个软课题，叫钢结构住宅产业

化研究，正在组织专家研究，由于四川汶川大地震，宝钢在四川建设了钢结构住宅，我们在那里召开了研讨会。杭萧钢构在包头开发了高层钢结构住宅，我们又和钢结构协会一起召开了现场会，通过组织交流钢结构工程的最新技术成果，为钢结构企业搭建市场平台。

2011年初的两会期间，全国人大代表、政协委员共提交钢结构发展提案3份，附议代表达36名，并得到了相关部门的回复，对行业发展产生积极的影响。今年还有部分人大代表、政协委员还在继续写提案。还有今天到会的工程院院士，要发挥自己的影响力，为钢结构发展向国家建言献策。我们党历来提倡发动群众，我是搞建设的，我有一个观点不知对不对，推广钢结构发动领导比发动群众更重要。国家提出三年内建设3600万套保障房目标，我们向部里提出推广钢结构的建议，得到部长的批示，现在，福建、浙江、上海和北京的一些保障房项目开始采用钢结构，这个消息很好，如果扩大一点范围，搞个300万～500万套，我们的钢结构就能够真正发展起来。

今年10月，中国建筑金属结构协会翻印了《国务院及各部门关于中小企业发展政策文件汇编》，分为营造发展环境、金融支持和服务、财税扶持政策和技术进步和结构调整等，收录近期国务院和相关部委制定的49个政策性文件，下发涉及行业企业进行学习，充分用好用足政策，引导企业用好用足现有的政策。

党的十八大强调理论自信、道路自信、制度自信，突出高举伟大旗帜，奔向美好未来。最近我们的习主席提出做好"中国梦"，我的"中国梦"就是发展钢结构。最近，我们高兴看到浙江省协会、辽宁、广东省协会、一些大专院校，都在开展活动，召开各种会议，厦门还在筹建钢结构学院。另外，国家的经济布局和区域性规划已陆续出台，如《国务院关于支持福建省加快建设海峡西岸经济区的若干意见》、《国务院关于推进海南国际旅游岛建设发展的若干意见》、《促进中部地区崛起规划》、《横琴总体发展规划》、《江苏沿海地区发展规划》、《辽宁沿海经济带发展规划》、《关中—天水经济区发展规划》、《鄱阳湖生态经济区规划》、《中国图们江区域合作开发规划纲要》、《黄河三角洲高效生态经济区发展规划》、《皖江城市带承接产业转移示范区规划》、《长江三角洲地区区域规划》、《成渝经济区区域规划》、《河北沿海地区发展规划》、《西部大开发"十二五"规划》、《东北振兴"十二五"规划》、《陕甘宁革命老区振兴规划》等，区域规划的出台和实施将迎来建设高峰期，对我们钢结构行业来说，有着巨大的发展空间和市场舞台，我国的建筑技术政策也应适应这一形势调整，凝聚大家的智慧、行业的力量，完善钢结构建筑的设计和技术标准，营造钢结构行业更好的发展环境，迎接钢结构行业的美好明天。

（2012年12月15日在上海"2012年建筑钢结构产业发展论坛"上的讲话）

钢结构领航全国的强省

在座诸位所代表的企业都是浙江省钢结构行业内的精英，根据资料（中钢协调查报告）显示，浙江省是国内钢结构产量最多的省份，并形成钢构企业集中、优秀企业多、承揽国内外的重大工程多、在工程中科技创新多的势头，已成为领航全国钢结构行业的强省。这与在座各位所在企业的不懈努力是分不开的，你们为浙江省及全国的钢结构行业做出了巨大的贡献。在此，也向诸位以及诸位所代表的的企业表示感谢。

2013年1月1日，国务院以国办发［2013］1号文件的形式颁发了《绿色建筑行动方案》，绿色建筑已经上升为国家战略。

绿色建筑与以往单纯的建筑节能有所区别。我国所称的绿色建筑就是指在建筑全寿命周期内，最大限度地节约资源（节能、节地、节水、节材）、保护环境和减少污染，为人们提供健康、适用和高效的使用空间，与自然和谐共生的建筑。它要求必须从建筑全寿命周期的角度提出与自然和谐共生的综合解决方案，它不仅要考虑节能，更要重点强调减排和保护环境，这是以往单纯考虑建筑节能的一种升华。

钢结构建筑不仅考虑工程的承载能力，而且还考虑生态的承载能力。中国工程院沈祖炎院士提出的“轻、快、好、省”的四个优异性能，更是彰显出其绿色建筑的特征。在建筑全寿命周期内贯穿“减量化、再利用、资源化，减量化优先”的循环经济发展原则，其不仅能满足建筑功能的各种需求，还能有效地处理好建筑节能、节地、节水、节材和保护环境之间的辩证关系，可实现资源的高效利用和循环利用的目标，可创建一种既不会使资源枯竭，又不会造成环境污染和生态破坏，各种资源能循环使用的新型城镇化建设新模式。同时其工业化、标准化和产业化的生产方式还可以构建循环型建筑工业化产业体系，因此，是城镇化建设对自然环境影响小的一种建筑结构体系。在发达国家已被广泛应用，并被称为绿色建筑的重要代表。

浙江钢结构行业的发展得到了浙江省委、省政府以及住房和城乡建设厅、建筑业管理局和有关部门的领导和大力支持，从产业整个环境、产业发展、企业家队伍看，浙江省已经成为钢结构领航全国的强省。

下面，我从以下几个方面阐释浙江省作为全国钢结构行业领航强省的地位。

一、浙江省钢结构工程的业绩突出

浙江省的钢结构产业呈现出多方面的优势，在市政公用、输电线路铁塔、住宅建筑、铁路桥梁工程及海外工程方面都有全面的发展。

1. 市政公用建筑

在市政公用建筑方面，浙江省的钢结构企业更是具有举足轻重的地位，并且也做出了让国人甚至是世人赞叹的业绩。

从北京奥运会、上海世博会到新时期现代化高铁建设，以及“高、大、难、精、尖、新、异”的全国各大城市的标志性建筑的建设，这些都为我国城镇化建设增光添彩，取得了举世瞩目的成绩。

在奥运场馆“鸟巢”的建设中，精工钢构攻克了8大关键性难题，并获得多项质量、技术等奖项，精工等单位完成的“鸟巢工程建造技术创新与应用”获得2012年度国家技术进步二等奖；在国家体育场的建设中，精工钢构又克服了6大关键性技术难题，获得多项奖项；在“水立方”的建设中，东南网架攻克6大关键技术难题，获得2011年度国家技术进步一等奖。

浙江钢构企业承担完成了包括“鸟巢”和“水立方”在内的42%北京奥运会新建场馆钢结构工程的建设；在上海世博会的中国馆和阳光谷等重点项目的建设中，济南大运会“东荷西柳”的建设中，以及广州亚运会的综合体育馆、“小蛮腰”——广州塔等项目建设中，浙江钢构再次为上海世博会、济南大运会和广州亚运会增光添彩。在国内许多重大重点工程建设中都有浙江钢构的身影，许多骨干企业已经布局海外，抢滩国际市场。

如今，水立方、羽毛球馆、首都机场3号航站楼、世博会中国馆、广州新电视塔、上海虹桥枢纽中心……不仅展现了具有中国民族特色的现代建筑，给世界留下了深刻的印象，现在更成了中国的象征与骄傲。

不久之后，由精工钢构承建的中国杭州低碳科技馆将建成。这是世界上第一座以低碳为主题的科技馆，它是低碳科技的科普中心、绿色建筑展示中心、低碳学术交流中心、低碳信息资料中心。科技馆由常设展厅、临时展厅、科普特种电影院、科普培训室、学术交流厅等组成。按照绿色建筑三星级标准进行设计和运营。地上4层，地下1层，总建筑面积约3.3万平方米，采用全钢结构体系。

还有，由东南网架承建的杭州奥体博览中心主体育场为特大型体育建筑，固定座位80011座，是国内最大、最复杂的体育场。看台上方覆盖了花瓣造型的由空间弯扭管桁架+弦支单层网壳构成的钢结构，最大悬挑长度52.5米。

在国内其他一些具有国际影响的工程中，也都能看到浙江钢结构企业的身影，在浙江省内及国内其他地区的大型体育场馆、机场航站楼、博物馆、金融中心等一大批具有社会影响力的工程也都是由浙江的钢结构企业以独自或合作的形式完成。

浙江钢结构企业在市政公用建筑领域较其他省市自治区的企业显现了更为全面的经营和技术优势。

2. 输电线路铁塔

输电线路铁塔是我国目前钢结构产业的一个重要方面。为了满足日益增加的供电需求，输电线路向高电压、大容量、大结构的方向发展，尤其是近年来正在建设的特高压电网，更是对钢结构的产能和质量提出了更高的要求。浙江省的钢结构生产企业，也在这方面作出了突出的贡献。

浙江盛达铁塔制造有限公司是我国各大铁塔生产厂家份额最大，业主对其质量和交货最为满意的企业。他所建造的舟山大猫山岛跨海输电铁塔，无论是高度还是重量，都再次刷新了全世界输电铁塔的建造记录。浙江的温州泰昌铁塔集团、湖州飞剑铁塔制造有限公司都在国家重点工程中发挥了很大的作用，浙江企业的产品都得到了业主的高度赞扬。

3. 住宅建筑

1999 年开始，杭萧钢构便成立了专门研究机构对钢结构住宅体系进行研究和开发，其工业化、标准化和产业化的 15 项核心成套集成技术，形成国内最成熟配套的钢结构住宅产品系统，被住房和城乡建设部命名为“国家住宅产业化基地”，并承接了以武汉世纪家园为代表的一大批住宅项目，并将这一体系运用到目前国内最大的钢结构住宅小区——包头万郡·大都城中。

例如：包头万郡大都城住宅区项目是目前国内在建最大的钢结构住宅小区，由杭萧钢构开发建设，汉嘉承担工程设计。本项目主要是由高度为 97 米左右的 32 层高层住宅建筑群组成，其抗震设防烈度为 8 度。其充分发挥钢结构建筑的优异特性，按照绿色建筑的要求，以“零资源、零能耗、零排放、零污染、零工地、零距离”为标准，建立从规划、设计、建造、使用、拆除到建筑材料循环利用和无害化处理的建筑全生命周期开发与建设的全新模式；在规划、设计、施工等各阶段支持基于 BIM 技术的交换数据和共享，实现各阶段和各专业之间的紧密协同配合，努力与住宅建筑功能配套设备和产品的优化集成，实现建筑全寿命周期内的资源节约和环境保护。

万郡·大都城这个项目全部采用钢框架——钢支撑组成的双重抗侧力体系，楼面采用杭萧钢构生产的钢筋桁架楼承板系统，墙面采用汉德邦生产的 CCA 板与轻质灌浆料组成的保温、节能和防火的围护结构体系。由杭萧钢构负责制造和安装；日本佐藤工业株式会社实行工程管理。一期 27.5 万平方米左右已进入最后的安装调试和装饰阶段；一期 29.5 平方米左右正在施工建设中。

随着不断的推广，并凭借着钢结构的在绿色、环保、安全、抗震等方面的独特优势，钢结构住宅体系已慢慢赢得人们的认同，省内其他大型的钢结构企业也越来越多地触及这一领域。例如，精工钢构承接了杭州千岛湖论坛中心酒店客房工程、二建钢构承接了宁钢公租房项目等。

施工生产工业化，建筑部件标准化，钢结构住宅规模化，建筑管理规范化，产业链企业现代化，从而实现住宅行业现代化是我们的目标，浙江钢结构企业在钢结构住宅体系中的努力，对加快住宅产业化进程、提高住宅的安全性能和品质、改变住宅生产方式、推进节能降耗和绿色低碳建筑，起到重要的示范和引导作用。

4. 铁路桥梁工程

盈都桥梁钢构工程有限公司是华东地区最大的钢结构桥梁制造、安装的民营企业，公司具有钢结构专业承包一级资质、中国钢结构制造特级资质，并获有浙江省商务厅发的《对外承包工程资格证书》，具有承包国外工程项目的资质。公司已建和在建的桥梁钢结构项目已有五十多座，例如杭州九堡大桥、上海黄浦江特大桥、京沪高铁路系杆拱等。据统计，盈都桥梁钢构 2012 年承接的桥梁钢结构业务占全国总业务量的 1.5%。

越宫钢构在铁路桥梁领域建成了济南平阴黄河大桥；在立体车库方面建成了 3000 个车位的生产能力，订单应接不暇。目前还在扩建厂房扩大产能。

杭州火车东站是集高铁、普铁、地铁、磁浮、公交、运河水运于一体的超大型现代化综合交通枢纽中心，是长三角地区最重要的客运枢纽之一。由浙江建工集团总承包，主体结构采用钢结构建筑体系，总用钢量约 8 万吨；钢结构工程由东南网架和潮峰钢构承建，屋面金属维护系统采用了光伏一体化系统，覆盖面积约 16 万平方米，是目前国内最大的光伏一体化金属屋面系统。

5. 海外工程

浙江钢结构企业在境外工程的开拓方面也有了很大的发展，横向考察企业实际，大概有两种境外工程承包模式。

（1）深入境外进行施工。如东南网架深入刚果承接布拉柴维尔玛雅国际机场；杭萧钢构足迹遍及五大洲，承接了多项符合欧洲标准和美国标准的高难度项目；精工钢构也深入拉非美洲、亚洲等多个国家和地区承接诸如体育场、机场等一大批工程；中南建设、宏丰实业等也都有自身的境外营销网络。

（2）以合作形式承接境外工程。在暂时还不具备深入境外进行施工的情况下，为积累境外工程的经验，企业与其他大型企业合作，承接境外项目。如浙二建钢构通过与北方重工等大型央企合作承接澳大利亚浓密机、搅拌槽项目，单体最重接近 500 吨，装船运输要求高、加工难度大，为下一步“走出去”施工积累了经验。

恒达钢构拥有浙江省商务厅颁发的“中华人民共和国对外承包工程资格证”。公司先后承接了印度韦丹塔，卡塔尔多哈市 HLEYTAN TOWER 项目，巴西 ICEC 工程，特立尼达和多巴哥展览楼等工程。

精工钢构集团国际业务总部设立在香港，并获得了国家外经贸部颁发的“对外施工、设计、咨询、监理经营权”，同时拥有日本的H级认证、新加坡的S1资质、美国AISC的认证。公司有焊接检验师10余名，以及持有JIS Z3801/JIS Z3841、AW、AWS D1.1、EN 287-1、GB等各类焊工资格证书人员1450余名。产品和服务已覆盖五大洲，在12个国家或地区设立了相应的分公司和办事处。目前已承接海外业务20多项，澳大利亚齐夫利广场、新加坡海滨湾金沙综合娱乐城、日本东京MODE学院、澳门东方威尼斯人度假酒店等，累计承接额达2亿美元。让国外业主对中国、对精工钢构的实力刮目相看，在海外市场赢得了一定的市场美誉度。

东南网架获得了“中华人民共和国对外承包工程资格证书”，美国AISC认证。产品远销瑞士、越南、马里、蒙古、印尼、苏丹、安哥拉、哈萨克斯坦、刚果等国家和地区。承建了安哥拉本格拉体育场、阿斯塔纳影剧院、哈萨克斯坦室内自行车比赛馆、澳门梦幻之城、刚果布拉柴维尔玛雅国际机场等。

江南钢构的产品主要是出口。公司已通过加拿大CWB认证，美国CWF认证，同时正在申请欧洲的EN1090、ISO3834认证。江南钢构的生产过程中由BV、摩的和SGS第三方的全程监控管理。所有的焊工都获得了美国的AWS和CWI的认证。已被包括世界500强等在内的国际WorleyParsons、ARCADIS、DREVER、FLUOR、NYKLOGISTICS、JOTUN、TECHNIP、BECHTEL、CENTRIA、BIOMEK、USA·LLC、WPC、DRA、VALE等管理公司公认为合格供货商及长期合作伙伴。已成功完成了美国的TKS项目，巴西的淡水河谷项目，蒙古的OT和KTCP项目，智利PRC项目，马达加斯加的项目等。

杭萧钢构从2006起开涉足海外工程，成立的国际事业部，致力国际工程的承接和管理。公司先后获得商务部门颁布的“对外承包工程资质证书”、美国的AISC认证以及AWS1.1D认证、德国的DIN－18000－7资质、新加坡的SSSS认证。承接了多项符合欧洲标准和美国标准的高难度项目，赢得了世界的尊重与赞誉，并已累计出口钢结构达35万吨。参建的新加坡大华银行新建办公楼获最佳设计奖、印度信实集团系列电站项目、沙特的拉比特电站项目、巴西石油里约炼油工程、安哥拉国家安居公房等。

综合来看，浙江钢结构企业的业务范围覆盖较全面，在任务承接方面具有较强的竞争优势，是浙江作为领航国内钢结构强省的表现之一。

二、企业家和专家和队伍实力突出

浙江钢结构企业取得的不凡成绩离不开一大批具有开拓精神的优秀企业家和专家

的卓越才识和领导艺术。

浙江省钢结构行业起步于20世纪80年代，经过20多年的发展，现已形成集研发、设计、制造、安装、监测一体化的产业体系，实现了从最初的小型机械加工作坊到现代化大型钢结构制造安装企业的跨越式发展。

浙江省集聚了精工钢构、东南网架、杭萧钢构、杭州恒达、宏丰实业、潮峰钢构、浙江大地、盛达铁塔、中南钢构、越宫钢构、浙二建钢构、华东钢构、浙江建工、泰昌铁塔、珠光钢构、五羊建设、宝业钢构、浙江金鑫、中天钢构等一大批享誉海内外的钢构企业。无论是企业规模、技术装备、创新能力、设计水平等方面，还是市场占有率、企业综合实力都已位于国内同行业领先地位。同时也造就了一批掌握国际先进管理方法并具有丰富实践经验和市场应变能力的现代企业家。现如今杭萧、东南和精工都已经已发展成为沪深上市的大型钢结构企业，以及钢结构行业的龙头企业。

综览浙江钢结构企业家大都白手起家，在日益扩张的生产经营中十分重视以下几个方面的工作。

1. 重视人力资源工作

“人才是第一生产力。”人才对于企业的发展具有至关重要的意义，浙江钢结构企业家们对人力资源工作均表现出了极大的关注。

钢结构企业快速发展，需要大批具有钢结构设计、制造等专业知识并能将科技成果及时转化为物质产品的高级应用型技术人才，以浙江树人大学为代表的本科高校面向企业办学，根据企业需求，开设钢结构专业班，设置企业需要的专业课程，邀请知名钢构企业专家、技术骨干进课堂，校企合编出版教材，综合培养“订单式”人才，这种“产教结合、校企合作”的钢结构专业人才培养模式，是高校与企业双赢的有效模式之一，值得提倡并推广。

特别是20世纪80年代，中国工程院院士董石麟教授从北京回到了杭州，将国内外最先进的理念、理论、技术和最新的科研成果也同时带回到了浙江，开始对以钢结构为代表的空间结构进行科学研究。始终遵循循环经济和可持续发展，开发建筑全生命周期内“节能、节地、节材和保护环境”可循环利用的先进建筑材料，尝试工业化、标准化和产业化的生产方式，希望给建筑产业带来新的变革。

浙江的每家钢结构企业几乎都有自身较为独特的人才政策和中长期的人才规划，拥有一批高素质的教授级高工、高级工程师、博士、硕士等技术、管理人才。为充分发挥每位员工的潜在价值，每家企业都根据自身的实际制定人才激励政策和晋升渠道，通过打造积极向上的企业文化，吸引人才、留住人才，为企业的强劲发展提供智识储备。

同时，注重员工的再教育工作，对员工进行多层次、全方面的培训，不断提升员工的个人素质，丰富员工的知识结构，并通过各种技能比武等活动，增强员工间健康的竞争意识。

涌现出了以张凯声、郭明明、方朝阳、单银木、王金花、孙关富、周观根、丁龙章、杨强跃、俞建国、陈柏梁、王宇伟、杨学林、罗尧治、童根树为代表的浙江省钢结构行业杰出贡献人才；涌现出了以“十佳总经理”——徐春祥、孙关富、陆拥军、潘吉人、陈柏新、贺建明、王宇伟、陈柏梁、王剑平和陆寿年为代表的企业经营管理带头人，以“十佳总工程师”——周观根、方鸿强、杨强跃、刘中华、胡新赞、赵银海、杨学林、干钢、裘涛和金天德为代表的企业技术带头人。

2. 注重技术创新

作为一门新兴的建筑行业，钢结构具有技术含量高的特点，尤其是在大型的体育场馆、机场、公共设施等大跨度空间结构、多高层、民用住宅等领域，构件加工制作和现场施工的复杂程度较高。

针对日益复杂的结构形式和制作精度，浙江的企业家们坚持走产、学、研的道路；或者在公司内部组织骨干力量对技术难题攻坚克难，或者与大专院校合作，共同完成新产品的研发。对技术创新工作的重视，使得浙江的企业家们活跃在国家、行业规范，技术标准的编制过程中。

在诸多的科研项目中，尤为引人瞩目的有郭明明带领的东南网架进行的新型网架、网架节点和聚氯酯夹芯板等新结构新材料的研发，并拥有国家唯一的中国钢结构产业总部及研发基地和行业内唯一的国家级企业技术中心；单银木引领的杭萧钢构所进行的钢结构住宅体系的研发，参加包括“新型钢结构民用建筑设计与规模化工程应用技术研究”在内的“十二五”科技支撑项目研究；孙关富领导的精工建设在奥运会场馆建设中所取得的各项优秀工法；王宇伟带领的中南建设参与研究《复杂环境下大跨度空间结构故障预警技术》，已被国家科技部立项为“863”计划课题；东南网架总工周观根参与研究的《复杂环境下大跨度空间结构故障预警技术》已被国家科技部立项为“863”计划课题。

在技术创新方面，浙江的企业家们也表现出集体的创新意识，如浙二建钢构承建的建设银行综合业务楼，由于施工难度较大、技术难点较多，省内其他企业积极参与施工方案的论证工作。这种集体的创新意识超越了单个企业孤军奋战的维度，体现出杰出的精诚合作精神。

3. 强化企业规模和效益的并重

浙江钢结构企业大多是从小规模作坊式起步，在富有开拓精神的企业家的带领下，不断做大规模，在巨大规模效益的影响下不断开疆拓土，提高社会影响力。从企业规模和年产量来看，根据中国建筑金属结构协会的统计，2011 年全国钢结构排名前 30 强中，有 8 家是浙江的钢结构企业，占总量的 27%，前 10 强中有 4 家是浙江的钢结构企业，占总量的 40%。

在规模不断扩张的同时，浙江钢结构企业家们也看重企业效益的增长，通过提高精细的设计、精准的制作、精湛的安装、精致的技术以及持续的企业管理改革，提升企业的经济效益，从大企业走向强企业。

通过浙江钢结构企业家的努力，各企业也获得了各项重大荣誉，仅从全国钢结构金奖来看，2012 年浙江钢结构企业中共有 34 项工程获得此项奖项，占全部的 28%。大批的企业家获得多项国家级、省级、地市级荣誉称号，并有些享有特殊的津贴待遇。大批优秀企业家的成长历程也见证着浙江省作为领航全国强省地位的确立。

三、产业与产业集群实力突出

1. 钢结构产业

据报道，2011 年，浙江省全省生产总值达到 32000 亿元，作为浙江经济的支柱产业之一，建筑业的总产值达 14685 亿元，占全省 GDP 的 5.8%，上缴税金 450 亿元，占全省地方财政收入的 14.3%。

钢结构产业作为浙江省建筑业的重要组成部分，经过多年的努力，浙江省已拥有钢结构企业 300 多家，年产值 500 多亿；虽然这一数字占全省建筑业总产值的比例相对较小，但作为一类新型的产业形式，浙江钢结构的发展势头迅猛，在奥运场馆、上海世博会、广州亚运会等舞台上，承建了一大批标志性工程，并涌现出了像精工钢构、东南网架、杭萧钢构等一批知名品牌的企业，为浙江省从“建筑大省”向“建筑强省”跨越作出了一定的贡献，并得到了政府和人们的广泛认可。

2. 钢结构产业集群

产业集群应有两层含义，而每一层的含义在浙江的钢结构产业中都有充分的优势体现。

(1)“在某一特定领域内相互联系的，存在地理位置上集中的公司和机构的集合。”在浙江，钢结构产业主要有三大聚集群。首先是杭州钢结构产业集群，以东南网架和杭萧钢构两家国内钢结构龙头企业为代表，聚积了一大批优秀的钢结构企业；尤其是萧山钢结构产业，经过 20 多年的发展，已成为一个重要支柱产业，占国内总产量近七分之一，市场占有率 20%，各类工程达 9000 多项，并被命名为“中国钢结构产业基地”，大地网架被国家经济动员办公室批准为“国家钢结构动员中心”。其次是绍兴钢结构产业集群，以国内钢结构龙头企业精工钢构为代表，绍兴市被浙江省政府命名为“全省唯一的建筑强市”，被全国《建筑》杂志誉为“中国建筑第一强”，绍兴的钢结构企业为这些荣誉贡献了自身的力量。再次是宁波钢结构产业集群，以国内前 30 强的国有企业浙二建钢构为代表，据宁波市建委的统计，2012 年宁波市总产值前 10 位的钢结构企业总产值有 35.4 亿元，钢结构产业为宁波的建筑业也做出了一定的努力。

(2)“为了获取新的和互补的技术，从互补资产和利用知识联盟中获得收益、加快学习过程、降低交易成本、克服市场壁垒、取得协作经济效益、分散创新风险，相互依赖性很强的企业（包括专业供应商）、知识生产机构（包括大学、研究机构和工程设计公司）、中介机构（包括经纪人和咨询顾问）和客户通过增值链相互联系成网络，这种网络就是产业群。”这一产业集群的概念强调某一核心产业上下游之间的链条网络。钢结构产业的下游业务主要是钢结构设计与工程业务环节，目前浙江主要的钢结构企业大都可以实现设计、制作、施工的一体化，并且具有较为成熟的技术和经验。

钢结构产业的规模以及产业集群的发展也充分展现了浙江作为钢结构强省的风采。

四、产业政策环境概览

钢结构产业的发展需要产业政策的影响和带动，从整体上来看，浙江省正在不断健全对钢结构产业的扶持性政策，包括省级、地市级政策。

1. 浙江省级产业政策环境

2011 年 8 月 1 日，浙江省人民政府颁发了《关于积极推进绿色建筑发展的若干意见》（浙政发［2011］56 号）制定的全省绿色建筑总体目标：争取到 2015 年，全社会绿色节能意识明显增强，在全国率先基本形成绿色建筑发展体系，实现从节能建筑到绿色建筑的跨越式发展。明确要求：绿色建筑占当年新增民用建筑的比例达到 10%以上；同时要求，建筑材料循环利用范围和比例进一步扩大，新建建筑对不可再生资源的总消耗比现有水平下降 10%。要加快推进住宅产业现代化。住宅产业化水平进一步提高，住宅产业化项目建筑面积占当年竣工住宅建筑总面积的比例达到 35%以上。住宅全装修模式进一步推广，全省全装修住宅面积占当年新建住宅竣工总面积的比例不低于 35%。

2011 年 12 月 1 日，浙江省人民政府颁发了《关于加快建筑业转型升级进一步推进建筑强省建设的意见》（浙政发［2011］90 号）文件，制定的工作目标任务是：到 2015 年，浙江省建筑业各项主要经济技术指标继续保持全国领先，实现建筑强省战略目标。在主要任务中明确：推进建筑工业化。加快推进建筑工业化和住宅产业化，积极推动建筑业与建材业相融合，通过模块化设计、工厂化制造、集成化施工，形成建筑工业化生产和施工能力。

2012 年 12 月 27 日，浙江省人民政府办公厅出台了《关于推进新型建筑工业化的意见》（浙政办发［2012］152 号）。明确提出：新型建筑工业化是以构件预制化生产、装配式施工为生产模式，以设计标准化、构件部品化、施工机械化为特征，能够整合设计、生产、施工等整个产业链，实现建筑产品节能、环保、全生命周期价值最大化的可持续发展的新型建筑生产方式。推进新型建筑工业化是实现建筑业转型发展的根本途径，对于促进建筑业和建材业融合，提高建筑业科技含量和生产效率，保障建筑工程质量和安全，降低资源消耗和环境污染具有十分重要的意义。到 2015 年，我省新型建筑工业化建造体系初步形成、技术保障体系不断健全；建筑工业化基地建设进一步加强、项目建设有序推进。形成一批以优势企业为核心、产业链完善的产业集群，新创建 2～3 个国家级建筑工业化基地或国家级住宅产业化基地。全省预制装配式建筑开工面积达到 1000 万平方米以上，保障性住房单体建筑预制装配化率达到 30%。明确建设重点，制定了扶持政策。

2. 地市级产业政策环境

以杭州为例。杭州人民政府对钢结构的发展表现出高度的热情和信心。在 2012 年的杭州市“两会”上，浙江省钢结构行业协会会长方鸿强委员提出的第 186 号提案——《关于发挥“中国钢结构产业化基地”优势，促进绿色建筑发展的建议》得到了杭州市人民政府和有关部门的高度重视，由杭州市经济和信息化委员会牵头组织开展深入的调查研究，并制定了《钢结构产业创新发展三年行动计划》，2013 年 2 月 22 日杭州市人民政府批复《钢结构等 13 个重点产业创新发展三年行动计划》，将钢结构产业与电子商务服务、物联网、生物医药、新能源、节能环保、先进装备制造、电子信息制造、软件和信息服务、工业设计、化纤、精细化工、食品饮料共同组成 13 个重点产业创新发展三年行动计划，并要求杭州经信委要认真做好行动计划的贯彻落实等工作。杭州市政府对这一计划的批复充分显示了市政府对钢结构行业发展的重视。

在 2013 年的杭州市“两会”上，按照国家《绿色建筑行动方案》和浙江省《关于推进新型建筑工业化的意见》的要求，以界别集体提案的形式提出第 347 号提案——《关于发挥“中国钢结构产业基地”优势打造“中国绿色建筑集成产业基地”的建议》。

优良的配套产业政策也为浙江成为全国钢结构的领航地位提供支撑。

五、浙江省钢结构行业协会的服务能力突出

近年来，浙江省钢结构行业协会在各会员单位的支持和配合下，通过组办一系列活动，推动行业的健康发展，并做好行业与政府的桥梁工作。做了以下主要服务工作：

1. 专业委员会齐全

浙江省钢协以科学发展观为指导方针，以“提供服务、反映诉求、规范行为”为

宗旨，以“科技引领市场、行业服务社会”为基本工作思路。设有九个专业委员会，分别为钢结构设计专业委员会，钢结构检测专业委员会，焊接专业委员会，物流专业委员会，行业发展及政策研究专业委员会，钢结构制造和安装专业委员会，安全和质量专业委员会，项目管理专业委员会，材料和设备专业委员会。此外还设有浙江钢结构专家委员会。

2. 十大使命责任到位

（1）在政府主管部门的领导下，开展国内外钢结构产业发展动态的调查与研究，宣传贯彻国家技术经济政策，遵守国家的法律、法规，维护会员的合法权益。

（2）结合浙江的行业特点和市场需要，协助政府部门制定和实施行业发展与技术创新战略、政策、法规和规定，为企业营造良好的发展环境。

（3）团结和组织好广大的会员，开展诚信建设，推动技术创新，逐步完善钢结构的产业链，降低生产成本，提高市场竞争能力。

（4）通过组织“浙江省钢结构金刚奖”，以及浙江省钢结构行业杰出贡献人才、十佳总经理、十佳总工程师、十佳通联员等奖项等评选活动，引导会员单位争创名牌，实施品牌战略，打响浙江钢结构这张“金名片”。

（5）组织开展职工技能培训、继续教育和岗位技能劳动竞赛，以及“浙江省钢结构工程优秀项目经理”等评选活动，提高全行业的职业素质和经营管理水平。

（6）协助政府主管部门行业资质认证，以及工程技术和管理标准的制定、修订工作，承担政府部门委托的科技攻关工作，组织本行业新产品、新技术、新工法、新设备和新材料等的研发、论证、鉴定和评审工作。

（7）组织国内外技术交流与合作，积极协助会员开拓国内和国际市场，向社会推荐和宣传“诚信、优秀”会员，以及“名、优、新”产品，积极为企业拓展市场服务。

（8）网站建设。自2011年改版，改版后的网站建设重在为各会员企业服务，实现资源的共享，广泛宣传各会员企业。

（9）定期召开通联员会议。通联员会议重在加强企业间的沟通，提高通联员在写作、摄影以及奖项申报的能力。

（10）承担政府部门、会员及有关单位委托或授权的其他工作，当好企业与政府的桥梁和纽带。

3. 各种奖项设置

浙江省钢协通过设置省级金刚奖、省级优秀项目经理等奖项，促进企业的创优夺杯工作；并设置优秀科技工作者、十佳通联员、十佳总工程师、十佳总经理等奖项。

4. 网站建设

浙江省钢协网站自2011年改版，改版后的网站建设重在为各会员企业服务，实现资源的共享，广泛宣传各会员企业。

5. 定期召开通联员会议

通联员会议重在加强企业间的沟通，提高通联员在写作、摄影以及奖项申报的能力。

作为政府领导下的行业自律组织，浙江省钢协做出了自身的努力，为推动行业的健康稳定发展作出了贡献。

各位代表，浙江省已成为钢结构产业聚集区，而产业聚集区作为构建现代产业体系、现代城镇体系和自主创新体系的有效载体，对于促进“工业化、城镇化、农业现代化和信息化”协调发展，优化经济结构、承接产业转移，强化创新驱动、实现集约节约发展，发挥着重要的载体与基础性作用。加快产业集聚区建设是创新体制机制、培育区域竞争新优势的客观需要，也是转变发展方式的一个重要突破口。

浙江省之所以能成为钢结构领航全国的强省，得益于领导的支持。在浙江省委、省政府和省住房和城乡建设厅、浙江省建筑业管理局以及杭州市人民政府和有关部门的领导和大力支持下，创造出非常适宜行业成长的土壤和环境。得益于科技的支撑。在中国工程院董石麟院士这样的科技带头人引领下，依托浙江大学，联合社会各界力量，打破单位和部门的界限，将产学研成果迅速地转化为生产力。得益于有一大批致力于钢结构事业发展的优秀企业家带头人。浙江涌现出方朝阳、郭明明、单银木、俞建国、王宇伟等一大批继承和发扬了勤劳、智慧和永攀高峰的“浙商”精神，敢于拼搏、勇于创新、肯打硬仗的优秀企业家团队。得益于行业社会责任精神强。浙江省钢协以振兴产业为己任，大力倡导诚信造就了浙江钢构行业。通过讲诚信、抓质量、促创新、建精品、创佳绩，用创新和实践促发展，使浙江钢构行业成为浙江省新型城镇化建设领域的一张金名片。

浙江已奠定了坚实的钢结构领航地位，但面对激烈的市场竞争，希望在座的各位代表及所在的企业继续努力，争取在全球的钢结构市场中占据更多的份额，为推进我国钢结构产业在国内和世界范围内的应用作出更大的贡献。

我们坚信，只要我们大力宣传、学习浙江省的经验和做法，我们一定能圆好钢结构大发展的梦，钢结构的明天会更加美好！

（2013 年 4 月 13 日在浙江富阳“2013 年浙江省钢结构行业协会一届五次代表大会暨金刚奖颁奖大会”上的讲话）

抓住机遇　迎接挑战
实现钢结构行业大发展的“中国梦”

这次在重庆召开每年一度的全国建筑钢结构行业大会，汇聚了我国钢结构知名企业家和专家、学者，大家一起研究国家的经济建设和产业政策走向，交流钢结构新技术、新材料，引领行业科学发展。每年的行业大会已经成为展示钢结构建筑最新技术、产品成果，助推钢结构企业注重自强自律，走质量效益型发展之路的一次行业盛会；成为政、产、学、研开展交流合作和促进产业发展的一个重要平台。

2013年年会的不同之处，是在党的十八大和全国“两会”胜利召开之后，新一届的政府、国务院新的班子上任之后，提出了继续推进中国经济发展、打造“中国经济升级版”的新要求。在这样一个新机遇、新挑战、新形势下召开的钢结构行业大会，中心主题应该是“抓住机遇，迎接挑战，以绿色建筑引领产业升级，实现钢结构行业大发展的‘中国梦’”。我简要讲以下三个方面。

一、钢结构行业大发展的绝佳机遇

当前正是我们钢结构发展的最好时机，钢结构行业正迎来绿色行动的机遇、新四化的机遇、新经济增长的机遇。

1. 绿色行动机遇

2013年1月1日，国务院办公厅以国办发［2013］1号转发国家发展改革委、住房和城乡建设部制订的《绿色建筑行动方案》。这个方案的内容比较多，明确新的历史时期建筑业的重点任务是：切实抓好新建建筑节能工作，大力推进既有建筑节能改造，开展城镇供热系统改造，推进可再生能源建筑规模化应用，加强公共建筑节能管理，加快绿色建筑相关技术研发推广，大力发展绿色建材，推动建筑工业化，严格建筑拆除管理程序，推进建筑废弃物资源化利用等；明确提出要推广适合工业化生产的预制装配式混凝土、钢结构等建筑体系，提高建筑工业化技术集成水平。为我们钢结构行业指明了方向。

由我们协会参加的、新修订的国家标准《绿色建筑评价标准》即将颁布实施，新的《工业化建筑评价标准》正在起草中，这些都与我们钢结构息息相关，这是一个机遇、是一个绿色建筑行动的机遇。在新一轮城镇化建设开始之际，建筑钢结构行业要乘势而上，有所作为，必须积极响应国家转变经济增长方式，提高发展质量的号召，围绕落实十八大提出的建设生态文明的战略目标，突出绿色发展的主题，推动行业的转型升级。

2.“新四化”的机遇

今天提出“新四化”，就是要走中国特色新型工业化、信息化、城镇化、农业现代化的道路。工业化与城镇化、农业现代化、信息化息息相关，而工业化中新型工业化建筑又是一个重要内容，作为钢结构更是新型工业化建筑的核心，我们要充分理解在“新四化”目标中钢结构的地位和作用。在“新四化”目标中，坚持绿色发展、低碳发展、循环发展将成为实现可持续发展的基本理念，成为新的经济转型时期我们制定目标和政策的重要依据。

3. 新经济增长机遇

十八大提出了新的经济增长目标，最近克强同志在国务院工作会议上强调了我们新的经济增长，特点是要提高发展质量，打造中国经济的“升级版”。钢结构行业在保持经济增长中担当着重要的角色，正确把握现阶段经济建设和运行的新特点，是制定行业发展目标的重要依据。现在钢铁企业很着急，企业出现亏损。我国最早提的是“节约用钢”，后来又叫“合理用钢”。今天，我们是世界第一产钢大国，我们的钢用不出去，其中一条，就是建筑用钢比重太小了。我们要按照国家政策导向，调整钢结构企业的产品结构和市场布局，钢结构是能够带动相关产业链发展的一个重要行业。

二、钢结构行业大发展的严峻挑战

钢结构行业从来没有今天这么好的发展机遇，但是也要看到我们面临着严峻的挑战。我觉得有以下四个方面：

1. 与发达国家的差距，差距也是挑战

（1）建筑用钢比例小。我国建筑用钢占钢产量的比例究竟有多少，我看过一份资料，发达国家占到65%左右，我们现在可能只有30%左右，大概是这个比例。就是整个钢铁产量用在建筑上的比例太少，所以造成我们的钢企、冶金行业出现了一些亏损或叫处于亏损临近点。

（2）钢结构住宅比例小。钢结构住宅的比例太少，可能占全国住宅的1%都不到，发达国家在大中城市中钢结构住宅要占到75%。钢结构发展与生产力的发展是相适应的，或者说钢结构是随着生产力发展而发展的。当生产力水平很低的时候，我们住的是窑洞、茅草房，后来搞砖混结构。汶川大地震，倒的多是砖混结构。后来发展到钢筋混凝土结构，生产力再发达就是钢结构。我们钢结构住宅的比例太小，如果20年前说是钢结构住宅大发展的年代，那是不对的。但20年后的今天，钢结构住宅再不发展，我们就要被问责了。我们的市长讲什么绿色经济，推广绿色建筑，我们不能光喊口号，要实实在在做一些事情。当然与发达国家比较，差距的原因有很多方面，有政府部门的、有技术材料上的，总之差距是客观存在的，我们要研究改进。

但也要看到在大型公用建筑方面，我国钢结构发展的步伐很大。据初步统计，北京、天津、上海、浙江、湖北、内蒙古等省市已经开发或在建的钢结构住宅有近1000万平方米，北京奥运会的“鸟巢”、“水立方”、中央电视台新办公楼、上海环球中心等一大批具有世界先进水平的钢结构建筑，成为我国采用钢结构为建筑主体结构的应用典范工程。

2. 科技创新的挑战

主要是新材料、新技术、新工艺、新设备方面，还适应不了钢结构住宅产业化的需求。过去我们搞木结构建筑，多采用铆、榫结构的连接。而搞钢结构，我们应该减少现场焊接，多采用铆结构、螺栓结构。对人工焊接，我一生中记忆最深的是我们重庆的綦江大桥，那时叫彩虹大桥，80%的关键部位都是虚焊，造成了大桥垮塌事故，死了不少武警战士。钢结构的很多新型实用技术、配套的材料、住宅配套的技术还有待我们进一步去创新。我们的一些企业认识到技术创新的重要作用。如中建钢构有限公司，作为行业领军型企业之一，注重超高层、大跨度结构技术总结和积累，通过解决大体积钢结构复杂的技术性难题，成就“中建钢构”的金字招牌。江苏沪宁钢机重视依靠技术抢占市场制高点，在国内300米以上的超高层钢结构建筑形成了企业的独具技术优势。浙江长江精工钢构、东南网架、湖北弘毅钢构等一大批钢结构企业，重视对钢结构工程总承包管理能力的提高，为钢结构集成建筑的管理创出经验。湖南金海钢结构还与中国工程院院士对接，建立钢结构博士工作站，加快科技成果的转化，直接服务于企业产品升级。还有山东华兴公司，在这次大会上专门召开了波浪腹板钢梁的技术交流、产品推介会，在这个会上我讲了应对科技创新的挑战有三点要注意：

(1) 我们搞钢结构建筑，千万不能说我这个建筑用钢越多越好，这个耗了多少吨钢，那个用多少吨钢，钢结构设计要优化，就尽可能合理。我以前在建设部当总工程师，抓工程质量说我们重视结构质量，但不等于把建筑物都建成碉堡呀？要优化设计，搞波浪腹板钢梁能节省钢量30%，又能提高结构质量，何乐而不为呢？

(2) 新型工业化建筑就是要工厂化生产、现场机械化施工，建筑构配件要标准化、通用化，波浪腹板钢梁生产线就是效率高，体现了新型建筑工业化的要求。

(3) 还有绿色建筑标准的要求。钢结构是绿色建筑，但不是所有的钢结构都是绿色建筑。用钢量太大的钢结构就不应该是绿色建筑，只有进行优化设计，真正达到绿色建筑要求的才是绿色建筑。我们钢结构委员会要围绕技术创新做工作，下一步还要召开设计院的钢结构设计研讨会议，研究一下钢结构怎么设计、钢结构设计怎么优化，如何推广波浪板钢梁，达到国家绿色建筑的要求。

3. 标准规范配套完善的挑战

钢结构委员会收集的日本钢结构工程规范，光标题就有一本。我们的标准规范还不完善，表现在钢结构住宅、金属墙屋面和新型节能材料、水性油漆等方面的标准、技术规范还不完善，特别是钢结构深化设计标准与规范，没有跟上行业的发展水平。我们协会要负责这个事，组织相关专家论证一下，和发达国家相比，我们还缺什么、还需要修改什么，把钢结构所有的标准形成一个体系。刚才说的波浪腹板钢梁要形成标准，没有标准别人就不好运用、推广，不仅标准要出来、相应的验收规范也要出来。

我国的标准管理有一个毛病，就是标准制定出来，十年、二十年不改。美国的混凝土标准 3 年就修改一次，我国混凝土标准一二十年还是那个样。我当建设部总工程师的时候，就处理过宁波招宝山大桥的断裂事故，当时设计院说我们没有错，我是按斜拉桥标准做的，施工单位说我们也没有错，每一步都是按规范做的，都没有错，那大桥怎么断的？这个大桥是三分之二斜拉桥、三分之一平跨桥，不仅国内没有三分之二斜拉桥、三分之一平跨桥的钢桥标准，全世界也没有这个标准呀，标准不可简单套用，标准不可残缺，标准不可老一套等等，这是标准方面的问题。

现在，我们标准的制定已经有了很好的基础。目前针对钢结构的国家标准有 8 项、行业标准有 25 项、地方标准有 10 项，钢材、钢制品与材料的标准 46 项，紧固件标准 5 项，焊接材料标准 11 项，设计标准图集据不完全统计有 22 项，但是这些标准还不完整，还需要进行补充完善和修订更新。

4. 产业发展政策制定的挑战

一个产业发展要有政策，没有好的产业政策引领，这个产业很难发展。钢结构行业的挑战表现在，尚未制定出行之有效的钢结构住宅推进政策，在这里我要特别提到浙江省的一些经验。浙江省和杭州市，从省里到省会城市都重视钢结构的发展，相应制定了一些文件。10 多天前在浙江省一个钢结构大会上我讲了，浙江省作为引航全国钢结构行业的一个强省，值得我们兄弟省份学习。我这里有个资料，2011 年 8 月 1 日，浙江省人民政府就颁布了浙政发［2011］56 号《关于积极推进绿色建筑发展的若干意见》，在全国率先基本形成绿色建筑发展体系，实现从节能建筑到绿色建筑的跨越式发展。住宅产业化水平进一步提高，住宅产业化项目建筑面积占当年竣工住宅建筑总面积的比例达到 35%以上。

2011 年 12 月 1 日，浙江省人民政府颁布了浙政发［2011］90 号文件《关于加快建筑业转型升级进一步推进建筑强省建设的意见》，目标任务中明确提出：推进建筑工业化。加快推进建筑工业化和住宅产业化，积极推动建筑业与建材业相融合，通过模块化设计、工厂化制造、集成化施工，形成建筑工业化生产和施工能力。2012 年 12 月 27 日，又出台了浙政办发［2012］152 号《关于推进新型建筑工业化的意见》。

提出：新型建筑工业化是以构件预制化生产、装配式施工为生产模式，以设计标准化、构件部品化、施工机械化为特征，能够整合设计、生产、施工等整个产业链，实现建筑产品节能、环保、全生命周期价值最大化可持续发展。明确了建设重点，制订了扶持政策。这些政策的出台，对其他省市将起到示范作用。

我到四川，曾经对建委的同志说过，四川抗震救灾之后，为什么还不发展钢结构啊，省里应该拿出一个推广钢结构的意见。日本城市钢结构发展政策就是因地震灾害促进的。我到福建，福建有个海西经济区发展规划，我说应该搞钢结构啊。我到海南，海南提出要建立国际旅游岛，搞旅游岛不搞钢结构，你国际旅游岛的环境怎么保护？今天，重庆市建委领导在这里、政府的副秘书长也在这里，我也提这个建议。行业大会放在重庆召开，也是希望重庆市建委研究一下，组织重庆大学、重庆建工搞钢结构的企业、有关专家搞个意见，能否形成一个重庆市人民政府发展城市钢结构建筑的意见，这样我们这次大会就会正如重庆市政府和建委领导讲的起到了大作用。

三、引领绿色建筑发展是行业协会的历史责任

1. 反映行业呼声

作为一个协会组织来说，要重视对行业的宣传、反映行业状况，一定要做到报刊有字、电台有声、电视有影、网上有页。这次会开得不错，发动了不少新闻单位来参加，中央电视台来了，人民日报来了，中国建设报也来了，还有我们自己的中国建筑金属结构杂志社和网站都来了，新闻单位的记者来了 20 多位，这非常重要。新闻力量是很巨大的，现在有个新词汇叫“正能量”，要用新闻的正能量来宣传我们钢结构行业的成就优势和前景。

今年的“两会”上提出了与钢结构有关的有 3 份提案，一份是由陈华元等 8 名人大代表提出的第 7390 号提案，题目是《关于大力发展建筑钢结构产业促进建筑业可持续发展的建议》；第二份是政协郝际平委员提出来的，分别为全国政协十二届一次会议第 2609 号提案，题目是《关于发挥钢结构建筑优势、加快我国绿色建筑发展的建议》；第三份是政协十二届一次会议第 4641 号提案，题目是《关于加大钢结构产业扶持力度的提案》。这些提案和建议，住房成乡建设部正在考虑答复。日本钢结构产业是怎么发展起来的？是根据政府的强制性政策发展起来的，日本地震多、震害怕了，城市建设就大力运用钢结构。

2. 提高服务水平

我经常讲，协会的中心就是服务，为企业服务，为专家服务，为专家搭设舞台，给企业家创造一个好的环境和条件。要做好钢结构住宅产业化的研究工作，2012 年前我们在住房和城乡建设部申请一项软科研课题《住宅产业推进研究》。组织到日本

进行了考察，专家组已进行了工作，2013 年要做好结题工作。我想把这个研究报告送到国务院领导的手里去，要对政策决策层面施加些影响，光我们在这吵吵没有用。关键要看我们这个报告有没有水平，写得是不是有理有据，能不能打动领导的心。这个课题要抓紧做，课题报告要高水平完成。

对钢结构住宅的推广运用，需要我们设计单位和科研机构、企业一起来努力，在推进钢结构住宅产业化发展上要有新突破。如总结几种具有推广价值的钢结构住宅体系，在钢结构住宅的围护结构的材料研发和生产，钢结构住宅结构体系的研究、检验，钢结构绿色住宅的认定标准，住宅所需的构配件、楼墙板、建筑材料、配件安装工艺施工和安装标准等方面取得新成果，以满足市场需求和人民生活需要为目标，逐步推出适合我国国情的钢结构住宅体系。

现在有了一个非常好的现象，一批过去从未涉足钢结构住宅的企业，确定了把研发钢结构民用住宅作为企业新的市场定位。如河南亚鹰把自己的房地产项目确定为采用钢结构住宅体系，同时邀请行业专家到企业对方案进行会诊，提出“集大成、做一流”，力争实现“三个最高”：绿色标准等级最高、工业化生产程度最高、现场装配化程度最高。杭萧钢构在内蒙古开了一个现场会，这个现场会的规模还不够大、参加人员不够多，应该邀请更多的人。杭萧钢构开发的 100 余万平方米的钢结构住宅小区，已经在高层钢结构住宅运用上起到示范效应，市场反响大，销售也不错，还通过了住建部安居示范工程的评审。山东莱钢对已开发建成的钢结构住宅项目，专门收集入住用户的意见，针对缺陷改进材料工艺，在运用新技术新材料取得新成果。浙江、福建、江苏、宁夏等一些省市的公租房、经济适用住房开始采用钢结构体系。北京首钢还组织召开专家论证会，邀请北京保障性住房建设投资中心一起研讨推广钢结构保障性住房的可行性，为北京门头沟区公租房的建设提供技术支撑。据不完全统计，目前已有 6 个省市的 7 个项目、1 万余套钢结构体系的保障性住房正在建设过程中。“十二五”期间，我们要完成 3600 万套保障性住房建设任务，我说拿出 10%做钢结构的，也够我们干一番的，现在看还不行。社会上总是说钢结构住宅太贵，这要看我们怎么合理用钢；二还要看按使用面积进行造价比较，现在我们是按建筑面积算的，但实际我们用的是使用面积，钢筋混凝土结构使用面积实际只有 75%左右，而钢结构的使用面积可以达到 85%，按使用面积计算，平方米造价就不算很贵了。

3. 搭建交流平台水平

要互相交流学习，推进行业共同发展，这一点我们的地方协会发挥了很好的作用。如广东空间结构协会，每年举办的钢结构高峰论坛；浙江省钢结构协会积极向政府部门建言献策，推动适合建筑工业化发展的政策出台，积极推广预制化生产、装配式施工技术，提出全省装配式建筑开工面积达到 1000 万平方米以上，保障性住房单体预制装配化率达到30%。这些政策和措施对钢结构建筑提供一个施展的舞台。

还有江苏省钢结构协会、四川省钢结构协会、北京金属结构协会等定期举办钢结构产业升级论坛和多种技术交流，坚持为企业服务、组织新技术新材料的推广，重视开展创先争优活动。如上海金属结构协会组织的“金钢奖”、浙江的“省优质工程金刚奖”，成为行业“中国钢结构金奖”的补充，在地方的影响力逐年扩大，起到了引领产业发展的作用。

4. 致力培训提高

培训提高技能，在日本受训回来的人，觉得日本企业的管理确实比我们严格得多，比我们科学得多。无论是管理、无论是技术、无论是标准，我们要向发达国家学习，用最先进的标准、最科学的管理实现我们钢结构企业的产品升级。2012年5月协会组织了“钢结构工程质量通病预防和控制”培训班，参加280人次，8月组织了国家标准“钢结构工程施工规范”宣贯培训班，培训60余人次；11月召开了钢结构行业培训座谈会，召集山东、河南、北京、内蒙古、湖南等省市9家企业进行座谈；开展了企业需求的针对性培训工作，已对山东万事达、北京东方诚等4家企业330人次进行培训。

5. 开展联盟活动

我们应该开展多项技术或产品的联盟活动，发挥行业龙头企业的示范带头作用。比如有：

(1) 维护板材的联盟。宝钢集成建筑公司利用工业废渣和粉煤灰研制钢结构房屋的轻质墙体板材，钢结构住宅是一个集成建筑体系，不能只有结构，与之配套的板材是难点。杭萧钢构在桐庐建立了国内最大的板材生产基地，研发、生产与钢结构配套的板材和屋面体系。巴特勒（上海）注重板材、配件的标准化、精细化生产、率先采用发达国家的技术和标准工艺，注重产品的细节，产品远销海外。还有钢之杰等企业在产品标准、民用住宅板材研发上舍得投入等，协会要把这些企业组织起来，联合发展，形成了符合我国国情的系列配套的板材体系，满足住户对钢结构房屋功能需求。

(2) 建筑部品联盟。钢结构建筑部品包括金属屋面材料，五金配件等等。仅金属屋面工程国内市场每年生产规模达3000万～4000万平方米，产值达到1000亿～1500亿元，已经成为钢结构建筑一个重要的配套产品体系。业内一批知名的板材生产企业以市场需求为产品定位，企业成长很快，山东万事达、北京多维联合、森特士兴一直把为钢结构的专业配套产品研发作为企业主攻方向，在钢结构建筑楼承板、墙体和金属屋面材料研究、开发取得新成果。专业的企业做专业的产品，技术和管理的优势明显，为钢结构住宅的产业化发展打下基础。

(3) 钢结构设计联盟。协会还要发动各种同行业的联盟，联合起来抱团研究，研究包括钢结构设计，成立一个钢结构设计联盟。我们相当一部分设计院只会钢筋混凝土设计，钢结构怎么设计、怎么优化，需要组织一个设计联盟进行研究。

总之，我们通过组织各种联盟，同行业集中大家的智慧，形成我们中国的智慧，成为中国的力量，使我们的科技进步能够向前迈进一步。

同志们，我们说中国梦，我的梦，我们在座的钢结构企业家、钢结构的专家、钢结构的社会活动家的梦，就是实现钢结构行业大发展的“中国梦”。让我们求真务实，抓住机遇，迎接挑战，真抓实干，建造世界一流的钢结构工程，营造更多、更受社会赞誉的钢结构住宅，创新人类社会前沿的钢结构技术，涌现一批全球化的、做强做优的钢结构企业和优秀企业家。

（2013 年 4 月 19 日在重庆“2013 年全国建筑钢结构行业大会”上的讲话）

钢结构行业信息化研究要着力解决的三大发展课题

今天参会的大都是我们钢结构行业领军企业的主要领导，也可以说是中国钢结构发展的骨干力量。借这个机会，我重点讲一下钢结构行业信息化推进和研究的方向性问题。在新的信息时代，企业和我们的专家、学者都必须紧跟时代的潮流，利用信息技术和手段，加强对新技术、新材料、新设备的了解和学习，掌握最先进、最前沿的技术，是提升整个钢结构行业发展水平的基础。对钢结构企业、钢结构的设计、研究机构来说，信息化应用技术的研究都是一个非常重要的课题。

我们知道，当前钢结构行业也面临着转型升级的发展阶段，是挑战，也是一个发展的机遇期。为什么这么说，党的十八大以来，新一届政府的施政理念已经彰显，十八大的报告中有一句话："推动信息化和工业化深度融合"，这也是实现"新四化"同步协调发展的前提。对钢结构行业来说，面对新的挑战，加强信息化技术的研究与运用，是实现行业转变经济增长方式，提高经济发展的质量，调整产业结构，实现可持续发展的根本性要求。

在信息时代，钢结构行业信息化研究的立足点、关键点在哪里，我认为应放在对整个行业发展水平的分析研究上。放眼世界钢结构工程领域，掌握日新月异最新技术，借助现代信息手段，服务企业的技术创新和技术进步。信息化已经涵盖我们企业设计、生产、管理各个环节、各个领域，推动信息化技术的研究，钢结构分会的成立要切实提高钢结构技术、产品的水平和质量，着力解决三大发展性的课题。

现在中国的新"四化"是新型工业化、城镇化、信息化、农业现代化，这是中国梦的新"四化"。新型工业化对我们而言就是新型建筑工业化，而新型建筑工业化突出体现的是钢结构建筑。

一、要着力研究钢铁产能过剩与建筑用钢的政策

进入2013年，国家实施"保增长、调结构、转方式"的调控政策，突出解决资源的可承载的问题，实现经济的可持续增长。一些经济过热领域开始降温，房地产业、装备制造业、消费品工业等下游产业的紧缩，钢铁行业出现了产能过剩的矛盾。截至今年上半年，在十大亏损上市公司中，钢铁类企业占据了5席，亏损金额高达

173亿元。在沪深两市中已披露年报或业绩预告、快报的29家钢铁企业中，业绩出现亏损或预亏的达到11家，围绕国家经济运行特点和将要出台的产业政策，是钢结构行业信息化研究的重点。

钢铁产能过剩的另一个表象就是需求不振，钢材卖不出去，社会库存增加。有关行业数据显示，2013年3月份钢材社会库存大幅上升，22个城市5大品种库存达1556.5万吨，创历史新高，其中市场库存1414.6万吨，港口库存141.9万吨。大中型钢厂的日子也不好过，工信部的数据显示，2012年重点大中型钢铁企业的销售利润率只有0.04%，出现了"史上少有的行业性亏损"。

关于钢铁产能过剩，中国钢铁协会开过多次会议、发表了很多文章，讨论钢铁产能过剩的问题。中国很多专家、经济学家研究产能过剩的问题，而我不太同意他们的观点，笼统地讲，产能过剩而泛泛地去解读，产能过剩要一个行业一个行业有针对性地提出解决方案。

钢铁产能过剩最重要的解决途径就是建筑用钢。我们讲信息化，就是要掌握全球信息，在中国搞钢结构也必须了解全世界的情况，不能妄自论大，也不能妄自菲薄。钢铁过剩要了解为什么过剩。从中国钢铁发展历史来看，最早在大跃进时期全民炼钢，提出十五年赶英超美，当时钢铁产量十分低，尽量节约用钢。现在我们要鼓励发展用钢，中国是世界第一产钢大国，中国产钢第一却用不出去，建筑用钢是个大问题。在1996年左右，我是建设部总工程师，当时冶金部和建设部共同成立中国建筑用钢领导小组，我作为小组副组长接触了比较多的情况，和当时中国几大钢厂联系非常密切。当时我们研究建筑用钢，发达国家建筑用钢占到了钢铁使用量的60%左右，而中国只占30%。建筑用钢少了，就会导致钢铁过剩，最终出现钢铁业全行业亏损问题。

上半年，受国务院领导委托，国家发改委牵头，专门就产能过剩行业的解决方案，组织相关部委进行研究。委托给住房城乡建设部的课题，要研究钢铁、水泥、玻璃等建材行业产能过剩问题的解决措施、办法，这个解决办法就是要处理好经济稳增长和控制投资过热的关系，兼顾资源的有效利用和环境保护的协调发展，我们协会也根据住房城乡建设部的要求，上报了《关于提高建筑用钢比重、推广钢结构建筑体系的建议》。重点反映如何在节能减排和民生领域的科学用钢、合理用钢的建议，提高建筑用钢的比重。

1. 我国建筑用钢比例较国外还有上升空间

世界发达国家的建筑用钢水平，一直伴随着工业化的发展，保持一种平稳的增长态势。到20世纪末，俄罗斯、美国、日本三个国家一直是世界上钢产量居前三位的国家，而在20世纪后期，我国钢铁生产和钢结构建筑等方面属于成长、发展阶段，生产方式粗放，表现为产能无序扩张、产业集中度低、资源保障力弱、市场恶性竞争和环保压力大等问题突出。到21世纪初，随着我国改革开放事业的发展，经济建设取得了突飞猛进的成就。从1996年我国钢产量首次突破亿吨大关；1998年我国钢产量已达11434万吨，而且每年增产5000万～8000万吨的水平递增，到2008年，我国钢产量一跃成为世界第一位。钢产量的增长，为发展我国建筑钢结构事业创造了极好的时机。但目前，我国与发达国家相比，在许多方面还存在着明显差距。因此，为推动我国建筑钢结构的发展和应用，我们急需了解国外建筑钢结构应用和推广的信息。从目前建筑用钢比重来看，我们与俄罗斯、美国、日本相比较，我们还有很大潜力，只要我们的政策稍微倾斜一下。

今天我们到唐山开会，一路走来，看到唐山大多还是钢筋混凝土建筑，唐山是地震灾区，应该大力发展钢结构呀。中国是地震灾害大国，灾难一次次教育我们。在四川德阳，地震时，其他建筑都倒了，唯有一座钢结构建筑挺立着，还成了灾民避难所和抗震救灾的指挥所，这是血的教训、历史的教训。出于对空间结构和建筑抗震的需要，世界发达国家都十分注重钢结构建筑的推广和运用，欧美和亚太的一些国家保持在占30%左右，而美国和日本等工业化建筑水平较高的国家，该项指标均已超过40%，钢结构用钢量占到建筑用钢产量的60%以上，钢结构面积占到总建筑面积约40%以上。在我国，建筑用钢总量约占全部钢产量的15%左右，建筑用钢主要领域是钢结构用钢、钢筋混凝土用钢筋、钢绞线、钢丝、门窗等，建筑钢结构加工、制作所用的型材，约占到钢材总产量的6%，应用领域比较单一。

对钢结构行业来说，加大对建筑用钢政策的研究和推动，要把国家新型工业化、城镇化发展目标作为自己的研究课题。今后一段时期内，我国几个领域的钢结构需求量将会增加。如能源建设领域，火力电厂、核电厂厂房用钢、风力发电等新增建筑用钢；铁路、公路等基础设施领域的钢结构量会有所增加，铁路、公路桥梁采用钢结构成为发展趋势，跨海、跨江大桥的钢结构用量也不少，还有机场、火车站的新建和扩建；地铁和轻轨工程、城市立交桥、高架桥、环保工程、城市公共设施等都越来越多地采用钢结构。基于绿色建筑和可循环利用的优势，在经济发达的城市市政建设总钢材消耗量会明显增加。

就我国建筑用钢的比例看，较国外还在很大上升空间，和发达国家相比较，如果我们建筑用钢的比重再提高5%，以2012年钢产量7.56亿吨来推算，建筑用钢将增加3700万吨，2012年的钢铁产量过剩部分几乎相当，钢铁过剩问题就解决了。不同的产能过剩有不同的解决方法，研究钢铁产量过剩解决办法，就应该出台提高建筑用钢比重的政策。

2. 加快钢结构住宅产业化的研究与推进

国家提出的“十二五”期间新建绿色建筑10亿平方米、2015年城镇新建建筑中绿色建筑比例达到20%的目标，为我们钢结构建筑向民用住宅、民生工程领域提供了新舞台。可以预测，国家标准《绿色建筑评价标准》的重新修编和发布实施，将对预制化、装配化程度较高的钢结构来说，是重大的利好消息，协会要组织科研力量，配合企业加快对钢结构住宅体系和材料的研究，解决发展的“瓶颈”或“短板”，面向市场、用户的需求，推出结构抗震、造价合理、功能完备、舒适美观的住宅产品。钢结构企业根据市场需要，充分利用现代信息平台、信息手段和信息技术，推进钢结构住宅的技术、材料和工艺的研发水平，整合行业资源，提高住宅的应用和推广的水平。

当前钢结构住宅推进的瓶颈，主要是与结构配套的墙体板材研发生产滞后，产业化程度不高，造成钢结构住宅价格相对偏高。还有市场宣传得不够、社会的认知度不高、传统的居住观念影响等问题，也给我们提出了一个如何利用现代信息平台、网络平台普及和宣传钢结构住宅知识和优势的任务。钢结构住宅贯通房地产、冶金和制造业、新型建材和战略物资储备等产业，既可有效消化钢铁产能，又可通过城镇化建设拉动内需，提高经济增长质量。据统计，2012 年钢结构总产量 5000 余万吨。每年我国新建房屋面积达 20 亿平方米，如果采用钢结构体系提升 10%，就是 2 亿平方米，可新增建筑用钢 2000 万吨左右，且材料可回收再利用，提高建筑抗震强度，减少建筑垃圾排放，符合国家产业政策发展方向。

重视对钢结构住宅产业链的联盟合作。加强与科研机构和专家的合作，建立钢结构住宅产业化联盟，依靠技术创新和技术进步，注重钢结构住宅品质，研发具有自主知识产权的专利和产品。所以，钢结构住宅产业化课题研究要与政府主导的保障性住房建设结合，要和绿色建筑评价标准发布实施相结合，要与正在制定的国家标准《工业建设评价标准》相结合，要与地震灾区的恢复重建工作相结合，要与新型城镇化建设、新农村建设相结合，通过这些方面寻找钢结构住宅突破的方向，借力助推钢结构住宅产业化在我国的健康发展。

我们协会从 2012 年就开展了钢结构住宅产业化的课题研究，这个报告是用我们专家们的智慧、企业家的智慧来完成的。要了解世界在钢结构住宅产业化的情况，向国家提出政策性建议，让中央政府了解钢结构的技术政策，需要行业提出想法，拿出可行的对策。钢结构住宅的推广要加快，水平要提高。钢结构住宅产业化的报告要响应国家的政策，钢结构住宅产业化贯穿着房地产业、冶金业、制造业、新型建材业和战略物资储备等所有产业，它将带动这些产业，影响这些产业，既可以消耗钢铁过剩的产能，又可以通过城镇化拉动建设内需，提高经济增长质量。城市经济的增长不能靠出卖土地，主产业要能为国民经济增长起到拉动作用。

二、要着力研究钢结构工程标准规范的修订与完善

1. 钢结构工程标准规范的国际比较

从发达国家的钢结构技术规范、规程的发展过程看，也经历了一个适用、细化和

逐步完善的阶段，对钢结构工作的标准规范的研究，比我国起步得早，修订完善工作及时，标准和规范的体系设计科学和全面，从当前世界各国的运用范围和影响力上分析，应用比较广泛的有美国标准、欧盟标准、日本标准和澳大利亚等标准体系，相互之间各有借鉴，各有侧重，但基本上体现出“标准高、门类全、体系细、执行严”的特点。

（1）标准高。如美国的钢结构工程的标准和规范，制定工作起步较早，与其技术先进相适应，标准、规范的条款内容严谨。1999 年颁布的新规范还采用英制和国际单位制并用的做法，被一些国家部分或全部采用，影响较大。德国规范的特点是强调结构的稳定性、可靠性，精细度高，是欧美标准体系的主要依据之一。

（2）门类全。世界上最早对钢结构工程规范和标准的国家有美国、英国、德国和前苏联，这些国家对钢结构标准制定较为重视、实施的历史悠久，经过二战后这些年的快速发展，已经形成了完整的技术和产品体系。这些国家强调钢结构工程的产品类、技术类、工艺类的标准和规范研究，体系配套、相互衔接，钢结构生产、施工的技术规程等门类齐全，形成了较为完整的技术体系。

（3）体系细。主要体现在对标准、规范的执行落实一丝不苟，严格程序化管理。对标准的执行和检测、验收，有着严格的制度保证，照科学的审查程序和取得认证资格的人员进行检验、实验，如日本的抗震设计规范，政府管理部门的强制性十分严格，以建筑法的形式颁布实施，规范的通用性、标准化程度较高。

（4）执行严。突出科学严谨，在提升本国、本地区钢结构工程水平的同时，同时具有贸易壁垒性质的法律约束力。如欧盟标准化协会制定和颁布一批技术和产品标准，对其成员国形成技术性保护，其发布的钢结构设计规范和其他技术和产品的标准，相应制定了详细的技术细则，维护本地企业和产品的高质量，对欧盟以外国家的产品流入形成一道技术障碍，以阻止外国产品对欧盟市场的渗透。

2. 加强我国钢结构标准规范总体框架的研究

我国钢结构工程技术标准或产品规范，基本上借鉴原苏联标准和规范的基础上沿用或修订而来。从 20 世纪末以来，随着我国与美国、日本等建筑技术交流和交往的增多，一批代表当今世界先进技术和建筑体系在我国的应用，钢结构工程标准的制订或修编进入密集期，这些年，国家部门和地方制订发布的工程标准达 5772 项，其中国标 671 项，行业标准 3017 项，地方标准 2084 项，涉及钢结构工程方面的国家、行业的标准、规范有 100 余项。

我们要了解国际上发达国家在钢结构标准方面的情况，科技标准规范是不分国界的，我们的钢结构企业出国施工，必须尽快将该国的标准规范翻译过来，为我所用。在中国的中外合资企业，像上海的川崎重工，就按照国外提供的技术标准进行产品生产、加工。我们的标准规范有几个问题值得我们重视。

一是标准不全，很多新的标准没有制定出来。从标准分类来说，分为四类，一是国家标准，住房和城乡建设部承担着建筑领域的国家标准的制定和修订工作；二是部门标准，如交通部门、铁道运输部负责制定颁布的工程标准；三是地方标准，在国家标准和部门标准指导下，省市也会修订地方标准，如东北与海南的自然条件不同，工程标准必然有所不同；四是企业标准，所有钢结构企业应该有自己的企业标准，如日本松下就有自己的企业标准。我国工程标准的制定和发布，由于部门和地方差异，还存在很多不足。

二是标准制定缺乏协调。钢结构标准的制定发布部门，就涉及交通部、铁道部、住房和城乡建设部等，部门之间各自为政、相互不沟通、标准尺度不一，有的甚至母规程和子规程不相衔接。同样的专业，不同的人起草也存在尺度、数据差异，标准不协调，相互不通用、关联度不高等，这些问题的发生，与行业中存在的相互封闭、信息不畅有直接关系，影响了钢结构发展和工程技术水平的提高。

三是标准陈旧。标准的制定、修订时间太长和标准体系缺乏整体、系统的设计。一些钢结构类的工程或技术标准都已经颁布10年或更长的时间，如1996年发布执行的国家标准《钢结构工程质量检验评定标准》至今已经17年，近期才列入修编的计划。现在执行的很多标准都是15年前甚至更久前的标准，而美国的混凝土标准每3年修改一次。

信息时代科技日新月异，我们制定钢结构的标准要高，门类要全，执行要严，体系要新，这就是我们钢结构分会要努力的地方。因为我们有跨行业的优势，国内外专家的优势，还有中国企业家们的优势，由我们来制定标准更切合实际，钢结构分会成立后要多制定标准，要积极向住房和城乡建设部标准定额司、标定所反映并取得支持。

还有，随着钢结构的应用领域扩大，新技术、新材料的不断推出，存在着一些技术标准不适用或不能覆盖的问题。从一些标准、规程的实际应用上，标准出台后，规范、规程缺项、滞后问题较多，存在材质标准与工程设计、施工规范规程衔接不上，已经与钢结构工程的发展不相适应。目前，已经发布实施的涉及钢结构工程的国家标准有：《钢结构设计规范》GB 50017—2003、《钢结构施工质量验收规范》、《建筑结构制图标准》GB/T 50105—2010、《冷弯薄壁型钢结构技术规范》GB 50018—2002等10余部，还有《高层民用建筑钢结构技术规程》JGJ 99—1998、《轻型钢结构住宅技术规程》JGJ 209—2010等一批相关的行业标准，基本涵盖了建筑钢结构的应用的需要，钢结构的企业、专家学者要适应信息技术的运用，发现或提出标准的修改或完善的建议和意见，以推动建筑钢结构的快速发展。

标准不是一天制定全的，也不是一天能修改完的，可能需要很多年，但现在需要建立钢结构工程所需标准的基本框架体系。钢结构工程标准应该包含三个方面：一是技术标准；二是施工操作规程；三是管理规范；三者要形成相互对应、互相衔接的框架体系，体系要参照发达国家的一些经验。标准制定后应该几年组织修改一次，进行更新。希望几年后我们钢结构工程标准规范能达到门类齐全的程度。

三、要着力研究钢结构的技术创新与新技术推广

1. 研究钢结构技术创新

钢结构行业信息化研究，要围绕钢结构的技术创新与推广，学习先进的技术、掌握最先进的技术，运用到生产、制作、安装的过程中去，这是企业提高钢结构发展水平的根本性措施。钢结构相比较木结构、混凝土结构而言，随着结构的新型化，其技术含量也会更高，因此需要我们在科技创新上做出努力，对新技术的研发和运用，网络平台和信息手段是我们缩短与世界距离的一条捷径。

我们要了解全世界大型钢结构企业的技术优势，虽然我们有最长的钢结构大桥，最高的钢结构建筑。可我们的钢结构设计理念、设计水平，标准和规范方面与世界发达国家比有一定的差距。但是，在比较中找差距，在缩短差距中求得进步和发展。信息时代，新技术、新成果日新月异。要扩大钢结构的应用领域，要看到我们和世界发达国家的差距，无论是钢结构建筑，还是钢结构住宅，都面临着不断的技术创新和进步的问题。

充分运用信息时代的技术和手段，重视对技术的积累和总结，这是钢结构企业实现可持续发展的重要条件。这方面，我们的中建钢构、江苏沪宁钢机、浙江的杭萧、精工钢构，都在钢结构应用技术领域，都与高技术的软件公司开展合作，注重工法、工艺的改善，信息就是生产力，信息就是影响力。要适应钢结构未来发展趋势，拓宽信息渠道、抢占信息先机，对于企业决策者来说，信息就是智慧、就是市场。

搭建新技术的学习交流平台，是协会和钢结构分会要做的工作。今年，我们根据行业内一些企业的建议，钢结构委员会组织部分钢结构企业的董事长、总工程师到德国的一些钢结构企业去学习和交流，研究欧盟钢结构工程技术和产品的标准、规范的执行情况。组织国际交流和研讨活动，是掌握当今最新钢结构技术和运用的最现实途径。

所谓信息化，就是要对全世界钢结构进行研究，我们向发达国家学习，是为赶超发达国家，不能闭门造车。在新的信息时代，要了解新技术信息，尤其是在今天知识经济社会，技术成果过了一两个月就有变化。1995 年我到日本考察，当时他们拿着自称不用胶卷的相机给我拍照，说这种产品两个月后上市，当时都感觉很新奇，也就是今天的数码相机。最初只有 10 万像素，现在已经到 2000 万像素以上。手机、储存技术的发展更加明显。钢结构的施工技术也在快速发展，比如焊接技术就有很多变

化。重庆彩虹桥当年就因为虚焊垮塌，造成重大伤亡。现在钢结构也把中国传统木结构的技术，也应用到钢结构工程上，过去木结构不用钉子，而钢结构也要求减少焊接，使整个结构非常牢固，现在钢结构上也用到了许多卯、榫形式作为连接技术。

2. 加强钢结构新技术推广和示范的研究

我曾到过苏联建筑科学院学习，该院长给我讲了一句话，让我至今记忆犹新。他说我们最大的毛病就是研究出技术成果之后，只图颁发列宁勋章，而日本拿到技术成果的文章两个月便推出了产品，而我们只得一枚勋章。所以我强调，新技术的推广和应用很重要。

钢结构作为建筑业“十二五”发展规划中重点推广的十大技术之一，钢结构行业应瞄准世界最前沿、最先进的技术成果，加强技术攻关和成果的转化，形成成熟的钢结构生产、施工技术体系。科技示范工程具有行业的先导作用，要通过行业的技术示范工程，实现技术成果共享。通过信息化技术的运用，解决钢结构建筑设计优化问题，推动传统产业升级。

我到建设部工作后，组织专家评选十大新技术推广应用示范工程，科技需要转化为生产力，新技术需要推广，怎么才能让人们去用新技术，去掌握新技术而不是守旧，让新技术得到广泛应用，都值得我们认真研究。希望钢结构分会在研究的基础上，可否组织一些钢结构十大新技术或十大新技术应用示范工程的评选表彰，起到示范。

开展技术创新活动，促进钢结构技术水平提高，要研究、跟进政府出台的相应的产业政策。今年，北京、要浙江、辽宁等一些省市陆续出台了《关于推进新型建筑工业化的意见》，着力提高建筑业集成创新能力，形成以技术为主导，专业化、机械化施工水平高，具有自主知识产权和核心竞争优势的高效、节能、环保型产业，我们钢结构行业要按照政府对建筑业转型的要求，对预制、装配式建筑技术和配套技术进行系统的研究，解决新型工业化建筑体系中的技术性难题。

我所讲的三个问题，第一个是政策问题，建筑用钢是政策问题。如何推广建筑用钢，钢铁企业能否为了长久利益而出让短期利益等。第二个是标准问题，钢结构分会要全力以赴的去研究制定标准制定，希望在我们这一代人手上能将标准完善。第三是技术创新，相比较而言，钢结构是建筑领域中技术含量较高的，钢结构不单是重钢结构、轻钢结构，还包括索膜结构、钢混凝土混合结构、钢木结构等。很多人对钢结构并不了解，不知道钢结构相对混凝土结构自重要轻许多，钢结构也不是用钢越多越好，用得越少越好，这涉及钢结构优化问题。所以技术问题，科学进步问题是很重要的。

我对钢结构分会有一个建议，希望再办两个奖项，一个是钢结构技术推广示范奖，二是行业发展合理化建议奖。我曾到德国一个建筑企业考察，该企业非常重视群众合理化建议，每个月公布被采纳的合理化建议。我们最早合理化建议奖是在鞍钢，后来日本也学习了，我们也应该设立企业合理化建议大奖，我们要设立合理化建议大奖，包括管理、科技创新、行业文化三方面合理化大奖，使其能产生社会效应、经济效应、环境效应，目的是群策群力促进我国钢结构的发展。

随着国家大力推行建筑节能减排，实现绿色、循环和可持续发展目标，建筑工业化的转型势在必行。在新型城镇化的拉动下，建筑用钢的需求增大，钢结构企业的信息化建设将凸显其价值，先进的信息管理已经成为市场竞争制胜的法宝。从我们看到的情况也是如此，规模大、发展快、做得好的企业，都非常重视信息化建设。纵观当今世界，信息化技术是钢结构企业科研工作的加速器和资源库，加强钢结构行业的信息化研究，包括 BIM 技术的研究和运用，将给钢结构行业的技术进步带来一次革命性改变。

之所以成立建筑钢结构分会，是因为这个产业正在不断壮大，希望钢结构分会成立以后，不能守旧于过去的钢结构委员会，要把工作做得更有成就，开展的各项活动更加品牌化，来凝聚钢结构专家、钢结构企业家以及钢结构的社会活动家，一起迎接信息时代的挑战，创造钢结构行业的美好未来。

钢结构的美好明天，也是中国梦的组成部分，实现钢结构的进步，就是实现伟大的中国梦。在座的同志们应该身感自己责任重要，除了把企业做大、做强、做优外，还要高度关注行业的发展。衷心感谢各位过去对我们钢结构分会发展进步所起的作用，牢记你们的双重身份，双重责任，你们是企业家，将企业做好对行业有促进；你们又是钢结构分会副会长，肩负着行业发展的重任。企业发展和行业发展是紧密相连的，不了解世界，只局限于中国是绝对发展不好的，作为一家企业，不了解行业，也是会失去方向的。关注行业发展和关注本企业发展要有机结合，过去是感谢大家，今后是拜托大家，相信各位能在钢结构发展中实现自己的人生价值，作出更大的贡献。

（2013 年 9 月 7 日在河北唐山“钢结构信息化、焊接自动化技术论坛”上的讲话）

推进热轧钢板桩的工程应用
大力发展钢结构建筑

非常高兴参加“第三届国际热轧钢板桩应用技术研讨会”。在座的大多是钢铁行业的朋友，那么也一定关心目前钢铁行业产能严重过剩的问题。借今天的研讨会我想和朋友们一起探讨两个问题：一是如何推进钢板桩在建筑工程中的应用；二是解决钢铁行业产能过剩最佳方案是什么。

一、推进热轧钢板桩在建筑工程中的应用

热轧钢板桩是一种高效节能环保型建筑用材，它的特点：一是强度高、轻型、防水性能好；二是耐久性强，使用寿命达到30～50年；可重复使用，一般可重复使用10～30次以上；三是环保效果显著，在施工中可大大减少取土和混凝土用量，有效保护土地资源；四是具有较强的救灾抢险的功能，尤其在岸壁、防波堤、船坞、码头、人工岛、水/船闸、地下隧道、路堤、挡土墙、防渗墙、地基加固等永久性工程及围堰、基坑围护等临时性工程中，见效特别快；五是施工简单，工期缩短，建设费用较省；六是安全可靠，热轧钢板桩可满足不同工程领域、不同环境下的应用。近些年，受全球大气影响，各类灾害和次生灾难频发，地震、泥石流、台风、水灾等，国内的防范措施仍处于低标准、低水平阶段。以国内江河筑坝防洪为例，竹排沙袋属原始古老的手段，挡土止水效果极差，且需要大量的劳动力。用热轧钢板桩做挡水墙，新颖、高效、环保，一次性投入虽大些，却是一劳永逸，还可防止腐败滋生。

1. 钢板桩标准的制订和完善是推进其工程应用的重要前提

任何产品的推广和应用，产品标准的制订都是极其重要的。欧、美、日等国热轧钢板桩产品标准较齐全：有《热轧钢板桩》JISA 5528、《热轧非合金钢钢板桩交货技术要求》EN 10248—1、《热轧非合金钢板桩尺寸、外形及允许偏差》EN 10248—2等标准。

我国热轧钢板桩生产是先有产品后有标准，直到2006年10月18日，《热轧U型钢板桩》GB/T 20933—2007才通过国家质量监督检验检疫总局、国家标准化管理委员会的审核，正式予以发布，并于2007年12月1日起实施。时隔5年，根据钢标委［2011］23号文转发“国标委综合［2011］57号文”下达的国家标准制修订计划要

求，《热轧钢板桩》列入2011年国家标准制订计划（计划编号20110506-T-605），起草单位为马钢（集团）控股有限公司、上海瑞马钢铁有限公司、冶金工业信息标准研究院等单位。标准制定计划下达后，相关单位成立编写小组开展了资料收集和相关研究工作，结合国内外热轧钢板桩生产与应用技术的最新发展动态，编制了《热轧钢板桩》国家标准。该标准新增了Z型和直线型钢板桩两大规格系列，调整了部分U型钢板桩规格系列。然而，该标准何时面世尚未定论。

2. 必须注重钢板桩的研发

钢板桩是一种建筑基础施工的高效建筑材料，可分为热轧和冷弯两大类。热轧钢板桩系生产应用的主流，分U型、Z型和AS型、直线型等。Z型及AS型钢板桩的生产、加工及安装较为复杂，且价格较U型高出约1/3。

近一个世纪过去了，在热轧钢板桩设计和生产应用领域，国人仍处于在“黑暗”中苦苦摸索的阶段，从设计至钢板桩生产、施工与打桩设备、租赁市场，我们的精度和效率明显不高。热轧钢板桩从一个侧面折射出在新的技术、新的管理、新的产品等方面依然是我国产业升级中的短板，与国际先进水平存在着很大的差距。

3. 热轧钢板桩的推广应用需要技术、经济政策的支持

热轧钢板桩在我国虽然受到一定认可，但至今使用的范围和用量都不大。究其原因，一是其作为一种新型的环保建筑钢材还没有被国内用户普遍认同，许多建筑工程中设计、施工单位对钢板桩的性能、用途、优势等都不甚了解，甚至没有使用过；二是国产钢板桩的品种、规格等有限，用户选择余地不大，且一次性投入较高；三是钢板桩生产工艺复杂，产量低，效益差，钢厂缺乏生产的积极性。但是，随着我国经济的快速发展，各类快捷、高效、环保的建筑工法得以认可并发展，设计施工的理念也在更新，加之劳动力成本的提高，钢板桩无疑具有较大的市场潜力和发展前景。要推广应用好，需要我们协会协助政府主管部门，制定有效的技术经济政策，表彰应用较好的先进企业和示范工程，力争更大规模地推广应用。

二、推广钢结构建筑，提高建筑用钢是化解钢铁产能过剩的最佳方案

钢铁产能过剩的一个表象就是需求不振，钢材卖不出去，社会库存增加。有关行业数据显示，2013年3月份钢材社会库存大幅上升，22个城市5大品种库存达1556.5万吨，创历史新高，其中市场库存1414.6万吨，港口库存141.9万吨。大中型钢厂的日子也不好过，工信部的数据显示，2012年重点大中型钢铁企业的销售利润率只有0.04%，行业经营陷入困境，出现了“史上少有的行业性亏损”。我们再看看建筑行业的房地产，国家一直在调整房地产的政策，不论如何限购，还是挡不住发展的势头，因为有需求，百姓需要房子，什么时候房子没人买了房价就会降下来，产

品价格是由产品价值和供求关系决定的。那么钢铁行业为什么不能和建筑业联合，发展钢结构建筑，以提高建筑用钢来有效化解钢铁的产能过剩呢？

1. 与建筑业联合，发展钢结构建筑是提高人类居住安全保障的需要

我国是一个多地震国家，地震区域分布较广，这为我们提出了住宅居住建筑安全的首要问题。钢结构建筑抗震性能好于其他任何建筑，由于钢结构强度高，延性好，有一定的韧性，抗震性能优越，钢梁、钢柱组成柔性框架可抵抗 8 度以上地震。

近几年，中国的钢结构在公共建筑上有了很大发展，现在城市新建的大剧院、体育场馆、火车站、飞机场几乎 100％都是钢结构的。但是我们很多高层建筑和住宅建筑还差得很远。在地震发生的时候，我们的媒体总是报道抗震英雄，为什么不呼吁决策者们在建筑结构上动脑筋呢？失去那么多生命而不总结教训，实在让人痛惜。我们看看日本的钢结构是怎么发展起来的，因为日本经常发生地震，人们在地震高发区要建抗震性能好的钢结构建筑，政府鼓励支持发展钢结构建筑，使钢结构建筑占到总建筑面积约 40％以上。而我们只知道宣传抗震救灾英雄，而不去解决根本问题。在四川发生地震的时候，一座前一年建成的中学，三层楼全倒了，学生全遇难了，这不是在建学校而是在建坟墓啊。日本神户地震时，因房屋倒塌而失去生命的就追查了建筑承包商在钢窗混凝土中含有易拉罐的质量责任。我们国家也应借鉴日本的经验追究开发商和相关决策者的责任。同样是在雅安地震中，人们躲进四川农业大学雅安校区钢结构实验室避难，事后这座钢结构建筑还成了抗震救灾的指挥所。这么好的、适合地震高发区的公共建筑，我们为什么不大力推广呢？

2. 与建筑业联合，推广钢结构建筑是绿色建筑行动方案的需要

国务院办公厅转发了国家发展改革委员会和住房城乡建设部《绿色建筑行动方案》国办发［2013］1 号文，将推动建筑工业化作为一项重要内容。

新型建筑工业化是指采用标准化设计、工业化生产、装配化施工、一体化装修、有机的产业链。实现房屋建造过程全过程的工业化、集约化和社会化。从而实现提高建筑工程质量和效益，实现节能减排和资源节约。

新型建筑工业化是住房和城乡建设传统模式和生产方式的深刻变革，是建筑工业化与信息化的深度融合，是住房和城乡建筑提升发展质量和效益的有效途径，是贯彻和落实党的十八大精神的具体体现。

钢结构建筑是可实现新型建筑工业化的重要内容。过去我们住的是茅草房，20 世纪 80 年代砖瓦房，90 年代带走廊，20 世纪钢筋混凝土高楼大厦。我们的房屋结构始终没有上升到钢结构，还停留在钢筋混凝土结构。我在 20 世纪 90 年代讲过，就建筑结构来说 21 世纪是建筑钢结构的时机。外国专家评论我们说，钢结构建筑是在为子孙后代储备钢材，留下财富，而你们的钢筋混凝土建筑是给子孙后代留下垃圾。所以，推广钢结构建筑是实现节约资源、可持续发展、国家钢材的战略储备的基础，同时还可以大幅度地提高城市的防灾减灾能力，已成为我国传统建筑产业向现代新型建筑工业化转型升级最重要的内容，也是实现绿色行动方案所要求的重要内容。

3. 与建筑业联合，提高建筑用钢是解决钢铁产能过剩的最佳方案

出于对空间结构和建筑抗震的需要，世界发达国家都十分注重钢结构建筑的推广和运用，欧美和亚太的一些国家建筑用钢量保持在钢产量的30%左右，而美国和日本等工业化建筑水平较高的国家，该项指标均已超过40%，钢结构用钢量占到建筑用钢产量的60%以上，钢结构面积占到总建筑面积约40%以上。在我国，建筑用钢总量约占全部钢产量的15%左右。和发达国家相比，如果建筑用钢的比重再提高5%，按2012年我国钢铁产量是7.56亿吨推算，那么建筑用钢将增加3700万吨，与2012年钢铁过剩的产量几乎相仿，将大大缓解钢铁产能过剩的矛盾。

20世纪90年代，我当时是建设部总工程师，那个时期冶金部和建设部共同成立了建筑用钢领导小组，组长是当时冶金部部长和建设部部长，副组长就是本人。当时和中国几大钢厂厂长都有过接触和交流，也和这些厂长们一起研究建筑用钢怎么增加的问题，但之后我因为工作原因被调走了，冶金部也变成了冶金局，再后来冶金局又变成了钢铁协会，如此一来提倡建筑用钢的问题就没有继续抓下去。由于钢铁产能过剩，我国的建筑技术政策早已从“限制用钢、节约用钢”、“合理用钢”，到现在“鼓励和发展用钢”的新时期。从长远来看，钢结构建筑是一种国家战略资源储备的新兴产业，可以藏钢于建筑、藏富于民，造福子孙万代。

2013年年初国务院发出了国发［2013］41号文，《国务院关于化解产能严重过剩矛盾的指导意见》。其中有三大项任务由住房和城乡建设部牵头，工信部帮助落实。

(1) 推广钢结构在建设领域的应用，在地震等自然灾害高发地区推广轻钢结构集成房屋等抗震型建筑；稳步扩大钢材、水泥、铝型材、平板玻璃等市场需求。优化航运运力结构，加快淘汰更新老旧运输船舶。

(2) 实施绿色建材工程，发展绿色安全节能建筑，制修订相关标准规范。推动节能、节材和轻量化，促进高品质钢材、铝材的应用。加快培养海洋工程装备、海上工程设施市场。

(3) 逐步提高热轧带肋钢筋、电工用钢、船舶用钢等钢材产品标准，修订完善钢材使用设计规范，在建筑结构纵向受力钢筋中全面推广应用400兆帕及以上强度高强钢筋，替代335兆帕热轧带肋钢筋等低品质钢材。加快推动高强钢筋产品的分类认证和标识管理。

中国钢铁工业协会、中国钢结构协会以及我们的中国建筑金属结构协会钢结构分会要紧密联合，要更有成效地制定鼓励建筑用钢的技术经济政策，更大规模地推进建筑用钢量。

热轧钢板桩的工程应用也好，钢结构建筑的推广也好，所有这些需要我们放眼全球，与国际发达国家相比较；需要我们慎对人类生态文明的需求，创新我们的建筑结构。从这两方面出发，提倡应用钢板桩技术，大力发展钢结构建筑。我们还应清醒地看到：与国际比较我们有差距，但对我们企业来说更具有发展的潜力；与低碳文明社会相联系有需求，但对我们企业来说更是市场；与新四化和强国之梦要求相适应是大好的发展机遇，但对我们企业来说更是严峻的挑战。祝愿我们的企业家、专家担当起社会重任，开创我们中国的钢铁行业，钢结构行业更加美好的未来！

（2013 年 10 月 27 日在安徽省马鞍山市“第三届国际热轧钢板桩应用技术研讨会”上的讲话）

做好钢结构行业科技创新的十件大事

这次省际钢结构行业协会的峰会论坛开的很好，在党的十八届三中全会结束不久，围绕钢结构行业的转型和升级，组织起来共同研究和讨论钢结构发展的方向，今年的参加省际协会活动的又新增加了一些省市，说明钢结构的应用领域和建筑水平又有新发展，一些西部省市也开始成立钢结构的行业组织，开始研究行业的发展问题。

我刚到深圳参加了中建钢构召开的公司钢结构科技大会，邀请了一些工程院院士给企业讲钢结构的技术和展望，我在会上也作了一个发言，钢结构行业发展进入了一个转型期，也进入一个新的机遇期。2013 年初，国家发改委、住建部制定的《绿色建筑行动方案》和住建部《"十二五"绿色建筑和绿色生态城区发展规划》都提出，要积极推广适合工业化生产的钢结构等建筑体系；中国现在是全世界第一大产钢大国，钢产量逾全球钢铁产量的一半，提高建筑结构用钢可以有效解决产能过剩的问题。

我对建筑钢结构分会党保卫同志讲过，2014 年，我们的钢结构分会要抓那些具体实事、大事，和大家一道来做好行业发展的推动工作，在钢结构的技术创新和行业发展上，要抓住关键、抓重点，泛泛的没有头绪不行。我归纳了一下，2014 年是不是要重点抓好这么十件大事，也叫"十个关键词"，和大家来一起探讨。

一、召开全国首届钢结构行业科技大会

行业的发展靠什么，靠技术，产业的转型和升级，都离不开技术。我在建设部当总工程师的时候，组织了建筑业十大新技术的总结和推广，钢结构施工技术也是建筑业的十大新技术之一，对建筑业的推动产生了很好的效果。这次我提出要召开我们钢结构的首届科技大会，大会内容还是要总结、归纳好这些年建筑钢结构领域形成、发展的技术新成果，加大推广、应用的步伐。

1. 举办行业前沿技术论坛

首届钢结构科技大会，要学习和借鉴国外发达国家在钢结构制造、钢结构安装和设计方面的最新成果，举办前沿技术论坛，请一些水平高、研究成果新的专家、学者甚至国际上的钢结构知名专家来作报告，为行业的企业和技术人员提供学习、交流的机会。我国钢结构行业面临着从规模化、扩张型的发展，转向精细化、标准化和信息

化技术发展的新阶段，我们钢结构企业的技术、管理水平也取得快速发展，一批钢结构建筑在国际上已处于领先的水平，我们要总结、要推广，要让新技术、新材料、新的工法和工艺成为行业共享成果。

2. 开展新技术、新产品的发布与推广

这些年我国的钢结构技术的发展速度非常快，新技术、新材料和专利、工法的成果都非常多。中建钢构在公司今年科技大会上总结了200多项专利和工法；河南钢结构协会的魏老师他们，利用河南水利水电大学的研究平台，近几年也取得了100多项的专利、发明。还有我们的一批工程院的院士、专家，与企业开办院士工作站、大学在企业设立的博士后工作站等，都有很多实用水平高、代表未来科技方向的成果和技术，在全国钢结构科技大会期间进行展示、进行推广发布，尽快让科研成果转化为现实的生产力。

3. 科技成果和科技人员的表彰

科技大会要通过广泛的评选、行业的推荐，设立一些技术研发创新奖、科技成果进步奖等奖项，要对我们行业的最新技术成果进行系统的归纳和总结，特别是对行业中那些作出了突出成绩和贡献的老专家、学者，我们不能忘记他们对应用钢结构、推广钢结构的奉献，对这些专家我们要表彰、要宣传，让更多钢结构科技人员学习他们的品质和对事业负责的精神。

每个行业都是一种历史的传承，今天的科技成就也是在前人研究成果基础上的。这次我让钢结构分会在筹备全国钢结构科技大会时，广泛听取行业专家、科技人员的意见，是否可以总结钢结构领域的十大新技术，比如超厚钢板的应用技术、钢结构焊接机器人技术、BIM技术等，用新的钢结构十大技术来推动钢结构行业的发展。

二、总结推广新技术应用示范工程

1. 推广钢结构新技术应用示范工程

是行业协会、学会的一项重要工作，检验技术成果的途径，就是要应用于工程的建设，在应用中改进施工工艺、解决施工技术难题，提高工程质量，取得更好的经济和社会效益，表彰优秀的科技示范项目，是要推广新技术的示范工程引路，带动企业重视技术的投入，重视科技创新成果的总结。

2. 开展示范项目的申报

对具备科技示范效应的钢结构项目，按照示范项目的申报程序，按照一定的标准组织申报、开展评审，推动钢结构行业技术进步。我们很多技术成果，是在工程试点、示范的基础上总结出来的。对参评的科技示范工程和个人申报项目，要坚持标准、严格把关、宁缺毋滥、完善程序。

3. 组织好示范项目验收

对科技示范工程不能一评了之，对列为钢结构的科技示范工程，一定要加强过程指导和帮助，组织专家和工程技术人员服务到车间、现场，帮助企业做好技术成果的总结，让示范工程成为企业提高质量和效益的样板，成为企业新技术应用的精品工程，在钢结构的代表作工程展示技术创新的价值。对示范项目的验收后，对一些重点钢结构工程技术应用情况，协会和学会要组织专家帮助收集整理资料，在行业内交流推广。

三、制订钢结构住宅产业化指导意见

这次会议上，厦门建工局的林局长作了一个很好的钢结构住宅应用的报告，把厦门市这些年关注钢结构住宅研究、推广钢结构住宅的做法、给我们作了精彩的介绍。现在从我们的建设主管部门，到各省市都在研究住宅产业化的政策、措施，都在引导建筑业由传统的生产方式向工业化建筑进行转型，这是国家生态文明建设的需要，也是推广绿色建筑、循环经济的需要。

2012 年协会也承担了部里下达的钢结构住宅产业研究的课题，现在课题还在与企业进行调研、共同研究，今年要形成研究成果，向国家决策部门提出意见、建议。推广钢结构住宅，我们大家在座的专家、协会的领导都要向政府部门呼吁，改变社会和市场对钢结构住宅的不正确的看法。分会要起草好给政府的课题研究报告，体现出质量和水平，最终在形成推广钢结构住宅产业指导政策上提出政府提出有价值的建议和意见。

四、成立钢结构标准规范体系研究小组

我对分会的同志说过，要把国内现行的钢结构的技术标准、规范和进行一下清理，看我们现有的标准有多少、还缺什么，那些标准需要修改、完善，特别是钢结构住宅应用和推广的新标准和规范，2014 年协会和企业一起，做好标准规程的制定。美国的工程标准 2～3 年就要修订和完善一次，而我们有的标准 10 年、20 年都不变，这次分会根据行业企业要求，制订的《金属屋墙面技术规程》，对规范金属屋面的设计、生产和施工企业起到较好作用。对钢结构工程的技术标准，该修订完善的，我们就要积极向住建部反映、建议，组织专家协助标准管理部门做好修编工作。

五、收集编辑钢结构专利和工法目录

我们一些钢结构企业，比较重视先进施工技术和管理成果的总结，但不太重视一

些实用性强、效果好的技术革新项目如何申报国家专利发明，有的企业和技术人员尽管申报了一些专利、工法，但应用范围小，技术壁垒和企业间的合作少，影响了一些专利的市场化应用。协会要联合省市协会一起，对这些年申报的钢结构技术方面的国家专利、国家级工法进行收集整理，汇编成册，把目录发到网站或杂志，可以供企业查阅，按照市场机制办事，形成行业的共享的资源和财富。

六、编辑钢结构金奖工程及优秀项目建造师的宣传画册

现在通过中国钢结构金奖的评选，2013 年协会重新修订了评比的标准、条件，程序更加严格了，对金奖工程实行好中推优、优中选精，新评出的钢结构金奖工程影响越来越大，一些省市也把获得钢结构金奖工程作为投标的加分项目。要从推动企业重视技术和管理、促进企业重视工程质量和创优的目标出发，协会大力宣传金奖工程的业绩，对创出金奖的项目经理和企业进行表彰，将历年来的获奖项目和优秀的建造师向向社会公布，向建设单位推荐。

七、举办钢结构的人才培训

钢结构的培训工作，应重点开展好两个层次的实用技术培训，要从企业的实际需要出发，一个要重视对技术操作工人的技能培训，取得相应的岗位资格证书，提高实际操作水平；第二，高层技术专业人才培训，与国内一些有实力的大学的专业培训机构合作。我听说，分会与西安建筑科技大学联合开的办钢结构专业硕士研究生班已经启动，受到很多企业的欢迎。我们厦门十八重工、邹鲁建老总这里，也和厦门大学准备开办钢结构学院，也取得了政府的批文，也准备开展钢结构专业的本科、硕士生的培训，这些将为钢结构行业的可持续发展输送更多的实用性人才，培训要多层次、多角度，满足企业发展的需要。

八、宣传钢结构的发展成果

组织行业媒体开展钢结构工程现场巡礼活动，举办钢结构优秀摄影展和优秀新闻活动。我曾经和分会的同志说过，让社会了解钢结构工程的好处，扩大钢结构工程的影响，是不是我们可以和中央电视台一起，大企业提供一些经济支持，专门为我们拍摄一些专题短片播放，宣传我们钢结构的十大建筑、十大新技术等，宣传钢结构行业这些年在经济建设的突出贡献，让别人了解钢结构的性能和价值，我们分会副会长单位的企业就有 30 家，每家出 5 万，组织宣传的效果就不得了，影响也不小。

九、培育产学研合作的联盟

推进校企合作、科研和生产的结合，我们的钢结构科研机构和大专院校，每年都取得很多的技术研究的成果，但在成果的转化应用上很不够。我曾近到苏联访问，和他们的专家交流过，我们对待科研成果的态度和苏联的观念差不多，技术成果只想获得什么奖，获得列宁勋章呀什么的就可以了，而人家小日本不这么办，今天的研究成果，明天就变成为工厂的产品，变成企业的效益，这方面我们一定要向日本的企业学习，通过协会搭建的交流平台，促成钢结构企业与科研机构签署共同的产业发展战略联盟，针对企业需求加强科技成果的转化力度，提高企业的技术竞争实力。

十、开展国际钢结构技术交流活动

我国的钢结构企业要进入国际市场、提高参与国际工程承包的竞争实力，应该发挥行业组织的作用，搭建好国际交流的平台。联合我国港、澳、台两岸四地的企业开展新产品、新技术推介会；并协商筹备全球性的钢结构协会，推销我国的钢结构加工制作实力和技术成果，为经济全球一体化、钢结构市场全球化做好技术储备。

1. 发起成立筹委会

联合港澳台的行业组织，发挥我们的专家作用，联合新加坡、澳大利亚、日本的钢结构行业组织发起，开始应该以欧盟技术标准、日本技术标准规范的学习为纽带，依托学术交流和科技成果合作开展，条件成熟后，发起成立全球性的钢结构协会，这方面香港、澳门协会已经做了不少工作，要制定一个工作计划和目标，动员各方面的力量，早日促成国际钢结构协会联盟的成立。

2. 创办全球钢结构信息杂志

在做好具体筹备工作，邀请亚洲国家的钢结构组织，比如新加坡、日本等国家的钢结构协会一起，形成发起国家和地区的共同宣言，条件成熟后应该成立全球钢结构协会，更好地开展学术的交流和合作，每年开展一次国际钢结构年会，与美国、澳大利亚和德国等发达国家的钢结构学术团体、大学和设计院校进行合作，创办钢结构杂志、网站，成为介绍我国钢结构知名企业、推动国内企业走向国际市场的“窗口”。

3. 评选全球百强企业

今天我们国家的钢结构规模来说，在世界上是最大的，但还不能说是最强的，我们国内一批钢结构企业的生产规模排名还可以，但在管理上、技术上和加工精度和自动化应用上还有不小差距，在国际市场竞争，不仅要熟悉国际通用的标准、规范，还要培育熟悉国外市场的管理型人才，我们要推出更多的中国钢结构企业进入国际市场，就必须通过国际钢结构协会来牵线搭桥，让中国建造、中国品牌在全世界叫响。

这10件事抓好了，抓出效果，对钢结构行业转型发展将产生重要影响。未来钢结构行业的发展，需要加强工业化、信息化的建设，实行“产学研”的协同合作，以技术和产品为纽带，促成产业链企业的战略合作联盟，不断创新体制、创新工作机制，只有这样，才能在激烈的国内外竞争中立于不败之地。在技术和信息高速发展的新型工业化时代，对钢结构行业来说，堆创新者进、堆创新者强、堆创新者胜。

（2013年11月26日在福建厦门“第九届全国省际钢结构行业协（学）会峰会”上的讲话）

发挥专家队伍作用
为钢结构创新驱动提供技术支撑

刚刚召开的党的十八届三中全会，将推动中国改革开放迈出新的步伐。站在社会发展和经济转型新的历史起点上，落实十八大做出的实施创新驱动发展战略的重大部署，推进我国经济健康和可持续发展，需要各行各业结合自身的实际创造性地开展工作。不久前，中央政治局第九次集中学习，特意把“课堂”搬到中关村，体现了新一届中央领导核心对依靠科技引领发展，促进经济转型升级的重视。习近平总书记在主持中央政治局学习时强调，实施创新驱动发展战略决定中华民族前途命运，全党全社会都要充分认识科技创新的巨大作用，敏锐把握世界科技创新发展趋势，紧紧抓住和用好新一轮科技革命和产业变革的机遇，把创新驱动发展作为面向未来的一项重大战略实施好。

落实党的十八大和十八届三中全会精神，研究钢结构行业的转型升级，最重要的是建立钢结构行业可持续发展的技术支撑和保障体系，科技是第一生产力，适应国家新型建筑工业化发展趋势，钢结构分会要把重点工作放在壮大行业、做强企业的创新驱动上，充分发挥行业组织的作用，以科技创新促进转型，以绿色建筑为目标，根据社会发展需要，提升钢结构技术创新的动力。绿色建筑的研究和探讨不仅是中国的课题，也是世界性的课题。钢结构建筑的创新驱动，来自于行业内的专家技术团队，来自于企业发展对科学技术的内在需求，解决转型过程的困难和问题，抓住当前国家的绿色发展、循环发展的机遇，为钢结构行业赢得更大的市场空间。

一、立足钢结构技术创新的新起点

我国钢结构技术应用并不是今天才起步的。新中国成立以后，特别是20世纪90年代和21世纪前10年，钢结构建筑有了很大发展，形成了一批规模化企业。2012年我国钢材产量已达7.65亿吨，建筑钢结构生产规模约5000万吨左右，占到钢铁产量的7.8%，钢铁产能的利用率仅为72%。到2012年底，国内从事钢结构加工、生产和安装的企业约1.08万家，钢结构行业前30强企业的生产规模，占全国建筑钢结构总量的近20%。具有一级钢结构专业承包资质的施工企业达740余家，这些企业将是我们行业技术创新的依靠力量。正是如此，我们钢结构行业的创新也不是从零开始，在世界上，如迪拜、俄罗斯、匈牙利的一些大型钢结构项目都有中国的钢结构企业参与，所以我们的创新发展应立足于新的基础。

中央经济工作会议刚刚落幕，这次会议也是对中央经工作会议精神的一次贯彻落实，我们搞经济工作的，不能空谈政治，要干实事，把行业壮大、把企业做强是我们协会、在座的企业家、专家的使命。前不久我刚刚参加了中建钢构第一次科技工作会议，邀请各方面专家研究了钢结构发展的前沿技术；又到厦门参加了全国 14 个省市钢结构协会的联席会议，14 个省市的钢结构协会一起研究如何助推当前钢结构的科技进步。作为协会来讲，2014 年的重点要放在钢结构的科技进步上。

今天我们召开的钢结构专家全体会议，专家队伍就是钢结构技术发展的宝贵财富。研究创新发展，行业要站在新的历史起点上，企业也要站在新的起点上，研究如何使我们行业壮大、企业发展和科技进步具体措施，构建以企业为主体、市场为导向，产学研相结合的技术创新体系。通过搭建技术交流和学习平台，开展行业前沿技术研究，进行新技术、新产品的发布与推广，引导企业的技术改造，推广更加高效、环保新工艺新技术的应用。

二、总结技术进步的新成果

近些年来钢结构的科技新成果很多，但我觉得过于分散，企业间各自为政、自我封闭。技术需要保密，这是企业的商业机密，但也不能完全保密，核心技术企业要保密，而一般性先进技术，国外的新技术，我们需要普及，要学习，不能互不来往。我们需要总结，我们总结得还不够，我们很多科技成果没有被总结出来。

经过 20 多年的发展和积累，我国超高层、大跨度和特构建筑钢结构技术领域积累了丰富的经验和成果，到 2012 年，年生产加工规模超 50 万吨、产值超过 50 亿的国内外知名企业已有 4、5 家，年生产加工规模在 30 万吨以上的企业有 10 多家。技术实力就是企业的竞争力。2013 年，浙江杭萧钢构在绿色建筑领域迈出自主创新的步伐，与浙江大学、同济大学等院校合作，建立学生实习基地。中建钢构、浙江精工钢构、东南钢构、湖南金海钢构这些企业，都通过建立工程院院士、博士工作站的方式，直接与大学科研机构挂钩，开展技术课题攻关，促进科技成果的应用和转化。

从我国钢结构发展的地区而言，浙江是中国钢结构的强省，值得各省学习，接下来便是江苏省。浙江省的钢结构由来已久，20 世纪 90 年代我任建设部总工程师时，就专门调研过浙江萧山地区的钢结构发展情况，当时江泽民总书记还到浙江大地钢结构有限公司（原杭州大地网架制造有限公司）考察过。

从市一级的城市讲，钢结构发展好的有福建厦门市，厦门市对于钢结构高度重视，厦门市政府提出将用钢结构建设一部分保障性住房，他们的建设局长对钢结构特别钟爱，推动政府部门出台了一系列经济政策，在厦门发展钢结构，这个我也很支持，厦门与台湾遥相呼应，发展钢结构对今后台湾的回归、海西经济区的发展至关重要。

从企业来讲，我比较欣赏的有很多。一是中建钢构，中建钢构是国企，他在全国有5大基地，分别在天津、湖北、江苏、重庆、深圳，中建钢构将基地分布在全国不同地区来发展钢结构。二是沪宁钢机，沪宁钢机以江苏为大本营，一直参与全国大型钢结构的施工，著名钢结构的施工。三是杭萧钢构，10余年专注钢结构住宅的研发，很有眼光。四是福建十八重工，从一个国企转变成一个大型民企，我个人更欣赏民营企业，民营企业更能做大做强。前面所说到的除了中建钢构，其他都是民营企业，福建十八重工成立了钢结构学院，现在好几家企业要联办这个钢结构学院，我们要培养钢结构的硕士、博士研究生，培养钢结构人才非常重要。当然还有许多企业，如宝钢钢构、大地钢构、东南钢构、精工钢构、恒达钢构、江南钢构等企业，发展得非常不错。其中江南钢构80%出口，工程应接不暇。

我们钢结构金奖项目的评选到今天为止，连续开展了10届，我们评选出钢结构金奖的项目有861项，这861项金奖工程应该是中国钢结构的代表。今后，要通过评选钢结构金奖项目，做到好中选优、优中推精，进一步提高钢结构工程施工水平。

从钢结构技术进步来说，在座都是钢结构专家。但我看到不少好东西，可能这些东西你们也都研究过。如澳大利亚最大的钢铁制造商博思格在西安建立了一个钢结构工厂，采用了一种新型导光管。导电、导水管很常见，但导光管是一种新材料，它通过反复折射将屋顶日光导入到室内，经过传导的光线丝毫不比室外弱；另外还有通过室内外温差推动的呼吸机，使得室内外空气自行交换，大大降低能耗。还有山东华兴的波浪腹板梁，波浪腹板梁节约钢材30%，企业以开始研制波浪腹板梁的数控生产线，如果生产线研发完成，批量生产进入市场后将达到1000亿的产值。钢结构的新技术还有很多，2012年为研究钢结构住宅产业化我去了日本，日本在钢结构住宅结构上应用中国古代木结构连接技术，减少焊接推广钢结构的榫接、卯接，值得我们重视，今天焊接协会也来了，现在推广机器人焊接，钢结构焊接对工程质量至关重要，我曾经处理过的彩虹桥垮桥事故，就是因为焊接问题导致的，这是非常惨痛的教训。

三、凝聚行业技术进步的新力量

我将钢结构专家的力量分成两大块：一块力量是来自于科研机构、高等院校、设计院所的钢结构技术学者、博士、院士，他们从事比较系统的理论研究，同时结合中国钢结构的实践和应用科学研究，这是很大一块力量，不只是今天在座的各位专家，还有很多分布在高等院校、研究院所之中；第二块力量是企业的技术力量，以钢结构企业的工程师和技术工人为主，从事实用技术创新和加工、制作，产品工艺的新技术、新材料和新设备的应用与研发，提高产品的自动化数模生产工艺，是推动企业技术创新的依靠力量。

对于我们专家来说，我想讲6个字：专业、专家、专利。我讲的专业，是指专家以专业为生命的，终身从事钢结构这个专业研究的，学科分类叫专业，经济分类叫行业，要为壮大行业献出我们的聪明才智，要了解行业发展的现状，与国际行业发展的差距，不能妄自菲薄，也不要妄自尊大，我们承认日本、德国有些加工技术确实比我们先进，协会2013年组织了一些企业总工、总经理到德国考察，回来之后向我反映，在德国看到了很多好东西，有的企业感觉得那些先进的技术学不了，也投入不起，希望国家给以支持。这种想法是消极的，世界上哪有学不了、买不到的技术，企业还要自身努力。

对于专家，我们要充分认识专家的力量、专家的智慧。党中央一再强调，要尊重知识、尊重人才，中国建筑金属结构协会的财富是什么？是专家，专家是我们的资源，专家是我们的财富，专家是我们的力量。要高度尊重专家，尊重知识，尊重不能用在嘴上，要把专家的智慧开发出来，使之有用武之地，才叫真正的尊重。尊重一个人是要将他放在合适的岗位上发挥他的聪明才智，尊重一个人是要给这个人提供施展才华的空间。

要搭建好专家活动的舞台。作为协会来讲，专家要为行业服务，协会要为专家服务，要为专家搭台。比如培训、知识的再教育，需要专家；某一个企业某个项目科技攻关，需要专家；技术论文研讨、成果总结，需要专家，发挥每一位专家的作用，为专家提供更多的活动机会，才是真正的尊重专家。

20世纪80年代我在黑龙江任省建委主任，到苏联国家科研院考察，科研院的院长对我讲：我们苏联和你们中国都是社会主义国家，我们都有一个问题，我们交流论文、发表论文，目的都是为了得奖，苏联最高奖是列宁勋章，得完奖便完成任务了。而日本人最聪明，我们的论文发表在杂志后，日本人不出一个月便变成了工厂的产品，变成了生产力，转化为经济效益。我们也要如此，要学会把科技成果及时变成工厂的产品。

说到专利。钢结构也有很多专利，包括原始创新、集成创新、引进消化吸收再创新的专利，包括发明专利、实用新型专利、外观专利，这方面我们还重视不够。我在中建钢构的科技大会上得知，他们已经有了120多项专利。我们其他企业的专利也不少，希望我们建筑钢结构分会向采暖散热器委员会学习，他们每年都编撰一本很厚的散热器专利汇编。专利是专家的研究成果，是我们前沿技术变成生产力的标志，是我们的知识产权，还有工法的总结，先进的工法也是我们一种发明创造。

四、开创以科技促进发展的新局面

2013年初，国务院办公厅转发了国家发展改革委和住房和城乡建设部《绿色建筑行动方案》国办发［2013］1号文，将推动建筑工业化作为一项重要内容。新型建筑工业化是指采用标准化设计、工业化生产、装配化施工、一体化装修有机结合的生产方式。实现房屋建造全过程的工业化、集约化和社会化。从而实现提高建筑工程质量和效益，实现节能减排和资源节约。

新型建筑工业化是住房和城乡建设传统模式和生产方式的深刻变革，是建筑工业化与信息化的深度融合，是建筑业提升发展质量和效益的有效途径，是贯彻、落实党的十八大精神的具体体现。

新型建筑工业化是整个行业先进的生产方式，是摆脱传统发展模式的工业化，是工程建设实现社会化大生产的工业化，是实现绿色建筑的工业化。最近，国务院下发了国发［2013］41号文，《国务院关于化解产能严重过剩矛盾的指导意见》。其中有三大项任务由住房和城乡建设部牵头落实。

（1）推广钢结构在建设领域的应用，在地震等自然灾害高发地区推广轻钢结构集成房屋等抗震型建筑；稳步扩大钢材、水泥、铝型材、平板玻璃等市场需求。

（2）实施绿色建材工程，发展绿色安全节能建筑，制订、修订相关标准规范。推动节能、节材和轻量化，促进高品质钢材、铝材的应用。加快培养海洋工程装备、海上工程设施市场。

（3）逐步提高热轧带肋钢筋、电工用钢、船舶用钢等钢材产品标准，修订完善钢材使用设计规范，在建筑结构纵向受力钢筋中全面推广应用400兆帕及以上强度高强钢筋，替代335兆帕热轧带肋钢筋等低品质钢材。加快推动高强钢筋产品的分类认证和标识管理等。

早在21世纪初，当时的冶金部和建设部共同组成了建筑用钢领导小组，我当时是建设部的总工程师，是这个小组的副组长，但是工作开展不久冶金部变成冶金局，后来又变成了钢铁协会，推广建筑用钢的工作受到了影响。今天，中国钢铁工业协会、中国钢结构协会要和我们中国建筑金属结构协会钢结构分会紧密的联合，更有成效地制定鼓励建筑用钢的技术经济政策，更大规模地推进建筑用钢量。

这次会议要归纳和提炼钢结构十大新技术，我任建设部总工的时候，大约在1993年我便提出中国建筑业发展的十大新技术，当时在全国范围内开展了十大新技术的示范项目评奖，技术要推广，不能光在一个项目、一家企业里，要在行业里推广使用，淘汰陈旧技术，采用新技术，社会才能进步。所以我们要搞新技术的示范奖，同时在钢结构金奖评定中必须要有新技术的示范项目，作为钢结构金奖的评奖条件之一。

我当初在评詹天佑奖时提出，鲁班奖是侧重工程质量，而我强调技术，便提出了詹天佑奖，在建筑工程中采用了多少项新的技术。同样的，我们钢结构十大新技术需要我们的专家来共同确定，确定之后全力推广，在推广十大新技术的同时研发更新的技术。

新一届中央政府提出打造新一轮经济的升级版，将更加注重经济增长质量和环境资源的可持续发展，为全社会的一切创新创造，为一切有志于创新创造的企业或人，为我们科技工作者提供了广阔舞台。面对激烈的国内外竞争中，惟创新者进，惟创新者强，惟创新者胜。随着十八届三中全会一系列重大举措的出台和实施，必将进一步激发全国上下敢为人先的锐气、创新开拓的潜力，让一切劳动、知识、技术、管理、资本的活力竞相迸发，让一切创造社会财富的源泉充分涌流，让发展成果更多更公平惠及全体公民。

我们要充分发挥专家的作用，马上又要到 2014 年 3 月，新一届的全国人大、全国政协会议又要召开了，要充分发挥钢结构行业的人大代表、政协委员，继续提出发展钢结构住宅的议案和提案，这些提案和议案最终能影响到中央领导的决策，影响到中央各部门来共同推动做好这项工作。

最近我很高兴看到，发改委的《经济参考报》以内参的形式向高层领导上报了关于我提出的解决钢产能过剩的最好办法是增加建筑用钢量。在我国，建筑用钢总量约占全部钢产量的 15%左右，而美国和日本等工业化建筑水平较高的国家，该项指标均已超过 40%，如果建筑用钢比重再提高 5%，我们的钢不是用不掉，而是不够用。现在钢厂亏损，钢材积压，全行业亏损，而增加建筑用钢便能解决这一问题。我不是人大代表，不是政协委员，只能通过内参去反映。我想我们更多的人大代表、政协委员提出议案、提案，而我们将要提出的住宅产业化调研报告也要通过各种渠道向中央领导反映，这是我们建设者的责任，也是我们钢结构专家的责任。

钢结构行业的专家、企业家要扎扎实实地行动起来，要充分认识到：创新正当其时，圆梦适得其势。广大科技人员和有宏大志向的企业家要把爱国之情、强国之志、报国之行统一起来，把己之梦想融入壮大行业、做强企业、实现中国梦的奋斗之中。

（2013 年 12 月 14 日在江苏溧阳“2013 年钢结构专家委员会全体会议暨钢结构前沿技术报告会”上的讲话）

钢结构企业扩张发展

在全国“两会”刚结束不久，我们在湖北武汉召开一年一度的全国建筑钢结构行业大会，落实党中央提出的转变经济增长方式、调整产业结构、实现生态文明建设的目标。2014 年的政府工作报告对新型工业化、城镇化推进提出了更加明确的目标和具体措施。在 2014 年的全国建设工作会议上，也提出了推进新型建筑产业现代化的概念。从趋势上看，转变传统的现场型的施工方式，向预制化装配式的建筑工业化转型，已经成为建设领域转变经济增长方式、提高资源利用效益、落实节能减排目标的一次革命。

我国钢结构行业 20 多年来的快速发展，经历了一个从规模成长到质量效益型的发展趋势，钢结构企业经历原始资本积累、快速发展、规模扩张的发展过程。建筑用钢的情况也是如此，我们经历了由 20 世纪五六十年代的“限制用钢”、“节约用钢”，到后来的“合理用钢”，再到今天的“鼓励用钢”。随着我国钢铁产能的扩张和发展，提高建筑用钢比重，扩大有效内需，是国家化解钢铁产能过剩矛盾的一条重要措施。

围绕落实全国“两会”精神和国务院文件提出的工作措施，我们把推进钢结构建筑工业化发展水平，提升钢结构房屋预制化装配化程度，推广绿色钢结构建筑作为我们的主要任务。动员行业的企业、专家和社会各种力量，根据国家经济转型需要，研究钢结构建筑在新型工业化、城镇化发展中的作用和产品需求方向，调整我们的市场布局，搭建交流合作的平台，根据市场需求研发和推出新的技术和产品。在市场的大潮之中，没有永远强盛的企业，今天。我们钢结构企业，特别是三十强企业，到了需要扩张发展的阶段。

一、企业素质扩张

企业发展，关键素质要强，企业转型升级最根本的是增强企业自身的素质。

1. 质量效益型

所谓质量，包括很多方面：首先是结构质量，一定强调结构牢固，但要合理用钢，不能建成碉堡，不但要把钢结构建筑建得牢固，还要盖得科学和漂亮；第二是功能质量，建筑是要使用的，功能要合理；第三是魅力质量，建筑是凝固的艺术；第四是可持续发展的质量，钢结构建筑要建成绿色的、环保的、低碳的；广义的质量安全包括生命第一，安全第一是建筑的最高准则。

关于效益，我们常讲三大效益，社会效益、环境效益和企业的经济效益。福建十八重工，他们抓住国家实施“海西”战略发展的机遇，以效益型企业为创建目标，以专业配送和钢结构构件制造、生产和物流配送为重点，逐步成长为海峡西岸最大的钢结构制造和配送中心，当年建厂、当年生产、当年盈利。既有企业经济效益，还给当地带来社会效益。

2. 科技先导型

钢结构建筑是建筑行业中科技含量比较高的建筑，发展钢结构，我们强调科技创新。中建钢构王宏同志最近提出，钢结构行业发展开始进入第二期，这个阶段是以技术创新和提高质量为特征的。浙江长江精工、杭萧钢构都已经成为上市企业，已经从原始积累的初创期，进入今天依靠科技创新、提高建筑品质的新时期，提高钢结构科技含量是企业占领市场制高点的根本途径。

3. 环境友好型

环境包括工厂的制造环境、工地的施工环境以及建筑物本身形成的环境等。博思格在西安有一个钢结构工厂，我去参观过。工厂坚持绿色、生态的建厂理念，采用温差换气、导光管照明、雨水收集和植物隔热等技术，融入生态建筑元素，体现了节能减排效果，展示了钢结构工厂与自然和谐共生的魅力。

4. 资源节约型

资源节约是指节地、节能、节材、节水、节电，甚至还要延伸到人力资源、社会资源的节约，这是非常关键的。浙江东南网架依据自身研发优势，申报的“装配式钢结构住宅技术创新和产业化示范项目”，获得国家发改委的低碳技术创新及产业化的示范工程的批复，得到2400万元的国家专项资金补贴，公司将建筑面积19.09万平方米的杭州钱江世纪城列为钢结构低碳节能的绿色示范项目，为发展资源节约型的钢结构产业探索新路。

5. 组织学习型

学习是我们企业腾飞、个人成长的阶梯。我们钢结构分会和西安建筑科技大学联合开办钢结构硕士研究生班，这都是为了学习。只有不断学习，了解和掌握当今世界发达国家的前沿钢结构技术，才能不断提高产品的市场适应能力，向世界先进技术看齐。在欧洲一些工业发达国家的钢结构生产车间，粉尘、废气都有专门的回收再利用，依靠节能减排的技术研发、降低资源的消耗。这些经验应该值得我们企业学习和借鉴，坚持清洁生产、淘汰落后工艺。我们的企业应是学习型组织，企业员工应是知识型员工。

6. 社会责任型

钢结构企业要有社会责任感，对于社会要有重大的不可推卸的社会责任感，在国家需要和灾难面前，要义不容辞。无论是2010年的汶川大地震、2013年的雅安玉树地震灾区，都有我们钢结构企业的身影，参与救灾安置、恢复重建工作。今后，我们要研究不同地区的抗震结构体系，最大限度地保护人民生命财产的安全。

企业通过转型升级，提高自身素质是企业扩张发展的前提。

二、加工制作能力扩张

钢结构建筑是在工厂加工、生产的，我们的制造能力将非常关键。

1. 国内生产基地的有序扩张

过去我们的钢结构企业构架是橄榄球型的，厂房很大、土地很多、人员很多，但是技术研发和市场营销相对弱。面对新的市场需求，钢结构企业要在产品研发和市场营销两大环节加大投入，由传统的"橄榄球"构架向现代"基地哑铃型"转变。如浙江东南网架、宝钢建筑等单位都按照新型企业现代管理架构，设计企业的营销框架、战略发展目标，并与地方的钢结构企业合资建厂，实现企业利润的最大化。

2. 按标准化协作加工的扩张

一个企业，不可能有那么多厂房、设备和人员，我们应该依靠标准化协作加工、来扩大市场份额。凡是按照本企业标准生产的，都应该是本企业的产品，我经常给大家讲美国波音公司的故事，当年我国领导人到美国西雅图波音飞机厂参观，第一句话就是，我代表中国人民感谢你们波音飞机制造厂。但波音的总裁说，波音不是美国的，是世界的，我们很多产品是西安生产的，西安的工厂按照波音的标准生产的配件就是波音的产品。但在我国确立了以骨干企业为支撑的产业集群建设体系，协会应该重点扶持和培育一批市场竞争力强、带动作用大的龙头企业，整合市场资源，以产品为龙头带动相关协作企业专业化生产配套，降低扩张的成本和造价。如中建钢构、杭萧、沪宁钢机等都在按照这条思路在扩张市场。

3. 自动化生产线扩张

在生产线扩张上，山东华兴钢构公司具有市场眼光，不仅推出薄腹板钢梁结构，节省钢材；还通过引进吸收、自主制造薄腹板加工数控设备，以生产线设备的销售带动结构型材的销售，数控设备销售产值不断增长，提升产品的附加值。在中国当前的经济环境下，我们钢结构企业尤其要做到多用机器少用人，发展自动化生产线，既保证质量又提高效率。

4. 全球化生产运营体系扩张

在世界上很多地方都有我们的钢结构施工企业，但却缺少钢结构技术生产加工基地，都想到国际市场一展身手，但又不知道从那里入手。这次年会将专门举办一个钢结构前沿技术论坛，邀请了香港理工大学的教授为国内企业讲解欧盟钢结构标准、技术规范和应用的案例，实际上是向国内钢结构企业介绍世界常用的钢结构设计标准和港澳地区对标准的引用情况，让企业了解结合国内钢结构等效互换条件的基础研究，以便跨国建立钢结构生产基地

三、市场营销扩张

钢结构企业的营销和其他工业企业营销有所不同。

1. 生产经营—资本运营的扩张

我想强调从生产经营到资本经营的扩张，钢结构企业发展到一定规模，必须走资本运营的道路，有条件的钢结构企业可以争取上市，吸引更多的社会资本投入。资本经营不全是上市，还有很多渠道。长江精工钢构近期准备向社会定向募集10亿元，在浙江绍兴投资“绿色集成建筑科技产业园”，投资建设周期18个月，投资回收期5.5年。投产后，实现年生产50万平方米的市场需求的各类钢结构商用集成房屋，如果没有市场融资渠道，就不可能这么快速地增长。

2. 工业、民用、公用建筑房地产开发经营扩张

围绕三大市场的房地产开发需求，研发生产专业体系配套、功能完善的装配式钢结构房屋，扩大钢结构建筑的市场份额。

第一，工业建筑房地产开发，例如美国一家钢结构企业在中国投资建立了八大钢结构的工业产业园，然后将厂房出租给中国的中小民营企业。昨天我去了弘毅工业园，这便是工业房地产开发，他们公司自己研发的叠合装配式房屋体系，申报专利96项，编制《叠合装配式建筑技术规程》等10余项，有的还纳入湖北省地方规划，通过产品标准实现开发扩张。

第二，民用建筑房地产开发，现在中国很多房地产商不了解钢结构，也不习惯使用钢结构，但是我相信在民用建筑房地产开发上将有很大市场，杭萧钢构已经在包头开发建造了100万平方米的钢结构民用住宅项目，我要求钢结构分会，通过先进示范，总结钢结构住宅建设的典型，今后钢结构金奖要推出更多的钢结构住宅项目。

第三，公用建筑钢结构房地产开发，现在我国的大部分公共建筑都采用钢结构体系，比如大剧院、火车站、飞机场航站楼等，今后，我们要在西部地区、地震多发地区建更多的钢结构学校、养老院、卫生所等，可以通过标准化进行批量生产。

3. 兼并收购经营扩张

大企业要学会通过兼并、收购行业的中小企业、产业链上的企业来实现企业的规

模扩张，兼并是带动中小企业发展，兼并对于钢结构企业发展非常重要。瑞士的亚萨合莱将我们国强五金、盼盼兼并了，被兼并后企业获得了更大的发展，技术含量有了提高，这值得我们思考和学习。但我更希望中国的企业去兼并国外的企业，获得更大发展空间。有的国内钢结构企业大而不强、资源配置不合理；知名品牌的钢结构企业占国内钢结构企业总数不超过1%、产值规模不超过15%。我们的骨干企业要抓住机遇，实现资源有效整合，提高生产要素配置效率。如闽船重工收购了离厦门不远的云霄县临海工业区“通州船业”的所有股权，利用工业区500亩临海、临港土地资源的优势，建立现代化的钢结构生产基地，专注钢结构的加工和物流配送，实现企业的快速发展。

4. 战略伙伴合作经营扩张

钢结构企业要有更多更强的合作伙伴，实现合作共赢、共同发展，通过与上下游产业合作、与设计研究院、与银行金融机构的合作，所有的合作形成更广的产业联盟，新型的竞合理念将是企业共赢的基础，形成战略合作伙伴关系，达到共同发展的目的。

四、科技实力扩张

科技实力扩张对于钢结构企业尤为重要。

1. 专利产品和专利技术

企业要专利产品和专利技术，我们要重视对成果的总结和应用，要在专利成果、专利技术应用上进行再创新。2013年钢结构行业通过的国家级工法195项，比2012年增加175项；获国家发明专利453项，比2012年增加216项。

2. 十大新技术示范推广

企业取得的专利、技术、论文，不应该只是为了获奖，而要注重将其转化为生产力，技术不光是为了获得奖励，而是要获得企业利益。钢结构金奖也要增加技术含量，技术含量高的工程才能获得金奖。重点推广钢结构焊接机器人技术、绿色建造技术、健康监控技术、信息化BIM技术等，2014年钢结构分会应该把全国首届钢结构科技大会筹备作为一项重要工作，做到层次高、影响大、效果好，为钢结构企业升级提供技术支撑。

3. 开展合理化建议活动

我到过德国一家企业，这家企业有一句口号：“群众合理化建议是企业的准宪法”，由此可以看出该企业对于群众合理化建议的重视程度，企业还设群众合理化建议奖，如果被采纳将重奖。有时这些小发明能节省很多时间、提高工作效率。不要光盯着大的发明创造，小的发明创造也很重要，通过员工的合理化建议提高企业的科技进步，全行业开展钢结构管理和技术的合理化建议活动，这是适应新型工业化趋势的一项重要工作，装配式钢结构住宅的转型，形成推广的优势和条件，需要凝聚各方面的智慧和创造。

4. 推动产学研交流合作

交流研讨的形式可以多样，以加快新成果、新技术转化为内容，一批龙头企业、大专院校、研究机构已经依据产品或技术纽带结成了联盟，协会每年也组织开展了技术论坛和峰会活动，如“两岸四地钢结构峰会”、“钢结构前沿技术交流会”、“钢结构行业大会”等都成为行业认可的交流平台。上海金属结构协会、广东空间学会、浙江江苏协会也都开展多种形式的交流活动，企业参与的积极性很高。

五、经营战略的扩张

企业要实现扩张，必须要有一个系统的、可行的经营战略。

1. 品牌战略

品牌是产品的名片，具有较强的产品附加值，打造品牌至关重要。创建一块企业的金字招牌，可能需要十几年、几十年持之以恒的不懈努力，而砸掉一块牌子，可能只需要一项工程、一个事件的负面影响。这些年，越来越多的钢结构企业把培育品牌、开拓市场作为一项重要战略，追求百年大计、质量第一的工程，通过质量、管理和服务打造品牌。

2. 人才战略

企业发展靠人，要以人为本。必须重视对四支人员队伍建设：企业家队伍、管理行家队伍、技术专家队伍、工人技师队伍。我们的企业不光生产产品，还要造就一个人才脱颖而出的环境，人才可以依托企业找到实现自身价值的平台，企业有了人才，就有了成就事业的基本，企业才能扩张发展。

3. 可持续发展战略

人类从农业社会到工业社会、再到今天的低碳社会，我们经营企业，就要考虑企业的可持续发展，钢结构建筑本身低碳、环保、节能的特性，为我们提供了舞台。我们常说：混凝土建筑给子孙留下的是垃圾，而钢结构建筑留下的是资源。钢结构企业的可持续发展，核心是依靠不断地技术创新和管理创新，提供市场满意的产品，这是钢结构做“百年老店”、“百年企业”的根本。弘毅公司成立11年，就提出“百年远景”规划，这一点就很好。

4. 国际一流战略

我很高兴看到国内有些企业在国外有大量订单，甚至应接不暇，需要找人代加工生产。2013年，国内企业完成海外的钢结构订单约25万吨，贸易额折合人民币达73

亿元。经过这些年的战略扩张，我们建筑钢结构行业也快速壮大、展示了钢结构的发展成就。到2014年，年产值在50亿元的钢结构企业有5家、30亿元的企业有9家、20亿元的达到28家，钢结构加工生产规模10万吨以上的有21家，年规模在5万吨以上的有40家。一批新的钢结构代表作工程不断涌现。如高632米用钢量达10万吨的上海中心工程、用钢量8.8万吨的杭州东站、用钢量5万吨的重庆国博中心等，主要分布在交通基础设施和民生工程领域，2014年新建的跨江大桥、城市市政桥梁采用钢结构的数量是2011年的3倍，无论是工程质量还是用钢量、结构体系和新材料的应用都更加优化、美观，技术含量更高。

六、市场营销扩张

1. 依靠专业营销队伍

据2012、2013年行业30强上报数据分析，中建钢构、长江精工、山东莱钢建设、中南建设钢构、浙江潮峰钢构、河北金环钢构、湖南金海钢构等一批企业，营销收入增幅都在15%左右、有的增幅达30%以上。他们有专业的营销人才，依靠专业的人才来营销，依靠自身的品牌来实现企业营销目标。

2. 建立合作营销力量

当今世界，各国领导人都在忙于出访、合作，各种峰会、论坛的目的都是建立战略合作关系。我们的企业也是如此，要建立合作联盟。浙江恒达钢构通过与中联重科、浙江万向集团、龙工、诺贝尔集团等建立战略合作联盟，形成营销优势，这些企业把生产基地建立在那里，恒达的钢构构件就运到那里。合作可以增强本企业的能力，本企业不能做的，合作伙伴可以帮助做。

3. 重视网络营销手段

我们要通过互联网，让世界了解我们的钢结构企业，要重视网络营销，通过网络增强本企业影响力。网络营销信息量大、更新快、营销成本低、推广和传输速度快的特点，是钢结构企业最简捷的一种营销模式，受到企业的关注。钢结构企业前30强的企业都建立了自己的商务信息平台、门户网站，展示本企业的产品和技术优势。

4. 发展海外经纪人营销渠道

瑞士一家隧道公司请我参观他们在一个山洞里的基地项目，现场讲解的就是一个武汉人。现在世界各地都有华人，世界各国都有我们的华侨，我们能不能建立一支国际华侨行业经纪人队伍，让各国华侨帮助我们企业进行产品销售，我们要动员、发展华侨人士，华侨也要赚钱，这种合作是一种双赢，对企业开拓国际市场很有帮助。条件具备后我们还可以召开国际钢结构华商大会，提高钢结构在国际上的地位。2013年，加拿大有一家世界500强企业，每年有近20万吨钢结构的海外市场订单，为此，上海宝钢钢构创新商业合作模式，寻找当地可靠的服务伙伴，最终促成与该公司第一笔5000吨订单合作成功，首批1300吨钢构件即将启运。

七、管理部门扩张

要承认，现在我们的一些企业管理是有问题的，有管理专家曾批评我们的企业人浮于事，人事部的人不懂人事，只会管理资料档案，不懂人力资源运作，财务部只会计账，不懂资本运营。

1. 实验室——国际检测认证资格的认证

钢结构企业产品，关系建筑的结构安全，企业要建立自己的检验检测试验室，通过完善设备、手段，取得国际先进的检测认证资格。在行业前30强的钢结构企业，2/3以上的企业拥有钢结构甲级设计院所，基本上建立了企业的检验检测试验室。如杭萧钢构还拥有美国钢结构协会AISC认证、新加坡SSSS认证、欧盟DVS/欧洲焊接生产企业认证；中远川崎重工、浙江精工钢构、山东莱钢建设等一批外向型企业，很早就取得日本钢结构制造H级资格认证。

2. 培训部——联合建立院士工作站、博士工作站

中建钢构、浙江杭萧、安徽富煌钢构、湖南金海钢构等企业都建立了院士工作站，大学生实习基地等专设机构，为企业技术创新提供支撑。

3. 人事部——人力资源开发中心

人事部要发挥人力资源的作用，开发每一个人的潜质，将人的能力发挥出来，所有的事都是靠人来做的。2014年住房和城乡建设部选择了15家钢结构企业授予房屋施工总承包一级资质的试点，列为试点的企业当务之急，就是要配齐专业的技术骨干队伍，要加强管理，严格行业自律，完备总包的手段和能力。

4. 财务部——企业融资中心

财务部就是本企业的银行。要增强企业投资融资功能，对于扩张期的钢结构企业，依靠投资带动工程总承包是企业实力的体现，资金能力是基础。因此，企业的财务中心应具备内部银行功能，不仅是结算中心、也应该是融资中心、投资中心，加快资金流动循环，“血液”畅通，钢结构企业才会身轻体健。

八、企业文化扩张

1. 开展企业品牌创建活动

品牌是企业技术和管理水平的综合反映，展示的是诚信价值和经营理念。沪宁钢机把创立品牌和市场定位相结合，瞄准国内高大特新的重钢结构，确立了企业在超高层、高难度钢结构制作安装的“江湖地位”，市场有了知名度，一些国内大型复杂的钢结构工程业主主动上门洽谈合作项目。

2. 设立钢结构博物馆

中建钢构正在深圳的深圳湾后海超级总部基地建设中国钢结构博物馆，得到了协会和国家相关部门的支持。要真正建立一座国家级的专业博物馆，仅靠一、两个企业的力量是不行的，要全行业的企业共同参与，希望在座的有远见的企业家一起努力，起到一种文化传承的价值和力量。

3. 举办会展活动

举办会展非常重要，大会开始之前我参观了展会，应该说非常不错，但是还是不够盛大，要结合声、光、电等效果来表现。参加展会要受启发，要通过展会认识到自己的不足，及今后的发展方向。改革当前，大有可为，要有大投入、大思维、大手笔来展现钢结构远景和未来。此次大会湖北弘毅申办六年，筹备一年，我们要把钢结构行业大会办成行业的“奥林匹克”，让大企业轮流来承办。在新型工业化推进的新时期，举办一些企业欢迎的配套产品、技术和材料的展览展示，开展全球的钢结构建筑和技术的博览活动，邀请国际知名的钢结构专家举办论坛和讲座，服务国内钢结构企业的集约、集成新产品的研发和建设。2014 年年会期间，同时举办、召开产业链物资供应、金融合作专题会议，推动合作共赢，就是一种好形式。

4. 造就新一代钢构人的团队文化

团队文化对企业非常重要，像中建钢构的“铁骨仁心”、沪宁钢机的“一切源于诚信和品质”、山东万事达的“至诚至美”、杭州恒达的“恒久品质树品牌”、上海宝冶的“超越自我、创造卓越”等都与企业的产品追求相呼应。钢结构的团队文化内涵包括了打造绿色建筑、为生态文明建设奉献的新钢构人的形象。

上面我从八个方面讲述了企业的扩张发展，有些扩张是我们钢结构企业正在做的，我只是进行了归纳总结，而提出了八大扩张，说实在的，对企业扩张发展真正有发言权的是你们企业家的博大韬略，真正实现扩张发展的也是你们企业家的伟大实践。

未来一个时期，转变经济发展模式，实现生态文明建设目标，国家将要对产业结构调整提出更加明确目标。行业的做强做大，要靠企业的品牌和市场的需求，有赖于企业管理和技术研发能力提升，融合了先进技术和优异质量的产品，是我们占领市场，扩大品牌影响力的根本。钢结构的产品要提高质量、赢得用户信赖，要依靠钢结构领军企业的扩张发展，实现钢结构行业的更大发展。

内练素质、外树形象，是企业实现可持续发展的必然要求，通过企业扩张，迎接我们企业更好的明天。我们这次会议规模之大、人员之多、激情之高，反映了钢结构行业的兴旺发达，反映了今天中国改革正当其时，圆梦适得其势。期待我们的企业、专家、科研设计单位一起，承担起历史的责任，托起明天的希望，为钢结构企业扩张发展做出新的努力！

（2014年4月18日在湖北武汉“2014年建筑钢结构行业大会”上的讲话）

全力提高建筑用钢量

最近一段时间，我们建筑钢结构分会接连举办了几个会议，其中一次会议是在杭州召开的2014年钢结构专家委员会主任会议，涉及钢结构设计、制造、施工的各方面专家在一起研讨钢结构发展大计。今天我们召开的是建筑钢结构分会的会长工作会议。以前建筑钢结构是我们协会的一个专业委员会，2013年6月份，顺应钢结构行业的发展，还有各界的呼声，把建筑钢结构专业委员会升格为建筑钢结构分会，原专业委员会的主任现为分会的正副会长。在座的各位都是会长、副会长或会长单位的代表，代表着广大的企业，责任重大。

今天我演讲的题目是“全力提高建筑用钢量”。建筑用钢是一件大事，从我们国家来说，以前钢产量甚少。今天改革开放后的中国是世界上钢产量最高的国家，但又产生的新的问题，钢企叫苦，冶金行业叫苦，主要原因是钢材用不出去，产大于求。现在很多经济学家都在讲“钢铁产能过剩”，类似的文章我看过不少，但他们都没有回答根本问题，我认为，把建筑用钢提上去就不过剩，甚至不够用。今天参会的郝际平同志以西安建筑科技大学副校长、政协委员的身份，连续几年向全国政协提议案，建议国家提高建筑用钢量、推广钢结构住宅，但从现在的情况看，收效不大，还是没有引起国家相关职能部门的高度重视。所以，今天我再次呼吁，全力提高建筑用钢量。

2011年8月18日，住房和城乡建设部印发了《建筑业发展“十二五”规划》，规划中明确提出：增加钢结构工程比例、推进建筑节能减排、积极推动建筑工业化。到“十二五”末，逐步实现年建筑钢结构用钢占全国钢材总量的10%左右。

现在面临“十二五”收官，近几年来的数据是我国钢结构建筑用钢量3000万～4000万吨/年，仅占全国钢材产量的4%左右，与欧美、日本等发达国家有较大的差距（欧美等国40%左右），实现目标可谓任重而道远。

20世纪90年代我在建设部当总工，在广州召开的钢结构会议上，我就提出：中国21世纪建筑结构是钢结构的世纪。现在，21世纪已经过去十多年了。建筑结构随着生产力的发展而发展，从茅草房结构、砖瓦房结构到钢筋混凝土结构，生产力再发展就到了钢结构阶段，钢筋混凝土给子孙后代留下的是建筑垃圾，钢结构建筑则给子孙后代做了钢的储存，留下的是财富。

今天我讲《全力提高建筑用钢量》，还是要有必要性、可行性和前瞻性。其中“必要性”要讲为什么要提高建筑用钢量；“可行性”，要讲能不能提高建筑用钢量；

第三个“前瞻性”，讲一下我们钢结构企业当前应该怎么做，应该如何做好钢结构未来大发展的准备。

一、提高建筑用钢量的必要性

1. 减灾抗灾的需要

我们中国是一个多灾难的国家，世界上没有哪个国家向我们国家这样多的自然灾害，在这里我要强电一个观点，就是“生命第一”是建筑的最高准则和地震灾害对人类损害除灾害本身外最大的就是建筑，建得好能保护人的生命，建得不好就会成为坟墓。

在汶川大地震后，我们钢结构委员会在四川的汶川专门召开会议，阐述发展钢结构建筑在地震灾区的必要性。当时我讲过，周围的建筑都倒下了，只有钢结构建筑——九州体育馆纹丝不动，成了灾民的避难所，成了抗震救灾的指挥部，一座小学因为建筑没有圈梁，三百多个学生罹难，二者形成多么大的反差啊。不久前云南昭通发生6.5级地震，范围小，但损失大，死亡600多人。房屋没有承重结构、抗震性能差、倒塌是导致震区人员伤亡的主要原因。中国人多，但生命价值无限。

日本神户大地震后，有人发现在混凝土建筑物中发现有易拉罐，把承包商绳之以法；台湾的集集大地震，因为混凝土基础钢筋的弯度不够，也把承包商抓捕。

我们的邻国日本光抗震减灾的法规就有150多个，分抗震机构、减震机构、隔振机构三类。我国是个多震灾的国家，每次要出动很多救灾的人员、部队官兵，这也是我们国家的优越性，但能不能减少伤亡，这是一个大问题。对于震区，要做到减灾抗灾，最大限度保护人民群众生命财产安全，除健全这方面的法律法规外，还要普及钢结构建筑。

2. 解决钢铁产能过剩的需要

2013年国务院出台《关于化解产能严重过剩矛盾的指导意见》（国发［2013］41号文）提出：要挖掘国内市场潜力，消化钢铁、水泥、铝型材等部分过剩产能。具体可以表述为：①提高建设领域钢结构使用比例；②在公共建筑和政府投资项目中提高钢结构的比重；③在地震高发地区推广使用轻钢结构集成房屋。该意见把推广、应用钢结构建筑体系提高到新的战略高度，但重在落实。

所谓的产能过剩是因为需求少了，需求大了就不会过剩了。不同的产品产能过剩，解决方法的方法也是不同的。我国建筑用钢量不足钢材产量的5%，如果把建筑用钢量再提高5%，我们的钢材就不够用。当然我国的钢材品种还不够全，个别品种还依赖进口，这方面我国还需要做工作。

提高建筑用钢量是解决钢材产能过剩的唯一有效途径，我们要落实好国务院精神，把精力放在如何提高建筑用钢量上来，抓住历史赋予我们的重大机遇，逐步实现钢结构产业转型的发展目标。

3. 新型建筑工业化的需要

住房和城乡建设部印发的《建筑业发展十二五规划》中明确指出：增加钢结构工程的比例，推进节能减排，积极推动建筑工业化。新型建筑工业化具有标准化设计、工厂化制造、装配化安装、一体化装修、信息化管理的特点。与混凝土等其他建筑结构体系比较，钢结构建筑便于工厂化、模块化生产，现场施工周期短，劳动生产效率高，现场机械化装配率高，从而更易于建筑工业化。例如：广州西塔最快可达到两天一个结构层的速度。

4. 生态文明建设、低碳发展和绿色建筑优越性的需要

现在全世界都在重视生态文明建设，要拯救地球、拯救人类，实现低碳发展。2013 年 1 月 1 日，国家出台《绿色建筑行动方案》，倡导生态、低碳。《十二五绿色建筑和绿色生态区域发展规划》要求，推动绿色建筑规模化发展，加快绿色建筑产业，加快形成预制装配式混凝土、钢结构等工业化建筑体系。绿色建筑是未来发展的趋势，钢结构建筑符合"绿色发展、低碳发展、循环发展"的要求，我们既要看到国家宏观经济政策利好的一面，但也要认识到绿色建筑对钢结构行业而言，机遇与挑战并存。

二、提高建筑用钢量的可行性

要在哪些方面提高建筑用钢量?

1. 铁路、交通、水利、能源等基础设施项目建筑市场

工业项目建设，包括，铁路、交通、水利等广泛采用了钢结构。水利可以借鉴韩国推行钢板桩在水坝中的应用；能源建设还会加快，火力电厂的主厂房和锅炉钢架用钢量会增加，包括核电厂厂房用钢、风力发电用钢等，电力系统估计每年耗钢量 300 万吨，通信铁塔估计每年耗钢 100 万吨；交通工程中的桥梁会有所增加，跨江、跨海、铁路桥均采用钢梁，近几年来公路桥梁采用钢结构已成为发展趋势，据预测，到 2015 年，我国桥梁钢结构工程年需求量将达到 400 万吨，市场的成长空间巨大。例如：珠港澳大桥预计用钢量超过 100 万吨。

2. 市政公用项目建筑市场

现在我国的市政项目大多是钢结构，包括大剧院、文化宫、火车站、飞机场、博物馆等，很少用钢筋混凝土，要把这些市场保持住。今后还会有大的发展，以后市政建设中钢结构用量会增加，地铁和轻轨工程、城市立交桥、高架桥、环保工程、城市公共设施及临时房屋等均越来越多地采用钢结构。

3. 住宅项目建筑市场

这个市场的开发还远远不够，我们钢结构企业要成立钢结构住宅的房地产开发公司。我国自20世纪90年代以来，莱钢、宝钢、赛博思、杭萧等钢构企业和钢结构设计、科研机构，借鉴发达国家的生产经验和成果，对发展、推广钢结构住宅进行了不懈的努力和探索。初步形成了以浙江杭萧钢构股份为代表的高层、超高层钢结构住宅体系；以河南天丰、上海巴特勒、新疆德坤等为代表的低层、多层住宅体系，并在保障性住宅、地震灾区的恢复重建中显现钢结构的优势，赢得较好的市场口碑。北京的金宸公寓、杭州的钱江世纪城人才公寓、河南许昌空港新城、上海的中福城二期、溧阳的天目湖工业集中区公租房、包头万郡大都城住宅小区等项目成为钢结构住宅的代表，上海宝冶集团有限公司在四川都江堰搞的住宅小区也不错。

与发达国家相比，我国的钢结构住宅推广应用所占比例较低。现在我国每年平均每人竣工的钢结构住宅面积仅为美、日等发达国家的1/5左右。从目前情况看，标准化程度低；标准、规范不完全；"三板"体系研发不足；建造成本偏高；政府、社会的支持、认同度偏低等依然是制约其发展的瓶颈。

推进钢结构住宅产业化，是推进绿色建筑、建筑工业化的主要战略措施，同时也是突破行业困境、改善行业目前状况的有效途径。

住房和城乡建设部向中国建筑金属结构协会下达科研课题《钢结构住宅产业化推进研究》，2014年要交卷，这个课题要向国务院报告，这个报告要从国际国内的现状分析、从钢结构技术方面的分析、从钢结构产业政策的分析来向中央提出的我们的建议，解决发展钢结构住宅产业化的问题。

我们要大力宣传在钢结构住宅方面有造就的公司，"中国钢结构金奖"要对钢结构住宅项目有所倾斜。

这里，我要宣传一下我们的政协杭州市委员会，政协杭州市委员会下发了《报送〈关于抢抓机遇争创全国住宅产业化示范城市的建议〉的函》，这个文件很好，当时我把这份文件转给住房和城乡建设部齐骥、王宁两位副部长。文件分为四个部分：一是要健全专门领导机构，树立并实现争创全国住宅产业现代化示范城市的目标；二是把握阶段性规律，推动钢结构住宅产业集群式发展；三是积极发挥政府项目的示范引领作用，合理落实钢结构住宅产业扶持优惠政策；四是大力改进钢结构住宅使用性能，努力提高社会认可程度，并加强政府公共服务，促进钢结构人才培育。杭州市怎么做的，建议大家学习一下。

4. 国际建筑市场

我国拥有4500万建筑产业大军，可谓世界第一建筑强国。现在世界上著名的钢结构建筑都有中国参加，如阿联酋迪拜塔、俄罗斯的联邦大厦。要进军世界建筑市场，要靠钢结构，通过进军世界钢结构建筑市场，把我国的钢材也带出去，也解决钢铁产能过剩的问题。

我国钢材价格比国际价格低，劳动力成本低，钢结构制作质量优良，在国际工程市场上有较强竞争力。目前，我国钢结构行业涌现出一批在技术、管理、资金等各方面综合实力较强的企业，积极参与到国际市场竞争中。2012 年会员企业海外市场完成 20 多万吨产能，60 多亿产值。2013 年会员企业海外市场完成 25 万吨产能，73 亿产值，预计 2015 年会员企业海外市场将完成 30 多万吨产能，全国将超过百万吨。

中建钢构一直致力于国际市场，在南亚、中东、北非有钢结构工程；浙江精工在东南亚、南美；杭萧在东欧；东南网架在南美有较多的钢结构工程项目。浙江有一家叫江南钢结构的企业，他们的制作的钢结构 100％销向国外。

可行性关键是市场，项目是我们的动力。建筑业的发展、钢结构行业的发展、钢结构企业、专家的成长，是项目在驱动，若没有项目什么都无从谈起。项目在市场，市场是行业发展的关键，所以要努力拓展这个市场。

这方面，此次会议的承办方——湖南金海钢结构股份有限公司做得就不错，他们的项目涉及五大市场：民用建筑钢结构、大跨度及空间扭曲钢结构建筑、工业建筑钢结构、特殊非标钢结构建筑、盒式结构体系的研发等。

三、提高建筑用钢量的前瞻性

1. 企业家的使命感、责任感和价值体现

企业是永远推进行业发展的主体。关于建筑用钢量，我想说三句话。第一句话：是差距，更是潜力。我们目前的建筑用钢量跟世界发达国家有差距，这种差距更是我们发展的潜力，我们要努力消除这个差距，赶超世界发达国家的水平。第二句话：是需求，更是市场。提高建筑用钢量是钢企的需求，是建筑的需求，是社会的需求，对我们企业来讲，更是一个市场，是我们要寻求的、拓展的市场，没有市场，我们就没有作为。第三句话：是机遇，更是挑战。提高建筑用钢量政策也有了，领导也重视了，这对企业来讲是大好的机遇，但能不能适应这个要求，也是个挑战。现在，实事求是讲，我们的钢结构住宅还存在一些问题要进行技术攻关，比如说配套的问题，搞钢结构住宅不是一件简单的事情，同时钢结构的技术也在不断地发展，所以说，是机遇，更是挑战。

能表现企业家责任感的方式很多，核心就是要宣传、保护、发展我们的钢结构产业。现在社会对我们的钢结构产业认识、重视程度不足。我们在发展钢结构的同时，要通过宣传不断提高钢结构行业的价值，只有通过宣传，才能推广到位，业主和市场各方面在规划、建设时才会更多地考虑钢结构，钢结构企业才能获得更多地市场。通过宣传，要让社会认识到钢结构行业所具备的绿色、工业化、科技含量高等特点，提

升钢结构行业在消费者、广大客户心中的价值，共同推进行业走向优质运行的轨道。

2. 企业创新的力量

对于建筑业我们有十大新技术推广，这十大新技术里面就有一项是钢结构技术，现在我们钢结构的专家又提出了钢结构方面的十大新技术，我强调十大新技术中提高建筑用钢量的技术。如何推广好十大新技术，把诸如山东华兴的波浪腹板，保证强度的同时，有效节省钢材30%；巴特勒在西安的新厂房利用了导光管等新技术，用好这些先进技术是关键。

浙江省在全国钢结构方面是大省、强省；云南省也在请协会协助共同来做推广钢结构建筑的课题；厦门把保障房拿出10%～20%来交给十八重工来做钢结构住宅，抓住这些机会，用好有限的平台。把每一个项目当成提高自己的试验田，充分展示出钢结构的优势，将对我们的行业发展产生积极影响。

协会对技术创新非常重视，我们明年要举办全国钢结构科技大会，要用一年的时间进行准备，从现在开始，我们所有的副会长单位、主要的钢结构企业都要把这次大会作为企业本身发展的动力，这个大会既是表彰，又是展示我们钢结构技术成果的平台，把全世界的钢结构技术与国内的钢结构技术进行对接，在全国范围内进行发动，提高钢结构的技术含量，用创新来推进我们中国钢结构技术的发展。现在的新闻单位、企业、地方协会就要着手宣传，你们要对全国的钢结构技术大会能作出什么贡献，如何用全国的钢结构科技大会来促进企业的发展、促进本地区行业的发展。在这里，我要提出，这次大会一定要开好，开得隆重、开得有影响、有震撼力，与我们钢结构大国的身份相符。

3. 企业的合作问题

（1）企业与专家的合作

企业一定要和专家紧密合作，把专家的智慧变成企业家的行动，专家的智慧不能只体现在论文、成果上，要通过企业生产出产品，转化成实实在在的生产力。要知道，一个人的力量是有限的，合作的力量是巨大的。

（2）规范市场竞争秩序、加强企业间合作

建立合作协调机制，包括统一采购和调剂钢材等以降低钢材采购成本。开展信息沟通和交流，实现信息资源共享，沟通行业信息、管理经验、市场预测、国外发展趋势等。特别强调企业的诚信、社会责任以及企业文化。

（3）跨行业成立建筑钢结构战略发展联盟

联盟是创新的载体，我们要支持联盟、发展联盟。联盟不是协会，协会是行业的协会，比如钢结构分会是钢结构行业的协会。钢结构联盟是跨行业的，它可以房地产、建筑材料团结在一起，形成一个联盟的整体。建筑钢结构有广阔的发展空间，应抓住机遇寻求上下游企业、多板块领域的合作共赢。

全世界的国家元首都在搞联盟，我们的总书记、总理也在参与联盟的活动。我们与港、澳、台也可以成立联盟。中国是一个大国，在人类社会、在全世界要起到一个大国的作用，应该承担起责任来，挑个头，成立钢结构的联盟，发展人类社会所需要的钢结构，推进人类低碳社会、低碳文明的发展，这是很有必要的。

习近平总书记指出："我国发展仍处于重要战略机遇期，我们要增强信心，从当前我国经济发展的阶段性特征出发，适应新常态，保持战略上的平常心态。在战术上要高度重视和防范各种风险，早作谋划，未雨绸缪，及时采取应对措施，尽可能减少其负面影响。"

"新常态"的概念在我看来，一句话就可以概括，我们的经济增长速度不能像以前那样总保持两位数的增长，我们已经是世界第二经济大国，现在我们要把经济增长从速度转到质量上来。特别是我们制造业，大家往往会说"中国速度、德国质量"，现在就看我们能不能转换过来，叫响"中国质量"。"新常态"就是强调生态、质量、效益。

新常态的重大战略判断，深刻揭示了中国经济发展阶段的新变化，充分展现了中央高瞻远瞩的战略眼光和处变不惊的决策定力。新常态充满了辩证性，既有"缓慢而痛苦"，也有"加速和希望"。

李克强总理在首届中国质量（北京）大会上讲话时强调：紧紧抓住提高质量这个关键，推动中国发展迈向中高端水平。质量是国家综合实力的集中反映，是打造中国经济升级版的关键，关乎亿万群众的福祉。中国经济要保持中高速增长、向中高端水平迈进，必须推动各方把促进发展的立足点转到提高经济质量效益上来，把注意力放在提高产品和服务质量上来，牢固确立质量即是生命、质量决定发展效益和价值的理念，把经济社会发展推向质量时代。

住房和城乡建设部也召开全国工程质量会议，提出了新的观点——"五方责任主体对工程质量终生负责"，并专门下发相关文件。"五方"包括：勘察、设计、业主、监理、施工。由此我想起一件事情，前几年，涉及上海的一座桥梁，相关部门收到英国某设计院一封信，信上说，桥是我们设计院设计的，设计使用寿命是一百年，现在此桥已使用一百年，我方设计院今后将不对此桥的质量负责，希望贵方抓紧修缮。对此我很受感动，由此看出国外对工程质量负责的态度。

紧紧依靠深化改革，在不断发展中打好全面提高中国经济质量攻坚战，实现宏观经济整体和微观产品服务的质量"双提高"。要努力构建全社会质量共治机制，坚持标准引领、法制先行，树立中国质量新标杆。充分利用市场机制倒逼质量提升，形成"人人重视质量、人人创造质量、人人享受质量"的社会氛围。

无论是经济新常态的分析判断，还是提高质量这个关键都需要加速转型升级，靠全球眼光制定发展战略，靠战略联盟推进创新驱动，靠绿色建筑行动赢得先机和未来。作为企业来讲，要看到危机危机，危中有机，危中之机，科学谋划、积极应对，勇于担当、干到实处，就能化挑战为机遇。

今天，各位作为中国建筑金属结构协会建筑钢结构分会的会长、副会长，肩负着重要的责任。让我们承担起历史的责任，去奔走、呼吁，去开拓创新、转型升级。让我们用实际行动实现我们的人生价值。让我们携手并肩，共同迎接绿色建筑、工业化建筑对钢结构行业的挑战，为建筑钢结构行业的健康发展贡献我们的全部力量。

（2014 年 9 月 6 日在湖南长沙“建筑钢结构分会 2014 年会长会议”上的讲话）

四、门窗幕墙及配套件篇

推广北京经验　全力推进门窗节能

我们中国建筑金属结构协会有钢木门窗、塑料门窗和铝门窗幕墙三大门窗委员会，今天我想借此机会讲讲“全力推进门窗节能”的问题。

一、门窗节能的特别重要性

1. 门窗节能在建筑节能中的地位和作用

建筑能耗占社会总能耗的40%左右，而建筑的维护结构主要是门窗占建筑能耗的50%，也就是说建筑门窗能耗约占社会总能耗的20%左右，门窗能耗这么大，可见门窗节能的特别重要性。

2. 门窗节能国际比较的差距

我国的门窗节能同国际比较还有差异。应该说我们门窗现在做得不错，今天展览的9家企业大连实德集团有限公司、瑞好聚合物（苏州）有限公司、维卡塑料（上海）有限公司、芜湖海螺型材科技股份有限公司、LGHausys乐金华奥斯贸易（上海）有限公司、北新建塑有限公司、迪美斯（太仓）窗型材有限公司、东营大明新型建材有限责任公司、柯梅令（天津）高分子型材有限公司中，4家是德国在华独资、合资的企业、1家韩国在华独资企业和4家中国的企业，他们的技术要求已达到了国际标准。而我国在整个节能门窗节能方面和国际的差距还很大，不是一般的大。

塑料门窗是一种很好的产品。首先是有很好的保温节能性和很高的性价比，其他性能也能达到很高的水平。有的人认为塑料门窗是低档门窗，这个观点是不对的。据我们了解，在德、英、法、美等发达国家，塑料门窗是主流门窗。这些国家的人对生活品质要求是很高的，他们为什么就不认为用了塑料门窗就降低了自己的生活品质。从发达国家节能门窗发展过程、现状，结合我国节能减排的发展要求，塑料门窗在我国还有市场潜力。当然门窗还是有一定技术含量，门窗要达到一定水平的物理性能、热工性能，还要满足各种使用功能，使用寿命。因此在门窗型材和门窗的构造设计就要考虑怎么实现这些性能、功能，还要综合运用五金、密封、玻璃的技术，并要掌握好加工技术和安装技术。

3. 塑窗下乡活动需要进一步推动

根据当前经济形势，2012年4月我在塑料门窗年会上提出一个要求，就是塑料门窗下乡。我们说建材下乡，尤其是塑窗下乡，当然会受到广大农民的欢迎，北京在这方面做得相当不错，塑窗下乡当然还要政府政策支持，关于建材下乡，全国各省市要制定适合本省市的政策，省市也要在这方面进行资金的投入。塑料门窗的特点是可以形成高、中、普通档次的不同产品体系。塑料门窗下乡是行业的一个新亮点，可以在没有受到政策调控影响的广大农村市场充分施展，这也是积极支持新农村建设，改善农民居住条件，加快农民奔小康的步伐的需要，也是行业开辟了一个市场新领域。要通过调研，摸清农民需要什么样的门窗，就组织什么样的生产，保质保量供应给农民。取得成功后要组织经验交流，在全国推广。

二、北京市的经验值得在全国推广

1. 标准的制订

北京是首都，一举一动都受到其他省市的关注，北京市将率先在全市范围内开始执行节能75%标准，走在了全国的前面。北京市《居住节能设计标准》DB 11/891—2012要求3层以下住宅窗的K值在1.5～1.8W/（m^2·K）之间，4层以上在1.8～2.0 W/（m^2·K）之间，2013年1月1日起执行。

这个标准走在了全国的前面，在建筑节能上迈出了一大步，一定会对全国产生积极的影响，有力带动全国节能减排工作的开展。我们协会也要大力宣传北京市的成功做法，把北京市的经验介绍到全国。

2. 北京市政府及各部门的共识

为落实刘淇书记于2010年9月26日对《北京金寓集团、瑞士森德集团低碳建筑战略合作主题报告》所作的“住房节能标准要参考国外先进的指标，否则，起步就要落后”的重要指示，北京市住房和城乡建设委员会、北京市质量技术监督局、北京市规划委员会、北京市市政市容管理委员会联合提出提高住宅节能标准的建筑节能重点措施包括：

（1）采用高性能门窗；

（2）强制推广供热系统节能技术；

（3）推广外窗遮阳设施；

（4）强制安装太阳能热水系统；

（5）因地制宜地安装新风系统；

（6）推广能源梯级利用；

（7）加快推进住宅产业化 。

全行业应该认识到，刘淇同志的批示是对北京的要求，也是对全国、全行业的要求。北京市政府及各部门的重视值得各级政府的效仿，值得在全行业推广。

3. 北京建筑五金门窗幕墙行业协会的推动

这次会议是中国建筑金属结构协会塑料门窗委员会和北京建筑五金门窗幕墙行业协会联合举办的，这是一次成功的合作，充分发挥两个协会的优势。北京建筑五金门窗幕墙行业协会做了大量的调查研究，也请了塑料门窗行业3位专家在会上发言和九家企业进行产品展示，他们也是走在了全国的前面，值得我们协会的三大门窗专业委员会学习，其做法值得在全国及各地方相关协会学习和推广。

三、门窗节能的重点工作

1. 标准的研讨与修订

标准的研讨与修订有窗洞口尺寸标准的统一、传热系数K值标准的提高等重点工作要做。

我国门窗很长一段时间在窗洞口的制定方面没有标准，想要多宽多高就多宽多高，没有统一的标准。我在美国、法国、日本看到，人家都是有标准的，住房城乡建设部正在制定中国门窗洞口尺寸标准，所有的门窗厂要做好充分的思想准备，当受到新标准的制约，如果再不去创新，再不去提高我们企业门窗节能效果，就要落后了。

2. 门窗系统的研讨与建立

门窗系统是指门窗及其相关联的型材、构配件，以及结构装配、安装等工艺的汇总和组合，主要包括：开启形式及拼樘、立面、型材系统、增强系统、五金系统、密封系统、玻璃系统、遮阳遮蔽系统、防蚊蝇系统、附件及其各自对应的装配关系、窗台板及窗套、材料、构件、部件加工尺寸、加工工艺及工艺装备、安装结构系统及安装工艺等。门窗系统用电脑数据库来描述最好，也可以用门窗系统手册来描述。

门窗系统的节能是指经过设计及检测，使得门窗制品满足建筑物的通风、采光、气密性、水密性、抗风压、保温、隔声、遮阳、耐候性、力学性能、安全性能、防结露、防蚊蝇、遮蔽、防盗、防火、外观装饰性、操作方便、寿命、开启形式、拼樘、加工制作性能、安装的适应性能、性能价格比等。性能要求要适应于不同的目标市场、符合国家、行业相关标准、规程规范。

3. 门窗企业的技术创新

（1）门窗材料技术创新

1）木窗、铝木复合；

2）木塑复合；

3）化学建材等。

（2）门窗设计创新

1）创新开启方式；

2）改善型材加工；

3）门窗结构创新等。

（3）门窗构配件技术创新

1）Low-E玻璃；

2）密封材料；

3）各种构配件等。

（4）门窗安装技术创新

1）预留安装技术；

2）技改安装技术等。

门窗不是单独的一个产品，而是一个系统，中间任何一个环节出了问题，都会影响到门窗的工程质量。所以工程招标时，只考虑型材，不考虑加工厂的水平是有缺陷的。我们协会开始着手建立门窗系统评价方法，就是为了不仅要指导今后的门窗设计，还要评价企业自己的设计是不是完善。还可以对设计、制造、安装过程中影响性能的每一个环节的细节进行深入的研究，怎样设计和正确选择零配件、材料，还可以推动相关产品的技术发展，这样就能不断提高门窗的各项性能特别是节能性能，为我国的建筑节能事业提供越来越好，节能性能更高的新产品。通过建立这个系统，还可以大大提高门窗行业内的设计、加工制造和安装水平，为我国的建设事业不断做出贡献。今天有9家企业在这次会上展示产品，其中维卡塑料（上海）有限公司是德国在华独资企业，中国地区总部位于上海，展出的门窗有70系列和82系列；瑞好聚合物（苏州）有限公司，同为德国在华独资企业，中国地区总部位于苏州，展出的门窗有70系列5腔三密封窗，K值达1.4；乐金华奥斯卡公司（LG公司）是韩国在华独资企业，中国地区生产基地位于天津和常州，展出门窗为65系列5腔三密封窗，K值达1.8，还有72系列6腔三密封窗，K值达1.5；柯梅令（天津）高分子型材有限公司是德国在华独资企业，中国地区总部位于天津，展出门窗为70系列5腔三密封窗，K值达1.6；东营大明新型建材有限公司是中石化下属企业，展出门窗为70系列6腔三密封窗，K值达1.4；大连实德集团有限公司在全国有8个生产基地，展出门窗为65系列5腔三密封窗和70系列5腔三密封窗，K值达1.7；芜湖海螺型材科技股份有限公司在全国有7个生产基地，属国资下属企业，展出门窗为65系列4腔三密封窗和70系列5腔三密封窗，K值达1.5；北新建塑有限公司是中国建材集团下属企业，是北京的本土企业，展出门窗为65系列5腔三密封窗，K值达1.7，该公司除生产型材及门窗外，还自主配套生产五金配套件产品；迪美斯（太仓）窗型材有限公司是中德合资企业，其生产基地位于江苏太仓，展出门窗为65系列5腔三密封窗，K值达1.55。希望交流过后大家都能去看一看，这九家企业有国内企业，也有国外在华独资或合资的企业。这几家企业无论是产品质量水平还是技术水平和新产品开发等方面都是走在行业前列，他们的产品也代表了行业水平。

4. 协会、专家的咨询服务

协会工作是靠魅力。怎么形成魅力，首先要靠调研，只有深入地调研，才能掌握最新的政策信息、新技术信息、行业信息，才能始终站在行业的前列，引导企业按照党和政府的要求发展，推广和鼓励企业采用新技术、开发新产品，使企业不断发展。通过调研，了解行业内的普遍诉求，集中反映给政府，求得解决。

其次，要拓展协会的工作思路，思维和工作要不断有创新。针对行业内存在的问题，经常组织一些活动，集中大家的智慧，解决问题，既为企业做了实事，也增加了对企业的凝聚力。特别要发挥行业内专家的作用，听取他们的意见，向他们咨询，建立专家和企业的联系通道，请专家共同参与攻关和技术开发活动，推动行业不断创新，只有不断创新，一个行业才能有活力和生命力。

北京市已经做了大量工作，取得了很多经验，我们要向他们学习取经，做好我们的工作，这是我们中国在建筑节能方面一种革命性的举措，需要开展全国向北京学习，推广北京经验的活动；也需要我们有关部门专家人士增强意识，把门窗企业放在特别重要的位置；也需要我们企业认真地思考一下本企业的现状，要重视和国际上发达国家企业的差距，要认真地采取一些措施和创新的活动，使自己的技术能够赶上去，适应当前市场的要求，这是大局。

小小的门窗节能，牵涉一个大国建设低碳社会和低碳经济承担的责任；小小的门窗，也牵涉我们人类社会进入低碳文明所要作出的贡献。所以我希望大家在这方面重视，要向北京学习，做出新的成绩。相信我们的门窗节能、建筑节能可以进入一个新的状态。应该这样说今天的节能热潮，既是需求，也是我们企业的市场；对建筑节能来说既是差距，也是我们企业要挖取的潜力；对建筑节能来说，在全世界以及全中国既是机遇对我们企业来说也是一个大的挑战。相信我们的门窗明天会更加美好，在座的企业家，在座的专家将会作出更大的贡献。我会还将与各地方协会合作，共同推进我们事业的发展，以实干实绩迎接党的十八大胜利召开！

（2012 年 9 月 26 日在北京“塑料门窗保温节能技术交流会”上的讲话）

十年辉煌 百年愿望

今天上午，赵洪千董事长陪同我们到工厂看了一下，公司建设得很有气魄。这次我们协会一共来了五名同志，有副会长兼秘书长刘哲同志、铝门窗幕墙委员会副主任董红同志以及联络部主任孟凡军同志等，来永安的目的，是学习永安，让大家更深地了解永安。我想借此机会，从三大方面讲讲“十年辉煌，百年愿望”，通过永安十年的发展，主要讲一下百年的永安愿望，愿就是愿景的愿。

一、永安胶企业的发展情况

改革开放以来，我们各行各业都得到了很大的发展，从胶的方面来说，全国有成千上万家胶的生产企业。在这么多终端企业中，能代表胶业发展的，或者说是中国胶行业中的领军企业有五大家，我把它们归纳为：东有之江，南有白云，西有硅宝，北有永安，中有中原。这五大家企业是中国成千上万家胶企业中的代表，是硅胶行业的佼佼者，是硅胶行业的领军企业，也是中国建筑金属结构协会的骨干力量，他们带动了行业的发展，代表了整个中国胶业迈向全球、全世界。

胶是现代生活中不可缺少的、非常重要的一种资源。它不仅用在工程建设方面，还用在各行各业中，特别是低碳文明发展到今天，胶有着非常巨大的作用。比如，风力发电离不开胶、海上石油的开采离不开胶、航空母舰离不开胶，还包括我们的日常生活和医院等也离不开胶。过去手术开刀，用针线缝，现在不同了，比如胆囊切除后，用胶一喷就行了。可以说，胶的用途广泛，胶的作用显著，胶是经济发展、人们生活不可缺少的重要物质。我们作为做胶的企业，在感到骄傲和自豪的同时，也有着做好胶业的不可推卸的责任。

以下讲永安胶业的五大特点，也即对永安胶业的五点认识。

1. 人才团队旺

永安胶业有一个人力、人才的团队。

(1) 企业家队伍

所谓人才的团队，首先，有一个以洪千为核心包括下面各主要业务骨干的企业家。我说的企业家不是洪千一个人，而是一支队伍。现在的中国，真正做到名副其实的企业家并不多，但是，我们在做企业家工作的人不少，包括在座的永安胶业中层以上的干部，都在做着企业家的工作。可以说，企业家的队伍非常重要。

（2）技术专家队伍

胶是一种化学产品，我们从中学开始学习化学，在大学也学化学，都知道化学物质由分子、原子构成，现在的很多物质经过化学分解和化学组合产生，现在人们宣传新产品、新品种，往往是从化学角度而言。有一些广告宣传：动不动就写着我们是纳米的，或是其他什么新的品种。这个化学组合相当复杂，技术专家和化学专家，包括大学教化学的教授专家都相当重要，他们在科技发展中发挥着巨大的潜力。中国的化学专家，在不远的将来，也应该拿到诺贝尔奖。

（3）企业的管理专家队伍

企业发展要靠管理，现代化的经营管理决定着企业的健康发展，永安有两句话“态度决定一切，细节决定成败”，对企业的经营管理相当重要。管理专家也至关重要，刚才赵洪千董事长讲话中提到了目标、理想，说明目标管理对一个企业的经营管理非常重要。我经常说，你在企业管财务、管经营两到三年，成为本企业的专家，过十年应该是本地区的专家，再过二十年，应该成为中国的专家，如果再过三十年、五十年，应该成为世界专家。

（4）企业的技工人才队伍

我们有些人经常把企业的工人说成是农民工，我不太赞成。进永安干活的工人，是永安胶业的新型的产业工人，他们自身有文化、有知识、有技能，所以说产业技工队伍和产业工人人才对我们很重要。

十年间，永安胶业形成了一个充满旺盛精力的人才团队。

2. 科技含量高

我在永安胶业车间看到，有几条自动生产线相当不错，有不少是从外国引进。这并不奇怪，从一个原料进厂到产品出厂，整个生产过程是一条线，它既能提高生产的效率，同时也保证了产品的质量。现代化的生产不再是简单地依靠人的笨重体力劳动、延长工人劳动时间的工作，而是更地依靠科技和现代化设备、生产线，科技含量直观地表现在这些地方。同时我们还看到，永安胶业这几年也获得了一些发明专利，有自己的专利权，也体现了产品科技含量和公司实力。

3. 品牌信誉好

十年塑造了永安的品牌，刚才有一位客户发言提到了品牌的力量，讲到“求人不如求己”。品牌和质量是两个概念，说一个产品的质量好，是指它的物理属性好；提到的品牌信誉，不光是表明了产品的物理属性，还表明了产品的情感属性。就像我们穿衣服，中国产的衣服都不错，布料也不差，工人加工的手艺也不错，但是推到欧美市场，价格不一定很贵。你穿的衣服，打上一个钩，叫耐克，就值钱了，这是品牌，如果穿上耐克品牌，就感到骄傲和自豪，这就是品牌的差距。作为用户来说，用了永安品牌的产品，他就感到一种骄傲和自豪，我们与永安合作，用的是永安的品牌，这是非常值得骄傲的事情。

4. 社会责任心强

社会责任心对一个企业家来说相当重要，因为当今中国的社会，应该承认，我们是社会主义市场经济发展过程中的社会，过去是计划经济，现在是市场经济。有一些企业家就经常给我说，现在市场太糟了，干活不给钱，不能及时拿到工程款，有假冒伪劣等现象，市场中存在着种种不讲诚信的现象，存在着种种不正当竞争行为。但是，我经常给他们说，你们不能埋怨，也正是由于有了市场经济，才有了我们民营企业；正是有了市场经济，才有了永安的10年。当然，市场经济存在着种种不完善的地方，对于永安来说，不管市场怎么不完善，人家怎么做，我也跟着怎么做，人家假冒伪劣，我也跟着假冒伪劣，人家吹牛，我也吹牛，我们永安不是这样的企业，我们讲的是社会诚信，讲的是社会责任，讲的是为社会服务。现在社会上不讲诚信的太多了，我经常讲，最起码表现在三大方面：

第一个是假。中国社会什么都有，小小的县城，也有法国的香水、意大利的皮包，什么都有，后面还有一句话，什么都是假的，哪里是法国的香水、意大利的皮包，假的一塌糊涂。但是我们不假，永安不假，永安的胶是真的。

第二个是吹。现在社会上吹牛的太多了，到处在吹，开个饺子店，美其名曰饺子城，叫饺子世界就更大了；房地产开发商盖普通房子，挖个坑，放个水，就做广告了，本小区碧波荡漾，叫什么什么豪宅或花园；小小的县城，也提出了要建成国际化都市，反正吹牛不上税。我们永安却实实在在，赵洪千同志做人实在，做事也实在，客户们讲，永安的产品实实在在，没有半点吹的地方，让你们相信、信得过。

第三个是赖。赖账，买东西不给钱，担保了以后不负责任。但我们永安作为一个企业，是讲究社会责任的。

5. 发展潜力大

我们永安的发展潜力大，虽然今天是永安成立十周年庆典，但我在这里要讲百年，刚才道康宁的同志讲了，道康宁是1943年成立的，69周年，2012年快70岁了。我们做胶的企业要做百年企业，要有十年庆典、二十年庆典、三十年庆典……做企业就是要做百年企业。中国有句古话，少年定终生。可以说，永安的十年要定出百年的永安。今天，在庆典十周年的时候，永安要用世界的眼光，要用建设性思维，能够从理念、从忠诚、从服务，为建设百年永安去想。当然，百年也是从十年过，2012年是第一个十年，当第二个十年时，如果说第一个十年打下了拥有百年的基础，第二个十年是永安腾飞的年代，大力发展的年代。所以说，永安发展的前景必能鼓舞员工感到无比自豪，让客户感到高兴和无限的希望。

二、企业文化的发展与繁荣

当前中央强调文化大发展、文化大繁荣，企业文化是企业发展的软实力，是企业市场竞争力和国际竞争力的重要体现。

1. 文化自觉功夫

企业文化要高度树立文化自觉性。在企业不管是干什么工作的，当董事长或总经理，包括当部门负责人或销售人员，都要有高度的文化自觉性。文化从广义上来说，包括物质产品和精神产品的组合，也就是说一举一动都是文化，我们的所作所为都代表着永安的形象。所以说，每一个人都要有高度的文化自觉性，有了文化自觉性，才能从事我们的各项工作，就是当前所需要的，国家需要、政府需要、地方需要、企业也更需要，就像前面客户代表提到的“求人不如求己”，所谓求已就是一种自觉性，要自我发展，要自主创新，要自我总结经验，要自己动手来提高我们产品的魅力、提高产品的市场竞争力。

2. 文化自信功夫

所谓文化自信功夫，要强调自信，在过去改革开放的年代，我们有些人不太自信，认为中国的不行，外国的月亮更圆，那是不对的。我们既不能夜郎自大，永安胶可了不得了，也不能妄自菲薄，说我们的胶不行，外国的好。我们永安有能力、有水平走在世界的前列，道康宁比我们强，他比我们成立的时间长，服务的范围是全球、全世界。拿道康宁的市场来说，它在美国的市场远不如中国。我们生活在庞大的中国市场，“十二五”规划，从房屋来说，大量的商品房建设，更多的保障房建设，以及有四百亿平方米的现有住宅的技术改造，达到绿色境界的要求、建筑节能要求，发展潜力相当大。我们应完全相信自己，在这样一个具有庞大市场的中国，应该成为世界第一，一个最强大的企业应该在中国，当然不是今天，而是在未来，这是完全可能的、也是一种必然。连外国人都意识到，中国的企业发展速度相当之快。刚才道康宁的同志讲到，我们要与永安胶业合作。他为什么要与永安胶业合作？因为永安胶业有发展潜力，他相信，跟永安合作，使它的企业将会有更大的发展潜力和更好的发展前景。

3. 文化氛围营造功夫

一个企业也是一个组织。一个人，我经常说有两个家，一个是下班回家，充满亲情的家，父母亲、儿女、夫妻、兄弟姐妹，是中国人充满亲情的家；但更多的时间，在工作单位，这个工厂是我们永安，是我们充满友情的家，这里有同志、有领导、有被领导、有同行，我们在一起工作就要营造一个良好的文化氛围。胡锦涛多次说过，在我们中国，要营造一心一意搞建设、全心全意谋发展的良好氛围。这个氛围非常关键，好的氛围使你想都不用想，主动要求干活；不好的氛围使想干事的人，干不成事。

我们有很多种文化氛围，有一种打桥牌的氛围，打桥牌是一种比较高雅的文化，你叫牌我应牌，通过几次叫牌应牌，我就能知道你手里大概有什么牌。你需要什么牌，我就出什么牌，这就叫作默契配合的文化；还有一种下围棋的文化，为了获取长远利益往往要通过弃子来牺牲当前利益，这是敢于牺牲自己的文化；还有一种打麻将文化，打麻将，你要看着对家，瞄着上家，防着下家，我不胡，也不让你胡。我们有一些人有这样的毛病，就像在单位上，我没提拔，你怎么能提拔了呢？同样的事情，我们没做成，你怎么就能做成了呢？人家比你强，就嫉妒人家，人家比你差，就笑话人家，这样的思想、态度要不得。

企业是一个大家庭，应有一个良好的氛围。我们的技术人员，不仅自己要为永安服务，还要使我的亲属、我的战友、我的同学、我的亲朋好友都要为永安来出谋划策，为永安的更快发展贡献自己的聪明才智。

4. 文化超越功夫

当今文化强调企业要变成学习型组织，世界各国都重视学习，美国提出“人人学习之国”的口号；日本提出要把大阪神户建立成学习型城市；德国提出终身学习，从胎教到死都要学习；新加坡提出“2015 学习”计划，到 2015 年，大人小孩人均两台电脑。

中国共产党提出要成为学习型的政党，企业要成为学习型的组织，作为员工，要自觉成为知识型员工。学习的本质是什么？学习的本质就是要超越，我学习你就是要赶上你、超越你，所以要敢于超越，敢于超越自己，敢于超越同行，有一种文化是超越突破，超越突破首先就是虚心学习，学以增智，学以立德，学以致用，让我们不断提高自己的能力，增强企业的实力。

5. 文化建设功夫

文化建设体现在企业的经营管理的方方面面，体现在厂容厂貌，体现在上班下班等等。作为永安人时刻想到，我只能为永安增添光彩，不能为永安带来半点污点，为永安、为硅胶行业来贡献我们的人生，来实现我们的人生价值。要在文化建设上下功夫，我们的小组、车间、驻外的营销点以及代销部门，都要想着我们在从事着永安的文化建设，为永安的繁荣和发展，为永安走向未来，去贡献我们的聪明才智。

三、企业的技术研发

前面讲了文化软实力，下面我讲一下硬实力的五大开发。

1. 硅胶性能开发

在座有不少胶的专家，其中还有山东大学的专家教授。刚才一开始我讲了硅胶有什么用途，不难发现，胶用在我们生活的方方面面。硅胶性能非常关键，高档胶都是由各种原材料、化学组合而成的，但是性能不一样，很多高性能胶还是很值得研究的。我很高兴，永安有自己的研发部门、有自己的实验室，研发出的胶能做到防火、防隔音、减少热传导，能帮助我们绿色建筑的实现。可以说，绿色建筑离不开胶。我们胶的性能，还存在一些问题，当然，永安的胶不错，但仍还有很多潜力可挖。我举个例子，从铝窗来说，德国要求的K值是1.3以下，我们普遍要求是1.5以上，有的是3.3，如果按照德国标准来说，我们做的窗户没有一个合格的，只有实验室里有合格的。我们的塑料门窗，实验室里有的K值达到1.0，甚至0.8，但是推向市场的都是1.5以上。针对这个情况，我们专门在北京召开了一个会议，北京市在全国率先提出了要求窗户K值在1.5，这在全国还是没有的，就这样还达不到德国的要求。那么作为一个门窗来讲，你要达到K值在1.5以下，如果你的胶不合格，照样达不到。门窗讲究一个系统，我们正在推进门窗系统工作，门窗不光包括玻璃，还包括铝窗、木窗、钢窗、塑窗，以及胶、构件、配件等内容，建筑门窗系统才能达到K值的要求。这就要求，我们胶在性能上要进一步深入开发，真正达到建筑节能的要求、防噪声的要求、防腐蚀的要求，还包括建筑防火的要求。特别是幕墙，高层防火仍然是一个难题。玻璃要达到防火，胶达不到防火要求不行，胶达到防火，玻璃达不到也不行。所以门窗系统方方面面都要达到新的要求。

2. 硅胶功能开发

前面我讲过，生活的方方面面、工业建设的方方面面都离不开胶，我们完全有可能开发出更多的胶的用途，当然，这几方面我们是以建筑用硅胶为主。你也应看到，我们的胶确实有很多功能，讲到功能开发，我们并不是主张永安去做更多的、参与其他更多产品制造，而是仍以建筑用硅胶为主。随着科技发展，新的产品必然出现，包括你们生产的发泡胶。将来的永安，不是今天的永安，它还在发展，它必然要涉及其他行业，它发展的趋势不仅不会是永远做门窗的硅胶，还会涉及其他各个行业、各个领域胶的发展。

3. 经销市场开发

今天，我们召开的是优秀客户年会，表彰在市场营销中表现突出的客户。市场营销是一门科学，刚才我讲到胶行业的东西南北中五大领军企业，北有永安，但是永安的市场不光在北，道康宁在哪里？他的市场在哪里？我们要树立一个全球市场的概念，但是今天的永安在国际营销的总额不到10%，这还远远不够。我看过德国的一个世界最大的营销会，在德国的纽伦堡，中国有20多家企业在这里展出，参与国际竞争。我今天讲的不是十年的永安，而是今后的永安，一个企业要发展，要敢于投入大市场中。

我再讲一个真实的事情，在美国西雅图有一家飞机航空制造公司——波音公司，当年总书记去访问的时候，就在总书记讲到“我非常感谢波音公司”时，这句话刚说完，人家董事长站起来举手说“主席阁下，我想纠正一下你的说法”。我们的总书记也很有风度，示意他“那你讲吧”。人家说“第一点，波音公司不是美国的，我们的很多零部件是在中国西安生产，西安是按照美国波音标准生产，生产出来的零部件就组成了波音，所以说，波音不是美国公司；第二点，我们更要感谢中国，中国是波音最大的客户，购买了很多波音飞机。”

今天，我们在这里举行的客户年会也很有道理，市场的开发要考虑全球、全世界，我虽说北有永安，但是我们不仅是中国的永安，也是国际的永安。今天已进入到经济全球化的年代，全世界的人都是老乡，不管白人、黑人都住在一个村子里，叫地球村，大家就是一个村子里的人，我们完全有能力、有力量赢得更多的国际市场。

4. 人力资源开发

我们永安有比较强的人力资源，或者团队的建设，但是作为人力资源开发是无止境的。一个人的能力，一个人的大脑开发，我们只开发了10%左右，还有90%没有开发，有很多工作有待于我们去做。我们说，人人都可以成才，有本事、有能力的领导要把自己的部下、要把自己身边的人培养成人才。

我有一个想法，搞营销的时候，你们的客户可以实行代销员制。国际上，应该说我们中国人均有条件占领国际市场，为什么呢？全世界所有的国家，大大小小的国家都有中国人、都有华侨。你到外国去，华侨见到我们可亲了，可高兴了。现在全世界很多地方都在过春节，我们过春节，他们也在过春节。全世界很多国家办华人学校，叫孔子学院，类似我们的小学，学中文。还有很多地方在建中国园林。华侨队伍或人力资源我们还没有充分利用好，假如华侨能成为永安的代销员，华侨也要发财，你代销多少，我给你多少佣金。我们还要建立一个永安国际经纪人队伍，去更多的占领国际市场。

作为永安，人力资源开发不仅在于我们自己，还要从国际上挖掘，调动一切可以调动的人，发动一切可以发动的人，为永安的发展和繁荣服务，他们都是我们不可或缺的非常重要的人力资源。

5. 经营资源开发

我们搞经营，经营的资源有很多，包括方方面面，经营资源像一座金矿，有待于我们去开发。当今信息资源很关键，过去军事情报在战争年代非常重要，今天在和平建设期间，经济情报、全球有关胶业的信息情报，对我们永安的发展，同样非常重要。搞研发也好，搞销售也好，我们不是从零开始，而是在前人、包括国内国外的基础上，进行再开发。我们必须拥有人类社会当今拥有的资源，去了解当今胶业的信息资源、信息情报，这个资源高等院校需要，我们也需要。

作为资源来讲，很重要一条是可以合作。过去我们讲，市场经济是竞争性经济，竞争就是你死我活，竞争是无情的，竞争是残酷的，但是今天来看，是不完全正确的。我们说，今天的竞争要善于合作、敢于合作，善于合作是更高层次的竞争，要树立一种竞合理念，竞争与合作的理念。最早我们从哪里开始呢？从我们加入 WTO 开始的，我们和外国谈判，当时有一个词汇是——双赢。我们和美国谈判，中国赢了，美国赢了，叫双赢；我们和德国谈判，我们赢了，德国也赢了，欧共体的国家都赢了。今天的市场竞争不是把自己的成功建立在别人失败之上，我们企业的发展也是如此，企业发展要赢，企业的员工生活福利待遇要提高，也要赢，我们企业所有的客户更要赢。

我们还要在双赢基础上开展有效的合作，企业和高等院校、研究院之间的合作，叫产学研合作；同时，我们还要搞好和银行之间的合作，有建设银行、工商银行、民生银行等等，和他们建立合作伙伴，叫银企之间的合作。除了银企之间的合作，还有产业链、产业群之间的合作，产业群之间的合作也很关键。应该说，永安的发展带动了当地整个做胶的产业群的发展，没有永安就没有他们，他们看到了胶的发展前景，或偷偷地或公开的向永安学习，办起了自己的小厂，形成了围绕永安胶业的产业群。从产业链讲，还有上下游产业，我们产业的上游是原材料供应商，包括道康宁，或其他化工企业；中间还有物流公司的运输，要把我们的产品送过去，或者海运出了国外；下游有我们的重要客户，包括在座的客户、房地产开发商、铝门窗企业等，这是我们的上帝。我们和上帝之间既是一种买卖关系，我买你卖，更重要的是一个合作的关系，因为他买到我的产品，使他自己的产品在社会上享有更高的声誉。如果一个房地产开发商，一个铝门窗企业，能用我们永安的产品，将使铝门窗企业或房地产开发商提供的产品更有社会信誉，给他带来的不光是金钱，更是带来了社会责任、社会信誉。对我们来说，应该看到客户是永安发展的不竭动力，没有客户，哪有永安？但是客户也是永安自身创造出来的，不是求来的，是靠我们的质量、信誉、品牌赢得相当多客户的相互信赖，再加上我们之间有着共同的利益关系，通过合作建立了深厚的情感关系。

以上我所讲的，既是对永安说的，也是对全国硅胶行业说的，我们的铝门窗委员会董红主任也在座，我提出了四个“五”：第一个是中国当前硅胶行业的五大领军企业；第二个是永安以及以永安为代表的硅胶企业的五大特点；第三个是我国硅胶行业文化软实力的五大功夫；第四个是硅胶行业、硅胶企业硬实力的五大开发。这一次在会上讲到的内容，是我向同行学习的体会，与同行共同切磋，同时我代表中国建筑金属结构协会衷心祝贺永安辉煌的十年，我们更讲了百年的永安，我们相信、我们祝愿永安从过去的辉煌走向未来的更加辉煌！我们希望、我们祝愿、我们感谢所有支持和关心永安建设的各位领导、各位客户，你们将会从今日的成功走向今后更加地成功！

以系统论的思想指导行业科学发展

（2012年10月17日在山东潍坊“山东永安胶业成立10周年庆祝大会暨2012年度优秀客户年会”上的讲话）

[illegible]

一、系统论概述

[illegible]

1. 定义

[illegible]

[illegible]

[illegible]

2. 特点

[illegible]

以系统论的思想指导行业科学发展

当前，全国正在召开人大和政协会议，认真贯彻落实党的十八大会议和中央工作经济会议精神。对于我们铝门窗幕墙行业来说，关键是要从系统论出发，研究问题，解决问题，真正做到科技创新、管理创新和经营方式的创新。认真履行行业的社会责任，是我们协会和每一个会员单位需要认真思考和着力解决的重大问题。

一、系统论概述

首先我简要介绍一下系统论的有关概念，不论是思维，还是工作我们都要有系统论的观念。

1. 定义

从定义上来看，系统是由若干要素以一定结构形式联结构成的具有某种功能的有机整体。在这个定义中包括了系统、要素、结构和功能四大概念，表明了要素与要素、要素与系统、系统与环境三个方面的关系。系统论的核心是系统的整体观念。也就是说我们今天讲门窗、幕墙，要有整体的系统概念。

系统科学是以系统为研究和应用对象的一门科学。系统是由相互联系、相互作用的要素组成的，具有一定结构和功能的有机整体。它是以系统为研究对象的基础理论和应用开发的学科组成的学科群。它着重考察各类系统的关系和属性，揭示其活动规律，探讨有关系统的各种理论和方法。系统科学的理论和方法正在从自然科学和工程技术，向社会科学广泛转移。

系统科学是以系统思想为中心、综合多门学科的内容而形成的一个新的综合性科学门类，客观上可分为狭义和广义两种。狭义的系统科学一般是指贝塔朗菲著作《一般系统论：基础、发展和应用》中所提出的将“系统”的科学和数学系统论、系统技术、系统哲学三个方面归纳而成的学科体系。广义的系统科学包括系统论、信息论、控制论、耗散结构论、协同学、突变论、运筹学、模糊数学、物元分析、泛系方法论、系统动力学、灰色系统论、系统工程学、计算机科学、人工智能学、知识工程学、传播学等一大批学科在内，是20世纪中叶以来发展最快的综合性科学。

2. 特点

系统科学所研究的系统具有整体性、关联性，等级结构性、动态平衡性和时序性，这些特性是所有系统的共同的基本特征。

系统科学包括五个方面的内容：即系统概念、一般系统论、系统理论分析论、系统方法论和系统方法的应用。

关于系统科学的内容和结构最详尽的框架，是我国著名科学家钱学森提出来的。他认为系统科学与自然科学和社会科学处于同等地位。他把系统科学的体系结构分为四个层次：一是系统工程，二是运筹学，三是系统学，四是系统的统筹观念。

3. 基本方法和目的

系统论的基本思想方法，就是把所研究和处理的对象，当作一个系统，分析系统的结构和功能，研究系统、要素和环境三者的相互关系和变动的规律性，并优化系统。世界上任何事物都可以看成是一个系统，系统是普遍存在的。我们一个企业可以看成一个系统，行业可以看成一个系统，铝门窗幕墙行业是一个大的行业，也就是一个大的系统。

系统论的任务，不仅在于认识系统的特点和规律，更重要的还在于利用这些特点和规律去控制、管理、改造或创造一系统，使它的存在与发展合乎人的目的需要。也就是说，研究系统的目的在于调整系统结构，协调各要素关系，使系统达到优化目标。

4. 意义

系统非常重要，存在于我们社会生活中，存在于各门学科当中，存在于所有事物中。系统论连同控制论、信息论等其他横断科学一起所提供的新思路和新方法，为人类的思维开拓新路，它们作为现代科学的新潮流，促进着各门科学的发展。系统论反映了现代科学发展的趋势，反映了现代社会化大生产的特点，反映了现代社会生活的复杂性，所以它的理论和方法能够得到广泛的应用。系统论不仅为现代科学的发展提供了理论和方法，而且也为解决现代社会中的政治、经济、军事、科学、文化等方面的各种复杂问题提供了方法论的基础，系统观念正渗透到每个领域。

二、用系统论研究铝门窗幕墙行业发展

1. 用系统观看铝门窗幕墙行业的构成与分布

联系我们的实际，需要我们用系统论研究解决铝门窗幕墙行业的发展问题。刚才黄圻同志对我们协会铝门窗幕墙委员会 2012 年的工作总结和 2013 年的工作安排做了汇报，他重点分析了四大行业即门窗幕墙行业、建筑玻璃行业、建筑铝型材行业和建筑密封胶行业当前出现的问题，并提出了下一步解决方法，这就是用系统论在研究铝门窗幕墙行业的发展问题。

建筑门窗幕墙行业及相关行业构成了一个庞大的系统。用系统论的方法研究这个

系统中要素与要素、要素与系统、系统与环境三方面的关系，可以为调整系统结构、优化其结构、提高其功能创造有利条件，使建筑门窗幕墙行业的发展朝着人们需要的方向发展。

（1）行业构成

建筑门窗幕墙行业及相关行业组成了一个庞大的系统，我们要特别重视和发展的行业主要有十大行业：①建筑门窗幕墙行业；②建筑型材制造行业；③建筑玻璃行业；④建筑用金属板制造行业；⑤建筑用石材加工制造行业；⑥建筑用胶制造行业；⑦建筑配套件行业；⑧设备制造行业；⑨检验检测行业；⑩从业人员教育培训行业。

下面是建筑门窗幕墙行业及相关行业构成的大系统的示意图：

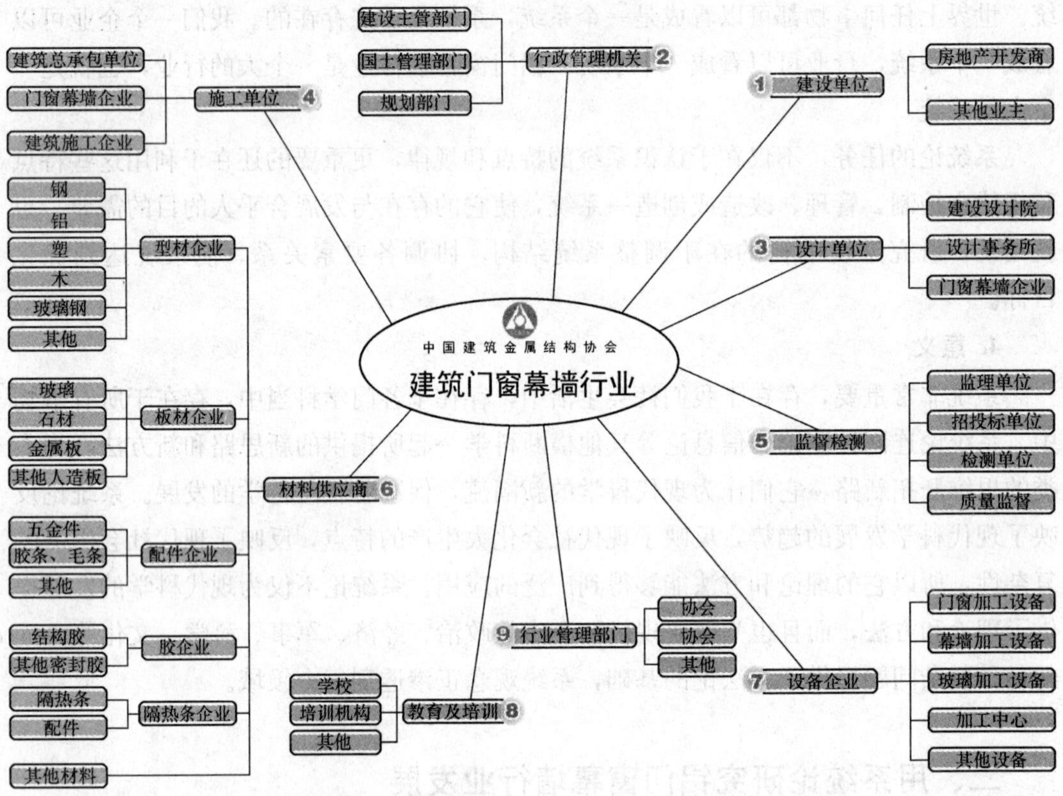

由此可见，建筑门窗幕墙行业及相关行业组成了一个庞大的系统，主要包括政府部门、材料供应商、施工单位、行政机关、行业协会、建设单位、设计单位、监督检查部门等，这些部门都与我们行业这个大系统有关系。我们这个行业离不开设计、离不开施工、离不开政府机关的监督管理，离不开行业协会的指导，也离不开检验检测机构的技术支持和服务。政府部门要对我们企业进行管理、对我们行业进行管理，而我们协会在行业中的指导作用也十分重要。协会可代表一个行业，在国际上行业管理大都是协会完成的。而在中国市场经济发展过程之中，到今天为止并没有把行业管理的全部工作交给协会，只交了一部分，大部分还在政府的主管部门，而行业协会只是协助政府有关部门管好行业。

(2) 行业企业的地域分布情况

在我国由于经济发展不平衡，使得行业的发展也呈现出较为明显的地域分布不平衡的态势。我们协会的铝门窗幕墙专业委员会会员单位分两大块：一个是华东、一个是华南。广东这一块发达，还有华东六省，行业发展得也很好。我们不能老在广州、上海，我们要处处去发展，其他地方也有很大的市场，那些地方也需要我们去占领市场，不能让他老是落后。

从我们行业来看，我们有很多比较有成就的企业。我们协会和钢结构协会不一样，钢结构协会把全国的钢结构企业了排名，从第一排到二十几名。我们行业众多，有十个行业，行业和行业之间也不好比较，就是同一个行业如建筑胶行业，你做胶我也做胶，胶的用途就不一样，有的是工业胶、有的建筑胶，有的是耐候密封胶，有的则是结构密封胶。铝门窗幕墙行业著名企业比较多，大体上来看，铝型材企业南方有广东兴发、广东坚美、广亚铝业，北方有山东华建、山东南山；硅胶行业的企业我把它分成东、南、西、北、中，东有杭州之江，南有广州白云、广州安泰、广东新展，西有成都硅宝，北有山东永安，中是郑州中原；幕墙企业也是东、南、西、北、中，北有沈阳远大、江河幕墙、北京嘉寓，南有深圳瑞华、深圳金粤、深圳三鑫、深圳方大，东有浙江中南、上海杰思、上海高新，中有武汉凌云，西有陕西艺林等，还有很多企业发展得都不错，我大概就把它用东、南、西、北、中来看看我们企业的分布状况，这些企业是行业的“领头羊”，是领军企业。

(3) 建筑门窗幕墙行业企业数量

全国有建筑幕墙壹级施工资质的企业数：主项为幕墙施工一级资质的为 234 家；增项有一级幕墙施工资质的有 165 家；一体化企业 181 家。幕墙一级企业 580 家。全国有建筑幕墙二级施工资质的企业 1340 家。建筑门窗制造企业有 14361 家，铝合金门窗企业总数为 6247 家；塑料门窗企业总数为 7450 家；其他门窗企业总数为 664 家。

建筑型材企业情况：铝合金建筑型材企业 716 家（国家质检总局批准获得工业产品生产许可证的企业）。

塑料型材企业约 250 家。玻璃生产企业约 300 家。门窗五金生产企业约 80 家。建筑密封胶企业：约 300 家以上。

(4) 行业产值概况

多年来，我国建筑门窗幕墙行业保持了快速发展的态势，但由于各方面的原因，2012 年建筑门窗的安装面积同比会有所下降，而建筑幕墙的施工面积或略有增长，但增幅已经回落。

据铝门窗幕墙委员调查，“十一五”期间，幕墙总产值为 4187 亿元，铝门窗总产值为3254亿元，总产值7441亿元。

建筑幕墙年产值：2006年9515684万元，2007年8010768万元，2008年9100232万元，2010年9919252万元，2011年11159158万元。

铝门窗年产值：2006年6649243万元，2007年6992326万元，2008年7150763，2010年7722824，2011年8881247。

2. 用系统观看门窗与幕墙的性能

建筑门窗与幕墙都是由建筑型材（钢、铝、塑料、木和复合型材）、板材（玻璃、石材、金属板或其他人造板）和附件（胶条、毛条、五金件和电子器件）等要素按一定结构组成的具有特定功能的一个有机整体，它就是一个完整系统。

用系统观点来看门窗幕墙对我国来说是新的，新的东西也要用系统观来看，新的也是综合的，是各个方面的。我们讲工程质量，只有保证了施工质量才能保证工程质量。那什么是施工质量？施工质量是个综合概念，不是简单的这个楼房不倒，那叫结构质量。如果改成碉堡永远不会倒，那是不好的结构质量。还有抗震质量，我们平时讲的抗震三个水准目标，即“小震不坏、中震可修、大震不倒”。对建筑而言，除了结构质量还有功能质量、魅力质量。建筑是艺术品，建筑是景点。玻璃幕墙是建筑的艺术，建筑的美丽时裳，这是建筑的魅力质量。另外建筑还有可持续发展质量，就是要求建筑做到节能、减排和环保，这些可持续发展战略、这些概念都是综合性的概念，需要我们进行系统化的思考和研究。

（1）建筑门窗的物理性能

根据标准《铝合金门窗》GB/T 8478—2008，铝合金门窗应该满足一定的物理性能要求，主要是：①抗风压性能；②水密性能；③气密性能；④空气声隔声性能；⑤保温性能；⑥遮阳性能；⑦采光性能（外窗）；⑧启闭力；⑨反复启闭性能；⑩耐撞击性能、抗垂直荷载性能、抗静扭曲性能（平开旋转类门）。

（2）建筑幕墙的物理性能

根据标准《建筑幕墙》GB/T 21086—2007，建筑幕墙应该满足一定的物理性能要求，其主要通用要求是：①抗风压性能；②水密性能；③气密性能；④热工性能；⑤空气声隔声性能；⑥平面内变形性能和抗震要求；⑦耐撞击性能；⑧光学性能；⑨承重力性能。

（3）用系统观进行门窗的研究

门窗幕墙系统化是行业发展的必然趋势。门窗幕墙行业发展的历史和经验表明，发展系统门窗和幕墙，能够提高门窗幕墙产品的综合性能，保证产品在全生命周期的可靠性。从本质上说，优质的门窗和幕墙，是以系统论的思想和方法，对门窗和幕墙的组成要素、结构、功能和环境进行优化后的系统。我们发展系统门窗和幕墙，要先看看国外的情况。我们知道，最早的门窗幕墙，特别是幕墙都是国外率先研究和应用的，我们通过引进、消化和吸收，行业得到了快速发展，因此我们的行业企业也具有全球眼光，走向了世界。

1）国外系统的优缺点

旭格、海德鲁、阿鲁克、YKK、罗克迪等国际知名的门窗系统公司在我国已有好的市场口碑和较好工程业绩。

优点：①门窗系统是从国外发起的，所以相对来说国外门窗幕墙系统的基础研究比较扎实，技术比较完备，具有先进性。②国外门窗系统做的时间都比较长，形成了一系列的知名品牌，有品牌优势。③在国外有比较严格的门窗系统的标准及相关行业的标准，同时国外对门窗性能的重视远大于对门窗价格的重视。

缺点：①缺乏对接机制。尽管国外系统技术领先世界且产品应用广泛，但在中国与之配套的行业标准并不存在。②工期长。③部分国产化。现在国外的系统在中国的市场份额还是比较小，为了增加自身的竞争优势，将产品的一部分进行了国产化，所以就存在着国产化与进口部分之间的不协调。④性价比一般情况下比较低。因为追求的是较高的整窗性能，所以就不可避免地会增加一部分成本。门窗系统的性能与价格是成反比的。如K值（或U值）越小，其成本越高。

2）国内系统门窗的发展状况

国内常见系统公司如智赢、正典和丽格，它们主要的优势仍然是在价格上，其次是工期短，然后就是它们完全适应了国内的相关标准和技术规范的要求。

因此，我们要坚定不移地鼓励和扶持门窗系统公司的发展。但国产门窗系统公司建立时间不长，品牌效应尚未完全形成，需要走的路还很长。我们也要看到，国内有的系统公司发展势头也很好，如贝克洛门窗系统公司。它们指出：高性能的系统门窗起源于20世纪80年代的欧洲。相对于传统门窗产品，系统门窗从选材开始（型材、玻璃、五金件、化学粘胶、密封胶条等）即经过严格的品牌技术标准整合，采用专用的加工设备和安装工具，通过反复的试验认证，按照标准的工艺进行加工和安装，最终实现成品可靠的高性能表现（气密性、水密性、抗风压性、保温性、隔声性）。系统门窗通常具有隔音性能优异、保温隔热性能好、防水防尘效果佳、抗风压能力强以及安全防盗等多方面优势，是能够满足社会需求的高品质产品。

3. 用系统观认真研究和解决行业发展的“三难”问题

过去我们讲幕墙门窗行业发展有“三难”问题，即安全问题、节能问题和防火问题。用系统论来研究论证、研究解决门窗幕墙行业发展过程中存在的这些问题，具有十分重要的现实意义。

（1）安全问题

我们知道，门窗幕墙作为建筑的外围护结构或装饰结构，是由面板、结构构件、胶和其他附件组成的一个系统，是与其所处环境息息相关的，因此研究门窗幕墙的安全问题绝不是件简单的事情。对一个门窗幕墙系统而言，系统中的各个要素（如型材、玻璃、密封胶和五金构配件等）的质量如何，产品设计时选择的结构如何，安装施工时项目管理和安装的质量如何，使用和维护中是否按照规范和技术要求操作等，这些对门窗幕墙的质量与安全都有直接作用。

安全问题，我们要引起高度的重视，生命第一是建筑的最高准则。我们做什么都要把生命第一放在最前面。说实话，我们的新闻媒体单位、我们的标准规范、我们的政府工作，远没有把生命放在第一的位置，这是我们与发达国家的差距。

同时还要看到，提高门窗幕墙的安全性我们有差距，有压力，也有潜力，这就为行业和企业的发展带来了契机。通过科技创新和加强企业管理，门窗幕墙的安全性能一定能得到提高。

(2) 节能问题

现在强调低碳社会，强调节能减排，强调绿色建筑。我国建筑节能与发达国家相比还是有差距的。当前建筑能耗占社会总能耗的35%左右，门窗幕墙作为建筑的外围护结构，其能耗又占到建筑总能耗的50%左右，提高门窗幕墙的节能水平将是我们建筑节能工作的重要内容。

大家知道，德国门窗传热系数K值是1.3，有的地区甚至是1.0，我国北京市门窗K值的传热系数要从原来2.8下调到2.0以下，但有的地方是2.5，有的是3.1，按照德国标准要求，我们许多门窗产品都是不符合要求的。但中国迟早会到1.3。

关于建筑门窗幕墙的节能问题，我们还是要从系统论的观点出发，客观科学地对待。我认为主要有以下几点：

1）门窗幕墙节能是建筑节能的关键，发展节能门窗幕墙也是行业发展的必然趋势。

2）从系统论的观点看，好的门窗幕墙应该是经过系统优化后综合性能最优的门窗。因此不能认为传热系数（K值）越低的门窗幕墙就一定是好的门窗幕墙产品，是值得大力推广应用的产品。必须对门窗幕墙、结构、功能和环境进行优化处理。我们所说的环境，除了指自然环境以外，还应该包括社会发展的经济技术条件和文化背景等。

3）门窗幕墙节能性能如何，需要从门窗的全生命周期来综合考察。在设计和施工阶段节能性能优异的门窗幕墙，使用不当，同样达不到节能目标。

我们的门窗幕墙，是一个受许多因素影响的系统，其节能性能与国外先进国家有很大差距，这也是我们行业和企业发展的潜力。我们的专家和企业家既要看到改革开放以来我们为行业作出的巨大贡献，更要看到在壮大行业做强企业方面我们还任重道远。

(3) 防火问题

建筑幕墙的防火问题还是很关键的，关系到人的生命财产的安全。做好建筑门窗幕墙的防火，保护人们的生命财产安全，这是我们必须做好的事情。但我们也应该清楚认识到，高层建筑防火是一个世界性的难题，所以高层建筑的幕墙和门窗的防火也同样是一个难题。从系统的观点出发，研究建筑门窗幕墙的防火，离不开对建筑本身防火问题的研究。关于建筑门窗幕墙的防火，有以下几点需要重视：

1）建筑门窗幕墙的防火与防火的建筑门窗幕墙是两个不同的概念。一方面我们必须要做好建筑门窗幕墙的防火工作，通过采用科学合理的防火结构与措施，可以使建筑在发生火灾时，有效防止火势蔓延，最大限度降低火灾造成的损失。同时还应该看到，建筑门窗幕墙的防火不完全是一个技术层面的问题，还包括防火意识和管理方面的问题。另一方面我们并不是处处都需要防火的门窗幕墙。提高门窗幕墙的防火性能，生产防火的门窗幕墙势必需要改变组成门窗幕墙的材料、结构等，从而造成制造成本的增加，损失建筑门窗幕墙系统的其他性能。不能因为有可能发生火灾，就要求采用防火的门窗幕墙。

2）提高建筑门窗幕墙的防火性能，要有系统化的解决方案。建筑门窗幕墙是由各类相关材料按照一定结构组合而成的有机整体，其性能（抗风压性能、气密性能、热工性能等，包括防火性能）的优劣决定于门窗幕墙的材料、结构和环境，是其相关因素共同作用的结果。因此提高门窗幕墙防火性能，需要全面、系统化的解决方案。只强调某一个方面的作用，是不科学的，也是有悖系统论的观点和方法的。

3）解决门窗幕墙的防火问题，也需要系统化的解决方案。门窗幕墙的防火不是只通过提高门窗幕墙的防火性能就能解决好的问题，它需要人的参与，受所处环境的影响和制约。因此，我们只有将依靠科技进步，强化防火意识，加强防火安全管理和提高门窗幕墙的防火性能等多种措施整合起来，进行系统优化，才能真正解决好门窗幕墙的防火问题。

三、用系统门窗理念致力于铝门窗幕墙的科技创新

门窗幕墙的科技创新是一个系统工程，任何一个科技项目都是由方方面面组成的，它是一个完整的系统。铝门窗幕墙行业发展三十年来，行业得到了快速发展，行业和企业的技术创新能力得到了极大提高，因而也催生了大量先进技术和产品。

企业是科技创新的主体，以沈阳远大、北京江河、深圳三鑫、深圳金粤、深圳方大和中山盛兴等为代表的门窗幕墙设计施工企业，以广州白云、杭州之江、郑州中原、成都硅宝和山东永安等为代表的建筑用胶制造企业，以济南天辰、顺德金工和北京平和等为代表的设备制造企业，以及以广东坚朗、广东金刚玻璃、广东坚美、山东华建和泰诺风保泰等为代表的相关行业企业，都十分重视提高企业的科技创新能力。

它们有专业的高素质人才队伍，有企业内部的研发中心（有的还组建了企业的研究所或研究院），有利于科技创新的机制，因此取得了可喜的科技成果，为行业科技进步作出了重要贡献。

据不完全统计，到2012年止，铝门窗幕墙行业专利总数在3800项以上，主要是行业企业非常重视科技创新的结果。深圳市方大装饰工程有限公司历年来非常重视技术创新工作，在新产品的研发、技术改造和专利申请等方面有一整套的管理体系，开发出一批具有国内、国际领先水平的环保节能幕墙产品，如国内第一个通风式双层节能幕墙系统，国内第一个光伏幕墙系统，国内第一个超大型LED动态彩显幕墙系统，国内第一个新型聚碳酸酯板屋面系统，国内第一个新型单元式幕墙系统等。目前该公司共拥有国家实用新型专利135项、国家发明专利17项。北京江河幕墙股份有限公司也拥有幕墙领域已授权发明专利7项、实用新型专利45项、外观设计专利3项；北京金易格幕墙装饰工程有限责任公司则拥有门窗领域已授权专利技术35项以上。

1. 设计

科学合理的设计是保证门窗幕墙具有优良性能基础，也是保证后续工作顺利开展的关键。因此在门窗幕墙的设计阶段，也需要采用一些先进的技术手段。多年来，计算机软件的研发和应用为广大设计人员提供了强有力的工具，在提高设计效率和保障设计质量等方面发挥了重要作用，为行业的技术进步作出了巨大贡献。我想，为了提高行业设计人员的水平，培养更多的专业设计人才，我们也可以在适当机会在行业搞一个幕墙设计大赛。

2. 材料

门窗幕墙是由各类材料、按照相应的结构组成的有机整体，它具有相应的功能，因此门窗幕墙行业的科学发展有赖于相关行业的发展，特别是相关材料行业的技术进步。新材料、新技术、新工艺和新设备，使行业不断涌现性能更优的新产品，推动着行业的技术进步。

行业目前普遍应用并且符合绿色建筑的要求的技术和产品有许多，要大力发展和推进。如Low-E玻璃、真空玻璃、中空玻璃、隔热铝合金型材、隔热条、新型门窗幕墙用五金件、各类人造板材和门窗自动控制系统等。要加快发展防火隔热性能好的建筑保温体系和材料，积极发展多功能复合一体化墙体材料、一体化屋面、低辐射镀膜玻璃、断桥隔热门窗、遮阳系统等建材。

3. 施工

（1）工法

对施工工法的研究与创新，也是我们施工企业的核心竞争力。工法是科技创新，它不是产品制作，实际上是施工工艺的创新。

（2）施工装备

做好门窗幕墙的施工，离不开性能优越的设备。因此要加大先进施工装备的研发力度。

（3）施工管理

门窗幕墙的施工管理，不仅影响门窗幕墙的工程进度，也影响工程的质量。大力推广应用先进的施工管理技术和方法，也是行业发展的必由之路。

行业的科技创新包括方方面面，还有很多，我在这儿只是从设计、材料和施工等方面谈了一点看法。单就设计而言，它就包括很多方面，如建筑物的设计、门窗幕墙产品本身的设计，用什么样的门窗，用什么材料，采用什么结构，性能指标如何选择，如何制造和施工，我们能提供什么样的门窗，这些都是很关键的。

下面我还想谈谈我们协会举办的门窗幕墙博览会。门窗幕墙博览会对行业的发展也是很重要、很关键的，通过博览会，可以展示门窗幕墙企业的综合实力，彰显行业企业的品牌，树立良好的企业形象，沟通上下游企业的信息，搭建交流合作的平台。我相信我们的参展商、我们的采购商和观众都能从这个博览会上有所发现，有所创新，有所得。2013 年 11 月份在上海将举办第 11 届中国国际门窗幕墙博览会，在上海举办的这次博览会我特别重视，我们所有与门窗幕墙相关的会员单位，我们的四大专业委员会即铝门窗幕墙委员会、塑料门窗委员会、钢木门窗委员会、建筑门窗配套件委员会，还有我们地方的相关协会，还有港澳台的兄弟协会都要去参展和参观，都要引起高度重视，要主动、积极、周密地做好参展的宣传工作、参展的准备工作和所有博览会的前期工作。

最后我还想讲的是，2013 年 1 月 1 日国务院办公厅 1 号文件转发了发展改革委和住房城乡建设部《绿色建筑行动方案》，在这个方案中，明确指出：大力发展绿色建材，积极发展低辐射镀膜玻璃、断桥隔热门窗、遮阳系统等建材。这个方案使建造绿色建筑有了一个明确的方向。“十二五”期间，将完成新建绿色建筑 10 亿平方米；到 2015 年末，20％的城镇新建建筑达到绿色建筑标准要求。并完成既有建筑节能改造，完成北方采暖地区既有居住建筑供热计量和节能改造 4 亿平方米以上，夏热冬冷地区既有居住建筑节能改造 5000 万平方米，公共建筑和公共机构办公建筑节能改造 1.2 亿平方米，实施农村危房改造节能示范 40 万套。到 2020 年末，基本完成北方采暖地区有改造价值的城镇居住建筑节能改造。另外，住房城乡建设等部门将要加快建立促进建筑工业化的设计、施工、部品生产等环节的标准体系，推动结构件、部品、部件的标准化，丰富标准件的种类，提高通用性和可置换性。我们门窗幕墙行业要积极行动起来，充分认识到建造绿色建筑的重要意义，并在自己的领域内大力推动绿色建筑的发展。我们提供的产品是绿色产品，我们的建筑是绿色建筑，这是时代的要求、社会的要求，也是人民群众的要求，是我们行业发展的方向。

各位同仁，中国梦，我的梦。我不知道你们的梦是什么，我想我们要做好中国梦，就是圆好门窗幕墙行业发展的梦。在新的一年里，我们要努力学习系统理论与科学，研究系统化科学发展方面的问题。我们铝门窗幕墙行业的各位专家、各位企业家和各方面的社会活动家必须增强系统化的战略思维能力，认真思考新型建筑工业化与工业化、城镇化、信息化和农业现代化之间的关系。用系统化的思维充分认识铝门窗幕墙行业在新型建筑工业化中的地位与作用，新型建筑工业化与城镇化、信息化的紧密联系。门窗幕墙在建筑节能、环境保护和科技进步等方面的创新也是实现新型建筑工业化的体现。

让我们在以习近平为总书记的党中央领导下，锐意进取，改革创新，做好我们铝门窗幕墙行业的各项本职工作。以坚定的信念迎接我国铝门窗幕墙行业更加美好的明天。

（2013 年 3 月 17 日在广州“2013 年全国铝门窗幕墙行业年会”上的讲话）

争当绿色行动的生力军

改革开放以来，我国的发展势头十分迅猛——城乡变化巨大，国民经济实力、经济生产总值增长迅速。成绩虽然十分可喜，但在高速发展过程中，我们也付出了沉重的代价——污染问题严重。污染事件屡屡发生，2013 年我国东部地区持续的严重霾天气就充分说明这一点。消除污染、在一个清洁美丽的环境中生活，成了每一个人的愿望。由此而诞生了中国的“绿色行动”。

一、绿色建筑行动方案

2013 年 1 月 1 日，国务院办公厅以国办发［2013］1 号转发国家发展改革委、住房城乡建设部制订的《绿色建筑行动方案》。该方案充分认识开展绿色建筑行动的重要意义，提出了指导思想、主要目标和基本原则、重点任务、保障措施 4 个部分。重点任务是：切实抓好新建建筑节能工作，大力推进既有建筑节能改造，开展城镇供热系统改造，推进可再生能源建筑规模化应用，加强公共建筑节能管理，加快绿色建筑相关技术研发推广，大力发展绿色建材，推动建筑工业化，严格建筑拆除管理程序，推进建筑废弃物资源化利用。

开展绿色建筑行动，以绿色、循环、低碳理念指导城乡建设，严格执行建筑节能强制性标准，扎实推进既有建筑的节能改造，集约节约利用资源；提高建筑的安全性、舒适性和健康性，对于转变城乡建设模式，破解能源资源瓶颈约束，改善群众生产生活条件，培育节能环保、新能源等战略性新兴产业，具有十分重要的意义和作用。要把开展绿色建筑行动作为贯彻落实科学发展观、大力推进生态文明建设的重要内容，把握我国城镇化和新农村建设加快发展的历史机遇，切实推动城乡建设走上绿色、循环、低碳的科学发展轨道，促进经济社会全面、协调、可持续发展。

文件中还提出了八项保障措施：①强化目标责任；②加大政策激励；③完善标准体系；④深化城镇供热体制改革；⑤严格建设全过程监督管理；⑥强化能力建设；⑦加强监督检查；⑧开展宣传教育。

根据这份文件精神并结合今天的会议主题，接下来我就讲一讲塑窗行业在“绿色行动”中的地位和作用。

2012 年，塑窗行业保持了稳定的发展。由于国家加快了保障性住房建设和新农村建设的发展速度，虽然没有对行业内进行典型企业产销量的统计，但从部分企业了解的情况看，产量是稳中有升，全国有四家的型材企业销售超过 20 万吨。塑料门窗有希望在绿色建筑中大显身手：第一是生产节约能耗；第二是可以循环使用；第三点也是最重要的，是有优异的保温节能性能，非常符合产业政策发展方向。从 2013 年的形势看，对塑料门窗行业十分有利。虽然中央的调控政策，使城镇商品房市场受到一定压抑，但是对保障房的建设态度十分明确，要求年内要基本建成城镇保障房 470 万套，新开工 630 万套，此外还有大量的新农村建设住房。李克强总理说过，中国未来最大发展潜力在城镇化，推进城镇化就是要走工业化、信息化、城镇化、农业现代化同步发展的路子。城乡两个市场容量巨大，按照塑料门窗的技术特点，完全可以形成高、中、普通档次的产品系列，因此只要我们努力，一定能获得最大市场份额。

二、塑窗系统的科技创新行动

塑窗企业要积极创新。创新是企业发展的动力，要通过创新确立在行业中的地位，做到人无我有，人有我优；要密切关注国内外的技术发展动态和国内市场需求趋势，加大系统研发投入力度，在科技创新方面取得新成效。

首先，要突出“绿色”主题。改造门窗型材生产中的铅稳定剂，使之符合绿色建材的标准。我国绝大多数型材企业都在使用铅稳定剂，包括实德、海螺、北新、中财等知名企业，他们都已经开始高度重视“绿色”主题。

其次，要研讨完善周密的门窗技术系统。塑料门窗技术系统是涉及设计、选材、加工制造、安装诸环节的一个整体，任何环节都必须精心安排，科学合理地提供经久耐用的高质量产品。委员会组织了门窗系统技术课题组，在济南德佳机器有限公司的努力下，门窗系统技术所包含的内容已初步形成共识，不少企业已做出了新的业绩。如：西安高科建材开发了转角彩色包覆共挤和金属拉丝型材；芜湖海螺研制了抗高寒高紫外线型材；新疆中石油管业的铝塑复合型材和节能铝塑型材组合构体均获得国家专利；西安高科幕墙门窗的单元门改变了电磁锁的位置，使用寿命可达 100 万次，北京长城牡丹模具也开发了全包覆共挤模具；安徽耐科挤出制造的后共挤四腔压条 12 米/分钟出口德国；洛阳建园模具配件实现标准化；山东国强五金开发了系列隐形合页和内平开窗微通风系统。

第三，要考察学习全球先进技术。学习国外先进国家技术，开发更高保温节能性能的门窗，满足建筑节能工作的发展需要。在这方面比较突出的企业有实德、中财、哈尔滨中大、海螺等都开发了 65 系列以上的门窗，保温性能得到大幅提高。其中东营大明新型建材公司开发的 70 系列外窗，保温性能达到 1.5W/（m^2・K）。另外，维卡、瑞好、柯梅令等德国在华独资企业也都推出了 $K\leqslant1.0$W/（m^2・K）的外窗产品。

三、塑窗下乡的服务行动

2010年国家提出建材下乡的要求，我们协会也适时提出塑料门窗下乡，支援新农村建设。2020年中国全面建成小康社会，新农村建设是关键的一环，也是我国经济的一个亮点。

从收集的几家企业经验看，做成这项工作，首先是宣传，向农民和各地各级主管部门讲清楚选用塑料门窗的种种优点；二是获得主管部门的理解和支持，建立良好的工作关系；三是保证产品质量，切勿重蹈覆辙。20世纪90年代中期，国家推广塑料门窗以后，行业历经了激烈竞争，竞相压价，小断面薄壁型材，攀比出窗率，还有碳酸钙的高填充；型材厂为甲方计算门窗材料费用，伤害门窗厂的利益和积极性，使得产品质量走国家和行业标准的下限。这些行为造成了产品的质量和性能严重下降，塑料门窗在社会上受到质疑，有的影响甚至一直持续到现在。

福建亚太为了说服用户，下了很大功夫；有了订单后，坚持向农民提供合格产品，还对门窗厂的工人培训，以保证产品质量和安装质量。

芜湖海螺型材科技股份有限公司将在本次会上就塑料门窗下乡情况做出详细介绍。通过对塑窗下乡后农户的走访，农户普遍反映改造后室内温度提高5度左右，冬季采暖用土暖气时间推迟7～15天，对塑钢门窗表现出的较高的认可度，对政府部门推出的惠民政策表现出较高的认同度。

我们看到，“十二五”期间全国要完成“绿色建筑”10亿平方米，到2015年末，20%的城镇新建建筑要达到“绿色建筑”标准。“十二五”期间，完成北方采暖地区既有居住建筑供热计量和节能改造4亿平方米以上，夏热冬冷地区既有居住建筑节能改造5000万平方米，公共建筑和公共机构办公建筑节能改造1.2亿平方米，实施农村危房改造节能示范40万套。到2020年末，基本完成北方采暖地区有改造价值的城镇居住建筑节能改造。《方案》中还特别提到加快“绿色建筑”相关技术研发推广，大力发展“绿色建材”以及推动建筑工业化的问题。各部门要加快建立促进建筑工业化的设计、施工、部品生产等环节的标准体系，推动结构件、部品、部件的标准化，丰富标准件的种类，提高通用性和可置换性。

前不久，河北的奥润顺达、济南德佳、上海维卡提出倡议，成立“高性能塑料门窗企业联盟”；充分利用各种资源，宣传推广高档高性能的塑料门窗，让社会上重新认识塑料门窗。我们认为这个想法很好，我们更希望行业内各企业都能行动起来，重新调整经营思路，丰富企业内涵，使门窗的内在品质和外观得到真正提升。

下一步，我们要深入开展调研，进一步摸清情况，总结出更多经验，推荐信得过的门窗生产厂，即产品优良、服务完善的企业供他们选择。

四、塑窗企业家的社会责任行动

作为企业家的社会责任要做到两点——品牌责任与诚信责任。

1. 品牌责任

现今，高性能的门窗越来越被用户所关注。产品质量和做好服务是企业树立品牌的关键，也是企业文化的重要组成部分，关系到企业发展战略。门窗企业要走规模化经营的道路，先做强，树立品牌，再做大。近年来，门窗企业的集中度进一步提高，这些企业凭借其供货能力，产品质量，资金流量，被越来越多的甲方所青睐。如沈阳华新、济南东塑等企业已成为地方品牌，全年订货饱满；小企业的数量在一些地区明显减少，门窗企业规模化发展的势头进一步发展。还有像西安高科幕墙门窗、福州新特力、葫芦岛辽建、新疆中石油管业、北京米兰之窗等公司都是通过自己的努力，成为行业的名牌窗，得到良好的经济效益。

如果说产品的质量是产品的物理属性，那么品牌不光是其物理属性，更是其情感属性。希望我们的产品能收到用户情感上的满足。

2. 诚信责任

诚信是立身之本，讲诚信才能赢得信任，建立了信任关系，打交道就方便了。同样对企业内部职工也要诚信，严格遵守有关法律规章，尊重员工，留住员工的心，做到感情留人、事业留人、待遇留人。同时企业还有自己的社会责任，呼吁企业尽力发挥企业在社会中的作用。

新疆中石油管业、洛阳建园模具、乐金华奥斯、大连吉田、河北胜达智通、江苏江南创佳、高科建材和瑞好等公司还热情参加各项公益事业，得到社会的赞誉。由于工作出色，许多企业获得了各级政府授予的荣誉称号。这些都是企业的无形资产。

五、塑窗委员会的促进行动

塑窗委员会作为协会的一个分支机构，要在绿色行动中争当生力军，要做到以下几方面：

1. 尊重专家

专家是协会的宝贵财富，专家了解最前沿的技术，而且能把有关技术融会贯通，变成产品，使行业能永远前进，要多听取专家的意见和建议，共同研究。行业内企业有了技术难题，要虚心向专家请教，求得解决。李之毅门窗的技术理论和经验十分深厚和丰富，一直关心行业的进步，多次提出了很好的建议，不计报酬，热心为企业咨询。姜成爱老专家多次为委员会牵线，扩大了委员会专家组的队伍。陈祺、邓小鸥、肇广维、潘军、窦永智为了提高行业整体技术，无偿贡献了自己的先进技术。

2. 依靠企业家

协会是为企业服务的，要依靠企业家。企业家直接与市场打交道，他们对市场的感受最深，经验也最丰富。我们要多听取他们的意见，汇总提升，把热点难点问题反映给有关部门，求得解决。当我们工作遇到问题时，我们也要虚心向企业家请教，集中大家的智慧，找到解决的办法。在委员会任职的企业绝大多数在人力、物力给予委员会工作帮助，大连实德副总裁张杰、福建亚太总经理林华勇带头维护行业秩序，抵制恶性竞争，新疆中石油管业总经理张彦成积极支持委员会的研究项目，保证了委员会的各项工作的顺利完成。

当今，企业家是中国最稀少、最宝贵的资源，是当今时代最可爱的人，特别是民营企业家，他们也是贡献最大的人。他们不仅承载着当今社会的社会责任，更要发掘培养新一代继任者，为企业的良性发展，社会的良性进步无私奉献。

3. 开展品牌活动

所谓品牌活动就是社会参与度高、社会知誉度高、社会影响度高的活动。

（1）行业宣传活动。行业宣传要做到报刊有字、电台有声、电视有影、网上有页。我们的每一次年会都要做到广泛宣传，要邀请记者团对会议和行业、企业进行大规模、全方位的报道，大力宣传行业的进步，树立协会在行业中的良好形象，让更多人了解我们的协会，了解我们的行业。

塑窗委员会与广联达软件公司合作，组织了26家企业通过广联达公司业务平台进行产品发布和品牌推广。型材热工性能数据库基本建成，2013年上半年就能上网供企业和设计单位免费下载使用，除了便于企业提高计算效率外，也可使更多用户了解塑料门窗的节能性能，便于今后的推广应用。塑料门窗委员会此次同期举办“国际塑料门窗及相关产品展览会”。另外，我会将于2013年11月19日～21日在上海举办第十一届中国国际门窗幕墙博览会——这个博览会是亚洲第一大、世界第二大门窗博览会。

（2）经验交流活动。交流要起到典型引路作用、以点带面作用、启发思路作用、激励促进作用和情感融合作用。

2013年4月北京市将在全国率先执行节能75％的节能标准，对外窗提出了很高的保温节能要求。我们及时抓住机会，和北京建筑五金门窗幕墙行业协会合作，在行业内的九家企业共同参与下，于2012年9月26日在北京组织了塑料门窗节能技术交流会。会上企业向北京市住建委的有关领导和北京市的设计、开发和门窗企业的代表介绍了塑料门窗技术特点、技术发展现状和工程应用实例，力求用客观的实际情况消除社会上对塑料门窗的一些误解和偏见。代表还观看了九家企业展出的18个高性能门窗实物，会议取得很好的效果。委员会于 2012 年 11 月在京召开了塑料门窗下乡工作会，会上委员会介绍了这项工作的意义，得到绝大多数的企业高度重视。其他一些省也在跃跃欲试。

当前形势发展很好。据了解，天津、江苏等省市区也要大幅度提高门窗的节能要求。

(3) 标准规范研制活动。标准规范的研讨和制定要达到助手得力，宣贯给力。所谓助手，是说我们协会作为政府的助手，以住房城乡建设部标准定额司为主，协助制定适合我们行业的标准、规范。

《建筑用塑料门》GB/T 28886 和《建筑用塑料窗》GB/T 28887 获得国标委的批准，将于 2013 年 6 月 1 日起开始执行，两项标准对一些指标提高了要求，对于保证产品质量有重要意义。《塑料门窗设计及组装技术规程》已完成反馈意见的汇总。《建筑门窗用未增塑聚氯乙烯共混料性能要求及测试方法》完成了验证试验的采样过程，正在安排试验验证的测试。两项标准要在 2013 年实现报批。随着建筑节能标准的提高，塑料门窗的结构也有了很大变化，经过申请，《塑料门窗及型材功能结构尺寸》列入了住房城乡建设部 2013 年标准编制计划，将在 2013 年着手修订。

(4) 技术研讨和推广活动。研讨推广要注重激励、注重前沿、注重实效。

大力宣传推广专利技术。截至 2012 年 3 月共在行业内征集到专利 111 项，其中发明专利 11 项，实用新型专利 83 项，外观设计专利 17 项。已印刷成册，在行业内散发，供大家学习、研究。

(5) 技术培训活动。培训要做到“三优”，即师资优、教材优、效果优。

塑料门窗操作工人的操作技能教学片在绝大多数骨干企业的支持下，基本完成了拍摄工作，正在编辑制作中。近期即将发行，由各企业对操作工人按照教学片进行培训。教学片中有大量国外发达国家的做法，对提高我们操作工的技术素质有很大意义，我们将来还要根据教学片的内容考核确定工人技术等级。

委员会工作概括起来，就是集思广益、协调组织，当好政府部门与企业间的桥梁纽带，即向有关部门反映行业呼声，引起他们的重视，及时向行业传达国家的有关方针政策、各种动向，以利企业制定有关计划，协调行业内的行动，维护行业长远发展利益，组织专项调研、技术交流、培训，解决行业遇到的问题，提高行业整体素质。协会的生命在于开展活动，生命的价值在于活动的品牌价值。

各位同仁：中国梦，我的梦。在新的一年里，我们要以落实绿色建筑行动方案为契机，充分发挥我们塑料门窗行业的各位专家、各位企业家和各方面的社会活动家的聪明才智，用系统化的战略思维，认真思考新型建筑工业化与工业化、城镇化、信息化和农业现代化之间的关系。进而用系统化的思维充分认识塑料门窗行业在新型建筑工业化中的地位与作用，特别是解决塑料门窗在建筑节能、环境保护和科技创新等方面的问题。要扎扎实实地开展好塑窗行业的科技创新行动，塑窗下乡的服务行动，塑窗企业家的社会责任行动和塑窗委员会的品牌行动，争当“绿色建筑”行动的生力军。

（2013年4月1日在江苏苏州“2013年塑料门窗行业年会”上的讲话）

新节能标准推动木窗产业快速发展

建筑能耗占社会总能耗的近40%，其中门窗的能耗约占建筑能耗的50%，且主要是使用能耗，建筑门窗在实际应用和节能上表现出面积小、作用大、持续时间长的特点，可见门窗节能的特别重要性。门窗节能，牵涉一个大国建设低碳社会和低碳经济的责任；门窗节能，也牵涉我们人类社会进入低碳文明所要付出的努力。

这次门窗推介会是由中国建筑金属结构协会、全联房地产商会、中国勘察设计协会、北京建筑五金门窗幕墙行业协会、全国总工之家联合主办，由中国木窗产业联合会具体承办的一次推广节能门窗的大会，也是我们首次联合推广节能木窗的一次盛会。

中国木窗起源于20世纪90年代中后期，当时北京美驰门窗和哈尔滨森鹰窗业先后引进了欧洲木窗，创立了中国木窗的品牌；北京米兰之窗与意大利SORAMANI（索罗马尼）的商业合资，成功将欧洲先进的木窗技术和研发创新概念引入中国。进入21世纪至今，经过十五年的发展，中国木窗产业形成了2013年12家木窗品牌产业联盟，再加上国内外知名的上下游配套企业的加盟，形成了中国木窗产业成熟而壮大的产业集群。

今天参加展览的企业共有21家，包括11家木窗企业。北京米兰之窗节能建材有限公司、河北奥润顺达窗业有限公司、哈尔滨森鹰窗业股份有限公司、浙江雅德居节能环保门窗有限公司、北京美驰建筑材料有限责任公司、浙江瑞明节能门窗股份有限公司、北京中德博南门窗有限公司、北京爱乐屋建筑节能制品有限公司、哈尔滨华兴木业有限公司、威盾工程建材（天津）有限公司、青岛安日达门窗有限公司。1家门窗软件公司克莱斯（Klaes）软件（德国）公司。两家木窗加工设备公司，德国豪迈集团和威力（烟台）木业技术有限公司。两家水基漆公司，北京雷诺科建筑材料有限公司和威马化工（上海）有限公司。3家五金件公司，德国著名的诺托·弗朗克建筑五金（北京）有限公司、丝吉利娅奥彼窗门五金有限公司和中国五金件第一品牌广东坚朗五金制品股份有限公司，1家集成材公司吉林宏原实木制品有限公司。上述参加展示的企业是节能门窗及配套件先进企业的代表。

这次会议由中国建筑金属结构协会钢木门窗委员会具体实施操办，并得到协会联络部的积极帮助与大力配合，其做法值得我们协会各委员会学习，也值得在全国及各地方同行协会学习和推广。

2012年1月，住房和城乡建设部公布的《“十二五”建筑节能专项规划（征求意见稿）》指出，2015年，城镇新建筑执行不低于65％的建筑节能标准，城镇新建筑95％达到建筑节能强制标准要求，鼓励北京等各直辖市和有条件的地区率先实施节能75％的标准。

今年1月1日，新修订的北京市《居住建筑节能设计标准》已正式实施。北京是首都，一举一动都受到其他省市的关注。北京市率先在全市范围内开始执行节能75％标准，走在了全国的前面，在建筑节能上迈出了一大步，这会对全国产生积极的影响，有力带动全国的节能门窗的进步。我们协会也要大力宣传北京市的成功做法，把北京市的经验介绍到全国。国家标准要改变，地方要改变地方标准。我们的标准太落后了，我们标准再不修改，我们的产品在国际市场的返回率就会更多，正如北京市刘淇同志去欧洲参观了欧洲的门窗展览会回来之后支出的批示如果北京再不提高门窗的节能标准我们将落伍于世界。

2013年1月1日，国务院办公厅以国办发［2013］1号转发国家发展改革委、住房城乡建设部制订的《绿色建筑行动方案》。该《行动方案》要求充分认识开展绿色建筑行动的重要意义，包括指导思想、主要目标和基本原则、重点任务、保障措施指出。重点任务是：切实抓好新建建筑节能工作，大力推进既有建筑节能改造，开展城镇供热系统改造，推进可再生能源建筑规模化应用，加强公共建筑节能管理，加快绿色建筑相关技术研发推广，大力发展绿色建材，推动建筑工业化，严格建筑拆除管理程序，推进建筑废弃物资源化利用。

这些政策法规的颁布，为木窗产业迎来新的发展机遇。我国门窗产品整体上的节能指标与国际发达国家还有不小的差距，但我国木窗产业的差距不大，可以说我国的木窗产品是与国际同步的，木窗企业生产的产品都是高性能的节能门窗。北京新标准对门窗的K值有具体的要求，是1.5～2.0。这个指标也是目前我国木窗的常规产品，这几年已广泛应用在了我国各地的高性能节能房屋建筑上，这个新标准的实施，无疑是增强木窗竞争力的绝佳机会。木窗目前在我国的市场占有率在0.3％，而这一数字在国际发达国家是30％左右，在我国建筑节能不断深入发展过程当中，必将给木窗产业迎来新的发展机遇。

面对新的挑战和机遇，我们应该重点做好以下几项工作：

1. 标准的制定

我国规范门窗洞口尺寸的强制性国家标准——“建筑门窗洞口模数协调标准”已于去年通过了专家审查，形成了报批稿，等待批准；北京米兰之窗和浙江雅德居正在主编的《集成材木门窗》行业标准也开始征求意见；北京市五金水暖质检总部针对2013年实施的建筑节能新标准正在编制《北京市地方规范》，所有门窗厂商都要做好充分的思想准备，如果您所生产的门窗的性能，特别是节能指标达不到新标准的要求，再不去创新，不去提高节能水平，不仅仅是落伍了，而且随时都有可能被市场所淘汰。

2. 节能门窗标准图集的编制

在座参会的大部分设计院的设计师，选择节能门窗要有相应的图集。节能门窗图集要着重节能指标，在图集中要包括节能窗的种类，如木窗、塑料窗、铝合金窗。窗型分格图、窗的节点断面结构、节能指标的计算方法等。以利于节能门窗能够达到其正确的设计要求。

建筑门窗是一个系统，设计师选择某一 K 值标准的门窗时，根据房间的大小，配备合理的暖气与空调。如选择某一 K 值的窗与实际提供的窗达不到要求时，则会给建筑未来的使用带来巨大的麻烦。所以图集将会给你提供参考。还可以使用户对比买到的产品是否与图集节点相一致，避免名不副实。

3. 门窗系统的应用

门窗系统是指组成一樘完整的门窗各个子系统的所有材料（包括型材、玻璃、五金、密封胶条、辅助配件），均经过严格技术标准整合、多次实践的标准化产品，利用专用的加工设备和安装工具，并按照标准的工艺加工和安装的门窗。现在的门窗系统还要与遮阳系统、纱窗系统、安装系统、窗台系统、窗套系统等等相配套，形成一个复杂的系统结构。没有足够的系统知识，就会给建筑带来后患。河北奥润顺达将德国墨瑟系统引入中国；北京米兰之窗与德国 COMTUR（康翠）门窗系统公司、德国 D&M 遮阳系统公司、德国 NEHER（奈儿）纱窗系统公司联合制定战略合作协议，共同研制开发 SORMANI（索罗马尼）门窗系统，以解决门窗、遮阳、纱窗、窗套、窗台等一系列系统技术问题。

4. 门窗企业的技术创新

今天来参加展览的 21 家企业都是中国和世界最顶尖的公司，代表着木窗及相关行业最先进的技术。德国克莱斯（KOLASS）软件可以全方位地解决门窗企业从订单合同、技术采购、生产库管等一系列的系统软件支持。德国豪迈设备公司可以提供最先进的木窗加工成套设备，德国丝吉利娅奥彼和诺托·弗朗克五金为木窗提供了成熟的配套五金，坚朗也在开发木窗五金系统。德国威马化工和雷诺科为木窗提供了高品质的水基漆，保证木窗户外的使用寿命。德国蓝帜刀具在南京成立了加工厂，为木窗加工提供了极大的便利，并降低了成本。吉林宏原的集成材为木窗企业提供了原材料的保障。木窗企业的创新发展离不开这些相关配套企业的支持。

今天有全国最具品牌影响力的 11 家木窗企业参展，我们看到他们的产品都是 K 值在 2.0、1.8、1.5 以下的产品。同时我们很高兴地看到北京米兰之窗和哈尔滨森鹰推出 K 值在 0.8 以下的新产品。这 11 家企业无论是产品质量水平还是技术水平和新产品研发等方面，都走在了行业前端，他们的产品代表了木窗行业先进水平。

应该说，今天的节能热潮，既是需求，也是我们企业的市场；对建筑节能来说既是差距，也是我们企业要挖掘的潜力。所以今年我们还将相约四场有关节能门窗的会议，第一个相约就是今年的 2013 年 9 月 21～23 日在河北举行第二届中国国际门窗节；第二是相约的举办第二届全国高性能节能门窗的推广会，时间、地点待定；第三个相约的 2013 年 5 月 26 日将在永康举行第四届永康碰面会；第四个相约的 2013 年 11 月 19～21 日将在上海举办全世界规模最大的第十一届中国国际门窗幕墙博览会。

相信我们节能门窗企业一定会有更好的发展，门窗产业的明天一定会更加美好。

（2013 年 4 月 23 日在北京“木窗联盟产品推介会”上的讲话）

应对新经济增长战略　助推门业新发展

在第四届门博会开幕式上我讲了三点：第一，我们这次展会是一次涉及行动的展会，国务院办公厅 2013 年 1 月 1 日发出了一号文件，将在中国大地上展开“绿色建筑行动”。而此次举办的门博会是实实在在的“绿色建筑行动博览会”；第二，门博会展出了我们的实力，不光在展会，在马路上都有相当多的门窗展品，相当多门博会的广告，整个永康四处弥漫着门博会的气氛；第三，展出了我们门窗的发展远景，展出了永康门窗的大好美景。

今天下午举办研讨会，如果说上午是“广”，下午就是“专”，在技术上要专业，要深入。这次门博会有许多新意，首先，来了许多欧洲的专家，中欧建筑门窗界的精英同台论道，有助于中欧双方进一步了解对方在建筑门窗领域的技术、市场状况和发展趋势，进而寻求商机，共同发展。我们要承认，我们过去与欧洲的门窗发展有很大差距，今天这种差距仍然存在，但已经缩小，我们一些方面采用了欧洲的技术，中欧合作让我们的门窗有了新的发展；其次，强化了对门窗节能的研究，门窗是国家节能减排政策中不可忽视的重要组成部分，通过不断宣传和深化研讨有助于政府和企业加深认识，推进绿色建筑行动。这次门博会也强调了“绿色建筑行动”，强调节能，符合当前政府要求，所以说这次研讨会有它的新意。

一、我国门业十余年的发展成绩巨大

中国门业经过十几年发展，成绩斐然，举世瞩目。根据行业协会的统计，目前生产建筑用钢质门、木质门、电动门及特种门的初具规模的企业数约有 11000 家，其中年产值 1000 万元以上的企业有 4500 家，累加年产值约 1892 亿元，行业从业人数约 892 万人。这些年来，我们每个普通家庭恐怕都能感受到我国门业的巨大变化。无论是门的结构、外观，还是制作工艺和安装方式都与十年前大不相同。在这个高速发展阶段，门业的各分支领域都涌现出了一批领军企业。钢质门除重庆美心、辽宁盼盼等其他省市若干家外，浙江永康地区步阳、群升、王力、新多、富新、春天、大力等一批次大型企业，品牌知名度高，产业集中度高；木质门有浙江梦天、江苏合雅、重庆星星、沈阳天河、秦皇岛卡尔·凯旋、广东润成创展、山西孟氏等为国内木门行业位居前列的几家规模较大的公司；围墙大门有深圳红门、南京九竹、北京华捷盛、广东建星、沈阳奥文等；提升门有无锡苏可、沈阳宝通、许继施普雷特、北京红日升、无锡旭锋、江西百胜、昆明海顿等；自动门有北京凯必盛、北京宝盾、北京信步、青岛博宁福田、上海乘方、宁波欧尼克等；开门机有浙江先锋、浙江蓝海机电、江西百胜、漳州麒麟、漳州杰龙、宁波杜亚、大连西赛德、广东霍斯等。我们的发展表现在我们的企业，表现在我们的行业，表现在我们各个地区。

二、新经济增长要求中国门业必须转变生产方式

"十八大"以后，我国政府强调新的增长，中国门业也必须转变生产方式。我国门业过去10余年时间的高速发展，在一定程度上依赖于两个重要条件：一是国内建筑业高速发展带来的大量需求；二是国内廉价的劳动力。

过去劳动力廉价，致使生产成本低，但现在中国劳动力价格在不断上涨，廉价的劳动力已成为过去时。从2001年到2011年的10年间，国内绝大多数门业公司的生产方式基本都是采用分散的通用设备配以大量的人力来完成，对引进国外生产线或自行设计专用设备方面重视不够。

随着国内大的经济环境的改变，以廉价劳动力为优势资源发展起来的门业，也遇到了新的严峻的挑战，其中劳动力成本不断增加是最为突出的问题。近年来，我国职工工资水平经历了一个大幅提升的过程。根据中央政府公开的资料，2001年我国城镇单位就业人员平均工资为10834元。若不考虑价格因素，2011年我国城镇单位就业人员平均工资为42452元，是2001年的3.9倍，年均增长11.5%，高于同期物价增长速度。2005年部分地方开始出现"民工荒"。2007年颁布的《劳动合同法》、2010年实施的《社会保险法》进一步提高了劳动力成本。2011年、2012年全国大部分省市调高了最低工资标准，平均增幅为22%，这都导致了劳动力成本的快速上升。换一个角度看，我国门业整体劳动效率非常低下。根据行业年产值与从业总人数推算，我国门业2011年的人均产值是212107元，大约只有发达国家同行业的1/10左右，这个差距是巨大的。随着中国人口红利的逐步消失，企业再继续采用人海战术是难以为继的。对此也有一些具有前瞻性的企业提前认识到了这一点，并将"多用机器少用人"的理念付诸行动，这是转变生产方式的第一点。第二点是要提高产品科技含量，靠科技研发，提高科技水平，提高节能水平。门窗的生产、制造、安装要运用高科技，而不是靠简单、笨重的体力劳动，不是靠延长工作时间，不是靠增加工人的体力消耗。我们要靠我们的技术，生产制造技术、门窗节能技术。木质门企业——江苏合雅在国内所有木门企业都在采用按单定做的情况下，三年前率先引进国外现代化的木门生产流水线，能够高效率地生产尺寸、规格标准化的木门，代表了建筑门窗未来的发展趋势。虽然受门窗洞口尺寸标准化问题的影响，现在设备的优势还不能全部发

挥出来，但随着《木门窗》、《建筑门窗洞口尺寸模数标准》等标准的发布和实施，这种现代化生产模式在生产效率、产品质量还有成本方面的优势必将显现。钢质门企业——步阳集团，投资上亿元资金开发制造的防盗门生产线，单条生产线在产量提高30%的情况下，用工却减少了30%，过去3天时间才能完成的工序现在降低到了3个小时，而且加工质量稳定。机器不会偷懒，也不会要加班费。提升门企业——无锡苏可自动门制造公司等多家车库门工业门企业，引进国外技术开发的保温门板自动线，使过去采用分离设备约需要100人才能完成的工作减少到了16人。北京红日升工贸有限公司自主研发的工业门门板生产线，解决了用量小、但对平整度和直线度要求很高的厂房门门板的连续化生产问题。在国际上属于首创。很多企业在研究探索，提高我们的机械化水平，提高我们的科技含量水平，提高门的品质水平，转变了生产方式，我们的传统门企已经是国际的、现代化的，我们的门企有能力参与国际竞争。

三、引导门企转型升级是行业协会的职责

中国建筑金属结构协会下面有三大门窗委员会，钢木门窗委员会、铝门窗幕墙委员会、塑料门窗委员会，还有与门窗相关的建筑门窗配套件委员会，这些委员会组成了整个中国门窗的系统，我们正在研究门窗系统发展，门窗不简单是门或窗，而是一个系统。所以我们有四点要研究：

1. 研究和宣传建筑门窗的节能问题

美国、日本都将建筑节能作为国家节能的战略问题，据统计，我国建筑能耗占社会总能耗的近40%，其中门窗的能耗约占建筑能耗的50%，也就是说门窗能耗占到了社会总能耗的20%，且主要是使用能耗，建筑门窗在实际应用和节能上表现出面积小、作用大、持续时间长的特点。2012年1月1日，新修订的北京市《居住建筑节能设计标准》开始正式实施。北京市率先在全市范围内开始执行节能75%标准，走在了全国的前面，在建筑节能上迈出了一大步，这会对全国产生积极的影响，有力带动全国节能减排工作的开展。该标准不仅对窗提出了保温系数小于1.5～2.0的要求，同时对建筑用门的保温系数也有具体要求。

过去我们在门业领域，往往关注更多的是材料、外观和结构，而忽视门的节能要求。行业协会要组织门企认真研究并宣传贯彻这个标准，引导企业顺应节能环保的发展趋势。

如果我们能在这方面做出成就，就是我们这一代人的巨大贡献，不但是企业有经济效益，对社会乃至全人类都是有巨大贡献的。

2. 做好标准化生产的基础性工作——标准的宣贯和制订

作为企业家千万不能忽略标准，很多专家说过，三流的企业卖劳力，二流企业卖

标准，一流企业卖技术，超一流企业卖标准。

住房城乡建设部有标准定额司还有标准定购所，这两大政府部门还有事业单位，常年研究标准，但是我们中国标准有两大问题：第一是我们新标准没有及时跟进，新技术发展很快，新标准跟不上，比如门窗的尺寸，多宽多长没有标准，门窗大小的设计随心所欲，美国、日本的门窗尺寸都有严格标准，还有我们门窗的节能 K 值标准和节能系数标准，在 2.5、3.5，甚至 4.8 以上，而德国是在 1.3 以下。2013 年 1 月，北京率先在全国提高门窗节能标准，要求 K 值在 1.5 以下。第二是标准制定出来后，多年不变，美国混凝土标准每 3 年便更新一次，而我们很多建筑标准过于陈旧，甚至 15 年都没有修改过，不能随生产力水平提高而及时修改。

要提高门企的生产自动化水平，首先需要规范各种门的规格、尺寸和要求。这些是通过相关标准和规范来明确的，所以有必要做好下述相关的标准宣贯和制订工作。

由中国建筑金属结构协会主编的国家标准——《木门窗》已经正式批准发布，由中国建科院和我协会等单位编制的规范门窗洞口尺寸的强制性国家标准——“建筑门窗洞口模数协调标准”已于 2012 年通过了专家审查，形成了报批稿，即将批准；由协会主编的《平开进户门》标准以及和北京米兰之窗公司等单位主编的《集成材木门窗》行业标准也开始征求意见。行业协会对发布实施的标准要组织宣贯，对正在制订的标准要结合节能要求和标准化生产的要求认真研究，尽快推出。同时，所有门企业都要做好充分的思想准备，如果您所生产的门达不到新标准的要求，再不去创新，不仅仅是落伍了，而且随时都有可能被市场所淘汰。

3. 整合有关资源研究和提升门业生产装备水平

行业协会一是要和相关部门合作，加快推进门尺寸、规格标准化的进度，为标准化生产创造条件；二是要组织门业企业、行业专家、设备制造商，通过组织国外考察、国内技术交流和研讨活动，设计制造符合国内实际需求的生产装备，进行推广，从而提升整个行业的装备水平。

门窗的装备水平非常关键，这是门窗企业转变生产方式的重点。我一直有一个观点，最大的门窗企业应该在中国，不应在欧美，因为中国拥有巨大的市场，每个人都必须跟门打交道。很多外国企业都是百年老企业，而我们的民营企业顶多 40 年，但是我们用 20 年走完了发达国家 70、80 年的路。我们的企业单靠自己积累式的发展是不够的，我们要认真地学习前沿的门窗技术，用最先进的技术武装企业，要么不做，要做就要做先进的，不要贪图目前利益，才能做成大企业，其次要敢于合作，永康的门窗要与全世界的门窗企业合作，与国际先进企业合作，合作是当今最高层次的竞争，谁擅长合作，谁就能把企业做大。各国领导人四处出访，都在是在寻求合作，建立合作关系，企业也是如此，像步阳集团的广告“与 156 家房地产企业合作”，合作可以提高市场占有率，比如连锁，可以提高企业的驾驭能力，合作伙伴可以提供资金、技术，增加企业能力。我们要提高装备水平，将企业做大做强做优。

4. 大力繁荣门业文化

门有深厚的文化内涵，门是建筑的出入口，无论是门本身的门扇、门框、门斗，还是起装饰作用的门头，门脸都体现了一个时代的文化，在古代中国，不同的门扇、门框、门斗反映着该户家人的社会地位，财富水平。门作为产业要强调产业文化，门的企业要强调门的企业文化，文化是产业竞争的软实力。要让中国的文化走向世界，在多国有中国的孔子学院，中国的门文化也是如此。我们今天有门博会、门都、奥润顺达门窗城、凯必盛门道观，希望永康能成为门文化的基地，来到永康就能了解到门的文化、提高门的文化，门的文化能促进人素质的提高、提高人的身份，通过国内外的考察交流，提高门的设计水平和施工水平。

以上从门业成就、门业生产方式、门企转型升级三个方面讲了门业的新要求、新发展。我们坚信中国的门业新的品牌，做大做强的门业企业，具有创新精神和社会责任感的门业专家，门业企业家一定会在新经济增长的大环境下为门业的发展作出更大的贡献，为实现伟大的中国梦作出更大贡献。

（2013 年 5 月 26 日在浙江永康“在中欧建筑门窗新技术论坛”上的讲话）

为建筑门窗配套件的“四化”而奋斗

近年来，门窗配套件已经有了很大发展，产品品种不断齐全，并且能与国际同行相比较。企业年销售额在亿元以上的已有十多家，今天我们要在新的起点上谋求建筑门窗配套件行业的更大发展，现在“中国梦”讲的是“新四化”，即叫工业化、信息化、城镇化和农业现代化，现在全国上下都致力于中国的新四化而奋斗。我想我们门窗配套件行业也要提出一个“四化”的概念，就是要努力做到企业现代化、生产标准化、产品品牌化和营销全球化这“四化”。我们应该同心协力为建筑门窗配套件的“四化”而奋斗，配套件委员会的工作也要围绕这“四化”展开。

一、企业现代化

众所周知，配套件行业特别是民营企业，其中很多是从个体户手工作坊发展起来的，有的是家族式企业发展起来的，在门窗配套件的会议上我发表过多次讲话，强调中小企业的发展就是从门窗配套件开始的。中小企业是任何一个国家发展国民经济所高度重视的，是放在战略地位上重视的大事。国家工业信息产业部专门设有中小企业发展司，专门研究中小企业的发展。中小企业的战略地位很重要，科技创新方面，中小企业也是主力军。中小企业容纳就业人数、上交国家利润比国有企业还多，占到半壁江山，由此中小企业的发展一直受到党中央乃至各级政府的高度重视。这些年随着建筑行业的快速发展，很多配套件企业经历了一个快速成长的过程，成长过程就是从手工作坊劳动密集型变成技术密集型，管理从粗放型到管理精细型，注重向科技创新、企业管理文化建设的现代化企业推进，不仅是企业发展的需求，也是时代进步给企业发展提出的思考和实践。企业现代化内容很多，我在这里主要强调三个方面。

1. 装备和科技创新

装备是指配备的一些设备，门窗配套件行业是一个工业产品制造行业，要保证产品品质的先进性、一致性、稳定性，除了要在产品技术研发上提升外，技术先进、高精度、自动化程度高的装备是保证产品品质的重要手段。企业装备很关键，不能永远依靠手工操作，要机械化、自动化、工业化。有些人请我去参观工厂，工厂无非要看两点，一点是最先进的技术是什么，另一点是最高级的装备机械是什么。

科技创新是原创性科学研究和技术创新的总称，是指创造和应用新知识、新技术、新工艺，采用新的生产方式和经营管理模式，开发新产品，提高产品质量，提供新服务的过程。科技创新可以被分成三种：知识创新、技术创新和现代科技引领的管理创新。技术创新又分为三种：原始创新、集成创新和引进消化吸收再创新。门窗配套件行业经过全行业以及委员会十余年的工作，行业整体水平已有了较大的提高，科技创新的意识正在加强，无论是在企业家自我知识的更新以及企业产品创新和知识产权保护方面，均有较大的提高，企业的规模、实力在增强。将来委员会要把我们配套件行业所有的专利汇编成册，配套件行业有些企业如江阴海达、杭州之江，在创新知识产权保护方面工作非常重视。杭州之江获得省级科技进步奖，发明专利，并入国家火炬计划、技术创新计划，承担了国家863课题任务，生产、设备引进了自动化程度很高的国外知名设备。江阴海达多次承担多项国家省级科技计划，4种产品被认定为国家重点新产品，11种产品被认定为高新技术产品，公司获得专利123项，其中发明专利12项，生产设备的自动化程度位居行业领先水平，检测设备齐全、先进，拥有专业检测站。在协会的几个行业中，配套件行业是鼓励科技创新氛围较好的，行业已举办了三届科技论文大奖赛。

2. 管理科学

所谓现代化企业当然就是管理现代化，许多配套件企业从发展初期的家族式管理模式，通过与国外企业的合作、收购、代工生产、邀请专业管理机构的介入等多种模式，正在逐步规范、提升。不少企业通过加强管理，降低了成本、提高了效率。有一些五金件生产企业在企业转型、升级的过程中，提高生产制造的机械化程度，单个工序的机械化就节省了10～20名的工人用工，由于机械化生产线生产为帮助企业提升质量管理水平，提高内部产品质量检验能力，帮助企业培养和吸纳更多持有《职业资格证书》的高技能专业人才，2013年4月与国家建材行业特有工种职业技能（040）鉴定站、国家化学建筑材料测试中心材料测试部联合开展了《建材物理检验工（密封胶条检验员）》国家职业资格技能鉴定工作。共有16人通过了中华人民共和国人力资源和社会保障部中级或高级建材物理检验工考评，获得相应的证书。

3. 争做中小企业的隐形冠军

很多国家对中小企业的隐形冠军做了分析、研究，中国的企业也要这么做。中国的儒家文化强调的是仁、义、理、智、信，五个字有着丰富的内涵。我把它改成我们企业的人、艺、理、市、信，人就是人力资源；艺就是我们的技术工艺；孔子的礼是礼貌，我讲的理就是管理；孔子的智讲的是智能，我讲市是市场，我们企业要重视市场；信就是信用，要重视社会责任，从而使我们的中小企业能够做大、做强、做优，能够走向世界，在行业起到一个领军的作用。一个企业家、一个企业要高度重视社会责任，不重视社会责任的企业，是不受社会欢迎的，这一点是至关重要的。

企业现代化有很多内容，我特别强调装备技术的现代化，强调我们企业的管理现代化，强调企业做中小企业的隐形冠军，在这一方面必须进行国际比较，才能使我们的企业做大、做强、做优。

二、生产标准化

企业在逐步发展壮大过程中，标准化显得尤为重要。标准化是现代化大生产的必要条件，是建立秩序、规范行为、促进协调与配合、提高效率和保证产品质量的重要手段。配套件行业注重了产品品质要求的标准化、产品配合结构的标准化。我多次讲过，我们很多专家都说现代化的企业层次划分为：三流企业卖劳力，二流企业卖产品，一流企业卖技术，超一流的企业卖标准。所以标准显得特别重要，这里我强调几个方面。

1. 国标和行标

标准分国家标准、地方标准、行业标准和企业标准，国家标准是在全国范围内统一的标准，行业标准是在全国行业里面统一的标准，当然还有地方标准。配套件行业委员会在制定标准方面近几年做了大量的工作，过去是多少年才做一个标准，配套件这些年做了二十多个标准。标准有一个标龄问题。中国的标准有两大问题：一个是标准制定了多年不改，常年老用，标龄太老，美国的混凝土标准 3 年必须改一次，最多标龄到 3 年，而我们用了八年、十年。第二个就是新的技术、新的产品出来标准跟不上，新技术、新产品得不到采用。所以一方面要完善标准，另一方面要不停地修改标准以适应技术发展的需求。

委员会从成立至今，共组织并主编了国家标准 3 项、行业标准 20 多项，目前门窗五金件标准的年代号均为 2007 年之后，门窗五金件标准框架基本建立，并且随着技术的发展还在持续完善；组织骨干企业已完成与门控五金件相关的 3 项标准，实现了门控五金件标准由建设部门（使用部门）提出要求、编制完成的零的突破；密封胶条、密封毛条部分主编了 3 本标准，参编了 1 本标准，标准已基本覆盖行业所需的主要产品，并已与所配套的门窗完成了对接。通过以上工作使配套件行业生产的产品有法可依，为行业持续、健康发展提供了技术保障。

为什么我们要讲标准？本来标准是国家部门、政府部门的工作，但政府部门要行业协作，行业协作要谁来编制？标准单纯靠专家不行，还要靠企业家，标准要符合国家现代化技术水平的要求，还要符合国家企业发展状况的要求，对企业来讲要很实用，所以企业参与标准的编制有利于标准的贯彻和实施，也使得标准能够去指导企业向更加现代化的方向发展。目前委员会正在制定国家标准《建筑门窗五金件通用要求》、修编行业标准《建筑门窗五金件合页（铰链）》，包括门窗五金件、门控五金件、密封胶条、密封胶、密封毛条、通风器、隔热条 7 个部分内容的配套件行业第一本

《建筑门窗配套件应用技术导则》正在征求意见反馈、整理阶段。

许多企业通过参与标准的编制，在倡导行业技术秩序、推广企业品牌和提升技术实力方面走在了行业的前列，在促进行业发展的同时企业也获得长足发展。在以上提到的制定国标、行标和技术导则的工作中坚朗、合和、中山亚萨、茵科、多玛、诺托、丝吉利娅、泰诺风、山东国强、青岛立兴杨氏、宁波新安东、之江和海达等许多企业参与了编制。

2. 企业产品标准

企业产品标准非常关键，先进的企业、强大的企业都有自己本企业的标准。当企业标准制定后，哪个企业按照本企业标准生产，他就可以挂本企业的牌子，就是本企业产品。

《中华人民共和国标准化法》规定：企业生产的产品没有国家标准和行业标准的，应当制定企业标准，作为组织生产的依据。企业的产品标准须报当地政府标准化行政主管部门和有关行政主管部门备案。已有国家标准或者行业标准的，国家鼓励企业制定严于国家标准或者行业标准的企业标准，在企业内部适用。

在经济全球化的今天，标准的作用已不只是企业组织生产的依据，而是企业开创市场、占领市场的“能量”。我们鼓励企业根据企业实际和产品特点制订适用的企业标准。

3. 企业生产管理标准化

管理不要随意化，不要靠人为化，要靠标准化。这一点需要向日本企业学习，日本的标准化管理达到先进水平。企业生产管理标准化就是对企业生产工作的方方面面提出明确、具体、系统的要求，并通过运行使之成为企业的生产行为规范，做好生产工作。这里也包括对企业尤为重要的安全生产问题。真正实现向管理要质量、要效益、要安全。企业有了标准之后，标准成为企业人员的行为准则，大家会自觉自动地自行去考虑自主管理，按照企业的标准，按照管理标准去对自己的生产和其他各种活动自主规范。

三、产品品牌化

不论企业如何科技创新，产品标准如何高，最终生产出来的产品是要去面对市场的，而进入市场就要求产品品牌化。品牌意味着市场定位，意味着产品质量、性能、技术和服务等等的价值，品牌还意味着客户的情感，它最终体现了企业的经营理念。

如果说一个产品的质量是产品的物理属性的话，那么品牌不仅仅是物理属性，它包含了产品的情感属性。什么是情感属性呢？比如，我们穿衣服，我们的布料好，加工也不错，那不是品牌；如果穿个衣服带个勾，那叫“耐克”，这个就值钱了，再加上一个“BOSS”就更值钱了。品牌同样的用到我们产品里，顾客觉得是个品牌他就有情感满足，很多时候品牌决定了产品性价比，那么我们怎么做到产品品牌化呢，我强调三个突出：

1. 突出建筑节能标准

建筑节能是全世界都很重视的，社会总能耗中建筑总能耗占40%左右，而建筑能耗中建筑的围护能耗占50%，门窗中除了玻璃以外很大程度与我们的配件有关，它的传热系数很关键。

住房和城乡建设部印发的《十二五建筑节能专项规划》讲道：要提高新建建筑能效水平。到2015年，北方严寒及寒冷地区、夏热冬冷地区全面执行新颁布的节能设计标准，执行比例达到95%以上，城镇新建建筑能源利用效率与“十一五”期末相比，提高30%以上。北京、天津等特大城市执行更高水平的节能标准，新建建筑节能水平达到或接近同等气候条件发达国家水平。建设完成一批低能耗、超低能耗示范建筑。要进一步扩大既有居住建筑节能改造规模。实施北方既有居住建筑供热计量及节能改造4亿平方米以上，地级及以上城市达到节能50%强制性标准的既有建筑基本完成供热计量改造并同步实施按用热量分户计量收费。启动夏热冬冷地区既有居住建筑节能改造试点5000万平方米。

建筑节能改造离不开我们建筑构配件，没有优秀的构配件就无法实现建筑节能的目标。尤其是2013年1月1日，国务院以国办发［2013］1号文转发了国家发展改革委、住房城乡建设部《绿色建筑行动方案》。这对建筑节能又提出了更高的要求，北京市已经出台了《居住建筑节能设计标准》DB11/891－2012，明确提出了围护结构传热系数限值。门窗离不开我们构配件，我们现在研究的门窗系统就包括我们构配件，国内现在很多地方门窗传热系数要求是2.5、3.5，而德国是1.3。北京从2013年1月起启用1.5，是国内最先进的，而其他城市要马上也将提高。在传热系数要求下门窗制造企业的门窗材质除了框架和玻璃以外，就要考虑门窗的配套件，没有好的配套件很难达到节能传热系数的要求。作为我们配套件企业，提供产品的时候一定要了解国家的、地方的节能标准，因地制宜，提供合格的、有竞争力的产品。

2. 突出产业链的广泛合作

只有在产业链中广泛合作才能真正成为品牌，才有市场。产业链是指产业部门间基于技术经济联系，而表现出的环环相扣的关联关系。配套件行业产品种类繁杂，国内现有的企业发展模式多为大而全、小而全的生产销售模式，除了原材料和表面的电镀处理一些专业性强的上下游需要合作外，缺乏专业的行业间的产业链合作。而欧美的企业更多的是专业化研究、专业化生产、系统化销售、综合性服务。例如，几乎欧洲配套的门窗五金中合页均为“大鸡”合页，执手均为“好博”。发展好行业间的产业链广泛合作，有利于集中精力研究、生产，便于产品的专业化、标准化、机械自动化，有利于降低成本、品质提高。因此要分析各产业内部间的关联关系，探讨产业的分工合作、互补互动、协调运行等问题，进行产业链构建与延伸的积极尝试。

十多年前，行业配套件产品种类繁多、规格不统一、功能单一，门窗的应用水平也较低，配套件应用于门窗后，产品性能与国外同类产品相比差距较大，当时配套件与门窗的关系是简单的配套关系。经过十多年的发展，门窗和配套件产品应用水平不断提高，现如今配套件行业和门窗幕墙行业的配套合作，已经出现了依据具体工程的具体使用要求量体裁衣的配套模式，这种产业配合模式，对提高门窗的应用性能非常重要。

委员会 2005 年、2011 年举办两次有国内主要型材企业、门窗企业、配套件企业参加的《门窗型材与配套件相关配合槽口研讨会》，对不同开启方式、不同材质门窗的配套特点进行了分析，确定了有关五金件、密封胶条、密封毛条、隔热条的 61 个配合结构型式及尺寸要求，并形成会议纪要。对推动配套件产品生产、配套应用的标准化、规模化，产业链的合作起到了积极的推动和促进作用。

对品牌来讲必须在广泛合作中、在服务中、在市场中才能形成品牌，品牌必须获得市场、行业的认可，才会被社会认可，品牌要通过行业合作来实现。

3. 突出产品的性价比和诚信服务

配套件产品是与建筑门窗幕墙配套的、易磨损可更换的构件。在门窗幕墙几十年的有效寿命期间一直承担着支撑开启扇、实现启闭顺畅、保证密封的责任。产品的市场定位不应仅以低价位去引导市场，而应突出性价比（价格/有效的使用年限）＋诚信服务。这不仅能够保证安全、降低维修成本、节能减排，同时也是打造品牌企业、品牌产品的必经之路。企业要强调社会责任，要强调诚信，企业家要强调自己终生为创造本企业的品牌贡献自己全部生命和力量。

四、营销全球化

树立品牌是为了拥有更多的市场。如今的中国市场非常广阔，吸引了很多外国企业到中国营销，2013 年建筑门窗配套件委员会工作会是由中山亚萨合莱安防科技有限公司协办的，该公司是一家瑞典企业，在中国发展相当之快，他们收购了我们的“国强五金”，门窗兼并了“王力”。“盼盼”、“王力”、“国强五金”都是我们门窗系统中比较有名的企业，可想而知这个企业的实力之大，企业发展到一定程度要走扩张型发展，所谓扩张发展就是以收购、兼并这种形式来促进企业扩大，不是单靠自己去增加劳动力、增加厂房的自我发展，这非常之关键，值得我们进行深思。

当前是经济全球化，为了适应和利用环境的变化，提升竞争力，企业在观念上、行为上也要一步步走向全球化。我们为什么加入 WTO？现在有个地球村的概念，不要存在过去封闭的思想，现在全人类都是一个地球村的村民，不管白人、黑人都在一个村子里生活。因为我们加入 WTO，我们在本地市场营销也是参与到国际市场之中，中国任何一个地区，任何一个地方的市场，都是当今国际市场的一部分。我想营销全球化有三个重点要注意。

1. 加强国际考察

参与国际市场，必须对国际情况有了解，需要进行国际考察。国际考察有三大考察：一个是技术考察，一个是市场考察，一个是企业考察。目前国内建筑门窗配套件的产品不但能满足国内的需求，并已出口欧洲、南北美洲、非洲、东南亚等地区。据委员会对定点企业的不完全统计，近几年出口虽然受到国际经济形势波动的影响，但整体上出口销售额还是呈现逐年增长的趋势。有的配套件企业，产品出口竟达到 70～80 个国家。因此国外市场的拓展，在配套件行业是有基础的，也是需要继续开展和推动的。希望中国的企业家，要有着全球化的理念，不能仅满足于地区市场，要敢于去国际上比较，要走向国际市场，要广泛的开展国际考察。我们配套件委员会将积极配合各企业的需要，帮助各企业去了解国际形势，这也是协会的职能之一。

2. 参与国际会展

我们的企业不能仅满足于产品的单一出口，要把企业的品牌从行业品牌发展到社会品牌，直到国际品牌的思路，要参与国际会展、进行国际市场的宣传。我们国内的会展也是国际会展的一部分。我们去年在北京开展的门窗幕墙展，2013 年在上海开展，是目前亚洲规模最大的门窗幕墙展，我们的构配件要参与展出，借机展示自己的产品，让更多的外国了解。

3. 发展华侨经纪人队伍

大力发展海外经纪人队伍对企业的销售非常关键。全球华人在全世界的影响是很大的，为他们创造致富的机会，为其开设门窗业经纪人职业资格、建立门窗业经纪人体制、规范门窗业经纪人制度、健全门窗业经纪人职业道德。我们给他们提出要求，让他们为我们服务。按销售业绩给予收益，建立一种华侨经纪人队伍，为本企业产品向全世界营销。我提出了这个问题，但始终还没有组织好。过去看电视剧，山东拍《闯关东》；山西人拍《走西口》；最近我看的潮汕这一带拍《下南洋》，讲述中国的商人下南洋，到新加坡掏锡矿，建立中国人的银行，建立中国人的学校。华侨一代一代地发展起来，在国外越来越强大。我们在广东的潮汕大会，全世界潮汕的华侨都回来。我们不是要去做华侨，要把现有的华侨、华侨的后裔组织起来，让他们发挥作用，建立一种华侨经纪人队伍，为我们产品走向世界做出力所能及的工作，这个事情还没有经验，还在考虑。

协会在安徽开过一次国际研讨会，我提出两点：一个叫本土化战略，一个叫属地化经营。所谓属地化经营就是销售出去的产品要符合当地国家民俗要求、规范标准要求，不能让人家遵守你中国的要求。我们现在的标准规范与所销售的国家标准规范相比较如何满足他的要求，叫属地化经营；第二个本土化策略，就是利用当地人特别是当地华侨。现在很多外资企业在中国发展，发展的很大，为什么？靠高价雇佣的中国大学生、技术人才，离开中国人才，外国企业再有本事也不行。同样的，我们到外国去要利用当地的人才。我们的中建总公司的海外公司在香港，香港大概是每四个人住的房子便有一所是我们中建建的。中建海外总部其中 40％的人是香港当地人，60％是内陆地区的。而 60％这部分人的工资只有香港本地人的一半都不到，干的活却比他们还多。但香港本地人有他们的作用，他们了解香港、熟悉香港市场，这就叫本土化策略。同样你到广东，要用广东人，广东人要到东北去，要用东北人。

另外，因为我们这个配套件在全国发展不均匀，大家要注重市场。国内如西北地区，这些地区也离不开配套件，还没有一个像样的企业在那里生产，还需要我们去发展壮大，这就是我讲的营销国际化。

以上我从企业现代化、生产标准化、产品品牌化、营销全球化，讲了我们配套件行业的四化，对配套件行业的新要求新发展，我们要以推进城镇化及绿色行动为契机充分发挥我们门窗配套件行业的各位专家、各位企业家和各方面的社会活动家的聪明才智，为实现中国的门窗配套件行业“四化”美梦而奋斗。

在我刚到协会的时候，我跟刘旭琼同志讲，我说是不是我们要搞一个“五金协会”，她说不对，五金比这个范围要广。历史上，中国在清朝就有了五金行业。现在我们说建筑五金，还不完全具体，而是局限在建筑门窗配套件上。建筑门窗的配套件行业有三大类产品：一是门窗五金件，包括推拉、内平开、外平开、内平开下悬、提升推拉、折叠等开启形式的配套五金件，主要功能和性能是要满足外围护结构（门窗）的密封、保温节能和抗风压需求。二是门控五金件，包括能满足建筑公共内门、建筑公共外门、居住建筑用门等不同功能的门控五金件，主要功能和性能是要满足人、物通行，以及紧急状态下的疏散和逃生。三是密封材料，包括能满足镶嵌玻璃、建筑接缝、组角、中空玻璃等用途的密封胶，满足门窗、幕墙密封、镶嵌玻璃用的密实密封胶条，适用于门窗密封性能要求更高的复合密封胶条，满足推拉门窗密封要求的硅化、硅化加片毛条等。

是人就离不开房子，是房子就离不开门，是门就离不开配套件。门窗配套件委员会在过去的四年间做了大量的工作，或者说这四年我们门窗配套件有了长足的发展。我们金属结构协会门窗配套件委员会就只有两个人，他们的许多工作是靠门窗配套企业的支持开展的，他们完全依靠我们骨干会员企业开展各种有益的、有效的活动。

希望在今天委员会还能得到各企业的支持，让我们在以习总书记为首的党中央领导下锐意进取，改革创新，做好我们门窗配套件行业的各项本职工作，要以坚定的信念去迎接门窗配套件行业更加美好的明天。

（2013年6月25日在广东中山“2013年建筑门窗配套件委员会工作会议”上的讲话）

企业扩张发展

中国企业怎么发展，我想有很多内容。我们中国企业跟外国企业相比较，有几个差距不太一样。

一是外国企业百年老企业很多。我接触很多外国企业，老板一谈一百多年了，比如日本的松下电器，最早是松下新之助从搞自行车铃铛起家，现在也有一百多年了，像这样的企业很多。因为新中国成立才六十多年，国有企业还涉及换届，没有做百年企业的想法。百年企业倒是民营企业考虑得更多一点，我们干了儿子干，儿子干完孙子干，包括在座的都是这样的。许多外国企业是员工在我这里干，员工的儿子还在我这里干，员工的孙子也在我这里干。这样企业的凝聚力才强，这是一个区别。

二是很多国外企业他们的市场眼光都是全球的。我经常讲我很欣赏肯德基，那个老头照片全世界到处都有，全中国的城市、飞机场哪里都有，比我们毛主席像还多。虽然我们说是垃圾食品，但小孩就是愿意吃，全世界经营。我以前跟你们说过美国西雅图航空公司波音飞机制造厂，我国领导人去的时候跟人家说，感谢你们美国的波音飞机制造厂。波音老板马上举手说，总统阁下我想纠正你的说法，他说我很多产品是在中国西安生产的。西雅图航空公司有一个全球的观念，包括我们的行业，现在外国企业到我们中国来，德国来的、意大利来的、瑞典来的，他们都有全球的思想。

三是外国企业科技更新速度相当快。一个企业跟人一样，人有少年时期、壮年时期、老年时期，最后到死亡。产品销售市场最旺盛的时候是这个企业青年时期，当你产品老了，这个产品在市场上滞销的时候，那这个企业就完了，就是属于老年时期快要死亡了，但企业要获得新生你要有新产品出来，就这么个道理。外国企业科技创新意识比我们强，我们开始靠笨重的体力劳动，以前我们企业效益为什么比外国好些，我们劳动力成本低。外国企业成本太高，因为劳动力成本太高他要考虑机械、考虑机器人、考虑流水作业，我们过去人力便宜，现在我们人力越来越不便宜了，现在你要做个小保姆的话工资也不会太低。外国工人工资不亚于工程师的，人少啊，我们飞机上服务员，都是漂亮的空中小姐，外国都是空嫂，哪有那么多空姐。

四是外国企业管理严谨，尤其是本地企业。很科学、很严谨，他们管理比我们的管理要严谨得多，我们管理有时候死板。外国企业养成人人参与管理的习惯，每个人都是自己自觉地去沿着企业规章制度执行。我们的工人就是跟你老板干，总想当主任，总想自己弄一套，总觉得不满足。当然，这有个过程，另外任何一个企业的发展，从开始成立都有一个相当长一段时间是企业原始资本的积累阶段。企业原始资本积累的时候，是牺牲员工眼前利益的阶段，这个时候可能员工奖金很少、工资很少，企业为了自身要发展起来，发展到一定阶段，企业就到自身快速发展阶段，企业就壮大规模，人多了，产品也不错了，销售市场也扩大了，自我发展到一定阶段，再发展就要扩张发展。

作为我们海达来讲，我认为海达应该到扩张发展阶段了，海达成立也有四十年了，四十年到今天应该到扩张发展阶段了，下面我要讲的就是企业扩张发展。

一、扩张的基础

海达扩张发展的基础有两点：上市的三大转变和基地命名的三大作用。

1. 上市的三大转变

上市企业和不上市企业的区别，有三大转变：

（1）企业上市了就不再是你企业自身的或者说是我们自己管理的自我的企业，企业已经成为公众性企业，企业的经济技术指标、财务指标要公开化，要受社会公众监督，企业已经成为公众性企业，这个转变很大。不是老板想干什么就干什么，他受银监会包括其他社会公众性的监督。

（2）企业原来是向股东负责，现在不仅要向股东负责、而要转变为向股东股民共同负责，我持有你企业的股我希望这个股能涨而不希望跌下来，那你企业经营对股民来讲影响是很大的。

（3）上市了本质上说是一种融资，就是把老百姓的钱拿来了，这个钱拿来干什么？股民买股票，我企业有钱了，实际是一种社会融资，社会的钱进来了，那就考虑资本经营，过去是生产经营，现在要资本经营，生产经营还要搞，资本经营也要搞，两种的区别是：生产经营就是生产产品，而资本经营不是产品，他属于扩大投资式的经营。当然现在比较来得快的是投资房地产，或投资其他，是投资型的经营，以钱生钱的经营，以钱引来更多钱的经营。外国企业评价我们国有企业说有两大毛病：财务科管财务的就知道财务收支出纳，不知道资本经营；人事科光知道人的档案，不知道人力资源开发，这是我们的毛病。我们企业上市了，对于一家企业来讲，上市是有好处的，但是上市也有风险的，上市企业不搞扩张经营，上市是要失败的，因为资本拿来无法处理。上市具备了扩张经营的基础条件。

2. 基地命名的三大作用

我们今天给你们命名一个基地，可能会感觉这个基地不如上市作用大，但是他也起一定作用，共有三大作用：

（1）为什么给你基地，毕竟是中国的一个基地，是我们筑构配件先进生产力的代表性基地，他实际上就是我说的对你是一种肯定，一种无形资产。我没有给你资本，没给你一百万、一千万，只是给你一个名。这个名是无形资产，这个无形资产哪里来的，是我们干出来的，也是我们的天时地利人和所赐，也是我们这个团队这几年努力出来的。

(2) 我们这个基地命名，要发挥它的作用，是要为行业发展作贡献的。因为在一个行业内部企业在不停地变化，有的企业昨天比你强，明天就可能比你差了，有的企业昨天比你差，明天就比你强了，这是不停顿的，是动态的。这种情况之下，作为被命名的基地就始终要保持行业领头羊、领军企业的地位，对行业发挥作用。另外对地方经济来讲，是带动江阴地区地方经济发展，江阴为什么是百强县，很大的一个道理是，这里的企业家比较多。江阴没有这么多企业家，光靠江阴市政府市长的本事是不行的。江阴现在上市企业很多，一个县级有这么多上市企业是带动江阴市地方经济发展的，依靠这些企业是关键，现在我们有些领导同志，天天讲重视民生、关注就业，我说你们应该关注创业者，要给创业者制造条件，创业者多了，你这个地方就有就业的了。我们海达员工多少？1000 多人，没有海达就没有这 1000 多人的就业岗位，市政府天天喊就业，市政府大楼扫地的有几个人呢，能解决几个人的就业？这是对地方经济发挥的作用。我给你基地的名就是要你在一个行业始终保持领先地位，也要对地方经济发挥作用。

(3) 基地命名对企业来讲我们要看到这是企业发展的一个新阶段、新标志。也就是我说的要扩张发展，要在产业群、产业链上去扩张发展。什么叫产业链？从原材料开始，从橡胶的原材料到生产、到用户，这一条产业叫产业链，什么叫产业群？就是与我周围大大小小相关的产业包括工具企业，比较关联的企业才能形成产业群。形成一个产业集中度就是说我海达要扩张发展，这是我开始讲的第一个问题，上市的三大转变和基地命名的三大作用是形成我海达扩张的基础。

二、扩张的实力

扩张这个词过去叫“侵略”，企业扩张不是侵略其他企业，企业就是不同常规的发展，扩张性的发展。那什么叫扩张发展？就讲第二个问题，扩张发展的力量。实力在哪里，我们要扩张发展没有实力是发展不了的，这个实力主要表现在三个方面：

1. 创新力

我们的创新力多大，我们的专利有多少，创新有三种：原始创新，集成创新，还有引进消化再创新。专利权有多少，没有专利我们进行专利分析，一定要以新取胜。今天对我们来说是什么？胶、胶条产品，新在耐久性、耐火性、传热系数、节能的作用、防火的作用、坚固牢固的作用等方面，主要的还是建筑节能、高层防火的，还有坚固牢固性，因为胶是化学物品，化学产品的化学成分稍有变化，它会发生很多变化，成分一变化物质就变化了，创新就创在这些方面。

2. 竞争力

竞争力表现在三大方面：一是国内市场竞争力；二是国际市场竞争力；三是核心竞争力。企业总处在有竞争力的状态才能扩张，没有竞争，就像打架，我打不过你谈什么扩张，我怎么扩啊，企业竞争力很关键。

3. 人力

企业是靠人组成的，扩张也是靠人去扩张的，不管你干什么，负责财务的、负责营销的、负责质量的、负责安全的，负责什么的你都要在海达待十年八年，至少要成为海达的专家，再过几年之后成为江阴的专家，以至于全国的专家。我们研究什么要有这种精神状态，每个人如此。我自己想过，我干什么需要什么，今天叫我当医生看病我也不会看，我不懂，真正当医生，我相信我三年之后不比现在某些医生差，我苦学三年呗，就是说你干什么钻研什么。这方面我们要以专家的身份要求自己，我在海达工作不是一般的领导叫我怎么干，我就怎么干，要有人力资源开发。人才队伍大体上分四大类：一是企业家队伍，什么叫企业家，光有资本不会管理、光投资不会管理的叫资本家，为企业聘用的光会管理没有资本的叫管理专家，有一定股份又是专家，那就是企业家，有资本会管理的人叫企业家。在中国来讲，一个企业不是一个企业家，固然一把手很关键，但是要看成一个企业家队伍，就是说我今天不是企业家，我做着企业家的工作，在座的每一个人做的是企业家工作，要以企业家的标准去要求自己。要以儒商的诚信，智商的才智和华商的胆略去锻炼自己。第二个技术专家队伍，我们搞化工的就要有化工技术专家、橡胶技术专家，本身海达要有，海达没有的、有外面联合的某个高等院校的研究所，或者有老师、有同学是这方面的专家。第三个就是管理专家队伍，大大小小的从事车间管理的、安全管理的、财务管理的、人事管理的，管理什么的要成为什么管理专家。第四个技工队伍，就是海达的工人不同于一般的工人，在我这里的工人都要熟练掌握自己的技术，要评工人技师的。工人评上海达技师，到我这里成为技师的工资就要比别人高一点，你出了我海达，你这个技师就没有了。以上的四大队伍也是我们的四大人力资源，缺一不可，四大方面的人力都是队伍，不是一个人。扩张没有创新力不能扩张，没有竞争力不能扩张，没有人力四大队伍不能扩张，这是扩张的实力。

三、扩张的途径

1. 资本和生产经营

资本生产经营扩张，就是要投入。投资经营可能除了海达的生产经营以外，拿了很多钱之后我可能投入某一类的行业，能获取更大的利润。谁强和谁搞资本经营。

2. 兼并、收购和重组

兼并、收购和重组，企业发展到一定程度肯定要兼并其他企业，肯定收购一些企业，肯定要重组一些企业，而不是我们扩大土地增加厂房。下面我要谈生产力布局的问题。我想你们派个人回去研究一下亚萨合莱，它怎么收购、重组、兼并，它怎么把国强五金收购去，怎么收购盼盼的，怎么收购王力门窗，写一个考察报告，将来我们需要收购什么样的企业。收购、兼并、重组是不一样的，兼并是互相加了我的股份，我逐步把合作伙伴兼并了，我这个企业我买你百分之二十的股以后，我再买你百分之三十的股。就像日本的熊谷祖，我佩服我们有个沈阳人身在日本熊谷祖一个大型建筑企业中，但这个沈阳人逐步买进股份，最后整个企业全是这个人的，没有日本一点股。收购就是直接将企业买了，重组就是企业进行重组，包括我们的基地，你们不是外面有两个基地比较小嘛，将来这个小基地可能要变大，外面的基地重组变大，怎么去兼并、怎么去收购、怎么去重组，你是逃不了这个的，肯定有你收购的、肯定有你兼并的、肯定有你重组的，但什么时候做，怎样做好，这个再研究。

3. 国际和国内两大市场

国内市场和国外市场。上个礼拜我去北京的嘉寓公司，这是一家生产门窗幕墙的企业，他现在在全国建了六大基地，总部在北京，在常州花了不到 10 个月的时间建立了一个庞大的基地，他在全国分布生产点，他的门窗销售距离不超过五百公里，在五百公里以外都有嘉寓的公司、嘉寓的基地，他就把国内市场就这么分布开来了，东南西北中，华东地区，华南地区，华西地区，西北地区，全部铺开了，铺开了以后什么情况呢，我跟他们说了每个基地就相当于每个新生的企业，他都在发展。现在海达在这里，可能今后在东北有我一个海达，西北有我海达，每一个海达都在发展，这样海达就成了一定规模型。同时国际市场有两种：一种是我们的产品卖到国际市场，这个我要说发挥海外华侨的作用，华侨也要挣钱，谁卖我海达的产品我给你好处费，这是合理的经纪人费用，商业上是允许的。经纪人替你销售你要给费用，每个企业都有自己的经纪人队伍，在国外销售自己的产品。第二种收购国外的企业或者和国外企业共同成立新的企业，不是销售产品了，而是在国外办工厂，当地办工厂，我销售到国外，就像外国人到我们中国来办工厂一样，一个道理，我们要立足于国际国内两大市场。这是从地区来说，从行业来说又要分若干市场，如造船市场、建筑市场、其他医用市场，因为我们这个胶条用途可以用在很多方面，包括硅胶、胶条、毛条，可以用在很多方面、很多不同产品的市场，我们考虑的国内市场国外市场是按地区划分的；第二个是按市场品种划分，用在造船上的就是造船市场，用在建筑上的就是建筑市场，负责营销的要把市场分类划分好，而每个市场都有每个市场的特点。只有掌握这个市场的特点，掌握这个市场的规律才能做好营销。

4. 产业集群中心

产业集群中心，海达在江阴要形成橡胶研发中心。外国常说中国国有企业，我当过国有企业经理，我们国有企业有个什么毛病呢？叫两头小中间大，即橄榄球式的企业，就是生产厂房挺大，工人挺多，办学校办医院，我过去在建筑公司还有 2000 多亩地，但是研发队伍太小，营销队伍太小。外国的企业是中间小两头大，哑铃式的企业，厂房不大，人员不多，但是我的营销力量很大，研发力量很大，那中间人不多你怎么生产这么多产品呢？那我靠我的产品有合作的，好多中小企业帮我生产，他按照我企业标准生产就是我的，但是我加强的是营销，加强的是研发，这两头要大中间要小。研发中心、制造中心、交流中心，还有很多这样的几大中心，这个我也建议你们派个人去考察考察，写个报告，结合你们的情况考虑考虑，考察奥润顺达，他是和德国的墨瑟门窗形成一个博物馆，还有一个海关基地，跟中央一些部门都联合在一块的。外国什么都有博物馆，火柴盒有博物馆，纸茶杯都有博物馆，胶的瓶子也有博物馆，橡塑也有博物馆，我们将来也建个博物馆，把国外的一些产品都收集到一起，这个博物馆是供研究用的，就是要在这个地方以我海达为中心再团结大大小小的小企业、家庭企业形成大的产业群，我是航空母舰，航空母舰带着周围大大小小的船只都跟我有联系。这是对我们企业很有利的事情。

四、扩张的战略

1. 科技战略

科技发展战略，起码了解这么几个问题，第一个我们的科技到什么程度？国际上发达国家发达的企业的科技到什么程度？我什么地方比他领先？哪些地方不如他？我怎样超过他？现在向国外学习，学习就是为了超过他，要有科技方面的战略。要了解科技发展的总趋势，我们现在的区别。科技包括三个方面的科学：科学技术，科学管理，科学经营。科学地去做买卖，产品科学地做，科学地管理，科学技术，都属于科技战略考虑的。

2. 品牌战略

品牌战略，就是要让产品出名，让大家都知道，品牌和其他产品有什么区别，我们说一个产品质量好，如果说是产品的物理属性，品牌好就不光是物理属性还有情感属性，顾客用到我海达的产品在情感上有一种满足，我们合作品牌是海达，这就像我们穿衣服打个钩就是耐克品牌一样。

3. 市场战略

市场战略，这和当年游击战争相似，从农村包围城市，不管干什么有个根据地。我在哪里销售了，哪一个省、哪一个企业销售我的产品了，我销售给他了，这个地方我就开始要扩大了。如何巩固我现有的市场用在巩固的基础上，如何去扩大市场，就像连锁店，你在北京住这家酒店，你到常州也住这家酒店，连锁店很关键，扩大市场战略，其中很多内容，我们要去研究。

4. 人才战略

人才战略有这么几点很关键：①现有人员包括在座的都是人才，人人都可以成才，首先要把自己的人培养成人才；②能合理利用外面的人才为海达服务，在座的每一个人你们的同学、你们的朋友、你们的老师，都是海达的人才，他能为海达做什么就是海达的人才，他不一定调到海达来，也不一定在海达上班，能给海达提供一个信息就是海达的人才，考虑人才要考虑这些方面，每个人“我们”都有一群人，人除了组织的关系以外，人还有社会关系，组织关系就是领导、被领导而形成的一个组织关系。还有一种关系，我们是老乡，都是江苏的，都是盐城的，老乡说一句话比你领导说一句话还好使，我们是校友，我们是战友，这个关系都起作用，都能使人才发挥作用。

5. 企业文化制胜战略

任何一个企业都要培养自己的文化，实际每个企业，每个人都会有文化，不过这个文化是积极的是消极的就不好说了。好的文化氛围，假如你这个企业文化氛围很好，不干活的人在你这个企业待不住，不好的文化氛围，干活的人待不住，谁干成功谁受埋怨，我们有些人是这样的，你比他强他嫉妒你，你比他差他笑话你。这些要有一个好的文化氛围。人有两个家：一个就是自己的家，父亲、母亲、老婆、孩子，这叫充满爱情的家；第二个是我上班充满友情的家。无论是充满爱情的家，还是充满友情的家，都是有矛盾的，这种矛盾他要消化。不消化是不行的。夫妻两个哪有不吵架的，同事之间也有矛盾，矛盾要消化不能激化，这就是我们平时说的思想政治工作，大家要有一个好的氛围。前年我掌握的一个资料，中国有72家上亿资产的民营企业家，有亿元之上的大型的民营企业家，其中有三分之一是因为累死的、病死的；有三分之一是被部下害死的，就是矛盾激化了。任何企业都有劳方和资方的关系，劳资关系不得不承认，劳资关系紧张了容易发生矛盾，有矛盾不要紧，可以慢慢缓解了；还有三分之一就是违法乱纪进去了，这就是企业文化自觉、文化自信，叫海达就有海达文化，叫海达人就和别人不太一样，我们要塑造一个新的海达人，我们不光卖海达产品，我们是塑造海达人，海达人有海达人的特点，海达人有海达人的劲头。就这么一股劲，我们把海达企业搞起来了，没有这么一股劲海达发展不起来。

6. 规模经营战略

规模经营和经营规模是两个概念，所谓经营规模就是经营扩大到一定的规模，规模经营是从一定规模上去考虑怎么经营。这次我跟嘉寓他们谈了一下，我说你们不错，全国搞了六大基地，这个六大基地有好处也有风险，当基地多了的时候有一定规模了，你怎么考虑规模经营？这时需要放权，怎么让每一个部门去考虑发挥自己的作用，怎么才能让他产生大大小小的嘉寓公司，但你不见得跟我一样，要各有特点，要让他们自觉地去负责任，而不是说我找一个听话的，让你往东你往东、让你往西你往西，要发挥大家的积极性主观能动性、高度负责性，以企业为自己的己任，甚至于让自己的儿子学，这个是规模经营的考虑。

7. 竞合战略

当前市场经济是竞争的，但是你们要考虑过去我们讲市场经济是竞争性的经济，什么是竞争呢？就是大鱼吃小鱼小鱼吃虾米，竞争是你死我活的、竞争是残酷的、竞争是无情的，这话过去说对，但现在说不完全对，合作是更高层次的竞争。在某一个场合下，我们两个企业同样产品可能是竞争的对手，在另外一个场合下我们是合作的伙伴。现在全世界国家元首都世界各国走，建立友好战略关系，五十国集团、东盟十国、金砖五国，到那个国家就建立战略合作关系，世界就是这么个特点。企业的合作有两大宗旨：一是增强企业经营能力；二是拓展企业市场份额。我们的企业最起码有三大合作：

（1）和银行合作。海达必须找一个可靠的银行跟自己紧密的联合合作，我没有钱，银行有钱，叫银企合作。

（2）产科研合作。海达是工厂，跟学校、研究所、研究机构合作，用他们研究的机器、他们研究的设备、他们研究的人员为海达服务，他们的成果为我服务。

（3）产业链和产业群的合作。上下游企业的合作。上次我到浙江的永康，一家门业立一个标语“我和176个房地产开发公司有合约关系、有合作关系”，大型房地产公司用我这个产品的，不光买我这个产品，还跟我建立合作联盟。当然合作的方法多得很，有的是做广告，争取联盟。上一次嘉寓在常州开会，他请了200多人，剪彩都请了全国各地的他的合作伙伴，都请到常州来看一看，都是他营销部请来的，他就是为了产业链上的合作、产业群上的合作。我们的原材料是我们上面的供应商供给我们的，我是客户我是上帝，我也跟他合作，你那个东西不能一会涨价一会没有，你要稳定的供应给我。我的下游我供应给他的我也有个稳定的合作，你不要说今天要、明天不要了，我当然要去市场营销、去零售，但是我有比较稳定的市场销售渠道，这才能定出我今年的生产计划，明年的生产计划。竞争与合作的战略叫竞合战略，这是非常关键的。

五、扩张的自身素质的转型升级

企业扩张发展对企业自身素质来讲就是要转型升级，具体有：

1. 质量效益型

我们讲的质量包括：产品质量、工作质量和服务质量。

所谓产品质量就是东西要好；服务质量就是服务好、售后服务用户满意；工作质量，包括机关人员，实际是安全，安全就是工作质量，比如，下班不关灯失火了，造成人员伤亡事故，自来水不关，这都是工作质量。我们讲的效益也包括三个方面：第一个是经济效益，我要赚钱；第二个是社会效益；第三个是环境效益。我强调的这三个效益都要考虑，用我的产品环境效益不差，社会效益也不差，经济效益当然也不会差，不光是追求数量而要强调质量效益。

2. 科技先导型

领导要成为科技先导型的领导，员工要成为科技先导型的员工，产品要成为科技先导型的产品，包括我的厂房。

3. 环境友好型

环境分工厂的生产环境，包括噪音、噪声、粉尘；工厂工人生活。工作环境包括我们机关，人人相处的环境。

4. 资源节约型

包括生产过程中的废料原材料我怎么节约，包括提供给客户的产品怎么节能，实现资源节约。生产过程中要节约，外国企业十分注重废品加工再利用，我们有的就不利用了，工具不维修，坏的就扔掉。提供产品给客户也要体现节能，是资源节约型的产品，生产的过程是资源节约型的。

5. 社会责任型

企业强调对社会负责任，强调诚信，现在社会不诚信的太多，市场经济不完善，质量好的商品卖不出去，质量差的有人买。另外借钱不还，货品拿去了赖账。不诚信有三：吹、假、赖。什么都敢吹，夸大经营，夫妻两个开个饺子店不叫饺子店，叫饺子城，饺子城旁边再开个饺子店叫饺子世界；吹得太多、假的太多，胶也有假的，好多胶含量都不一样，假商品太多。什么买东西不给钱，你不要给人家担保，亲兄弟担保都不行，十个担保有九个成被告，都不讲诚信。我们企业要讲诚信，不讲诚信只能赢得一时，为人也要诚信啊，所以要讲社会责任要讲诚信，产品要对社会负责。

6. 组织学习型

干什么要学习什么，只要真学习，想学习，什么时候都是学习，听别人讲话是学习，看电视也是学习，打麻将也是学习，动脑筋了。你今天当经理，要学习怎么当经理，我今天当部门经理，我就学习部门的事情，我管质量的就管质量，我把它弄明白，我管财务的就把财务的弄明白，我管人事的把人事的弄明白，我刚搞营销我就把营销学问搞明白，我要找这方面资料去学习，上网也有学习。现在真正看书的人太少，写字的人都不多了全是电脑了，不学习就完了，人家美国提出来要成为人人学习之国，新加坡提出来2015学习计划，包括大人小孩人均两台电脑，日本提出来把大阪神户要办成学习型城市，德国提出来要推进终身学习之年。人从胎教就开始学习，到死为止，就是我们过去说的活到老学到老，我们中国共产党也提出了共产党也要变成学习型政党，那我们的企业要变成学习型组织、员工要成为知识型员工，这种学习是一种高度自觉的学习，学以立德，学以增智，学以致用。

今天我从五个方面简要地讲了我的所思所想的扩张发展，我之所以这么讲是因为我对海达充满信心，我觉得我有一种责任，我们协会有一种责任，这么好的企业在我们行业里面，我们应该有责任给海达多讲一讲，但是我们讲的毕竟是外人讲的，真正了解海达的是你们，你们了解海达的过去、现在和将来。

应该说海达这几年相当不错了，现在是我们行业的佼佼者，但就发展速度还不是很快的，毕竟40年了，为什么呢？这里面不是我们某个人不努力，有社会的因素、有行业的因素，还有方方面面的因素。所以我主张千万不能蹲在家里，总经理、经理、董事长、研究人员，要多出去走一走，你们最起码了解一下，瑞典的亚萨合莱，了解一下北京嘉寓，再了解一下河北奥润顺达等等，学各人之所长，尺有所短、寸有所长。孔子讲过，三人行必有我师，就是我们千万不能蹲在家里，当然我们要把自己的事情做好，我们有我们的长处，我们向人家学习并不是说我自己不行，我自己明白自己，真正了解海达的是你们和你们周围的人，真正能使海达腾飞、海达能够扩张发展的也是你们，但是我们有这么个心愿，我们有这么个机会，有这么个舞台，去宣传海达。希望我们海达能在行业中发挥更大的作用，人生就是如此。我们都有海达做大做强的梦，通过这个梦把我们行业做大做强，就这么一个道理，很简单。

今天我从五个方面讲扩张发展，重点说的是海达到了企业扩张阶段，需要认真研究海达怎么扩张，因为这种形势是很逼人的，而且每个人都要动这个脑筋。我们走了之后你们再研究，研究的事情不是一下子就研究成的，某一件事情就研究某一件事情。但是所有的事情，都把扩张发展放在脑子里面，海达肯定能够大发展。困难是有的，中国的市场经济不完善，存在着刚才说的好东西卖不出去，贪污腐败的人能当大官，老老实实的官当不上去的个别现象，但是时间不会太长了。我们的市场处在完善的过程之中，我经常说当官的也好，有钱的也罢，一个人的人生就像坐飞机一样，不在于你这个飞机飞多高、飞多快、飞多远，最重要的是要安全降落。衷心希望海达有更美好的明天，海达一定会有一个更大更快的发展。还有一句话，我们世界上最强大的企业应该在中国不应该在日本、在美国，中国有这么大市场，中国有这么大的地方，中国人又这么聪明，凭什么你比我强啊，只不过你发展时间比我长，你一百年我五十年、四十年，我一百年以后怎么样，所以我相信海达一定能为营造百年海达、为营造我们行业的航母做出自己新的成就。

（2013 年 7 月 25 日在江苏江阴“江阴海达橡塑股份有限公司科技产业化基地授牌仪式”上的讲话）

高度重视建筑门窗配套件的性能

改革开放以来，我国的发展势头十分迅猛，城乡变化巨大，国民经济实力、经济生产总值增长迅速。

高速发展过程中，粗放的生产方式、传统的建筑方法、落后的生产工艺使我们付出了沉重的代价——污染问题严重，今年我国东部地区持续的严重雾霾天气就充分说明这一点；能耗居高不下，能源消耗已超过美国成为世界第一。特别是建筑能耗占社会总能耗的40％左右，而建筑的维护结构门窗占建筑能耗的50％，也就是说建筑门窗能耗约占社会总能耗的20％左右，这个问题相当严重。国家已把能源消耗强度降低和主要污染物排放总量减少确定为国民经济和社会发展的约束性指标，把节能减排作为调整经济结构、加快转变经济发展方式的重要抓手和突破口。建筑节能、绿色行动将是今后相当长时期需要行业共同攻克的课题。而建筑门窗配套件是影响建筑节能、门窗性能质量的重要因素，是影响房地产开发成效的因素之一。

一、绿色建筑行动方案与建筑节能

2013年1月1日，国务院办公厅1号文件（国办发［2013］1号）转发国家发展改革委、住房城乡建设部制订的《绿色建筑行动方案》，要求我们切实抓好新建建筑节能工作，大力推进既有建筑节能改造，开展城镇供热系统改造，推进可再生能源建筑规模化应用，加强公共建筑节能管理，加快绿色建筑相关技术研发推广，大力发展绿色建材，推动建筑工业化，严格建筑拆除管理程序，推进建筑废弃物资源化利用。

开展绿色建筑行动，以绿色、循环、低碳理念指导城乡建设，严格执行建筑节能强制性标准，扎实推进既有建筑的节能改造，集约节约利用资源；提高建筑的安全性、舒适性和健康性，对于转变城乡建设模式、破解能源资源瓶颈约束、改善群众生产生活条件、培育节能环保、新能源等战略性新兴产业，具有十分重要的意义和作用。要把开展绿色建筑行动作为贯彻落实科学发展观、大力推进生态文明建设的重要内容，把握我国城镇化和新农村建设加快发展的历史机遇，切实推动城乡建设走上绿色、循环、低碳的科学发展轨道，促进经济社会全面、协调、可持续发展。我们协会与门窗节能、绿色建筑行动工作相关的委员会有铝门窗幕墙、钢木门窗、塑料门窗三大门窗和建筑门窗配套件委员会，在“绿色建筑行动”中的作用显得特别重要。

目前我国现有房屋建筑面积超过了400亿平方米，能达到建筑节能要求的仅占6%～7%。《方案》要求，“十二五”期间全国要完成绿色建筑10亿平方米，到2015年末，20%的城镇新建建筑要达到“绿色建筑”标准要求。“十二五”期间，完成北方采暖地区既有居住建筑供热计量和节能改造4亿平方米以上，夏热冬冷地区既有居住建筑节能改造5000万平方米，公共建筑和公共机构办公建筑节能改造1.2亿平方米，实施农村危房改造节能示范40万套。到2020年末，基本完成北方采暖地区有改造价值的城镇居住建筑节能改造。《方案》中还特别提到加快“绿色建筑”相关技术研发推广，大力发展“绿色建材”以及推动建筑工业化的问题。各部门要加快建立促进建筑工业化的设计、施工、部品生产等环节的标准体系，推动结构件、部品、部件的标准化，丰富标准件的种类，提高通用性和可置换性。

目前许多建筑工程只考虑减少当前一次性基本建设投资，无视近百年使用期间长期的能源消耗，这样的结果将给后人留下数百亿平方米的高耗能建筑，不仅使我国的能源资源消耗形成黑洞，而且严重污染环境，成为影响我国经济社会可持续发展的沉重包袱，因而建筑节能是建设管理者和实施者们亟待尽快落实的大课题。

房地产是一个热点，众说纷纭，但与老百姓息息相关。房屋的投诉中老百姓很少会投诉房屋基础不好或结构不好，据对使用过程中出现问题的统计，近年来建筑工程质量投诉50%涉及渗漏，其中外墙渗漏尤为突出，约占40%，建筑门窗、幕墙外围护结构的气密、水密性能下降，使节能效果达不到设计要求。据某房地产公司统计，对其房屋的投诉门窗问题占到50%，包括门窗渗漏、启闭不畅等问题，涉及门窗的问题中80%又与构成门窗的配套件相关，这些问题的存在成为影响建筑节能的“黑洞”，但“黑洞”不能仅说配套，应该是整个门窗。在中国古代有一个故事，一个将军因为战马马蹄掌上有一个钉子没钉好，在两军交战时，马掌钉子脱落，马将将军摔下，将军身亡。一个马蹄掌决定了一个将军的性命。而配套件就像马蹄钉，决定了门窗的质量，而门窗又决定了房地产的信誉。因此研究建筑节能，一定要关注门窗幕墙，更要关注配套件，关注门窗系统的研究和应用。

二、配套件对建筑门窗性能、功能、寿命的影响

要解决好建筑外窗节能的问题，首先就要解决好建筑门窗在使用过程中，经常需要开启、关闭、锁闭过程中存在的力的传递的问题；达到有效、持续的密封效果问题；实现有组织的通风、保证良好的室内空气环境的问题等。这些功能的实现都与五金配套件的质量和配置是否合理密切相关。

1. 配套件是影响建筑门窗保温性能的重要因素

由于建筑门窗五金件在门窗中的作用就是和建筑门窗框、扇型材配合、连接，实

现门窗扇的开启、关闭和锁闭功能。五金件和门窗框、扇型材的配合安装结构是否合理，门窗框、扇型材隔热位置及结构是否科学，节能玻璃的结构设计是否合理，将直接影响建筑门窗的隔热保温及节能效果。在门窗的选用设计时要考虑北方地区冬天门窗不能过冷，要考虑到保温、密封；南方夏天门窗不能太热，要考虑隔热、要考虑空调的节能。门窗的热传递绝大部分是通过玻璃传递出来的，门窗玻璃技术发展目前解决的比较好，有LOW-E玻璃、双层玻璃等；窗框方面隔热、断桥等技术也在不断进步；配套件在力的传递、功能的实现与保证上更需进一步改进、完善。所以，在做建筑门窗的节能设计时，要重点考虑配套件与门窗框、扇型材杆件的配合、安装结构，这些在节能门窗系统发展中就显得特别重要。

2. 配套件是影响建筑门窗气密性能、水密性能的重要因素

决定门窗本身气密性、水密性的主要因素不是玻璃是否透气，而是配套件的结构和性能。建筑门窗在关闭状态下，门窗框、扇型材组合后形成的相对位置和填充密封材料的配合位置及弹性变形的形状、能力，都将决定建筑门窗的气密性能和水密性能。而建筑门窗关闭状态下，门窗框、扇型材组合后形成的相对位置取决于五金件的设计结构和选材、加工、制造质量。因此，只有使用结构合理、性能优良的五金件，配合性能良好、断面结构适宜的密封材料，才能制造出气密性能、水密性能好的建筑门窗。

（1）建筑外窗可靠、有效的密封系统（密封部件）研究：研究门窗密封材料（密封胶条、密封胶）的选材、设计如何满足与五金件等配件及型材共同作用时的系统设计、应用，实现建筑门窗在整个建筑设计中所需的持续、有效的密封效果。

（2）可控的通风技术研究：研究组织好有效、可控通风、换气，保证室内空气质量，减少开窗通风换气造成的能量损失。德国现在提出呼吸型门窗，有较好的通风换气，能保证室内空气的质量。

3. 门窗配套件与门窗安全性

门窗、幕墙配套件中的五金件是使所需开启功能得以实现的核心，是保证开启部分框、扇连接安全，防止“高空炸弹”产生的重要因素之一，也是保证建筑门作为整栋建筑中实现安全、逃生、疏散、节能减排等功能的重要因素之一。大前年东北某省会城市，发生过一次坠落事故，将一位到商场购物的妇女砸伤，其原因就是五金件质量问题，导致明框幕墙坠落，甚至有人将幕墙称为城市中的定时炸弹，虽然有些过分，但是这样的安全隐患还是存在的。

我国每年建筑量在20亿平方米以上，新建房屋门窗量在4亿平方米以上，其节能是一个重要环节。既有建筑超过400亿平方米，其中大部分达不到建筑节能的要求，面临节能改造。因此必须提高门窗的研发、生产、应用整个过程的系统工程，细化为品质要求、性能匹配性要求、使用功能科学合理性要求，解决好选用的门窗达不到建筑设计的要求，不能真正与建筑寿命和功能相匹配，门窗型材及配套材料品质不保障，门窗组装技术工艺水平无法实现门窗系统的设计性能等等问题，因此需要我们加紧改进、堵住建筑节能的“黑洞”。

三、门窗配套件与门窗系统工程

过去将门窗作为单独的、孤立的建筑部品研究，很多专家提出，要建立门窗系统。这不仅仅是型材技术、组装技术，而是将整个门窗所有配件形成一个系统。这样才能使门窗真正达到一定水平的物理性能，还要满足各种使用功能、使用寿命。因此在门窗型材和门窗的构造设计就要考虑怎么综合运用五金、密封、玻璃的技术，实现这些性能、功能，还要掌握好加工技术和安装技术。在选用设计时就要考虑怎样以实际使用条件、需求的特性化，有针对性地合理选用。这就引出了门窗系统。

门窗系统是门窗及其相关联的型材、配套材料，以及结构装配、安装等工艺的汇总和组合，主要包括：开启形式，材料系统［型材系统、五金系统、密封系统、玻璃系统、遮阳遮蔽系统、防蚊蝇系统、附件系统（窗台板及窗套等）］及其各自对应的装配关系，组装及安装技术（部件加工尺寸、加工工艺及工艺装备、安装结构系统及安装施工工艺等）。上述等因素形成门窗系统化，以此来研究整个门窗节能问题。而门窗配套件是门窗系统化中的重要环节。房地产开发商选择门窗时必须要选择更高性能，更安全可靠的门窗配套件，才能达到保证整个门窗系统的物理要求。

门窗系统的性能是指最终经过设计及检测，使得门窗制品满足建筑物的通风、采光、气密性、水密性、抗风压、保温、隔声、遮阳、耐候性、安全性能、防结露、防蚊蝇、遮蔽、防盗、防火、外观装饰性、操作方便、寿命、开启形式、加工制作性能、安装的适应性能、性能价格比等。性能要求要适应于不同的目标市场的气候要求和使用习惯，符合国家、行业相关标准、规程规范。

门窗实际使用时的性能不仅包括了物理性能，还要包括使用功能和使用寿命，这些都要靠门窗配套件来实现。门窗配套件虽然是配件，但是它对门窗的抗风压性能、水密性能、气密性能、保温隔热性能以及使用性能和寿命的影响都会起到至关重要的作用。

配套件行业经过十余年的大发展，行业的骨干企业已意识到了科技领先、系统发展、品牌建设的重要性。骨干企业的生产设备向着半自动化、自动化、智能化的方向发展，工艺水平也随着产品设计理念的发展得到了较大的提高。

让我们积极行动起来，高度重视建筑门窗配套件在建筑节能中，成为房地产开发成功的重要力量，让我们共同扶持建筑门窗配套件企业做大、做强、做优，共同扶持建筑门窗配套件中小企业的企业家们健康成长，共同努力，为中国的建筑门窗配套件产品，树立品牌走向世界，谋求更大的商机和更好的愿景。

在我国建筑门窗行业的发展进程时间较短，技术也是分不同时期从不同国家引进的，有德国意大利、澳大利亚、瑞士、日本等国家，由于没有相应的研究机构和学科从技术原理、理论上进行系统的研究、提升和发展，仅仅是依靠企业在生产过程以及应用出现问题之后进行了一些局部修改。缺乏针对我国严寒、寒冷、夏热冬冷、夏热冬暖地区、内陆气候、沿海气候等不同使用特点的需求进行门窗的研究和系统分类，近些年虽然在门窗保温性能上各地政府出台了不少的规定及要求，但是对如何真正全面落实这些标准和要求还缺少具体的措施和办法。我们协会门窗配套件近几年最大贡献就是将门窗配套件的标准不断健全，对陈旧标准进行修改，但还有待进一步的完善。我们配套件行业近年来得到了很大发展，发展速度相当之快，今天会议的发起单位和支持单位都是门窗配套件行业中在全国处于领先的单位，在我们协会中具有影响力的单位，可以说在一定程度上代表了当今中国门窗配套件的行业水平，海达、坚朗、国强、之江、和合、新安东这些企业都致力于产品发展的要求，他们企业自行标准都要高于国家标准，在企业发展方面，在产品技术发展方面，在品牌建设方面，这些企业都有各自不同特点，但都紧紧地围绕着门窗系统、配套件系统的产品发展、系统管理的方向在努力。像海达公司是国家火炬计划重点高新技术企业，公司建有技术研发中心和理化测试中心，并与多所大学和科研单位联合组成了多个技术攻关小组，取得多项成就。在密封胶条新品方面，海达橡胶逐步开发了建筑抗震密封胶条，建筑阻燃密封胶条，建筑与硅硐胶相容的密封胶条。像坚朗公司在国内外建立了强大的营销网络和服务体系，在国内设立了200多个办事机构，国外有25个办事处，及时便捷地为用户提供售前、售中、售后服务，产品远销全球100多个国家和地区，企业加大了技术研发、创新的力度，建立了企业的研发中心，附设了12个技术部门来满足研发和生产，仅2012年创新培训投入4000多万元，同时还兼并了相关行业的企业，完善了自有的产品体系。广东和合公司，产品布局涵盖了配套件范畴中最重要的功能部件：五金和密封胶条。为了整合资源，系统管理，加快对市场反应速度和质量，组建了技术中心，涵盖了总工办、产品研发部、技术工程部、信息管理部、标准化办公室、检测实验中心、模具标准设计部等方面的职能，企业的发展以和合共赢为理念，在自我发展的同时，支持行业的进步，终身资助中国建筑金属结构协会门窗配套件行业科技论文大赛。之江公司将国际化、专业化、可持续发展的隐性冠军企业作为公司发展的愿景目标，建立了“多更新观念少换人”、“做人比做事更重要”、“平等比权威更重要”等一系列的企业文化。国强五金以保障企业发展是最大正能量为理念，与亚萨合莱合作，借助亚萨合莱先进的理念、技术、管理和国际市场，加快国强五金成为国际品牌的步伐。新安东公司在发展的过程中始终将高效、环保作为第一要务，贯穿于始终，2012年新安东增加相关设备达到了8000万元。

我们说骨干企业的生产设备向着半自动化、自动化、智能化的方向发展，坚朗、国强、和合分别引进了国外先进的设备，如，数控静电喷涂自动化生产线、数控加工中心、全自动的滚涂线、压注机，专用产品的生产线等；海达、新安东公司通过自动炼焦中心和智能化、半智能化配套系统，在国外先进的自动生产线上实现了产品质量的保证；之江公司搅拌设备、灌装流水线均为全球最先进的自动化生产系统。今天在座的企业有很多，在此不能一一举出，每家企业在发展过程中都有自身的特点，由于企业的工艺水平随着产品设计理念的发展得到了较大的提高，模具的精度提高保障了产成品的精度质量，实现了多道工序组合为一、模具的上下胎模由导套保证精度等模式，提高了工效，保证了精度。密封胶条在工艺上挤出时应用可变口型技术，利用计算机控制挤出口型的变化，使截面发生渐变或者突变，使密封系统更好地与主体相匹配和密封。

应该说在建筑门窗配套件行业中，我们很多企业适应国际的要求、适应全球的要求，在科技创新上做出了大量的工作。今天我们针对建筑节能的"黑洞"进行深入研究，也请著名的经济学家与我们一起探讨，我想是很有意义的。作为一个我们行业的企业家，要忙于生产，忙于销售，今天更重要的是要我们拿出时间来，静下心去认真地思索当前全球低碳社会的要求，当前全球对建筑节能的要求，在这个要求下去完成企业新的使命，企业家新的重任和担当。之所以举办本次高峰论坛，是集专家之智慧、集企业家之智慧，使我国建筑门窗配套件的水平能更上一层楼，能与国际相比较，建筑节能水平在我们这一代做到我们应该做到的工作，实现我们行业及企业家自身的历史责任和历史担当。今天办企业是很不容易的，我们过去是有成就的，但是前面的道路更漫长、更艰巨。衷心地祝愿建筑门窗配套件企业和众多房地产企业一起从过去的辉煌走向未来的更加辉煌。

附：转型发展高峰论坛活动结束时的即席小结

一、活动开展有新意

(1) 协会搭台专家点评的新意。尤其曹景行先生是新闻界的专家、时事评论家，通过他可以将我们的行业带向世界，我们需要媒体的力量。

(2) 行业专家企业家自曝问题、自谋发展的新意。今天我们讲了不少门窗配套件的问题，这些问题是门窗配套件企业家自己讲的，是门窗配套件行业专家讲的。自己暴露自己的问题是为了自我解决问题，不是让房地产开发商来讲我们的问题，而是我们行业内的企业家、专家自爆问题，自己解决问题。

(3) 行业企业管理和科技创新的新意。今天所有的问题我们要从科技上、管理上进行创新，来解决这些问题。

二、转型发展有深度

（1）与宏观经济相联系的深度。尽管我们企业是微观经济，行业是中观经济，但我们的微观经济、中观经济离不开国家的宏观经济，所以需要与宏观经济紧密联系。

（2）与产业链紧密合作的深度。参加这次会议的有万通房产、上海现代建筑设计（集团）有限公司，还有科研单位和企业，这次会议是与全联房地产商会一起主办的，房地产行业是我们门窗配套件行业的上帝，我们把他们请来一起共同研究谋发展。

（3）与行业协会同心协力的深度。今天的会议是由企业家掌握的，在6月份中山会议时他们就策划这个会议，虽然会议是由协会主办，但其实是按企业家意愿举办的。

三、高峰论坛有高度

（1）将门窗配套件行业存在的问题提到了消除建筑节能“黑洞”的高度。门窗配套件与建筑节能密切相关，与低碳社会密切相关，与人类社会密切相关。

（2）将门窗配套件行业的地位提到了门窗“心脏”的高度。人的心脏不健康便会死亡，将门窗配套件提到这个高度意义关系着门窗行业的存亡，甚至房地产行业的生命和信誉。

（3）将门窗配套件行业的发展提到了国际化的高度。今天专家讲课和书面论文中都提到了国际标准，都是在与国际相比较差距在哪里。所谓国际化，就是向国际学习、与国际交流，最终是要提高我国门窗配套件的国际市场份额，占领国际市场，这才是我们的最终实力。

今天的总结三句话：活动有新意、转型发展有深度、高峰论坛有高度。会议上很多专家的讲话还没有讲完，但论坛再好，最最重要的还是行动。希望我们的企业、会员单位要扎扎实实地行动起来，落实好“绿色建筑行动”方案中每一位企业家、专家，甚至每一位员工的使命和社会责任。我们最重要的是行动，论坛在形式上结束了，但在意义上还要深化，每一家企业回去之后内部还要继续讨论。最终落实到企业的行动，一切为了门窗配套件行业美好的明天，一切为了会员企业做优、做强、做大的愿景，一切为了人民、为了用户、为了家庭、为了祖国、为了振兴中华之梦的实现，谢谢大家。

（2013年9月16日在上海“转型发展高峰论坛”上的讲话）

抓住机遇 迎接挑战

我很高兴来到中国国际门窗城。无论你是来自国内还是国外，我们大家都是同行，是有缘分的，所以今天我们大家才能相聚在这里。我到门窗城之后，倪守强董事长告诉我，国家科技部在全国选了五大科技产业基地，中国国际门窗城非常荣幸，成为其中之一。听到这个消息，我很高兴。我想，这是一件大喜事，因为不管是我们的门窗，还是将来的建筑节能、建筑节能科技研发都有了一个新的基地，也就是说，将来会有世界各国关于建筑节能的一些高新技术企业落户在我们这里。关于门窗城更多的好消息，一会儿倪守强董事长还会向大家做更加详细的介绍。

从今天开始在这里举办的中国（高碑店）国际门窗节，是第二届国际门窗节，明年还会举办第三届，后年是第四届，我想以后的国际门窗节会越办越好。今年和去年比，国际门窗节的情况就大不一样，从规模上今年比去年大多了。上午我们参观了中国国际门窗城常年展览馆，展览馆所展示的产品非常丰富，重点展示了各企业最新科技成果和相关产品，这在过去是很少见的。从第一届门窗节举办以来，门窗城仅用了一年的时间便使入驻参展企业增加到300多家，这是非常大的进步。我希望大家都到门窗城仔细看看，大家一定会看到很多新东西，如新的机械、新的门窗产品，还有新的理念。在门窗城展示的门窗产品中有传热系数（K值）在0.86W/(m^2·K)以下的产品，过去我还没看到过，过去K值在1.0W/(m^2·K)就了不起了，现在门窗的K值能在0.86W/(m^2·K)以下，真不简单，很了不起，值得大家好好看一看。

2013年1月1日，国务院办公厅发布《国务院办公厅关于转发发展改革委住房城乡建设部绿色建筑行动方案的通知》（国办发［2013］1号），在全国实行《绿色建筑行动方案》，将“推动建筑工业化、切实抓好新建建筑节能工作和大力推进既有建筑节能改造”作为其中的三大重点任务。党的十八大报告明确提出，“要坚持走中国特色新型工业化、信息化、城镇化、农业现代化道路，推动信息化与工业化深度融合”。走中国特色新型工业化道路，推动建筑工业化发展，是党中央、国务院确定的一项重大战略，是全面建成小康社会的重大举措，也是关系到住房和城乡建设全局紧迫而重大的战略任务。

今天我们在国际门窗城举办“中国节能门窗产业发展论坛”，这是门窗行业的一件盛事，具有非常重要的意义，我也想借此机会，就当前建筑节能、门窗节能和建筑工业化等方面的问题谈一些想法。我讲的题目是“抓住机遇，迎接挑战”。

一、节能门窗产业发展的三大机遇

1. 新型建筑工业化和新四化的发展机遇

我们讲新型工业化，什么叫新型建筑工业化？内容很多，关于建筑工业化，我讲过十个方面，今天不在这里重复讲，但要特别强调的是新型建筑工业化是指实现绿色建筑的工业化。所谓绿色建筑，是在建筑的全寿命期内，最大限度地节约资源、保护环境和减少污染，为人们提供健康、适用和高效的使用空间，与自然和谐共生的建筑。也就是指在工程建设的全过程中，最大限度地节约资源、能源，做到节能、节材、节水和节地，同时注重环境保护和减少污染，为人们建造一种健康适用的房屋，使城市更美好，使建筑更节能，这很关键，这是第一点。这是一个机遇，这是新四化给我们带来的机遇和要求。

2. 《绿色建筑行动方案》的政策机遇

《绿色建筑行政方案》有明文指出，要在中国推广使用绿色节能门窗，包括遮阳门窗，专门提到门窗问题，这个行动方案为什么把门窗提的这么高，大家要有认识。因为建筑能耗占社会总能耗的40%，那么在建筑能耗中，整个建筑物能耗中，外围护结构，特别是门窗，又占建筑能耗的50%，这是什么概念？就是说我们门窗占整个社会总能耗将近20%，所以有人说门窗是当前建筑节能的黑洞，大家没有提高对门窗的认识。现在提出了《绿色建筑行动方案》，但制定的政策还远远不够。因为我上午问了下这里参展的一个企业，如果由原来K值在2.5~3.6的普通门窗，做到K值在0.86的节能门窗，在现有成本基础上需要增加多少？他说要增加20%。就是说，由平时不节能的门窗，要做到节能门窗，因为实行技术改造，这方面我们增加了20%的成本，那对我们推荐的绿色建筑行动方案来说，政策要更明确。我们要提高，要用节能门窗，而门窗的制造成本又高，那我们怎么样才能在工程造价上有所体现，政策也要考虑，要好好研究。

3. 深化经济机构改革，扩大国际合作的市场机遇

我们中国的今天，仍然强调的是深化改革，习总书记多次强调要深化改革，要扩大对国际的开放。大家看到了，来到我们这里展出的，包括上午参加会的有14个国家，外国的企业也将近有一百多个，都是在国际上比较先进的门窗企业，值得我们学习。同时我们也知道，我们的门窗，包括各种门窗制造的机械，在国际市场上，也占领了一定的份额，包括在南非、在欧美国家和地区也有中国的门窗在那里销售，在那里使用。前年我到德国，参观一个国际上最大的门窗幕墙展会，我去看了16家参展的中国企业，每一个展台我都到了，从中国千里迢迢跑到德国去参加展出，我觉得特别不容易，我很感激你们能走出去，敢于走向世界，这一点我们需要向国外学习，但是我们学习的目的是什么？我坦白说，学习也就是为了超过你，中国人有这志气，有这个能力，向兄弟国家、兄弟企业学习，努力创造自己的品牌。

二、节能门窗发展的三大挑战

有机遇就有挑战，好机会、好运气不是给每个人的，你必须要敢于迎接挑战，要有所准备。你不敢挑战，你就在那等待，好的事情不会让你等到。只有敢于挑战、善于挑战，才能赢得成功、赢得胜利。

1. 新标准的挑战

我们现在门窗有两个标准在制定中，一个是门窗洞口尺寸的标准，我们的门窗现在是建设单位要多长多宽，设计单位就设计多长多宽，没有一个能像日本、美国那样都是几种类型的长宽尺寸，有一定标准的。也就是说，要使用门窗，你到商场里去买就行了，门窗是作为一个产品去买的。中国是根据建设单位的要求去加工的，做不到产品商品化、市场化。另一个标准就是我们的门窗节能标准，其中最重要指标就是传热系数（K 值）。我们很多城市的门窗传热系数（K 值），仍然在 2.5～3.6 之间，现在我还要表扬北京，北京市刘淇书记考察德国以后，他就写了这么一句话，如果我们北京再不向德国学习，把门窗 K 值标准提高，我们就要落后了，落后我们就要挨打了。由此北京制定了《居住建筑节能设计标准》DB 11/891—2012，2013 年 1 月 1 日起执行，该标准要求北京市率先在全国范围内执行节能 75％的设计标准，并针对围护结构中外窗提出了 K 值达到 1.5～2.0 的规定，当然根据楼层、朝向和窗墙比有所不同，具体 K 值亦有所不同，但大致都在这个范围内，这比起目前门窗 K 值普遍在 2.6～3.2 之间，要求就更高了。如果拿 1.5 的标准来衡量我们中国现有门窗企业，我可以这样说，现有产品基本上都不合格，百分之百不合格。从目前趋势来看，北京带了个好头，相信全国很快就会跟上来，整个门窗 K 值要大大降低，降低不是说降到 3.1 或者 2.5，而是说 1.5 以下，德国目前是 1.3，这个标准对我们门窗企业来讲，不能不算是一个挑战，要么你就关门，要么你就适应这个节能标准的需要。

2. 新技术的挑战

咱们这里有全国三百多家企业展览，有很多新技术，无论是建材的技术，加工方面的技术，有关机械方面的技术，还是门窗节能和设计系统化等技术，都值得我们学习。这些新技术要在全行业推广确实是一个挑战。今天上午参加了国家建研院幕墙门窗（高碑店）实验基地竣工剪彩仪式，国家建研院全称是中国建筑科学研究院，实际上本质是中国国家建研院。早在 1985 年、1986 年，我当时作为黑龙江省建委主任考察原苏联国家建研院，我就有一个感觉，当时的苏联国家建研院，现在叫俄罗斯国家建研院是代表了整个国家建筑科技事业的水平。国家建研院和奥润顺达能够通力合作，在这里共同创办检测检验实验基地，我认为这是产学研合作的典范，是一件值得庆贺的事情，今天上午顺利举行了启动仪式，我参加了仪式并做了演讲。作为一个国家建研院把检测检验机构放在这里，不仅提高了我们门窗城的水平层次，也提高了门窗城的检测检验水平层次。我们建研院能跟企业共同在这里创建实验基地，本身就是科研走向企业、走向基层，这也是一种改革，而不是关在大院子里搞科研，我们的检测检验，又是为我们的市场服务，为我们的新产品、新技术服务，为我们走出去、为改革开放服务。因此在新的检测、新的标准体系中，如果你由于技术方面的原因，通不过检测，达不到标准的要求，市场就不会允许和接受。这就是挑战。

3. 企业战略与能力的挑战

今天的社会，今天的世界，我们企业家面临新的发展战略和能力的挑战。

我们中国建筑金属结构协会有三大门窗专业委员会和一个构配件专业委员会，分别是铝门窗幕墙专业委员会、塑料门窗专业委员会、钢木门窗专业委员会和门窗配套件专业委员会，这四大专业委员会都是围绕门窗开展工作的，我们委员会下面的这些会员单位绝大部分都还是中小企业，对于中小企业，我们并不是说中小企业不好，不是那个意思，中小企业未来会成为行业发展的隐形冠军。像台湾，台湾就是中小企业的王国。国务院特别重视中小企业，还加了个“微”，中小微企业的发展，要求金融部门重视中小微企业的发展，但是我们不能仅仅满足于中小企业，我们应该有战略规划，要不断增强企业的能力和核心竞争力。要有成为大企业的信心和勇气，总之要做大、做强、做优企业，敢于在国际市场去比较，去竞争，去迎接挑战。

三、加大协会三大服务的力度

这是我对我们协会，对我们整个四大专业委员会（三大门窗加一个门窗构配件委员会）提出的要求。大家会说这是你协会内部的事情，怎么拿到这里来说，跟我们企业家说？我对此有一个观点，什么叫协会？协会就是商会，是行业的领头组织，大家要明白协会是我们的协会，你们可别说你们协会怎么样，协会工作是为协会的各会员单位服务，为行业服务，特别是担任副会长、副主任的一些会员单位，要起到带头模范作用。担任副会长、副主任的会员单位，应该看到自己企业的双重责任。第一个要搞好本企业，要使自己的本企业在行业中起到一个领军的作用，你没有那个本事，你没有那个能力你当什么副会长、副主任，要把自己的企业做大、做强、做优；第二个你要关心这个行业，服务这个行业，因为你是这个协会的副会长或者副主任。你要关心行业的发展，所以做好行业协会的工作，对我们整个行业，对整个企业都是非常重要的。

1. 要加大协助政府部门完善节能门窗标准体系的力度

应该说我们这四大专业委员会，这几年来协助住房和城乡建设部标准定额司和标准定额所以及各种标准中心制定了一整套关于节能门窗的标准，制定了很多标准，但还不能够成标准体系，我希望我们能制定一整套的标准体系．我们的标准有两大毛病：第一个毛病是根据新技术的要求，该建立的标准没有建立起来；第二个毛病是多年不改的老标准，有的还是1993年的标准，现在还在执行，这都什么时候了，美国的混凝土标准每三年要修改一次，我们该修改的还没有修改，该制定的还没制定。我们知道，标准分国家标准、行业标准、地方标准和企业标准，标准至关重要，协会有责任、四大专业委员会有责任组织我们的企业去协助住房和城乡建设部标准定额司和标准定额研究所，制定好我们有关门窗幕墙的标准，特别是标准体系框架的建立。当然标准不是一年建成的，是逐步建立健全的。同时我们的标准，还要吸收世界上所有能够吸收到的国家标准的经验，这非常重要。标准是不分国界的，它是一个技术问题，我在建设部当总工程师的时候，考察过比利时国家标准图书馆。人家就跟我说，我们的安全标准第一是根据联合国和国际劳动组织的安全标准，第二是根据世界各个国家的安全标准规范，第三是根据以上两个制定比利时的国家标准，当时我想激将他一下，我说："你们说世界各国的，包括不包括我们中国呢?"他说："当然包括中国的"。我说："我们国家在1963年有个安全管理条例，你这里有没有?"他说："有啊"。我问："你们有没有中文的拿出来给我看看?"他们说："可以"。半个小时人家便拿出了中文的安全管理条例。说真的，咱们建设部都找不到了。建设部哪个司长退休了，哪个部长退下来了，什么也不交，就交办公桌，其他什么东西都没有了。但是人家都很规范，这对我教育太深了。我们一定要了解世界各国的标准体系来制定我们国家的标准体系。

2. 加大节能门窗系统的研发力度

这个问题，我们刚在上海开了一个会，是我们构配件委员会和工商联的房地产商会共同召开的一个研讨会。他们研讨了半天，关于门窗节能系统，系统节能门窗争论了半天，我对此持一个什么观点？当然我也不一定对，今天这里的专家很多。我认为不存在系统节能门窗，只有门窗节能系统。我们讲门窗节能不是一个简单的东西，它是一个系统的节能，包括门窗本身，包括门窗的配套件，包括门窗的安装制作过程，它是一个门窗节能的系统。系统中有一个部位或是一个部件不节能，就会影响门窗的整体节能。就拿构配件来说，构配件在门窗中指插销、插座、执手、合页、滑撑、锁闭器等。门窗闭合好不好，滑撑、执手与其他配件匹配与否，都关系门窗整体节能问题。我曾经解释过，古时候我们有将军打仗，结果打败了，什么原因呢？是因为马蹄掌的钉子不好，马蹄掌这个钉子不好，结果将军在前进过程中，马蹄掌上的钉子掉下来，这个将军就摔倒了，被人家打死了，就是说，一个马蹄子不好就结束了一个将军的生命。同样的，我们做构配件也好，我们门窗系统的某一个部件将会决定这个门窗的节能效果，甚至决定房地产商的信誉，所以要强调门窗系统的研发力度。在这里，我们的研发中心，将来还有可能是研发节能中心、研发企业，包括我们国家建研院，国家建研院是我们国家在建筑方面科学研究最高的、最权威的，也是最有力量的科研机构，没有比它再高的，但是它要走下来，要和企业紧密相结合，我们要把企业看成科研的主体，而不是建研院，但是建研院是技术支撑，专家是技术支撑，我们要把专家的智慧，专家的才能和建研院的力量变成企业的生产力才行，变成企业的产品才行。

3. 加大拓展国内外两大市场节能门窗商机的活动力度

我们协会要搞活动，我多次讲过，协会和人一样，人的生命在于运动，协会的生命在于活动，活动的质量在于创造商机的程度。协会就是为企业，为我们会员单位创造商机的，我们要开发国内国外两大市场的商机，让我们企业无论在国内市场，还是在国际市场，能获得一定的市场份额，或者说占有更多的市场份额。

以上我讲的是协会要在三大方面加大力度。也希望我们在座的副会长、副主任单位和协会的各会员单位尽到责任，咱们共同努力，同心协力，创造我们中国门窗企业的美好明天。

最后我再强调的是，当今社会对节能门窗有需求，对门窗企业而言这个需求就是市场。与此同时也需看到，我们节能门窗跟国际比较还有差距，但差距对我们企业来说，也是一个发展的潜力，缩短这个差距就是发展的潜力所在；我们既要抓住节能门窗的机遇，更要注重节能门窗发展的挑战。从这几个方面看节能门窗，是需求更是市场，有差距更有潜力，是机遇更是挑战，无论是跨国企业还是本土企业，都要非常重视组织运营能力建设。跨国公司面对本土企业的崛起和瞬息万变的市场，开始认识到必须为企业植入更强大、更持久、更系统化的组织运营能力以保持市场地位。而本土企业则意识到，过去拥有的廉价成本等先天优势可能消失，若要进一步发展，必须做大做强，建立可持续发展的竞争力，即必须培养人才，并建设系统化的企业核心能力。这促使企业开始学习如何更科学、更系统、更有效地培养人才和加强组织运营能力，以提升经营绩效。

（2013年9月21日在河北高碑店“中国节能门窗产业发展论坛”上的讲话）

设计低碳化　制作自动化　营销现代化

中国国际门窗城建成三年以来发展很快，2012年进驻的长期展览企业仅有几家，现在已达300多家，其中钢木门窗委员会所辖的钢门窗、木门窗、电动门窗的参展企业也不少，还有德国、意大利等许多国外企业。中国建筑科学研究院和澳润顺达公司共同创办的国家门窗幕墙检验中心，进一步提升了中国国际门窗城的影响力，同时中国建筑科学研究院能走出办公楼，面向市场、面向企业、面向基层，发挥建筑院的力量，这是非常必要的。关于门窗幕墙的检验、检测我提出了三大使命：第一，门窗幕墙的检验、检测要为门窗幕墙的科技进步、科技创新服务；第二，门窗幕墙的检验、检测要为市场服务，经过检验合格的门窗才能进入市场；第三，门窗幕墙的检验、检测要为国际交流服务，检验、检测要与国际相比较。

今天与上述活动同时进行的是全国钢木门窗行业年会，在座的都是钢木门窗企业家及管理人员，我要从三个阶段之处方向与诸位共同商榷，首先是门窗的设计，其次是加工制作、生产产品，最后是产品营销。

近年来，国内外宏观经济环境不断发生变化，由此也带来了建筑门窗行业市场环境的变化。这些变化的主要反映是：

(1) 国内外宏观经济面（增速、通胀率、金融政策等）变幻莫测；

(2) 国内劳动力成本大幅度上升；

(3) 建筑市场总需求的增速下降；

(4) 用户对产品品质的要求愈加苛刻。

上述变化对我们钢木门窗委员会所辖的钢门窗、木门窗、电动门窗行业的影响也非常明显，既是挑战，也是机遇。由于不同产品领域的变化趋势和力度不尽相同，门窗企业一定要抓住问题的关键，有针对性地进行相应的变革。总体发展趋势是：设计低碳化，制作自动化，营销现代化。

一、设计低碳化

随着国内房地产调控政策的持续加严，建筑门窗总用量的增幅在缩小，市场竞争加剧，但木窗的用量却逆势增长。据统计近两年的平均增幅在30%左右。国内的木窗骨干企业近两年来几乎都在加大投资，扩大产能。如河北奥润顺达窗业有限公司的生产厂房不断扩建，目前用于木窗生产的厂房总面积已达50万平方米；北京米兰之窗节能建材有限公司在北京昌平设有生产基地，由于生产能力不足于满足市场需求，又在河北大厂新建了工厂，并于2012年下半年正式投产；浙江雅得居的新厂区于2012年底投入使用，生产面积达到20万平方米，是老厂区面积的4倍左右。哈尔滨森鹰、北京美驰、浙江瑞明、哈尔滨华兴等公司也都新建或扩建了生产厂房。

两大因素促成了木窗的需求利好，其一是国家的节能政策。我国的能源储备属于短缺状态，据统计，我国建筑能耗占社会总能耗的近40%，其中门窗的能耗约占建筑能耗的50%，且主要是使用能耗，建筑门窗在实际应用和节能上表现出面积小、作用大、持续时间长的特点。所以要解决能耗问题，不得不面对最直观、占比最明显的门窗节能。而在常用的铝、塑、钢、木材料的门窗中，木窗的节能效果最为显著，无须采取特别措施，基本都能达到传热系数2.0以下的要求。北京市于2013年率先开始执行的传热系数1.5～2.0的标准要求助推了木窗的市场需求。其二，随着房地产调控政策的持续加强，过去几年间不顾建筑质量有房就抢的局面已经发生了变化，用户对建筑门窗的要求也越来越高，门窗成为大多数用户最直观、最易自行鉴别的建筑构件。而木窗亲近自然的天性和优良的三性（保温、隔音、防水）正为越来越多的高端用户所认识、所青睐，其用量大幅增加成为必然。

所以，门窗行业创新的立足点在于节能低碳，要在节能低碳方面做文章、下功夫。我协会名下的中国木窗产业联合会（简称“中窗联”）组建一年多来，在联合推广木窗产品方面开展了大量卓有成效的工作。特别是今年4月23日在北京举办的“节能木窗展示推介会”，参加企业踊跃、出席各界代表众多、媒体宣传到位、外界影响力巨大，对宣传、推广木窗产品是一次成功的尝试。

过去很多省市的传热系数在2.3甚至是3.2，而德国是1.3，因为国外的标准要求高，北京市委书记到德国考查，回来之后做出批示，如果再不提高标准，北京将要落后于世界，而北京门窗节能标准提高之后，其他省市受其影响也会随之提高。标准提高到1.5之后对于中国门窗意味着90%，甚至100%的门窗产品都不达标。目前我们在科学技术上可以达到1.0的标准，但还没有大规模生产。我们的科研水平可以达到1.0、1.5，但批量生产达到1.0、1.5还非常困难。

门窗节能设计是关键。北京曾举办过多次全市的门窗设计大会，设计是我们产业的灵魂。木门窗的设计，设计师的水平是关键。在中国国际门窗城我看到许多国外的门窗设计，首先门窗框要比我们的厚得多，其次是LOW-E玻璃，多腔设计，达到八腔之多。如果没有好的设计就出不了这样的产品，我们的设计必须低碳化，围绕门窗节能设计。企业像人一样，也是有寿命的，有青年期、老年期，还会死亡。如果企业生产的产品在市场上旺销，市场对其需求大，那企业便是在青年期；如果企业生产的产品在市上滞销，那企业便是在老年期；如果企业生产的产品在市场上无人问津时，那企业便死亡了。所以必须有新的产品替代才会获得新的生命。产品设计非常关键，设计必须符合低碳化要求，对于节能技术要有深刻理解，才能生产出当前社会所需要的门窗产品。

需要指出的是，市场需求的快速增长，必然带来大批后来者进入该领域。行业协会必须未雨绸缪，提前制订产品标准，规范市场秩序，而骨干企业不能盲目扩大产能而忽视生产效率。实际上，对窗业这种批量大、尺寸规格相对标准的产品来讲，目前各家制造过程的自动化水平还偏低，我希望能尽早看到自动化生产线。

除了木窗产业外，钢门窗、电动门窗在设计上同样存在节能问题。青岛巴士德工业门制造公司生产的硬质快卷门，就是工业门中的节能产品；另外，现在民用建筑门窗的节能问题已引起了高度重视，但工业建筑门窗的节能尚未提到应有的高度。听刚才潘冠军的工作计划中，提出拟开展工业建筑门窗的节能研讨和标准立项工作，这个方向是对的。

二、制作自动化

产品设计必须符合低碳化的要求，设计出来的产品要通过加工制造变成实物。我国建筑门窗行业过去10余年间的高速发展，在一定程度上依赖于两个重要条件：一是国内建筑业高速发展带来的大量需求；二是国内廉价的劳动力。从2001年到2011年的十年间，国内绝大多数门窗业公司的生产方式基本都是采用分散的通用设备配以大量的人力来完成，对引进国外生产线或自行设计专用设备方面重视不够。随着国内大的经济环境的改变，以廉价劳动力为优势资源发展起来的门窗业，也遇到了新的严峻的挑战。其中劳动力成本不断增加是最为突出的问题。近年来，我国职工工资水平经历了一个大幅提升的过程。根据中央政府公开的资料，2001年我国城镇单位就业人员平均工资为10834元。若不考虑价格因素，2011年我国城镇单位就业人员平均工资为42452元，是2001年的3.9倍，年均增长11.5%，高于同期物价增长速度。2005年部分地方开始出现“民工荒”。2007年颁布的《劳动合同法》、2010年实施的《社会保险法》进一步提高了劳动力成本。2011年、2012年全国大部分省市调高了最低工资标准，平均增幅为22%，这都导致了劳动力成本的快速上升。换一个角度看，我国门窗业整体劳动效率非常低下。根据行业年产值与从业总人数推算，我国门窗业2011年的人均产值是212107元，大约只有发达国家同行业的1/10左右。这个差距是巨大的。

综上所述，随着中国人口红利的逐步消失，无论是钢质门、电动门，还是钢窗、木窗企业如果再不引进机器就意味着必须在成本的泥潭里挣扎，而随着国内外经济环境的变化，特别是劳动力成本的大幅提升，不改变原有生产方式想走出泥潭几乎是毫无希望的。提前认识到这一点，并将“多用机器少用人”的理念付诸行动的业内企业大多都已走上了健康发展的道路，而也有不少还在沿用人海战术的企业日子越来越难过，有的已经关门或转行。但我们高兴地看到行业中成功的范例：

1. 钢质门企业

长期以来，该行业一直是典型的劳动密集型产业，大部分工厂的生产流程都是靠大量的人力配以分离的加工设备来完成的，不仅劳动强度大，生产效率低，而且产品质量也不稳定。两年前步阳集团投资上亿元资金开发制造的防盗门生产线，与传统工艺相比，单条生产线在产量提高30%的情况下，用工却减少了30%，过去3天时间才能完成的工序现在降低到了3个小时，而且加工质量稳定。机器不会偷懒，也不会要加班费。

2. 滑升门企业

无锡苏可自动门制造公司、无锡旭峰门业有限公司等多家提升门制造企业，先后引进国外的保温门板自动线，将过去采用分离设备约需要100人才能完成的工作减少到了16人。效率、质量均有大幅度提高。北京红日升工贸有限公司自主研发的工业门门板生产线，解决了用量小、但对平整度和直线度要求很高的厂房门门板的连续化生产问题。在国际上当属首创。

3. 门机企业

浙江蓝海机电有限公司，是目前国内研发生产车库门开门机最大的企业。该公司以国际上最先进的同行企业为目标，不断提升产品质量和设备自动化水平，引进或自制了大量自动化的电机、五金件、塑料件、包装材料、检测设备，以及产品组装流水线，生产效率比两年前提高了约4倍。同样的用工，每天的产能由两年前的600台左右提高到了现在的2500台。除了满足国内需求外，一半左右的产品销往世界各地。

4. 快速卷门企业

几年前，一提起快速卷门，给人的印象都是软卷帘材质的，两年前，青岛巴士德工业门制造有限公司开始引进国外技术，开发生产具有节能效果好、抗风压等级高的硬质快速卷门产品，2013年专用生产线成功投产，实现了硬质快速门的连续化生产，并填补了国内此类产品的空白。

三、营销现代化

产品生产之后，需要销售才能实现赢利。自动门、厂房门、车库门、卷门、围墙大门、道闸等都属于机电一体化产品，国内绝大部分企业只生产其中的一、两种产品，而每一种产品的市场容量都不像进户门、室内门和外窗那么大，但覆盖的范围又都是全国性的。这就带来一种现象，如果制造企业自己不建立销售网络，市场辐射面就会受限，销量上不去；而如果制造企业自己建立全国性的销售网络，因为市场总容量小，销售工作量及产生的利润不足于支撑系统的销售网络的开支，更难获取足够的利润。另一方面，市场营销是一门科学，不少善于开发加工优质电动门企业的老总，往往在市场营销方面力不从心。由于这些类别的产品在国内发展的历史还不长，初期在产品短缺、市场需求旺盛的背景下，都曾获取过高额利润，可能现在还有人企图抱着酒香不怕巷子深的观念，靠产品的优势维持企业的生产和利润，但随着国内经济增速下滑、市场需求减小、产品日益成熟，行业的竞争变得越来越激烈，最初行之有效的营销模式已完全无法适应市场环境的这种变化。国内几家分支领域的龙头企业，最近几年来都调到了类似的瓶颈，所以总在扩大网络-缩小网络-直销等几种方式间尝试和调整，最后发现各种模式都不奏效。在此背景下，创新营销模式就成为必然。

1. 建立行业营销联盟，扩展市场网络

其路径是：第一步，利用行业协会的牵线搭桥，首先把不同地域、不同产品类别的优秀企业联合起来：在产品种类上，优势互补；在产品推广上，打包宣传；在销售方面，一方面可以共享各家现有的销售资源，另一方面分区域建立专业的销售联盟。第二步，通过行业联盟的运作与磨合，在时机成熟时，组建电动门企业集团。只有这样才有望降低成本、扩大销量，逐步走上做大做强之路，创出走向世界的电动门民族品牌。

据悉，在钢木门窗委员会的大力推动下，电动门营销联盟的试点工作已经开始，在中国国际门窗城建立的“电动门联盟精品展示区”已初步建起，全国电动门联盟东北地区分会也已于2013年9月6日在沈阳市启动。

2. 善用新型营销方式——电子商务

2012年5月份，我在永康门博会举办的新经济论坛上，曾做过“学习互联网，助推企业经营方式现代化”的演讲，希望委员会找出来转发给大家学习参考。

互联网的出现导致市场交易费用和管理费用明显下降，越来越多企业放弃了传统的经营体制和机制，采用业务外包、特许经营、战略联盟等各种形式。有资料显示，目前发达国家正以每年30%以上的速度组建跨行业、跨地区甚至跨国界的虚拟企业，许多大公司中有50%以上的业务是通过上述这些经营方式获取利润的。虚拟化这一崭新的运营方式，为企业提供了一个全新的拓展空间，使得企业在有限的资源条件下，取得竞争中的最大优势。

电子商务与门窗业的结合从本质上改变了中国门窗业的管理模式和行为模式。当前，门窗业正处于发展转型期，电子商务对于门窗业的积极作用日益凸显。随着电子商务影响力的不断提高，网络正在成为消费者的主战场。我们在感受电子商务热潮滚滚袭来的同时，也热切地期待中国门窗业尽快融入电子商务时代带给我们全新的感受。

3. 建立华侨经纪人队伍

我一直有一个想法，要将我们在全球的华侨组织起来，成为我们的销售团队。让华侨成为我们企业在国外的代理人，给他们相应的利润提成，两方形成利益共同体。同为华人，华侨会愿意尽心尽力地帮企业推荐。如果再能建立网络展览会，将对于我们的产品走向世界有极大帮助。

今天针对三个阶段我指出：设计要低碳化，不要高碳化产品，要设计节能产品；制造要自动化，提高生产效率，多用机器少用人；在销售上要实行新的营销模式，扩大营销，扩大与房地产企业的联合，建立联盟。

经济环境和国家产业政策的变化既会对企业的发展带来一些困难，同时也蕴含着发展的大好机遇。但机遇并非一定会转化为发展的动力和成果，关键在于变革。今天针对钢木门窗行业不同领域的特点所谈到的“三化”都属于变革，参会的企业家、技术专家和管理专家，你们比我有实践经验，有办企业的成就，望我们能加强协作，加强切磋研究，对我们行业的发展有所启迪。不断增强行业和企业的实力，期待我们的门窗企业认清发展的关键环节，抓住机遇，深化改革，治理创新，迎接挑战，不断发展壮大，为民族工业的健康发展作出贡献。

（2013 年 9 月 21 日在河北高碑店“2013 全国钢木门窗行业年会”上的讲话）

专业、专家、专利

党的十八届三中全会在深化科技体制改革的论述中提出，要建立健全鼓励原始创新、集成创新、引进消化吸收再创新的体制机制，健全技术创新市场导向机制，发挥市场对技术研发方向、路线选择、要素价格、各类创新要素配置的导向作用。这是我们党放眼世界、立足当前、面向长远做出的重大部署。认真学习领会中央精神，深刻认识健全技术创新市场导向机制的重要作用，全面落实相关重大举措，对于实施创新先进驱动发展战略，打造中国经济升级版，为实现中华民族伟大复兴的中国梦提供强大科技支撑，具有重大意义。

对我们铝门窗幕墙行业来说，最重要的是掌握行情，尊重专家和谋求专利，从而做强企业、壮大行业。

一、专业

学科称之为专业，经济分类为行业

1. 关于建筑门窗幕墙行业的划分行业

于 1984 年首次发布，分别于 1994 年和 2002 年进行修订，该标准（GB/T 4754—2011）由国家统计局起草，国家质量监督检验检疫总局、国家标准化管理委员会批准发布，并将于 2011 年 11 月 1 日实施。

本标准规定了全社会经济活动的分类与代码。适用于在统计、计划、财政、税收、工商等国家宏观管理中，对经济活动的分类，并用于信息处理和信息交换。

本标准对行业（industry）的定义是：行业（或产业）是指从事相同性质的经济活动的所有单位的集合。

本标准划分行业的原则是：采用经济活动的同质性原则划分国民经济行业。即每一个行业类别按照同一种经济活动的性质划分，而不是依据编制、会计制度或部门管理等划分。

在《国民经济行业分类》GB/T 4754 国家标准中，大致如下：

（1）建筑幕墙的行业分类：

门类：建筑业；

大类：建筑装饰和其他建筑业；

中类：其他未列明建筑业；

（指上述未列明的其他工程建筑活动）

门类：居民服务、修理和其他服务业；

大类：其他服务业；

中类：清洁服务；

小类：建筑物清洁服务。

（指对建筑物内外墙、玻璃幕墙、地面、天花板及烟囱的清洗活动）

（2）门窗的行业分类：

门类：制造业；

大类：金属制品业；

中类：结构性金属制品制造；

小类：金属门窗制造；

（指用金属材料（铝合金或其他金属）制作建筑物用门窗及类似品的生产活动）

门类：制造业；

大类：木材加工和木、竹、藤、棕、草制品业；

中类：木制品制造；

小类：木门窗、楼梯制造。

由此可见，在《国民经济行业分类》GB/T 4754 国家标准中，建筑门窗幕墙具有跨行业的特点，与制造业、建筑业和服务业等关系密切。因此，对建筑门窗幕墙进行科学合理的行业分类，掌握本行业和相关行业的发展状况与趋势，对建筑门窗幕墙行业的发展具有非常重要的意义。

2. 行业构成图

建筑门窗幕墙行业的构成图，如图 1 所示：

从图 1 可以看出，建筑门窗幕墙行业及相关行业主要有：

（1）建筑门窗幕墙行业；

（2）建筑型材制造行业；

（3）建筑玻璃行业；

（4）建筑用金属板制造行业；

（5）建筑用石材加工制造行业；

（6）建筑用胶制造行业；

（7）建筑配套件行业；

（8）设备制造行业；

（9）检验检测行业；

（10）从业人员教育培训行业。

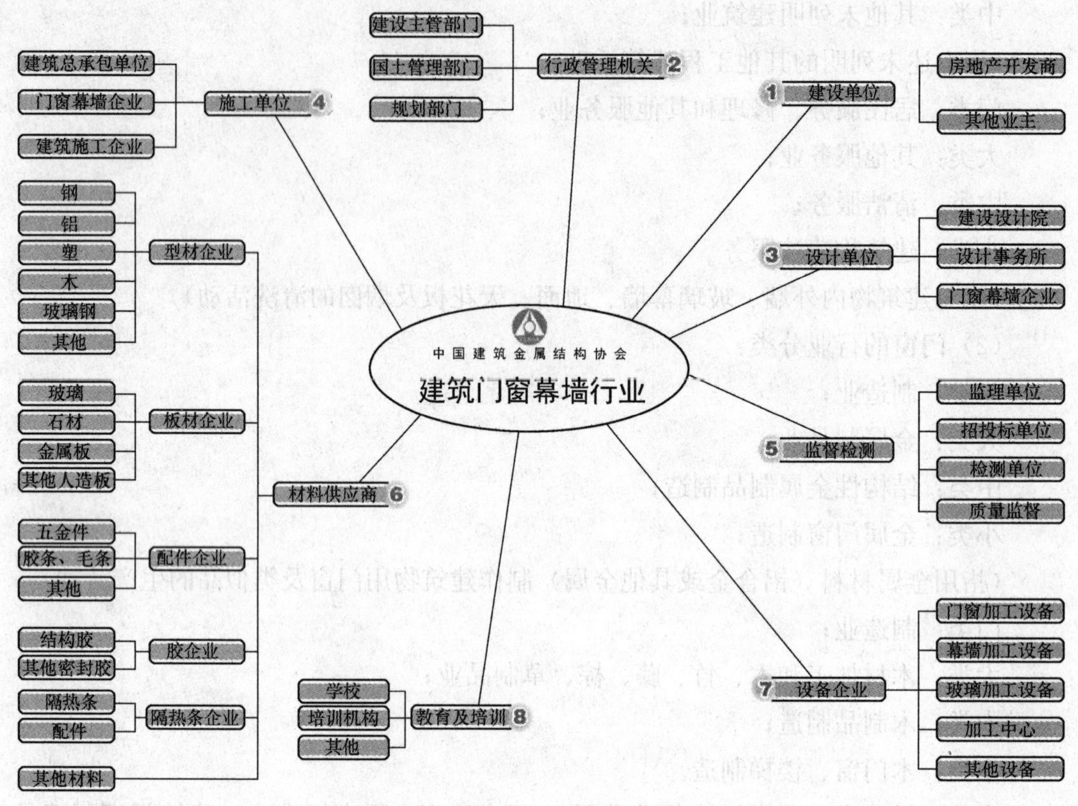

图1 行业构成图

3. 行业现状

(1) 建筑业总产值及增长率

在国家全面推进改革开放和现代化建设的进程中，我国国民经济保持了平稳快速发展，固定资产投资规模不断扩大，城镇化率不断提高，为建筑业的发展提供了良好的市场环境，这也是我国建筑门窗幕墙行业得到较快发展的根本原因。

近几年建筑业的发展情况，如表 1、图 2 所示。

2007～2012 年中国建筑业总产值及增长 **表 1**

	2007	2008	2009	2010	2011	2012
总产值（亿元）	50018	62031	75864	96031	117734	135303
同比,%	20.4	24	22.3	26.6	22.6	16.2

数据来源：国家统计局

(2) 建筑门窗幕墙行业企业基本情况

1）全国有建筑幕墙一级施工资质的企业数：580 家。其中，主项为幕墙施工一级资质的为 234 家；增项有一级幕墙施工资质的有 165 家；一体化企业 181 家。

2）全国有建筑幕墙二级施工资质的企业数：1340 家。

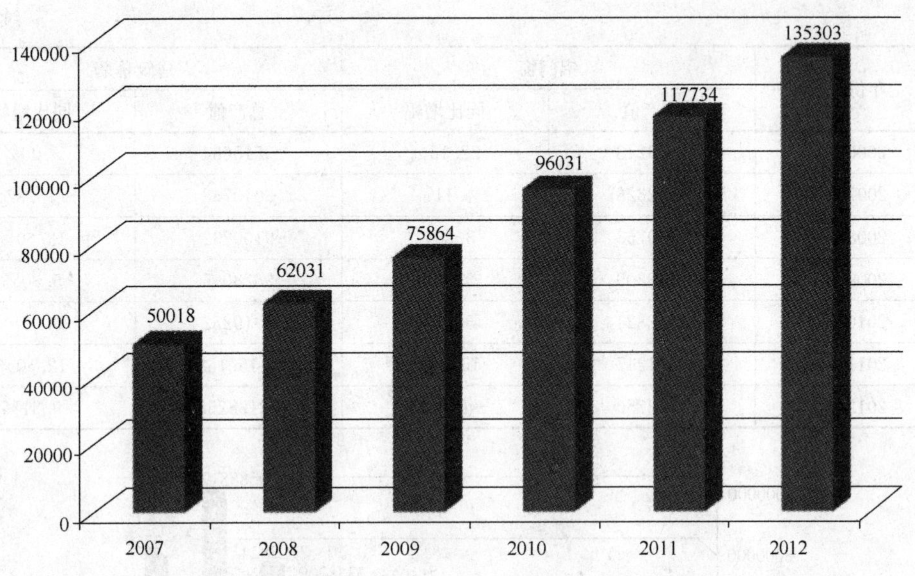

图 2　2007～2012 年中国建筑业总产值（亿元）

3）建筑门窗制造企业有 14361 家，铝合金门窗企业总数为 6247 家；塑料门窗企业总数为 7450 家；其他门窗企业总数为 664 家。

4）铝合金建筑型材生产企业情况：732 家（国家质检总局批准获得工业产品生产许可证的企业）。

5）玻璃生产企业：约 500 家。门窗五金生产企业：约 80 家。建筑密封胶企业：约 200 家以上。

全国建筑幕墙以及施工资质的企业 580 家，其中主项为幕墙施工乙级资质的为 234 家，增项有以及幕墙施工资质的有 165 家。

（3）建筑门窗幕墙行业总产值

中国经济长期稳定、健康有序的发展，使我国建筑业保持了快速发展的增长势头，也使我国建筑门窗幕墙行业得到良性发展。根据中国建筑金属结构协会铝门窗幕墙委员会开展的行业数据统计表明：2003 年至 2012 年，全行业完成铝合金门窗总产值为 6384 亿元，建筑幕墙总产值为 9003 亿元。铝合金门窗总产值年平均增长率为 18.2％，建筑幕墙为 13.9％，呈现出良好的发展势头（表 2、图 3、图 4）。

门窗幕墙总产值统计表（单位：亿元）　　**表 2**

年份	铝门窗		建筑幕墙	
	总产值	同比增幅	总产值	同比增幅
2003	2400188	39.50％	4823552	31.00％
2004	3466832	44.44％	6617394	37.19％
2005	5443727	57.02％	9062518	36.95％

续表

年份	铝门窗		建筑幕墙	
	总产值	同比增幅	总产值	同比增幅
2006	6649243	22.15%	9515684	5.00%
2007	6922326	4.11%	8010768	−15.82%
2008	7150763	3.30%	9100232	13.60%
2009	7338209	2.62%	9628045	5.80%
2010	7722824	5.24%	9919252	3.02%
2011	8881247	15.00%	11159158	12.50%
2012	7863750	−11.46%	12198258	9.31%

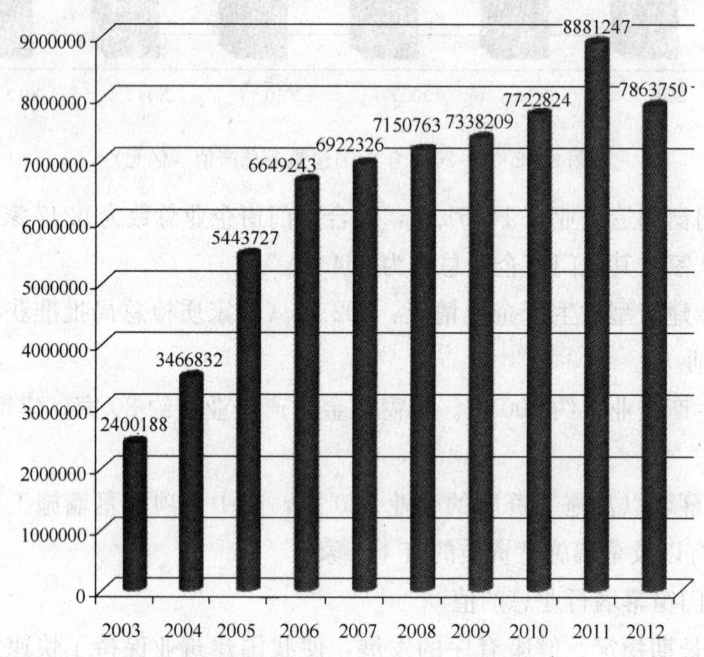

图 3 铝合金门窗总产值（万元）

2012 年我国的幕墙企业总产值超过 1200 亿元人民币，行业的飞速发展离不开一大批优秀企业的突出贡献，幕墙行业已经形成了以 100 多家大型企业为主体，以 50 多家产值过十亿元的骨干企业为代表的技术创新体系，这批大型骨干企业完成的工业产值约占全行业工业总产值的 60%以上。

随着我国建筑幕墙行业技术水平的提高，中国的幕墙公司开始逐步进入国际市场走向世界。中国进入国际市场参与竞争的幕墙工程企业有很多，如沈阳远大、北京江河、武汉凌云、深圳金粤等一批企业已逐步进入主流行业的竞争中，在欧洲、中东等地区与欧美国家一线企业共同分割世界高层建筑的幕墙工程。

中国已经成为建筑门窗幕墙的第一生产和使用大国。

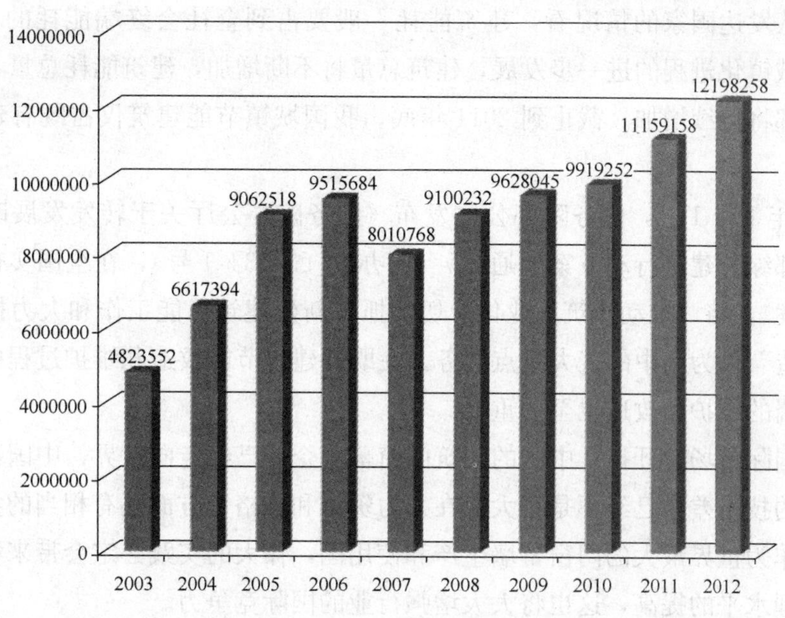

图 4　建筑幕墙总产值（万元）

4. 行业持续健康发展

党的十八届三中全会为加快转变经济发展方式、培育经济发展新动力、实现经济持续健康发展确定了行动纲领，也为我们建筑门窗幕墙行业的发展指明了方向。

行业发展的信心来源于哪些方面呢？我认为主要有以下几方面：

（1）城镇化是我国建筑业所面临的最大发展机遇。在国家全面推进改革开放和现代化建设的进程中，我国国民经济保持了平稳快速发展，固定资产投资规模不断扩大，城镇化率不断提高，为建筑业的发展提供了良好的市场环境，这也是我国建筑门窗幕墙行业和相关产业得到较快发展的根本原因。

2013 年 8 月 27 日，联合国开发计划署和中国社会科学院共同撰写的《2013 中国人类发展报告》在北京举行发布会。该报告预测，到 2030 年中国将新增 3.1 亿城市居民，城镇化水平将达到 70%（2000～2012 年城镇化率见图 5）。届时，城市人口总数将超过 10 亿。城市对国内生产总值的贡献将达到 75%。城乡区域发展的协调性将进一步增强。每年我国将有 30 多亿平方米的新建建筑需要用到门窗和幕墙。

2000年 ……… 36.22%
2001年 ……… 37.66%
2002年 ……… 39.09%
2003年 ……… 40.53%
2004年 ……… 41.76%
2005年 ……… 42.99%
2006年 ……… 43.90%
2007年 ……… 44.94%
2008年 ……… 45.68%
2009年 ……… 46.59%
2010年 ……… 49.68%
2011年 ……… 51.27%
2012年 ……… 52.57%
（数据来源：国家统计局）
我国城镇化处于高速发展期

图 5　中国历年城镇化率

（2）既有建筑的节能改造和维护将带来巨大的商机。我国既有建筑面积超过 480 亿平方米，有不少建筑是不节能建筑，需要对其进行节能改造，同时部分建筑也需要维护。

目前建筑能耗占我国全社会终端能耗的比例约为

27.5%。从发达国家的情况看，建筑能耗一般要占到全社会终端能耗的40%以上。随着我国城镇化进程的进一步发展，建筑总量将不断增加，建筑能耗总量和占全社会能耗比例都将持续增加。截止到2011年底，我国城镇节能建筑仅占既有建筑总面积的23%。

2013年1月1日，国务院办公厅发布《国务院办公厅关于转发发展改革委住房城乡建设部绿色建筑行动方案的通知》(国办发〔2013〕1号)，在全国实行《绿色建筑行动方案》，将"推动建筑工业化、切实抓好新建建筑节能工作和大力推进既有建筑节能改造"作为其中的三大重点任务。在既有建筑节能改造和维护过程中，门窗是关键，幕墙的维护和改造也至关重要。

(3) 国际市场的开拓。中国的建筑门窗幕墙企业已经走向世界，中国幕墙企业与发达国家的技术差异已经不是很大，在人力资源和价格等方面还有相当的竞争力。同时，我国作为世界最大的门窗幕墙生产和使用国，伟大的实践必定会带来科学技术的进步和管理水平的提高，这也将大大增强行业的国际竞争力。

二、专家

1. 专家的精神——学习与思考

郭沫若在《科学的春天》中说："科学是讲求实际的。科学是老老实实的学问，来不得半点虚假，需要付出艰巨的劳动。同时，科学也需要创造，需要幻想，有幻想才能打破传统的束缚，才能发展科学。科学工作者同志们，请你们不要把幻想让诗人独占了。"这些话对我们建筑门窗幕墙行业的所有专家、学者和广大科技工作者都具有重要的指导意义。

我认为，建筑门窗幕墙行业的快速发展，为广大行业科技工作者提供了一个实践的平台，施展自己聪明才智的空间，成就伟大事业的时代，实现美丽梦想的舞台。因此，我们的行业科技工作者，要谦虚谨慎、努力学习、勤于思考，要有实事求是、敢于实践和勇于创新的精神，只有这样，才能真正成为受人尊重的行业专家。

(古人云："闻道有先后，术业有专攻"，专家就是那些在某一专业领域有一技之长的人。他们依靠自身的聪明智慧和后天的拼搏奋斗、刻苦钻研，通过不断地学习和实践，积累了该领域的专业技能、知识和经验，并且具备一定水平的资质，使得人们愿意向其咨询进而接受其提供的专业化建议和解决方案。某种意义上讲，专家运用其专业领域内创新研究成果，甚至可以起到引领行业发展新潮流的作用，我们建设创新型国家，实现低碳经济、贯彻绿色节能政策都有赖于专家群体的力量。协会同样需要专家群体的力量，推动行业的科技进步。)

2. 专家的力量——第一生产力

将所有行业专家的研究成果和智慧应用于行业的生产实践和科学试验，就能产生巨大的行业推动力，因此我们说专家的力量是第一生产力。专家的研究成果只有在企业中得到应用，在实践中得到推广才能真正转变成生产力。我们的专家要高度重视自己论文和科研成果的社会效益、经济效益和环境效益，研究成果必须和发展生产力紧密结合起来，才能得到社会的承认，才能发展社会生产力。

我们的专家离不开行业这片沃土，专家的科技创新活动要根植于行业发展的土壤。我们一定要充分认识到，科技创新的主体是企业，专家价值只有在企业这样的舞台上才能得到实现，专家的才智也只有在行业巨大的平台上才能得到完美的施展。专家要有激情，爱企业、爱行业。

日本在这方面做得很到位。

3. 专家的舞台——时势市场

“科技兴则民族兴，科技强则国家强”，习主席表示，一个国家只是经济体量大，还不能代表强。国家富强靠什么？靠自主创新，靠技术，靠人才，科技是国家强盛之基。企业和协会都要意识到专家的宝贵，尊重专家，为专家价值的发挥创造良好的人文氛围和合理的评级及奖励机制。目前无论是高等院校还是科研机构，无论是国有企业还是民间机构，无论是中央层面还是地方机构，政府以多种形式和方式，投入到科技进步方面的资金越来越大。只是目前真正有技术含量的科研成果却非常稀少。说到底，都是因为没有形成真正的“创新驱动”的科技进步机制。因此，我们今后的工作要进一步营造公平竞争和包容宽松的创新环境、完善政策激励及考评机制，增强行业创新的内生动力。

专家和企业家一样，要善于从市场中捕捉信息，把握商机。在经济全球化的背景下，专家要有全球眼光，要审时度势，洞彻行业科技发展的现状，了解其发展趋势；要从实践中不断发展科学技术，要善于将科学技术应用于生产实践，为行业的技术进步和管理现代化做出自己的贡献。

三、专利

1. 创新

（1）原始创新

以科学发现和技术发明为目的取得专利；行业、企业要有更多的专利权，要在专家的指导下争取专利权；施工要有更多新型工艺、新型施工工法，这非常关键。我们的企业有多少技术属于原始创新。

（2）集成创新

建筑门窗幕墙行业是一个跨越多个行业的产业，需要以制造技术、建筑技术和信息技术等多方面的技术为基础。当前的建筑门窗幕墙行业可以说是集成了许多领域最新科技成果之后不断发展的行业。

将多种相关的技术有机集成起来，是发展新产品、新产业，赶超国际先进水平的重要途径。尤其是建筑行业，科技创新至关重要。建筑行业是劳动密集型行业，因此提高技术含量至关重要。建筑业是把各类先进工艺、新型材料以及奇思妙想在工程项目上进行集成，形成新的生产力，这是建筑业技术创新的主要形式。所以要大力推进集成创新，促进建筑业跨越式发展。近年来，建筑业推行十大新技术，科技创新取得了很大成就，特别是在大跨度桥梁建设、高层建设以及钢结构施工方面，发明了很多新技术。但总体而言，建筑业仍然是劳动密集型行业，需要用高新科技改造传统产业和产品。可以说飞机是空中飞的建筑，宝马汽车是在公路上跑的建筑，航空母舰是海上航行的建筑，宇宙飞船就是登上月球的建筑，如果把他们的技术集成用在建筑上，一定是高水平的建筑。当然现在集成的不仅是这些，要集成成功的制造技术。建筑行业现在要集成创新的技术还有很多，如太阳能光伏技术、节能减排、绿色建筑、绿色施工等方面的技术。

(3) 引进消化吸收再创新

当前是经济全球化，中国是一个大国，在全球化背景下，我们应该掌握全人类的技术，无论哪个国家，只要有先进技术，就要学。国外有些技术比中国先进，要引进来，引进来就要消化，消化了还要吸收，吸收了还要再创新，变成中国造。

如何实现中国造，可以通过合资、合作、中国制造。把外国的部件变成中国制造，不能老是外国的，要通过合资、合作最后变成中国制造，要努力加强引进消化吸收，提高我们国家的建筑产业技术水平，自主创新成果要变成新的科学发展并融入自主知识产权品牌之中。科学技术是第一生产力，自主创新是第一竞争力，要加快发展先进制造业。坚持以信息化带动工业化，广泛应用高科技和先进技术，改造提升制造业，包括建筑业，形成更多拥有独立自主知识产权的知名品牌，充分发挥制造业对经济发展的重要支撑作用。同时自主创新要紧紧围绕经济全球化、人类可持续发展，环境友好型、资源节约型、循环经济型社会进行。

2. 专利分类

(1) 发明专利

是指对产品、方法或者其改进所提出的新的技术方案。能取得专利的发明可以是产品，方法、工艺、配方等；对发明专利申请，我国实行实质性审查制度，审查周期较长，一般需要 2～4 年，一经授权，保护期为 20 年。

(2) 实用新型专利

是指对产品的形状、构造或者其结合所提出的适于实用的新的技术方案。实用新型专利申请必须是有一定空间结构或电路结构的产品，方法、工艺、配方不能申请实用新型专利；对实用新型专利申请，我国实行形式审查制度，不进行实质审查，审查周期一般需一年左右，一经授权，保护期为10年。

(3) 外观专利

对产品的形状、图案、色彩或其结合所作出的富有美感并适于工业上应用的新设计。新设计可以是线条、图案或色彩的平面设计，也可以是产品的立体造型，外观设计不保护产品内部的具有一定功能的结构，我国对外观设计专利实行形式审查制度，不进行实质性审查，一般审查周期为6～8个月，一经授权，保护期为10年。

我国建筑行业的国内外竞争环境正日益加剧。如何通过自主知识产权保持我国建筑行业的持续健康发展，这对维护就业安全、维持社会稳定有重要作用。例如，在国内，从2007年开始，我国将履行加入WTO的承诺，允许外商独资设立勘探设计企业、建设监理单位、招投标代理机构等，外资企业的工程承包范围将不受限制。总之，我国将对各类外国建筑企业实行国民待遇。目前，我国国有建筑企业占主导地位的产业格局尚未发生改变，其知识产权挖掘、部署、经营能力较弱。从专利布局看，外国企业进入我国建筑市场的意图已经相当明显。国内民营企业之间发起的建筑工程专利技术纠纷已经数以百计，有些民营建筑企业之间已经在建材、建材生产方法、建材生产模具、建筑方法等技术领域爆发数十起专利纠纷。个别民营建筑企业还组建了全球最大的“专利池”，涵盖了3000多篇专利，对全国广大建筑企业展开了规模浩大的收费活动。为了维护产业安全，在国内竞争中继续发展壮大，并继续雇佣数以百万计的农民工，我国骨干国有企业也需要开展专利部署工作。

在国外，全球年度国际建筑承包总值约1万亿美元。我国人口占全球约1/4，但是年度国际建筑承包收入仅约130亿美元，仅占全球份额的1.35%。在国外高端建筑项目中，从建材到建筑方法，国外企业都部署了大量的知识产权。我国企业，尤其国有骨干企业在国外的建筑专利部署极为罕见。随着我国国际建筑承包份额的快速提升，尤其随着我国企业承建国外高端建筑项目的大量增加，如何通过全球专利部署提高企业的利润率、竞争力，这也将成为一项重要课题。

3. 专利分析

专利分析能使企业做到以无胜有，以无制有，越是专利不多的领域，技术上就越有可能有未被开垦的处女地。细心研究相关专利技术，在别人的基础上在研发，创造属于自己的专利。这是当年日本科技进步的经验。

结束语

我们要认真学习领会党的十八届三中全会精神，尊重专家、尊重知识，深化科研评价奖励改革，培养造就一支规模庞大、素质优良的科技创新人才队伍。

良好的科技评价和奖励制度是形成正确评价导向、激发科研人员创造活力的关键措施。要加快改革和完善人才发展机制，深化评价和奖励改革，统筹加强各方面人才队伍建设。一是完善以科研能力和创新成果为导向的人才评价标准，改变片面将论文专利、项目经费等于科研人员评价晋升直接挂钩的做法，形成正确的评价考核体系。二是改革科技奖励制度，优化奖励结构、规范程序、提高质量、减少数量。三是推进素质教育，培养更多实用型人才，重视发挥中青年作用。四是改革院士遴选和管理体制、优化学科布局，提高中青年人才比例，实行院士退出和退休机制，更好地发挥院士团体的领军和参谋作用。五是加强科研诚信和科学道德建设，鼓励独立思考，提倡百家争鸣，着力打造公平竞争、宽容失败的创新环境。

我们要认真学习领会十八届三中全会精神，深化科技体制改革，加快健全技术创新市场导向机制，着力提升企业技术创新主体地位，促进铝门窗幕墙行业和企业创新国际技术一流、管理一流、品牌产品一流，确保创新型国家建设与全面建成小康社会同步走、同向行，为推进社会主义现代化建设作出新的更大贡献。

（2013 年 12 月 27 日在北京“2013 年铝门窗幕墙委员会工作会议”上的讲话）

客户联谊 大连实德 同仁交流 塑窗明天

非常高兴参加这么一个高端联谊会，高端客户联谊的本质，有两点：第一，客户作为上帝，它体现了客户与企业之间的业务关系；第二，它还包含了客户与企业之间的合作关系。我们讲市场经济是竞争的，平时经常说这种竞争是残酷的、无情的、你死我活的。现在看来很不确切，今天的市场经济，我们要强调的是“竞合”理念，即竞争和合作的理念。尤其是合作，合作是更高层次的竞争。全世界范围内，国家与国家之间，总统和总统之间，都在忙合作，包括亚洲博鳌论坛、金砖五国等联盟合作。企业之间更注意要强调合作，这种合作是非常关键的。这次由大连实德主办，这么多客户参加的“2014 年 VIP 客户联谊研讨会”是非常有意义的。首先主办方是大连实德，我们就要了解大连实德，应该说参加会的人是比较熟悉实德的。我从协会的角度，谈谈对大连实德的几点看法：

一、大连实德是塑料门窗行业的领军企业

1. 大连实德是行业活动的骨干

我们中国建筑金属结构协会在门窗方面，下设四大专业委员会，分别是塑料门窗委员会、铝门窗幕墙委员会、钢木门窗委员会和门窗配套件委员会。这四大专业委员会在全国门窗管理工作中起着非常重要的作用。作为大连实德来说，是行业活动的积极参与者，是行业骨干。我们塑料门窗委员会举办了 18 届塑料门窗行业年会，其中大连实德集团承办了 7 届，是承办年会最多的企业。另外，在我们协会组织的门窗博览会、高峰论坛、技术交流会、产品推介会等各类活动中，实德发挥了重要的作用。所以在此，我代表中国建筑金属结构协会对大连实德致以衷心的感谢。

2. 大连实德是项目开发的中坚力量

实德集团参与了我协会所属塑料门窗委员会组织的《严寒地区塑料门窗成套技术开发》、《东南沿海地区塑料门窗成套技术开发》、《高层建筑塑料窗雷击试验》、《塑料门窗系统开发》、《塑料门窗型材热工数据库》等近 8 个项目的工作。在这些项目中，大连实德集团为项目提供资金和技术支持，来承办项目。因此说，大连实德是我们组织的行业开发项目的中坚力量。

3. 大连实德是制定标准的主编单位

我们行业协会协助政府编制标准、规范、规程。在制订标准过程中，实德集团参加了塑料门窗、型材、五金配件等各类产品的标准规范共计32项的编制工作。其中《建筑门窗用未增塑聚氯乙烯彩色型材》标准，实德集团是主编单位。作为一个协会来说，承担行业管理的工作，其中重要的一项就是协助政府编制标准、规范。标准规范是行业发展中非常重要的事情。我们通常说，“三流企业卖劳力，二流企业卖产品，一流企业卖技术，超一流的企业编标准，”由此，体现了大连实德的技术实力，是标准工作的主编单位。

从以上三点，可以说大连实德是我们塑料门窗行业的领军企业。

二、大连实德集团是推进绿色建材的新兴优势企业

2012年1月1日，国务院办公厅公布《中国绿色建筑行动方案》。在全中国开展绿色建筑行动，住房城乡建设部和我们相关的企业承担着重要的作用。大连实德在此方面具有三大优势：

1. 大连实德在化学建材方面的主导优势

20多年来，大连实德集团一直致力于化学建材的开发和推广。目前在大连、成都、嘉兴、银川、漯河、南昌、天津、长春等八大生产制造基地，总生产设计能力达68万吨/年，是国内最大的PVC异型材生产企业，被国家建设部授予“中华人民共和国建设部化学建材产业化基地”的称号。实德化建产业全部采用德国与奥地利进口生产线，代表了当代世界先进技术水平。先进的设备保障了型材挤出工艺的稳定性、奠定了产品的品质基础。

2. 大连实德在产品研发方面的优势

大连实德拥有国内最完备的化学建材产品研发机构和目前行业内唯一的“博士后科研工作站”，保证了实德产品在技术、质量和新产品研发等方面始终处于行业领先地位。目前实德型材共有30多个系列，450多个规格品种，其中获得50多项产品专利，形成塑料门窗、铝合金门窗、塑铝复合门窗、德博士高档门窗系统等四大产品族群，最大限度满足并适应了当前市场多元化、多层次、多品种的发展趋势。

3. 大连实德在门窗系统营销模式方面的优势

在市场开拓方面，实德集团积极深入探索市场模式，通过系统门窗的营销模式来引导市场，并已在全国设有200余个销售网点，产品销往全国各地并出口到东南亚等30多个国家和地区。经过多年的市场投入和不懈努力，实德塑料型材产品已得到市场的广泛接受和普遍认同，市场品牌和市场占有率位居行业前列。

三、大连实德是推进新型城镇化的朝阳企业

当今的中国正在推行新四化。所谓“新四化”，就是新型工业化、信息化、城镇化和农业现代化。而其中“城镇化”正在全面引导中国经济向新的高度发展。“城镇化”在各行各业都占据着非常重要的作用。大连实德集团对城镇化来讲，有以下三点：

1. 大连实德为新型城镇化尽社会责任

实德集团一直积极响应国家新型城镇化的政策。我们塑料门窗委员会在2012年沈阳年会上提出要大力推进塑窗下乡活动。实德集团在塑窗下乡方面做出了很卓越的成绩。其中，实德在辽宁抚顺、鞍山、大连庄河等地区推进城镇化的项目中，做出了很大的贡献。一是实德集团参与了重点地区的城镇化建设的规划，为塑窗下乡探索了一条可行之路；二是切实为百姓让利，提供了系列的优惠政策；三是发挥旧窗改造的技术优势，确保产品质量及配套性。尤其值得一提的，“解决困难群众换窗”的工作，体现了大连实德集团“实业报国、德以兴家”的理念以及“实德人、中国情、世界观”的社会责任观念。

2. 大连实德为广大客户尽诚信伙伴责任

合作是发展的必由之路。大连实德集团建立了以设计、开发、检测、门窗、经销商、供应商为主的一个合作团队。其中，设计单位超过30家，开发单位超过50家，检测单位超过30家，门窗厂超过2000家，经销商超过1000家，供应商超过500家。国际市场上基本建立了一个以华侨为主体的塑窗国际经济人队伍。实德集团一贯以诚信为首的原则，保证客户的利益，保证客户的服务，连续多年获得国家诚信企业称号，对合作伙伴留下了非常好的诚信影响。今天参加会议的VIP客户就是实德集团坚实的合作伙伴。

3. 为企业做强做优尽创新发展的责任

实德集团依照“以市场为中心、以盈利为目的、以营销为突破口”的“三以方针”，不断地创新管理机制，从各类管理、技术创新方面不断突破，实德集团通过精细化管理、经济分析、模式创新等各类新措施，提高企业的竞争力。一个企业办起来了，经历了20年，我们要想到这个企业的发展。国外很多企业都是百年企业，中国的企业从新中国成立以来也就几十年，实德现在才22年，实德要发展成为中国的百年老店还要走很长一段路。对于企业领导人和管理者们来说，企业就像一个小孩，小孩生下来要保证他成才，长大成人，为国家尽责任，企业也是如此，我们要对企业负责任，要将企业做大、做强、做优，成为国际知名企业，为企业发展尽到创新发展的责任。

我从以上三个方面介绍大连实德。这些信息对于在座的各位来宾来说，应该是比较了解的，我在此只是进行了简单的几点罗列。

按照实德集团对于“实德”的解释，“实”是“实业报国”，“德”是“德以兴家”。在我看来，“实”也可以说是“创新务实、求实或是扎扎实实”，这个“实”是一种精神。“德”也可以说是今天讲的“社会公德、行业道德、家庭美德以及客户之间的诚信道德”，这个“德”是一种文化。所以，“实德”体现了一种精神，体现了一种“文化”。实德作为民营企业发展非常艰辛。在座的企业家们、从事企业管理和营销的专家们，当今时代，改革正当其时，圆梦适逢其时。实德过去的发展，离不开在座客户对实德的支持和信赖；实德今后的发展，还要有全国各地的客户和同行给予支持和帮助。我们作为行业来讲，应该联合起来，不仅要成为中国市场的中坚骨干力量，还要成为国际市场的坚硬力量。我们应该有儒商的诚信、智商的才智、华商的胆略，打出中国这一代人在企业发展、壮大方面作出我们自己的贡献。衷心祝愿实德及参会的各相关企业、客户、每个人，在今天这样一个深化改革的年代里，跃马扬鞭，使我们的企业更加美好，使我们的塑窗行业更加辉煌；也使我们每个人的人生价值在明天发挥更加光辉夺目的色彩。

（2014 年 2 月 28 日在大连“大连实德集团客户联谊会”上的讲话）

围绕五大方面推进企业改革创新

今天上午我们在此举行的是第20届全国铝门窗幕墙行业年会。大家知道，铝门窗幕墙委员会每年3月份都会举办全国铝门窗幕墙行业年会暨铝门窗幕墙新产品博览会（简称“年会”），2014年的“年会”与往年不同，恰逢铝门窗幕墙委员会成立20周年，除了要召开一年一度的全国铝门窗幕墙行业年会，举办规模更大、参展企业更多、产品与技术更新的铝门窗幕墙新产品博览会以外，我们还将举行中国建筑金属结构协会铝门窗幕墙委员会成立20周年庆典，用以总结和回顾铝门窗幕墙委员会20年的发展历程，总结我国铝门窗幕墙行业近三十年，特别是委员会成立后20年来行业发展所取得的成功经验，展望行业的美好愿景。在“年会”期间，行业的许多优秀企业，如广东坚朗、广东和合、杭州之江、广州白云和广州安泰等也会开展各类丰富多彩的企业活动。

我想借这个机会强调一下我们这个行业应如何围绕五大方面推进企业改革创新的问题。当前在北京正在召开全国人大、政协会议，全面贯彻落实党的十八大和十八届二中、三中全会与中央工作经济会议精神，对于我们铝门窗幕墙行业来说，关键是要认清形势、把握方向、抓住机遇、乘势而上、扎实工作，努力开创铝门窗幕墙行业发展的新局面。2013年底召开的中央经济工作会议强调把改革创新贯穿于经济社会发展的各个领域、各个环节，对于门窗幕墙企业来说，更要以改革创新在经营管理各个方面培育企业发展的新动力。

一、围绕新的起点，推进企业改革创新

我们的改革创新不是刚开始，我们有几十年发展的历史、发展的成就，我们是在新的台阶、新的起点上进行的。

1. 门窗幕墙行业现状

根据中国建筑金属结构协会铝门窗幕墙委员会开展的行业数据统计表明：2003年至2012年，全行业完成铝合金门窗总产值为6384亿元，建筑幕墙总产值为9003亿元。铝合金门窗总产值年平均增长率为18.2%，建筑幕墙为13.9%，呈现出良好的发展势头（图1～3）。2012年我国的幕墙企业总产值超过1200亿元，行业的飞速发展离不开一大批优秀企业的突出贡献，幕墙行业已经形成了以100多家大型企业为

主体，以 50 多家产值过 10 亿元的骨干企业为代表的技术创新体系，这批大型骨干企业完成的工业产值约占全行业工业总产值的 60%以上。

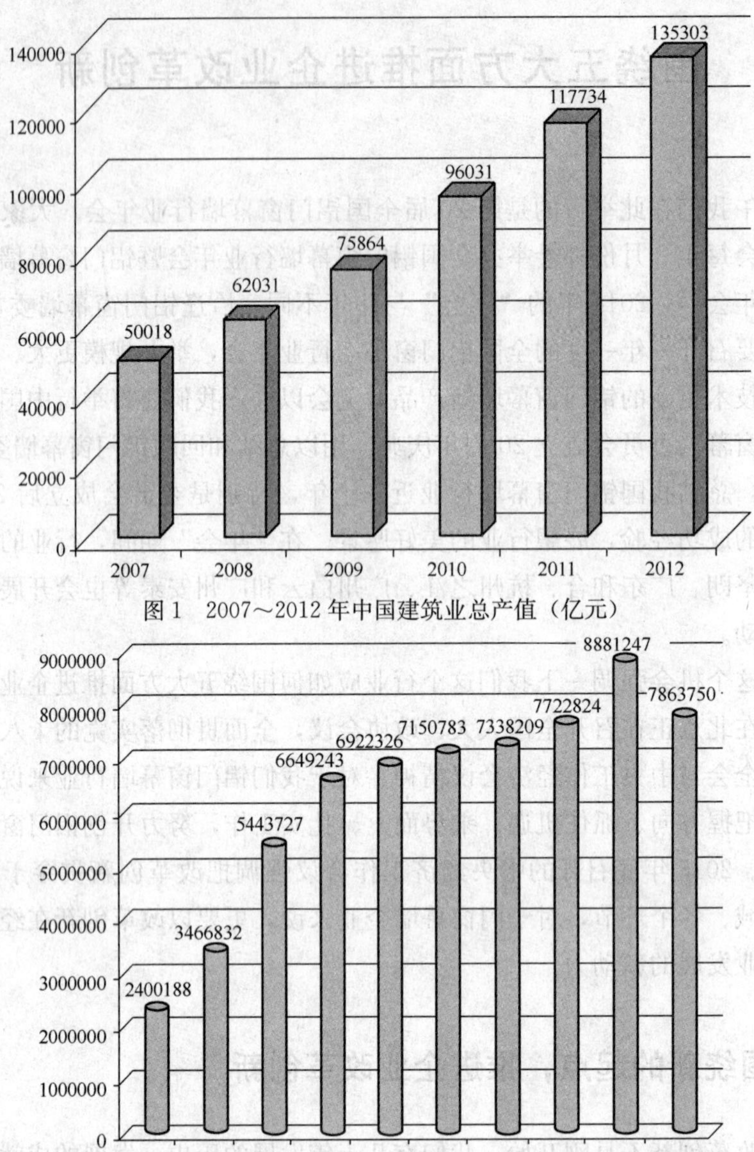

图 1　2007～2012 年中国建筑业总产值（亿元）

图 2　铝合金门窗总产值（万元）

2. 门窗幕墙行业持续发展

城镇化与既有建筑的节能改造和维护将带来巨大的商机。2013 年 8 月 27 日，联合国开发计划署和中国社会科学院共同撰写的《2013 中国人类发展报告》在北京举行发布会。该报告预测，到 2030 年中国将新增 3.1 亿城市居民，城镇化水平将达到 70%。届时，城市人口总数将超过 10 亿。城市对国内生产总值的贡献将达到 75%。

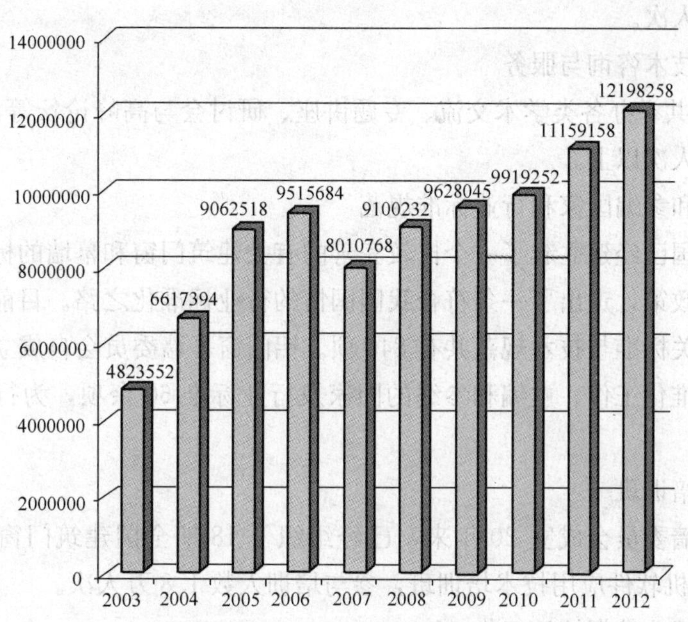

图 3　建筑幕墙总产值（万元）

城乡区域发展的协调性将进一步增强。每年我国将有 30 多亿平方米的新建建筑和既有建筑面积超过 480 亿平方米需要用到门窗和幕墙。

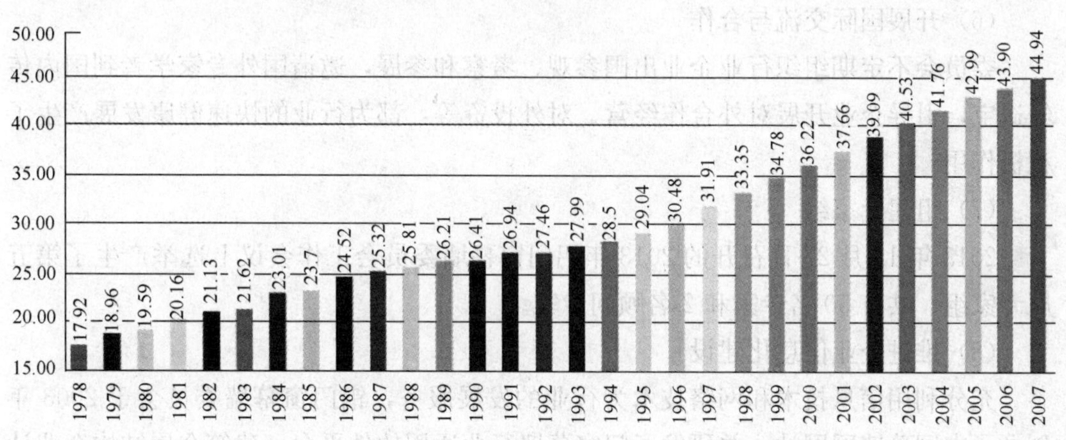

图 4　1978～2007 年中国城镇化进程（%）

3. 协会是改革创新助推力量

铝门窗幕墙委员会已成为铝门窗幕墙行业的服务中心、信息中心、培训中心和创新中心。

(1) 召开行业“年会和博览会”

铝门窗幕墙委员会举办的每年一届的全国铝门窗幕墙行业年会暨铝门窗幕墙新产品博览会已经达到了很大的规模，至 2013 年，参会、参展和参观人数达到了历史上最高的60948人次。

（2）开展技术咨询与服务

20年来，共举办各类学术交流、专题讲座、研讨会与高峰论坛等活动280场次，参与人数6万人次以上。

（3）主编和参编国家和行业标准规范

目前，我国已经建立起了一个比较完善的有关建筑门窗和幕墙的标准体系，制订了有关法规和政策，走出了一条符合我国国情的行业标准化之路。目前已经制订的门窗幕墙行业相关标准与技术规范共有849项。铝门窗幕墙委员会自成立以来就一直致力于行业的标准化工作，主编和参编的国家及行业标准60余项，为行业的标准化作出了较大贡献。

（4）举办培训班

铝门窗幕墙委员会成立20年来，已经组织了18期全国建筑门窗幕墙技术培训班，39期计算机软件应用技术培训班，参与培训人数1.8万人次。

（5）开展行业数据统计工作

为了掌握行业发展的真实情况，摸清家底，协助政府制订行业管理的相关政策和措施，为行业的进一步发展提供决策依据，铝门窗幕墙委员会从2005年开始，便开展了行业的数据统计和调查分析工作。

（6）开展国际交流与合作

委员会不定期组织行业企业出国参观、考察和参展，邀请国外专家学者到国内传经送宝，引导企业开展对外合作经营、对外投资等，都为行业的快速健康发展产生了积极作用。

（7）组建专家组

2013年12月27日召开的2013年铝门窗幕墙委员会工作会议上选举产生了第五届专家组。共有50名专家和2名顾问专家。

（8）推进企业信息化建设

充分利用信息技术和网络技术为行业的发展服务，铝门窗幕墙委员会于2003年创办了中国幕墙网网站，并研发了门窗幕墙行业通用软件平台《建筑金属结构企业计算机辅助设计和生产管理集成系统》。

（9）开展行业文化与品牌建设相关工作

举办摄影展、高尔夫邀请赛和滑雪联谊会等。

二、围绕产业转型，推进企业改革创新

企业跟行业的关系、企业跟产业的关系我们要明确，我们不能闭门造车，关起门

来办企业，而是要放在产业链中去看我们的企业，去发展我们的企业。

1. 门窗幕墙行业在绿色建筑行动中的地位和作用

我国铝门窗幕墙行业从无到有，经过 30 多年的发展，特别是铝门窗幕墙委员会成立后 20 年的大发展，现在已经发展为一个具有广泛社会影响力和价值的巨大产业。

目前建筑能耗占我国全社会终端能耗的比例约为 27.5%。从发达国家的情况看，建筑能耗一般要占到全社会终端能耗的 40%以上。完成《绿色建筑行动方案》的既定目标，门窗是关键，幕墙的维护和改造也至关重要。

为响应国家建筑节能政策，隔热铝合金节能门窗、铝木复合门窗，门窗遮阳系统，性能更优、更可靠的各种系统门窗的应用都有较大幅度增加。其中以铝木复合窗产品的增幅总量为最大，河北奥润顺达去年总产值达 21.2 亿，同比增长 33%，达到历史最好水平，企业所属的断桥铝窗、实木窗、铝木复合门窗、塑料窗产量都有所增加；北京嘉寓、浙江瑞明等企业的合同额也均有较大幅度提高。

2. 门窗幕墙行业市场机制

中国经济长期稳定、健康有序的发展，使我国建筑业保持了快速发展的增长势头，也使我国建筑门窗幕墙行业得到良性发展。但目前门窗幕墙行业的重要特点还是以工程项目为中心，企业的所有经营行为大多以工程项目为中心。市场开拓、产品销售、产品设计、加工制造、施工安装、材料选择等相关经营活动基本上是围绕工程项目来展开。这种情况往往会造成产品品种繁多、尺寸复杂、标准化程度低、管理难度高和质量难于保障等问题。这种状况是不利于门窗幕墙行业的可持续健康发展的。要改变这种状况，唯有通过门窗幕墙产品的标准化，从而实现产品的工业化生产，达到高性能门窗幕墙产品的要求，实现门窗幕墙的产品化，只有这样，才能真正改变门窗幕墙行业的市场机制和市场格局。黄圻同志在工作报告中也强调企业之间的不正当竞争已成为行业中多年的顽症，面对这些问题协会将来会有一些办法，也有待于整个国家市场经济的完善。

3. 门窗幕墙的国际化

我国已加入 WTO 多年，我们在广州施工就是在中国施工，在中国施工就是在国际上施工，因为中国市场是国际市场的一部分。我国铝门窗幕墙行业发展的历史表明，引进、消化、吸收和再创新是发展我国铝门窗幕墙行业的必由之路，因此不断地开展国际交流与合作，也是行业发展的基础和必然选择。

在我国，铝门窗幕墙行业发展的历史只有 30 多年，而世界上其他发达国家则有上百年的历史。我们应该清楚地认识到，我国是门窗幕墙的大国，但不是真正意义上的强国。我们要站在国际化的视角正确认识行业的发展，了解我国铝门窗幕墙行业的发展形势，虚心学习先进国家的先进技术和管理经验。要关心行业，关心产业。

三、围绕增强企业活力，推进企业改革创新

企业改革创新是为了在市场中更富有活力，更具有竞争力。

1. 门窗幕墙企业团队素质

2013 年全行业工业总产值达 2000 亿元，其中幕墙总产值为 980 亿元人民币，年消耗建筑铝型材 1200 万吨。行业中涌现出了众多创新骨干企业，他们是开拓市场的主力军。他们所承建的国家重点工程、大中城市形象工程、城市标志性建筑工程等大型建筑幕墙工程成为全行业技术创新、品牌创优的典范。

如何更好地增强企业活动，特别是增强企业在国际市场中的核心竞争力，这是行业亟待思考和解决的问题。

人才是行业发展的基础和关键，因此增强企业活力，必须首先考虑人的因素。企业家要有企业家的精神，要有战略家的眼光，科学家的精细，要有创新意识、进取意识、危机意识和责任意识，还要有领导才干。企业是一个团队，增强企业团队的能力和素质，才能达到增强企业活力的目标。

2. 门窗幕墙企业文化管理

成功的企业必然有成功的企业文化，成功的企业文化背后必然有成功的企业家。好的企业要有好的战略，好的战略要有好的执行，好的执行要有好的文化，好的文化能支撑企业持续而长足的发展。正如美国 GE 公司 CEO 杰克·韦尔奇所言："企业根本是战略，战略本质是文化"。铝门窗幕墙企业应该清楚认识到，企业管理必须进入企业文化管理阶段，引进和打造符合行业与企业实际的企业文化，将支撑企业持续而长足的发展。

3. 门窗幕墙企业的经营方式

经营是根据企业的资源状况和所处的市场竞争环境对企业长期发展进行战略性规划和部署、制定企业的远景目标和方针的战略层次活动。它解决的是企业的发展方向、发展战略问题，具有全局性和长远性。经营方式是指企业在经营活动中所采取的方式和方法。我们有很多好的企业，例如北京嘉寓，北京嘉寓目前在进行扩张发展，在全国有许多个生产基地，实现了 500 公里半径必然有嘉寓生产车间或者加工基地。我经常提到瑞典的亚萨合莱，它进入中国市场兼并了我们的国强五金、盼盼等多家知名企业，在对亚萨合莱表示欣赏的同时，我常想我们中国有没有这样的企业，能去兼并全球的相关企业，我们的经营方式要进行改变。

四、围绕科技含量，推进企业改革创新

企业的科技含量很关键，过去我们建筑业常常依靠笨重的体力劳动、依靠延长工作时间、依靠增加体力消耗来完成我们的产品，科技含量极低。虽然我们不是高新技术产业，但是提高我们行业的科技含量是必要的。

1. 企业的科技专利

科学技术是第一生产力，科技强则国强，科技兴则企业兴。要增强行业企业的核心竞争力，提高企业的自主创新能力是关键。据不完全统计，铝门窗幕墙行业发展30多年的专利总数在3800项以上。如深圳方大就拥有国内专利200多项（其中发明专利9项），拥有国际专利4项，专利总数居国内同行业前列。北京江河幕墙就拥有幕墙领域已授权发明专利7项、实用新型专利45项、外观设计专利3项、专利技术几十项；广州白云化工拥有专利123项，两次获得中国专利优秀奖；成都硅宝已获得33项国家专利，荣获10余项省市科技进步奖。

2. 企业的装备水平

靠人工还是机器？要提高我们的生产效率，过去中国制造的产品便宜因为我们的劳动力便宜，而今天，我们劳动力的价格一直在上涨，这个优势已经不存在了。我们应该多用机器少用人，提高生产水平。门窗产品的生产、运输、安装和维护等都需要必要的装备，这些装备的质量好坏，直接影响门窗产品的性能和质量，进而会影响门窗工程的安全性、可靠性。建造优质的门窗幕墙工程，离不开性能优越的设备。因此要加大先进门窗幕墙装备的研发、推广和应用的力度。门窗幕墙装备也是我们生产中的重要环节，虽然目前我们有些国产设备也能出口外国，但德国、日本等发达国家的设备的总体水平还是高于我们。

3. 企业职工的合理化建议

研究和采用企业职工的合理化建议，是企业尊重人才，发挥员工主观能动性的表现，也是注意培养企业员工对企业的忠诚度、倡导团队精神、培养集体主义价值观、提倡社会责任感的具体表现，是企业文化建设的重要内容。我们重视专家的意见，但也不要小看员工的建议。我到过德国一家企业，这家企业有一句口号是“群众合理化建议是企业的准宪法”，由此可以看出该企业对于群众合理化建议的重视程度，为此企业要有群众合理化建议奖，如果被采纳将要重奖。

五、围绕走出去战略，推进企业改革创新

今天我们生活在地球村，世界各国的交流日益紧密，我们要考虑国际化战略。

1. 国际考察，进行国际化比较

国际考察是开展国际交流的重要形式，通过考察，可以广泛搜集相关产品和技术信息，了解国际上相同产品和技术的分布情况、发展水平，是参与国际交流与合作的有效手段。我们往往习常与纵向比较而不习惯于横向比较，总觉得今年比去年有进步。什么叫中国国情？中国国情就是横向比较，将中国与其他国家进行比较。就某些方面，比如广州的超市与日本差不多，各种商品应有尽有，我们的经济总量在世界第二位，但是我们的人均水平与世界发达国家差很多，特别我们一些落后地区，与世界其他国家相差太多。我们与国际比较可以概括成差不多、差很多、差太多。我们铝门窗行业也要进行国际比较，我们到国外考察不是去游山玩水，是要考察国际上先进的技术和管理，也是我们参与国际交流活动的重要方面。

2. 国际合作，增强国际竞争力

我们要国际考察，国际比较，进而进行合作，我们已经有很多企业与国外先进企业进了合作，例如奥润顺达与德国墨瑟。

在市场经济环境下，具有良好品牌的产品和服务一定能得到市场的特别青睐，其生存和发展具有明显的优势。我们要引导企业注重品牌规划和发展战略，鼓励企业争创品牌、宣传品牌和保护品牌，努力打造企业自己的品牌优势，在市场上赚取品牌带来的丰厚价值。

同时注重信息化，其核心是实现资源共享，目的是为企业赢得客户和市场。运用信息化就是管理创新的有效手段，有效通过网络与信息技术，既可以改善现有业务流程，使信息流、资金流、物流等有机结合，创造出新的生产力；同时也可以整合一切有利资源，优势互补，联合开拓市场，有效突破客户和企业之间在时间与空间上的局限性，进而提高为客户服务的能力。

3. 国际市场营销，提高全球市场现有份额

随着我国建筑幕墙行业技术水平的提高，中国已经成为建筑门窗幕墙的第一生产和使用大国。中国的幕墙企业开始逐步走向世界，如沈阳远大、北京江河、武汉凌云、深圳金粤等一批企业已逐步进入主流行业的竞争中，在欧洲、中东等地区与欧美国家一线企业共同分割世界高层建筑的幕墙工程。我们不仅要争取到更多的国际工程，还要在国际上建立我们的生产基地，形成全球化生产运营体系。

我从五个方面提出了企业的全面改革创新，这五个方面细分之后还有很多内容需要我们去补充，需要我们去研究。

当今时代，创新正当时，圆梦适得其势，门窗幕墙行业的企业家们，一定要以进取意识、机遇意识和责任意识全力推进企业的改革创新，献身于企业做大、做强和做优的伟大事业中。

中国是门窗幕墙行业的世界大国，正在向世界强国挺进。中国成为门窗幕墙世界强国的梦想一定能在不远的将来实现，中国门窗幕墙之梦，是门窗幕墙人之梦，是行业发展之梦，是成为门窗幕墙强国之梦，也是可实现的美丽之梦、幸福之梦。中国门窗幕墙之梦是伟大中国梦的重要组成部分，需要我们这一代或几代人付出巨大的努力，奉献青春和热血。伟大的行业实践，一定能成就巨大的事业，造就一批成就非凡的门窗幕墙行业“巨人”。中国铝门窗幕墙行业已经进入了一个需要“巨人”便会产生“巨人”的时代，这些“巨人”便是我们中国的门窗幕墙人！

（2014年3月8日在广州“第二十届全国铝门窗幕墙行业年会”上的讲话）

门窗幕墙企业的三大社会责任

山东临朐，承东启西，连南贯北，人杰地灵，商贸兴旺。以华建铝业为代表的一批铝合金企业迅速崛起，生产加工铝型材及建筑门窗并占据全国建筑类铝型材市场重要地位。同时受型材产业拉动，不锈钢、硅酮胶、铝合金配件、玻璃加工、黏合涂料、隔热胶条等相关产业发展迅速。国内门窗幕墙行业和房地产采购商及国际客商往来频繁。年达百万人次，市场贸易额不断扩大，行业影响力日益提升，不愧是我国江北铝型材第一县，窗博城也不愧是我们的国际门窗幕墙博览城。

今天，由中国建筑金属结构协会、全联房地产商会、中国房地产部品采购联盟、山东省建设机械协会、中国国际门窗幕墙博览城商会，在这风水宝地联合主办“第一届中国（临朐）国际门窗博览会，同期举办第一届中国房地产业与门窗幕墙行业合作高峰论坛”。上午我讲到了我们这个博览会是因我们国家的门窗幕墙产业规模而生，是因我们临朐的门窗幕墙的产业集群而生，是因我们当前提倡的门窗幕墙的产业联盟而生。现在我们要召开这样一个高层论坛，这一个论坛使我联想到前不久刚刚结束的我们总理参加的在海南召开的博鳌亚洲论坛，它的主题是“亚洲的新未来：寻找和释放新动力”。我们这次论坛的主题是“汇天下门窗，博绿色世界”。联想这两大主题，我思考一个问题：就是我们门窗幕墙行业、门窗幕墙企业应该承担的三大社会责任。

我们说，企业的社会责任是一项涉及全员、全方位、全过程的系统管理工作，从某种意义上讲，我们企业的社会责任也是一种生产力。过去的成功、成就是由于我们尽到社会责任的收获，而今后发展的力量源泉离不开勇于担当社会责任的企业志向、企业抱负和企业发展战略。

一、围绕“三难一大”，我们的门窗幕墙行业需要创新、创新、再创新

1. 安全难

我们的门窗幕墙，有些人说出现了一些问题，但是有些人的说法我也不赞成。有些人说我们城市的幕墙是城市的定时炸弹，我说不是，我们这些城市建设者把城市变成炸弹干什么，但是门窗幕墙的安全问题确实是不可回避的一大难题，无论是隐框还是明框的幕墙，包括一些门窗，生命第一、安全第一是建筑的最高准则。我们要高度

重视无论是在役使用的，还是新建的门窗幕墙的安全问题。

2. 节能难

相比较而言，门窗幕墙特别是幕墙在建筑节能方面难度还是不小的。我们跟发达国家相比差距也是不小的。门窗我国是强国，德国门窗现在K值达到1.3，我们现在2.5～2.6，北京开始到1.5，我们必须使我们的门窗真正能符合当前节能的要求、低碳的要求、环保的要求。这也是一大难题。

3. 防火难

大部分幕墙建筑存在高层防火难的问题，当然高层防火是全世界建筑的共同难题。对于幕墙防火应该怎么做，现在我们已经出现了很好的防火材料、防火玻璃、防火的各种胶及相关防火材料；我们在幕墙建筑的设计方面，出现了自动喷淋设施，出现了火灾建筑自行灭火，不要消防队，当然，现在还离不开我们消防队。总之，我们要认真解决高层防火这个难题。

4. 维修改造量大

特别是改革开放以来，我们建了大量的门窗幕墙建筑，这些建筑都到需要维修了。由于当初的科技含量不太高，相当多的幕墙需要改进，需要维修。包括现在的所谓节能窗户更是如此，可以这样说，既有建筑几乎都不是节能的，要改造成节能的，门窗都需要更换。整体来说，门窗也好，幕墙也好，需要维修、需要改造的量相当之大。

门窗幕墙行业、企业更要围绕这“三难一大”进行原始创新、集成创新、引进消化吸收再创新，真正做到创新再创新，来达到社会对我们的要求。

二、围绕“新型城镇化”寻求门窗幕墙企业与房地产企业的深度融合

我们说当前我们中国正在进行着一个城镇化，或者说新型城镇化，各级政府都在讨论城镇化怎么进行。我们的城镇化率在“十二五”期间要达到50%，这是相当不容易的事情，那么城镇化究竟怎么做，需要我们建设者动脑筋，需要绿色建筑，需要低碳建筑。我们从2013年国务院办公厅颁发的一号文件《绿色建筑行动方案》，2014年国务院刚颁发的四号文件《全国城镇化的规划》，就可以看出社会进步，经济发展对城镇化要求很高。围绕着城镇化我们怎么办，需要我们门窗幕墙企业和房地产企业共同来进行深度的融合。

1. 以系统理念指导，高标准融合

门窗幕墙的节能是一个系统的概念，他并不是一个门或一个窗或者一个幕墙，与门窗幕墙相关联的配件，与门窗幕墙相关联的各种胶、胶条、胶带以及其他包括设计、施工

等方面都与整个建筑节能有关。所以，建筑节能是个系统工程，我们要搞的是门窗的节能系统，围绕这样一个系统的概念，我们要和房地产进行高标准融合。房地产也是一个系统，当前中国的房地产，尽管专家们有这样那样的议论，但总的说应该还是不错的。但是从用户，从我们老百姓，上访最多和投诉最多的是建筑门窗，所以说房地产用什么样的门窗非常关键。房地产企业如果不重视门窗，将是对用户极不负责的房地产企业，这样的房地产企业应该被社会所淘汰。所以房地产肩负着对人民负责，对用户负责，必须要和我们门窗幕墙企业实行高标准的融合。并不是说你是上帝，我就伺候你，不是这个意思，而是要相互协助，相互提供条件，以房地产高标准的水平进行融合。

2. 以竞合理念为引导，高水平融合

因为我们现在搞的是市场经济，市场经济也通常说是竞争性经济，有人说，竞争就是大鱼吃小鱼，小鱼吃虾米，你死我活，竞争是残酷的，无情的，我们说这已不完全确切。当今的竞争，有时候我们是竞争的对手，更多的场合我们是合作的伙伴，善于合作就善于竞争，可以这样说，合作是高层次的竞争，谁能够合作谁就会竞争。我们搞房地产要竞争，我们搞门窗幕墙要竞争。我们怎么竞争？我们首先要学会合作。在某种意义上说合作是更大范围、更高层次的竞争，由此门窗幕墙企业要和房地产企业实行高水平的融合。现在我们知道，全世界总统们、领袖们，国家的一些伟人们，忙的都是合作，包括博鳌论坛，上海合作组织等，所有这些，都是为了战略合作，为了谋取国际化的战略合作，包括我们总书记到法国去，跟法国也是实行战略合作。企业也是，作为一个房地产企业、作为一个门窗幕墙企业，必须树立长期战略合作的关系，才能够使我们共同去对人民负责。

3. 以品牌理念为倡导，高层次融合

合作拿什么合作，不是拿嘴去合作，也不是凭关系去合作，我们要凭实力。实力是什么，就是我们的产品是品牌。所谓品牌产品，我们说一个产品的质量好是产品的物理属性的话，那么品牌不仅是产品的物理属性，还包括产品的情感属性，就是愿意用这个产品。比如我们中国也是服装大国，我们的衣服布料很不错，裁工也不错，做成的衣服价格不贵，如果打上个钩就值钱了。这钩是什么，就是品牌，很值钱。还有再打上一大串英文字母 boss，德国的，很值钱，他就是品牌。我们华建铝材产品就强调我们是品牌企业。我们拿什么和房地产企业融合？拿品牌。但是我们与什么样的房地产企业融合，是名牌房地产企业融合，就是两个都是品牌，实现名牌企业闯天下，品牌产品走天下。

三、围绕"转型升级"展现企业的抱负与新动力

今天我们的企业必须转型升级，转什么样的型，升什么样的级，主要围绕着质量

效益型、科技先导型、环境友好型、资源节约型、社会责任型、组织学习型，进行企业的全面转型升级。

1. 在新的起点上展现我们华商的战略和胆量

今天包括我们临朐的企业，也包括我们参加会议的企业，你们都了不起，你们都有了一个新的起点，你们现在的规模、你们的发展水平都很不简单，但是你们要在这个起点上继续前进。怎么继续前进呢？要展现我们中华民族商人的战略和胆量。我们不仅要在本地区，立足我们临朐的铝型材企业，不仅在临朐，也不仅在潍坊，也不仅在山东，也不仅在中国，我们要着眼于全球，更要着眼于全人类，中华民族牌子要叫响全世界。要以我们的胆量办好我们企业，要以一个百年老企的胆量，使我们的企业持续发展。

2. 在复杂的市场上展现儒商的诚信

现在的市场是巨大的，中国搞市场经济，赢得了中国的巨大的发展，中国变成了世界上的经济大国，但是我们的市场经济还不是很完善的，市场始终处于完善的过程之中。以往在我们的市场中，出现了吹、假、赖等等种种不诚信行为，种种不正当竞争。所谓吹，到处在吹牛，一个小小县城也吹，要成为国际大都市；房地产小区挖个坑放点水就做广告，本小区碧波荡漾，了不得了；不起眼的饺子店也不叫饺子店，叫饺子城，有的甚至叫饺子世界。吹牛不行，我们不能靠吹，要讲诚信。还有一个假，现在我们什么都有，小小的县城，一个小乡镇都有法国的香水，意大利的皮货，世界上的我都有，但是我们什么都有，什么都有假的，假的一大堆，吃的有假的，穿的有假的，用的有假的。这绝对不行。还有一个赖，赖账。给货不给钱，有钱不还，任意拖欠贷款，贷款拖欠工程款，不负责任，这些社会上的种种不良现象，吹假赖种种不诚信行为。政府部门正在治理整顿的也是我们企业要坚决抵制的，我们的门窗幕墙行业，必须要树立诚信。我们是儒商的后代，我们经营的每一个方面、每一个地方都要展现儒商的诚信。

3. 在新经济时代要展现我们智商的才智

我们今天走在新经济时代，科学技术一直在发展，你们不知道感觉到没有，现在科技发展速度相当之快。比如当年我到国外去，从国外带回来个空白录像带来用，现在都是废品、垃圾，都没人要的，现在一个小小的 U 盘就能盛好多好多东西。想当年，时间不长，也就是 1995 年、1996 年之间，我到日本见到一个东西，日本人说不用交卷可以照相，我回来两个月左右就上市了，这是什么？就是现在我们的数码相机。开始 1 万像素，以后 10 万像素，现在百万像素、千万像素都出来了，电视就更不用说了，现在厕所都有很薄的电视挂在墙上。还有我们的手机，大家都在玩手机，一部新手机 4000 块钱，到了下半年就是 3000 块钱，到了明年呢，就是 500 块钱，到后来 100 块钱都不值。新的手机又来了，苹果四、苹果五，接着苹果六又出来了，科技发展速度相当之快。我们门窗幕墙也是如此，门窗幕墙不仅实用，而且还成为一种工艺了，不断地在进行改进。新的硅胶、新的涂料都不断出现，在新经济时代，我们必须要展示智商的才智，加强自主创新，变中国制造为中国创造，这个方面还有很多工作要做。

总之，围绕着"转型升级"，展现企业的抱负，展现企业发展新的动力，这也是我们门窗幕墙行业的重大社会责任。

以上讲的三大社会责任供专家、企业家和同行们参考。纵观全球商业社会，没有一个社会总是一帆风顺而不经历任何风雨。问题的关键是企业勇于担当社会责任的志向与战略，不应该被暂时的"雾霾"所遮蔽。就像理想可以改变个人的命运，勇于担当社会责任的志向、抱负和战略可以成为企业成长，企业发展的力量源泉，使得企业纵马驰骋，勇往直前。奔向更加辉煌美好的明天！

（2014年5月5日在山东临朐"2014年第一届中国（临朐）国际门窗幕墙博览会同期活动第一届中国房地产业与门窗幕墙行业合作高峰论坛"上的讲话）

强化产业群力　绘制门都远景

在 2009 年 9 月 26 日，我们中国建筑金属结构协会来到永康进行调查研究，最后以协会的名义命名永康为中国门都，在这么大一个中国，荣获“门都”称号并不容易，到现在已经五年多时间了。当时我们策划，在永康每年办一次门业的博览会，从 2010 年开始举办，至今也已是第五届了，应该说博览会办得一年比一年好。

“中国门都”命名五年来进步明显，永康门业总量占比 60%以上，门都影响力持续扩大，企业技术水平、生产自动化水平跟五年前相比较普遍有了很大提高，门类品种由相对单一向多种发展。门的种类如果按照材料划分有钢质门、木质门、铝质门等；如果按门的运动方式划分有手动门、自动门、电动门等；按照使用场所来分有工业门、家用室内门、家用室外门、商业门、特种门等；按照功能划分有防火安全门、防盗安全门等。在中国建筑金属结构协会有铝门窗幕墙委员会、塑料门窗委员会、钢木门窗委员会及门窗配套件委员会四大专业委员会是与门有关的。

随着市场大环境的变化，企业内部逐渐向注重研发技术、丰富加工手段、拓展营销模式等方面转变；企业外部则更关注竞争对手、行业政策、客户需求等方面的信息。

同时我们也要看到，虽然我们的市场份额增大了，但在品牌附加值、美誉度上还没有达到同规模相当的认同度，属于靠规模效益取胜。产品品种仍以钢质门为主，急需丰富和完善产品系列。我们要围绕产业集群效应如何继续优化、门都的品牌价值如何持续增值等问题，探讨永康的未来。

从永康门都的命名到博览会的召开，每次我都来到永康，目睹了永康的变化，今天借这个机会我想对永康未来的发展谈谈设想、建议，与同行们共同探讨。

一、强化产业群辐射力

所谓产业集群即产业密集度高。永康市门的广告随处可见，从事门业生产的企业非常多，也因此才被命名为门都。我们强调产业群辐射力，所谓辐射力即是对市场的占有率、影响力。

1. 从企业到家庭

人的一生与门息息相关，从产房门出来一直到进入火葬场的门，每天都要与门打交道。过去，我们生产的门主要供应给房地产开发商即供应给单位，而今后我们可能要转为供应给家庭即供应给个人。

永康的集群效应明显，大型的门企（5 亿产值以上的企业）有 20 多家，其他中小型的合计 700 余家，其中大多属于家庭作坊型的，为大企业配套，做专业的部品或配件。而他们的产品大部分是供应给企业的，群升集团董事长徐步云曾说过他们与 160 多家房地产企业有合作。而现在我们应该考虑给家庭供应，每一座城市每天都有许多家庭在装修需要用门，所以我们除了考虑企业用门还要考虑家庭用门。

整体上看小而多、多而弱的局面不具竞争优势，必须通过专业化、规模化、自动化等手段进行整合和提升。每届门博会，进入展馆的本省企业大约 300 余家，与此同时，其他大量小企业也借机在其他专业市场，甚至马路上进行展示。由此可见，永康门的产业群已经辐射到了全地区的角角落落。

2. 从城市到乡村

在永康，城市和农村的界线越来越模糊了，五金、门业、电动车、杯业等 8 大产业带动永康的整体工业化水平和城镇化水平远远高于全国平均水平，达到甚至超过发达国家水平。这个状态的出现主要依赖于产业集群的不断扩大。但就全国来讲，除少数大企业的市场影响力、品牌影响力以外，其他品牌的知名度还远远不够，用户选择产品时，很难找到。

我们的门都不单是影响地方经济，对于整个永康的社会进步有影响。尤其今天，我们强调新农村建设、强调新型城镇化建设，就必须开展好门窗下乡活动。随着农民生活水平的提高，农村对于门的要求也在提高。永康可以考虑实行一些门窗下乡的补助政策，让永康的农民用上现代化的门，让门从城市走向农村。

3. 从永康到全球

目前永康门有一定出口量，但远远不够，而门业与五金、电动车行业相比，总体数量偏小，另外大部分都出口到不发达国家。永康门业档次整体水平在全球主流市场上处于中低档水平，所以占领国外市场，特别是发达国家市场，还有漫长的路要走。首要任务是进行产业升级，实现永康门企从永康走向全国，进而走向世界，提升产品档次。国际市场方面拓展方面力度明显不足：一是国外参展少，二是对提升软实力，如研讨会、发展趋势论坛等活动重视不够。我们不详尽了解国外情况，很多国外企业来参加我们的展会，就是看好中国市场，而我们也需要看到全球的市场，最大的门业企业应该是在中国而不是在意大利、德国，虽然我们发展迅速，但企业发展时间短，所以我们要看到国际市场。我们的企业应该联合起来尽可能多的去国外考察，甚至可以考虑在国外建立永康的门业基地，要寻求各种形式的合作。

二、强化产业群洞察力

洞察力是对信息的观察力，过去在战争年代，有谍战，情报很重要，今天商业发展，市场发达，情报也极为重要。作为门都，应对门的方方面面信息、情报有较强的洞察力。

1. 洞察行情

行情指三个方面，一是市场的需求情况，即行业的需求情况；二技术的前沿情况；三是行业企业状态的情况。尝试参与参加各类有影响力展会的交流讨论会议和各类高峰论坛、沙龙、行业趋势发展研讨会等；组团参加不同类型和区域的专业型、综合型展会；创建门业专业图书资料室、情报信息室、门业技术研发中心，集合大家的力量，汇聚大家的资源，让同行共享。

我在全国开会讲话，只要与门窗有关，必然都会提到门都，对门都进行宣传。同时我要告诉你们，在离北京不远的高碑店市有一个我们协会命名的中国国际门窗城，门窗城非常善于利用中央各部门对它的支持，国家科技部给其命名了国际门窗科技研发中心，国家海关建了海关基地，国家建研院建立了国际门窗幕墙检测中心，高碑店只是一个小小的县级市却带动了整个河北；而不久前，在山东临朐又成立一个中国国际门窗幕墙博览城，开幕时参观人数达到了3万；另外凯必盛集团在北京建立了中国门道馆，将自动门的技术高度集中。所以希望各位要了解行业中除了门都还有许多产业集群基地。

2. 洞察国情

行情是行业的情况，国情是国家的情况，我国正处于快速变革时期，国家政策、行业政策、技术标准，都在不断进行调整、完善。作为门都和门都的企业，必须时刻紧盯政策动向，否则，只顾眼前，就会落伍。

有很多企业向我反映一些困难，比如市场不规则，有幕后交易、有贪腐、有假冒伪劣，这些情况都客观存在，中国的市场经济正处在完善的过程之中，还并不完善，市场上各种情况都有，但大家记住一条，太阳都是从东方升起的，有些企业发展迅速，有些企业却在发牢骚，所以不要怨天尤人。对于中国国情我用九个字概括，差不多、差很多、差太多。第一，我们永康的超市中也是一应俱全，与国外超市差不多；第二不论什么在13亿人口的基数上一除，人均水平与国外差很多，我们经济总量是全球第二，但人均水平只有30多位后；第三我国地域广阔，发展不均，我们有贫困地区，有灾区还有少数民族地区、边远地区与世界发达国家相差太多。这就是我们的国情，我们要了解我们国情善于进行国际比较，国情就是宏观，行情是中观，企业是微观，微观要在宏观、中观的指导下去发展，离开宏观、中观企业发展是没有方向可寻的。

要积极扩展行业的视野空间，与国内门窗行业相关组织进行互动交流，与他们展开各类合作，组织协会成员外出参观学习考察，不断吸收借鉴同行的亮点。同时收集汇总协会会员相关意见反馈给政府机构做决策参考。

3. 洞察世情

我们身在中国，要了解世界。我们加入了 WTO，中国市场是国际市场的一部分，永康也是国际市场的一部分，所以要洞察世情。作为中国门都，必须了解国际门业动向和发展趋势，通过内部通讯或简报的方式将行业内，包括外地的、国外的门企的好方法、好经验分享给大家。组织各方力量编写行业热点趋势研究、行业材料价格涨幅预警、出口贸易情报收集等共享给门都成员企业。搜集相关国家有关门业的法规、标准、规范，以利实现对外经营属地化、管理本土化。要加强国际交流、加强国际考察、加强国际合作，洞察世情，发展永康。我们不能闭门造车夜郎自大，要有世界眼光，要有战略思维。很多企业只会纵向比较不会横向比较，自以为发展了十年，与创办之初相比较，发展够大，但与国际横向比较，与发达国家比较，我们还相差很多。

我强调的情就是行情、国情、世情三个方面，当然企业家还要了解自己企业的情况，要重视在当前经济发展阶段的情报工作，知己知彼，百战不殆。要通过了解行情、国情、世情，明确本企业发展的战略。

三、强化产业群凝聚力

产业群要抱团发展，要有凝聚力。

1. 凝聚人力

当前经济发展的第一人力是企业家，我们永康之所以成为门都就是因为有一批从事门业的企业家，很多地方政府一直在解决就业问题。而我则认为没有创业哪来的就业，每一家企业都在解决就业问题，多一个企业就多几十甚至几百个就业岗位。企业家至关重要，不重视企业家的民族是没有希望的民族，社会财富是靠企业创造的，而企业是靠企业家引领的，当今的企业家是我们中国经济发展最宝贵、最稀缺的资源，是我们当今经济发展最可爱的人。

第二人力就是我们的专家，永康的门业协会应该总结出永康门业的十大专家，应该重视专家，在一个企业工作多年，应该成为本企业的专家，进而成为永康的专家，再进而成为浙江，乃至全国、世界的专家，要有专家的力量、专家的智慧。专家包括技术专家和管理专家。

第三还要有行家，即门业的工人技师，我们要高度重视工人技师队伍。

第四要有社会活动家，我们永康成为门都就相当于有一批门业的社会活动家，包括我们政府和行业协会的人员，他们为这个行业在奔走、呼唤，为这个行业在加油。社会活动家还包括经纪人队伍，他们负责促进产品的营销。

永康之所以能成为门都就是因为能凝聚门业的人才，永康的门业企业是学习性组织，永康的门业的员工是知识性员工。我建议有能力的企业要建立门业的图书馆，将国内外与门有关的图书、资料都收集起来，这是对知识的保护。

（1）联合研发攻关

针对不同规模的门企大家都面对的各方面，如营销、技术、管理等热点问题进行研究攻关，或者创建课题让大家有偿解决，为门企发展助力。

（2）联合对外宣传

针对公众关心的话题，集合行业内各方面专业人士的力量，用科学专业的方法应对行业质疑和相关问题，如蜂窝纸问题、防盗级别问题、门窗使用维护方法、门窗选购指南、门窗与居家设计风格搭配指南等进行统一解答。

（3）智力资源共享

把行业内经验特别丰富的专业人士成立辅导顾问团，帮助企业解决各类难题。

2. 凝聚财力

（1）联合采购

定期组织门都企业收集各类采购需求，进行集体招标。如针对大家都需要的某些机械设备，配件材料等由协会组织进行团购，用规模采购优势谈判，赢得供应商倾斜资源，为会员创造价值。

（2）联合培训和咨询

针对企业关心的热点问题、难题等邀请相关行业专家、服务机构或咨询培训机构，打包组团进行学习培训活动，降低费用。

（3）集资建立试验检测基地

联络社会机构和政府机构一起出资设立符合国际标准的环境实验室，有偿进行各类门业产品在各种环境气候，如严寒高热、日照较强、高湿度环境、风力较大环境、盐碱空气等环境下户外金属门的耐用性能，稳定系数测试，破坏性测试等，为企业进入高端门业产品提供支持。

现在金融也要放开，可以考虑成立永康门业发展基金，考虑成立永康门业银行，供中小企业发展使用。

3. 凝聚文化影响力

为促进大门都品牌美誉度而努力。永康区域内门企作为门都产业区域的一员，谁也做不到独善其身，只有叫响了大门都品牌，区域内的企业才会有更广阔的空间。树立门都企业一荣俱荣，一损俱损的大局观。

要进一步研究如何提高每届门博会的国内外影响力，进一步探索办好网上门博会，并联合编辑出版《门都门业年鉴》。门博会举办五届了，我希望一届比一届更好，但我觉得永康的企业还没有充分利用好门博会。比如说我们协会在广州举办铝门窗幕墙博览会期间，广东的企业纷纷借博览会开展活动，白云集团年年开展有技术交流会、合和集团年年举办论文评奖、安泰集团年年有客户答谢会、坚朗集团年年举办高尔夫球国际比赛，还有很多。永康的企业也应该学会利用门博会来开展自己企业的活动，为本企业发展服务。

永康的门业协会应该联合出版门都年鉴，将永康一年的发展状况编成一本书，发送国内外，对门都进行宣传。

应该创建门业博物馆，集合各方力量，实体的和网上的同时展示，充分利用网络优势，共同弘扬永康门都的门业文化内涵，品牌美誉度。同时建立门业产业联盟、门业品牌联盟、门业跨国联盟、门业跨行联盟等等。

四、强化产业群创新力

1. 经营创新

经营理念创新：如许继施普雷特公司倡导“质量就是人格，销售就是服务”。

经营机制创新：如北京闼闼木门发展之快在于实行两头大、中间小的“哑铃型”的公司运行模式，即销售队伍和技术研发力量力求强大，生产规模尽量缩小，实行OEM与自主生产相结合的供应方式。

经营方式创新：如深圳红门智能机电公司伸缩门销售配备样品车，打破拿样本跟用户介绍产品的传统方式，随时随地看实物。

经营路径创新：如步阳进户门、江苏合雅木门、梦天实木门打破传统的直销、代理等销售模式，与数百家房地产公司签订战略合作伙伴，实现营销路径的创新。作为门都，要通过多种途径建立全球华侨门业经纪人队伍。

经营文化创新：如王力集团防盗门特别方便老人小孩使用的定位。

2. 科技创新

科技创新的内容和方向：节能、设备效能、原材料、新型门窗。

科技创新的途径：产学研结合、引进消化吸收、专利、信息情报。

科技创新的关键：人力资源、体制制度、创新战略、科研组织和经费。

作为门都，应建立统一的标准规范：

（1）整合各方力量订立永康门都防盗门行业联盟标准；

（2）对门都各类型门企进行分级认证；

（3）针对各类门配件编订基本的行业规范和质量标准，促进门配的标准化、通用化和质量性能提升，为门企发展提供必要支持。

3. 管理创新

管理就是让别人劳动，自己劳动是操作，当前要特别强调信息管理、知识管理。

管理文化：团队文化、服务文化和合作文化。

永康门都：应设立行业服务热线，针对各行业客户对成员企业的投诉，相关问题反馈，疑难疑问等进行统计处理，督导门都企业的客户服务意识；组织年度评比交流，设立营销、管理、技术、精益生产、品质、企业文化等分项目主题，要求各企业针对自己最擅长部分的经验进行总结，制作成宣传资料，登台演讲或以圆桌会议的方式进行交流；组织各方力量编写行业热点趋势研究，行业材料价格涨幅预警，出口贸易情报收集等共享给会员；应整合各方力量对会员进行法律法规方面、技术标准方面、管理方面的咨询服务；组织相关资源牵头进行特定门业的营销管理、品牌宣传、市场推广、工程项目销售等的培训学习活动。

门都企业这些年的成就门都的发展，是永康的企业创造的，最有发言权的也是永康在做的企业家，但是我作为旁观者，连续与永康打了六年的交道，在来永康之前我就一直在思考到永康讲什么，后来想到了产业集群力的问题，从强化产业群的辐射力、产业群的洞察力、产业群的凝聚力、产业群的创新力四个方面，如何让我们的企业做大做强、做大，让门都更实在，更有实力。空谈误国，务实兴邦，应该看到，创建中国门都已成为现实，进一步提升门都的品牌价值，使其成为名副其实的中国门都、世界门都，是永康各部门领导、我们在座的各位企业家以及行业协会在内的共同使命。

当前，在中国改革正当其时，圆梦适得其势，让我们为这一伟大而崇高的共同目标而努力奋斗！门都的明天一定会更美好！

（2014 年 5 月 26 日在浙江永康“中国门都创新发展座谈会”上的讲话）

中小微企业健康发展的路径

首先，我把今天在座的企业都定为中小企业，对不对？有人说海达是上市公司，还有合和、国强五金都是几个亿的产值，不小了，这些企业成立也有十多年了，但是我认为仍然是中小企业。全世界所有发展中国家包括发达国家都高度重视中小企业，中国政府也是如此。那么我们企业发展到现在究竟是中小还是大企业呢？和外国比一比，刚才刘旭琼主任说考察了三个企业：第一个是比利时的瑞纳斯门窗系统公司；第二个是德国的好博门窗五金公司，德国好博门窗五金公司年产值是多少呢？2013 年是 2.37 亿欧元，相当 20 多亿人民币；第三个是丝吉利娅门窗五金公司，在中国有分公司，去年的产值是 3 亿多欧元，就是 30 多亿人民币。我们哪个企业有 20 多个亿？昨天和几个企业家一起聊天，其中有国强五金的李总，国强五金是一家很不错的企业，关键是在被瑞典亚萨合莱收购之后，这家企业又有了新的发展。我想要通过国强五金了解一下，亚萨是家什么样的企业？亚萨是瑞典的，北欧地区的，我去过两次，不容易的，人家的工作环境不像我们这边那么舒服，冬天时间长。亚萨是 1994 年成立的，本来是瑞典和芬兰的两个小企业，现在成为一家庞大的跨国公司，庞大到什么程度，企业拥有四万三千人，年创造产值 500 亿人民币，相当于一个员工一年要创造一百万人民币价值，在全世界 70 多个国家都有合作，这是一个庞大的跨国公司。最近我了解到，亚萨仅在我们中国建筑金属结构协会行业中，通过收购、重组、并组的有十个企业：营口盼盼门业，浙江保德安，浙江神飞利益，中山固力，山东国强五金，北京天明门业，烟台华盛门业，哈尔滨鑫锚门业，汕头三合门业，深圳龙电门业。亚萨是 1994 年成立的，不是百年老企业，这个事情我想的很多，为什么？是他们的市场大？他们的人聪明？我想市场最大的应该是中国，最聪明的人也是我们中国人。为什么？值得我们学习、值得我们研究，这个任务交给刘哲秘书长。刘旭琼主任作为配套件委员会的主任，要组织我们的专家，认真考察分析解剖亚萨合莱，弄清楚它的成功之处，向他们学习。我们的企业应该有这个志气，有这个信心，要把父辈创业的传统发扬光大下去，把我们的民营企业做大做强。这是我申明的第一点，大家不要不甘心做中小企业，总感觉自己是大企业，我认为还是应该勇敢的承认自己是中小企业，同时要对中小企业的发展充满信心。

其次，我要申明的是，中小企业健康发展的路径，真正能讲清楚的人应该是你们在座的人，而不是我，因为你们从创业到今天经历了很多的酸甜苦辣。企业发展到今天纵向比较发展是迅速的，甚至包括我们的行业。昨天国强五金的老李对我说，2001年门窗配套件委员会第一次会议也是在这里开的，当时只有十几个人参加会议，今天在座的企业比那时多多了。和2001年比较，每个企业有了重大的发展，这是大家努力的结果，也使我们有了探讨中小企业发展路径的发言权。通过和你们打交道，对在你们身上看到的、学到的进行归纳和总结，今天我讲的都是你们做的，所以一开始我要申明这两点。

中小微企业是我国国民经济和社会发展的重要力量。促进中小微企业发展是保持国民经济平稳较快发展的重要基础，是关系民主和社会稳定的重大战略任务，是实现强国之梦的重大力量。协会致力于探寻中小微企业健康发展路径，组织行业专家开展中小微企业经营管理和科技研发的各种咨询活动。同时组织中小微企业进行国内、国际交流考察活动，开展对中小微企业的培训和创新研讨以及创造商机的各种活动，共筑中小微企业健康发展的路径。

协会专门印发了国务院、中央各部门关于发展中小微企业的文件、政策，转发给你们了。中央国务院有政策，到了各个地方还有细化的政策，你们还应留意一下本省、本市关于落实中央关于扶持中小微企业发展政策的地方政策，这对于企业来说是有好处的。下面就发展路径谈几点：

一、人力资源开发之路

企业是人办的，企业要做大、做强、发展，人是至关重要的。第一个讲的是企业家，企业家是最奇缺、最宝贵的资源，是国家最重要的财富，是当今经济社会建设时代最可爱的人。作为一个社会，要发展、强国，要创造更多的财富，财富是靠企业创造的，企业是由企业家来运营的，一个不重视企业家的民族，是没有希望的民族，民族要强盛要高度重视企业家。今天的中国，应该说在重视企业家的问题上，有了很大的改进，但是还没有重视到应该重视的程度。没有创业者哪有就业，高度重视就业必须要高度重视创业者，一个民营企业家能解决几百人上千人的就业岗位。

我讲企业家是讲企业家队伍，队伍就不是一个人，不只是一个老板、一个总裁，任何一个企业的高层管理人员、决定企业重大命运的人员都归为企业家队伍。一个人会管理，是管理专家，但不一定是企业家；一个人有资本成为董事长，掌握资本，应该是资本家；又有资本又会管理那才是真正的企业家，既拥有资本又能善于管理才能成为企业家。要重视企业家队伍的建设，这是一个重大的人力资源。当今是资源节约型社会，强调节水、节材、节电、节约各种资源，我认为不只是这类资源存在着大量浪费的现象，一个更大的浪费是人力资源的浪费，在企业有些人的能力没有得到充分的开发，这就是最大的浪费，所以人力资源开发至关重要。第二个是技术专家队伍，重视技术专家是非常关键的。前几天我看到参加我国两弹一星发明的专家钱学森从美国回来的影片，受到了美国的各种阻挠、历经艰难，最后冒着生命危险回到了国内，从而为我国原子弹、氢弹，到人造卫星包括核试验带来了专家领衔，这个专家是至关重要的。但是也不要把专家神秘化，作为企业的工程技术人员，大学毕业分到企业工作，应该说干几年应该成为本企业的技术专家，再过若干年应该成为本地区的技术专家，再干若干年应该成为中国的乃至世界某一个专业的专家，这是人生的价值。是专家的力量、知识的力量，才使企业得以发展。我们协会有十五个专业委员会，相当于有十五个分会，每个分会最大的资本是专家，没有专家协会什么也不是，协会是依靠专家来组织行业的活动。我很高兴今天看到配套件行业也有一个门窗配套件的专家组，作为一个企业来讲，技术专家队伍至关重要。第三个是管理专家。企业是要管理的，管理好坏直接关系着企业的经营成败，而管理也不是任何人都能去管理的，管理要有专家，要研究管理学、心理学、美学以及各种社会科学，管理是一门学问。什么叫管理？让别人劳动就是管理，自己劳动不算管理、是操作。干活是有多种多样的，有消极的劳动，有积极的劳动，有创造性的劳动。我经常讲很佩服北京市原副市长张百发，他的管理就是很有成效的，他骂了犯了错误的部下，部下回家还会美滋滋地说今天领导把我骂了一顿，但是如果换一个别人骂的话，试试看！那是人家会管理，骂你让你很高兴，让你乐意听，是管理的最高水平。你们可以回到工厂去骂骂工人试试看，看骂了以后当面不说，背后会不会骂你？松下的老总说过一句话，什么叫老板，老板就是给员工端茶倒水的人，我们什么叫老板？我们有些民营企业的老板对员工是吆五喝六的人，今天训这个明天训那个，好像很了不得，那不行的。也有些发展得相当不错的民营企业，甚至上亿万资产的民营企业老板，被自己的员工杀死的，激化了矛盾，那就是不会管理。管理专家很关键。第四个，工人技师队伍。现在在中国仍然是技工荒，技工少了，能工巧匠少了，专业技术工人少了，当然现在的人工涨了，已不是太廉价的了。工人技师至关重要，我经常宣传北京的一个工人叫赵正义，他是一个建筑工人，发明了赵氏塔机，成为工人中的典型，全国宣传的榜样。不同技术水平的人干活的结果、效果是不一样的，你干出来很漂亮、他干出来很粗糙，工人技师队伍是重要的工人阶级力量所在。我觉得人力资源开发就要在这四大队伍中去开发。当然作为企业的老板，你第一个责任是人力资源开发的总经理，你既要开发自己，通过不断学习将自己的聪明才智开发出来，同时更要开发你的部下，把各类人员的才智充分开发出来。这是我们中小企业发展的必经之路，如果没有人力资源的开发，这个企业永远做不大。

二、创新驱动之路

我们今天办企业，是在知识经济时代办企业，什么是知识经济时代？就是科技迅速发展的时代。有些人对这个感觉不深，我感觉到当今的科技水平是以幂次方增长，知识增长速度相当之快，昨天你在大学学的，今天在工厂里面可能就不适用了，有的显的陈旧了，不管你是什么名牌大学毕业的你都需要重新学习。1994 年、1995 年的时候我到日本考察，当时他们介绍给我一个照相机，不要胶卷就会照相，就是现在的数码相机。我当时看到很新鲜，他说这个下个月就上市了，日本上市之后大概三个月后中国就有了，开始的时候是 5 万像素，以后十万像素，再后来百万像素，现在已经有一千万像素，速度发展相当迅速。再看现在的手机，新产品刚出来的要二千元一台，明天最多就一千块钱了，到后天 500 块钱都不值了。我当年出国到免税商店买了一些录像带，想回家的时候把中央电视台的春节晚会录下来，现在呢，一个小小的 U 盘就可以了。科技发展相当之快，我们的门窗，很多都不是传统意义上的门窗了，已经是工艺品了，这种发展速度也相当之快。所以在知识经济时代必须要搞创新驱动，国家也好，企业也好，都是如此，都要在科技方面创新，创新分三大类：原始创新，集成创新，引进消化吸收再创新。应该说我们这个行业在引进消化吸收再创新上是做得不错的，相当一部分企业是德国的，意大利和我们合资办起来的。门窗五金是中国的最老的行业，清朝就有。现在很多外国的企业和中国的企业合资、合作，我们通过引进消化吸收再创新创造了新的中国门窗配套件产品。集成创新也不少、原始创新就是专利，会上统计了建筑门窗配套件部分企业的专利，共计是 792 项专利，最多的应该还是国强。国强有 349 项专利，坚朗有 119 项专利。专利是受保护的，从中央到地方都设立了专利局，专门从事专利的保护问题。没有专利的要开展专利分析，实行科技创新。还有就是加工设备的更新，任何一个工厂都要建立一个观念，过去中国的人工费便宜，有廉价的劳动力，现在劳动力越来越不廉价，无论是从提高效率出发，还是从保障质量出发，都要提出多用机器少用人。配套件行业组织了欧洲的考察学习，看到了人家的机械化程度、生产流程化、标准化程度，感到非常震惊，中国企业能不能做到？应该能做到，但是我们现在还没有做到，这就是差距。所以设备的更新非常关键，这几年我们也有不少企业建新厂房、买新设备，自动化程度较高的企业有广东坚朗、合和、江阴海达、国强五金、新安东等。再就是企业管理创新。最早的动作管理是美国人研究的，把人做一个零件要多长时间用秒表记下来，然后编制成定额并规定完成定额怎么样，不完成定额又怎么样，也叫劳动定额管理；以后发现光动作管理这几点不行，就研究了行为管理，人有思想、有需求，人最基本的需要是吃饱穿暖，再高的要求是安全，更高需求就是被尊重了，最高的需求是自我实现。第三是全面管理，即管理是全员的、全过程的、全方位的。一个企业产品质量的好坏，与扫地的员工都有关系。还有比较管理（横向比较、纵向比较，实质性进行比较的管理），我要求大家和亚萨比较，和丝吉利比较，和海达比较，再和自己的不同成长阶段进行比较。什么是中国国情？那就要横向比较，去和外国比较不一样的地方，中国国情与国外相比可以用九个字形容“差不多，差很多，差太多”。大家可以看到济南、全国的超市和外国差不多，我们的人造卫星上天，穿的用的和国外差不多。第二个是差很多，中国是世界第二经济大国，如果按人均收入，人均资源，人均耗能，和世界人均水平差很多。还有贫苦地区、穷苦地区，发展水平则和国外差得太多。现在的管理已经发展到知识管理、信息管理、文化管理，管理科学在发展，管理要创新。

三、拓展市场之路

企业想要健康发展没有项目不行，一个企业像一个人一样，有成长期、旺盛期、衰败期、死亡期。当产品处在旺销、供不应求的时候，市场很大，处于旺盛期。当产品处于滞销，大家不需要的时候，就是步向衰败期。到完全不需要的时候就走向了死亡。产品的研发要形成销售一代、研发一代、储备一代的良性模式，当产品处在市场销路不好的时候，储备着的新产品就出来了，始终保持着一种旺盛的精力。

经济建设时期要收集经济建设的情报，信息情报对企业的发展至关重要。信息，包括市场信息，包括技术发展前沿信息。收集全球的信息包括技术进步、管理模式、发展进程，包括外国值得我们学习的企业的信息。学习国外的目的是为了超过国外，在这方面坚朗、海达、新安东、海宁力佳隆、之江、澳利坚、联和强、深圳天贸，浙江坚铭、兴三星等等，他们重视到国外参观、考察，收集信息。

要把每个订单看作是企业拓展市场的根据地，市场是人做的，要研究营销学，建立营销队伍、经纪人队伍。尤其在海外，我多次说过要建立华商经纪人队伍，华侨经纪人队伍，每个企业在国外有了自己的华侨经纪人，国外的市场就逐步拓展起来了。坚朗、国强、合和、白云、集泰，他们很重视营销队伍的建设，他们每年利用开展览会的机会，利用元旦春节的机会进行答谢客户，和客户共同进行研讨。坚朗的国际高尔夫球比赛，就是把国内的、国际的坚朗的上帝都请来。还有像合和、之江、坚铭对代理商进行培训。要发挥营销人员的能力、能量，把他周围的人，朋友的朋友都发动起来为本企业服务。

四、合作壮大自己之路

当今社会是经济社会，强调合作，市场经济有竞争，有人说竞争是你死我活的，是大鱼吃小鱼、小鱼吃虾米，竞争是残酷的，竞争是无情的，不完全对，当今的竞争合作是更高层次的竞争，会合作才会竞争，所以要有竞合理念，不会合作的企业永远不会竞争。当今的社会，战略伙伴关系，如亚太合作集团、上海合作组织，这些都是国与国之间的合作，包括“金砖四国”现在增加到“金砖五国”，都是在合作，合作是更高层次的竞争。应该这样说作为一个企业开展合作宗旨有两条：一是通过合作使本企业增强能力，我没有的、我的合作伙伴有，我不能的、我的合作伙伴能，要什么我都可以，要国外的产品，我有合作的国外企业，你要钱，我有合作的银行；二是拓展市场，就像旅游住连锁店，我到台湾去，台湾都有中国的连锁店，连锁店就起到拓展市场的作用。重要的合作有三个方面：一是银企合作，即企业和银行的合作。二是产学研的合作，产学研就是产业、高等院校、研究机构的合作，创新需要技术专家，但是企业的技术专家、实验室毕竟是有限的，善于产学研合作的企业，才能使自己有更大的科研力量。像龙口的宇龙和鲁东大学合作，广东澳利坚和广东工业大学合作，江阴海达和北京化工大学合作，杭州之江和中科院、化学所、浙江大学、南京理工大学合作，坚朗和哈工大、清华大学合作，安泰和华南理工大学、复旦大学、河北大学、广东工业大学合作，这样可以增强企业的研究力量，使更多的硕士生、博士生，从事我们的行业。三是产业链合作，任何一个产业都有上游企业和下游企业，我们是上游企业的上帝，下游企业是我们的上帝，所有的买卖要看成是一种战略合作关系。像广州的安泰和德国的瓦特进行合作，就是产业链和产业群的合作，这样才能使企业做大做强，健康发展。

五、文化制胜之路

企业和人一样，都要有文化，不同的企业有不同的文化，文化将决定企业的成败、决定企业的发展，是企业发展的隐形资本或者说是企业发展、企业强盛的无形资本。在这里我想提出来：第一要用好协会，大家要视协会为自己的协会，要想办法利用协会，让协会为你服务。通过协会组织的展会等活动为企业宣传、客户沟通、产品推销进行服务，通过承办协会的活动提高企业的知名度，壮大企业的力量和声誉。第二推销自己开展活动，要不断地去推销自己，提高自己，让全社会了解自己。第三是文化支撑、弘扬企业精神，增强企业发展的凝聚力。企业精神要鼓舞人心、深入人心，要员工自觉地、创造性地去做。今天的企业不光生产产品，还要造就一代本企业新人，要形成大家共同为企业的发展着想。我们行业、企业要开展群众化合理化建议活动，这是一种文化，是一种凝聚力。

今天我在这里讲了五个方面的中小微企业健康发展的路径，应该看到你们作为中小微企业的创立者，代表着当代中国人最佳的创新精神、创新能力和知识水平。你们之中的每一位，都富有魅力并在忘我的工作者，你们创造了企业的今天，搜寻着、探寻着企业健康发展的路径，是为了企业的明天。

（2014 年 6 月 25 日在山东济南“2014 年建筑门窗配套件委员会工作会议”上的讲话）

用专业化市场化的服务 推动自动门电动门行业大发展

为了更好地用专业化市场化的服务推动自动门、电动门行业大发展，我们成立了自动门电动门分会。今天召开第一届行业峰会。我想就为什么成立分会，分会成立之后做什么讲点意见，同大家一起研讨。

一、成立自动门电动门分会的必要性

1. 专业性强

标准分类	标准名称	标准号
自动门类	自动门	JG/T 177—2005
	自动门应用技术规程	CECS 211：2006
	人行自动门安全要求	JG 305—2011
	医用推拉式自动门	JG/T 257—2009
	人行自动门用传感器	JG/T 310—2011
车库门类	上滑道车库门	JG/T 153—2012
	车库门电动开门机	JG/T 227—2007
工业门类	工业滑升门	JG/T 353—2012
	工业滑升门开门机	JG/T 325—2011
	飞机库门	JG/T 410—2013
卷帘类	卷帘门窗	JG/T 302—2011
	彩钢整板卷门	JG/T 306—2011
	电动卷门开门机	JG/T 411—2013
伸缩门类	电动平开、推拉围墙大门	报批稿
	电动伸缩围墙大门	JG/T 154—2013
	电动平移门开门机	报批稿

2. 行业发展快

自动门电动门各行业的技术有一定的共性，行业初期都是引进国外技术，国内企业多数都是模仿复制，低价竞争，而国外品牌依然占据着相当的高档市场份额。

行业要发展壮大，民族品牌要生存发展，必须依靠科技创新。近年来电动门行业自主研发的新产品新技术不断涌现。这些技术应该大力推广，有利于改进行业产品质量，有利于行业整体达标。如：

（1）磁悬浮自动门技术：这项技术具有革新性，完全摒弃了传统自动门技术。经过实践检验和性能测试，安全性能指标大大优于传统自动门。困扰自动门行业的冲击力指标不再成为问题，对于标准要求的1400N限值，大部分自动门企业都在努力达标，而磁悬浮自动门经实测基本在800N多一点，这个是行业中最大直径的门，小一些的门力当然更小。此项技术由于是非接触的，无磨损无噪音，使用寿命将大为延长。拥有这项技术的南京帕特自动门公司企业规模不大，持续研发能力受到限制，协会有必要宣传推广，如协助转让发明专利，既有利于行业发展，也能为专利发明者帕特公司提供一定的资金支持，是企业、行业、协会三赢的好事。

（2）防夹伸缩门产品：电动伸缩门的安全隐患与其他电动类产品类似，多以未成年人居多，但其他电动门是在运动时发生事故，而伸缩门的事故方式是未成年人会在门体伸展状态（非运动）下试图从交叉缝隙中钻过去，此时可能会被夹住，更严重的是，如此时正操作开门就会被强大的动力夹伤夹死。在幼儿园、小学等未成年聚集场所，传统伸缩门显得极其危险。最近南京九竹科技公司新推出的一些产品在伸缩延伸时，不采用交叉杆，而是用可变角度的扁条，随着门体延伸的变化而变化，但中间缝隙不增加，从而避免了被钻过去的可能。

（3）家用自动门产品：一提起自动门，人们往往会想到用于公共场所的通道，如机场、写字楼、酒店等等，但现在这一观念已被打破，凯必盛公司、欧尼克公司率先研制出了用于家庭的自动门成套产品，在家进出阳台、卫生间、厨房、卧室均有不同的人性化的开关方式。虽然家用自动门仅适用于一些大户型的高档次居室，但由于中国的家庭基数太大，即便很小比例的使用率也会形成大的市场。

（4）工厂大门：天恒利公司开发的折叠式厂房门、青岛巴士得公司的硬质快卷门、佛山南北门业公司的折叠式围墙大门都有独特的技术优势。分会应善于发掘和宣传推广。

3. 企业呼声高

中国建筑金属结构协会拥有多方资源和办会经验，比如：国家及行业政策的信息、与政府的关系、内部人力资源、行业平台优势、与相关社会服务机构的关联、协会内部跨行业交流的便利性、媒体资源等等，自动门电动门分会成立后，应充分利用协会的资源和办会经验，为会员办实事，不断扩大协会影响力和凝聚力。如：

（1）依据协会章程，制订各机构章程和细则，利于各子行业分解实施；

（2）依托协会平台组织活动，可以由各子行业单独搞，也可以联合起来交叉组织；

（3）分行业组织展会、考察等活动，更具专业性；

（4）依托协会专家管理经验，组建各子行业专家组，并赋予相应权力，行业的事由行业专家组集体讨论决定；

（5）依托现有媒体资源，加强各行业的宣传力度，有必要时细分媒体版块；

（6）适时整理各行业专业文献、产品名录、企业名录，雁过留声，为协会委员会历史留下遗产。

二、分会专业化、市场化服务重点

1. 协会专业委员会设置现状

在批准成立自动门电动门分会之前，协会二级机构包括两个专业分会和10个专业委员会。其中钢木门窗委员会管理的子行业包括：自动门、车库门、工业门、卷门、飞机库门、围墙电动大门、钢质户门、钢门窗、木门窗等。这些子行业，有些产品具有一定的重合性，同一厂家可以交叉生产；有些产品具有相当的独立性，与其他产品几乎完全没有交集。如自动门、车库门、工业门、卷门、飞机库门、围墙电动大门（简称自动门电动门）与户门、钢门窗、木门窗在研发、生产和销售渠道方面就极少交集。

2. 顺应市场需求设立新的机构

中国建筑金属结构协会从1981年成立至今，从最初只有一个建筑门窗委员会到现在涵盖面更广的13个二级机构，其发展历程就是不断顺应市场需求发展壮大的过程。

协会是行业组织，旗帜鲜明地、分门别类地开展活动才能做到更加专业、更聚人气、更好的服务。协会认识到，随着自动门电动门行业会员队伍的壮大，继续混在钢木门窗委员会管理，下列几个方面的问题会日益凸显：

（1）“钢木门窗”从名称上包含不了自动门电动门各个子项，无形中也会流失很多会员。

（2）混合管理追求活动规模大，然而实际效果是每个子行业参与度都不高，因为议题和活动内容不能兼顾所有行业，而行业间也缺少交集，没有共同语言。

（3）随着国家对协会管理政策的调整，自动门电动门几个子行业中已纷纷自发组建各种形式的组织，今后协会间的同业竞争将会加大。

在上述背景下，二级机构除了在增强自身能力，做好行业服务方面下足功夫外，有一个旗帜鲜明、定位准确、名称对口的组织机构，也是重要的一环。

3. 依托协会资源和办会经验，提升分会的活动能量

中国建筑金属结构协会拥有多方资源和办会经验，比如：国家及行业政策的信息、与政府的关系、内部人力资源、行业平台优势、与相关社会服务机构的关联、协会内部跨行业交流的便利性、媒体资源等等，自动门电动门分会成立后，应充分利用协会的资源和办会经验，为会员办实事，不断扩大协会影响力和凝聚力。如：

（1）依据协会章程，制订各机构章程和细则，利于各子行业分解实施；

（2）依托协会平台组织活动，可以由各子行业单独搞，也可以联合起来交叉组织；

（3）分行业组织展会、考察等活动，更具专业性；

（4）依托协会专家管理经验，组建各子行业专家组，并赋予相应权力，行业的事由行业专家组集体讨论决定；

（5）依托现有媒体资源，加强各行业的宣传力度，有必要时细分媒体版块；

（6）适时整理各行业专业文献、产品名录、企业名录，雁过留声，为协会委员会历史留下遗产。

4. 依托标准体系，推行各类产品认证

自动门电动门行业经过多年不懈努力，编制了较为完备的系列标准。这些标准大部分都是由钢木门窗委员会编写或组织编写的，但市场现状是标准后续推进并不理想，主要原因在于市场监管力度不强。企业和产品达不达标都一样，企业不愿为了达标增加投入，反而造成了“谁按标准谁吃亏”的局面。

门窗生产许可证制度的正式废止和金属门窗安装资质标准的即将废止，表明政府将进一步简政放权。协会应适时接过政府监管职能，探索行业监管新路。为保证产品质量，提高产品信誉，保护用户和消费者的利益，联合第三方认证机构，推行产品认证制度或将成为引导行业规范发展的必由之路。

听刚才潘主任讲，依据行业强制性标准开展的自动门安全认证已经启动，从报名企业来看，市场有相当的需求，并且带动了相关行业如传感器的积极性，主动要求开展认证。电动伸缩门产品近年安全事故频发，一些领军企业也有认证需求。所以分会应提前布局，下一步可以按自动门认证的模板和经验，开展新领域的认证工作，最终覆盖到自动门电动门行业各个领域。需要强调的是，从开始抓这项工作起，就要树立协会的威信，加强认证的公正性、严肃性，坚决杜绝社会上反映强烈的“走过场”、“降标准”，甚至“拿钱买证”的乱象。

以下是自动门电动门行业在用标准一览表：

标准分类	标准名称	标准号
自动门类	自动门	JG/T 177—2005
	自动门应用技术规程	CECS 211：2006
	人行自动门安全要求	JG 305—2011
	医用推拉式自动门	JG/T 257—2009
	人行自动门用传感器	JG/T 310—2011

续表

标准分类	标准名称	标准号
车库门类	上滑道车库门	JG/T 153—2012
	车库门电动开门机	JG/T 227—2007
工业门类	工业滑升门	JG/T 353—2012
	工业滑升门开门机	JG/T 325—2011
	飞机库门	JG/T 410—2013
卷帘类	卷帘门窗	JG/T 302—2011
	彩钢整板卷门	JG/T 306—2011
	电动卷门开门机	JG/T 411—2013
伸缩门类	电动平开、推拉围墙大门	报批稿
	电动伸缩围墙大门	JG/T 154—2013
	电动平移门开门机	报批稿

5. 宣传推广新产品新技术

自动门电动门各行业的技术有一定的共性，行业初期都是引进国外技术，国内企业多数都是模仿复制，低价竞争，而国外品牌依然占据着相当的高档市场份额。

行业要发展壮大，民族品牌要生存发展，必须依靠科技创新。近年来电动门行业自主研发的新产品新技术不断涌现，个别技术具有革新性。这些技术应该大力推广，有利于改进行业产品质量，有利于行业整体达标。

6. 应把行业培训作为一项重点工作

自动门电动门产品属于机电一体化产品，其行业虽然不是很大，但其综合性比较强，跨建筑、工程、金工、钣金、驱动、控制等多领域，因而对于一名合格的一线制作、安装人员来说，需要具备不同领域的综合知识和技能。

传统的职业分类和职业管理培训多以单方面技能为指标，传统行业，如工业或建筑业对于从业资格的管理要求非常明确，而自动门电动门行业一方面没有独立的从业资格划分，另一方面也没有对从业人员的资格提出明确要求。从业人员基本上来自三个方面：一是传统行业转行来的，这些多数带有一些传统行业的从业资格证；二是同行业的熟练工人，一般没有从业证书，这部分是一线的中坚力量，也有部分是传统行业转行的又具有了自动门的从业经历；三是直接招的新人，有些具有相关的职高、技校培训经历，有些完全没有经过任何培训。基本上沿袭了“师傅带徒弟”的方式，在技术全面性、对外部技术交流、师傅自身素质、等级考评方式等方面都存明显不足，加强培训势在必行。

综上所述，自动门电动门行业推行从业人员资格培训和上岗证书对于规范生产安装工艺，提高产品质量，推动整个行业发展，淘汰粗制滥造产品有着重大的积极意义。分会成立后，应尽快把此项工作提到议事日程。

今天是成立大会，也是行业峰会。我讲的以上两点主要是强调用专业化市场化的服务，推动自动门电动门行业大发展。最后我想再一次强调：行业协会就是商会，这个商字有两层意思。一是协商，协会就是要协商办会，要与会员协商，特别是副会长、常务理事单位，既要做好本企业工作，力争在行业起领军作用，还要站在行业的高度，关注协会的工作，这也是一种行业的社会责任。二是“商”机，协会要为会员单位创造“商”机，要用专业化市场化的服务，多开展创造“商”机的活动，做法 hi 行业专家、企业家和行业社会活动家的作用，创新协会工作思路，共同创造自动门电动门行业更加美好的明天。

（2014 年 6 月 26 日在山东青岛“全国自动门电动门行业峰会”上的讲话）

走向电子商务新时代

21世纪是一个电子商务的时代。据瑞士信贷银行发表的一份研究报告显示，全球的电子商务金额正在以每年翻一番的速度增长，中国的年平均增长约为243%。毫无疑问，电子商务在未来经济发展中扮演着不可或缺的重要角色。随着信息技术的迅速发展和广泛应用，借助网络经济、发展电子商务已成为企业增强竞争力、适应未来的有效手段。目前，美国超过95%的大型企业都通过不同的方式在一个或多个方面使用电子商务，发展电子商务已成为当代各个行业以及各个企业发展的新趋势，我们建筑行业也不例外。

非常高兴与大猫网络科技（北京）有限公司联合举办此次“大猫电商平台上线新闻发布会&中国门窗幕墙行业电子商务和互联网金融论坛”。大猫电商作为中国首家门窗幕墙行业交易平台正式上线，是门窗、幕墙行业的一个创举，平台的成立对加强市场信息交流、实现在线交易、畅通原料采购渠道、降低企业交易成本、促进物流仓储配套发展具有积极意义。

一、拓展市场领域

（1）建筑建材行业的信息化发展决定了整个国民经济和社会信息化的发展。而社会信息化是我国产业优化升级和实现工业化、现代化的关键环节，是覆盖现代化建设全局的战略举措。所以，建筑行业应该首先发展电子商务，实现行业信息化。

（2）建筑行业本身具有分散的性质特点：一是可能需要横跨多个市场，在短时间内切换于不同的工程领域；二是往往是在远离指挥中心的异地进行生产活动；三是具有复杂的物流。这些特点决定了它将比其他行业更加需要且更受益于电子商务，所以建筑业比其他任何行业都有更充分的理由发展电子商务。还可以兴办网上博览会、网上博物馆等。

（3）可以增强企业间的资讯交流。网络可以使整个建筑业进行高度快速的资讯交流，让从业人员能够更高效快捷地得到各网上企业的营运资料。而且随着加入系统项目的不断增加，网上还可以为项目实施过程的每一阶段提供大量有价值的数据。

二、改善行业生态

（1）实施信息战略能够提高项目管理效率。时效性是项目管理一个很重要的要求，电子商务的实现正好满足了这个需求，弥补了项目管理传统模式中的不足。它使管理人员可以随时获得项目的各种信息，及时注意发生的情况，适时给予监控，实现了项目全过程管理的电子化、信息化、自动化、实时化和规模化，有利于提高项目的管理效率，加快工程建设进度，尽早发挥投资项目的社会经济效益。

（2）运用信息技术可以降低项目直接成本。网络有助于提高透明度，对价格造成向下的压力。通过网络，承包商可方便地进行询价，及时获得更多、更全面的信息，发现更多新的契机，而不会仅仅局限在某一范围内选择供应商；而且现在网站上还出现了越来越多的反拍卖，在反拍卖中供应商彼此竞争，说明在什么价格上他们可以满足某一特定的订单，从而可以大大降低直接成本。

（3）能够降低管理成本。网络则可以为企业提供一个在接触全球各地客户的同时又降低交易费用和缩短沟通时间的机会：提供了一个可与客户直接联系的、即时双向的交流通道，使企业可以避开传统的或业已存在的价值链上的其他环节。据调查，在传统企业交易方式下，企业交易流程需要 19 个环节，而在电子商务方式下只需要 7 个环节。传统的企业交易方式是一种建立在纸面贸易单据（文件）流转基础上的贸易方式，每做一笔生意需要大量的纸面单证，工作量繁杂。电子商务则使承包商和供应商之间不再需要过多的纸上文件，从而也节省了发送设计图纸、技术文件和合同的时间。而且对于供应商而言，买方的市场范围超越了传统界限，这将降低进行大范围宣传联系的成本。除此之外，还会大大减少有关人员，工作效率也会提高。企业管理成本从各个方面均大大降低。

（4）为实现横向联合生产模式提供了便利。企业在扩大公司规模、承揽大型项目和提供更加广泛的服务等方面有所突破，需要实现纵向一体化模式，或是采用横向联合生产模式。采用前者会使承包商难以形成独特的核心竞争优势，在每一个领域都无法形成规模经济，所以实现横向联合生产才是明智之举。而只有使用了互联网作为商业活动的平台，并充分利用其提供的多媒体通信手段，在承包工程领域，横向联合生产模式才有可能真正成为一种可行的生产组织模式和管理模式。

（5）为企业的供应链管理提供了便利。建筑企业要提高自己的竞争力，不仅要协调企业自身内部运营的各个环节，还要与包括供应商等在内的上下游企业紧密配合，实现企业的供应链管理，而 B2B 电子商务正好面向整个供应链，运用供应链管理的思想，利用互联网，整合企业的上下游产业，构成一个电子商务供应链网络，使得企业供应链上的所有参与者之间可以通过网络，实现资料互换、信息共享，整合合作共同体的资源，消除了整个供应链网络上不必要的动作和消耗，促进了供应链向动态的、虚拟的、全球网络化的方向发展。

三、创新企业经营

当今世界信息技术的发展，互联网和电子商务在全球的普及，对传统行业的经营模式造成了强烈的冲击，对传统企业的管理模式也带来了严峻的挑战。传统行业的信息化和传统企业电子商务系统的建立是时代发展的必然。大猫电商作为行业内首家开启电子商务运营模式的企业，首先是值得肯定的，大猫电商平台内，商家可以使用“自助建站系统”建立自己的网店，全面展示企业风采。除了品牌推广、产品展示以外，还可以通过同类对比、用户点评等手段推广自己的产品，对采购用户来讲，也可以更全面地了解商家。大猫定期推出的“团团赚”的团购专场，更是能将供需双方高效整合在一起，各取所需；在大数据时代的背景下，大猫拥有专业的用户管理系统，配合用户访问与搜索记录和大数据分析方法，商家可以管理重要用户，开展精准营销，定期定向为其提供新品信息和促销方案；在此基础上，大猫秉承为门窗幕墙行业做好服务的理念，在增值服务中重点打造金融服务系统，没有金融服务的平台，不能算合格的平台！致力于帮助会员企业完成交易过程中的第三方支付和短期融资、采购贷款、保理融资、项目投资等安全、保障的资本支持；期待，大猫网络将以电子商务平台为基础，逐步形成以电商营销、物流服务、信息技术、互联网金融服务四大平台支撑的发展格局，为中国门窗幕墙行业的发展做出自己的贡献。

四、提升协会职能

当前，门窗幕墙业正处于发展转型期，电子商务对于门窗幕墙业的积极作用日益凸显。从政策扶持来讲：中国自电子商务“十二五”规划。“十二五”将是中国电子商务发力的最佳时机，由工信部等 9 部委联合制定的电子商务“十二五”规划初稿已经草拟完毕，2012 年 2 月已正式成稿。根据规划初稿，预计到 2015 年，电子商务交易额将翻两番，在 GDP 中贡献率大幅提高。

协会是为会员单位服务的，有了电子商务，协会就扩大了自己的服务领域；协会是为会员单位创造商机的，有了电子商务，协会就会为会员单位拓展了商机渠道；协会是为企业家的成长，为品牌产品搭设平台的，有了电子商务，协会就能搭设更广阔、更新颖的平台。

所以，我们要提高学习的自觉性，学习互联网的知识和应用，知识经济要求我们学习学习再学习，信息时代要求我们创新创新再创新。互联网时代的来到为企业管理突破性的创新提供了思路、手段和条件，既是机遇，更是挑战。对传统管理的局部调整已经难以应对变化，只有进行战略性的、贯穿整个价值链的深度变革才能使企业在新时代获得制胜的先机。衷心祝愿我们的企业家们，在新的时代能成为我们新时代用知识管理统率企业的先锋。在知识管理、信息管理这些方面做出新的贡献。协会要加强协会会员发展工作，进一步通过组织参加行业活动和多渠道、多方面的途径发展新会员，把包括原材料、装备制造等上下游相关企业吸纳到协会的大家庭中来，为协会不断注入新鲜血液，为更多企业提供新的需求和服务。

最后，希望大猫电商平台发挥独特优势，各有关企业积极参与，加强各方合作，关注行业发展，积极探索运用现代信息技术提升改造传统产业，促进加快工业和信息化深度融合，创造门窗幕墙行业更加美好的明天！

（2014 年 6 月 28 日在北京“大猫电商平台上线新闻发布会暨中国门窗幕墙行业电子商务和互联网金融论坛”上的即席讲话）

建筑门窗节能系统与配套件论坛的三大课题

非常高兴我们今天相会在这个转型发展的高峰论坛。据我了解这个高峰论坛是协会配套件委员会和一些骨干企业——大约有6个发起单位、11家支持单位、战略合作伙伴等，花费了近一年时间筹备，今天终于在这里隆重举办。很高兴今天可以在这里和大家一起探讨一些行业发展问题，我演讲的题目是“建筑门窗节能系统与建筑配套件转型发展高峰论坛的三大课题”。

首先，我要重点提到的是习总书记最近指出：“我国发展仍处于重要战略机遇期，我们要增强信心，从当前我国经济发展的阶段性特征出发，适应新常态，保持战略上的平常心态。在战术上要高度重视和防范各种风险，早作谋划，未雨绸缪，及时采取应对措施，尽可能减少其负面影响。”这段讲话我们要认真学习。最近，中央电视台、《人民日报》以及《经济日报》等主流媒体都针对“新常态”这三个字做了很多的文章。中国经济发展到今天，进入到一个“新常态”，这一点是总书记提出的。我们的国民经济是宏观经济，我们的行业经济是中观经济，在座的企业家们所领导的公司、工厂是微观经济。微观经济要在中观经济的指导下，中观经济要在宏观经济的指导下进行发展。宏观经济的特征就是这三个字——“新常态”。什么叫新常态？企业应该有所感受。企业发展速度不那么快，不能在保证两位数的增长速度，我们强调的是发展质量、环境。在这种环境之下，新常态的重大战略判断，深刻揭示了中国经济发展阶段的新变化，充分展现了中央高瞻远瞩的战略眼光和处变不惊的决策定力。新常态充满了辩证性，既有“缓慢而痛苦”，也有“加速和希望”。

第二，最近李克强总理在北京举办的首届中国质量大会上强调了“质量问题”。他强调：“紧紧抓住提高质量这个关键，推动中国发展迈向中高端水平。质量是国家综合实力的集中反映，质量是打造中国经济升级版的关键，关乎亿万群众的福祉。中国经济要保持中高速增长、向中高端水平迈进，必须推动各方把促进发展的立足点转到提高经济质量效益上来，把注意力放到提高产品和服务质量上来，牢固地树立质量即是生命、质量决定发展效益和价值的理念，把经济社会发展推向一个质量时代。”

今天，国家要进入到质量时代，企业也是如此。要紧紧依靠深化改革，在不断发展中打好全面提高中国经济质量攻坚战，实现宏观经济整体和微观产品服务的质量“双提高”，要努力构建全社会质量共治机制。关于“共治”，住房和城乡建设部提出了就建设、勘察、设计、施工、监理这五个方面，要对工程质量终身负责，并签发了一个文件。共治机制坚持标准引领、法制先行，树立中国质量新标杆。要充分利用市场机制倒逼质量提升，形成“人人重视质量、人人创造质量、人人享受质量”的社会氛围。

我之所以会提到以上两点，是因为这些都与我们企业息息相关。无论是经济新常态的分析判断，还是提高质量，都需要加速转型发展。各个企业都要考虑新常态下如何转型、提高质量要如何转型。过去我们的产品，多数是“中国速度、德国质量”，我们现在要超越德国，实现“中国质量”，这不是简单一两句话、表个决心就能实现的。要加速转型发展，靠全球眼光制定发展战略，靠战略联盟推进创新驱动，靠绿色建筑行动赢得先机和未来。我们要看到危中有机，或者危中之机。所谓“危机”，不能光看到危，更要看到机，科学谋划、积极应对，勇于担当、干到实处，就能化挑战为机遇——这是我们转型升级高峰论坛的宗旨。下面我将提出三大课题与大家一起研究。

一、全球眼光

1. 建筑门窗节能系统的全球化共识

建筑门窗节能系统不是我们协会单独提出的，也不是仅仅中国几个专家提出的，它是全世界、全人类的共识。世界各国，特别是发达国家都在高度重视当前的社会能耗问题。建筑能耗占社会能耗比例大概是30%～40%，在美国已经形成了节能战略联盟，奥巴马总统也专门就此发表了讲话。中国政府也高度重视这一问题——全球化时代所需要的既不是封闭的整体主义，也不是直线的进步主义，而是依据差异互动的良性循环论，承认其差异、尊重其多样，各美其美、美人之美，有家国情怀、天下意识，这样才能将过时的非友即敌、你死我活的那种极性局面，转换提升为共生共荣、和而不同的境界。时代要求于我们的，是将思维的触觉伸向未来，以高远的眼界与智慧，去透视和把握我们的命运和使命。

今日中国，特别是加入WTO之后，中国市场成为国际市场的一部分，因此，我们在中国市场或者在深圳某个市场工作，就是在国际市场工作。不管你承认不承认，愿意不愿意，你的产品都在进行着国际化的比较。身处于中国这样一个经济大国，企业家要有全球化的意识和认识。今天在座的还有相当一部分是从外国到中国来发展的企业，有德国、意大利、加拿大、芬兰等，这些企业在中国，随着中国经济的发展，发挥了他们独特的作用。可以说，由于与他们的合作，使得我们一些企业的产品基本达到了国际水平。目前，我们正在研究如何将中国制造变为中国创造。大家都知道，中国是世界上的制造大国，但是世界名品很少。而我们现在要走向世界，要创造中国的世界品牌，必须要用全球化的共识来认识问题，要有全球化的思维来思考问题。

以上讲了基本原则，实际上全球交流方面的例子很多。如国内的企业走出去参加国外的展会，在中国举办的三大会展，无论是北京的会展、上海的会展、广州的会展，也有相当一批的国外企业在我们这里参展。所以，和国际的比较，在座的企业家都有足够的了解。对于全球化共识，企业家们已经有了足够的认识，但根据中国当今要实现经济常态化的发展，还需要进一步的实行改革开放，加深这方面的共识。

2. 建筑门窗配套件企业要进行国际化比较

2014 年 6 月，我在济南会上讲了中小微企业发展的路径问题，提到了四个国外企业，第一个是比利时的瑞纳斯门窗系统公司；第二个是德国的好博门窗五金公司，德国好博门窗五金公司年产值是多少呢？2013 年是 2.37 亿欧元，相当 20 多亿人民币；第三个是丝吉利娅门窗五金公司，在中国有分公司，去年的产值是 3 亿多欧元，就是 30 多亿人民币。第四个是亚萨合莱，它是 1994 年成立的，通常谈到外国企业都是“百年老企”，而这个企业成立时间并不长，和我们在座的企业成立时间差不多，甚至我们有的企业比它成立时间还长，但是看看这个企业的发展，本来是瑞典和芬兰的两个小企业，现在成为一家庞大的跨国公司，庞大到什么程度，企业拥有四万三千人，年创造产值 500 亿人民币，相当于一个员工一年要创造一百万人民币价值，在全世界 70 多个国家都有合作，这是一个庞大的跨国公司。最近我了解到，亚萨仅在我们中国建筑金属结构协会行业中，通过收购、重组、并组的有十个企业：营口盼盼门业，浙江保德安，浙江神飞利益，中山固力，山东国强五金，北京天明门业，烟台华盛门业，哈尔滨鑫锚门业，汕头三合门业，深圳龙电门业。

2013 年我去了国强五金，看到重组之后，国强五金非常满意。为什么？因为从管理上来讲，这一次重组把国强五金向前推进了一步；从技术层面来讲，亚萨提供了一些先进技术；从管理人员来讲，他们没有派一个人来管理，全是靠国强五金现有管理人员发挥他们的作用进行管理；从待遇来讲，国强五金从领导和员工，每个人都增加了收入和待遇。因此，这样的兼并对国强五金是非常有利的。我更希望的是我们企业怎么样才能有这样的意识和能力。

前不久我作为评审组长到厦门参与了住建部搞的一个住宅产业化基地评审，看到了一个企业，今天向大家作个推荐——路达集团。这是一家台湾企业，集团成立于 1990 年，现在 24 年，也就 20 多年历史。他有几大特点：

（1）发展壮大迅速。路达集团在厦门、福州、珠海、越南的胡志明市等地建立了不少的生产基地，员工达到七千多人，在厨卫行业全世界排名第三，是亚洲的最大企业。

（2）重视科研。企业最成功的是有一个庞大的研发系统，一年要投资一亿六千万元，用于新产品的研发、专利的研发，企业专门从事研发的人员就有六百多人。

（3）该企业十分重视在市场中的声誉。获得了很多奖项——国家发改委五个部委授予的国家认定企业技术中心；中国工业企业协会授予的中国卫浴工业设计中心、中国工业设计示范基地；国家商务部授予的国家外贸转型升级专业型示范基地；中国住房和城乡建设部授予的中国住宅性能研发基地；福建省博士后创新实践基地等。多次获得的国内国际产品设计大奖。该企业还拥有很多国家认可的实验室，有亚洲唯一的通过了美国国际管道暖通机械认证的国际三重跟踪实验室——IAPMO，还有加拿大的 CSA label 实验室和中国评定的国家认可的实验室。

（4）该企业参与了国家很多标准的起草。其中包含了 4 个国家标准，多个行业标准，并获得国内外专利 179 项，其中发明专利 43 项，实用新型专利 96 项，外观专利 40 项。

（5）该企业很善于开展合作。他和有着 80 年历史的华人卫浴的品牌进行合作，成立了“优达”中国公司。另外还和有色金属加工企业合资成立了百路达高新材料有限公司；和全球最大的泛家居品牌 MASCO 集团合作成立美睿中国家居公司；还与许多科研院所合作：如和北京的中航办公室合作；和清华大学美学学院、清华大学艺术学院和科技研究中心、设计战略与原始创新研究所教授合作；和多个大型房地产商进行合作，包括万科、青岛的海尔、泰康人寿等；还与很多家具，家装企业合作；推进了住房城乡建设部成立产业联盟等等。

这样的企业我们要认真学习。改革开放以来，我们行业的企业从一个小小的企业、几个人的作坊发展成比较中型的民营企业确实有我们辉煌的发展历史，但是山外青山楼外楼，我们要横向比较，不光是和国际同类型企业比较，还要和行业外企业进行比较。我很高兴前不久看到徐工集团兼并了一个德国的著名的大型机械集团，这就是我们中国企业发展的未来。我们在座的企业也应该认真思考这种发展。

二、战略联盟

1. 产业联盟是协同创新的有效载体

我们的企业需要进行战略联盟，首先要看到产业联盟是协同创新的有效载体，建立产业联盟，既有利于深度整合创新资源、实现“产学研用”之间的无缝对接，也能平衡各方利益、组织联盟成员协商解决行业存在的共性问题；既突破了条块分割造成的体制障碍，又能够形成了互利共赢的市场化机制，促进企业真正成为技术创新的主体。现在国家要求，各级政府一是重点支持产业联盟实施标准战略，二是充分发挥产业联盟的产业促进作用，三是支持产业联盟开展国际交流。

从国家层面上，前不久习总书记到了蒙古国进行访问，提到了中国和蒙古建立战略联盟；又到了巴西，提出建立金砖四国，五国的战略联盟；印度也与我们建立了战略联盟；还有五十国集团、东盟合作联盟、博鳌论坛等。所有一切都是为了促进战略合作和联盟。

而企业也应如此。今天的时代是市场竞争的时代，过去讲竞争是非友即敌的、是你死我活的、是残酷的、是无情的，是大鱼吃小鱼，小鱼吃虾米的。现在看来，这种看法现在已经不完全正确。今天的时代是"竞合时代"——竞争与合作的时代，会合作才会竞争，合作是高层次的竞争。在一些场合，我们共同参与一个项目的竞争，可能是竞争的对手，更高的层面我们是竞争的伙伴关系。我们说合作最重要要达到三大宗旨：第一，企业通过我们的产业联盟合作达到增强本身的能力。我这个公司、工厂究竟能干什么？我可以骄傲地说我什么都能干，什么都有。这不是吹牛——可能我没有，但我的合作伙伴有。你要的机械我没有，我打个电话，我的合作伙伴就能为你提供；你要钱我没有，我的合作银行有。通过合作能使企业的能力大大的增强。第二，通过合作可以拓展市场份额。举个例子，旅游住酒店，你在北京常住的酒店，到了深圳旅游一样可以住这个品牌的酒店，因为它与北京的酒店是连锁酒店，那么对于这个品牌酒店，它的市场份额就增加了。有的项目，你的合作伙伴会给你提供，这个项目他干不了，需要你去干，就增强了你的市场份额。第三，合作联盟是系统创新的有效载体。我们在这里强调创新驱动，系统创新是当前创新的最佳、最有效的形式。搞科研，要搞创新，不能从零开始，今天所有的研发，所有的创新都是站在前人的肩膀上向前发展，就是说要了解前人已经创新的成果，还有世界科技水平已经发展的程度，在这个程度上进行再研发。别人研发了不要重复研发；要有专利，没有专利要有专利分析，而不能一切从零开始。所以系统创新是创新的必由之路，而系统创新联盟是系统创新的最有效的形式。再看联盟和协会什么关系？我们是协会，协会是行业组织，是一个行业自愿组织起来的一个社会团体，是为了这个行业的科技进步或者行业的发展而成立的，当然行业是由企业组成的，没有企业谈不上行业。要行业发展，首先是要行业内的一些引领企业、骨干企业先发展起来，带动整个行业的发展。联盟不是这样的。联盟是根据企业的需要，跟随联盟的需要组织起来，它是跨行业的。可能我们配套件企业和房地产企业组成联盟，因为房地产企业需要有品牌的配套件企业、有品牌的门窗企业为房地产的质量、品牌而努力。我们可能和某个银行进行联盟，银行需要企业。中国的银行分两大类，一类是政策性银行——中国人民银行，它是研究金融政策的，这个你不要跟他联合；另一类更多的是商业银行，如深圳银行，福建银行等，通过存款、贷款的利息差，用钱赢得更多的钱。商业银行更需要与有信用、有发展前景的企业进行联合。

这联盟是跨地区、跨部门、跨行业，为了企业的发展而组建起来的。据我了解，国家正在支持成立各种联盟，我们协会钢结构的一些企业已经开始建立自已钢结构的联盟；门窗幕墙咨询顾问企业前不久开了一个座谈会，在酝酿成立门窗幕墙咨询顾问行业的联盟；另外还有金属结构协会、房地产商会组成的部品供应联盟。另外我们还和一些电商企业，如“大猫电商”成立了电商联盟。在座的门窗配套件企业，也有的正在酝酿建立自己的门窗配套件联盟，这种联盟是系统创新的有效载体。

2. 战略联盟的合作

战略联盟的合作表现在很多方面，作为促进协同创新的有效载体，应找准各自与产业发展的契合点，发挥整体力量和集体智慧，加强自身能力建设，增强为企业服务、为产业服务的能力，成为联系市场与创新主体的桥梁和纽带，形成新的高端服务业态。有了这样的联盟，可以进行国际交流，跨地区的交流，企业间的研发、营销部门可以进行对口交流，在更广的范围（企业的上下游企业间）内和更多的企业交流。今天与会的房地产开发商也不少，他们就是我们建筑门窗配套件企业的上帝，你们的产品要被他们所应用。所以这些联盟成立以后，可以创新我们很多的活动形式、活动内容，包括我们这样的研讨会，最终的目的不是为了研讨而研讨，为了活动而活动，而是形成生产能力，形成企业发展的能力，这才是我们真正的目的。

三、绿色建筑行动

1. 绿色建筑行动中的企业使命

今天的门窗幕墙离不开这样一个巨大的行动，在当今中国，跟随着世界的潮流，开展了绿色建筑行动。中央和有关部门都发了文件，进行了部署。开展绿色建筑行动，以绿色、循环、低碳理念指导城乡建设，严格执行建筑节能强制性标准，扎实推进既有建筑节能改造，集约节约利用资源，提高建筑的安全性、舒适性和健康性，对转变城乡建设模式，破解能源资源瓶颈约束，改善群众生产生活条件，培育节能环保、新能源等战略性新兴产业，具有十分重要的意义和作用。要把开展绿色建筑行动作为贯彻落实科学发展观、大力推进生态文明建设的重要内容，把握我国城镇化和新农村建设加快发展的历史机遇，切实推动城乡建设走上绿色、循环、低碳的科学发展轨道，促进经济社会全面、协调、可持续发展。

昨天上午在深圳参加了深圳市建筑门窗幕墙学会的揭牌仪式，我当时就讲道：深圳不愧是中国的改革开放前沿阵地，门窗幕墙都是从深圳开始走向全国的。今天在全国范围内，他们首先成立了学会——门窗幕墙的学会，不是协会，所谓学会就是一个学习的团体，是一个科研的团体，是把专家、学者、企业家结合到一起。它既是门窗幕墙咨询顾问的群体，发展门窗幕墙的咨询顾问业。中国改革开放以来，幕墙做了这么多年，现在是全世界幕墙生产大国，也是幕墙使用大国，但是要看到，在十年前、二十年前建的那些幕墙，或多或少都有这样那样一些问题。

我个人感觉幕墙确实存在着“三难一大”的问题。一难是防火难，高层幕墙的防火是世界难题；第二难是节能难，相比较而言的，建筑能耗占社会能耗的40%左右，而门窗幕墙的能耗占建筑能耗的50%以上，所以相比较而言，幕墙在建筑业中是科技含量比较高的，也是能耗比较大的，如何节约能源也是一个大问题。还有是安全难。有出现过玻璃幕墙自爆或脱落的现象，被称之为幕墙雨，更有严重的把幕墙说成城市的定时炸弹。我不赞同这么说，但幕墙的确存在着质量问题，但是可以看看香港，香港这么多幕墙，那成定时炸弹那还得了？香港不没了？但是我们的确要承认幕墙是存在着安全问题的。特别是十年前、二十年前，甚至于三十年前建立的幕墙，是需要定期进行检查的。就像人老了就要定期做检查，我经常说65岁以上的老人，你经不起体检，体检多少有些毛病，但还是要体检，要重视体检。所以说对于已经使用的、二十年前或三十年前建造的幕墙，要分期进行体检，这是对社会负责，也是工程质量五方主体项目责任之一。必须拿出钱来从事这样的体检。如果深圳门窗幕墙学会有技术、有能力做到，那么就可以带个好头，完全有可能在全国进行推广，这也是必要的。

三难一大，"一大"就是维修改造量大。有人说幕墙是建筑的衣裳，是建筑的华丽外表，是装饰，是装修。我说也对也不对，它不仅是装饰装修，幕墙也是建筑的主体，它是外墙部分，它不是完全为了装饰，而承载着整个建筑的外围结构，所以他已经超出了传统的一般装饰装修的含义，所以对幕墙要有特殊的对待。

2. 创新驱动的行业协会责任

作为推动全球经济复苏的重要力量，中国企业今天面临的考验超过以往任何时候——能否成为创新的核心力量，不仅事关中国企业在未来全球竞争中的生存与成长，也同样事关中国国家竞争力的提升。创新与企业家精神是推动企业发展必不可少的两个动力，这一论断已经成为企业界的共识。

对于我们行业协会来说，什么工作都是创新的，没有上级布置的。协会想搞什么活动，都是本着为企业服务，为企业创造商机的原则开发的。作为肩负崇高责任的行业协会是指导行业发展，主要依靠"三家"。一靠专家，二靠企业家，三靠社会活动家，如何促进行业的活跃发展并形成社会共识，推动行业的发展，协会承担着重要的责任。协会的工作人员，都要有这个责任，推动企业在创新驱动方面做出更大的成就。

以上我讲了三个课题。这三大课题我希望大家能够有所共识，有所思考。我再简单讲几句门窗幕墙系统问题。

系统论的基本思想方法就是把所研究和处理的对象，当作一个系统，分析系统的结构和功能，研究系统、要素、环境三者的相互关系和变动的规律性，并优化系统观点看问题，世界上任何事物都可以看成是一个系统，系统是普遍存在的。系统论的任务，不仅在于认识系统的特点和规律，更重要的还在于利用这些特点和规律去控制、管理、改造或创造一系统，使它的存在与发展合乎人的目的需要。也就是说，研究系统的目的在于调整系统结构，协调各要素关系，使系统达到优化目标。

门窗节能系统的研究和开发是建筑门窗发展史上的一场革命，而建筑门窗配套件在这场革命中担负着重要角色，要么是黑洞，要么是脱胎换骨，对于企业家来说要充分认识到当今时代，改革正当其时，圆梦适得其势。我们站在新一轮科技革命和产业革命的大门口，要最大限度地让创新驱动新引擎全速转动起来，闯出一条中国特色、世界水平的企业转型升级的新路子，一定能使我们的企业在未来的发展中后来居上，弯道超车，创造出更多令人意想不到的奇迹。

相信每一位企业家让您的企业在今天的时代，能够走出一个新的步伐，能够适应国家新常态的要求，创造着中国品牌走向全世界的未来！企业家要具有世界眼光、战略思维，企业要有中国特色、世界水平，相信我们的明天一定会更加美好！

（2014年9月24日在深圳“建筑门窗节能系统与配套件转型发展高峰论坛”上的讲话）

高度重视建筑幕墙咨询顾问行业的发展

建筑领域的咨询行业开始于20世纪80年代中期，我在1991年来到住房城乡建设部任建设监理司司长，做的就是咨询工作。在召开此次会议之前，黄圻同志跟我交流过一些情况，他说，随着我国建筑幕墙行业的快速发展，专门从事建筑幕墙设计咨询顾问工作的“幕墙顾问公司”应运而生，特别是最近几年，“幕墙顾问公司”的发展非常迅速。这些“幕墙顾问公司”对保证和提高建筑幕墙工程质量、合理控制工程成本与进度、促进行业技术进步和提高行业管理水平发挥了积极作用。当前幕墙咨询顾问行业没有行业组织，问我是否可以将“幕墙顾问公司”纳入到我们协会工作之中？我对将“幕墙顾问公司”纳入中国建筑金属结构协会进行行业服务与管理这种做法十分支持，所以今天来参加了此次座谈会。

之前大家讲了很多，我也一一记录了大家所谈的问题，今天的座谈会不可能解决所有问题，我也不能一一答复。过去，我们对于建筑幕墙咨询顾问行业重视不够，包括政府部门，还有我们协会都不够重视。如何促进幕墙咨询顾问行业的发展，如何做好这个行业的相关服务和管理工作？我想从三个方面来讲。

一、建筑幕墙咨询顾问行业是高智能的产业服务群体

1. 经济新常态

大家要知道，当前的国民经济处在新常态下，经济的发展不再只追求速度，而是更加注重发展的质量，建筑业要向节能、低碳和绿色的方向发展。在此背景之下，建筑幕墙行业更应该加强咨询顾问工作。我们知道，建筑幕墙专业性强，对建筑的安全具有至关重要的作用。由于建筑幕墙具有以工程项目为中心、多学科知识集成等特点，幕墙的个性化设计使得建筑幕墙的功能、结构和外形变得越来越复杂，幕墙的设计、制造、安装、维护和材料选用等难度也越来越大，因此幕墙的系统设计、结构设计、材料选用、施工质量等需要有专门的机构去认真审核、有效管理。此外，在一般情况下，因为建筑师对幕墙设计了解不深入和全面，缺乏专业经验，而幕墙作为建筑物的外衣又相当重要，所以建筑师对于幕墙顾问也有强烈的需要。在国际建筑市场上，除了极少数建筑设计公司配备有专门的幕墙顾问设计外，其他多数建筑设计公司都聘请专业的幕墙顾问来协助建筑师进行初步设计、深化设计，以期达到最佳建筑效

果。从这个意义上说，幕墙顾问公司具有至关重要的作用，它符合在经济新常态下，提高建筑性能和质量，发展节能、低碳绿色建筑的要求。因为咨询顾问工作主要是追求质量而不是速度的。

2. 科技创新

就建筑工程而言，建筑幕墙及钢结构是技术含量比较高的。在科技含量较高的建筑幕墙行业从事咨询顾问工作，要有更高的科技创新能力和管理水平。创新驱动是当前我们国民经济一再强调的大问题，中国经济在当今改革开放背景下，更加强调创新驱动。我国咨询顾问行业本身也是经历了引进、消化吸收和再创新的过程，是向国外学习来的，在1987年以前我国基本上没有建筑咨询顾问行业。建筑幕墙咨询顾问行业是随着幕墙行业的发展而发展的。随着我国咨询顾问行业的发展，政府更加重视，为此住建部有专门部门负责这项工作。

今天在座的很不简单，你们是这个行业的开拓者，为这个行业做出了成绩，符合我们改革开放和创新驱动的要求。咨询顾问行业本身就是为了促进国民经济又好又快地发展，幕墙咨询顾问行业的健康发展是幕墙行业可持续发展的基础，也是推动建筑幕墙行业科技创新的重要力量。

3.“三高”的资质能力

我想在此向建筑幕墙咨询顾问行业提出“三高”的要求，即高智能的咨询、高标准的监督、高水平的服务。

关于资质能力，我想说一下这里面的问题，我们的资质太过复杂，我也向住建部领导反映过这个问题，但目前还不会取消资质，现在还要加强资质，只是希望内容不要太复杂。

与我们建筑幕墙咨询顾问行业相关的四大资质：一是设计资质，我国目前缺少优化设计公司，这在国外很常见，优化设计公司负责对原设计方案进行优化，国外将设计分为方案设计和施工设计，而我们是混在一起的，优化设计没有独立出来，优化设计能节约很多投资，例如钢结构优化之后，同样达到要求，但可以节省很多钢材。二是造价资质，现在我们已经有了造价资质。三是三控两管一协的监理调资质：三控是投资控制、进度控制、质量控制；两管是合同管理和现场管理；一协调是参建各方关于现场工作关系的协调。四是招投标代理资质。

在国外现在是弱化资质，强调保险，强化资格。在日本个人从业的资格是非常重要的，我们国家现在是强调资质，资格强调得还不够，企业单位叫资质，个人叫资格，例如建造师资格，这方面现在也在改革。关于资质我们建筑幕墙咨询顾问行业应该是要全部具备的，但这并不表明我们要是全能的，今天我们在这里召开建筑幕墙顾问公司座谈会，希望大家能了解我国对企业资质的管理政策和要求。

建筑幕墙咨询顾问工作内涵十分丰富，其业务范围也非常广泛。幕墙顾问公司在建筑幕墙工程中的作用主要体现在以下几方面：

（1）从建筑方案设计开始就协助建筑师的工作；

（2）负责招标图纸的设计及招标文件的编制；

（3）参与招投标工作，参与技术评标、甄选优秀承建商；

（4）工程开始后，对于幕墙所涉及的材料进行审批，对施工图纸及计算书进行审查；

（5）对工地视察，及时发现施工中出现的问题并通报业主，及时整改；

（6）参与项目竣工验收，对整个幕墙工程进行评估总结。

具体来讲，专业幕墙顾问的主要工作内容有：①为客户提供楼宇建筑外装饰方案，包括建筑外立面效果方案、外墙装饰材料对比说明及选择、幕墙和门窗系统对比说明及选择、相关方案的成本估算，以及幕墙材料市场价格分析等。②为客户制定工程招标文件，审查专业分包商的工程图纸设计和设计计算。③对产品加工和安装质量的检查和控制，以及加工安装材料的品质鉴定。④对工期计划的制定和控制，对增项项目和修改项目的技术审查。⑤对成本控制工程分步验收与分项验收，对工程竣工资料和总成本的审查等。

因此要求大家拥有“三高”的能力。具备“三高能力”的咨询顾问公司有的还可以发展为幕墙工程管理公司，对幕墙公司实行代建制和“交钥匙”工程的全部甲方的职能要求。

二、建筑幕墙咨询顾问行业是解决建筑幕墙“三难一大”的重要力量

我认为，建筑幕墙行业面临“三难一大”的问题。“三难”是指安全难、节能难和防火难，“一大”则是指既有幕墙建筑的节能改造和安全维护的量大。

1. 安全

“三难”首先是安全难，现在有些媒体记者将中国的幕墙说成是定时炸弹，这是不对的，但我们也要正视建筑幕墙存在的安全问题。据调查，建筑幕墙存在的质量安全问题主要表现为两种情况：一是面板材料（如玻璃、石材等板块）碎裂、脱落，伤人毁物；二是连接面板和建筑结构的五金件锈蚀、断裂和结构胶老化、失效，造成开启扇甚至整扇幕墙脱落伤人毁物。但从总体上说，建筑幕墙的安全性能是有保障的，我们完全可以通过技术和管理的手段不断提高建筑幕墙的安全性能，保障人们生命财产的安全。因此新建和既有建筑幕墙的安全问题，应该引起从业者和相关人士的高度重视。

2. 节能

其次是节能难，建筑能耗大约占社会总能耗的 40%，而建筑围护结构又占建筑

能耗50%以上。幕墙作为外围护结构，其面积较大，建筑能耗也非常大，因此要特别重视幕墙的节能问题，并切实加以解决。人们可以通过建造被动式建筑，实现建筑零能耗或微能耗；光伏技术在建筑幕墙上的应用可以提高建筑的能源效率，达到节能的目标。当前建筑节能技术发展非常活跃，速度也相当快，因此建筑幕墙咨询顾问行业也要适应这种快速发展的要求。

3. 防火

三是防火难，幕墙大部分应用于高层建筑及超高层建筑，高层建筑防火是全世界的一大难题，幕墙防火涉及多个方面。国外有自动喷淋的设计，超高层建筑如果发生火灾，消防队员很难靠近，云梯也不够高度，很难灭火。现在建筑幕墙的防火技术、产品和理念发生了很大变化，新的防火技术和产品不断涌现，如我国企业自主研发的防火玻璃，在火灾发生时能够有效延缓玻璃的爆裂时间，为消防赢得时间和机会。

4. 维修改造量大

我们改革开放以来建了不少幕墙，就全世界而言，近年来幕墙的科技含量有了很大的提升，每一年都有新的技术提升，过去建造的幕墙与今天的相差很大，需要进行改造，而且有很大的改造量，即"一大"，所以我提出幕墙行业"三难一大"问题。"三难一大"如何解决需要靠我们幕墙行业，而幕墙行业离不开幕墙咨询顾问行业。建筑幕墙咨询顾问行业是解决建筑幕墙"三难一大"的一支重要力量。

5. 质量五方主体终身责任

在此特别强调，近年来中央领导在抓两件事，习近平主席强调经济新常态，李克强总理强调质量，要变成质量强国。过去说中国速度、德国质量，现在我们强调要形成人人重视质量，人人创造质量，人人享受质量的氛围。住房城乡建设部为此召开大会，下发了《建筑工程五方责任主体项目负责人质量终身责任追究暂行办法》，建设单位项目负责人、勘察单位项目负责人、设计单位项目负责人、施工单位项目经理、监理单位总监理工程师五方对于工程质量共同负责，终身负责。前面提到的"三难一大"归根到底就是质量问题，作为五方之一的建筑幕墙咨询顾问行业责任重大。

三、建立建筑幕墙咨询顾问行业联盟，推进建筑幕墙行业的创新驱动

今天到会的有38家企业，发言的只有9家，我知道大家还有很多话没有说完，大家还有很多想要交流，所以我想建议建立建筑幕墙咨询顾问行业联盟，推进建筑幕墙行业的创新驱动。

现在很多企业、行业都在建立联盟，国家也提倡并且重视联盟。市场经济本来是竞争经济，企业在参与投标时，企业之间是竞争对手，我们过去总说，竞争是你死我

活、是大鱼吃小鱼，这话有一定道理，但也不完全对，今天的市场经济应该是竞争与合作的，现在全世界都在合作，习近平总书记出访各国为的就是寻求合作，比如中国与巴西等国成立的“金砖五国”就是一种联盟合作，国与国之间都在合作，更何况是我们企业之间，我们更需要合作，建立联盟就是合作的重要方式。如何建立联盟，联盟能发展到什么规模，联盟的运作方式等我们现在还没有考虑成熟，现在我也说不清楚，但随着联盟的建立和运行，在发展中不断总结经验和做适度调整，我们就一定能找到一条正确的发展道路。

今天来参加会议的是行业数百家企业中比较强的企业，我们实力比较强的企业应该来考虑如何建立联盟。我的建议是先建立联盟章程，实行联盟主席轮职，一年一换或都两年一换，比如由深圳的窦总任联盟主席，窦总需要与大家协商共同制定章程和相关管理办法，然后需要安排一个人在铝门窗幕墙委员会工作，一方面他要了解联盟内大家的诉求，另一方面通过铝门窗幕墙委员会了解全国幕墙的情况，这样一来联盟的工作就可以开展了。

联盟的工作我想有两个方面：

1. 协同创新是科技创新的必然选择

创新不能从零开始，要站在前人的肩膀上，无论是原始创新、集成创新，还是引进吸收再创新都是在总结前人经验的基础之上完成的。中国是建筑幕墙的建造大国、使用大国，但在技术上我们还有很多要向国外发达国家学习，有些地方我们已经超过国际水平，但还有更多需要我们引进吸收再创新，将中国制造变成中国创造，所以说协同创新是非常重要的。

我国高等院校创办建筑门窗幕墙专业的较少，在苏州有院校设立了建筑门窗专业，是门窗企业与高校合作培养门窗行业专业人才的地方，我们钢结构分会也在福建的高等院校设立了钢结构专业，我们幕墙行业也可以在这方面做更多的尝试，培养更多更好的幕墙专业人才队伍。

科技创新的必然选择是要协同创新，需要联合。实际上建筑幕墙咨询顾问行业的工作就是一种合作，受客户委托承担咨询责任的时候就是合作，在合作的过程中不断去考虑创新，在合作的过程去了解哪些产品是优质的、哪些是劣质的，现在的中国很复杂，市场不完善，假冒伪劣还比较多，需要去注意。对建筑幕墙技术、产品和性能进行优化，对技术和管理进行创新，提高建筑幕墙整体质量，是建筑幕墙顾问公司的重要工作内容和目标。

2. 产业联盟是协同创新的有效载体

产业联盟既有利于深度整合创新资源、实现“产学研用”之间的无缝对接，也能平衡各方利益、组织联盟成员协商解决行业存在的共性问题；既突破了条块分割造成的体制障碍，又形成了互利共赢的市场化机制，促进企业真正成为技术创新的主体。

共性问题。今天大家提了不少问题，有关于标准规范的，建筑幕墙市场的，也有关于从业人员的，有些是共性问题，要通过发挥联盟的作用加以解决。另外，社会对于幕墙咨询顾问不了解，我们要多宣传，努力提升自己的社会地位，这些问题也都需要我们联盟来解决。

共同利益。成立联盟是为了谋求我们联盟成员的共同利益。解决条块分割造成的体制障碍，又形成了共利互赢的市场化机制，促进企业成为技术创新的主体。

共同促进。促进自身水平、能力的提高，增强为企业服务、为产业服务的能力，成为联系市场与创新主体的桥梁和纽带，形成新的高端服务业态。

今天座谈会能解决的问题非常有限，还要不断通过产业联盟来解决。对于我们协会而言，联盟相当于协会的一个组织，以后也可能独立出来成为独立的协会。联盟可以通过协会解决问题，需要政府解决的问题，我们协会向住建部领导提出，需要我们协会解决的，我们联合起来共同解决。比如之前说的人员培训问题、诚信问题等等，我们可以针对一个问题进行研讨，召开研讨会。我们同行业之间要多交流，增进了解，世界上哪个国家的建筑幕墙咨询顾问行业发展得比较好，我们就去了解他们的情况，想办法学习和超过他们。

我有一个观点，最大的建筑幕墙咨询顾问行业应该在中国，中国巨大的市场决定了这个行业应该是最大的。在国外很多大企业都是“百年老店”，而我们只有二三十年，我们发展很快，但水平与国际发达国家比还有差距，我们联盟可以组织会员单位到国外考察。一家企业想出国考察可能不容易，但协会组织就容易多，我们还可以去了解国际上有没有这样的联盟，去与他们联合。

联盟成立后有很多事可以做，我在此只是建议，这些问题由将来的轮值主席去考虑。今天的座谈会是个开始，只有逗号没有句号，更不是省略号，还需要研讨下去，希望把联盟成立起来，也许通过这个联盟能够达到我们大家的要求。

最后我想说，我们今天生在这个时代，中国梦的时代，我们企业要做我们的企业梦，企业梦做好了才有中国梦，我们的企业要做大做强，在座的不简单，可以说是行业的开拓者，如何做大做强需要进一步考虑，我希望在座的企业家们，不光要考虑本企业，还要考虑整个行业，关心全产业链的发展。我开始时讲到了国民经济，国民经济是宏观，行业经济是中观经济，企业经济是微观经济，微观经济是要在中观经济的指导下，而中观经济是要在宏观经济的指导下，企业家们关注中观经济、宏观经济有利于微观企业的发展，我希望我们的企业要有世界眼光、战略思维，要有中国特色、世界水平，这是完全可能的，希望通过我们一代甚至几代人，将我们的行业发展得更好。

（2014 年 9 月 19 日在北京“建筑幕墙顾问公司座谈会”上的讲话）

提高质量　创新技术　拓展市场

黑龙江省塑料门窗行业在质量控制、技术创新、企业交流、市场开拓等方面取得很多可喜的成绩，这与黑龙江省塑料门窗专业委员会多年来的努力是分不开的，你们做了大量卓有成效的工作，连续举办了17届年会及展示会，这个平台推动了黑龙江塑料门窗行业健康发展，发挥了政府和企业间的桥梁纽带作用。同时黑龙江省协会及当地的企业对于我们中国建筑金属结构协会的工作也非常支持，对此，我代表中国建筑金属结构协会对你们的工作表示由衷的感谢。

黑龙江省作为严寒地区，塑料门窗具有独特的节能性能得到了充分的展示。哈尔滨中大科技股份有限公司针对严寒地区居住建筑节能保温要求，在全国率先开发66系列三玻三密封的门窗，添补了国内空白，引领了国内节能塑料门窗的发展。单框双层四玻平开窗的K值达到1.2，在节能上取得了国际先进水平，为节能塑料门窗行业的发展作出了很大贡献，在国内黑龙江省塑料门窗使用比例、用量都是最大的。可以说，从全国范围来讲，黑龙江是塑料门窗推广应用的根据地，也是塑料门窗创新发展的桥头堡。借此机会，我想谈谈塑料门窗质量、技术和市场问题，和大家一起商讨。

一、塑料门窗发展的新起点

我国塑料门窗是在20世纪80年代从欧洲引进的，当时国外的塑料门窗品质高、价格也贵，为了适应国内市场，早期引进塑窗项目的企业采用高比例添加填料，变为“钙塑窗”，结果出现严重的质量问题，一度成为各地市场禁用产品。

1994年，为了引导塑料门窗健康发展，建设部、化工部、轻工部、国家建材局、中石化等五部委联合成立“化学建材协调组”，将塑料门窗定为重点的化学建材产品，召开了多次工作会议，发出《关于加强我国化学建材生产和推广应用的若干意见》、《化学建材推广应用‘九五’计划和2010年发展规划》、《关于加速化学建材推广应用的建议》等一系列重要文件。此外，塑料型材、塑料门窗的产品标准、图集、安装规范也相继制订，为规范塑料门窗的产品质量提供技术依据，哈尔滨中大科技股份有限公司作为多次参加相关标准修订和编制工作的单位，是值得表扬的。此后，塑料门窗在全国各地得到大力推广应用，塑料门窗的市场占有量逐年提高。

2000年，塑料门窗行业由于一段时间的发展，出现产能过剩，型材、门窗、组装设备等企业竞争激烈，掀起价格战，一些薄壁厚、小断面、加钙多、低性能的型材冲击市场，虽然获得短期效益，产品质量、利润却不断下滑，严重影响了塑料门窗的声誉，甚至被社会称作“低档窗”。

2004年，我国建筑节能工作，很多地区陆续将居住建筑节能设计标准从50%提升到65%，门窗的保温性能得到重视。塑料门窗产品没有抓住机会升级创新，仍以80推拉窗、60平开窗作为市场主流产品。此时，断热铝合金门窗替代普通铝合金门窗进入北方地区节能门窗市场，以北京市保温性能2.8的窗户价格为例，塑料门窗每平米价格只有300～400元左右，断热铝合金的价格却在500元以上。低价与品质之间的博弈，结果品质致胜。

2013年以后，建筑节能工作进一步提升，北京、天津、吉林、新疆、山东、江苏陆续执行节能75%的标准。塑料门窗开始推出三道密封、四腔以上结构的型材、彩色型材等一系列新产品，金属门窗采用断热技术来实现2.0以下的节能指标的难度不断加大，成本价格也越来越高，塑料门窗高性能产品的性价比优势明显。

我国塑料门窗经过30多年的发展历程，通过不断的新技术研究、新产品开发，塑料门窗已发展成为一个品种丰富、能满足不同档次需求的产品。塑料门窗的彩色化已经得到解决，现有彩色覆膜、双色共挤、彩色喷涂等多种形式，而且颜色丰富、能模仿木纹效果，并能保证较长的耐老化。通过型材断面开发，与五金件的协调设计，使塑料门窗开启形式繁多，现有手要平开、平开下悬、平开推拉、下悬推拉、折叠翻转等多种形式。在产品材质上，也不再是单一的PVC塑料门窗，还出现了铝塑复合门窗、玻璃钢门窗等新产品。

二、塑料门窗行业发展的三大问题

纵观我国塑料门窗这三十多年的发展历程，当前的主要问题还是要在产品质量、技术创新、市场拓展几个方面下功夫。

1. 质量问题

塑料门窗质量问题，涉及企业诚信、技术水平、合理价位等三个方面。

为了追求利润而偷工减料、假冒伪劣，这是企业诚信的问题；比如塑料型材是以PVC树脂为主要原料，加入一定比例的稳定剂、抗老化剂、抗冲击改性剂、着色剂、紫外线吸收剂、加工助剂、填充剂等十余种化学助剂。有的企业在配方中减少价格贵的必要助剂的比例，增加价格便宜的填充剂的比例，从而导致型材抗冷冲、抗变形、抗老化等性能下降，最终到门窗上的表现就是窗框变脆开裂、杆件变形、材料表面变色或老化等。有的企业样品检验报告指标合格，但实际出厂产品却是偷换材料、指标不合格，对于产品质量不自控，发现问题产品依然流入市场，这也是诚信的问题。

由于设计不合理、生产管理的原因，这是技术水平的问题。门窗不是一个简单的产品，它需要根据环境温度、风荷载情况、水密、气密、隔声等综合环境要求设计而成，而且要求门窗生产和安装严格按照工艺标准要求和设计精度来完成。窗框、玻璃材料的保温性能、增强型钢的规格和壁厚、窗型设计、五金承载设计、加工尺寸精度不够等这些方面的不合理，门窗会出现结露、结霜、门窗变形、开启不灵活、密封失效、焊角开裂等多种质量问题。

门窗质量、性能必须有合理的价位。在欧洲，窗户的价格是房屋总价的3%～5%。在我国，假设窗户是房子总价2%，以10000元/平方米的建筑均价计算，门窗面积占建筑面积的20%，门窗合理价位应为：10000×2%÷20%，即1000元/平方米。然而，我们很多的门窗价位都远远低于这个标准，这次委员会对黑龙江塑料门窗价格调研，平均300多元/平方米是比较低的。以门窗保温性能K值≤1.6为例，塑料窗的合理价格区间700～1400元/平方米，断热铝合金的合理价格区间900～1600元/平方米，木窗的合理价格区间1200～1900元/平方米。

刚才，胡主任代表门窗专委会做了一个很好的报告，通过委员会在黑龙江三个月的门窗质量调研工作，也对我上边提到的质量问题、设计问题、价格问题做了详细的阐述并汇总了表格，用数据说话，工作做得很认真。事实上，这些问题是目前全国门窗行业的共性问题，当前我们行业内应该尽快的解决这些问题。

2. 科技创新问题

马克思说“科学技术是第一生产力”。科技创新是推动门窗行业发展的必由之路。门窗产品只有通过科技的创新，才能适应越来越高的建筑品质、功能要求和人们生活需求。门窗产品的创新主要体现在材料品种的创新、配方的创新、工艺自动化等方面。

品种创新方面。首先有改进节能的品种，比如铝合金窗框导热性能差，采用断热技术、铝塑复合技术、铝木复合技术来提升；其次有改进强度的品种，比如塑料型材刚性不够，采用增强型钢技术、聚酯增强技术来提高；还有美观实用的品种，比如塑料型材彩色化，采用覆膜技术、共挤技术、喷涂技术增加表面色彩、纹路和质感。

配方创新方面。调整型材的配方，采用钙锌稳定剂或有机锡稳定剂代替铅盐稳定剂，可以解决塑料门窗的绿色环保问题；

工艺自动化方面。通过门窗加工中心、焊清自动线、条码技术，可以实现塑料门窗生产效率的大幅提升、提高质量、加工精度。通过型材共挤技术，可以实现ASA和PVC的同时挤出，通过覆膜机，可以实现PVC型材快速覆膜等。

科技创新还有很多方面，需要我们竭力去发现、研究、完善，加大创新机制的重视，注意创新能力的培养，才能为行业的可持续发展、企业的长期生存发展注入活力。

3. 市场问题

塑料门窗的市场主要在于商品房、保障房、旧窗改造和新村镇建设等几大方面。在保障性住房方面，塑料门窗用量较大；在商品房方面，铝合金窗用量更大些；在旧窗改造方面，主要以家装市场零散经营的模式；农村建设方面，还未形成集中的市场，且各地发展不一。随着我国房地产政策的调控发展，房地产今年面临资金趋紧、去库存压力加大等问题，商品房市场整体表现不佳，这对于整个门窗市场的影响都较大，一些全国性的型材企业反映2014年销量同比2013年下滑。另外，一方面，保障性住房和棚户区改造住房量不断增加。"十二五"规划提出，建设城镇保障性住房和棚户区改造住房3600万套（户），到2015年全国保障性住房覆盖面达到20%左右。2014年，全国计划新开工城镇保障性安居工程700万套以上（其中各类棚户区470万套以上），基本建成480万套。北京市目标新建各类保障房7万套；黑龙江省目标投资300亿，新建各类保障房15万套。黑龙江还将投资180亿元，用于改造农村泥草（危）房22万户。

三、应对问题的解决方案

1. 针对质量问题　开展质量年活动

2014年9月1日，住房和城乡建设部发出《工程质量治理两年行动方案》的通知，要通过两年治理行动，规范建筑市场秩序，落实工程建设五方主体项目负责人质量终身责任，遏制建筑施工违法发包、转包、违法分包及挂靠等违法行为多发势头，进一步发挥工程监理作用，促进建筑产业现代化快速发展，提高建筑从业人员素质，建立健全建筑市场诚信体系，使全国工程质量总体水平得到明显提升。我们中国建筑金属结构协会决定2015～2016年开展"产品质量年活动"。这次活动，我们将在我协会下设的建筑门窗、钢结构、散热器、给排水、模板、脚手架、地暖、喷泉等行业同时开展，由各自的专业委员会通知会员单位参加。刚才我介绍了塑料门窗质量的几种原因及表现。我们塑料门窗委员会最新制订了《建筑塑料门窗型材用未增塑聚氯乙烯共混料》标准，将于2015年5月1日起实施，这是对配方质量的要求。

另外塑料门窗委员会还制订了《塑料门窗设计与组装技术规程》，这个标准目前正在报住房和城乡建设部批准阶段，它是对设计质量和组装技术的要求。这是我们开展质量活动的技术依据。"质量年活动"要做到以下几点：首先，是要查清质量问题的表现；其次，是要查明质量问题的原因；最后，还要研究并确定解决质量问题的措施。可以说，"质量年活动"对我们行业和企业的意义重大。通过质量年活动，行业可以提升质量氛围，企业可以提升质量形象，树立质量品牌。

2. 加强学习，重视创新技术

组织相关技术推广活动。塑料门窗源于欧洲，在欧洲的产品和技术发展也更为完善，我们要积极研究和学习欧洲塑料门窗的先进技术和经验。学习不能只是单纯的模仿或者型材断面复制。我们要学习欧洲建筑节能的发展思路、高性能塑料门窗的加工技术和运营方式。结合我国的国情、生活习惯、气候和环境，总结和开发出适合我国各地使用的塑料门窗产品。比如哈尔滨中大型材科技股份有限公司是全国首例开发三玻窗的企业，并通过实践证明三玻窗非常适合于东北的严寒气候，对于提高保温性能、解决玻璃结露具有很好的效果。

加强创新合作。创新是为了竞争，而竞争的关键是合作，这是“竞合”理念。当前，系统门窗技术的提出，得到了广大房地产和门窗企业的支持。系统门窗体现了房地产与门窗企业之间的合作，是用户对于门窗的综合需求，通过门窗企业来实现。同时，系统门窗还在于型材、玻璃、五金、配件、胶条等一系列的子技术来合作实现。

加强新产品新技术的推广和宣传。新产品的宣传尤其重要。很多企业开发了新产品，只是摆在企业的展厅里，甚至放在仓库中，忽略了市场的高端需求和引领，只是一味迎合低价、低质产品的需求，最终影响的是行业和企业的发展，所以，我们要共同来推进新产品的宣传和推广。共同研究各地市场的推广方式。

3. 努力扩大市场 推动塑窗下乡

从整个行业来说，我们要研究各类市场、分析产品定位、做好产品转型。面对当前房地产的转型，我们除了要发展适合于高端商品房使用的门窗，比如系统门窗、被动房用窗等，我们还要发展适合用保障性住房的门窗，另外，我们还要积极发展适合新农村建设的门窗。农村房屋普遍存在体型系数大、围护结构保温差、空气渗透严重等问题，北方农村大部分采用烧炉或者炕灶相连的方式取暖，农村房屋的热损耗严重。

以北京为例，北京全市每年冬季采暖共耗煤900多万吨，其中农村就耗煤575万吨。2011年，北京市发布《北京市农民住宅抗震节能工作实施方案》，在北京市郊区推行20万户新型农宅抗震节能改造项目。项目涉及北京周边的10个远郊县区，要求两年内完成改造。通过节能改造，可使农宅冬季室内温度提高4～6℃，夏季减少空调的能耗。海螺、实德、北新等型材企业参与了农改项目。为了统一管理，各区县统筹与相关部门成立工程项目管理公司，聘请专业监理公司，在材料管理、施工队伍、规划设计、验收等方面做到统一，并派专人监督保温材料的生产、施工。农改项目有别于一般的工程项目，每家用户要求一次性完工，门窗需要框扇、压条、拼接材料等配套齐全，同时供应到施工现场。此外，还存在旧窗类型不同、窗型和洞口差异大，业务分散，施工管理难度大等各种难题。这需要型材公司与门窗公司积极合作，确保供应和质量，保障项目顺利进行。该项目区县覆盖范围广，节能经济效益和社会效益显著，对于塑料门窗在农村市场的广泛应用起到较好的示范作用。

塑窗下乡是符合国家政策鼓励的大事，能够为行业发展、帮助企业拓展市场，为会员创造商机，而且也是农民欢迎的事情。塑窗下乡不能只是口号，要研究塑窗下乡的鼓励政策、运作机制，建立联盟，共同研究和拓展农村市场，为新农村建设事业作出积极的贡献。

习近平总书记指出："我国发展仍处于重要战略机遇期，我们要增强信心，从当前我国经济发展的阶段性特征出发，适应新常态，保持战略上的平常心态。在战术上要高度重视和防范各种风险，早作谋划，未雨绸缪，及时采取应对措施，尽可能减少其负面影响。"新常态的重大战略判断，深刻揭示了中国经济发展阶段的新变化，充分展现了中央高瞻远瞩的战略眼光和处变不惊的决策定力。新常态充满了辩证性，既有"缓慢而痛苦"，也有"加速和希望"。

李克强在首届中国质量（北京）大会上讲话时强调：紧紧抓住提高质量这个关键，推动中国发展迈向中高端水平。质量是国家综合实力的集中反映，是打造中国经济升级版的关键，关乎亿万群众的福祉。中国经济要保持中高速增长、向中高端水平迈进，必须推动各方把促进发展的立足点转到提高经济质量效益上来，把注意力放在提高产品和服务质量上来，牢固确立质量即是生命、质量决定发展效益和价值的理念，把经济社会发展推向质量时代。

在黑龙江省塑料门窗年会报告中提到在经济新常态下对于我们门窗企业又是一个挑战，要想迎接这个挑战，我们门窗企业的战略发展就要进入"门窗制造工业4.0时代"设备的智能、数字、网络及门窗系统化的"四化"管理。我非常赞同，无论是经济新常态，还是质量时代，对塑窗行业来说，都是新机遇、新挑战、新作为，让我们兴行业之梦，圆强国之梦，提高质量、创新技术、拓展市场，推动塑窗行业向世界中高端水平发展。

最后我希望黑龙江省门窗专业委员工作再接再厉，使行业更能健康发展，同时也希望哈尔滨中大科技股份有限公司进一步创新、研发节能门窗更多的新产品，在行业内尤其在严寒地区起到领头羊的作用，为社会作出更多的贡献！

（2014年12月9日在哈尔滨"2014黑龙江省塑料门窗行业年会"上的讲话）

坚持以质量和效益为中心
主动适应新常态　奋力开创新局面

对于目前我们行业来说，要紧紧围绕质量和效益，要坚持以提高行业和企业的质量和效益为中心，主动适应新常态，奋力开创新局面。国民经济如此，行业如此，企业更是如此。刚刚闭幕的中央经济工作会议，是党的十八届四中全会之后中央召开的一次重要会议。会议深入分析了国际国内经济形势，认真总结了今年的经济工作，全面部署了明年的经济工作，尤其是对经济发展新常态做出了系统性阐述，提出要认识新常态，适应新常态，引领新常态。这对于坚定信心、凝聚共识，做好明年和今后一个时期的经济工作，具有重大而深远的意义。坚持以提高经济发展质量和效益为中心，是适应和引领新常态、促进经济平稳健康发展的内在要求，对于做好明年及今后一个时期的经济工作具有重大重义。

下面我从三个方面谈谈，如何坚持以提高行业和企业的质量和效益为中心，主动适应新常态，奋力开创新局面。

一、行业质量效益的发展态势

1. 行业发展规模

应该说我们行业发展规模是在不断地扩大，国家的城镇化率在不断提高，我们建筑业历年产值还在增加，大家说客观环境上有困难，困难是客观存在的，但是总趋势你也看到了，总产值在不断增加的，也包括我们行业。在发展的过程中，困难总是存在的，什么时候都会有困难，十年、二十年都会有困难。钱那么好挣？工厂那么好干？没有那么回事，天下不会掉下馅饼的。

从下面图表中可以看出铝门窗产值这些年的变化规律，最近三年，铝门窗的年产值是有所下降的，与 2011 年相比，2012 年、2013 年产值开始下降，2014 年可能还是一个下降的趋势。原因是多方面的，原因之一是我们门窗品种越来越多，如有塑料门窗、钢木门窗和其他各种各样的门窗，还有铝包木、铝塑复合等复合门窗，当前已经不是只有铝门窗、塑料门窗那么简单的概念了，所以铝门窗产值有所下降。

再看幕墙，我不想突出这个数字，从目前来看，一直是上升的，到 2013 年我们也是上升的，2012 年也是不断增加的，年产值 10 亿以上的企业有 50 多家，这个数

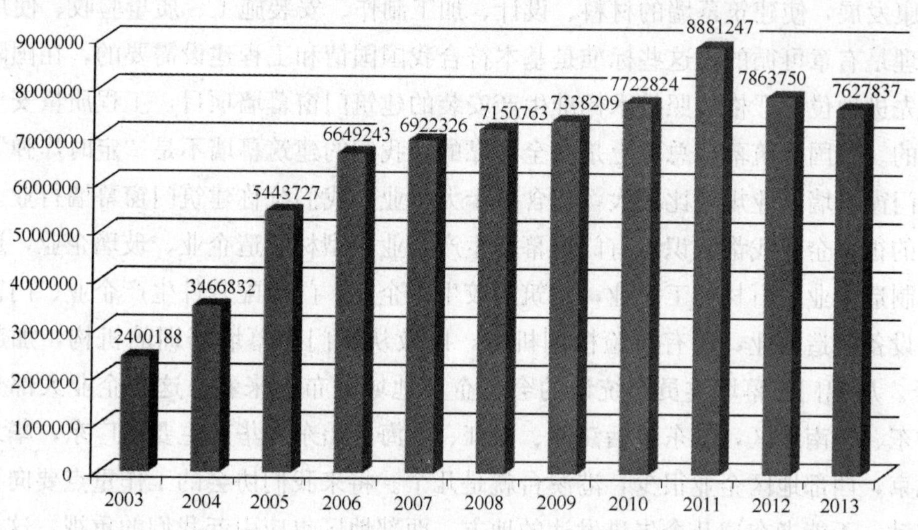

中国铝门窗年产值（万元）

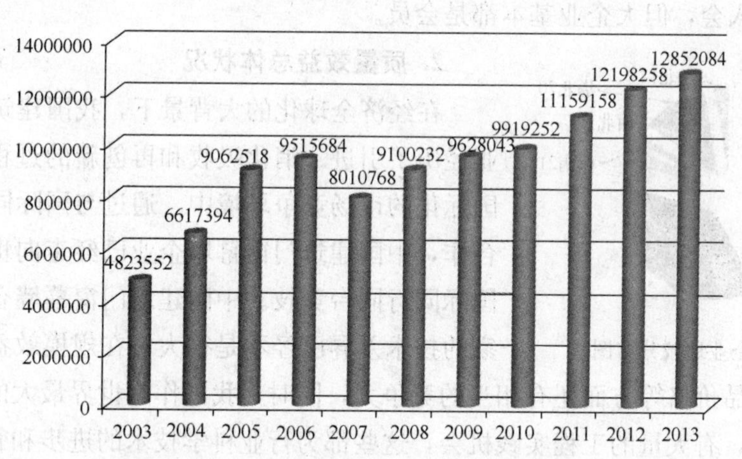

中国建筑幕墙年产值（万元）

字也是相当可观的。

30 多年来，通过引进、消化、吸收、再创新的过程，我国建筑幕墙行业技术水平得到了极大提高，已经进入世界先进国家的行列，完全可以自主完成可满足不同建筑结构设计需求的幕墙产品（如单元式幕墙、点驳接幕墙、双通道幕墙、单索及网索幕墙、光电幕墙和智能幕墙等），部分技术处于世界领先水平。

建筑门窗幕墙行业管理状况。我国已经制定了比较健全的建筑门窗幕墙行业管理政策和法规，建立了比较完善的标准化体系。到目前为止，建筑幕墙标准化已经有 30 多年，门窗幕墙标准体系逐步完善，形成了包括基础标准、产品标准、检测方法标准、工程规范和行业协会标准等的标准体系。标准体系的建立，促进了行业的可持续健康发展，使建筑幕墙的材料、设计、加工制作、安装施工、质量验收、使用维护及管理是有章可循的，这些标准是基本符合我国国情和工程建设需要的，在国际上也处于先进地位，严格按照技术标准生产安装的建筑门窗幕墙项目，工程质量安全是有保障的。我国建筑幕墙总体上是安全可靠的，我们的建筑幕墙不是“定时炸弹”。

门窗幕墙产业规模比较大，包含了十大行业，我们统称建筑门窗幕墙行业。今天在座的很多企业我都认识，有门窗幕墙生产企业、型材制造企业、玻璃企业，还有金属板制造企业、石材加工企业，建筑用胶生产企业，门窗配套件生产企业、门窗幕墙生产设备制造行业，还有检验检测机构，以及从事门窗幕墙培训的机构，加起来就10个。从铝门窗幕墙委员会统计的会员企业地域分布图来看，这些企业大部分集中在华东、华南地区，华东包括江苏、浙江、上海、山东，华南主要是广东，华北主要是北京，西部地区企业很少，港澳台就是几个。将来我们协会的工作重点要向其他地区移动，不能老在这几个先进发达的地方，西部地区也应引起我们的重视，这个图上的数据是实际企业数，不是百分比。这些企业都是我们的会员单位，也许还有一些小的企业，没入会，但大企业基本都是会员。

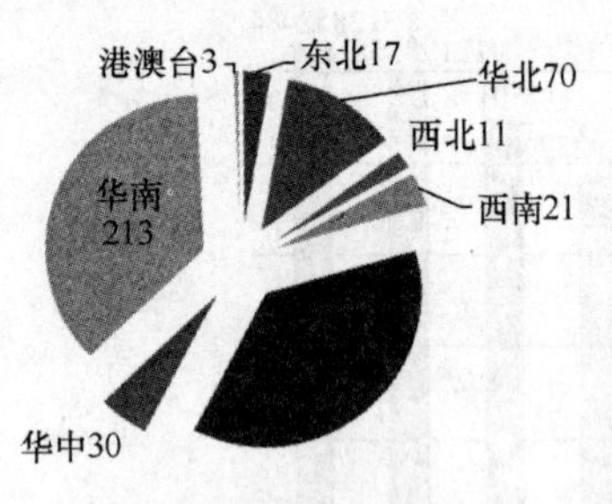

会员企业地域分布图

2. 质量效益总体状况

在经济全球化的大背景下，我国建筑门窗幕墙行业经历了引进、消化吸收和再创新的过程，始终处于国际化的市场竞争环境中。通过与国际同行的交流与合作，中国建筑门窗幕墙企业已经走向世界，能够与国际同行同台竞技。中国建筑门窗幕墙企业与发达国家的技术差异已经不是很大，在规模效益、人力资源和工程及产品价格等方面还有相当的竞争力，同时，我国作为世界最大的门窗幕墙生产和使用国，有大量的工程实践机会，这些都为行业科学技术的进步和管理水平的提高积累了大量经验，增强了我国建筑门窗幕墙行业的国际竞争力。目前，行业涌现了一批在质量效益、生产规模、市场开拓和创新能力等方面有突出优势的先进企业。如以下企业：

（1）建筑门窗幕墙企业：沈阳远大、江河创建、北京嘉寓、河北澳润顺达、武汉凌云、上海高新、江苏苏鑫、浙江中南、浙江瑞明、深圳方大、深圳金粤、深圳三鑫和中山盛兴等。

（2）建筑密封胶企业：广州白云、广州安泰、杭州之江、郑州中原、成都硅宝和山东永安等。

（3）建筑铝型材企业：广东坚美、广东豪美、山东华建和山东南山等。

（4）其他企业：广东坚朗、泰诺风保泰、济南天辰、顺德金工等。

南山集团了不起，希望大家去看看，南山整个镇包括银行、邮局、高等院校都是他们集团做的，他们像政府一样改变了整个镇。还有坚朗、济南天辰、顺德金工等都是非常优秀的企业。我们的优势，我们质量效益的优势在哪儿？我们的优势，就是我们拥有规模比较大的企业，如北京江河和沈阳远大，其企业规模都很大，他们的项目分布在世界各地；还有嘉寓，用嘉寓的话说“500公里之内必有嘉寓”，现在不是一个嘉寓了，在全中国有15个嘉寓了，一个嘉寓变成了全国15个嘉寓，他们都在扩张。还有河北奥润顺达，它的扩张不是地点的扩大，而是规模的扩大，公司投资新建了“节能门窗生产工业园”和亚洲首家“国际门窗展览交易城”及中国首家“门窗博物馆”，按住房城乡建设部为该项目的定位，奥润顺达将以世界节能门窗界“生产加工中心、技术研发中心、信息情报中心、展览交易中心、仓储物流中心”的崭新面貌出现。

二、行业质量效益的国际比较

1. 优势

目前，就建筑门窗幕墙行业的优势而言，中国拥有最大的建筑门窗幕墙市场，中国拥有规模最大的建筑门窗幕墙企业，如沈阳远大，中国拥有数量最多的建筑门窗幕墙行业从业人员，中国拥有最丰富的建筑门窗幕墙施工经验，中国还拥有规模最大、最先进的科研实验设备，中国还拥有最完整的建筑门窗幕墙产业链。中国建筑门窗幕墙行业企业在市场开拓、经营管理、产品研发、设计、制造、施工和服务等方面的能力足以与世界上先进国家相比，能够与国际同行同台竞争。这些就是我们的优势。

2. 差距

与此同时，我们也存在差距，我们的差距在哪里？

（1）建筑节能有待进一步重视

讲到建筑节能方面，我国部分地区正在执行建筑节能75%标准，对门窗的节能指标提出了相当高的要求，但是与国际上的先进水平仍然有相当大的差距。如：北京市刘淇书记在欧洲考察后，提出率先执行建筑节能75%的标准，北京市率先执行K值不大于2.0W/（m^2·K），天津市规定门窗传热系数K≤2.0W/（m^2·K），江苏省规定门窗传热系数K≤2.4W/（m^2·K），而乌鲁木齐规定门窗传热系数K≤1.8W/（m^2·K），是目前国内执行建筑节能标准最严格的地区。但是与德国执行的标准还有很大差距。目前就这么几个地方执行了比较严格的建筑节能标准，其他的标准还没改变，如果全部实施的话，我们整个门窗企业可能要重新洗牌。当前，我国的建筑门窗产品其K值有做到0.8W/（m^2·K）的，但是普遍都超过2.0W/（m^2·K）。节能是一门科学，有一本书叫做《建筑节能学研究》，把建筑节能上升成为一门学科。我们门窗幕墙要讲节能，希望《建筑节能学研究》这本书能够对大家有所帮助。

（2）企业信息化建设有待进一步创新

相比较而言，我国门窗幕墙行业信息化程度还较低，起步也较晚。以建筑信息模型（BIM）为例，它是近年来出现在建筑业中的一个新名词。它是引领建筑业信息技术走向更高层次的一种新技术，它的全面应用，将为建筑业的科技进步产生不可估量的影响。在国外很多国家已经有比较成熟的BIM标准或者制度，而在我国建筑业，特别是在建筑门窗幕墙行业的应用还比较初级，主要用于建筑三维图形的制作，部分构件信息表（几何数据、加工数据、空间位置数据和色彩数据等）的生成和局部方案的优化。随着BIM在建筑门窗幕墙行业应用的深度和广度的提高，BIM将产生越来越重要的作用。因此部分专家预测，BIM技术将为建筑门窗幕墙行业带来巨大的变革。

（3）系统化程度有待进一步提高

从节能角度考虑，门窗是个系统，要系统化进行研究、整体化进行开发，跨界化进行合作。所谓跨界就是门窗要和房地产合作，我们的配套件、密封条企业都喜欢参加铝门窗幕墙的会议，或者塑料门窗的会议，因为他们是需要你们这些会员企业，你们这些会员企业是他们的“上帝”。同理，房地产企业又是你们的“上帝”，我们与房地产业联合召开一些会议，可能你们更愿意去参加，因为你们希望接触更多的房地产企业，让更多的房地产商用你们的产品，这是跨界化的合作。

（4）标准体系需要进一步完善

我在建设部工作多年，包括我当总工程师的时候，在谈到标准化问题时，我多次讲到，我们的标准和外国发达国家标准相比，有三个“不”：第一个是“不全”，第二个是“不细”，第三个是“不改”。什么是“不全、不细、不改”呢？科学技术在发展，新材料层出不穷，新产品也出来了，我们技术标准却跟不上，技术标准不出来就不好设计，那就不好推广应用，新东西就阻碍了科学技术发展，这叫“不全”，就是应该有的没有；第二个“不细”，我们的标准比较粗糙，不具体、不细化、不太好操作，就是操作性不是很强；第三个“不改”，十年前的标准现在还在用，有的15年前的标准还在用。美国的混凝土标准我知道，3年改一次，时间一到就修改。科技发展太快了，我们来不及改，结果10年前的标准还在用。不全、不细、不改，这是我们标准的毛病。我们铝门窗幕墙在这方面做了不少工作了，这是我们协会的特点，我们一直很注重同部里标准定额司、标准定额所的合作，制订我们行业的标准。标准包括设计标准、技术标准，包括施工的规范，还包括管理的规程。标准又分国家标准，地方标准和部门标准，再加上企业标准。国家有国家的建设方面，部门有部门的要求，有建设部、化工部、交通部等等，还有地方标准，海南和黑龙江能一样吗，你济南要求是不太一样的，因为有地方标准，企业也有企业自身的标准，这个标准体系还要进一步完善。

（5）幕墙施工质量有待进一步加强

质量不高，不高在哪里，还是我一直在说的“三难一大”，综合来说就是三个窗：第一要做安全窗，第二要做节能窗，第三要做耐火窗，都不那么容易。高层防火是个世界难题，我们玻璃幕墙高层居多，高层失火了消防车很难发挥作用。随着消防技术的发展，人们发明了一些新的装备和设施，能够对高层建筑的消防起到很好的作用，但是高层特别是超高层建筑的防火问题还是比较突出的问题，不太容易从根本上加以解决。安全窗就是别掉下来，别自爆。节能窗就是节约能源的窗；人们的需求是多种多样的，因此满足不同需求的门窗产品也就不断研发出来。现在市场上还有呼吸窗，还有防 PM2.5 的窗，北京不是有雾霾嘛，雾霾天这个窗户可以呼吸，可以把这个雾霾整个消除掉，究竟能否消除掉不好说，反正有这么个窗出现。所谓“大”，是指我们已经建成的，已经使用了 10 年、20 年的建筑门窗和幕墙，需要维修改造，这个量很“大”。因为 10 年前、20 年前的技术与当前的技术相比是比较落后的，要满足当前标准的要求，需要对既有建筑进行节能改造和维护。我们不可能做到一个建筑物永远不改造、不维修，正如汽车需要维修保养才能良好工作一样，我们的建筑物也需要维修保养，所以这个维修改造量比较大。“三难一大”是这么一个概念。今年 6 月份，关于玻璃幕墙的质量安全问题，我们总理、副总理有重要批示，这个批示对我们来说是好事，作为门窗幕墙能引起总理的重视，是我们天大的好事。因此我们需要重视材料方面的质量，制作方面、安装方面的质量，这几个方面都要提高质量，这是质量问题。

（6）设计水平有待进一步优化

现在要重视这么几个方面，第一个方案设计就是习总书记出席文艺工作座谈会中提到的“不要搞奇奇怪怪的建筑”，这句话可谓意义深刻。表明了中央领导层面对某些地方千奇百怪的地标性建筑和奢华办公场所等给以了高度的关注和重视。从设计上讲不要搞奇奇怪怪的建筑，奇奇怪怪的设计。第二是性能设计，还有就是结构设计。无论是结构设计、性能设计，我们需要赶紧从国际上找几个目标，瞄准几个靶子，看看哪个国家的幕墙企业更先进了，值得学习，我们怎么超过他们，让我们的企业跟他们对比，看看人家是怎么操作的，让我们的企业学习外国企业，我们学习干什么，学习就是为了超过他们。我以前讲过老师和学生的关系，我多次说过，走在时代前面的永远是学生，不能是老师，如果永远是老师这个社会就不进步了。一代一代的老师培养出学生，学生又成为老师，老师又培养出学生，这个社会才会进步，科技才会发展。

这是我讲的质量和效益的国际化比较，通过比较看到我们这个行业的差距，我们这个比较还不够，我总想找一个国际上比较大的铝门窗或幕墙企业，拿一个给我们看看，看看他高明在什么地方，最近我领了几个构配件企业，跑到厦门，厦门有一个路达公司，公司是干什么的，它是台资企业，在厦门那块地方办了一个工厂，生产什么呢，是卫生洁具、厨房用具。它发展到什么程度？全亚洲第一！在北京机场，用的大小便器都是它的产品；它的研究中心也是国际一流的，它每年在科研方面投入非常大，它们的产品能够满足全球化标准的要求。德国标准，美国标准，法国标准他都掌握，就是这样一个小小的台湾企业，现在年产值 70 多个亿，一个小小的厂子就生产卫生洁具这个东西，得到了 70 亿的产值，发展了还不到 20 年，真是了不起。我说让你们去看看，认真地跟人家座谈，一定会有所收获和启发。办企业就得这么干，20 年的功夫干成了年产值 70 个亿全世界也是数一数二的。我再介绍一个与我们门窗配套件有关系的企业，就是瑞典的亚萨合莱，我听中央电视台广告总是说，亚萨合莱盼盼门窗，亚萨合莱国强五金，亚萨合莱是瑞典的亚萨公司和芬兰的合莱公司联合成立的公司。现在该公司年销售 400、500 个亿，把我们建筑金属结构协会下面的十多个优秀企业都兼并了，他们在全世界兼并了很多企业，兼并后的企业怎么样呢？国强五金被兼并后怎么样了？我曾问过国强五金，你觉得他们怎么样？你们怎么不反过来兼并他们呢？国强五金的人觉得他们被兼并后很好，员工工资提高了，产品技术含量提高了，公司的产量也增加了。但是反过来我想，我们的企业又兼并了几个外国的企业？中国的徐工集团、三一重工、中联重科等几家大型起重机生产企业收购了德国几个起重机生产企业，在国际上引起了很大的反响，这是中国企业兼并国外先进企业的案例。我就说这两个企业，一个路达，一个亚萨合莱，我说的国际比较不是抽象的，是具体的，是企业跟企业的比较，行业和行业的比较。

三、创新驱动　以质量和效益为中心　转变企业发展方式

以质量和效益为中心转变我们企业的发展方式，创新驱动促进企业扩张发展，文化导航提高企业竞争力。

1. 转型升级提高企业素质

转型升级，转什么型，升什么级，这个要讲得讲半天，但是简要的、最主要的，一个是科技先导型，证明这个企业不是依靠笨重的苦力劳动，不是依靠简单的人工操作作坊式的企业，而是要有先进的生产线、先进的科学技术，企业要用自己的专利产品，要提高企业的科技含量；第二个是质量效益型，企业要追求质量，追求效益，质量效益往往是连在一块的，没有质量你光追求效益，这种效益不会长久。你偷工减料，你粗制滥造，好像你挣了不少钱，但迟早是要完蛋的。我们应在追求质量的条件下，追求我们的效益；还有经营扩张型，刚才提到的两个企业，经过 20 年的时间，年产值实现 70 亿、500 多亿。在座的你们也兼并几个企业看看，人家才 20 年，我们在座的也有 20 年、30 年的，这个值得我们学习。

2. 创新驱动促进企业扩张发展

我国建筑门窗幕墙行业经过三十多年的发展，培养了大量具有专业精神和创新能

力的建筑门窗幕墙行业从业大军，造就了一批具有创新意识和能力的企业家，打造了一批注重创新驱动，可持续发展的优秀企业。这些企业善于整合和利用人才、资本、科技、管理和信息等资源，诚实经营，和谐发展，取得了令人瞩目的成就。行业内的一些上市公司就是这些优秀企业的代表。主要有：远大中国控股有限公司、江河创建集团股份有限公司、北京嘉寓门窗幕墙股份有限公司、成都硅宝科技股份有限公司、中航三鑫股份有限公司、苏州金螳螂建筑装饰股份有限公司和浙江亚厦装饰股份有限公司等。

科学技术是第一生产力。行业的可持续健康发展，需要大力推广应用先进科学技术，科技创新则是科技进步不竭的源泉。

（1）重视专利

科技创新是行业可持续健康发展的关键。随着行业的发展，不断涌现的新问题需要通过科技创新来加以解决。同时，推广应用先进科学技术，先进技术装备，能够更好地提高劳动生产效率，改善产品性能，提高产品和工程质量，从而达到提高效益的目的。

企业应特别重视专利的申请与保护，一个企业报了多少专利，一个行业究竟有多少专利，应该做到心中有数。这点要向采暖散热器行业学习，他们编辑了一本专利汇编，不要觉得专利是保密的，没什么更多保密的，你保密的是具体内容，名称不能保密，你是申请的你保什么密，就是把这个名称大致弄下搞个专利汇编，到哪个年度，到今天我们有多少专利，没有专利不要紧，没有专利要有专利分析，人家有专利，这个专利你要加以分析，发展应用。

（2）注重工法

工法是指以工程为对象，工艺为核心，运用系统工程的原理，把先进的技术和科学管理结合起来，经过工程实践形成的综合配套的施工方法。它必须具有先进、适用和保证工程质量与安全、环保、提高施工效率、降低工程成本等特点。可见研发先进适用的工法，并在工程实践中大力推广应用，是提高铝门窗幕墙行业的工程质量水平的保障。经过大量的工程实践，行业广大从业者已经总结、研发了大量的幕墙施工工法，总计也有数百种。如点支承玻璃幕墙的施工工艺、大理石、花岗石干挂施工工艺标准、金属饰面板安装工艺标准和蜂窝铝板安装施工工艺等。我们要施工，施工要强调工法。如果我们产品的质量好，门窗非常好，可是施工不好，门窗幕墙安装上去会掉下来，门窗开不开，关不上，这就是工法的问题。当前应特别重视先进的实用工法的研究与推广应用。

（3）强调科学管理

人们的生产活动具有群体性，是一群人参与的、遵循一定客观规律的活动，因而需要进行管理与协调。遵循客观规律，按照科学方法组织起来的生产经营活动才是有效率的活动，其结果才是人们希望得到的，因此我们说管理出效益，高质量的产品和服务来源于科学化的管理。

(4) 突出建筑门窗幕墙工业化

《绿色建筑行动方案》第八项重点任务就是"推动建筑工业化",建筑工业化是提高建筑工程质量、保证安全的有效手段。建筑门窗幕墙工业化同样也是提高其产品和工程质量的重要途径。一般认为,建筑门窗幕墙工业化就是采用现代工业的生产和管理手段替代传统的、分散式手工业的生产方式,从而达到降低成本、提高质量的目的。其主要特征是以门窗幕墙系统的设计标准化为前提,以工厂生产集约化为手段,以现场施工装配化与标准化化为核心,组织管理科学化为保证。通过"研发设计标准化与系统化,生产制造工厂化和集约化,安装施工标准化,管理信息化"等手段,实现工业化与信息化的深度融合。

(5) 加快建筑门窗幕墙企业信息化

人类已走进以信息技术为核心的知识经济时代,信息资源已成为与材料和能源同等重要的战略资源;信息技术正以其广泛的渗透性、无形价值和无与伦比的先进性与传统产业结合;信息产业已发展为世界范围内的朝阳产业和新的经济增长点;信息化已成为推进企业发展的助力器;信息化水平则成为一个企业综合实力的重要标志。因此,世界各国企业界都把加快信息化建设作为自己的发展战略。当今天社会,信息化已经深入到人们生产、生活的方方面面,任何人都离不开信息化。应该看到,当前我国各行各业的信息化水平都得到了较大提高,但建筑门窗幕墙行业因为具有以工程项目为中心、大物流和分布式等特点,其信息化程度和水平还有较大的提升空间。因此需要进一步加快建筑门窗幕墙企业信息化的步伐。

信息化是生产力,它是迄今人类最先进的生产力,它要求要有先进的生产关系和上层建筑与之相适应,一切不适应该生产力的生产关系和上层建筑将随之改变。企业管理信息化、市场营销网络化是世界经济发展的大趋势。信息和网络不仅是重要的战略资源,也是最重要的竞争方式和竞争手段。企业信息化能实现信息共享、协同工作、科学管理、规范流程、信息处理,从而提高工作效率、减少出错、控制与降低公司风险、提升业务处理能力和分析决策能力,因此对保证和提高产品与工程质量具有十分重要的作用。

3. 文化导航提高企业竞争力

什么是叫企业文化,是指企业在市场经济的实践中,逐步形成的为全体员工所认同、遵守、带有本企业特色的价值观念。是企业经营准则、经营作风、企业精神、道德规范和发展目标的总和。企业文化是企业核心竞争力的关键因素,因为它对企业的人力资源、创新能力、市场营销能力、生产服务能力、战略管理能力和组织管理能力等因素具有重要的引领作用,是联系这些因素的中心枢纽。企业核心竞争力相当于一个钻石图形,中间就是企业文化,它是企业内部各个部门共同遵守的。我们有几个专业委员企业文化这一块儿抓得不错，我有时候到工厂参观，我老想叫我秘书完成这个事情，好多工厂的标语我都想打下来，每家的标语都不一样，它是企业文化的反映，是文化的代言，很好地反映了企业的文化。

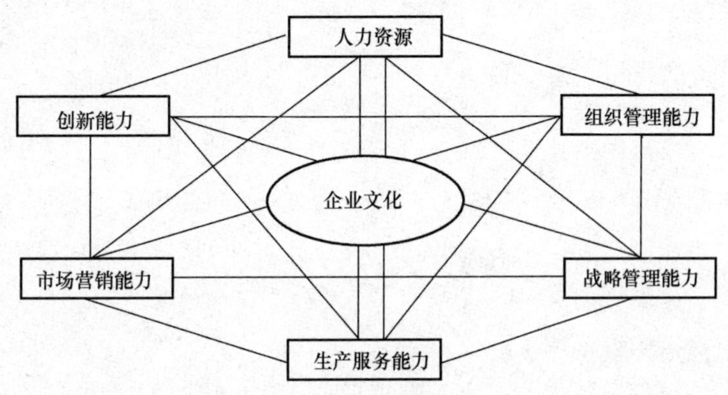

企业核心竞争力钻石模型

企业文化的本质特征归纳为几个方面，即人文性、社会性、集体性、个异性、社区性、综合性、规范性、时代性、民族性。强调以人为本，发挥人的能力作用，强调诚信为立足之本，强调和谐，是先进企业文化的基本特征，在我们这个行业，过去存在于一些知名企业之间互相埋怨，互相揭对方的短，这个不行。我们行业内部要有一个要和谐的气氛，一个企业就像人一样都有值得学习的技能，也都有它的不足，人无完人，都是相互学习的过程，这一点非常关键。

今天我讲了三个方面，第一个就是我们当前的总形势总规模，第二个我们在这样的形势下取得的成绩和存在的问题，第三个如何提高质量效益强调这么几个方面，不是很全，实际上要讲的有很多很多，在座的企业家也都明白，再讲就重复了，就没什么意思了，就简要的这么说一说，和大家共商。

2015 年是全年深化改革的关键之年，是推进依法治国的开局之年，是全面完成十二五规划的收官之年，在这样一个新年即将到来的前夕，我们全国门窗幕墙行业的企业家，行业方方面面的新老专家和行业的社会活动家，以及门窗专业委员会副主任、主任和常务理事，大家集聚一堂，共同研讨我们行业和企业的发展大事，共同和落实行业质量年活动的相关适宜，共同确定新常态下我们行业企业发展的新动力、新作为，我们目标是什么？我想应该是中国的铝门窗幕墙行业一定会走向创新时代，走向质量时代，走向全球中高端水平的时代。让我们企业家、行业专家和社会活动家，全身心投入到我们行业和企业的深化改革之中，投入到强国之梦的伟大实践中去，我们一定会实现目标，我们的明天会更加美好！

（2014 年 12 月 20 日在山东济南“2014 年铝门窗幕墙委员会工作会议”上的讲话）

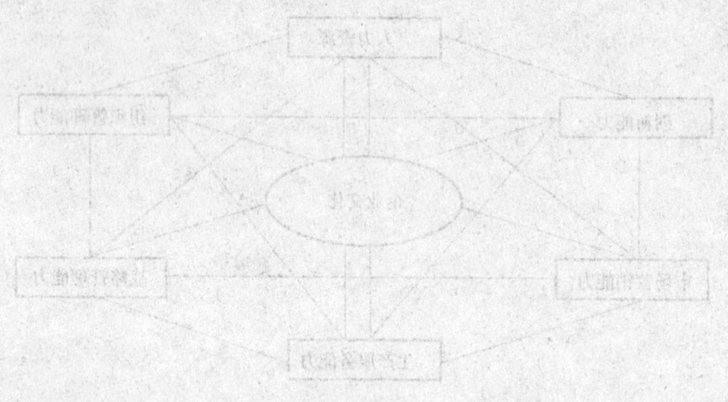

五、光电建筑业篇

影赛深思
——开展光电建筑业发展的课题研究

我很高兴能参加今天的活动，举办“兴业太阳能杯中国光电建筑主题摄影大赛”的目的是向社会普及、宣传、推广光电建筑。这不仅仅是直观胜于雄辩，告诉大家光电建筑不是概念，而是凝固的艺术；而且寓教于乐，摄影是大众的爱好，大众接受光伏之日，才是光电建筑普及之时。

本次活动共征集到5000余幅光电建筑摄影照片，组委会组织专家，从300多幅入选照片中，评选出33幅获奖作品。活动分别于湘潭、珠海举办研讨会，邀请经济、能源、电力、建筑等方面的相关领导和专家共同交流，并参观兴业光伏产业园光电建筑示范项目；于浙江赛区嘉兴举办了“浙江省光电建筑应用工作研讨会”，邀请了浙江省勘察设计院、电力部门、建筑企业和制造企业的代表参加，并参观了天通高新集团10.38兆瓦工业建筑光伏发电系统等，并在“第六届中国光伏四新展”上，举办了“中国光电建筑摄影作品巡展”活动，展示了摄影大赛收集到的部分光电建筑摄影作品。

通过开展这项活动，一来收集了大量的国内光电建筑应用实例；二来用实例宣传光电建筑。同时还通过优秀的光电建筑，宣传优秀的光伏企业。更是吸引了多家媒体对此次活动进行了报道，引起了社会的广泛关注。有专家表示：收集到这么多照片，非常难得，照片具有极强的资料性，对发展光电建筑有很大的启发作用；让人们了解到，光电建筑并不神秘，其实就在我们身边；光电建筑应用委员会为行业做了一件非常有意义的事情。也可以说这就是影赛深思，要认真开展光电建筑业发展的课题研究。

一、光电建筑业总体趋势看好

1. 国家光伏发展政策的调整

《国务院关于促进光伏产业健康发展的若干意见》明确提出：“优先支持在用电价格较高的工商业企业、工业园区建设规模化的分布式光伏发电系统。支持在学校、医院、党政机关、事业单位、居民社区建筑和构筑物等推广小型分布式光伏发电系统。”

国家发改委《关于发挥价格杠杆作用促进光伏产业健康发展的通知》规定：“对

分布式光伏发电实行按照全电量补贴的政策，电价补贴标准为每千瓦时 0.42 元。”

2. 各地方光伏补贴政策纷纷出台

国务院中央有政策，国家发改委有政策，而各地方也出台有政策，支持光电建筑发展（表 1）。

各地方光伏补贴政策纷纷出台　　表 1

地区	政　策
江苏省	2014 年上网电价 1.20/kWh； 2015 年上网电价 1.15/kWh
山东省	光伏上网标杆电价 1.20/kWh； 高于标杆电价的部分省级承担
上海市	电价补贴 0.25/kWh，为期 5 年
浙江省温州市	2014 年电价补贴 0.15/kWh； 2015 年电价补贴 0.10/kWh； 家庭屋顶电价补贴 0.30/kWh
浙江省嘉兴市	电价补贴 0.10/kWh，为期 3 年
浙江省海宁市	电价补贴 0.35/kWh，为期 5 年； 对屋顶提供方一次性补助 0.30/W
浙江省杭州市	电价补贴 0.10/kWh，为期 2 年
浙江省富阳市	电价补贴头 2 年 0.30/kWh；
浙江省衢州市	电价补贴 0.30/kWh，为期 5 年
合肥市	电价补贴 0.25/kWh； 一体化电价补贴 0.02/kWh，连续补贴 15 年； 家庭项目一次补助 2 元/W
江西省	工程补助 4 元/W； 电价补贴 0.20/kWh
河北省	2014 年上网电价 1.30/kWh； 2015 年上网电价 1.20/kWh
浙江省	电价补贴 0.10/kWh
温州永嘉县	电价补贴 0.40/kWh，为期 5 年； 居民屋顶电价补贴 0.30/kWh，为期 5 年； 居民屋顶一次性补助 2 元/W
嘉兴秀洲区	一次性补助 1 元/W
浙江省桐乡市	一次性工程补助 1.50/W； 电价补贴头 2 年 0.30/kWh； 电价补贴第 3～5 年 0.20/kWh； 对屋顶出租方一次性补助 30 元/m²
杭州市萧山区	电价补贴 0.20/kWh 电价补贴第 3～5 年 0.20/kWh
浙江省绍兴市	电价补贴 0.10/kWh； 管委会再补 0.20/kWh
洛阳市	电价补贴 0.10/W，连续补助三年

3. 装机总量增加

2013 年新增光伏发电装机容量 1292 万千瓦，其中光伏电站 1212 万千瓦，分布式光伏 80 万千瓦。截至 2013 年底，全国累计并网运行光伏发电装机容量 1942 万千瓦，其中光伏电站 1632 万千瓦，分布式光伏 310 万千瓦，全年累计发电量 90 亿千瓦时。分布式光伏主要分布在电力负荷比较集中的中东部地区，特别是华东和华北地区累计并网容量分别为 145 万和 49 万千瓦，占全国分布式光伏的 60%。排名前三的省份分别为浙江、广东和河北省，并网容量分别达到 16 万千瓦、11 万千瓦和 7 万千瓦，三省之和占全国分布式光伏并网总容量的40%以上。预计2014年新增光伏装机量可达14千兆瓦，其中分布式光伏约为8千兆瓦，增长率可达140%。

4. 居民用电峰谷电价将推行

2013年12月，国家发改委发布了《关于完善居民阶梯电价制度的通知》，“在保持居民用电价格总水平基本稳定的前提下，全面推行居民用电峰谷电价，鼓励居民用户参与电力移峰填谷。”随着电价的上涨，分布式光伏的竞争优势将越来越明显。

5. 碳排放权交易将实行

《中共中央关于全面深化改革若干重大问题的决定》提出：“坚持使用资源付费和谁污染环境、谁破坏生态谁付费的原则”，“推行节能量、碳排放权、排污权、水权交易制度”。未来能耗和环境的成本将会进一步提高电价，碳税的实施将会增加企业的成本，碳排放权交易的实行将为耗能单位提供对光伏的选择。

6.《建筑工程施工质量验收统一标准》修订发布

《建筑工程施工质量验收统一标准》GB 50300—2013已于2014年6月1日起正式实施，规定太阳能光伏工程作为建筑节能分部工程、可再生能源子分部工程，正式纳入建筑工程进行质量验收。

二、需要深入研究的内容

我们要进行课题研究，向国务院中央提出报告，我国是光伏组件生产最多的国家，但却只应用了其中的10%不到，90%多都出口到了国外，我在德国的工地上就看到了中国的光伏组件。为什么呢，需要从以下几个方面深入研究。

1. 光伏发展政策问题

由于建设部的政策，前两年光电项目不少，但关于光伏发电上网却不明确，在德国则强调光伏发电必须上网，而且还有一些支持政策，比如我们买机票，上面有一项机场建设费，而谁用电就要交可再生能源电费，支持光伏发电。

我们中国的政策与国际发达国家的政策相比较，还有一些能体现中国特色、体现世界水平的光伏政策：光伏发展政策从示范项目补贴到电价补贴，是由行政手段到市场机制的调整；从发展地面电站到光电建筑，是从集中式发电到分布式发电的调整；从光伏产品照章纳税，到减半征收增值税，小规模项目由发电企业开具发票，说明国家给予光伏产业优惠待遇。这些个调整都是符合光伏应用发展规律的。

国家电价补贴不高，缺乏利益驱动，是一个问题。但完全指望中央财政拿钱，也不太现实。有效的解决办法是地方财政也拿出一些钱来，最近已经有一些省市县发布补贴政策了。对地方行政干部实行新的考核办法是有作用的。

光伏并网难的问题似乎还没有完全解决，但毕竟国家电网和南方电网已经发布光伏接网的实施意见了。这个问题涉及当前我们国家的全面深化改革问题，不是一朝一夕的事情。中央已经下定决心，要坚决破除各方面体制机制的弊端。

融资难也是当前光伏发展中遇到的一个问题。这个问题比较复杂，既有体制机制的原因，也有市场利益的原因，更有急功近利和浮躁心态的原因。社会广泛投资光伏的时机还没有到来，还需要我们认真研究问题的根源，探索有效的投融资模式。试想，如果全民不热衷于买房子，资金能涌入房地产市场吗？所以，真正的融资是民众的投资。

光电建筑发展政策让大家感到是“雷声大雨点小，口号多落实少”，究其根本是利益问题，也就是光伏发电成本比常规电价成本高。其中不合理之处在于，我们的环境成本和能耗成本没放进去。我希望我们的委员会和企业一起，认真研究这个问题，呼吁国家尽快推行差别电价、碳税和碳排放交易制度。只有让耗能者、污染环境者承担更多的成本，他们才能去选择光伏，我们做光伏要注意八个大字“空谈误国，实干兴邦”。

在2014年6月22日人民日报第三版《房顶光伏发电划不划算》一文中介绍，2013年6月4日，江苏扬州市江都区丁伙镇村民朱启杰家安装在自家二层楼房屋顶上5千瓦的光伏发电装置正式并网发电，成为江苏省“卖电第一人”。这篇报道讲，他要收回投资需要十年，我觉得太长了一些，能不能五年收回，就需要研究我们的政策了。德国的农民在自家屋顶上建光伏电站积极性相当之高，因为有政策支持，等什么时候，我们在自家屋顶上建光伏电站，通过上网卖电之后的收益能大于投入，比如五年收回，收益大于钱存银行的利息，那自然积极性就高了。

2. 光电建筑标准问题

我国的标准有几个问题：一是标准不全，新标准的制定跟不上新的技术；二是标准陈旧，一些标准执行了五年、十年，与社会发展情况严重不符，美国的混凝土标准每三年就修改一次，与时俱进，我们的标准常年不修改，过于陈旧，阻碍科技进步。光伏在建筑上的应用还应该有一个体系问题，究竟应该有哪几种标准，要形成一个标准的体系，然后逐步实现。

我任司长的时候到比利时考察国际劳工组织的安全工作是如何进行的，当时比利时国家安全局图书馆馆长接待我，他对我说，比利时的安全标准是依据三方面来制定的：一是联合国提出的安全标准；二是来自世界其他各国的安全标准；三是依据比利时国情参照前两项来制定比利时的安全标准。当时我有些不服，便问有没有中国的标准，结果那位馆长说有，我说中国在1966年有一个《安全规范规程》你们有没有？结果他们马上就调出了中文版的《安全规范规程》。这件事给我感触很大，恐怕我们现在找出这份安全规范都不容易，由此可见他们对于这项事业的专注和深度。我们也要了解国际标准，了解联合国的要求，制定我们的标准。我们光电建筑应用委员会近年制定了不少标准，值得表扬。

住房和城乡建设部已发布《光伏发电站施工规范》GB 50794—2012、《光伏发电工程施工组织设计规范》GB/T 50795—2012、《光伏发电工程验收规范》GB/T 50796—2012、《光伏发电站设计规范》GB 50797—2012、《光伏发电接入配电网设计规范》GB/T 50865—2013、《光伏发电站接入电力系统设计规范》GB/T 50866—2013、《民用建筑太阳能光伏系统应用技术规范》JGJ 203—2010、《光伏建筑一体化系统运行与维护规范》JGJ/T 264—2012 等标准。

标准的覆盖面已经有了，涉及设计、施工、验收、维护、并网等。内容侧重在地面光伏电站、光伏系统技术要求、并网技术要求方面。在不同建筑构造上应用，体现得不够，应满足的要求，缺乏具体规定。问题在于，光伏在建筑上应用的项目总量还不够多，特别是在建筑立面上的应用项目更少，缺乏经验的总结，还处于摸索的阶段。

光电建筑应用委员会主编了以下标准：

(1) 负责编制《建筑光伏系统技术导则》，该导则以建筑为主，突出建筑设计要求；把建筑光伏工程流程作为编写的主线；重点写好建筑光伏系统设计；全面反映建筑光伏技术的共性要求；体现建筑光伏系统的先进性和实用性；强调因地制宜的设计理念。通过以工程为主线，信息量大，对光伏与建筑的结合具有指导作用。

(2) 主编《建筑用光伏遮阳构件通用技术条件》，引导光伏与建筑遮阳结合，提出光伏组件作为遮阳构件的技术要求。

(3) 主编《太阳能光伏瓦》，引导光伏在瓦屋面上的应用，提出光伏瓦的技术要求。

(4) 向住房和城乡建设部申报了《建筑光伏阳台通用技术要求》(2015 年标准计划)，引导光伏在建筑阳台上的应用，提出光伏组件作为阳台围板的技术要求。

我们希望广大会员企业能够积极参编光电建筑标准。标准的编制过程，就是研究的过程，对企业的技术进步，形成企业的核心竞争力，十分有益。

3. 光电建筑应用的多样化问题

光电建筑主要应用于层顶和建筑墙面。建筑屋顶因其利于接受阳光，比较平整，便于安装，成为应用的主流。工业建筑屋顶因其面积大、平整度好，成为市场竞争的焦点。高层建筑屋顶，特别是公共建筑屋顶，可利用面积并不大。住宅建筑屋顶存在产权界定问题，且居民电价便宜，不利于普及推广。工业厂房、仓储库房，特别是轻钢结构的建筑，受到荷载限制。光伏采光顶，特别是一些商场建筑、交通建筑、钢结构建筑、膜结构建筑，具有应用前景。光伏瓦屋面在别墅建筑、农村建筑、古建筑、地方特色建筑上，可以发挥优势。光伏组件可以作为坡屋顶的屋面材料，特别是在既有建筑改造的平改坡上，是一种不错的选择。光伏遮阳，不仅在公共建筑上可行，而且在居住建筑上也可行。阳台已经成为居住建筑受青睐的构造形式，发展光伏阳台，可以充分利用建筑的南立面。光伏幕墙在办公建筑、商业建筑上，都能提升建筑幕墙的价值。建筑南立面、东立面、西立面的窗间墙和窗下墙，都是闲置的部位，都可以安装光伏组件，特别是在既有建筑上安装，面积极为可观。每次我坐飞机降落在一座城市时就会感叹，这么大一个城市这么多屋顶，没有建成光电建筑实在可惜。

光伏在建筑墙面的应用，以光伏作为建筑外表，会涉及各方面，比如：

(1) 美观性。建筑是功能和形式的统一，是凝固的艺术，是城市的名片。不能因为安装光伏，而破坏建筑的和谐和统一。光伏组件作为建筑材料，能否让建设方和建筑师接受，还需要在建筑美观性上多做研究。

(2) 功能要求。满足建筑功能要求是前提，其次才是发电要求。光伏组件作为围护结构，能否满足保温隔热要求？光伏组件作为阳台围板，能否满足强度要求？光伏组件作为窗，能否有效解决通透和发电的矛盾？屋顶安装光伏，能否满足防水要求？建筑应用光伏，能否妥善解决电气安全和防火要求？这些都需要深入研究，才能让建设方满意，让建筑师放心。

(3) 运行维护。光伏系统的维护很重要，否则影响发电。建筑光伏系统的维护比地面光伏电站的维护要复杂得多。如何进行有效的维护？如何不增加用户的劳动和经济负担？有无售后服务和社会服务机构？这些都是推广光电建筑所应研究的问题。

4. 提高建筑光伏系统效率的问题

光伏系统效率是个大问题，现在光伏成本不低，效率还不高，而且随着使用年限，效率还要衰减，如何提高效率是一个技术问题，也是一个政策问题。光伏系统是电源系统，为建筑用户提供电力。与其说用户需要光电建筑，不如说用户需要便宜的电。电有价格，目前光伏发电成本是常规发电成本的 2～3 倍，所以国家要给予光伏电价补贴，刺激光伏发展。但补贴的钱不多，所以要锱铢必较，最大限度地提高光伏系统的发电效率。发电少了，投资者见不到效益，就不会有人使用光伏了。所以，要深入地研究光伏系统的效率问题。

影响光伏系统效率的因素比较多，例如：

(1) 天气因素。光伏是靠天吃饭的，没有阳光，就发不了电。天气变化是有规律的，但它的规律是在长时间序列中体现的。不注意收集当地的气象资料，不去做长时间的天气分析，仅靠一个数学公式，或迷信美国 NASA 的数据，都不是那么严谨。要有科学的态度，不要急功近利，要多研究些问题，把工作做扎实。

(2) 污染因素。现在雾霾越来越严重。雾霾是光伏的大敌，特别是城市。是不是有雾霾影响就不搞光伏了？如果再不搞，雾霾就更严重了。我们已经搞晚了，怎么办？要在薄膜组件的应用上多研究，因为它的弱光性比较好。

(3) 设计因素。地球围绕太阳转，有公转，有自转，有倾角。不同纬度，不同季节，不同时间，太阳辐射角度不同，这个计算公式十分复杂，不适宜搞光电建筑应用的使用。所以，最好把一个地区的规律摸清楚，通过一年时间，比较不同角度下的数值。还有就是系统的匹配问题，如果系统部件之间不匹配，就要损失过多的电能，效率就下来了。我在美国见过向日葵似的光伏系统，跟随着太阳转动，提高了光伏效率，这值得我们学习。所以，我们的设计人员要进行深入的研究。

5. 提高光伏在绿色建筑评价标准中的权重问题

现在强调“绿色建筑行动方案”，住房城乡建设部在全国范围进行绿色建筑评定标准。绿色建筑就是在建筑的全寿命周期内，最大限度地节约资源（节能、节地、节水、节材），保护环境和减少污染，为人们提供健康、适用和高效的使用空间，与自然和谐共生的建筑。光电建筑因利用太阳能的普遍性和便捷性，具有更大的推广意义，光电建筑越普及，绿色建筑的意义越大。目前，住房和城乡建设部在推广绿色建筑上的力度很大。《绿色建筑评价标准》（修订稿）：“可再生能源替代率（建筑总电功率的可再生能源替代比例）不低于 0.5%，得 4 分；不低于 2%，得 8 分”，《既有建筑改造绿色评价标准》（征求意见）：“由可再生能源提供的电量比例不低于 1%，得 4 分，每提高 0.5%加 1 分，最高得分为 10 分。”

光伏在绿色建筑评价标准中的权重比例不够高，主要原因是应用的还不够充分，缺乏扎实的数据，应用的研究不够，效率不够稳定。因此，我们有责任下大气力去研究、去总结、去提高光伏在绿色建筑中的权重，借好绿色建筑这个东风。

三、在光电建筑业发展课题研究的同时勇于实践探索

我们不能等待，在研究的同时要实干。在这里要表扬“兴业太阳能”，他们 2013 年与 2012 年相比，产值增加了 20%，2014 年比 2013 年又增加 50%，现在总产值达到 50 个亿。从整体上讲，目前我国光电建筑业并不能算兴旺发达，但我们有些企业在这种环境背景下仍在兴旺发达的过程中，这是十分可喜的。

1. 实践出真知

人类对光伏的认识，始于科学研究的实践，又发展到技术产品的实践，再发展到应用于建筑的实践。实践的过程就是研究的过程。光伏应用于建筑不是没有问题，你不去实践，就发现不了问题，你不研究问题，就解决不了问题。例如北京南站的光伏采光顶是光电建筑的先驱，尽管出了不少问题，但成就了后来的成功者。对此，我们要有科学的态度。我们的企业大多是搞建筑的，是建筑应用型企业，研究也是应用型研究。只看技术文献是不够的，技术文献也是实践经验的总结，但那是他人的经验总结，可以作为你的参考。你只有去实践，你的认识才会更深刻。

2. 探索是成功企业的品质

光电建筑应用企业的创业初期存在风险。尤其是光电建筑是新事物，应用还存在许多问题，市场还没有真正打开。一味地抱怨和等待是无济于事的。总要有先行者，先行者的风险肯定大于仿效者，但有所得必有所失，如果你坚信光电建筑的未来，勇于去探索和实践，一定是值得的。

如今已经涌现了一批勇于探索的企业。从这次光电建筑应用委员会组织的“光电建筑摄影大赛”评选出的作品可以看出，我国光电建筑应用已经涌现出了一些应用得很好的项目，如兴业太阳能的光伏采光顶、光伏遮阳、光伏长廊，深圳蓝波绿建的光伏墙，烟台鼎城的光伏农业建筑，上海亚泽的光伏交通枢纽，杭州龙炎的碲化镉光伏幕墙，汉能集团的工业光伏屋顶，浙江天通的光伏车库，浙江合大的光伏瓦屋顶等等。同时，也涌现出了一批勇于探索的企业，而且很多都是在自己企业的建筑上应用，这就是探索精神，是十分可贵的品质。

2013 年 7 月，国务院发布《关于促进光伏产业健康发展的若干意见》，提出大力开拓分布式光伏发电市场，鼓励个人、企业按照“自发自用，余量上网，电网调节”的方式建设分布式光伏发电系统。截至 2013 年底，全国累计并网运行光伏发电装机容量 1942 万千瓦，其中分布式光伏 310 万千瓦。

发展分布式光伏发电，鼓励自发自用，既能满足当地大量的消费需求，又能减少电力输送成本，同时能更为有效地拓展国内光伏市场，缓解光伏制造企业面临的困难，是未来国内光伏发电的主要发展方向。根据《能源发展“十二五”规划》，2015 年，我国分布式太阳能发电将达到 1000 万千瓦，因此发展空间很大。据国家能源局测算，全国建筑物可安装光伏发电约 3 亿千瓦。

光电建筑应用事业一定是大有可为的，一定是有光明前景的。因为这是时代发展的潮流，是科技发展的必然。你们都是这个新兴产业的专家和企业家，光电建筑业发展课题的研究要依靠专家和企业家，在研究的同时勇于实践，实践也还是要依靠专家和企业家，未来一定是属于你们的。在当前较为困难的时期，大家一定要坚持住，要坚持创新驱动，要深入研究问题，要大胆勇于实践，去争取中国光电建筑的更辉煌的明天！

（2014 年 6 月 28 日在北京“兴业太阳能杯中国光电建筑主题摄影大赛”上的讲话）

六、模板脚手架及扣件篇

奋力促进扣件行业中小企业健康发展

2011年的年会我专门讲了科技创新的问题，这次会议呢，我想讲一讲中小企业的问题，因为我们会员单位绝大多数都是中小企业，怎么看中小企业呢？这是非常关键的。对于中小企业，我于2009年6月24日在配套件行业年会上讲了“增强发展信心，正视发展难题，共谋发展方略，促进中小民营会员企业又好又快发展”。还在广州全国第三届门窗配套件行业科技创新优秀论文颁奖大会上即席讲了“中小企业争当隐形冠军的五大要素”，特别讲到中小企业要在“人力资源、科技创新、管理、市场、信息和信用”五个方面下功夫。今天我讲主题是“奋力促进扣件行业中小企业健康发展”，与各位同仁共同商榷。

一、深刻认识中小企业发展的战略地位

中小企业的发展是世界性的话题，永恒性的话题。所谓世界性话题是指世界上所有国家特别是市场经济发达的国家都非常重视中小企业的发展，市场经济发达不发达看中小企业发展不发展，比如美国在1953年颁布中小企业法、日本在1963年颁布中小企业法、韩国为1966年颁布中小企业法、欧盟专设工业信息部发展中小企业、印度也相继颁布了微型中小企业法案；我国在现阶段市场经济时期对中小企业发展也是高度重视；现在国与国之间、多变或双边的经济合作总是离不开中小企业，包括世界各组织例如经合组织、东盟合作组织在经济领域的工作内容大都以中小企业的发展为核心。所谓永恒性的话题是指各个国家地区在发展的各个阶段，中小企业的发展都是占有绝对优势地位，例如在我国，中小企业对税收贡献率约占全国的65%；中小企业的发展总是伴随着五大问题的困扰，即资金、技术、信息、市场、人力资源五个问题。这些困扰问题是一个永恒的话题，全球所有国家一直都在努力研究解决，只是在具体不同阶段的侧重点不同；所以说中小企业的发展是世界的话题、永恒的话题。我们对它的战略地位的充分认识从以下几点：

1. 中小企业是保持国民经济平稳较快发展的重要力量

中小企业遍布各个行业，是最具活力的企业群体，是推动经济增长的主要源泉。一个地区的经济发展程度直接从中小企业的发展看出，经济发展好的地方政府都是大力扶持发展中小企业，这样其税收等经济指标才会不断增长，所以说中小企业是保持

国民经济平稳较快发展的重要力量。从扣件行业来看，目前全国目前有三百余家扣件生产企业，拥有职工约三万人，固定资产约十亿元，分布在北京、天津、上海、重庆、河北、河南、湖北、湖南、广东、山西、陕西、四川、云南、山东、江苏、浙江、安徽、宁夏、内蒙古、新疆二十个省、自治区、直辖市，其中由近80%的企业集中在河北省的沧州市，全国目前年产扣件约十亿件，年产值近六十亿元，其中年产量在五百万件以上的生产企业有近百家，其余都是一些中、小规模的生产企业。经济类型多为私营、股份及个体企业。

2. 中小企业是转变经济发展方式的重要主体

中小企业在扣件创新方面虽然存在资金、人力资源等许多问题，但反过来讲它是扣件创新的一个重要力量，其具有强大的科技创新动力，是扣件技术创新包括商业模式创新一个主力军，例如全国各个科技创新园区绝大多数都是中小企业。从扣件行业来说，扣件产品是建筑、市政、水利、煤炭、船舶、桥梁等工程中搭设钢管脚手架、井架上料平台、隧道模板支护、栈桥、货架、模板支撑、塔架等脚手架的连接紧固件；是由直角扣件、旋转扣件、对接扣件组成。直角扣件是用于脚手架的纵向水平杆与立柱连接的紧固件，旋转扣件是用于脚手架的剪刀撑和高层建筑所用脚手架的双立柱的连接紧固件，对接扣件主要作为钢管的接长使用的紧固件。随着国家建设事业的发展，高层建筑的建设大量增加，脚手架的使用量也大大增加，由于扣件式钢管脚手架拆装方便、搭设灵活，能适应建筑物平面、立面的变化，从而使用越来越多、越来越广。

目前我国生产扣件采用的材料主要是可锻铸铁，俗称玛钢。它之所以称为玛钢，是因为可锻铸铁的英文名的读音有玛字，力学性能接近于钢，俗称为玛钢。玛钢是一种古老的工程材料，它的化学成分是低碳、中硅和合适的锰硫比，制造的原材料主要为废钢、生铁、硅铁、锰铁等，玛钢铸件具有工艺成熟、质量均匀、效率高、原材料资源丰富的特点，是铸造业的一大分支。使用可锻铸铁制作扣件优点：①铸造性能好，材料来源广，成本低廉，一般玛钢厂增添少量的专用设备就可以年产；②根据使用方便的特点，即在动态荷载下有较高的塑性和韧性，且有很高的减振性和较好的延伸率；③有较好的抗氧化性能和耐腐蚀性能；④有较好的疲劳强度；⑤生产成本低；另外国内还有铸钢扣件和钢板冲压扣件生产企业等。铸钢扣件及钢板冲压扣件由于生产制作成本较高，在国内脚手架应用较少，主要用于出口，但未来发展方向更多会向此发展。

3. 中小企业是关系民生改善和社会和谐的重要基础，在改革开放中的作用日益增强

中小企业有几大特点：劳动密集型企业多、服务型企业多，就业用量大、就业方式灵活，这在促进社会就业方面有着不可替代的作用，所以说中小企业是解决社会就业的一个重要力量。我们扣件行业不仅是就业问题，而且涉及生命财产的问题，由于扣件产品是直接涉及建筑工人生命安全和国家财产的安全产品。为保证脚手架的安全使用，保障建筑工人的生命安全，避免国家财产损失，扣件产品在 1986 年就被国家列入实施工业产品生产许可证制度的产品目录。当时根据国家经委、国家标准局的有关对扣件产品发放生产许可证的文件要求、原城乡建设环境保护部工业产品生产许可证办公室自 87 年以来组织共对全国扣件产品生产企业进行了两次换发证工作。第一次发证企业为 100 家、九十年代中期第二次发（换）证时取证企业为 140 家。2002 年以后目前共有发证企业 300 余家。从扣件企业发展可以看出，中小企业是改革开放的重要成果，没有改革开放也就没有中小企业；反过来中小企业又是改革开放的重要力量，没有中小企业，我们改革开放就不会达到一定的力度、深度，所以说中小企业既是改革开放的成果又是改革开放的力量。

二、准确用好中小企业发展的相关政策

世界各国包括美国等发达国家一直都在发展中小企业的政策，我国也是高度重视。也近些年，国家有关部门十分重视中小企业发展，并制定了促进其发展相关政策，发布了众多中央文件。其中包括国务院综合性文件 3 个；营造发展环境方面文件 7 个；缓解中小企业融资难方面文件 11 个；加大财税扶持方面文件 16 个；加快技术进步和结构调整方面文件 5 个；改进对中小企业的服务方面文件 2 个；提高经营水平方面文件 3 个；加强统计监测方面文件 1 个；共 48 个文件。

这些文件已由协会秘书处整理完成，并将在本次大会上全部印发大家。对待这些文件，企业家们在本省、本市再咨询、查找一些相关地方文件，紧紧抓住三个字“学习、研究、使用”。

三、认真研究中小企业的经营管理创新

我国是制造大国，但是我国要从制造性大国转变为创造性大国，就必须创新，创新有以下几个方面：

1. 科技创新

虽然我国扣件行业科技水平和国际先进国家现阶段还是有一定差距，但是近几年我国扣件行业也是出现大量的科技创新成果，如下：

（1）热风水冷冲天炉熔炼

河北永杰铸造有限公司研制开发的该项目全部采用创新技术，应用“冲天炉用铁精粉免烧球团化铁”、“冲天炉用含铁氧化物球团及其制取工艺”该工艺一是大幅度降

低原铁液成本，对新型冲天炉熔化球团所生产的高硫铁液进行高效、低成本脱硫的技术和煤气直接回收利用的节能技术。通过各项技术的采用，将使吨扣件产品成本由原3555元/吨降到2569元/吨。二是以保证铸铁低成本、稳定生产的成系列的工艺设备集成技术，包括转包脱硫处理工艺设备，浇注电炉工艺设备，这一系列创新技术可有效地提高可锻铸铁材料的稳定性。该公司为降低生产成本，提高产品质量的工艺革新项目、以生产牢牢占领建筑市场的“SH牌”名牌产品，拟订采用节能环保创新专利技术工艺、开发机械化造型生产线，准备新建“年产三万吨国标建筑金属扣件”项目，该项目将全部采用创新技术。

（2）热处理隧道炉

云南云海玛钢有限公司的新研发的我国扣件行业第一条热处理隧道炉，该工艺与传统的燃煤式台车炉退火工艺相比，在工艺性上，由于隧道炉为连续生产，燃煤式台车炉为间歇式生产，因此铸件化学成分的稳定性大大优于燃煤式台车炉；在经济性上，吨工件耗煤由传统的燃煤式台车炉290公斤降到隧道炉的240公斤，吨工件操作工人比台车炉减少3人；在环保性上，由于隧道炉热效率高，烟尘二次燃烧和沉降条件优于台车炉，因此，隧道炉的烟尘排放黑度和烟尘排放量小于台车炉。该项新技术的开发具有保温性能好，炉温均匀，退火时间短，有效地节约了燃煤的使用量，降低了热处理成本，保证了产品质量的均匀性。

（3）新型Φ48B型专利扣件的开发

由行业牵头组织河北天文铸造有限公司研制开发的新型Φ48B型专利扣件经过数年的研究，并通过了国家建筑工程质量监督检验中心的多次检验合格，并通过用户使用表明，该产品结构设计合理，平均每件产品可减轻0.1公斤，有效地节约了材料及能源，降低了生产成本，不降低产品的力学性能，目前已在浙江地区大量使用，得到了用户的欢迎。

（4）扣件产品加工装配生产线等

为解决本行业劳动强度大，效率低的现状，由委员会组织孟村回族自治县建筑扣件有限公司等行业骨干企业进行技术创新，将原传统的分散型扣件产品加工装配升级改造为机械化联动加工装配生产线，该生产线的应用改变了行业的形象，减轻了工人的劳动强度，优化了工人的工作环境，提高了生产效率，降低了生产成本，为行业企业带来了较好的经济效益。

（5）扣件生产铸造全自动造型线

为解决降低工人劳动强度，解决造型工人日渐萎缩的现状，提高行业技术进步，委员会协助骨干企业河北永杰铸造有限公司与国内一流的铸造造型自动线的生产商保定铸机有限公司合作，由河北永杰铸造有限公司投入一千万元引进全自动造型生产线，目前已安装调试，2012年将投入使用，该生产线的应用将大大提高产品质量的稳定性和一致性，为行业的可持续发展奠定了坚实的基础。

2. 经营方式创新

对于扣件企业的经营，我强调合作，包括三方面的合作。①与银行等金融机构合作，保证充裕的资本。②与高等院校、科研院所合作，利用其先进的技术，行成产、学、研的合作模式。③上下游产业链的合作，扩大产业市场，例如扣件产业和模板脚手架产业的合作。所以说合作是更高层次的竞争，是信息时代的竞争理念、是市场经济发展中企业家的必备素质。

3. 管理科学创新

管理科学内容涉及面很广，现代管理主要是要运用好知识管理、信息管理、文化管理，大家可参考我写的“建筑管理学研究”这本书，努力实践，提升本企业的管理水平。

4. 人力资源开发创新

核心是人才，有能力的分子，正如美国哈佛大学讲过：不培养知识分子，培养能力分子，培养的学生都是拼命地、疯狂地、千方百计地去追求本企业产品的质量；都是拼命地、疯狂地、千方百计地去追求本企业的利润；而不是有文凭，没水平，高学历低能力；在人力资源开发上要树立人人都可成才的概念，有本事的企业家把自己身边的人、自己的员工培养成人才能做到事业留人、感情留、待遇留人，人才培养就是四大队伍的建设：企业家队伍（同时具有资本和管理能力的企业家）、管理专家队伍、技术专家队伍、工人技师队伍的建设。

5. 企业文化创新

强调文化大发展、文化大繁荣，我们企业文化也一样。什么是文化呢？所有物质生产和精神生产的总和叫文化，所以每个人、每个企业都有自己的文化，但是每个人、每个企业的文化不同，要有创新的企业精神、提高文化自觉、增强文化自信、要促进企业形成发展的文化氛围，还要建立起学习型组织；所有的创新、所有的发展都不是从零开始的，是站在别人的肩膀前进的，谁会站在别人肩膀前进才是真正的前进，我们都从零开始研究能行吗？人类社会从原始人开始研究那行吗？不行的，我们要总结交流，要去掌握全人类当前在这方面研究的最新成果是什么，在这个成果基础上我再研究、再发展，必须要学习；过去解放初期人们说不识字的人是文盲，而现代文盲是不肯学习，不善于学习的人，所以说这学习很重要，美国提出来要把美国变成人人学习的国家、日本提出来把大阪神户变成学习型城市、德国提出来终身学习即从胎教到死亡都要学习、新加坡提出 2015 全国学习计划到 2015 年达到人均两台电脑、我们中国共产党也明确提出把共产党建设成学习型政党，那我们企业就要变成学习型组织、我们员工要成为知识型员工，这样才行。

6. 品牌战略创新

我们要有自己的品牌，如果说产品质量是企业的物理属性，那么品牌不光是物理属性还有情感属性，包括质量和服务是提高企业竞争力和价值的重要战略载体，要充分认识到品牌的价值。作为一个品牌企业，创立了品牌是其人生的价值，不断提升品牌水平是终生的奋斗目标。

四、有效开展为会员单位服务的活动

协会的作用就是创造商机，人的生命在于运动，协会的生命在于活动，人的生命的价值在于人的素质，我们协会的价值在于质量。委员会始终把促进行业科学技术创新当作头等大事，在积极促进行业企业技术创新，紧紧围绕“降低铸铁件生产成本、提高铸铁产品质量的可靠性”这两项目标，努力推行关键工序、关键工艺设备的技术创新，鼓励行业骨干企业加大创新研发的投入，取得了丰硕的成绩；积极开展行业咨询活动、科技方面的研讨活动、培训工作和考察交流活动，与外部交流、内部学习培训、各会员企业间沟通、共享信息和知识，使协会的价值充分体现出来。我们行业协会的依靠力量始终是各个会员单位，尤其是领军企业。这些年出现了很多对协会、行业发展好的事例。

（1）技术进步及科技创新方面的优秀企业如下：

引进全自动机械化造型生产线设备企业：河北永杰铸造有限公司、河北永强铸造有限公司、河北孟村建筑扣件有限公司。

热处理工业采用隧道窑工艺的企业：河北功德铸造有限公司、河北永杰铸造有限公司、河北永强铸造有限公司、云南云海玛钢有限公司。

热处理工业采用电阻热处理台车窑工艺的企业：云南通海惠丰玛钢厂 。

（2）为行业工作做出成绩的企业家先进个人。不关心行业的企业家，你这个企业就不会有大的发展，你光想我自己还不错，要横向比较，比如中国共产党经常强调国情，什么叫国情呢？国情就是把中国放到世界上和其他国家相比较出来的情况，光自己和自己看、光自己和自己比较那是纵向比较，更重要的是横向比较：把企业放到行业去比较，了解行业的发展水平，光认为自己比昨天发展多了，当然纵向比较总是满足的，要横向比较就要了解行业，要了解行业就要关心协会，协会能提供资料、信息，所以企业家必须关心自己协会，不关心自己协会的企业家不是好的企业家，是目光短浅的企业家。当然我们行业有不少会员骨干企业积极支持行业工作，配合委员会在各地区开展行业活动组织工作。为委员会在各地开展行业工作作出了贡献。如：刘福忠、沈永杰、赵汝昌、李云峰、徐陵俊等。

（3）为产品研发、升级及技术创新作出贡献的企业型专家。我常讲协会靠三家，那三家？一个是企业家、一个是专家、一个是社会活动家，三家相互融合，相互结合。如行业的企业型专家如下有：

董国荣：重庆高吉科吉牌钢板扣件的研发人，该企业的全钢制钢板扣件，产品在力学性能完全达到了可锻铸铁扣件的要求。

姚学全：云南通海惠丰扣件厂厂长，该企业扣件在传统扣件的工艺上积极改进，提高了产品质量。

阮火海：上饶红海集团董事局主席，该企业新研发的全钢扣件产品，在解决降低产品成本、减轻建筑工人的劳动强度、提高脚手架搭设效率方面做出了较好的成绩。

协会就是我们每个会员单位自己的协会，我们关注行业，关心协会，就是关注本企业的发展。协会是大家的、工作是大家的、协会的成就也是大家的，协会是为大家的，既要依靠大家，又是为了大家，共同把协会的工作做好。

扣件行业要紧紧围绕低碳经济促进中小企业的发展。我们期待十二五期间行业有个大的发展，企业登上新的台阶，我们相信有志于企业做强、做优的企业家一定会应时代需求而涌现；有志于知识经济条件下勇于攻关的技术专家一定会有新的发现、新的成就；有志于行业进步的社会活动家一定会作出新的贡献。相信我们扣件的明天会更加美好，祝愿各位从过去的成功走向未来的成功、从昔日的辉煌走向今后的更加辉煌。

（2012 年10 月 21 日在宁夏银川“2012 年扣件委员会年会”上的讲话）

注重合作　谋求发展

党的十八大刚刚胜利闭幕。这次大会是在全面建设小康社会关键时期和深化改革开放、加快转变经济方式攻坚时期召开的一次十分重要的大会。大会高举中国特色社会主义伟大旗帜，以邓小平理论和“三个代表”的重要思想为指导，深入贯彻落实科学发展观，解放思想，改革开放，凝聚力量，攻坚克难，坚定不移沿着中国特色社会主义道路前进，为全面建设成小康社会而奋斗。

我们这次年会是模板脚手架行业的企业和企业家学习贯彻十八大精神的一次重要会议。在前几次年会上，我反复强调了模板脚手架行业对于确保施工安全，对于提高施工效率，对于推进现代建筑工业化进程有着特别重要的作用。在“十一五”规划期间，特别是“十二五”规划的这两年，模板脚手架行业及企业有了长足的发展，科技创新力度不断加大，新材料、新产品、新的经营方式已经成为行业发展的主流。但就经营管理来说，我们需要真正领会锦涛总书记在十八大上反复强调的合作理念，探索多渠道、多形式的合作，谋求企业的科学发展、健康发展和快速发展。

所以，我今天演讲的题目就是：注重合作，谋求发展。

一、合作是潮流

1. 时代的潮流

当今时代，所有国家之间都在谈合作，谋求战略合作，是大时代潮流。受经济大环境和房地产调控政策的影响，模板脚手架行业遇到一些困难，但仍处在发展良好态势。从合作比较来看，中国一些大企业差距在缩小，优势在增长。反观国际市场，目前世界上最大的跨国模板公司之一的奥地利多卡（DOKA）模板公司，其中位于奥地利阿姆斯特登（Amstetten）市的阿达斯科（Umdasch）子公司 2011 年的总产值就有 9.68 亿欧元，员工多达 7100 人。西班牙屋玛（ULMA）建筑公司，2011 年全球净销售额也有 2.96 亿欧元，员工人数达 4000 多人，是目前世界上最大的建筑模板系统及脚手架系统制造商之一。德国的派利（PERI）模板有限公司，2011 年时全球年销售额达到 9.76 亿欧元，员工有 5700 人，在 95 个国家设立了 51 个分公司，是目前德国规模较大、发展最快的跨国模板公司。目前已进入我国的哈斯科基础工程集团公司主要由英国的 SGB 模板公司（该企业是碗扣式脚手架发明企业）、美国 PANTENT 模板公司、德国的 HUNNEBECK（呼纳贝克）模板公司以及南美的 ESCO 等四部分组成。集团 2011 年总销售额 33.03 亿美元，其中金属、矿物占 48%，轨道占 9%，工业占 9%；与我们模板脚手架行业相关的基础设施类占 34%，分布在 32 个国家，员工 6000 多；2011 年销售额 11.2 亿美元。

2. 行业特征

（1）以中小企业为主，缺乏领军企业。据不完全统计，全国产值过亿元的企业不到 20 家，十亿以上的还没有。截止到 2008 年底全国的模板脚手架租赁企业有 1300 家，到 2011 年有 2 万家，其中较大型的企业占 20%，中小企业占 80%，专营租赁公司占 75%以上，生产销售为主租赁的企业占到 20%，施工生产销售一体化的企业占 5%左右，与国外相比我们有着较大差距。中国是当今世界上建筑业最繁重、施工量最大的国家，却没有一家规模像国外这些企业，这正是我们建筑模板脚手架企业需要严肃思考的问题——我们为什么没有这么大？就是缺少合作，合作才能做大。

（2）产品比较单一。企业施工依赖性比较强，依存度比较高，抗风险比较弱，去年由于高铁降速之后，我们模板桥梁企业生产经营遭遇到困难，高铁打个喷嚏我们一大片桥梁模板企业就要感冒了，就是依赖性太强。

（3）经营模式比较单一。仅靠劳动成本低廉、以价格竞争为主的薄利多销的发展模式曾对我国经济发展作出了贡献，也要看到中小企业是国民经济的重要增长点，也是解决就业需求的重要载体。然而，这样的模式将发生根本性转变，把着力点放在加快结构调整和发展方式转型上，如果还坚持走过去的老路可能不再会有很好的效果。更有部分专家指出：中小企业过去的发展模式即将终结，中小企业面临着新的挑战。

3. 企业需求

客观地说，我国中小企业发展遭受国际金融危机冲击，又陷过“三荒两高”（融资荒、用工荒、供电荒、高成本、高税费）的困境，但是规模小、资金实力不够、信息化程度低、管理方式落后、人才短缺、自主创新能力差、开拓市场资质不强等确实是共性问题。只有提高生产率，在科技创新下足功夫，加快转型升级才是企业的唯一出路。同时还要重视合作，从而形成有足够实力的规模企业。已经有部分企业家开始“抱团取暖”，强调合作，抱团贷款融资、抱团生产经营、抱团组织施工、抱团发展、共御风险。一些企业家表示：没有高起点的企业平台，客户不承认，一些招投标的门槛也难以进入。因此，我们只有重视合作、加强合作，只有强强联合，才能在激烈的市场竞争中立于不败之地。

二、合作靠素质

合作也不是说合作就合作，合作必须要有一定的素质。

1. 企业家的素质

一个企业能不能合作，企业家非常关键。小家子气的企业家是不能合作的。企业家素质应该有以下特点：

（1）企业家要有世界眼光。在知识经济年代，企业家必须要有全球意识和观念，明白技术国际化、人才国际化和跨国经营的知识经济促进作用，并善于运用跨国经营和发展；

（2）要有战略思维。企业家不能只看眼前，头疼医头，脚痛医脚，要有战略眼光，要有规划思维，企业家的战略思维据有三大特征——要有全局性，要有长远性，要有自己的定位性；

（3）企业家要有儒家的诚信，儒商的诚信。中国最早的是安徽的徽商，以后发展到晋商，现在发展比较快的是浙商、苏商、鲁商，企业家有作为教养的学者化的商人，企业家要从自己做起，以诚为做人第一要义，以信为处世第一准则，以诚取信，以信养诚。

（4）要有智商的才智。要像联想的柳传志、海尔的张瑞敏等智商，其企业发展已经成为商业经典的案例；

（5）要有华商的胆略。成功的企业家能够有比别人更强的承担风险的能力，并不是来自他们对风险的爱好和天生的大胆，而是来自对风险的更清醒认识与制定良好的回避风险战略的能力；

（6）要有人力资源开发能力，离开人的活动企业家就意味着死亡。人力资源是企业家最重要的资源。企业的任何行为，包括资金的运作、产品的开发、市场的开拓、日常的管理等无一不是由人在实施，离开人的活动，企业就意味着死亡。因此，人力资源是企业最重要的资源，也是首要开发的资源。

（7）要有文化自觉。企业家要通过积极倡导示范和实践创造有时代特点的、有个性特色的企业文化，并通过企业文化的感召力，来领导员工实行自我管理，充分调动员工的主动性、积极性、创造性，一个企业要有自己的文化氛围；

（8）企业家要自我修炼。要有自我完善、自我控制的能力，以高尚的思想、正确的品牌价值观去把握企业的健康发展。

2. 管理专家素质

企业通过各方面的管理人员，无论是认识管理、财务管理、营销管理、组织管理，管理的素质是至关重要的，实现以人为本的文化管理。要精通市场的信息管理，要勇于创新的知识管理。

(1) 要合作，企业的综合素质很关键。企业的素质低了，别人不愿意跟你合作，自身也不善于合作。

(2) 学习适应经济发展形式所需和行业态势所求，你要合作就要和你这个行业态势相适应。关于行业发展态势，最近与北京星河模板脚手架工程公司总经理姜传库、北京盛明建达集团总经理韩明亮进行了交流，形成了这样的一些基本认识：

一是模板脚手架行业至少还有30年的黄金发展期。其中一个重要的因素，就是我国的城镇化建设至少还有30年的发展时期，现在像欧美发达国家城市（镇）化率达到80%，而2011年我国城镇人口比重首次超过50%，城镇化率为51.27%，而按每年增长1%来匡算，达到欧美国家的城镇化水平，这还需要30年的时间。韩明亮表示，这30年可能都不是一代人能完成的，现在模板脚手架行业里的不少企业家也就是再干个10来年。

应当说，我国的城镇化率超过50%是具有里程碑意义的变化，表明城镇化、工业化和农业现代化的进程正在加速，由此带来的强劲消费需求，正在释放。在城市越来越大的同时，整个基础设施和社会公共服务的供给压力也相应增大。李克强副总理7月13日至14日在湖北考察时说，城镇化是内需最大的潜力所在，是经济结构调整的重要依托，在其他多个场合也强调了这个问题。因此，我们模板脚手架行业在加速的而且是不可逆转的城镇化的进程中，还是大有作为的。

城镇化是人口等生产要素由农村流入城市所引起的经济社会结构转化过程，是社会经济结构发生根本性变革并获得巨大发展的表现，是衡量一个国家发展水平的主要标志。当前，新型城镇化改革方案正进入中央决策层视野。2012年四五月间，由国家发改委主导，国土资源部、农业部、公安部、住房城乡建设部、交通运输部等众多部委参加的国家城镇化专题调研组完成了对浙江、广东、江西和贵州等8个有代表性省份的调研。国家发展改革委城市和小城镇改革发展中心主任李铁认为城镇化对中国经济增长的贡献还将增加至少1～2个百分点。

二是目前行业的困难只是暂时的，只是“锯齿型”发展过程中的一个波谷，是黄金发展期间的一个低谷，长远来看，还是发展的。建筑未来有黄金30年，模板脚手架行业必然还有黄金30年。城市道路的拥堵还有大量的道路需要建设，应当要有乐观的态度。“叫苦的市场”其实就是“最好的时机”。一些企业通过缩减开支降低成本来维持运营，但仅仅凭借节衣缩食只能维持短期的生存，不可能解决长久的发展。中小企业的根本出路在于加快技术创新和调整产品结构，实现产品升级，在市场机制下配置资源，企业要进行合作、联合、整合重组，是中小企业谋发展的一条活路，也是重要的出路。

三是模板脚手架行业需要适应经济发展方式的转变，必须转变观念，更新生产经营方式。经过改革开放30多年的发展，模板脚手架行业发展也面临着新的挑战，当前至少有两大因素对企业有着较大的影响：一是人的生命价值越来越得到尊重，企业必须将产品质量做到极致，成本也必然会上升。过去事故中对伤亡工人赔偿10来万元，将来会达到上百万元，甚至上千万元，企业必须要满足社会的未来要求。二是劳动力成本的不断提高，对行业、对企业发展必然产生深刻影响。模板脚手架劳动密集型的格局虽然可能会持续较长的一段时间，但已在逐步打破。（温总理在浙江考察时，一些企业的负责人就在座谈会上反映，最近几年劳动力成本持续快速增长，员工工资年均增长15%左右，即便如此，还是有不少人不愿做“蓝领”。）如果我们模板脚手架行业的企业家不能清醒地认识到这样的变化趋势，不转变经营理念，企业就不能走远。一个行业不成熟的主要表现，就是小企业太多、太散，成熟行业的发展趋势就是相对集中，现在及今后的4～5年是行业重新洗牌一段时期，越往后洗牌的规模与力度会越来越大，可以说，未来的15年是产品升级换代，特别是经营理念升级的15年，也是行业企业集中度提高的15年，行业企业不进行合作，就没有出路。

（3）素质也决定着合作的效率。加强合作是未来企业应当坚持的道路，合作的企业一定要有互补的地方，实行强强联合，否则合作就难以稳定，更重要的是合作以后一定要有提升，有利于整体素质的提高，按照世界级企业发展的规律逐步走向群居价值链，带动一大批中小企业等各个环节配套服务，形成的群居价值链形成核心竞争力，所谓的艺高人胆大、多闯虎穴的时代已经过去，新时代的要求都是群居价值链，即群居价值链之间的竞争代替了某个企业局部竞争，长期竞争代替了短期竞争，由于双方的关联性，双方资源的连接性如此重要，有合作甚至是最终的合并重组，也是战略性联盟的机制表现，使企业群居素质得到提高的深度合作。

三、合作需创新

为什么要合作？合作有三大目的，是通过合作增加本企业的产能能力。我这个企业什么都能干，什么都有。我没有吹牛，我没有的我的伙伴有。你要哪个国家的，我就有哪个国家的合作伙伴。我不能干的，我的合作伙伴能干。这些都是增加本企业能力的方法。二是拓展本企业的市场份额，通过合作以后增加自己的营销额。三是促进企业的转型升级，促进企业实现扩张式飞跃发展。

1. 合作方式有四大方面

（1）银企合作

因为融资难，银行业也需要和企业合作。银行有两种，一种是政策性银行，更多的是商业性银行，商业性银行也是商场，通过存款、贷款获得更货币。通过和银行合作我们的企业才能做强。

（2）产学研之间的合作

我不能有很多专家，科研院有、高等院校有，企业跟他们合作，用他们研究的成果。和他们合作，形成专利、工法。提高企业和产品的科技含量，从而实现科技先导型企业。

（3）上下游产业链的合作

所谓上游产业，具体来说就是模板脚手架上面是铝型材、钢材，这是上游企业，他供给我的，我就是上帝；我的模板脚手架供应给开发商、建筑承包商，他就是我的上帝。上游下游企业之间的合作不光是买卖关系，买卖从深层次来说其本质也是一种合作的关系，通过合作才能有更广泛、更深入、更持久的营销。

（4）同行产业群之间的合作

同行产业群是说大家都是卖脚手架的，有可能在某一个项目上我们是竞争的对手，更多的场合我们则是合作的伙伴。产业群体现了产业集中度，而产业集中度的高低，决定了合作的信息更广，合作的方式更新，合作的层次更深。

合作的目标、追求方式、成效趋向于经营方式的创新、科技的创新和观念的创新。中小企业的创新要在国家政策指导下，谋求企业健康发展。近几年来国家特别重视中小企业的发展，制订了促进其发展的相关政策，发布了众多中央文件，其中包括国务院综合文件 3 个、营造发展环境文件 7 个、缓解中小企业融资难文件 11 个、加大财税方面的扶持文件 16 个、加快技术进步和结构调整面的文件 5 个、改进对中小企业服务方面的文件 2 个、提高经营水准方面的文件 3 个、加强统计建设方面的文件 1 个，共 48 个文件。我们要学习领会这次文件精神，提升合作的水平，增强合作的成效。

2. 创新有三大方面

一是强调经营方式的创新。中央确定将扩大中小企业专项资金规模，支持初创小型微型企业。政府采购安排一定比例专门面向小型微型企业。对小型微型企业三年内免征部分管理类、登记类和证照类行政事业性收费。加快推进营业税改征增值税试点，完善结构性减税政策。还将建立小企业信贷奖励考核制度。支持符合条件的商业银行发行专项用于小型微型企业贷款的金融债。加快发展小金融机构，适当放宽民间资本、外资和国际组织资金参股设立小金融机构的条件，放宽小额贷款公司单一投资者持股比例限制，符合条件的小额贷款公司可改制为村镇银行。支持小型微型企业上市融资。继续对符合条件的中小企业信用担保机构免征营业税。制定防止大企业长期拖欠小企业资金的政策措施。

二是科技创新。中央财政扩大技术改造资金规模，重点支持小型微型企业应用新技术、新工艺、新装备。从而加快技术改造，提高装备水平，提升创新能力。完善企业研发费用所得税税前加计扣除政策，支持技术创新。鼓励有条件的小型微型企业参与产业共性关键技术研发、国家和地方科技项目以及标准制定。实施创办小企业计划，培育和支持3000家小企业创业基地。作为企业，必须转变经营方式才能在政策指导下使企业做强。可以这样说，没有技术创新，谈不上合作，就没有企业的明天。

三是管理创新。我国建立和完善4000个中小企业公共服务平台。支持小型微型企业参加国内外展览展销活动，为符合条件的企业提供便利通关措施，简化加工贸易内销手续。对小型微型企业招用高校毕业生给予培训费和社会保险补贴。建立和完善小型微型企业分类统计调查、监测分析和定期发布制度。加快企业信用体系建设，推进企业信用信息征集和信用等级评价工作。落实企业安全生产和产品质量主体责任，提高小型微型企业管理水平。只有管理创新才能推进经营的合作。

四、合作体现文化

任何企业、任何个人都有文化，所有物质和精神的总和表现就是文化，不管你是主观的还是客观的，都是一种文化的体现。

1. 营销文化

在企业文化中通过合作体现企业的营销文化。因为企业要卖产品、要销售，在某种意义上来讲，企业营销产品不是营销产品而是营销人，营销人的素质、营销人的文化、营销人的品德。所以营销是高层次的合作，合作是最有效的营销。合作以后，营销是相对固定的、比较长期的。营销在某种意义上是买卖关系，而买卖是更深层次的合作关系，买卖本身就是合作。

2. 服务文化

服务是合作的精髓，有效的服务才是有效的合作。合作的实质就是一种服务，我讲过，服务是双向的。我为你服务，你也为我服务。有效的合作才是最有效的服务。成功的合作才是一种成功的服务。

3. 文化氛围

合作体现一种文化氛围，与好的文化企业才能开展合作，企业的精神、文化的自觉、文化的自信、都作用在企业合作之中，一个良好的合作氛围才能使合作走向更广的渠道，更深的层次。

五、合作展实力

（1）合作要展现实力，一个企业的竞争力，有人说竞争是你死我活的、残酷无情的、竞争是不讲情面的，这句话过去对，现在就不完全确切。合作是最高层次的竞争。

北京盛明达集团与北京新华维脚手架公司开展优势互补合作。北京盛明达集团秉承“成为最可信赖的合作伙伴”的愿景，与北京新华维脚手架公司进行了合作，由新华维脚手架工程公司负责生产产品，盛明达集团提供资金和管理，同时负责销售与承包施工使用。双方于2010年12月成立了全资子公司“北京盛明华维脚手架工程有限公司”，进行新型盘扣式支撑体系的脚手架工程专业承包，逐步实现了由出租到施工承包的转型，经过2年的发展，目前成为国内脚手架工程专业承包的领先企业。

中模国际的合作模式。中模国际是2010年由行业主管部门、大型建筑施工企业以及模板脚手架和金融行业资深专家发起成立的一种连锁式综合性服务平台。平台集管理与ERP、模架技术升级、投资融资服务、模架租售商务于一体，意在施工企业和模架企业之间搭设了一个双赢的桥梁。比如，它根据加盟企业经营情况以及当地模架市场情况，帮助加盟企业进行产品升级改造；对加盟企业每年提供一定额度的资金支持，用于增加物资以及产品、技术升级；对加盟的租赁企业，在中模国际系统内可实现物资的异地调配、帮助企业节约成本等等。2012年它与北京金誉达租赁有限公司合作投资2000万成立“中模早拆物资中心”，此外，还与全球首家专业生产铝合金模板脚手架的加拿大Jasco（佳司科）公司合作成立了“中模—Jasco合资公司”，合资公司负责Hi-Lite铝合金产品在中国地区全部事务。加拿大Jasco公司是第一家与中国企业全面合作并同意引进其全套技术和产品线的海外模架专业公司。

(2) 会合作才会竞争，而不是你死我活要双赢才是好的，才是真正的竞争。还有企业的扩张力，小型企业通过原始资本积累到不断扩张成为中等企业以及大型企业，扩张力非常关键。北京星河模板脚手架公司将以产品为纽带开展合作，并在电动施工平台技术方面积极寻求合作对象。如2012年9月已与河南天维钢品有限公司签署了合作协议。双方共同投资，星河主要负责提供产品、提供技术支持，天维则负责经营，待时机成熟再走向集中，最终成立集团公司。

(3) 合作文化的软实力

湖南元拓集团建立脚手架企业诚信联盟。该公司是在1998年成立的长沙恒帆金属材料有限公司的基础上发展壮大起来的，后又相继成立了多家分公司。2012年2月他们对旗下几家子公司进行了整合，成立了元拓集团，总部设在湖南长沙。2012年7月，他们发出了《脚手架诚信联盟倡议书》，并联合多家脚手架租赁企业成立了国内第一家“脚手架诚信联盟”体系。他们在服务国内外市场15年的经验中，发现国内使用的脚手架质量远远落后于国外市场，频发的脚手架事故，从而认识到一个有责任感的企业必须为行业献出自己的一分力量，但也认识到在一系列的行动过程中，光靠尽一己之力，力量非常渺小。同时，业内也并不缺乏有一样共同志向的同仁，如果有一个平台能将大家有机地联系起来，让大家的力量拧成一股绳，这对行业规范健康发展的帮助将更大。因此，他们萌生了发起组建脚手架诚信联盟的想法，希望汇聚越来越多的脚手架企业家共同致力于安全脚手架的推广，同时，通过整合，实现银行融资、法律咨询、人才培养、企业管理、技术支持、媒体资源、政府资源、客户资源等八大资源的共享，大家在企业经营过程中遇到的问题，可以得到更多行业专家出谋划策，给予支持，共同促进行业。目前，在湖南地区已有加盟的企业十多家。

无锡速捷脚手架公司是无锡市锡山区非公有制企业文化建设“百千万工程”首批示范单位。公司注重加强党组建设和年青党员的培养。青年党员分布在生产、经济、管理、专业技术等各条线上。同时成立了纪检委，进一步推进企业诚信、清廉工作。支部着力建设学习型党组织，在公司组织的企业文化纲领考试中，85%的党员成绩在90分以上。在组织的季度考核中，50%以上党员在本部门或同一行政级别中考核排在中上等，真正体现了党员的先锋模范带头作用。公司还组织红色之旅活动。公司全体党员统一参观考察华西村，近距学习华西人几十年的艰苦奋斗精神。有目的地开展“五四”青年节组织青年进行知识竞赛。体现了“诚信、活力、和谐”的企业文化氛围，而且丰富了团员青年的业余生活，激发了团员青年对知识的学习热情。此外，还组织2012年速捷脚手架中秋晚会，丰富企业的文化活动。

同志们，今天我阐述了模板脚手架行业注重合作谋求发展的五个方面：合作是潮流，合作靠素质，合作需创新，合作体现文化，合作展实力。这些都是我们的企业和企业家所想的，也是在各自企业的创业史上所做的，我只是进行了一些归纳和总结，在行业年会上再强调一下。全球比较看模板脚手架行业中国市场最大，发展最快。我坚信，遵循十八大指定路线方针政策，高举伟大旗帜，模板脚手架行业企业一定能奔向美好未来。未来这个行业的大企业、最成功的企业家应该在中国，不应在其他地方。期待我们的企业抓住机遇，迎接挑战，通过合作谋求新时代的新发展。

（2012年11月16日在福建福州“2012年全国建筑模板脚手架行业年会”上的讲话）

主动适应经济新常态机遇　深入开展质量年活动

大家都知道北京正在召开 APEC 会议，我们这里也是模板脚手架行业的小型 APEC 会议。APEC 会议强调的是亚洲环太平洋地区国家与国家的合作，以及这些国家商人之间的合作、工商之间的合作。我们这里是模板脚手架行业国际协会组织之间和其所属企业之间的合作。借这个机会，我重点讲讲我们协会将在模板脚手架行业深入开展全国质量年的活动。大家知道，我们的总书记习近平同志最近指出："我国发展仍处于重要战略机遇期，我们要增强信心，从当前我国经济发展的阶段性特征出发，适应新常态，保持战略上的平常心态。在战术上要高度重视和防范各种风险，早作谋划，未雨绸缪，及时采取应对措施，尽可能减少其负面影响。"新常态的重大战略判断，深刻揭示了中国经济发展阶段的新变化，充分展现了中央高瞻远瞩的战略眼光和处变不惊的决策定力。新常态充满了辩证性，既有"缓慢而痛苦"，也有"加速和希望"。

在经济新常态下，明后两年我们协会将根据住房和城乡建设部质量治理行动计划，要在会员单位中深入开展质量年活动。

2014 年 9 月 4 日全国电视电话会议的召开，标志着两年工程质量治理活动拉开了帷幕，我们中国建筑金属结构协会模板脚手架委员会决定明后年在我们的会员单位中，开展质量年活动。下面我分几个情况讲一讲，和大家共同商讨。

一、中国建筑业的基本情况

大致上来讲我们建筑业 2013 年 1～12 月份全社会固定资产投资总额累计达到 43.65 万亿元，同比增长 19.60%。2014 年预计增长 20%左右，全国固定资产投资额将达到 52 万亿元左右，这个情况表明固定资产投资总体趋势是上升的，向前发展的，建筑市场保持着上行势头。

建筑业总产值 159312.95 亿元，建筑业总产值增速 16.1%。建筑业受固定投资拉动影响，保持了一定增幅，市场失衡矛盾得到一定程度缓解。

全国具有资质等级的总承包和专业承包的建筑业企业 79528 家，行业从业 4499.31 万人。

新签合同额 289674.06 亿元，签订合同额增速 17.1%。

完成房屋建筑施工面积 1129967.69 万平方米，完成房屋建筑施工面积增速 14.6%。

二、建筑模板脚手架质量情况

模板脚手架与混凝土结构工程密不可分，模板脚手架质量直接影响到混凝土结构工程质量和安全，因此提高模板脚手架产品和施工质量，是确保混凝土工程质量的前提和保障。模板脚手架的质量主要表现在 3 个方面：①产品质量：影响产品质量因素有设计、工艺、设备、工人素质、定型产品体系、检测检验制度和市场监管理措施等；②工程质量：影响工程质量因素有设计方案、标准规范、计算验证、施工搭建、拆除维护、权威鉴定、责任制度追究、总分包责任划分和监督管理等；③服务质量：为产业链上下游企业服务，为工程服务，还有产品售后服务等。上述各方面均存在不断加强和完善之处。

近几年我们国家的工程质量一直是上升的，总体是好的；但也存在着程度不同的各种问题，比如工程模板质量主要是：①表面不平、表面不光滑问题；②模板错台问题；③漏浆问题；④胀模（模板变形）问题 ；⑤跑模、坍塌问题等。从脚手架质量上来看：①防护不严问题；②架体晃动问题；③架体垮塌问题；④架体坠落问题等。工程模板和脚手架的问题埋下了事故隐患伏笔。

2013 年模板支撑体系引发的事故 13 起，死亡人数 54 人，占比 52.9%，2014 年 1 起，死亡人数 5 人，占比 9.4% 。举例列表来说：

序号	发生日期	工程名称	死亡人数	事故类别	简　况
1	2012.7.7	河北省邯郸市北环路立交桥工程	4	高支模坍塌	河北省邯郸市北环路立交桥工程施工现场，发生高架预压支架局部坍塌事故，造成 4 人死亡
2	2013.2.6	江西上饶德兴市会展及演艺中心工程“2·6”事故	4	模板坍塌	在浇捣门厅顶混凝土时，模板支撑失稳坍塌，导致 4 人死亡
3	2013.3.21	安徽安庆桐城市盛源财富广场一期项目工程“3·21”事故	8	模板坍塌	在浇筑混凝土时发生高支模模板坍塌，造成 8 人死亡
4	2013.11.20	湖北省襄阳市南漳县金南漳国际大酒店工程	7	模板坍塌	在混凝土浇筑过程中，发生模板支撑体系坍塌事故
5	2014.5.13	广西壮族自治区桂林市临桂县六塘镇公共租赁住房工程“5·13”事故	5	模板坍塌	屋面混凝土浇筑过程中发生模板支撑体系坍塌，造成 5 人死亡

这些都是死亡3人以上的重大事故，死亡1～2人的也有不少。据我们对近10年工程事故统计分析，模板脚手架事故占全国工程事故达三分之一以上，死亡人数占四分之一以上，尤其近几年模板脚手架事故呈逐年上升趋势。

三、工程模板脚手架行业亮点

总体上我国工程模板脚手架体系还比较落后，尤其是世界工程界早已淘汰的模板和支撑体系我们还在大量使用，改革我国模板脚手架体系还有比较大的空间。但是经过中国工程人的努力创造，我们也有一些拿得出手的“家底”：

1. 附着式升降脚手架（爬架）

它是中国独创的、有自主知识产权的脚手架产品，主要应用于高层、超高层建筑施工。主要有5种类型：挑梁式附着升降脚手架、导轨式附着升降脚手架、导座式附着升降脚手架、动轨式附着升降脚手架、全钢集成附着升降脚手架。我们有的企业是直接跟德国、意大利，日本等企业合作，对我们的产品进行了改进，北京星河模板脚手架工程有限公司，是专业从事建筑模板、脚手架等产品研制开发的国家高新技术企业。拥有二十余项发明和实用新型专利，其生产技术和市场占有率均居国内领先地位。代表工程有央视大楼、建外SOHO等。

2. 全钢桥梁模板技术

我国全钢制作的各种类型桥梁墩柱模板、预制箱梁模板、预制T梁模板以及高速铁路无砟轨道模板技术发展迅速，保证了结构线型精度高、模板周转快以及清水混凝土表面效果好。山东淄博环宇桥梁模板有限公司，是以桥梁模板、桥梁施工机械为主的专业性设计生产企业，凭借先进的桥梁模板加工设备、齐全的工装设施、熟练的钢构模板生产员工和多年积累的生产工艺技术、健全的管理机制，尊重客户需求，为其提供技术咨询和设计服务并实行终身服务责任制，多年来得到了广大用户的一致好评。北京康港集团是以生产和销售建筑施工技术和装备为主的大型生产技术型企业，建立了多个大型现代化模板加工基地，同时具备设计、生产多种类型模板的能力，和许多施工界同仁有过良好的合作关系，并得到高度评价和认可。

3. 顶模爬模技术

我国近几年超高层建筑的发展，促进了爬模技术的快速提升，开发出一系列爬模产品，有些产品达到国际先进水平。上海中心工程总建筑面积433954平方米，总高为632米。采用顶模系统施工，其特点是：施工速度快，一般4～5天一层，最快2～3天一层。大跨度桥梁桥塔的施工也多采用爬模技术。重庆鼎山长江大桥全长2079米，桥塔为宝塔形钢筋混凝土结构，高188.30米，由中国建筑第六工程局有限公司采用爬模施工。

以上我从3个方面介绍了行业新的发展，也就是通常讲的发展亮点，前面我如实、坦白地跟大家讲了我们模架的亮点和质量问题，正因为此，我们才需要开展质量年活动，才有必要对工程模板脚手架质量进行治理。

四、以质量年活动推进模板脚手架行业的转型升级

新型建筑工业化对模架行业提出了严峻挑战，模板脚手架质量更是涉及行业生死存亡的首要任务，我们必须以破釜沉舟的精神，壮士断腕的勇气加大改革力度，抓紧研究制定《中国工程模板脚手架行业改革与发展纲要》，指导和引领行业逐步向规范化、法治化、市场化和国际化方向发展，全力以赴搞好模板脚手架质量治理活动，实现行业转型升级。

1. 质量效益型

质量是企业的生命，不仅要努力提高模板脚手架产品质量，更要提高模板脚手架工程施工质量和安全。要积极探索成立模板脚手架质量检测检验中心，建立模板脚手架产品质量认证制度，为市场选择合格模板脚手架产品提供公正、权威的检测结果，出具模板脚手架工程质量检验报告，确保建筑工程质量和施工安全。

2. 科技先导型

工程模板脚手架体系改革是钢筋混凝土结构工程的一场深刻革命。工程模板脚手架企业要建立健全技术创新机制，提高企业核心竞争力。随着我国经济的发展，人口红利将逐渐消失，必须把自主创新作为企业走出困境、发展壮大的关键措施。要重点发展路桥模板技术、高铁模板技术、插接式脚手架技术、盘销式脚手架技术，探索合金钢模板、铝合金模板和碳纤维管材的脚手架技术，大力发展轻质、高强、节能、绿色、低碳模板和脚手架体系，不断提高行业科技进步贡献率。

3. 资源节约型

我们的建筑能耗接近总能耗的40%左右，建筑中幕墙或围护墙又占建筑能耗的50%左右，强调节电、节水和节能是未来我经济发展的必由之路。要加强研制适应现代建筑结构要求和环保节能型模板脚手架新技术、新工艺、新材料和新产品，制定“四新”推广应用指导书，通过培训、技术交流、典型示范等各种途径和办法，加大对“四新”成果的宣传和推介，促使研究成果迅速转化为现实生产力，促进行业科技进步，提升行业整体发展水平。组织模板脚手架行业各类交易市场商品展销会、订货会、推介会及有关活动，组织创建文明的模板脚手架行业市场活动。

4. 经营创新型

积极引导工程模板脚手架企业向生产、租赁、设计、搭建、拆除、维修保养一条龙服务方向发展，重点发展生产和施工、或者租赁和施工一体化经营模式。抓紧制定

一体化经营管理办法和市场运行规则，选择条件较好的部分地区和项目，按照标准化、规范化和市场化要求开展试点工作，积累经验，以点促面，带动工程模板脚手架行业转轨变型

5. 知识管理型

强化人才培养，积极创造条件，以多种方式吸收更多优秀人才到企业工作。加强企业的人员培训，重点培训企业高级经营管理人员、施工项目负责人和关键岗位的专业技术管理人员，特别要加强施工一线操作工人的培训和教育，将培训、考核与上岗、晋升挂钩。努力造就一支职业化、社会化和市场化人才队伍，促进人才有序流动和合理配置。

6. 社会责任型

推进行业信用体系建设，会员企业应当及时向行业协会提供真实、准确、完整的基础信用信息，协会负责会员企业信用信息的整理、存储、维护、数据安全管理，对信用主体的信用信息进行综合评估，形成信用等级和信用记分。协会按照规定向政府部门提供会员企业相关信息，政府主管部门对信用主体在资质许可、招标投标、工程质量、安全生产等方面实行差别化管理。协会按照法律法规和统一标准，遵循公平、公正、真实的原则，公开披露会员企业信用信息。

7. 对外开放型

加强国际间交流与合作，争取成立国际模板脚手架协会。组织工程模板脚手架企业出国培训，重点培养具有国际竞争力的企业家、设计师、施工项目负责人等高管人才。推动国际间企业建立合作关系，积极拓展国际市场。加强国际组织间政策、法规和标准交流和沟通，联合开展共同关心的课题研究，提升我国工程模板脚手架行业的整体素质。

8. 自律友好型

制订行业自律公约，提高会员企业自律意识，规范会员企业行为，净化市场环境。会员企业应当自觉遵守自律公约，在产品生产、产品租赁、价格竞争、环保绿化、低碳节能、履行社会责任等方面做出表率，建立会员企业间良好合作、互信、双赢等关系，共同推动社会资源、信息、技术等生产要素合理使用，确保工程模板脚手架市场逐步走上有序化、法制化和规范化轨道。

9. 组织服务型

坚持会员企业的需要就是协会追求的目标服务理念，拓宽维权服务对象、改善维权服务方式、增加维权服务手段，提高维权服务质量。按照服务无条件、无边界、无时空和无地域原则，为会员企业提供全方位、全过程和全面服务。为企业提供法律咨询和法律援助，帮助企业解决工程拖欠款。协助有关部门打击商业贿赂、违规运作和

恶性竞争，创造公平竞争的市场条件，创造企业健康发展的市场环境。

10. 基础建设型

加强协会自身建设，逐步完成协会工作转型。建立行业统计报表制度，年报制度和加强网站建设，充分发挥顾问委员会、主任委员会和专家委员会作用。积极争取建设主管部门对协会工作的支持，深入研究行业发展过程中的矛盾和困难，积极向有关部门谏言、献策，协助政府部门制订完善行业管理政策和措施。加强与相关行业协会的联系与合作，建立建筑业改革与发展联席会议制度。通过为会员企业提供高品质服务，不断提高行业协会公信力、凝聚力、影响力和权威性。

认真开展工程模板脚手架行业质量治理活动不仅是中央要求，更是行业自身发展的需要．习近平总书记在中央城镇化工作会议上提出："建筑质量事关人民生命财产安全，事关城市未来和传承，一定要加强建筑质量管理制度建设，加强建筑工人专业技能培训。"

李克强总理在中央城镇化工作会议上强调："不重视质量，城市就可能百病缠身，困难重重。我们必须在质量要求上设硬杠杠，在提升质量上下功夫。"

李克强在首届中国质量（北京）大会上讲话时强调：紧紧抓住提高质量这个关键，强调人人关心质量，人人重视质量，人人享受质量这样一种新的社会形态。强调推动中国发展迈向中高端水平。质量是国家综合实力的集中反映，是打造中国经济升级版的关键，关乎亿万群众的福祉。中国经济要保持中高速增长、向中高端水平迈进，必须推动各方把促进发展的立足点转到提高经济质量效益上来，把注意力放在提高产品和服务质量上来，牢固确立质量即是生命、质量决定发展效益和价值的理念，把经济社会发展推向质量时代。

未来较长的一段时期内，我国仍将是世界上最大的建筑市场，建筑业产值仍将占国民生产总值较大比重，这必将为我国工程模板脚手架行业提供巨大的市场规模和发展潜力。建筑工业化的全面推进也将向工程模板脚手架企业提出严峻挑战，我们必须清醒认识到所面临的形势，抓住难得的发展机遇，加快调整结构、转变发展方式，尽快完成企业转轨变型，迅速提升产品的质量与水平，为促进国民经济和社会健康发展做出应有的贡献。今天的中国可以这样说，从东到西，从南到北都是一个个大的建筑工地，无论城市或者农村都需要我们高质量高速度的搞好我们的建筑。

让我们同心协力，在经济新常态下扎扎实实地开展好质量年活动，一定会使我们模板脚手架行业在不远的将来，迈向全球的中高端水平。

（2014 年 11 月 12 日在海南三亚"国际工程模板脚手架研讨会"上的讲话）

七、给水排水篇

喷泉水景行业的科学发展战略

绿色建筑除了节能环保外还有一个重要内容就是舒适的环境。如果一栋楼是建筑微观的话，那么城市就是建筑的宏观。由此，城市规划建设更加重视人居环境，既要保护好自然环境又要设计好人造环境。像我们余姚的山、余姚的水是大自然带来的环境，公共建筑、广场公园都是人造环境。在人造环境方面，纵观国内外城市喷泉水景是引人注目的景点，有的甚至成为城市形象的代表。随着城市化的加快发展，喷泉水景行业亦蓬勃发展，其科学发展战略显得特别重要，望行业的专家和企业家认真开展这方面研究，务求实效。所谓实效就是不空谈，现在全国人民都在以实际行动迎接党的十八大召开，不光是喊口号，要有行动，落到实处。为此，我讲讲“喷泉水景行业的科学发展战略”。

一、科学发展的新起点

我们这个行业，经过改革开放，发展相当快，我们今天的发展是在一个新的起点上发展的。喷泉水景的营造已由十年前简单、常规的水电安装加工，发展到现在的声、光、水、火、电、机以及数字化、信息化多项专业技术集成的广泛应用。十多年前喷泉水景只集中在大城市，而且多为广场和街头的点缀、陪衬。现今，喷泉水景更多地出现在了各个省市乃至乡镇，而且越来越多的走出国门，为亚、非、欧近三十个国家和地区设计、安装了喷泉水景。我们也看到北京奥运会、上海世博会、广州亚运会、深圳世界大学生运动会等一些世界性盛会上出现了一大批喷泉水景的精彩表演。这些发展变化充分体现了喷泉水景行业和企业坚持创新进取的成果，客观上实践了胡锦涛总书记在全国科学大会上反复强调“创新”的号召，才能把我们的国家建设成创新型国家，站在世界强国的前列。

今天讲的喷泉水景跟十年前的喷泉水景不一样，我们有了很多著名的工程、很多成功的企业和成功的企业家，还有很多具有理论和实践的专家。今天我们可以跟国际专家在一起交流，这就是行业科学发展的新起点。

二、科学发展的国际国内比较

喷泉水景行业这些年的快速发展，缩短了与国外同行业先进水平的差距，国内有些企业在设计的科学性、合理性、经济性上不断追求进步，方案创意上尊重项目所在地的历史、人文等文化因素，照顾周边建筑、环境的风格。在节能、环保的前提下充分挖掘设备的潜能。这些企业走出国门，在欧、亚、非等数十个国家里开拓了喷泉水景的市场。许多企业在控制软件的开发，部分专用产品的研制都取得了可喜的成就。今后要在专用设备的研发定型，产品质量的提高稳定上进一步下功夫，就会有更多自主创新的产品和设备问世，使我们国家的喷泉水景技术和产品占据国际国内市场。

我们有比国际上先进的地方，但是国际上也有许多值得我们学习的地方，要把中国的喷泉水景放在国际大市场中，去分析、去比较。比较有两种一种是横向比较，一种是纵向比较。纵向比较就拿现在跟过去比较，我们成长壮大了。所谓横向比较，我们眼界就宽阔了。喷泉水景也要跟国际比较，华明九同志是我们协会的副秘书长兼给水排水设备分会的会长，也是喷泉水景委员会的主任，他是我们协会唯一的国际水务协会的执委，刚刚在澳大利亚参加了国际水务大会，是中国的代表、中国的执行委员，昨天从澳大利亚赶到这里参加这个会议。我们要走向国际化，中国是一个大国，应该在国际上有我们的地位、有我们的作用，同时也有我们的责任。所以我们喷泉水景行业也是如此，要进行国际比较。这个文章还没有完，我留给你们去做，我们的专家和企业家们，都到国外走走，不要老是蹲在家里，看看人家，我们哪些比人家强，人家哪些地方值得我们学习。

三、科学发展的创新

创新的内容很多，我简要地讲以下几点。

1. 理念创新

理念创新，要求我们遵循时代发展的主旋律，眼界开扩，思路放宽，研究市场需求的走势，对企业的自身结构，发展模式，目标给予及时地调整，坚持走节能环保科学发展之路，拓展延伸喷泉水景服务的范围和深度。

喷泉水景是个文化，有文化的理念，它不光讲工程，也是艺术。建筑就是艺术，世界上很多科学家提出要建山水城市。在今天强调文化大发展、大繁荣时期，我们要站在文化艺术的高度去研究喷泉水景行业。

2. 管理创新

管理很关键，既要包括企业自身的管理，还要包括项目的管理。什么叫管理？就是让别人去劳动，让别人干活叫管理，自己劳动叫操作。管理让别人劳动问题就来了，别人劳动有很多种方式的劳动：一种是磨洋工的劳动，一种是创造性的劳动，一种是主动性的劳动，一种是被动性的劳动。在有的领导下我拼命地干，累死骂死我也愿意干；在有的领导下，你让我天天待着我也不高兴，这就是领导魅力。别人怎么干活那要看你的领导艺术、管理艺术，这就要求我们既要有效地促进各项法律、法规、标准的贯彻执行，激励机制的建立能有效地吸引人才、培养人才、人尽其才，迅速、快捷地掌握最新的信息、动态，及时有效地应用前沿技术，能使企业保持活力，站在较高的平台上参与市场竞争。

3. 科技创新

喷泉水景行业是一个科技含量比较高的行业，但你还不能说是高新技术产业，但是里面有相当多的高新技术，就是声、光、电，包括激光技术都有。科技创新是体现创新的主要展现平台，新产品、新设备的研发、制造，新技术、新工艺的实施应用，在体现理念、设计创新的同时，也创造出更多的商机和更大的效益。或者说，科技创新是企业的明天，不创新企业就意味着灭亡要有新的产品，要有更多的专利权和工法，要有更多的发明创造，创新包括原始创新、集成创新，还有引进消化吸收再创新。企业要做到生产、销售一代产品同时要储备一代产品，还要研发一代产品，这样才能使我们企业保持旺盛的生命力。

4. 设计创新

设计创新，就是要让设计在科学、严谨、准确、合理上不断进步。通过设计如何以更精炼的设备达到更好的效果，使产品设备的利用率更高，故障率更少，运行费用更低。如何使喷泉水景在降低水耗、能耗、水质保障上达到更高的目标，体现更好的性价比。

水景设计是非常重要的，设计是工艺的灵魂，制造业的灵魂。北京去年开会，提出把北京打造成全球设计之都。深圳也开过一次会，要把深圳打造成全国的设计之都。要想有新的东西出来，新的设计理念是非常关键的，要活跃设计思想、繁荣设计作品。

5. 服务创新

服务创新，是企业及时、准确地反馈信息，与市场各方对接更加顺畅，不仅密切了与各方的关系，同时也树立了良好的企业形象。

喷泉水景的服务也非常关键，房地产公司最后做到管理，喷泉水景交给人家我们就不管了是不行的，要做好服务，服务是企业及时准确的反馈信息，与市场各方对接，更加顺畅，不光同各方密切了关系，同时还树立了良好的企业形象。最好的服务就是最好的管理，尤其是我们喷泉水景维修保养，交付使用之后，本来是很好的东西，你不会使用怎么行。另外定期要维护保养，售后服务就显得特别重要。

四、科学发展战略的主要内容

1. 和谐发展战略

人与自然的和谐、人与人之间、行业和企业、企业与企业之间的和谐是科学发展的必要条件。喷泉水景的营造也应该体现“自然和谐、恰当得体”，要与城市建筑、气候环境、自然和社会人文的特点和谐适应，这样才能承载和表现深刻的文化内涵，有好的效果。强调企业和谐、行业和谐，还有工程和谐。你这个水景放在这个城市里面和周围环境不和谐那是怪胎，要与总体规划相适应。总体环境相适应的水景才是最佳的水景，而不是怪物。

和谐还要强调竞合理念，就是竞争与合作的理念。我们的行业在市场经济体制条件下强调竞争、更强调合作。有人说过去市场经济，竞争就是你死我活的，竞争就是残酷的，竞争就是无情的。这些话现在看来不尽确切，现在强调的是互赢双赢多赢，强调合作。合作是更高层次的竞争，以前我多次讲合作的目的是啥？合作目的有两条：一个是增加本企业的能力，什么意思呢，我这个企业什么都能干，我什么都有，不是吹牛，我没有的，我的合作伙伴有；我不能干的，我的合作伙伴能干，所以啥都能干。第二个是增加本企业的市场份额，就像连锁店式的，我们也是通过合作增加市场份额。我特别强调三个方面的合作：一是企业要和银行合作，不管什么银行，农业银行、商业银行、民生银行，银行有两种：一种是政策性银行像中国人民银行，是研究货币金融政策的，大量的银行是商业性银行，商业银行跟我们卖布的一样，卖农产品的超市一样，他也是一个超市。他是卖人民币的通过存款贷款争取更大的利润，他需要和企业合作，企业更需要和银行合作，在关键时刻我们中小企业融资的困难得到解决，你跟银行合作，在社会上的认知度也高，我没有钱我们银行有钱。二是产学研之间的合作，就是生产与高等院校研究机构进行合作，包括国内国外的，因为企业需要创新，我不可能有很多很多的技术人员，我不可能有很大很大的研究机构，跟科研部门合作增强自己的创新能力。三是产业上下游合作，所谓上游产业是供应我喷泉水景原料的产业，我的化学原料、建材原料，我的声光电元件，我的上游供给我的，我的下游可能是政府机关，可能是房地产开发商，他是我的上帝，我们每建一个喷泉水景项目就是一个合作的过程，就是一个合作的项目，所以我们强调和谐发展战略。

2. 低碳发展战略

低碳经济是人类社会文明的又一次重大进步。人类社会发展至今，经历了农业文明、工业文明，而低碳经济将是一个新的重大的进步，对社会文明发展产生深远的影响。低碳经济就是要以低能耗、低污染、低排放为基础的发展模式。其实质是能源高效利用、开发清洁能源、追求绿色 GDP，核心是能源技术创新、制度创新和人类生存发展观念的根本性转变。

人类社会到今天，经历了三大文明，最早是农业文明，蒸汽机的发明人类社会进入工业文明，今天人类社会又从工业文明进入低碳文明。我们过去上项目干工程往往是先污染后治理，全球二氧化碳排放在增加，南极北极的冰雪在融化，地球会遭灭顶之灾，全世界各国都在研究低碳排放问题，解决污染问题，我们中国作为一个大国，都在世界的大会上承担中国的责任，要减少二氧化碳的排放，要做到节约能源，建筑节能是一个很大的方面，喷泉水景搞得好是个节能的，搞得不好也会是浪费资源，也是不节能的，水资源在我们城市也是相当宝贵的资源，有的水资源问题困扰着城市的发展，所以我们强调低碳经济要以低能耗，低污染低排放为基础的发展模式，其实质是能源的高效利用。开发清洁能源，追求绿色 GDP，比如说我们的喷泉水景是露天的，它要用电吧，我不要电源，用太阳能让你看不到，自己解决能源，太阳能光电能源，他们可以解决问题，就是喷泉水景技术与太阳能利用技术紧密结合。低碳发展战略的核心是能源技术创新，制度根本性转变。

3. 品牌发展战略

（1）科学发展要高度重视质量问题

质量问题是喷泉水景行业内外反映普遍的问题，许多已建成喷泉水景的用户反映，喷泉水景是“建得起、养不起、修不起”。许多喷泉水景项目用不了两三年就得大修，更有甚者，建成后就故障不断，维修不断，建设方和承建方纠纷不断。这也从一个侧面反映了设计上不科学、不合理，使用的产品设备质量低劣，施工安装上的粗放加工，服务上的敷衍了事的问题。我们必须认识到质量问题不及时解决将成为困扰和制约喷泉水景企业和行业健康发展的主要问题。

要解决质量问题，企业需要牢固树立质量观念，而且在研发新产品、新设备时，试验、筛选、技术优化的阶段必须要走得扎实，行业会给予引导，协助开展业内技术资源整合和信息资源共享平台，协助搭建产、学、研平台，抓紧制订喷泉专用设备的技术标准，建立质量监控手段。做到设计科学合理，选材可靠精良，施工安装严谨细致，运行养管严格规范，服务周到及时。行业也要对不同技术等级的企业在质量问题的考核上提出具体要求，推动企业和行业在高端化、高质化、高新化的路上健康发展。

在喷泉水景行业里有一大批企业坚持科学管理，注重科技创新，热心协会工作，关心行业发展，经济效益优异，社会效益突出。它们其中的代表有：深圳市水体实业发展有限公司、深圳市极水实业有限公司、深圳市戴思乐泳池设备有限公司、广州华润喷泉喷灌有限公司、广州市水艺喷泉灌溉园林有限公司、杭州西湖喷泉设备成套有限公司、上海佳景园喷泉设备有限公司、常州长江水体环境工程有限公司、扬州恒源自来水设备有限公司、宁波市佳音机电科技有限公司、天津大德环境工程有限公司、北京东方光大安装工程集团有限公司、北京建通兴业环境科技有限公司、北京万华阳光喷泉设备有限公司、同方股份有限公司、北京中科鸿正技术开发有限公司、陕西东方经典喷泉景观工程有限责任公司、宜兴太平洋金龙水设备有限公司、江苏双龙水设备有限公司、上海福仁环境工程有限公司、杭州德士比泵业有限公司，还有很多企业也都取得了显著的成绩，获得了发展。

企业能取得成绩与企业家领导和管理是分不开的，上述企业的负责人有何文、钱东郁、陈梅湘、庞昱、傅伟、周昱、裴少云、姚君、胡迦慈、鲁定尧、石磊、贾志学、徐继来、张万华、张青虎、钟振民、权桂芳、张敖春、陈祖林、蒋盘福、张向泽，还有王连涛、陆荣学、陈艳群、丁文铎、吴永明、李淑花、龚金海、陈卫忠、朱经德、郑航。

(2) 大力倡导诚实、守信

企业和行业都有其社会责任、诚实、守信是根本。之所以强调这个问题，是因为在行业内有一小部分企业不同程度地存在着不诚实、不守信的现象。表现在：有些企业合同违约现象屡现，有的企业对研制开发过程中的产品夸大效果，吹嘘包装过度，误导用户；个别企业有冒牌、套牌欺骗用户的行为；更有甚者将使用的外购产品商标铭牌取掉，以便于品牌调包，质量调包，以次顶好。这些唯利是图的不诚信行为，在业内遭到了大多数诚实、守信企业的反感和抵制，但产生的负面影响和危害是不可忽视的。

我们可喜的看到，行业中越来越多的企业在诚实、守信、自律、规范的执行中不断进步。对待不诚实不守信，欺诈行为要善于运用法律武器维权，要在业内形成舆论和氛围扶正祛邪。对偶有不诚实、不守信的现象的企业，要批评、帮助。让他们吸取教训、及时纠正。以实际行动挽回信誉，重建信任，让我们每个企业从自身做起，持之以恒，共建诚实、守信、自律、规范的经营环境，使行业健康发展。

喷泉水景行业在 2011 年进行了优质工程评奖，从设计、施工、产品质量服务，用户使用反馈各方面制订了细则，并进行了网上公示，经过各企业认真准备材料申报，评审组评审及现场复核评选出一等奖 7 项，二等奖 6 项，特别奖 1 项。

1）喷泉水景优质工程一等奖（按英文字母排序）7 项

①北京奥林匹克公园中心龙形水系喷泉水景工程

承建单位：同方股份有限公司

②凤县嘉陵江电脑音乐彩色喷泉水景工程

承建单位：陕西东方经典喷泉景观工程有限责任公司

③广东省揭阳市榕江大型音乐喷泉水景工程

承建单位：北京东方光大安装工程集团有限公司

建设单位：广东省揭阳市机关事务管理局

④海口市人民公园大型喷泉水景工程

承建单位：深圳市水体实业发展有限公司

⑤南京火车站站前广场音乐喷泉水景工程

承建单位：北京建通兴业环境科技有限公司

建设单位：南京城建项目建设管理有限公司

⑥苏州太湖文化论坛国际会议中心湖面音乐喷泉水景工程

承建单位：杭州西湖喷泉设备成套有限公司

⑦通辽市新城区市民广场喷泉水景工程

承建单位：天津大德环境工程有限公司

2）喷泉水景优质工程二等奖（按英文字母排序）6 项

①本溪新城北沙河水上音乐喷泉水景工程

承建单位：北京万华阳光喷泉设备有限公司

②第五届国际园林花卉博览园音乐喷泉水景工程

承建单位：广州华润喷泉喷灌有限公司

③惠东县文化中心广场音乐喷泉水景工程

承建单位：广州市水艺喷泉灌溉园林有限公司

④桔子洲焰火广场音乐喷泉水景工程

承建单位：江苏双龙水设备有限公司

⑤南京市河西滨江公园激光、火炬、电脑音乐喷泉水景工程

承建单位：荣诚环境工程集团有限公司

⑥陕西榆林阳光广场大型激光水幕电影音乐喷泉水景工程

承建单位：上海佳景园喷泉设备有限公司

3）喷泉水景优质工程特别奖 1 项

广州亚运会开幕式喷泉水景工程

承建单位：北京中科鸿正技术开发有限公司

我们的东道主宁波佳音机电科技有限公司是一家专业设计、开发及制造电磁阀、电磁泵、数控喷泉、数控水帘和智能家电等产品的高新技术企业。公司已与飞利浦、雀巢、西门子、TTI、SEB、灿坤、东方光大、北京中科恒正等公司建立长期合作关系，年销售额过亿。

近年，公司以市场为导向，以技术为依托，不断利用新技术和研发新产品，取得了显著成效，以实施科技研发项目 13 项，拥有实用新型专利 12 项，发明专利 2 项。

4. 文化发展战略

（1）文化自觉

文化有客观的，你要说话、你要做事、你要生产，所有精神物质的综合就叫文

化。但是我们要高度增强文化的自觉性，用文化去塑造我的企业，有些企业文化自觉性不够，有的企业仅仅忙于产品、忙于市场，而对文化的自觉性远远不够，对民主来讲要有文化的自觉性，对企业来讲也要有文化的自觉性。

(2) 文化自信

相信我这个企业、相信我这个产品，真正能做到品牌产品闯天下，名牌企业走天下。我今天不行明天行，明天不行后天能行。相信我的企业经过若干年的发展能达到我新的目标，有高度的文化自信心。

(3) 文化氛围

一个企业、一个行业、一个城市，文化的氛围非常关键，文化也有落后的，也有腐朽的，有乱七八糟的文化，也有封建迷信的文化。我们用先进的文化制造一种氛围，也就是锦涛书记讲的要在全中国制造一个一心一意搞建设、全心全意谋发展的氛围，一个好的文化氛围，不干活的人待不住，他就要想干活；一个不好的文化氛围，想干活的人干不成，你干成了就会受到打击，企业要树立一个良好的文化氛围。

(4) 学习型组织

现在全世界都强调学习型组织，美国提出要办成人人学习之国，日本把大阪城市变成学习型城市，德国提出终身学习，新加坡提出 2015 学习计划。而我们中国共产党，马上要召开的“十八大”明确提出要把共产党办成学习型政党。我们的很多城市也提出了学习型城市、生态型城市。作为企业要成为学习型组织，员工要成为知识性员工，现在的科学技术成倍地在增长，发展速度相当之快。今天的文盲不是我们过去讲的不识字的叫文盲，什么叫文盲？不肯学习、不善于学习的人是现代文盲。企业家要学习，企业员工要学习，专家们要继续学习。

五、协会的责任和使命

中国建筑金属结构协会喷泉水景委员会从 2001 年成立时只有 20 多个会员单位，发展到目前委员会共有会员单位 244 个，其中副主任委员单位 28 个，常务委员单位 85 个，会员企业 131 个。我国喷泉水景行业企业达 500 个，固定资产 9.88 亿元，从业人员 28.6 万人，行业工程及销售收入为 45 亿元。

什么叫协会？协会就是协作办会。协会要为企业创造商机，是企业家的良师益友、是国家机关的良好助手，要沟通政府和企业的关系，加强各行业之间的联系，真正做到为企业服务。我有一句话，协会的工作不是靠权力是靠魅力的，协会工作都是创造性的，没有“三定”方案，没有人找我干什么不干什么，所有事情都是我自找的、自想的，自己研究的。大家还要树立一个观点，协会是我们的协会，不要说你们协会怎么的，这是你们的协会。你是协会的会员单位，作为会员是我们自愿组织起来经国家法律批准的，是一个社团组织。尤其是协会的副主任单位，你们有双重职能，第一职能是办好你的企业，第二个你要尽到副主任的职责，要关心行业。在这里我还要多讲一句企业和协会的关系，一个没有世界眼光、没有战略思维的企业领导人是不关心行业只关心自己的企业，但要想把自己企业做大就必须要了解行业，你不了解行业你这个企业怎么发展啊。你要熟悉了解行业，关心行业就会关心本企业的发展，所以要高度重视行业，如果你是一个小作坊你爱怎么干就怎么干，你要想做大做强做优，不关心行业是绝对不可能的，所以要把协会看作是我们的协会，我们来共同维护他、共同出点子想办法，把协会的事情做得更实，为企业创造的商机更多，这才叫协会。具体说重要的有以下几项。

1. 制定标准规范

制定标准规范是协助政府要做的事情，应该说中国建筑金属结构协会各专业委员会在这一方面工作做得相当不错，深受各会员单位的欢迎，很多过去没有的标准我们把它编出来了，很多过去老的标准我们把它修改了。喷泉水景委员会在制定标准规范方面也做了大量的工作：2003 年制定《水景喷泉行业行为规范》，该规范在 2003 至 2006 年市场竞争无序的情况下，起到了一定的作用；2004 年至 2005 年修编《喷泉喷头》行业标准，并在天津建立了喷头检测中心，标准已在 2005 年 10 月实施，通过这项工作对规范喷头的质量起到了至关重要的作用；2005 年至 2007 年编制 CECS218：2007《水景喷泉工程技术规程》，并于 2007 年 8 月实施；2009 年至 2011 年编制《水景用发光二极管（LED）灯》，并于 2011 年 8 月 1 日开始实施。该产品标准促进了市场的规范，保障了性能稳定、质量可靠、节能、环保水下灯的推出，对提高水景喷泉 LED 水下灯工程质量具有重要意义。

我们现在还有很多标准短缺，因为科技在发展，标准非常重要。我们说三流的企业是卖劳力，二流企业卖产品，一流企业卖技术，超一流的企业是卖标准。标准分国家标准、行业标准、地方标准以及企业标准，标准规范的工作协会要继续地把它搞好，要发挥专家企业家的作用。标准的科学性在于我们专家，标准的实用性在于我们企业家。

2. 组织会员单位赴国外考察，学习外国喷泉水景的先进经验

像意大利的喷泉水景就值得我们去学习，现在全世界很多发达国家都想建孔子学院，还想建中国园林。园林离不开喷泉水景，新加坡有中国园林，日本新瀉有个中国园林，中间就是喷泉，美国也有，法国也要建，世界很多地方有中国园林。当然我们也要学习国外先进的东西，欧洲文艺复兴，其文化艺术值得我们去学习。我们要多组织一些企业家走出国门向世界学习。什么叫学习？学习的目的就是要赶上他、超过他，中国的企业家、中国的喷泉水景企业家和专家完全有水平、有能力成为世界顶尖级科学家，中国人是聪明的。

3. 组织各种培训班

就是我前面强调的学习型组织，无论是管理者还是企业工人都要进行培训学习。

4. 要提高全社会对喷泉水景美学的认知度

我在任国家大剧院业主委员会副主席时写过一篇文章，要提高全社会对建筑美学的认知度，建筑在熏陶人、感染人，要加强对建筑美学的宣传。而我们的企业家、我们的专家，要在这方面下点功夫，能否搞一次全国喷泉水景大型摄影展、喷泉水景大型画册（包括国外的）出版，通过邮电总局出版一次喷泉水景纪念邮票。另外，我们要高度重视新闻单位的作用，让新闻来为我们做宣传，让新闻来为我们喝彩，让新闻为我们的产品鼓掌，要真正做到在各种大报纸如人民日报、经济日报、建设报上有我们喷泉水景的字、电视上有我们喷泉水景的影、电台上有我们喷泉水景的声、网络上有我们喷泉水景的页，就是网页。让全社会扩大宣传力量，了解我们喷泉水景的美学知识，要举办喷泉水景国际博览会，让日本的、意大利的、欧洲的、美国的到中国来展出，举行大型的世界喷泉水景博览会。你们企业家们，副主任单位以及委员会的同志会后研究一下，那些能做的。我觉得窝窝囊囊也是干，漂漂亮亮也是干，我们要么不干，事情要干就要大干，漂漂亮亮大干一场，干企业也是如此。

5. 组织专家研讨咨询

专家是协会的宝贵财富，我们要提供舞台，要使专家和企业家紧密结合。喷泉水景行业有一批专家，并在 2011 年成立了专家委员会，其中专业专家 45 人，来自高等院校学者 18 人、企业专家 27 人。要把专家的技术变成我们实实在在的产品，实实在在的生产力，这是我们专家科研的重要目的。

6. 营造行业和谐自律的氛围

不论是企业还是行业，和谐、凝聚都是可持续发展的必要保障。企业和谐、凝聚会产生向心力，心齐气顺，行业和谐，凝聚会使行业繁荣，充满活力。

企业和谐、凝聚氛围的建立，主要在于企业经营者的领导和管理。企业发展除了要有清晰、明确的发展目标和规划，科学求实的进取精神，先进的人性化的管理方法外，还应该妥善处理好与企业有关的内外各种关系和矛盾。守法、诚信为先，在市场竞争中率先做好自律，预防和抵制腐败行为和不正之风。竞争既是实力、能力、水平、业绩诸方面的较量，同时也是向对手学习、借鉴的机会。提倡在竞争过程中公开、公正、公平地展现自身的优势和长处，求得竞争成功，避免采取不当的贬低，攻击对手的做法。多交朋交少结怨，树敌过多会自伤，企业经营者要通过市场的磨炼改变自己，完善和提高自己，理性平和的心态会产生理性平和的行为，在建立有利于市场竞争力的形象的同时，也会赢得对手的尊重。

行业要倡导和鼓励科学发展，创新进取，求实守信，开放包容，公平竞争的精神，密切与企业的关系，加强互动。通过开展标准，规划的制订，进行技术培训，学术交流加强国际交往，促进信息交流共享，利用科研、设计院所、大专院校的人才，知识资源，与企业共同搭建产、学、研平台，为企业做好服务。

我们欢迎合法，依规的市场竞争，抵制和反对不合法，不依规的市场活动。随着市场的净化、规范，用户的理性、清醒。那些不在技术进步，科学管理，诚实经营上下功夫，只想在弄虚作假，投机取巧，误导用户以推行其低质低价，低端产品的做法和行为将会受到不断地揭露和抵制。我们的会员和行业也会主动地维护会员权益，维护消费者权益，维护用户的利益。让我们共创和谐、凝聚的行业氛围，保持可持续发展的强劲势头，为繁荣喷泉水景市场，提升喷泉水景品质而共同努力。

2002 年喷泉水景委员会开展的企业技术等级认证评定有力地推动了企业的技术进步和创业的良性发展，规范了市场秩序，为用户选择提供了科学、合理的依据。十年来的实践证明了科学的企业技术等级认证评定，是促进行业良性发展的有力抓手之一。随着这些年喷泉水景行业的快速发展，原有的企业甲 1、甲 2、乙 1、乙 2、丙五个等级已不能涵盖现状的要求。喷泉水景委员会在 2012 年初上报给协会的“十二五”规划提出似在“十二五”前期，取消丙级、增设特级，对特级的要求更注重的是质量、品质、服务。

今天我讲了喷泉水景行业的科学发展战略，其中讲到科学发展战略新的起点、科学发展战略的国际比较、科学发展战略的创新、科学发展战略的主要内容，同时也讲到协会的责任、职责、使命，还讲到要高度重视中小企业发展，为此我们协会印发了国务院各部门关于扶持中小企业 48 个文件，全部印发给我们会员单位，全世界都在重视中小企业，美国、日本都制定了中小企业法，鼓励发展中小企业，中小企业在解决民生就业促进科技进步方面，起到了不可替代的作用。

喷泉水景行业随着经济的发展而发展，随着城市的发展而发展。在研究发展战略的时候，我们特别重视项目，项目的设计施工和管理还有项目的文化更加重视专家的作用，包括设计大师和施工专家，更加重视企业家。喷泉水景行业的科学发展要紧紧依靠专家的才智和企业家的胆识。我们坚信：在活跃喷泉水景创作思想提升喷泉水景文化素质，繁荣喷泉水景创作作品的今天，一定会涌现有更多发明研究专利权的专家。涌现有更多具有世界眼光战略思维成功的民营企业家，涌现有更多具有市场竞争力和国际竞争力的现代企业。喷泉水景行业的明天会更加美好！

（2012 年 10 月 29 日在浙江余姚“2012 中国喷泉水景高峰论坛”上的讲话）

注重战略 突出创新 是壮大行业做强企业的制胜法宝

给水排水设备分会成立于1993年，目前有管道委员会、泵阀委员会、给水热水设备委员会、排水和排水利用委员会。原设备分会下属的地暖和水景喷泉两个委员会现已升级，成为在大协会下的二级委员会。分会成立二十年来，以上各专业委员会都做了大量的工作，为行业和企业发展发挥了很给力的作用。这次换届需要更强调八个大字，即“注重战略、突出创新”，这是壮大行业、做强企业的制胜法宝。

一、注重发展战略

1. 认清行业发展的新起点

二十年来分会从小到大、由弱变强，虽然两个最大的委员会成为在大协会领导下的独立二级委员会，分会的会员总数仍能达到400家左右。会员单位生产总值达到几千亿元，服务范围涵盖几十个领域。

(1) 管道委员会

现有会员单位近200家，行业产能超过300万吨，产值约在150亿元。还形成了金洲、德士、沽上、昊航、联塑、金羊、共同、民乐、正康等一批拥有知名品牌和核心技术的龙头企业，为了加强行业自律行为，协会成立不久就在全行业推行“CBW”标识认证工作，并在多个行业制定了相关行业的标准。

(2) 泵阀委员会

2012年我国阀门产业工业总产值达到2116.4亿元，产量721万吨，年销售收入2000万元以上的阀门企业有1543家。龙头企业包括上海冠龙、浙江盾安、广东永泉、安徽铜都、株洲南方、VAG、济南玫德等。

(3) 给水热水设备委员会与排水和排水利用委员会

两年来，两个委员会共走访会员企业54家。通过走访使得行业协会和会员单位关系更加紧密，不仅能让协会更深入、更具体地了解到会员企业的真实情况，包括企业规模、发展现状、生产经营存在的问题以及产品质量等方面的情况，同时也让会员单位对协会开展的各项工作有了进一步的理解。

据初步统计，行业内相对知名的生产企业大约有70家，使用管网叠压（无负压）

供水技术的年产量达到25000台套，年产值约为50亿元。其中发展较好的企业，其年产量呈逐年上升的趋势，其增长幅度约为20％～30％。

会员企业多年来在新产品研发、促进技术进步、提高产品质量、完善企业管理、改善职工待遇、增加国家税收、美化处所环境等诸方面都有了很大的提高，为国家和民众做出了诸多贡献，为行业的健康发展付出了你们的艰辛。会员企业和分会取得了长足的进步。但这些都是发展道路上的新起点。在国家改革发展的转型期、关键期还需要我们付出更多的努力，学习更多新的知识，改变许多传统做法，增加新的内涵，取得创时代的成就。

在这里谨代表中国建筑金属结构协会对你们取得的进步表示祝贺！对你们为国家与行业做出的贡献表示感谢！同时对你们多年来对协会工作的支持表示诚挚的谢意！

2. 制定行业和企业的发展战略

（1）规模经营战略

规模经营既是企业发展的需要，也是行业进步的必然；是企业追求利润最大化的手段，也是企业推动现代管理制度和管理手段实施的基础条件，还是提高产品质量、提高产品一致性的保障；是一个具有战略眼光的企业家、职业经理人追求的重要目标之一。一个企业不具规模、不具有一定的规模、不具有合理的规模、不具有企业既能实现又有发展前瞻性的规模，就会缺少发展的动力、弱化发展的方向、减缓进步速度甚至停滞不前，缺少抵挡大风大浪的能力，被行业发展过程中的湍流、紊流所裹挟，甚至会迷失企业自己，以至于被淘汰。

广东有一家阀门企业在过去的十多年的时间里规模持续扩大，北至黑龙江、南到珠海，在全国多个省份都有该企业的生产基地，目前已发展为有两个上市公司，总经营额达60亿元的业内大型企业。

（2）科技领先战略

“科技是生产力”是企业发展的源泉和动力，也是抢占行业制高点的基本条件。要实实在在开展技术创新，广泛了解世界的技术走向，深入研究行业技术发展方向，制定具有技术前瞻性发展纲领，用以指导产品的研究和开发，指导产品质量的提高，促进管理水平与管理手段的进步，从而站在行业发展的前列引领行业发展。切勿只注重短期市场份额，只注重炒作产品点滴特点、只注重赢得眼前利益的企业仅会得到一时的利益，短时间的辉煌。凡是真正以科技领先为前提的产品研发，踏踏实实地以科技创新为先导的产品研制与推广的企业才获得了平稳、快速，且长时间的发展。

企业和人一样也有生命周期，当企业生产的产品在市场上旺销的时候，企业处在青年期，当产品滞销的时候，企业便进入到了老年期，当产品无人问津时，企业便死亡了，企业还想生存便要研发新的产品。人类社会发展到今天，科技以幂指数增长，速度相当之快。20世纪90年代，我还在建设部任总工程师时，一次到日本去考察，他们拿了一种即将上市的新型相机给我照相，说这是不需要胶卷的相机，这便是今天我们所说的数码相机，当时这个相机只有几千像素，现在数码相机都有上千万像素，当年我还用录像带将“春晚”录下来，现在录像带谁还看，一个小小的U盘就够装好几年的“春晚”了。最明显的就是手机，更新换代非常快，而且每一代都有新的技术应用，科技发展之外。科技创新从原始创新到集成创新，到引进消化吸收再创新，这样才能使我们的产品有旺盛的生命力。比如深圳腾讯公司的产品微信，已经冲击到了联通、移动公司的短信业务。所以说科技必须领先，光靠重体力劳动企业无法发展。

（3）扩张经营战略

扩张经营战略是与规模经营战略相互联系的命题。前面讲的规模经营重点强调的是产品生产规模的扩大、营业额的增长和市场占有率的扩张。这里讲的“扩张经营”想重点强调经营领域的开拓。大家都知道世界知名企业都不是“单打一”。生产冰箱的企业也在生产空调，生产空调的企业也在开发热源产品，生产计算机的企业也涉足了手机市场。现在在国内也有生产车辆的企业参与了军用机械的生产。总之，生产单一产品，甚至于生产单一领域产品的企业很难做大。只有拓展本身产品的应用领域、拓展相关产品的领域空间才能取得更大的发展。当然，“拓展”应因地制宜，量力而行。没听说生产手机的企业涉足大型机械领域，更见不到食品企业从事垃圾焚烧。所以在这里举极端的例子，只是想说明拓展空间要充分利用现有条件，要根据自己的技术储备、经济实力、市场条件以及领域联系而实施，如此便可获得事半功倍的效果。而扩张选择失误、扩张没有实事求是不仅不能获得更大利益，还有可能造成重大危害，这样的例子屡见不鲜。

当年我们国家领导人到美国西雅图波音飞机厂参观，第一句话就是，我代表中国人民感谢你们美国波音飞机制造厂。但波音的总裁马上站起来申请纠正说，波音不是美国的，是世界的，我们很多产品是西安生产的，西安的工厂按照波音的标准生产的配件就是波音的产品。今年我到中山参加一个会议，瑞士一家名叫亚萨合莱的公司，通过扩张经营收购了“盼盼”、“国强五金”，结合自身优势与中国企业的市场，企业发展到一定程度一定要扩张经营，包括企业上市，上市是从生产经营扩张到资本经营，企业要对股民、对公众负责，是公众型企业。

（4）竞争与合作战略

竞争与合作是一对孪生兄弟，是矛盾的统一。竞争是发展的需要，也是市场的必然。合作是竞争的补充，也是发展的高层次竞争的开端。市场的竞争往往推动了企业间的合作，企业间的合作又带来了新的竞争。那个企业掌控了竞争与合作两个方面，他就能获得更大的发展空间。竞合不是简单的合并，是一加一大于二的算术题，是技术、市场、经济、管理等多方面互为补充的联合。所谓强强联合是以我的强项补充你的弱项、以你的优势改善我的弱势。

把握好竞争与合作的尺度和机会是门艺术，企业家们都在研究。真正利用好竞争与合作就应在法治的基础上、道德的规范内处理好竞争中的平衡和合作中的双赢。

在管道行业和阀门行业都有从合作开始，继而进行合并扩张逐步壮大，发展成年营业额在30亿元的上市公司。这些都是掌握竞争与合作艺术的成功例证。

过去讲市场经营都是竞争性经济，大鱼吃小鱼、你死我活的残酷竞争，但这只是一个方面，另一个方面是合作。合作是更高层次的竞争，现在全世界都在讲合作，比如现在世界各国领导人都在忙合作，金砖四国、G20峰会、五十国集团。不会合作就不会竞争，合作有两大目的：第一个是提高企业经营能力，没有万能的企业，但通过合作可以完善企业的能力。我没有的，我的合作伙伴有；我没有钱，与我合作的银行有；我没有科学技术，与我合作的科研院有。合作可以增加本企业的能力；第二，增加企业市场份额，比如连锁店，通过合作可以将市场发展到全国，增加企业市场。不过不论竞争还是合作，都要求企业有实力，没有实力没有人跟你合作。要有品牌战略，做名牌产品。产品质量只是产品的物理属性，而品牌不光是物理属性，还有情感属性，比如一件衣服上面有一个勾，便是耐克，加一个BOSS，衣服就要贵两倍，这便是品牌，有这个品牌用户便有了信任感。把握好竞争与合作非常关键。

（5）文化制胜战略

企业文化是指企业中长期形成的思想作风、价值观念和行为准则，是一种具有企业个性的信念的行为方式，是社会文化系统中一个有机的重要组成部分。文化是抽象的，在企业的长期发展中形成。不论承不承认，任何企业都有文化，广义上说，企业文化是企业在实践过程中所创造的物质财富和精神财富的总和；狭义上说，是指企业经营管理过程中所形成的独具特色的思想意识、价值观念和行为方式。企业文化从外延看，包括经营文化（信息文化、广告文化等）、管理文化、教育文化、科技文化、精神文化、娱乐文化等等。企业文化从内涵看，包括企业精神、企业文化行为、企业文化素质和企业文化外延。其精髓是提高人的文化素质，重视人的社会价值，尊重人的独立人格。事实证明，那个企业的企业文化搞得好，企业职工的向心力强，那个企业职工受外界利益诱惑少，即“归属感、认同感”强，那个企业就会赢得明天。在好的企业文化氛围中，不想干活的人待不住；在不好的企业文化氛围中，想干活的人干不成。好的文化氛围做出好的产品，同时作为一个企业来讲，塑造本企文化，当本企的人员穿上本企的工作服就与其他人员不一样，要以文化制胜，以人为本。企业老板要知道，企业的成功固然与老板的努力有很大关系，但与员工分不开，员工与企业也分不开，有企业员工才能挣到钱，实现自我价值，企业正因为有了员工的才干才能发展壮大，任何事情都是人做的，纵然有电脑也是需要人去操作，要充分调动人的主观能动性。企业所做的一切又是为了人的，既为本企员工日益增长的物质和文化需要，也为企业产品用户日益增长的物质和文化需要，企业要向社会提供好的产品，也要为社会造就一代新人，这就是以人为本。

中国一直以来传承的是儒家文化，企业也要有儒家文化，要讲究儒家的诚信。当今社会，在中国市场经济不完善下，市场中存在许多不诚信行为，好的产品卖不出去，不好的产品没人要，可以用吹、假、赖三个字来概括今天的市场：第一是吹牛，到处是吹牛的，饺子店不叫饺子店叫饺子城，饺子世界，开发商吹嘘自己的楼盘，英语学校吹嘘自己超越剑桥；第二是假，到处是假，作假的人相当之多，比如假奶粉、假证；第三是赖，抵押贷款十个担保九个有问题，不守信用。我们不仅要有儒商的诚信，还要有智商的才能和华商的胆略，以上讲的五大战略既要制定好更要执行好。战略在执行中要微调，要真抓实干，要求真务实。企业来不得半点虚假，我多次说过，在中国企业家要讲政治，但企业家不能变成政治家，不能讲空话，一道工序不严，产品就要出问题。

一定要求真务实。求真就是要依据解放思想、实事求是、与时俱进的思想路线，去不断地认识事物的本质，把握事物的规律。务实就是指根据自身实际、现有条件，包括可创造的条件，扎扎实实实地逐项落实，追求实际效果。不论对分会还是对企业，求真务实地致力于五大战略的实施都将收到理想的效果。

二、突出创新

1. 制造技术创新

制造技术的创新是企业不断追求的目标，也是提高生产力有效手段。制造技术的创新就是要从改善现有制造工艺入手，也要着眼于突破性创新，提高生产效率，降低生产成本，改善劳动环境，提高产品一致性。

产品是加工制造出来的，我们最早加工制造靠廉价劳动力，靠人工辛辛苦苦地做出来，都是手工操作。而现在人工成本越来越高，发达国家更高，面对人工费用高，企业就应该少用人多用机器，生产流水线化，生产制造自动化，这就要求我们的加工制造设备企业先进化、成套化、流水作业，提高劳动生产力，而且机械化生产的产品质量也稳定，不受人工情绪影响。制造技术创新在提高劳动生产力，提高产品质量上努力。

协会也在积极调查研究，通过内引外联，促进消化吸收，引导、鼓励和推广创新成果。

2. 管理模式创新

管理模式要体现先进性、规范性、适用性、持续性和可操作性。不论对企业还是对社会团体，管理模式都需要改善，都需要提高，都需要创新。管理要以人为本，既要体现“制度”面前“人人”平等，又要充分考虑因“人”而异。就是在考虑人的性格、习惯、思想、教育背景等诸多差异，企业状况的不同，行业状况不同以灵活的方式使管理对象达到条例和制度上的一致。日本在管理方面做得很有优势，在日本，不光员工为本企服务，员工的下一代仍然为企业服务，甚至是员工的亲朋好友也为本企服务。管理简单地说就是让别人劳动，自己劳动叫操作。劳动有很多种方式，有创造性的劳动，有怠工的劳动，有积极的劳动，有磨洋工的劳动，有主动的劳动，有消极的劳动，实现怎么样的劳动要看管理水平的高低，管理水平高，员工便拼命地劳动、创造性的劳动，管理水平低，便没人劳动。大家都参加工作这么多年，会有体会，在有些领导的管理下，加班加点地干也没有怨言，而在有些领导的管理下，不让干也还讨厌。这些是管理水平高低的差异。

3. 经营方式创新

通过改变为本行业、本企业的经营方式达到发展进步效果的，是不拘一格的。成熟的经营方式如：直销、代销、网销、批发、零售等等，现在有的企业采取的多种方式共存的经营方式对本企业来讲就是创新。企业一是制造、二是经营，就是生产和销售，要与产品上下游合作经营。

4. 人力资源开发创新

人力资源开发的创新，是指一个企业或组织团体在现有的人力资源基础上，依据企业战略目标、组织结构变化，对人力资源进行调查、分析、规划、调整和组织（包括人才的引进），提高组织或团体现有的人力资源管理水平，使人力资源管理效率更好，为团体（组织）创造更大的价值。

企业是由人组成的，再好的规章制度也管不了人的方方面面，企业制度有两种，一种是可以体现出来的，比如公司规定；另一种是隐形的，比如人际关系，这方面的人力资源开发可以创造很大的价值。企业应尽可能开发本企员工的综合能力，外来和尚并非一定好念经，要用事业、感情、待遇留住本企员工。

三、大力提高各专业委员会活动的品牌化水平

协会是什么？协会就是商会，协会就是要举办活动，为企业吸引客户，人的生命在运动，协会的生命在活动，人的生命在于健康长寿，协会的生命价值在于活动的价值，活动要品牌化。协会是属于行业的，协会的副会长单位、副主任单位要明确：第一本企要在协会系统中起到带头作用；第二，副会长、副主任要尽到自己职务的责任，要充分发挥副会长、副主任的职能，使协会活动达到品牌化。协会如何开展活动，需要大家一起商议，活动必须是大家认可的。

近年来分会的各个委员会都做了大量的工作使分会的影响有所扩大，但工作的系

统性还有所欠缺，效果没有达到最佳。关键是没有把委员会的活动提高到品牌化高度。委员会的活动应该始终与协会的品牌化建设联系起来，并用下述几个“度”来衡量活动效果。

1. 会员企业参与度高

从今天会议的副理事名单看，西北、东北地区较少，浙江、上海、广东较多，而西北、东北有着如此广阔的市场，行业的发展是全国性的，需要他们参与进来。

对于企业家来讲，时间就是金钱，如何能让企业家抽出时间来参加活动，委员会的活动要能吸引会员企业积极参加，参与度高，这就要求委员会活动的内容、活动的形式是会员喜闻乐见的，是对会员企业的生产、销售、管理有帮助的，可以帮助企业改进生产工艺，提高产品质量，完善管理制度，提高职工素质，增加企业整体实力。

2. 社会知誉度高

协会活动不能悄悄地办，委员会应通过各种活动提高行业知名度和美誉度，并在整个活动过程中加大宣传力度，扩大活动的影响和委员会的影响。如果我们自己不宣传这个行业，这个行业在社会中的地位不会高，要做到报纸有字，电视有影，电台有声，网上有页。

3. 行业和企业影响度高

委员会的活动应能增加行业和企业在相关领域的影响力，引起相关领域注意和重视。委员会应该每年一次或每两年一次，评选行业中的十强企业，这种排名会产生一种激励，而十强企业也会有自豪感。

4. 跨行业跨部门的凝聚度高

委员会还应做到不仅在本行业有影响，而且在相关领域能团结有关组织、专家为行业服务，为企业服务，形成跨部门、跨行业的凝聚力。给水排水设备分会与国内的八个协会共同开展活动，中国土木工程学会、中国建筑业协会、中国建筑材料协会都有排水行业组织。法国的给水排水协会中一家企业当年出资培训中国二十位市长，整整培训了半个月，其原因就是要将他们的自来水设备打入中国市场，他的设备美国有、中国有、英国有、法国有。给水排水设备分会与十五个国家的协会有往来，华明九还是国际水务协会执行理事。中国是大国，要尽到大国的责任，应该参与国际水务事务，挑起人类社会在水务方面的责任。我们有四百家会员单位，在国外市场开拓的情况应该汇报给协会，我们的产品要进欧洲市场、南美市场、东盟市场，东盟年年在广西开会，为什么我们的产品不打进东盟。华侨在全世界都有，应该发展我们的华侨作为企业经纪人，为我们开拓国际市场。国外很多百年企业，而中国的很少，我们也要打造百年企业，将企业做大做强做优。

战略也好，创新也好，最关键的还是个能力问题。制定战略要能力，执行战略更要能力。没有能力，什么事也做不成。而能力来源于对事业对企业的忠诚和事业心，凭着强烈的事业心，刻苦学习，努力使企业成为学习型组织，员工成为知识型员工。只有这样，才能使我们行业的明天更加美好，企业的明天更加强大。我们在从过去的辉煌走向未来的更加辉煌，企业家要从过去的成功走向未来的更加成功，这也是我们实现中国梦的重要方面。

（9月23日在上海"给水排水设备分会第四次会员代表大会暨国防工业给排水技术应用研讨会"上的讲话）

八、采暖散热器篇

三　大　创　新

党的十八大报告强调指出“科技创新是提高社会生产力和综合国力的支撑，必须摆在国家发展全局的核心位置”。对于我们采暖散热器行业来说，更加需要把创新摆在壮大行业、做强企业的核心位置。针对我们行业和企业的现状，落实“十二五”规划的要求，必须高度重视科技创新、经营方式创新和企业管理创新。

采暖散热器委员会应该说是我们中国建筑金属结构协会15个专业委员会中凝聚力最强、氛围最好的委员会，刚才宋为民同志做了工作报告，这个报告内容都是大家干的。我多次讲协会是大家的协会，是会员单位的团体组织，我们要把这个团体组织做好，也有利于企业的发展。今天我想借这个机会强调一下三大创新。

一、科技创新

1. 专利和专利分析

（1）专利

我国散热器企业在发展创新过程中，已经开始为增强企业竞争力、提高企业自身科技实力入手、积极转变发展观念、调整产品结构，由简单模仿跟进阶段开始，从型式到制造技术走向创新成果初见成效。1995年到2006年委员会出版了《采暖散热器行业专利汇编》共620项专利：其中发明专利58项，实用新型专利402项。在“十一五”期间，2006年—2011年委员会出版了第二册《采暖散热器行业专利汇编》共641项专利：其中发明专利45项，实用新型专利414项，外观专利182项。行业成立25年来共取得专利1261项，应该说是相当不错的。

（2）专利分析

不是每一个企业都有专利，企业必须学会专利分析，企业可以没有专利，但不能没有专利分析。专利分析能使企业做到以无胜有，以无制有。越是专利不多的领域，技术上就越可能有未被开垦处女地。一个企业没有专利并不可怕，细心研究其他专利技术，在别人的基础上再研发，创造属于自己的专利，这是日本科技当年起步的经验。

1）制定和发展企业知识产权的战略，是提高企业市场占有率和保护市场份额的重要武器。进入2000年以来，由于国外技术的引进，加速了中国本土产品的快速发展。越来越多的企业对保护知识产权的认识在逐步提高，逐步把知识产权战略作为企业发展竞争的战略核心。从641项专利看，老企业的专利占三成，品牌大企业专利占四成，新企业专利占二成。

2）反映了我国采暖散热器行业在科研院所专家、教授指导下，一些具有高视野、高起点、高技术、高投入和高素质的企业，紧紧依靠“产学研用”相结合，积极研发适合我国国情的新产品、新工艺，反映了我国采暖散热器产业由“铸铁为主”向“以钢为主”产业政策调整所取得巨大的成果。

3）加快了品牌建设，在产品加工、工艺工装、焊接技术等制造方面，采用引进技术和应用自主开发的技术成果相结合，创出了具有市场竞争力的新产品，既丰富了我国散热器市场，也稳步提升了本土企业品牌的发展壮大。

最近我看了两段报纸：一个是环球时报有这么一段，2012年全球创新百强企业无中国企业，其中有47家美国企业、32家亚洲企业，还有21家欧洲企业，中国没有一家企业入选。虽然中国专利申请数量领先全球，但由于专利的质量及影响力不足，所以中国公司无一上榜，评定专利成功率有专利申请的全球性、专利的影响力、创新专利数等指标，中国已经连续两年没有企业入选，这说明中国专利的数量和质量不匹配，此前世界知识产权组织公布的数据显示中国2011年国际市场申请较2010年增加了30.4%，增速在专利申请中保持第一。这说明什么问题呢，就是我们这几年重视专利、重视专利分析，国内也好、国际也好专利数量第一，但是我们的专利质量不高。还有一份报纸是这么报道的：人才和市场优势吸引着跨国企业纷纷在华成立研发中心，中国正成为研发基地，美国、德国、日本等发达工业化国家都曾经历过从模仿制造到自主创新的阶段，这一阶段正是中国加速呈现。印度时报今年12月5号指出中国正成为世界上最有活力的研发基地，仅中国在美国和欧洲专利申请数量就足以让人欢欣鼓舞，跨国企业在华研发中心数量如井喷般的增长，成为中国制造的推动力量。靠智慧制造也就是创造，可见专利和专利分析是非常重要的。

2. 十大新技术的推广

我们要研发新技术，成熟的新技术需要推广，需要在众多的会员企业中使用形成生产力。中国采暖散热器行业“十二五”发展规划指出：“以“产学研用”相结合的原则积极开展科技创新，切实增强工程应用意识，综合研究采暖系统节能，大力提升企业自主创新能力，使我国散热器制造工艺从一般的机械化加工向现代化加工工艺转变，从注重数量的粗放型转向注重效益和质量的集约型发展，从劳动密集型向技术密集型转变，实现产业升级”。

委员会从国家产业政策和全行业新的发展战略的高度，针对行业科技创新开展了专题课题的研究，制订了“太阳能利用与供暖一体化”、“大力推进供暖水质的规范化管理”、“采暖散热器低温运行的研究”、“钢制散热器的新品开发”、“铜管对流型散热器的创新及功能拓展”、“压铸铝合金散热器市场开发与应用”、“铸铁散热器机械化生产线的推广和应用”、“辅配件的专业化生产和安装挂件部品化”、“塑料合金散热器的探索”和“电采暖散热器的开发应用”十大专项课题的研究与探索。十大专项课题研究是“十二五”期间重点攻关的课题，是加快实现“以企业为主体，产学研用相结合”的创新体系新课题。

2012年为落实中国采暖散热器行业“十二五”发展规划，委员会针对三类产品铸铁散热器、压铸铝散热器、铜管对流散热器为分类指导产品，并分别制定了三类产品的“十二五”发展规划。

(1) 目前，国内尚无热水集中供热系统水质、水处理及运行管理国家标准，为改善供热采暖系统水质，减轻对散热器设备的腐蚀危害，提高能源利用率改善地下水环境质量，组织编制了《采暖空调系统水质》国家标准；

(2) 随着轻型散热器的快速发展，从原材料、工艺、焊接、内防蚀处理技术、钢铝、铜铝散热器复合技术得到进一步研制与攻关。“十一五”期间的专利成果，对“轻型采暖散热器新产品的结构优化，散热器节能、降耗、低碳技术、热舒适性奠定了有力基础。天津御马生产的复合压铸铝散热器、山东邦泰生产的双管钢铝（压铸）散热器、圣春冀暖生产的椭圆柱翼型散热器、唐山大通生产的复合压铸铝散热器、江苏昂彼特堡生产的压铸铝电暖气、宁波宁兴金海生产的电暖气、佛瑞德（郑州）生产的动态智控散热器、河南沃德生产的双进风铜管对流散热器、森德（中国）暖通生产的新风系统、旺达集团生产的压铸铝散热器、北京派捷生产的铸铁嘉力系列散热器、浙江森拉特生产的钢管系列散热器、浙江松尚生产的钛镁系列散热器、山西清徐学栋生产的铸铁板翼系列散热器、宁波海虹生产的钢制板型散热器、江西艾芬达生产的镀铬卫浴散热器、天津金王生产的散热器专用涂料、天津翔盛生产的散热器专用涂料均在2012年中国国际供热展荣获“产品金质”奖；

(3) 随着节能减排工作的推进，我国低温热水采暖不断发展，哈尔滨工业大学以“采暖散热器低温运行的研究”为课题进行了调研、试验并取得成果，为实际工程应用提供了可靠依据；

(4) 与国际铜业协会（中国）连续四年共同举办了四届“铜管对流散热器外形设计大赛”，在北京、上海等六所高校征集1700件作品，并由支持企业迅速转化为产品。通过竞赛，不但优化了产品外形设计、加速了产品的更新换代、促进了行业的技术创新，还培育了行业潜在的技术后备力量，力争在“十二五”期间的铜管对流散热器市场占有率从1.1%提高到4%以上；

(5) 宁波东方热传科技有限公司研发的塑料合金散热器、鞍山浩特散热器有限公司研发的钢制翅片管散热器、天津金王粉末涂料有限公司研发的采暖散热器用环氧聚酯型粉末涂料均有突破性的创新，这几家企业的产品在委员会的大力协助下，均通过了住房城乡建设部建设行业“科技成果评估”；

（6）促进铸铁散热器机械化生产线的推广和应用，如圣春冀暖散热器有限公司，不仅完善了铸铁散热器生产工艺、改造了铸铁散热器的生产线，并推出喷塑、内腔无砂新型铸铁散热器，以大容量热风冲天炉取代传统小吨位冷风炉、以大型自动化铸造流水线取代了传统半自动或手工生产线、以隧道烘芯窑替代了小型单体烘芯窑，推动了行业规模化、集约化发展的进程。目前，铸造工业的设备和技术，完全可以实现铸铁铸造的先进文明生产和持续发展。在冶炼和铸造、制芯和脱模加工中可能产生的烟尘，有效的设置强制除尘系统和机械通风系统，加强环境保护和改善劳动环境，确保铸铁散热器环保排污达标。另有山西学栋公司等 8 家规模较大的企业已对生产工艺和作业环境进行了改造，彻底根除了生产过程环境的污染，增加了除尘装置，达到了环保要求。

二、经营方式创新

企业是要经营的，经营方式要进行创新。

1. 合作经营

合作经营是当今世界的潮流，世界上国家总统、领袖天天忙的就是合作，战略合作。五十国集团、金砖四国、上海合作组织、博鳌论坛都是为了合作，都是为了战略合作。合作是当今世界的潮流，因为从市场经济来说，我们讲的是竞争。有人说竞争是你死我活的、竞争是激烈的、竞争是残酷无情的，但是我们要看到在市场过程中，有的场合下我们是竞争的对手，更多的场合下我们是合作的伙伴。所以现在有个竞合理念，竞争与合作的理念，合作是更高层次的竞争。我们加入 WTO，当时发明了一个词叫双赢、叫多赢，我赢了你也赢了，不能把自己的成功建立在别人失败的基础上，把自己的盈利建立在别人亏损上。企业要赢、房地产要赢，上游企业要赢、下游企业要赢，工厂要赢、工厂职工也要赢，要采用多赢的合作形式。我重点讲四大合作。

（1）银企合作

银企合作就是银行和企业的合作。什么叫银行，银行有两种：一种是政策性银行，一种是商业性银行。政策性银行像中国人民银行，他是制定金融政策的银行。更多的是商业性银行，商业性银行就是一个商店，同卖布的商店是一样的，是靠人民币存款贷款获得自己的利润，他需要和企业合作。当然它是有选择的，你这个企业不讲信用，你这个企业财务状况不好，他是嫌贫爱富的。但是我们要挣得银行的合作，银企合作是非常关键的，国际金融危机，给企业带来了前所未有的困难，帮助中小企业融资，扶持中小企业的发展，已成为国家政府推动这项事业的重要内容。唐山芦台经济开发区散热器行业协会于克跃会长，针对部分小企业资金短缺，急企业之所急，帮助30余家企业在银行拿到了贷款，行业内很多企业在政府的帮助下，实现了中小企业的融资，企业得到快速良性发展。世界上所有的国家都重视中小企业的发展，所有国家在不同发展阶段也重视中小企业的发展，像台湾是中小企业的王国。现在党和政府高度重视中小企业，在工信部设立了中小企业发展司，国务院部委发布了一系列扶持中小企业的政策。这些政策发布后，我们对这些政策并不了解，并不知道这些政策讲的内容，所以这次印发给每人一本，有国务院3个文件、各部门的48个文件，全部是扶持中小企业的。当然省里市里还要制定具体文件，你们回去要加以了解、加以学习，用活这些文件，能为本企业的发展真正起到作用；

（2）产学研合作

我国采暖散热器行业历经25的快速发展，淘汰和改造传统散热器工艺技术，研发低碳产品、低碳技术，及时调整产品的发展思路，是产学研相结合道路上具有长远影响的重要决策。行业内一批骨干企业会同科研院所专家、教授对轻型散热器产品的材质、加工工艺、焊接质量、工艺工装进行重点攻关，从产品引进、简单模仿跟进阶段，从型式到制造技术走向自主创新都取得了丰硕成果。

今天主席台上坐着的有清华大学、哈尔滨工业大学专门研究产品的专家，他们的智慧要通过企业家变成生产力，我们明天还有很多企业家、专家发言，我希望专家的研究成果要给企业家应用，要形成生产力。这几年来以下企业在这方面做得不错。

1）河北圣春早在80年代与清华大学合作研发成功的稀土孕育铸铁高压散热器，提高了产品承压能力，成为我国铸铁散热器自主创新的一大成果。该企业还率先成功研制并首家推出铸铁喷塑、内腔无砂铸铁散热器制造技术，实现了铸铁散热器自动化生产线，已经授予该企业“中国铸铁散热器研发基地”；

2）天津马丁康华公司率先推出外观新颖带彩帽铜铝复合散热器的中国本土产品，拓宽了铜铝复合散热器的市场营销空间，受到消费者的好评。彩帽的研制和成功推广，给散热器行业以很大启示；

3）山东建筑设计研究院牟灵泉研究员、青岛理工大学张双喜教授与山东中亚散热器公司合作研发的“铜铝复合散热器翻边冲孔工艺研究”，解决了产品的焊接强度和加工技术中的难点，这一工艺技术在钢铝复合中得到了广泛的推广和应用；

4）中意合资意莎普·金泰格公司与科研单位联手，将汽车制造的机器人操作系统经自主设计，成功将机器人操作的TIG焊接技术运用到钢制管型采暖散热器采用机器人操作焊接，产品质量稳定，焊口干净，在中国散热器行业还是首例。

采暖散热器委员会在2011年常委会上提出了“创新、绿色、诚信、和谐”的总体发展思路，深入贯彻落实科学发展观，在行业内努力实施节能减排的各项工作，继续以自主创新为主导，走产、学、研相结合的发展之路，在推广新材料、新工艺、新技术、新设备，用先进适用技术改造传统产品，规范市场、实施品牌战略、推进企业升级、强化国际、国内交流等方面都取得了突出的进展，有效地提升了全行业的竞争力。

(3) 上下游产业链的合作

为了落实以科学发展观引导采暖散热器行业发展，推动采暖散热器上下游产业链之间协调发展，鼓励产业链的各个环节要形成产业互动，确保产品品质，形成良性发展。中国采暖散热器"十二五"发展规划指出："加强与采暖节能相关环节的结合，建立上下游松散或紧密的联系，逐步培育产业化集群基地，推进并强化散热器行业产业链的延伸与合作"。

天津地区是我国散热器原材料、辅配件、焊接加工设备供应基地。2011年协会授予唐山芦台经济开发区为《中国采暖散热器科技产业化基地》；天津宁河县为《中国采暖散热器制造采购基地》。近几年来，随着散热器品种的增多，天津企业在辅配件：钢管、扁管、铜管、钢制柱型片头加大了研发的力度。天津市东丽区宝兴机械有限公司、河北省文安县谊联五金制品有限公司、唐山市芦台经济开发区金董金属制品厂生产的钢制柱型的片头；天津市金立钢管有限公司、天津市然发钢管有限公司、天津市岐丰集团生产的钢管；天津金王粉末涂料公司、天津祥盛粉末涂料公司生产的散热器专用粉末涂料；山东中佳新材料有限公司、青岛宏泰铜业有限公司生产的铜管；高密市中亚暖通设备有限公司、营口信发有色金属制品制造有限公司、天津市大港长江铝业有限公司生产的铝型材在行业得到了推广和应用。

(4) 国际合作

国际合作是我们协会的薄弱环节，也是采暖散热器委员会的薄弱环节，要引起高度重视。中国采暖散热器行业"十二五"发展规划指出："利用展会平台，宣传我国采暖散热器的发展，扩大与国际国内的合作"。近几年来，通过国外考察、展会平台，引起了外方的广泛关注，目前，我国独资、合资企业，森德、意莎普金泰格等6家企业，在产品研发、规模、市场占有率具行业前列。

委员会近几年来在行业内围绕争创知名名牌、国内外交流、供热系统改善以及行业标准的制定完善、三类产品分类指导、拓宽市场、科学采暖、构建和谐、绿色低碳技术作为行业发展的重点。进入2000年以来，委员会多次组织企业赴德国法兰克福参展和观展，并先后参观考察美国麦斯特克（MESTEK）公司所属的一个铜管对流散热器生产厂、德国HM公司板型散热器制造厂、意大利意莎普IRSAP集团；会晤了欧洲散热器行业协会（EURORAD）技术委员会主席阿诺德斯潘林各先生。在参观中看到了现代化工艺的散热器生产和完善的工艺制造过程，展现了高技术对于高品质的保证作用。兰州陇星、宁波金海、凯捷、山东邦泰、北京佛罗伦萨、旺达集团及浙江、江苏一些压铸铝企业走出国门，将中国特色的本土散热器产品，相继在欧洲和莫斯科国际供热展会亮相。通过展会与国际客户的沟通交流，联络了感情，有的企业还拿到了订单。通过产品展示，看到了我国采暖散热器与国外高档散热器的差距。

在这里我想多讲几点，中国是个大国，在座的企业家你是一个大国的企业家，你在这么大的国家、这么大的市场从事采暖散热器的生产，应该说全世界最大的散热器工厂在中国，其他国家是有限的市场，但现在国际上最大的企业像什么样，我们了解世界上最大的采暖散热器行业在那个国家、是怎么生产的，他为什么这么大，我们哪里不如他？"十八大"强调道路自信、理论自信、制度自信，要做好自己的中国功夫，我们就不能不自信。我相信散热器生产厂家最大的不应该在其他国家应该在中国，当然不是今天也许明天、后天。我经常讲，我很欣赏那个老头肯德基，那个老头比我们领袖照片还多，人家肯德基这么大，我们散热器不比他大啊。我想我们要做的事情很多，要加强国际考察，我看整个北半球这一块，加拿大、北欧、挪威、瑞典、芬兰、苏联变成十个国家，这些国家都离不开采暖散热器，我们向这些国家去了解，向他们最大企业学习，学习就是要超过他。同时我们还要关注其他国家有没有散热器协会、散热器联盟，去商量共同成立国际采暖散热器联盟、国际采暖散热器协会，把国际采暖散热器专家联合起来使我们采暖散热器提高到更高水平。全世界到处都有华人，华人经纪人队伍也要成立起来，还要联合举办国际采暖散热器博览会，今年在中国，明年在芬兰，后年在俄罗斯，可以到处举行。当然要有世界眼光，要有国际市场的观念，作为大国企业家必须具有世界眼光战略思维，把自己处在世界跟当前的全人类世界结合起来。

2. 扩张经营

任何企业的发展阶段跟人一样，从少年，到中年、老年，到死，企业也会死。企业的少年阶段是企业原始资本积累的过程，在原始资本积累阶段是牺牲员工眼前利益的过程，员工不能挣大钱。当原始积累到一定程度，企业进入快速发展阶段有了一定规模、有了一定的市场、有了一定的技术产品，发展到一定阶段就叫扩张发展阶段，也叫扩张经营。企业必须扩张，什么叫扩张经营？这里表现在企业购买企业，企业的兼并、企业的重组、企业的联盟等形式，这不是大鱼吃小鱼，而是有机的结合、有机的联盟。我们的国家总书记曾经到美国西雅图的波音飞机制造公司，总书记开始讲话"我代表中华人民共和国非常感谢美国波音公司"。下面总裁马上举手说总统阁下我想纠正你的说法，我们的总书记很有风度地说"那你说吧""第一我不是美国的公司，我很多零件是在中国企业生产的，作为企业制定了标准在我们西安的一些工厂里面生产，生产出来的产品都是波音的"，同样我们散热器厂家，如果你有一些零部件要生产，不一定要扩大厂房，不一定要增加工人，制定出本企业的生产标准，那附近的某一个小作坊、一个小企业替你生产，生产出来的产品就是你的。人家说中国的企业两头小中间大，研发力量小，营销力量很小，中间生产厂房很大、仓库很大，人员很多，这样的企业不适应现在生产的需要。今天的企业要建成哑铃式企业，两头大、中间小，研发力量要大、营销力量要大，中间厂房越小越好，仓库是零才好。这都是形象的说法，所以我们企业要扩张经营就要善于联合其他周围邻居企业，中小型企业进行联合扩张收购联盟等一系列措施，另外全球最大的企业你们去了解，所谓最大企业强调两点：一个是开始扩大经营规模，后期是实行规模经营，所谓扩大经营规模使自己的生产数量、产值在增加；所谓规模经营就是不是一般的经营方式，要通过规模来经营，这种经营不是我们小家子气，什么都自己生产、自己做，而是由扩张经营来实现的。企业不去扩张经营，企业是做不大、做不强的，这个是企业总状态。企业进入老年是什么样子呢？就是你产品在市场上滞销的时候、要淘汰的时候就是老年，当产品卖不出去的时候就是死亡，要想不死，那就要再创新，叫生产一代产品、研发一代产品、储存一代产品，使自己企业永葆青春。

现代市场营销观念与传统营销观念不同，它是以市场为出发点，以消费者需求为导向的经营理念。传统营销观念没有强烈的市场预测意识，不去研究消费市场的动向，即使拥有资源优势，也没有市场的主动权。随着我国住宅产业化建设的快速发展，人们生活居住水平的日益提高，要求舍弃落后笨重的散热器，追求节能舒适、环保、新型散热器已成为行业发展新的趋势。

近10年来，随着中国压铸铝行业的快速发展，压铸铝散热器外贸市场走势看好，以浙江、江苏为代表的压铸铝散热器生产企业如雨后春笋，浙江旺达集团、宁波宁兴金海公司、江苏昂彼特堡公司三家公司率先在发展、创新、创品牌的道路上赢得了业绩。如今压铸铝散热器生产企业遍布在山东、甘肃、河南、安徽、天津等地区，国内大大小小企业有50余家，具有一定规模的企业近30余家。今年委员会组织专家考察了浙江旺达、洋铭、荣荣、飞航、远达5家企业，了解了5家企业生产、经营、外贸市场、国内市场销售情况。从调查中了解到压铸铝散热器企业多数是外贸企业，主要生产摩配出口，由于压铸铝外贸市场畅销，很多企业引进了压铸铝散热器生产线，由于压铸铝散热器价位高，市场认知度低，近几年在国内市场销售很少。近几年来，由于俄罗斯市场对外开放的日益扩大，给俄罗斯的经济带来了前所未有的商机，欧盟国家及中国压铸铝散热器源源不断地进入俄罗斯市场。我国压铸铝散热器很少一部分出口到欧盟国家，而大部分产品通过芬兰港转口到俄罗斯，全部是OEM，欧盟国家主要生产商出口目的国也是俄罗斯，因此与中国企业发生较强竞争，导致欧盟铝散热器生产商协会起诉中方企业。2011年中国机电产品进出口商会组织14家压铸铝企业通报了“欧盟对原产于中国铝散热器反倾销立案调查”的内容，委员会积极组织企业应对。欧委会于2012年5月11日发布初裁公告，对从中国进口的铝散热器产品征收临时反倾销关税。委员会多次召开压铸铝企业应对研讨会，认真分析压铸铝散热器国内外市场形势，调整压铸铝市场推广思路，制定了“内外贸并举”战略方针，鼓励企业挖掘国内市场潜力，提升企业在生产经营中抗风险能力，扩大国内市场的影响力。

3. 品牌经营

品牌好和质量好是两个概念，产品质量好如果是产品物理属性的话，品牌不光是物理属性还包括产品的情感属性，产品是为人的，有个人情感的需要。企业在转观念、调结构、转变发展方式同时，在管理上采取精益化管理，在生产上立足于精益求精，在企业文化上构建和谐团队。辽宁省和河南省散热器企业经常由两个地方协会带队互访、相互交流、学习借鉴，打破了技术封锁，加深了企业间的感情。

唐山芦台经济开发区散热器行业协会于克跃会长，自去年协会成立以来，针对本地区企业规模小、技术力量薄弱等问题，组织本会员企业来自己企业参观学习，对每一项新技术毫不保留地介绍给企业。一是围绕产品向多元化、精品化、专业化、高附加值方向发展，提高产品的科技含量；二是推进“新产品、新技术、新工艺、新材料”研发水平，改造传统产品，依托科技创新提升行业企业整体竞争能力；三是加大节能减排力度，以节能、低碳为重点，积极引导企业创新节能增效；四是围绕行业上下游产业链中各个环节的创新、原材料优化，确保产品质量达标。

通过相互学习，行业内涌现出一大批创新品牌企业：北京森德、天津御马、北京意莎普金泰格、上海努奥罗、兰州陇星、山东邦泰、沈阳吉水、唐山大通、宁波金海、江苏昂彼特堡、青岛华泰、河南佛瑞德、佛山市太阳花、旺达集团、河南乾丰、河南沃德、北京派捷、郑州瓦萨齐、北京万联恒通等企业在科技创新、技术进步、生态文明的建设上创出了企业的特色成为行业的领军企业。

一批新企业在一天一天发展壮大如：浙江松尚、山东鑫华星、山东红日暖通、黑龙江帽儿山钢厂、山东南山暖通、银川艾尼等企业近几年来，在企业发展的道路上抓管理、重质量、成为行业发展的后起之秀。行业先后有 6 家企业：努奥罗（中国）有限公司、宁波宁兴金海水暖器材有限公司、唐山大通金属制品有限公司、天津马丁康华不锈钢制品有限公司、山东邦泰散热器有限公司、圣春冀暖散热器有限公司荣获“中国驰名商标”称号。

三、企业管理创新

企业管理的创新、管理的内容很多很多，最早从美国研究的动作管理就是劳动定额管理，后来到了行为管理，又发展到全面管理。以德国、日本为首的全员式管理，横向比较，纵向比较，今天管理发展到知识管理、信息管理、文化管理。这里大家要明白什么叫管理，管理就是让别人劳动，自己劳动叫操作，任何一个人有自己的领导和被领导，劳动的方式有很多，有主动劳动、消极劳动、快乐劳动、磨洋工劳动、创造性劳动、呆板劳动。听话劳动不是创造性劳动，我们需要的是创造性劳动，需要的是拼命精神的劳动、主动性劳动，就要看你管理水平的高低了。

1. 知识管理

强调现代管理知识，要强调知识管理，要靠知识去管理。国务院部委设有总工程师，企业有知识主管，把方方面面的知识积累起来进行管理。企业要成为学习型组织，员工要成为知识性员工，知识管理非常关键。

随着国外技术引进和新产品、新技术的不断升级，我国采暖散热器行业近几年取得了飞速发展，如何把握工程市场及企业样本的工程应用设计以及工程中常见的事例分析、应对等知识引起了众多企业工程技术人员的高度重视。

2. 信息管理

任何一个企业要掌握大量信息，和平时期信息在经济建设中显得同样重要，信息社会从事信息管理是最现代的管理。在采暖散热器行业，信息化数据库管理还是一个新的领域，大部分企业还没有实现信息化管理，对掌握信息化管理，对企业开拓进取、创新务实重要性理解不够。近几年来，努奥罗、兰州陇星、佛山市太阳花、森德、北新建材、河南乾丰、意莎普金泰格、北京三叶、天津御马等企业率先采用信息化数据库管理取得了经验尝到甜头走上正轨，为精益化管理、生产流程、订单环节、跟踪生产库存销售等情况走上了高端管理，为企业提供非常高效实用的管理平台。

3. 文化管理

为挖掘企业文化，宣传名牌，委员会在2007年专门成立了“行业文化研究小组”，抽调部分传媒精英人才，实施“采暖中国·走进名企”系列采访报道宣传活动，4年来先后走访了28家名牌企业，近年来，通过网络媒体、行业杂志多渠道来宣传28家企业优秀文化理念、管理经验、精益化管理、严把质量关、构建和谐团队，经营诚信服务的经验推荐给全行业各企业。委员会出版了“采暖中国·走进名企”，共撰写了50万字，是采暖散热器行业一部有价值历史资料。

我们强调文化管理，即要做到文化自觉、文化自信。在日常工作中，不要以为卡拉ok就是文化管理。我们企业所有的制度、所有物质的综合都是文化管理，要有高度的文化自觉性，要培养出自己企业精神。文化管理还要实现以人为本，什么叫以人为本？我们办企业一切为了人，我们办企业一切依靠人，为了自己员工日益增长的物质文化生活需要。同时我办企业为了造就一代新型员工、造就一代企业新人，企业所有事情都是人做的，那就是人类资源的开发更加关键。有本事的企业家、有本事的领导要把自己的部下、把自己的手下培养成人才，人人可以成才。我们大脑开发不到百分之三十，一个人的大脑还有百分之七十到死还没有开发。人有无限的智慧，我们要感情留人、事业留人、待遇留人，让企业员工能在这个企业感到一种荣幸。不光是我为你企业服务，同时要让我的战友、我的朋友、我的老乡、我的后代，都能为你的企业贡献我的聪明才智，这才是真正的企业文化管理。

党的十八大突出高举伟大旗帜，奔向美好未来。强调理论自信、道路自信、制度自信，我们相信采暖散热器的专家、企业家们一定能够进一步解放思想，改革开放，凝聚力量，攻坚克难，坚持创新、创新、再创新，创造出行业和企业更加辉煌的明天。

（2012年12月12日在云南昆明“2012年全国采暖散热器行业年会”上的讲话）

全面深化改革就要加快创新驱动

党的十八届三中全会，将推动中国改革开放迈出新的关键步伐。人们普遍关心的一大热点是，站在新起点上的中国，将如何推进落实十八大做出的实施创新驱动发展战略的重大部署。不久前，中央政治局第九次集体学习特意把“课堂”搬到中关村，习近平总书记在主持学习时强调，实施创新驱动发展战略决定着中华民族前途命运，全党全社会都要充分认识科技创新的巨大作用，敏捷把握世界科技创新发展趋势，紧紧抓住和用好新一轮科技革命和产业变革的机遇，把创新驱动发展作为面向未来的一项重大战略实施好。讲十八大就是讲全面深化改革，讲全面深化改革就是要创新驱动。这对我们企业的发展，对行业的发展至关重要。

一、行业创新驱动的新起点——采暖散热器行业目前发展状况

我们说创新驱动不是从零开始，原始创新、集成创新、引进消化吸收再创新也不是从牛顿力学定律开始的。我们要从新的起点去研究，行业有新的起点，企业经过多年发展也有新的起点，要在这个新的起点上去发展。采暖散热器行业经过 27 年的发展，行业发展是巨大的，本次常委会议的主题突出了推进科学采暖、创新发展模式、强化生态文明、持续诚信建设，这是非常必要的。今天，在重庆开会还有另一层意思，采暖在东北等严寒地区已经发展得比较成熟，而重庆是夏热冬冷地区，冬天室内比室外还冷。今天，我们重点研讨如何推进科学采暖，将我们行业创新驱动推向新的高潮。我们行业近几年来，无论从企业规模实力、技术专业水平、市场结构变化、自主创新能力、企业文化、品牌建设、市场占有率、外贸出口等等方面都取得了前所未有的进步和发展。我们的产品已经由单一铸铁散热器发展到多种材质、多种款式、多种规格，其产品结构、材质、工艺、色彩、质量、规格、品种都发生了翻天覆地的变化。今天的采暖散热器成了工艺品，非常漂亮。不同品牌、不同材质、不同工艺、不同档次的采暖散热器深受消费者的信赖。企业也从劳动密集型向高新技术产业型改变，实现了企业升级。还有一些企业通过改造，扩大厂房，引进先进技术设备、高科技人才，开发自主知识产权的产品，使企业从低端向中高端改变，提高了生产效率，骨干企业起到了引领作用，生产制造工艺水平与国外先进水平的差距大大缩小。行业内先后有努奥罗、金海、大通、御马、邦泰、圣春等六家企业荣获中国驰名商标。

近几年来，我们委员会开展了采暖中国·走进名企大型系列采访活动，连续报道了27家名企渡难关、抓改革、培育名牌，发掘先进文化，构建和谐团队、爱心责任、推进整体发展的先进经验。如今，国外能生产的散热器我国能生产，国外没有的散热器我们也能生产，的确是不简单。采暖散热器行业的快速发展为我国全面建设小康社会、改善居住环境做出了巨大的贡献。

目前，我们行业我把它分成三大台阶，我不知道你们在座的属于哪个台阶。一是上亿元的台阶，有50余家；第二个台阶是5000万产值的台阶，有140余家；第三个台阶是1000万产值，有800余家。这三大台阶是近几年来增长的统计。未来几年采暖散热器需求的增长率预计是8.5%。我国钢制散热器市场占有率从25%升到48%以上，铜、铝及复合型散热器产品从12%上升到25%，铸铁散热器从58%降到20%左右，轻型散热器产品已经成为我国采暖散热器市场的主流。我想说，上亿元的企业能不能再翻一番上两亿，5000万元的企业能不能努力上亿元，1000万元的企业能不能再发展几年，变成3000万元？各位企业家来重庆开会，回去之后要给自己设定一个目标，力争上一个大台阶，有一个新的战略调整。

二、科技创新驱动的重点——加大三项产品分类指导

关于加大三项产品的指导，综合归纳有这么三项重点内容。

1. 内外贸并举，力推压铸铝散热器内销市场

我们行业“十二五”发展规划指出：“充分发挥资源优势，实现节能降耗产品的应用，加快压铸铝散热器市场推广和科学引导，满足市场的需求，力争在“十二五”期间，压铸铝散热器市场占有率由1%提高到8%”。在座的哪个企业与压铸铝有关，你们可以考虑。近10年来，应该说以浙江、江苏为代表的压铸铝散热器生产企业，像雨后春笋般的在发展。浙江旺达集团、宁波宁兴金海、江苏昂彼特堡率先在发展、创新、创品牌的道路上赢得了业绩，成为行业领军企业。由于压铸铝散热器外贸市场走势良好，吸引了众多企业的眼球。目前，以浙江、江苏为主遍布在山东、甘肃、河南、天津等地区。大大小小企业有70余家，具有大规模的企业近20余家。由于产品90%外销，不可避免地造成外方企业与中国企业发生较强竞争，导致欧盟铝散热器生产商协会起诉中方企业，欧委会于2012年发布仲裁公告，对中国出口到欧洲的铝散热器产品征收临时反倾销关税。

我们协会要和法律部门联合起来，尤其是在反倾销这个问题上，要发挥协会的作用。委员会针对压铸铝反倾销案的问题组织行业专家先后对江苏、浙江、山东、天津、河南10家生产压铸铝有代表性企业：旺达集团、浙江荣荣、浙江洋铭、浙江飞航、浙江远达，江苏昂彼特堡、宁波宁兴金海、山东邦泰、天津御马、河南乾丰进行

调研和考察。调研中了解到我国压铸铝生产企业整体规模比较大，拥有国内外一流的压铸机和检测设备，设备自动化程度高，产品质量安全可靠，主要出口到欧洲通过芬兰港转口到东欧和俄罗斯市场，全部是 OEM。

调研之后，我们委员会针对压铸铝市场，组织召开了压铸铝市场分析研讨会，提出了拓展国内市场措施和方案，制定了“内外贸并举”的发展战略。为进一步抓好压铸铝内销市场的占有率，做好品牌宣传。委员会和国家散热器质检中心联合组织专家对天津御马、旺达集团、宁波金海、江苏昂彼特堡、浙江荣荣、浙江洋铭、山东邦泰、河南乾丰 8 家压铸铝生产企业进行推荐产品评审，并为 8 家企业颁发了产品推荐证书，为进一步拓展市场打下基础。这是三项工作的第一个重点。

2. 力推喷塑内腔无砂铸铁散热器工艺技术

第二大重点是推广内腔无粘砂工艺和外观喷塑处理工艺，编制《喷塑铸铁无砂散热器》行业标准。

我国“十二五”发展规划是讲全球环境的可持续发展，环保因此受到世界各国一致的重视，成为未来治理环境的框架。铸铁散热器自 20 世纪 30 年代在我国生产以来，几十年一直垄断着采暖领域。直到 20 世纪 70 年代末，由于钢制散热器的引进和发展打破了一统采暖领域的局面。由于铸铁散热器所具有的优点，仍不能被其他类型散热器完全取代。为加速推动铸铁散热器更新换代，委员会制定了新型铸铁散热器“十二五”发展规划。

铸铁散热器生产基地主要集中在山西省、河北省。山西清徐县原大小企业 50 余家，政府通过环境污染的治理，目前仅剩下 8 家企业。针对铸铁散热器持续健康发展，我们委员会多次组织专家对铸铁企业进行调研考察，召开铸铁散热器工艺技术论证会，针对在冶炼、铸造、制芯和脱模生产过程中所产生的烟尘对环境的污染，提出综合治理的措施和建议。并鼓励采用推广先进铸造冶炼技术，内腔无粘砂工艺和外观喷塑处理工艺。在今年中国国际供暖展上，圣春、山西学栋、北京派捷、山西北铸展示的新一代喷塑内腔无砂铸铁散热器，从产品款式、工艺、内在质量、外观都有新的创新突破。委员会正在组织编制《喷塑铸铁无砂散热器》行业标准，让新型节能型铸铁散热器以全新的面貌进入建筑市场。

3. 力推铜管对流散热器制造工艺技术

“十二五”发展规划指出：“以调整市场推广思路，优化产品结构，充分利用铜管耐腐蚀的特点，争取在‘十二五’期间，铜管对流散热器市场占有率从 1.1%提高到 4%以上”。铜管对流散热器具有节能、节水、节材、耐腐蚀等性能优势。建设部 659 号公告，已将铜管对流散热器技术列入推广应用目录。委员会早在 2008 年就组织考察团对北美等国生产的铜管对流散热器进行专项考察。为了克服产品外观单调的弊端，最大限度发挥其优势，委员会多次召开铜管对流散热器工艺技术研讨会。并组织企业间观摩考察相互学习促进，同时，引用社会资源，突出文化创意，为铜管对流散热器发展开辟一条新的途径。国际铜业协会对我们行业支持力度很大，我们要感谢国际铜业协会。委员会与国际铜业协会（中国）组织六所高校在校学生在国内连续四届举办了铜管对流散热器设计大奖赛，征集了千个优秀设计作品，企业对铜管对流散热器的设计、借鉴起了极大推动作用。郑州佛瑞德新品在中国国际供暖展展示的新颖独特新型铜管对流散热器引起国内外客商的广泛关注。注重铜管对流散热器销售市场开拓，使综合性能优良铜管对流散热器为市场认知，很多企业在产品结构优化，工艺技术提升等方面有新的突破，有效推进了我国铜管对流散热器的发展。上面所讲的三项重点创新驱动对推动散热器科学采暖、强化生态文明起了重要作用，这三大方面的技术还要进一步的推广应用。

三、发挥协会创新驱动的作用

应该说我们有了新的起点，也突出了我们创新驱动的三大重点，在看到我们行业成绩的同时，也要看到我们行业存在的问题。我总结了四个字来说明我们行业的问题，分别是“小”、“少”、“乱”、“高”。

“小”指我们行业内企业的规模太小，年产值超亿元以上的企业约50余家，年产值5000万元以上的企业约140家，跟国际发达国家比，跟国际大型企业比太小。我多次讲过，世界上最大的企业不应该在美欧，而应该在中国。当然，我们企业与国外企业发展时间相比较短，国外百年企业太多了，而我们建国只有几十年，我们发展的时间太短，想要有百年企业得看我们的子孙了，我们要加倍努力将企业规模做强做大。

“少”指我们行业的专利太少，公关少，人才也少。我们的专利要增加，采暖器散热器委员会近两年多的专利进行了汇编，出版了两本专利汇编，对企业非常有帮助。我也正在推广协会其他专业委员会学习，这是非常好的做法。一个企业没有专利不要紧，但不能没有专利分析，要擅于专利分析，有专利更好，没有专利则专利分析必不可少，要把创新放在首位去考虑。

“乱”指市场乱，虽然市场有些混乱，但我也不赞成一些企业家一味去指责市场乱，现在市场固然有些乱，但要看到市场在逐步完善的过程之中，国家中央也在治理市场。正因为有市场经济才有民营企业的今天，而市场中的不良竞争也难以避免，企业发展不能怨天尤人，用理性面对市场情况去考虑如何赢得发展，我们协会也会组织一些工作，来改善市场状况。

“高”指采暖散热器制造成本越来越高，人工费在增加、原材料价格也在增加、水电费也在增加，成本越高导致利润空间减少。面对成本高就要增加科技创新，面对劳动力成本上涨，如何提高劳动生产力，降低生产成本呢，就要采用或研制先进的加工设备，这样用人少了，既提高了生产效率也降低生产成本。

对于以上四个问题，如何创新驱力，作为协会，我提出了充分发挥协会创新驱动的作用。在座的都是委员会的常务委员，协会是为企业服务的，是我们大家的，协会不是政府，协会的所有工作都应是创新，我们的工作并不是上级指派的，而是根据会员企业的要求去研究自己的工作。我常说协会工作干起来没完没了，不干也不多不少，没有协会，企业一样发展，但协会要做，就要为企业创造商机，当企业加入协会觉得能得到商业机会才会加入协会。协会要开展积极有效的活动，人的生命在运动，协会的生命在活动，协会工作的质量在于开展活动的有效性。协会是大家的协会，发挥协会的创新驱动作用，是发挥大家的创新驱动作用。

1. 协会是增强创新驱动信心的鼓励者

“十二五”时期是全面建设小康社会的关键时期，是深化改革开放，加快转变经济发展方式攻坚时期。随着我国工业化、信息化、城镇化、市场化、国际化深入发展，基本建设规模仍将持续增长。由于房地产政策的调控，多元化供暖方式，地暖行业发展势头的迅猛，对采暖散热器市场产生很大的冲击和影响。一些中小企业面对困难感到心灰意冷，悲观情绪无助于走出困境。尤其是中小企业在生产过程中造成的污染，产品质量参差不齐，如何去解决生产过程减少末端治理费用，对环境进行改造，降低成本，提高企业竞争力，这是至关重要的。所以，委员会编制了“采暖散热器行业节能减排评价体系”，针对资源与能源消耗指标、污染物排放指标、产品特征指标、资源综合利用指标、环境管理和劳动安全指标、生产技术特征指标提出了具体要求。我们委员会针对当前的严峻形势，召开各类产品的工作会议，分析当前形势，鼓励企业增强信心，化挑战为机遇。唐山芦台经济开发区散热器行业协会于克跃会长，工作做得很到位，他时时处处为企业着想，为企业办实事，协助中小企业融资，对生产加工车间敞开大门，不仅热情接待，还手把手传递技术，得到了企业的好评。这两年来，委员会与地方协会紧密联合，多次找出企业在改革中遇到的问题，带着思考到天津御马、努奥罗、山东邦泰、宁波金海、唐山大通、意莎普金泰格、圣春冀暖、北京三叶、兰州陇星、北京森德、沈阳吉水、郑州佛瑞德、山西学栋、山东华泰、北京派捷、万家乐、太阳花、沃德、郑州瓦萨齐、旺达集团、河南乾丰等企业相互参观学习，用优势化解危机，从困境中看到了前景，推动了市场营销和产业创新发展。

当前我们企业面临的困难是很多的，市场还不够完善。我们这么多民营企业家还没有人写一些他们是怎么成长的，民营企业家成长是不容易的，改革开放这么多年，我们协会大部分人都是民营企业家，企业家的成长是非常不容易的。我写了一本小说，在会上已发给大家，希望大家看一看企业家成长的过程。我们协会应紧紧团结在企业的周围，为增强行业、企业的发展，去增强自信和自觉性。

2. 协会是创新驱动献计献策的组织者

采暖散热器委员会今年两次召开副主任工作会议，大家讲成绩、摆问题，共同分析研究探讨行业、企业发展的战略，这是非常必要的。当前，科技进步与创新已经成为生产力发展的重要因素。协会主要是强调服务政府、服务社会。近两年来，委员会坚持贯彻制度创新，重点扶持自身发展科技驱动战略，为企业搭建平台，形成了研发信息传递、开展多种形式的新产品推介会、研讨会、展览会。为落实生态文明建设，制定行业标准，了解国内外散热器发展动态，及时反映企业的诉求，在拓展创新协会服务理念等方面做了大量的工作。很多企业充分利用展会展示新产品、新技术应用和科技成果转化的交流平台。2013 年中国国际展有 18 家企业荣获“产品金质奖”，13 家企业荣获“产品创新奖”。从获奖的产品结构型式看，自主创新产品新颖独特、符合我国国情；从种类看，复合类、新型铸铁散热器、钢制散热器、电暖气、塑料散热器、水电两用散热器等种类齐全；从结构看，综合性能指标有新的提升。夏热冬冷地区采暖问题确实已经日趋紧迫，为促进宣传采暖散热器产品在夏热冬冷地区采暖市场的推广应用，2013 年委员会和北京中装泰格尔展览公司在上海举办了供暖展，参展企业数量明显高于往年，有效地为企业洽谈业务搭建了沟通桥梁。

近几年来，塑料散热器发展很快，浙江神彩开发的塑铝复合散热器、鞍山浩特开发的钢制散热器、荣荣开发的压铸铝复合散热器、沈阳舒美佳开发的铜铝复合双水道散热器、宁波海虹开发的钢制板型散热器、天津金王开发的新型粉末涂料、山东中佳开发的采暖散热器用铜管先后通过住房城乡建设部建设行业科技成果评估。

我们委员会为落实十大专项课题，将塑料散热器研发与探讨，委托辽宁省建筑金属结构协会组建研发队伍，沈阳吉水、北京三叶、青岛华泰三家领军企业共同发起情感倡议，搭建了中国梦、行业梦。陈明会长高度重视及时组建研发团队，研发了高分子耐蚀散热器。沈阳市吉水暖气片厂王毅董事长承担工艺工装、产品设计及热熔设备设计等研发试验；辽宁省水暖器材质量监督检验中心、沈阳产品质量监督检验研究院侯伯岩主任承担设计、技术研发、检验测试；上海崴而淀公司承担热熔焊设备制造。历经半年时间，课题研发团队发挥了只争朝夕的精神，潜心研发，大胆革新，历经百余次试验，多次论证，取得了阶段性成果，目前产品已投向市场。从这个产品的研发过程，我觉得我们作为协会来讲，应该是一个创新驱动，协会应是献计献策的组织者。

另外，我想谈谈企业全面质量管理，也就是全员全过程、全方位的质量管理。我们的会员单位要组织员工开展合理化建议活动，发挥员工的智慧，善于发现员工周围的人才，关心他们的生活，调动员工的亲朋好友老乡、同学、同事、战友都关心企业的发展，员工的合理化建议要在我们行业中开展，一个在我们会员企业中开展，这样我们才能把创新活动有效的开展起来。

3. 协会是行业创新驱动基地的扶持者

这几年，我们协会命名了驱动行业创新三大基地：一是唐山芦台经济开发区“中国新型散热器科技产业化基地”；二是天津宁河县“中国采暖散热器制造采购基地”；三是天津马丁康华不锈钢有限公司“中国采暖散热器研发中心”。这两年，三个基地都发挥了很大的作用。唐山芦台协会在于克跃会长的带领下，很多中小企业在转观念、调结构、转变发展方式的同时，发挥集群优势，整合区域资源，在管理上采取精益化管理，生产上立足精益求精，企业文化力求丰富多彩，努力打造构建和谐团队，为行业发展作出很大贡献。天津马丁康华2012年荣获“中国驰名商标”，十几年来，始终坚持新产品自主研发，“御马”牌散热器之所以一直长盛不衰，靠的就是创新。还有2013年国家质检总局批准宁河县为筹建“全国采暖散热器产业知名品牌创建示范区”。宁河散热器协会积极配合县政府为实施“强化监管、以质取胜”的战略，在产业优化提升服务，推动宁河县采暖散热器行业整体上水平，夯实质量基础工作，增强企业综合竞争实力等方面，迈出了可喜的一步。在国家质检总局推动下行业也有了新的发展，宁河县筹建开展“全国采暖散热器产业知名品牌创建示范区”工作，我们协会做什么呢？协会就要把握基地建设，哪个省市具备基地条件，哪个省市能成为示范区，协会就给你们颁发一个牌子，这个牌子是个无形资产，你别以为这个牌子，牌子也是市场，它推动了企业发展。但是，谁拿了这个牌子谁就要承担行业发展的社会责任。

4. 协会是创新驱动新技术的推广者

在目前经济发展的形势下，十八届三中全会提出了创新驱动。创新已成为我们企业的生命线，企业要想生存发展，就必须去创新。我们产学研相结合，散热器行业十大专项课题的研究与探索，是加快实现“以企业为主体，产学研用相结合”的创新体系新课题。要想实现十大专项课题的研究，一是加快产业结构优化升级，快速提升行业发展质量；二是加大产学研力度，提升行业技术装备水平；三是淘汰传统落后产业升级改造，实现节能减排；四是拓展市场，降低成本；五是向高效、多元化发展，提高企业经济效益。十大专项课题的研究与探索，是行业“十二五”发展期间重点攻关项目之一。尤其是新产品、新材料、新技术、新工艺，如：太阳能、壁挂炉与板式散热器、铜管对流采暖散热器一体化在南方供暖应用突显；郑州佛瑞德等企业研制的铜管对流型散热器创新及功用拓展有更大的突破；天津御马、山东邦泰、唐山大通、金泰格、宁波海虹、森拉特、松尚等新产品取得新成果；沈阳吉水研制的高分子耐蚀散热器、浙江神彩研制的塑铝复合柱翼型散热器取得突破性进展；圣春、学栋、北铸建立铸铁散热器机械化生产线，喷塑内腔无砂铸铁散热器在加工中坚持精益求精；昂彼特堡、宁波金海、旺达、荣荣、洋铭压铸铝散热器工艺有新的突破；健坤天地（北京）电暖气、艾芬达镀铬电卫浴散热器在稳步发展。哈尔滨工业大学对采暖散热器低温运行的研究成果提供了可靠试验数据。近几年来，我国散热器产学研的结合，在工艺方面都有很大的进步，十大专项课题的研究，也都有新的发展。

5. 协会是专家技术人才成长和创新驱动施展才智的舞台

我讲的这个问题就是专家非常关键，专家是我们协会的资本，是协会的巨大力量，没有专家协会怎么为企业服务，有了专家协会才有力量。当前我们应当看到，科技创新的主力是企业家。那么我们协会的专家为企业要做些什么呢？就是把专家的聪明才智，把学院、研究院的研究成果运用到企业，企业将成果变成产品。我们协会就是要把专家研究的成果变成我们企业的产品，变成我们企业的生产力，而不是为了得个奖。所以，协会要做这方面的工作，要提供专家充分施展聪明才智的舞台。

两年来，我们委员会先后举办四届管理与技术人员专业培训班，聘请了高校资深教授和行业专家，请清华大学肖曰嵘教授讲课，还有请了哈尔滨工业大学董重成教授、青岛理工大学张双喜高级工程师、国家散热器质检中心王力光高工、北京市建筑设计研究院刘燕华教授级高工、昂彼特堡刘晓天总经理讲课。针对目前企业管理水平、工艺研发、技术人短缺、管理人员流动性较大的特点，几位老师根据他们多年工作经验，针对采暖散热器基础知识、相关标准、各种采暖方式比较、精心生产和精益管理、散热器的选用与选型、工程应用设计、常见的事例分析等内容进行了全面系统的讲解。并组织学员到技术实力强、抗风险能力强的企业参观取经，学员一致感到授课内容更贴近企业、贴近产品、可操作性强、通俗易懂，为企业培养了一批懂管理、懂技术的专业人才。

我们还开展了国际交流合作，实施走出去的战略，学习了解先进国家的标准、技术、工艺、设备，不断低提升采暖散热器产品制造水平进一步与国际现代化接轨。近十年来，委员会多次组织专家、骨干企业赴欧洲法兰克福展会观展和参展，学到了很多新材料、新工艺。由于散热器行业中小企业多，规模小，技术人员少的特点，委员会定期派专家为中小企业提出的技术难题，新产品研发，进行技术培训指导，取得了良好的效果。

今天召开的常委会是深入贯彻落实全面深化改革，紧扣创新驱动发展，其目的就是为实施全新驱动战略，进一步增强责任感和使命感打下坚实的基础。

会前，我和宋为民说了，我们是个大国，蒙古、欧洲、东欧一些国家生产采暖散热器历史悠久，他们有没有类似这样的协会，了解一下，应和他们联合起来，成立一个国际采暖散热器协会，加强我们与国外企业间的交流与合作。技术是不分国界的，我们要有这个责任，要有这个胸怀和胆略，学习世界上先进技术，中国人是最聪明的，学这些技术是最快的。这么大的中国，老是落在人家的后面，学习就是为了超过你。所以我们有必要考虑成立国际采暖散热器联盟或采暖散热器协会。

改革是前无古人的伟大事业，改革之路需要创新续航。我们坚信随着十八届三中全会一系列重大举措的出台和实施，必将进一步激发全国上下敢为人先的锐气，让一切劳动、知识、技术、管理、资本的活力竞相迸发，让一切创造社会财富的源泉充分通流，让发展成果更多更公平惠及全体人民。衷心谢谢大家，衷心祝愿我们的企业，我们采暖散热器行业明天会更加美好！未来会更加辉煌！

（2013 年 12 月 4 日在重庆“2013 年采暖散热器委员会常委会”上的讲话）

供暖供冷技术创新的五大理念

非常高兴参加这个颁奖典礼，尤其是借展会期间举办这样的活动，在展会现场对参展产品评选出金奖和创新奖等，非常有意义。我在散热器展馆，看见有将近 150 多家企业参展，参展的产品工艺精致、典雅、高贵，非常漂亮。那么，从科技创新方面来说，在地暖展馆看了近 100 家的展台，特别值得称赞的是我们的企业都在搞科技创新。由此，我想从方向上讲，供暖供冷行业的创新驱动应该从五大理念去考虑。

第一个理念：舒适家具系统理念。我们强调今天的家具应遵从健康、舒适、生态、节能的宗旨，用先进的科学技术与科研成果，以及先进、合理、科学、生态的设备材料，还有智能信息化的管理综合集成创新。采暖散热器和地暖行业不光只是简单的提供商品，而是以环保节能的方式，从多方面提高消费者生活的舒适程度。在展会现场有好看的工艺精美的散热器和地暖产品，可以这样说舒适家具系统中的采暖供冷系统具有以下优点：首先是舒适性强、室内温度均匀、没有噪音等；其次是使用成本要低；再就是操作要简单，能做到可控、可调。

第二个理念：清洁的可再生能源利用理念。供冷和供热都需要用能源，用什么样的能源，是用传统的能源，还是用可清洁的、可再生的能源？这几年，我国在光电应用、太阳能、空气能、地热能、光热利用等方面取得了很大的进步，也是取之不尽、用之不竭的能源。目前我国生产的太阳能光电的组件，是全世界第一，但是这么多的组件，90%都用在国外，而国内 10%都达不到。在德国，我在现场看到他们用的都是中国生产的光电组件，现在我们在大力推广光电建筑应用和光电、风电能源等可再生能源的应用。

第三个理念：安全防灾便于监控与检修的智能化理念。随着人们生活水平的不断提高和对美好生活的认识不断提升，未来的家居行业将呈现出明显的智能化趋势，在供暖供冷行业也是如此。目前一些国外品牌已经在实际安装中成功运用远程控制系统。该系统可以将供热供冷设备运行状态纳入厂家的售后服务系统，实现其与厂家售后服务中心的连接。这样，厂方无须上门，就可以在自己的售后服务体系中看到用户家中设备的整体运行状况。相信，不久之后，国内的企业也会有相应智能化的供暖供冷设备来吸引顾客。顾客将要求智能化的检修，智能化的调控，信息化的传输。作为供暖供冷企业，如何做到信息化的管理，应该说在这方面有大量的文章可以做。

第四个理念：因时因地的市场化、国际化的比较理念。为什么要强调这个理念，供暖供冷，这与地点是密切相关的，地方不同要求也不同，我们不能拿哈尔滨采暖方式去要求深圳，也不能拿深圳的模式去要求哈尔滨，不同的地方有不同的供冷供热的要求和方式。当年我们的东北三省和北欧的瑞典、芬兰这些地方相近，可以共同进行研究，但总体水平还有很多不足，还需要继续努力。我们的企业家更多的走出去与外面的企业交流，无论是展会交流、合作交流，以及相互之间的考察学习等等，其目的就是要通过我们的原始创新、集成创新、引进消化吸收再创建，促使中国制造为中国创造。

第五个理念：生产力转化理念。作为协会，行业组织，每年都举办多次研讨型、技术交流型的会议，包括搞技术论文的评选等。这些活动搞得都很好，但是我们研究了一个什么科技成果或者发表一篇论文，进行发布。那么这些成果最关键的是在于转化！20 世纪 70 年代，我曾到原苏联国家建筑科学研究院考察，他们的院长跟我说我国的研究成果发表，获奖了，获奖了拿完奖这个研究也就结束了。我们研究的这些成果，发表在杂志上，日本人把杂志拿回去，进行研究。不久，就变成了那么奇异的产品上市了。人家在赚钱，我们只是得奖了！这段话至今我还在思考我们的专家在研究，研究为了什么？研究是为了应用，是为了把科技成果转化为生产力，把科技成果转化为我们企业的产品。我们尊重专家、尊重知识、尊重企业家，是要把专家的聪明才智变成企业家的财富。不管是什么会议都要把专家请来，讲话也好，交流也好，都能为企业家提供一种资源、一种力量，提供科技创新和科技推广的资源和一种知识的力量，从而实现企业的创新驱动，拥有更多的专利和工法。

综上所述，我简要地讲了五大理念，衷心希望我们的采暖散热器行业在目前的发展基础上，百尺竿头更进一步，上亿或超亿元的大企业更能像雨后春笋般地发展起来，壮大起来。我们坚信在实现中国梦的大潮中，我们采暖散热器和供暖供冷行业的专家、企业家会充分发挥自己的光和热，让我们的行业更加兴旺，使我们的企业更加强盛，使我们从今天的辉煌走向明天的更加辉煌！

（2014 年 5 月 14 日在北京“中国采暖散热器和地暖行业新品发布会与颁奖典礼”上的即席讲话）

暖通行业发展的三大试金石

在这里我讲暖通行业，为什么说暖通行业？我们正在策划要把地暖、采暖散热器、壁挂炉，还有空气源热泵、地源热泵、水源热泵、太阳能光热等新能源以及通风、新风设备等，一切与暖通有关的专业，组织起来成立中国暖通协会，同时有可能联合国际力量，成立国际暖通协会，把暖通事业作为我们终身事业进行研究，所以我今天的题目是《暖通行业发展的三大试金石》。

地暖行业规模不断发展壮大，取得了辉煌的成就。中国地暖行业经过 20 多年的发展，行业规模不断壮大，北方已经普及，南方发展迅速。据 2014 年不完全统计，行业总产值约为近 400 亿元人民币，2014 年行业总体增长约为 5%～10%。

传统采暖区域（三北地区、即东北、华北、西北）基本普及。地暖在近几年开工的民用建筑中成为供暖的主要形式。沈阳、长春、石家庄、西安、兰州、乌鲁木齐等省份城市均达到了 70%～90%的市场份额。在长江流域，地暖的发展也非常迅速，暖通公司的数量也达到了 4000～5000 家。以家庭为单位使用地暖或散热器采暖的比例也逐年上升。西南地区 2%～3%，华东地区的主要城市为 3%～5%。

地暖行业材料设备的生产企业发展也很快，品牌集中度越来越高，规模化企业表现突出。包括地暖管材：佛山日丰、联塑集团、伟星集团、上海爱康集团、宏岳集团、公元集团、中财公司、武汉金牛、顾地集团、金德集团；分集水器控制系统：曼瑞德集团、上海柯耐弗、厦门亿林、北京海林、浙江巨帆、浙江灵铭、浙江盾运等；壁挂炉：广东迪森、万和、万家乐、海顿、大元等；空气源热泵：美的、格力；加热电缆：安徽安泽电工、贵州伊斯特、成都安莱特、江苏向阳花等；电热膜：北京新宇阳；卡钉：金明卡钉。

你们有些是行业中的佼佼者，为地方作出贡献，有的也是我们行业中的领军企业。作为一个行业的发展，作为协会来讲，能让领军企业带动整个行业的发展，做成标杆，这是很关键的。

在这方面对于中国建筑金属结构协会来讲，所有这些专业委员会都要在建筑金属结构协会会员单位中开展质量年活动。在质量年活动中，为了地暖行业的发展，我想借此机会重点讲三大试金石。第一是诚信，作为中国的市场经济，在发展的过程之中，正因为市场经济的发展，才有了众多民营企业的发展成长。但是我们看到市场经济仍然是不完善的，处在一个不断发展、完善的过程中。存在诸多问题，最主要的是三个大字：吹、假、赖。

作为我们暖通行业，应该怎么做？我觉得要诚信，想着要诚信、说着要诚信、做着还要诚信。我们要做到市场诚信、合作诚信、经营诚信。2014 年 8 月 25 日《建筑工程五方责任主体项目负责人质量终身责任追究暂行办法》发布实施。施工质量有保证的企业，则会更具竞争力，而施工质量无保证的企业，会逐渐在严格的施工质量要求下退出市场。该《办法》的实施对暖通业的好处就是能够使质量意识得以提升。这之前，有的小型地暖企业清楚地知道自己所做的工程会在一两年后出现质量问题，所以，他们在做完一批工程之后，就退出这一行业。这种行为已经严重威胁到了整个行业的信誉。对于这种现象，一位暖通业资深人士分析，中国很多行业发展中的很多问题都来自于不诚信。比如企业对营销的重视远远超过了对产品价值的重视，一些企业夸大宣传没有卖不出去的产品只有卖不出去产品的业务员。甚至吹嘘、编造不符合事实的信息，通过炒作和歪曲事实造成了信息不对称的推销模式。

针对上述现象，众多暖通从业者呼吁：企业要从诚信开始，把好质量关，站稳脚跟，迎接行业发展的新常态。更应该以诚信为本，把好自身产品或施工的质量关，做一个讲诚信的企业。在未来行业企业发展水平相近的情况下，诚信才是市场竞争中的“通行证”。

我非常感谢《中国建设报》，写了很多关于地暖的文章，唐唯写的这篇题目叫《诚信将成为暖通市场化的通行证》，我想把这篇文章分享给大家看一看。我们地暖行业经过多年培育，行业涌现了一批优秀的地暖施工企业，北京亚特伟达、沈阳华源暖通、长春金潮机电 、新疆宏迪、兰州昊龙、七彩阳光、陕西德瑞、威海嘉中、上海新昂、江苏科宁、江西长城、江西欧龙、武汉益骏达、武汉鸿图、长沙怡生、成都美景、四川国强等。在行业中比较受大家欢迎，这个是值得我们高兴的。

第二是质量。前面提到质量年活动，我们从几个方面抓质量。一是从建设方面，作为我们地暖企业来说，有三大产业，第一是制造产业，从工厂引进原材料到制造成品或半成品，这种质量是至关重要的；第二是安装产业，因为我们的产品要安装到工程上，安装的好坏也至关重要；第三是维护产业，我们工程安装完了，使用的过程中我们要回访要了解。如果说我们工程的质量很关键，那么像地暖的质量更加重要。例如你们家是地暖，如果地暖下面出了问题，如果水暖漏水了，电地暖漏电了，或者哪个地方堵塞了，是不是要刨开了重装一个？这个会给居民带来多大影响和灾难。说到质量，首先是质量新概念。2014 年《辐射供暖供冷技术规程》出台。2014 年 6 月 1 日起《辐射供暖供冷技术规程》开始实施。其更加重视施工质量，完善了标准内容，为新兴产品远洋护航。例如：很多地暖施工企业都习惯将苯板作为绝热层。但由于苯板不能与楼板基面很好地结合，附着力不够，绝热层往往会出现脱层、空鼓、龟裂等现象。而采用发泡水泥作为保温隔热材料，绝热层与楼板基面之间的附着性能将大大提高，机械化程度较高，操作也比较简便，并且节省工时。正是由于发泡水泥作为绝热材料时具有上述优势，所以受到了不少地暖施工企业的青睐，其市场前景也被不少业内人士所看好。这个规程说对于建筑来讲无疑分为三项：设计上有标准；工人操作有规程；管理上有规范。围绕标准、规范、规程怎么做呢？相比较而言，我们应学习德国，德国人对标准、规范、规程特别重视，比较严谨，我们中国人太笼统，而不是讲科学、讲规范、讲标准。

我们当前的质量问题《中国建设报》讲了很多，今年的 6 月 5 日《中国建设报》采访了王安生，王安生是北京新宇阳科技有限公司董事长，也是地暖 08 年的风云人物，起草过《低温辐射电热膜》标准。还有一个人是重庆温馨时代暖通设备有限公司总经理郭春雨，他曾说现在地暖市场上垃圾地暖遍地，我就要问刘浩，我们中国的垃圾地暖是什么样？垃圾地暖有哪些表现？存在什么质量问题？当然，质量问题有行业的普遍问题，对于企业来讲有企业个性的问题。因为产品质量，包括安装质量、施工质量还包括服务质量，这些质量都会有具体的表现，一句话，我们不能搞垃圾地暖。

再有就是搞好质量年的活动，辐射供暖供冷专业委员会、采暖散热器专业委员会等都要根据中国建筑金属结构协会关于质量年活动的文件制定具体的实施细节，首先要搞清楚本行业质量问题的具体表现，树立本行业质量的标杆，制定消除质量问题提高质量的措施，让我们的质量上一个新的水平，或者说要让我们的产品进入质量时代。

第三是创新。2014 年 9 月 11 日《中国建设报》登了一篇叫《暖通界急需一场技术革命》的文章，讲得很清楚，暖通界期待一场技术革命，我非常同意。我们建筑金属结构协会这么多行业，一个是地暖，一个是钢结构，《中国建设报》登的最多。

地暖行业在经历了多年快速发展后，需要吸收其他行业的发展理念和管理经验，进而反哺地暖行业。为推动地暖公司的持续健康发展而不断地学习、吸收、沉淀、释放。要从原来传统的设计方式、施工理念、实施方案模式，开始向全建筑使用绿色设计、被动措施与主动措施相结合、使用分析软件来评价各类方案、选出最好的最适合发展趋势的综合性实施方案的方向转变。暖通设计施工还要与建筑和装饰紧密结合，特别是能够帮助暖通企业在提高生产效率、节约成本和缩短工期方面发挥重要作用的技术，如 BIM。暖通行业的技术革命已经成为了整个行业未来发展的必由之路。

欧科格林公司给自己的定位就是：提高绿色建筑品质，打造绿色低碳、节能环保、健康舒适的生活环境；并在中国市场全力建立“绿色低碳生活馆”，向中国家庭提供高品质的欧美原装现代居家生活用品。

我们有好的理念，我们敢说建筑让城市更美好，我们地暖让建筑更美好，就是要搞技术创新，能够提供高品质的建筑。另外作为一个企业来讲，我们应该向市场营销一批产品，同时在技术上我们要储备一批产品，更需要同科研单位结合，同研究所结合，同高等院校结合去研发产品，有营销、储备和研发，这样才能保证我们处在技术顶尖的地位。这就要加大技术创新，包括原始创新、集成创新，还有引进吸收消化再创新，将中国制造变成中国创造，要有我们企业的专利，没有专利也不要紧，要有专利分析，我们的施工要有我们的工法，要真正使我们的暖通业站在一个高技术的水准上，去促进我们企业和行业的发展。

暖通界期待一场技术革命！暖通系统不只是一个提供舒适环境的应用系统，更是一个可以为建筑节能作出巨大贡献的绿色环保系统。供暖供冷是与能源消耗最为密切的环节之一。而绿色建筑现已得到政府的大力支持。未来暖通市场发展会围绕绿色建筑发展大方向展开，市场空间必然可观。对暖通生产企业来说，应逐步开发适应绿色建筑的新产品，注重施工技术的进步，可以从绿色建筑体系出发，掌握和应用“被动措施”与暖通产品“主动措施”配合使用的技术，以同时达到绿色建筑的节能、健康和舒适的要求。

地暖管材重点研发方向为地暖管材的可靠性研究取得了较大进步，表现突出的有佛山日丰、宏岳集团、上海爱康、伟星等；新能源与清洁能源：美的、格力、迪森、万和、万家乐、广东澳信等企业的空气源热泵、冷凝壁挂炉及太阳能综合利用方面走在行业前列；室内空气净化通风领域：广东泽风、曼瑞德集团等；采暖及舒适家居智能系统领域取得突破性进展的有：曼瑞德、柯耐弗、海林、亿林；辐射供暖供冷一体化设计、施工与材料开发方面：曼瑞德、倍适科技、上海易能、北京际高、北京清本源等；加热电缆的生产工艺及产品控制领域：安徽安泽电工、江苏盛世向阳花。

除了技术创新外，管理创新也很重要。从劳动定额管理、行为管理、全面质量管理、比较管理，到今天的知识管理、信息管理，文化管理，管理科学不断发展。另外还有国际上的四大管理体系有质量管理和保证体系、安全体系、环境职业健康体系、社会责任体系等，这四大管理体系要在我们的企业中逐步贯彻下去。

《中国建设报》评选中国地暖十大品牌，讲品牌，一个产品的质量好说明这个产品的物理属性好，如果说一个产品品牌好，那不光是物理属性好，还包括情感因素，例如消费者用某一个品牌很骄傲很自豪。在这方面，地暖行业有很多的先进典型。唐山道诚就很有代表性。2002 年，道诚就意识到正规化管理对企业的重要性，并在这一年率先在行业内通过了 ISO 9001 国际质量管理体系认证，管理人员深入学习了“A 管理模式”，并结合企业实际创立了道诚公司独有的“三化管理”流程化、标准化、制度化。经过不断的摸索和艰难的推行，公司实现了“事事有人管、人人都管事、职责职权明晰、既无空白又无重叠”的科学化管理的跨越。唐山道诚集团从 1995 年到 2014 年，道诚完成了从只有 36 个人、负债濒临倒闭的小厂到拥有 1060 名员工、年产值近 10 亿元的飞跃与转身。企业发展需要的“硬功夫”已经练了 20 年。2006 年 8 月，“道诚”牌地面采暖与制冷专用管材问世。2008 年 4 月，道诚再次增加了地暖管材新产品，引进了两台 PE－RT 管材生产设备；5 月，道诚铸造四厂成立，年产能达 3000 吨；12 月，道诚被评为河北省著名商标企业。同时董事长宋志原认识到"走品牌之路"才能实现"做百年道诚"的梦想。为此，道诚发出了"保证书"，承诺公司生产的 PE－Xa 管材在标准规定的温度和压力下使用寿命达 50 年以上。而"道诚"地暖管也凭借其在 PE－Xa 管材领域的综合影响力，于 2011 年 4 月被《中国建设报》评为"中国地暖管十大品牌"，道诚成功步入品牌发展阶段。如今的道诚已拥有国内外先进的 PE－Xa、PE－RT、PE 管材生产线 80 余条，年生产能力 12000 万米。此后，道诚以地暖管材单品荣获"中国驰名商标"殊荣。道诚已成为国内最大的地暖管材生产基地之一，产品被广泛地应用至我国有采暖需求的广大地区，与国内知名地产商建立了长期合作关系，成了名副其实的"品牌"。

李克强总理在中央城镇化工作会上强调，不重视质量，城市就会百病缠身、困难重重，我们必须在提升质量上下功夫。质量是中国实力的集中反映，是打造中国经济实力的关键，中国经济要保持中高速增长，向中高端水平迈进，把促进发展的立足点转到提高经济质量效益上来，把注意力放到提高产品和服务质量上来，质量就是生命，质量决定发展效益，把企业发展推向质量时代。

应该说近几年地暖行业进行了深入研究、全面深化的改革，在培养品牌建设、弘扬企业文化、推进科学采暖、提升品牌竞争力方面都取得了成绩。只要我们在以上讲的诚信、质量、创新这三大试金石方面能有所突破，地暖企业的转型升级有所创新，我们就能用最科学的采暖方式、利国利民的产品去造福整个人类，希望大家能高度重视这次研讨会，集众人之智谋地暖的发展，用振兴行业的梦来圆我们强国之梦，祝愿我们所有的企业、所有会员单位要从过去的辉煌过去的成功，走向未来的更加成功、更加辉煌！

（2014 年 12 月 11 日在北京"2014 年辐射供暖供冷委员会年会暨第十届中国国际地暖产业高峰论坛"会议上的讲话）

九、民族建筑研究篇

推进城镇化科学发展
促进民族建筑保护、传承和创新

今天，由中国民族建筑研究会主办的“中国民族建筑研究会学术年会暨第二届民族建筑（文物）保护与发展高峰论坛”在北京人民大会堂隆重开幕。我谨代表住房和城乡建设部热烈祝贺大会召开。向长期在民族建筑及文物保护的理论与实践方作出突出贡献的三位老专家罗哲文、郑孝燮、谢辰生先生获得“中国民族建筑事业终身成就奖”表示衷心的祝贺。向长期工作在传统建筑研究、保护与发展的专家学者和工程技术人员所取得的成就和获得的奖项表示热烈的祝贺。

中国民族建筑研究会多年来一直以保护民族建筑、传承中华文化为宗旨，致力于民族建筑的保护、研究和宣传，为扩大民族建筑文化的影响，提升中国民族建筑的地位做了大量工作，开展了各种活动，取得了显著的成绩。在这里，我也向研究会和各位专家学者多年来在保护和传承中华民族传统文化方面，所做出的不懈努力，表示深深地敬意！

今天来自祖国各地的规划师、设计师、建筑师、工程师，在此聚集一堂讨论中国城镇化民族建筑遗产保护所面临的问题，发展中所面临的挑战，讨论如何落实城镇科学发展，具有深远的历史意义和现实意义。在这里我谈下自己的看法：

一、大力推进城镇科学发展、可持续发展

改革开放三十年来，中国的城镇化和城乡建设取得了巨大成绩，城镇人居环境不断改善，城镇综合承载力大幅提高，中国人民仅用二十多年的时间完成了西方国家用二百多年完成城市化的进程。但同时，快速城镇化对保护自然人文资源、传统文化和生态环境、节约资源能源等方面也提出了新的挑战。

城镇化是指经济、政治、文化等社会活动向特定空间聚集的过程。目前截至2007年底，全国共有设市城市655个，建制镇约2万个，68万个行政村。每一个城市和村都是中国社会大发展的细胞，每个城市领导人、管理者、建设者，即规划师、设计师、建筑师、工程师都肩负着历史的重任和责任。如何规划设计出孕育文化特征的城市和村镇；如何对每个城市的历史遗迹、传统建筑、风景名胜做好保护规划和修缮；如何建设一个保护自然生态资源、节约能源的城市和乡村摆在我们面前。我们不

要今天的政绩工程，明天的败绩工程。今天城市 GDP 的增长，明天变成生态失衡、文化消失的混凝土森林。无论城市和乡村都必须理性发展、适度发展、科学发展，从而达到可持续发展。

二、大力促进城镇建筑文化遗产保护

保护文化遗产，保持民族文化的传承，是凝聚民族情感、增进民族团结、振奋民族精神、维护国家统一的重要文化基础，对弘扬中华文化，维护世界文化多样性和创造性，促进人类共同发展具有重要意义。要从对国家和历史负责的高度，从维护国家文化安全的高度，切实做好文化遗产的保护工作。

胡锦涛总书记在党的十七大报告中特别强调指出："加强对各民族文化的挖掘和保护，重视文物和非物质文化遗产保护"；温家宝总理在政府工作报告中也提出要"加强民族文化遗产保护"，这充分表明党和国家对文化遗产保护工作的关心和支持。中国政府已将 110 座城市列为中国历史文化名城。中国世界文化遗产、自然遗产、文化与自然遗产共 35 处。自 1982 年起，国务院总共公布了 6 批、187 处国家级风景名胜区。我国已经有三批共 157 个历史文化名镇名村。国务院核定文化部确定的六批全国重点文物保护单位共计 1080 处。国务院今年颁布了《历史文化名城名镇名村保护条例》和《城乡规划法》。

我们应该看到国家政府对民族建筑文化遗产保护给予高度重视。但我们也要看到，由于中国处于高速发展阶段，大拆大建，极力追求经济效益，牺牲城市文化遗产的风潮势不可挡。传统建筑、历史建筑、民族建筑遗产在推土机面前以惊人的速度荡然无存。中华民族建筑的瑰宝在经济大潮中显的脆弱无力。无论是在城市民族建筑遗产，还是在乡村的民族建筑遗产都面临着是否能被保护，怎样被保护，免遭人为破坏和损坏的局面。我们要按照"保护为主、抢救第一、合理利用、传承发展"的国家文物局文物的保护方针，做好普查工作，制定保护规划，抢救珍贵遗产，注重人才培养，加强宣传教育，不断提高全社会的保护意识，努力发挥文化遗产在社会主义先进文化建设中的重要作用。

三、大力推动民族建筑文化品牌的传承和创新

鉴于 20 世纪八九十年代，我国城市大规模现代化改造中，片面追求经济指标，追求高、大、新，全国各地"千城一面"，无特点、无特征，城市历史文化造成的破坏已不可挽回。现在在新农村建设的进程中，要将文化遗产的保护，率先列入新农村建设的总体规划之中。千万不要再出现城市改造的文化悲剧，把新农村建设成"洋农

村”或万村一面。要在提高物质生活的同时，大力提高文化生活，要建成有民族特点、有地域特点、有时代特点的新村镇。应以全面的科学的谐调的发展观为指导思想，因地制宜、以人为本、统筹兼顾、全面发展。

无论城市和农村都要充分挖掘和推崇民族文化资源，要研究、保护和利用文化遗产，用不同形式和方法，打造一批又一批历史文化名城名镇名村；打造文化品牌。要处理好保护和传承的关系；处理好各民族建筑技艺相互融合的关系；处理好传统建筑和现代建筑融合的关系；处理好传承和创新的关系；处理好保护与旅游业发展的关系；处理好保护与民生的关系；处理好发展与生态平衡的关系，处理好发展与节约能源的关系。治理脏乱破差的环境，搞好环境卫生，美化环境。加强教育，加强宣传，加强法制管理。

我们要坚持走中国特色的城镇化发展道路，努力形成资源节约、环境友好、经济高效、社会和谐的城镇发展新格局。要自动保护、自主保护、自觉保护建筑文化遗产，努力提高文化遗产保护的科学和技术水平，努力落实科学发展观，使我国的城镇发展进程中，少犯错误，少犯走弯路，为保卫我们的遗产，守望我们的精神家园做不懈的努力和奋斗。

（在“中国民族建筑研究会学术年会暨第二届民族建筑（文物）保护与发展高峰论坛”上的讲话）

人居建设关系国计民生

今年十月，“2009北京世界设计大会暨首届北京国际设计周”在北京举行，这标志着以设计为引擎的文化创意产业将成为首都经济发展的新动力，成为创造需求引导消费的着力点，成为产业结构调整与城市管理升级的牵引器。科学技术是第一生产力，设计是产业振兴的第一推动力，设计是产业振兴的灵魂，设计是经济社会发展模式的转型的先导力量，设计产业为代表的文化创意产业，北京将打造设计之都，这里城市设计主要是产业设计当然也是根据建筑设计，由此我仰慕、敬重建筑师。

首先我代表主办单位对大家积极响应和参与“中国人居典范建筑规划设计方案竞赛”活动，表示感谢！对获奖单位和个人表示热烈的祝贺！

当前人居建设已成为关系国计民生的一件大事，中央重视，社会关注。但随着全球经济一体化和我国城乡建设的步伐不断加快，我国在人居建设方面正日益面临严峻的挑战，与城镇居民日益增长的住房需求相比，与建设资源节约型、环境友好型社会的要求相比，与构建和谐社会的要求相比，目前还存在着储如：中低收入家庭住房支付能力相对不足，商品住房价格上涨过快，人居建设资源消耗高等问题。这些是中央经济工作的会议中特别强调的稳定发展、协调发展、可持续发展的重要内容。人居典范建筑设计也正是落实这些要求。对此，我讲三点，供大家参考。

第一要科学规划，倡导建筑绿色环保。人居项目建设要按照建设资源节约型、环境友好型社会的要求，大力发展节能省地型住宅，改变以“高投入、高消耗、高价格”为特征的建设模式。要重视节能、节水、节地、节材和环境保护，推动住宅建设由数量型增长转为质量型增长，提高住宅的规划设计质量，实现在较小套型内创造较高的居住舒适度，要大力推进住宅产业化工作，推动住宅科技成果的产业化和生产方式的工业化，目的是通过多种方式和渠道，逐步建立文明健康的住房消费模式。

第二要继承和发扬民族建筑文化，建设具有地方特色的人居项目。中国民族建筑文化历史悠久、博大精深，虽历经风雨传承，以人为本、天人合一的理念依然被世代建筑师所推崇。建设文化、居住文化、环境文化、园林文化、环卫文化等都是民族建筑文化的主要内容，我国有56个民族，各民族都有本民族的居住文化风格，56个民族都各具特色，这些丰富多彩的民族个性，古往今来汇聚成中华民族大家庭的居住文化史，有一句大家都很熟悉的话，“越是民族的，越是世界的”，在人居建设中我们要古为今用，洋为中用，优秀的传统民居是十分宝贵的文化资源和财富，我们应该在中国传统文化中吸取营养，创造出具有民族风格和地方特色的新时代人居项目。

第三要开拓思路，积极创新。首先要建筑文化创新，欧陆风在我国建筑界已经流行了一段时间，面对西方建筑文化的冲击，我国建筑师要对传统建筑文化进行追寻、探索与拓展，比如说从地域建筑文化特征，乡土技术方面进行的融合与提纯，在建筑内部空间设计方面借鉴和融合传统居住文化理念等，用当代建筑形式，诠释传统建筑文化“以人为本、天人合一”精神，并在对生态环境的维护与创造，自然环境的呼应与保护方面进行创新。其二要对新技术、新材料应用进行创新，传统建筑大部分是以土木砖石为材料，这些材料在今天人居建设中已不再适合应用。目前随着新技术新材料的不断产生，我们要借助现代技术与手段，积极创新，把现代新技术、新材料与传统建筑文化有机地结合，创造出物廉质优的精美规划设计作品。总之，我们得民族建筑文化是有灵魂的，是代表民族精神的，如果我们把这个精神性的东西跟现代建筑结合起来了，必将创造出更多的人居典范项目，必将促进民族建筑文化的复兴，从而推动中华文化的伟大复兴。

办好“第六届中国人居典范方案竞赛”颁奖大会，和继续做好竞赛，是我就任中国民族建筑研究会会长以来，一项十分重要的工作。竞赛赛出设计大师未来设计师风采，设计界的可持续发展创新精神，反映了社会进步经济发展的新水平。向全球展示继承和弘扬民族建筑的精髓与典范。我对“典范”二字进行了研究分析，认为：典一就是代表经典，并可传世，范一就是示范，并可学习借鉴，因此办好“中国人居典范建筑规划设计方案竞赛”，将关系到中国建筑规划设计水平的提高和发展，将影响着中国人居建设事业的健康持续发展，所以主办单位深感责任重大，要在全力做好本届颁奖大会的同时，继续结合当前世界建筑规划设计前沿理念，探究和谐的建筑形态，积极倡导和鼓励在规划设计上，发挥民族特色，创建绿色生态人居工程。

同志们，朋友们！住有所居、安居乐业，是全国人民的美好愿望，也是我们广大建设从业者共同追求的目标，希望我们通过中国人居典范方案竞赛这个平台，活跃设计思想，繁荣设计创作，加强与各地区、各单位的交流与合作，与大家分享在人居建设方面的心得和经验，共同为实现中国人居建设事业健康持续发展，做出不懈的努力。

（在“2009·第六届中国人民典范建筑规划设计方案竞赛颁奖大会”上的讲话）

新起点 促发展
努力开创民族建筑研究工作新局面

2009年是新中国成立60周年，胡锦涛总书记在国庆大典讲话中指出：全国各族人民都为伟大祖国的发展进步感到无比自豪，都对实现中华民族伟大复兴的光明前景充满信心。胡总书记强调：中华民族的伟大复兴必将伴随着中华文化的伟大复兴。民族建筑作为中华民族文化的重要组成部分，是五十六个民族智慧的结晶，是民族文化的载体，蕴含着中华民族特有的精神价值、思维方式，体现着中华民族的生命力和创造力。研究民族建筑就是在传承和弘扬中华五十六个民族优秀的文化，加深民族情感，增进民族团结，维护国家统一；保护民族建筑是建设社会主义先进文化，贯彻落实科学发展观和构建和谐社会的必然要求，是实现中华民族伟大复兴的重要工作之一。中国民族建筑历经风雨传承，以人为本、天人合一的理念被世代建筑师所推崇，时至今日，民族建筑文化依然对我国城乡规划建设影响深远。

未来一年在党中央的领导下，我国将踏上民族复兴新的征程，中国民族建筑研究会也将在新一届理事会共同努力下，迈进新的历史发展阶段。新一届理事会将认真履行职责，做好研究会2010～2014年工作规划，进一步弘扬民族建筑文化、推动民族建筑事业发展。

为此，就新一届领导班子上任后的工作，我谈四点意见：

一、充分认识民族建筑保护研究的重要性和紧迫性

民族建筑是维系一个民族生存延续的灵魂和血脉，是传承民族优秀传统文化的有效载体。当前现代化正以飞快的速度冲击着传统的民族文化，使传统的民族文化逐渐丧失。比如：基诺族是1979年经国务院确认的民族，但该民族的传统文化在社会经济突飞猛进发展的同时却日渐衰落。早在1990年，就有专家预测：基诺族传统竹楼有可能在10年内被平房和楼房所取代，民族服饰可能在20年内消失，承载历史文化的基诺族歌舞可能在30年内消失，而无民族文字为载体的语言也可能在50年内消失。今天，基诺族的传统竹楼已大部分被平房和楼房所取代，民族文化消亡现状令人痛惜，然而，这种情况并不是基诺族独有的，目前许多民族都面临民族文化消失的情形。因此，保护研究民族建筑是一项任务紧迫、责任重大的民族文化复兴工程。根据

国家文物局数据统计显示，我国已知的不可移动文物高达40余万处，但只有7万多处被公布为各级文物保护单位，且大部分在村镇，目前还有30万多万处不可以移动文物需要进行有效保护，其中大部分是民族建筑。为此，要突出以下几个工作重点：

（1）传统民族村镇是民族建筑研究保护的重点。民族村镇一般都处于经济发展相对落后的地区，不但在民族建筑保护方面力量相对薄弱，而且在合理利用、招商引资方面也急需各级政府和有关部门给予更多的关注与帮助，民族村镇保护具有双重任务，一是保护民族文化；二是消除贫困，通过对民族村镇的保护，可推动民族地区的健康稳定发展。据有关部门调查显示，全国有120个民族自治县（旗），1147个民族乡镇，蕴藏着巨大的旅游发展空间，这也就是说，在民族建筑研究保护与合理利用方面，我们大有文章可做。

（2）新农村建设中彰显民族和地域特点是工作重点。当前随着全球经济一体化和我国城镇化、新农村建设步伐的不断加快，我国文化生态环境正面临前所未有的危机，众多优秀民族建筑正逐步走向消亡，这在旧城镇改造、新农村建设方面表现尤为突出。有些地方把新农村建设错误地理解为"新村"建设，"求新求洋"，建设性破坏严重，大规模的村容整治、新建人造景观，导致众多民族建筑被毁，古村落的传统格局被肢解，和谐的人文环境被破坏。

以史为鉴，我们要深刻认识盲目的建设和更新将会割断城市历史的文脉。在英国有许多作为产业革命发源地的城市，如谢菲尔德，如今历史建筑已所剩无几，古城风貌也荡然无存。在德国和奥地利，为了满足城市人口增张、交通压力，19世纪末有许多具有历史意义的民族建筑被拆除，对城市造成了深重的伤害。

近年来受全球化影响，城市风貌"千城一面"，让部分城市逐渐失去了经过成千上万年沉淀的深厚文化底蕴，失去了独特的城市魅力，留下了诸多疑惑、无限遗憾，造成了无法挽回的巨大损失，北京市小学六年级语文中有这样一课，叫作《城市的标志》，其中有这样一段话：我们曾经千姿百态、各具风韵的城市，已被钢筋水泥、大同小异的高楼覆盖。最后只剩下了树，在忠心耿耿地守护着这一方水土；只剩下了树，在小心翼翼地维持着这座城市的性格；只剩下了树，用汁液和绿荫在滋润着这座城市中芸芸众生干涸的心灵。在这冷冰冰的建筑和街道中，它是最有耐心与人相伴的鲜活生命；在日益趋同的城市形状中，它是唯一不可被替代的印记，不可被置换的标志。这篇课文难道不让我们广大建筑师在深刻反思之中，扪心自问：我们是否真的要为子孙后代留下一座找不到标志、没有个性的冷冰冰城市！

此外，目前各地民族建筑流失严重。2006年，"翠屏居"事件引起广泛的社会关注，一位瑞典商人到安徽石台县考察时，意欲以20万元买下当地的一处民居"翠屏居"，将其整体搬迁到瑞典哥德堡市。此事经新闻媒体报道之后，各方哗然，后来经过政府干预，这幢房屋总算保留了下来，然而在"翠屏居"事件之后不到一年，媒体再次报道皖南古民居频遭异地收购的消息，仅仅是上海宝山区的一家生态休闲园，就收购了12幢来自皖南休宁、歙县等地的徽派古宅，诸如此类事件今天仍不断在全国上演，愈加彰显民族建筑研究保护工作形势紧迫，责任重大。

（3）宣传保护法律、法规，全力推动传统建筑开发利用。目前，随着《中华人民共和国文物保护法》、《中华人民共和国城乡规划法》、《历史文化名城名镇名村保护条例》（国务院令第524号）、《国务院关于进一步繁荣发展少数民族文化事业的若干意见》国发［2009］29号文相继出台，中央和各地政府不断加强对民族建筑保护的力度，各地政府在城市特色风貌规划、新农村建设、旧城改造方面加大了与专业机构的有效沟通、密切合作，为我们民族建筑保护研究工作奠定了坚实的基础，提供了广阔的历史舞台。把握机遇，务实创新。一方面我们强调民族建筑保护，反对拆光老城建新城，另一方面，我们也反对把民族建筑奉若神明，毫发不动，民族建筑保护不能极端化，无所作为只能加剧老城的现实困境，要对富有历史价值的物质载体，如老街区老房子必须保护，要避免建设性破坏。老建筑可以修，但要保持原有结构风貌，保全肌理，修不是创新，片面追求出新出奇，做得再美，也是破坏！修缮要坚持“修旧如旧”的原则。民族建筑保护要讲究功能有机创新，把现代科学技术应用作为保护研究的一部分，如做好上下水、空调等现代设施的引入，带动城市功能升级。民族建筑保护不能以排斥发展，牺牲居住者的生活质量为代价，要以改善原居民生活条件为工作导向，务实创新，研究探索现代科学技术与传统建筑文化的有机融合。

二、明确目标，抓住重点，扎实推进

中国民族建筑研究会自95年成立以来，经过近15年的长足发展，各方面都取得了一定成绩，这与主管单位、广大会员对研究会工作的支持和帮助是分不开的。随着社会的发展，研究会所承担的历史责任越来越大，期望越来越高，这促使我们要把研究会当成事业干，要有事业心、进取心，以创新的观念、奋发进取的精神状态，科学规划，明确目标，以在城乡建设浪潮中作出贡献来奠定组织自身的位置。我们要在以下几方面做好工作：

（1）深入开展民族建筑课题研究，争取更多的国内外专家学者入会，将研究会建设成为中国民族建筑文化领域有较高水平和影响力的学术中心。

（2）充分发挥研究会在政府、社会、会员之间的纽带与桥梁作用，利用研究会网络与出版物的媒介优势，建立全国性信息和学术交流网络，使研究会成为中国民族建筑学术与产业的信息中心。积极开展与国际组织、海外机构之间的交流合作，将研究会建设成为中国民族建筑文化的国内外信息交流中心。

（3）以传承民族文化的高度与决心，将研究会建成中国民族建筑专业人才的教育培训中心。

同时要适时建立中国民族建筑保护基金。

为此，研究会在未来的工作中，要抓住重点，扎实推进。要有紧迫感、危机感、使命感，以认真落实《国务院关于进一步繁荣发展少数民族文化事业的若干意见》国发［2009］29号文为指导精神，依据《中华人民共和国文物保护法》、《中华人民共和国城乡规划法》、《历史文化名城名镇名村保护条例》（国务院令第524号）开展工作，以加强民族团结，加快民族地区民族建筑保护和利用，推动民族地区稳定持续发展为工作重心；以支持和帮助地方做好城乡特色风貌建设与新农村建设为工作导向，扎实推进，勇担历史重任，发挥学术带头作用，做好桥梁与纽带服务工作，号召动员全国各方面力量，开展深入研究、积极探索，为推动民族地区的繁荣稳定发展，加快我国城乡建设步伐作出更大的贡献！

三、深化学术研究，增强服务意识，不断探索前进

学术研究工作是我会发展的根本，是衡量我会业务能力的重要标准。研究会要围绕中心工作，充分发挥专家团队的作用，明确重点课题，深化学术研究，倡导实践创新，充分发挥国家级社团的优势，尽可能地整合各地研究力量，形成覆盖全国的研究网络，汇聚专门人才，凝聚研究力量，加快实践创新，促进研究成果转化，为各有关部门提供智力支持。研究会的研究工作，要有针对性、系统性、战略性和前瞻性。重大课题开展如：

（1）中华文化复兴与民族建筑文化；

（2）现代建设科学技术如何与地域文化和谐融合等重大课题。

专业课题开展如：

（1）民族村镇的保护与开发；

（2）区域性民族建筑特色元素的归纳；

（3）民族建筑文化与城乡特色风貌建设等专业课题。

同时我们也要积极争取国家民委、住房和城乡建设部等单位的科研课题，将研究会建设成为中国民族建筑文化领域有较高水平和影响力的学术中心，力争在学术研究与应用领域开辟一片新的天地，发挥研究会学术带头作用。

民族建筑研究会是全国性的社团组织，按照中央对于社团工作“提供服务、反映诉求、规范行为”的要求，服务是第一位的。我们要始终坚持以服务政府、服务社会、服务会员为指导思想，积极开拓思路，增强服务意识，提高服务水平，加强交流沟通；根据不同需求，主动为政府、行业、会员提供专业务实的多元化服务，真正成为政府的参谋和助手、社会交流沟通的桥梁和纽带、会员单位可信赖依托的组织。

（1）发挥专业优势，开展特色服务。要充分发挥我会作为全国唯一研究民族建筑国家级学术机构的优势资源，深入开展民族村镇保护与开发规划，城市风貌规划建设论证、旧城镇改造、新农村建设咨询服务，和具体项目实施开展指导评审等相关工作，加大特色服务力度，积极开展各项卓有成效的服务工作，建立中国民族建筑规划设计研究中心，打造精品，树立品牌。

（2）加强信息交流服务，发挥桥梁和纽带作用。首先要进一步办好《民族建筑》杂志，提升杂志学术水平，登载最新科研成果，宣传和解读我国政府有关民族政策、城乡建设、古村镇保护等方面的各项政策法规，发布全国重要工程建设信息。其次要继续加强中国民族建筑网的建设，完善网络服务内容，努力争取信息发布迅速及时，建立起会员网络查询等服务系统，使内容与功能更加精细化、专业化、智能化，创新化，使研究会成为中国民族建筑学术与产业的信息中心，充分发挥桥梁和纽带作用。

（3）积极开展培训服务，为行业输送专业人才。随着全国各地不断加大对民族建筑的保护力度，全国对民族建筑保护与管理专业人才需求激增，尤其在古建修缮和保护技法方面，由于目前很多古建专家年事已高，已不能再从事具体工作，使诸如古建彩绘、雕刻技法等营造和保护技术面临失传。因此，我们要积极组织全国知名专家，在各地相继开展古建筑营造技法、古村镇保护管理等各项培训，将研究会建成中国民族建筑专业人才的教育培训中心，为行业输送更多的专业技术人才。

（4）深入开展招商引资服务，推动地方经济发展。针对当前民族村镇经济发展相对落后，招商引资渠道不畅的现状，我会要充分发挥既熟悉城乡建设相关单位，又与各相关金融投资机构联系密切的优势，积极搭建交流对话平台，促进双方沟通合作，为金融投资机构拓宽投资渠道，为民族村镇提供招商引资服务，将研究会建成中国民族建筑文化保护事业投融资中心，推动地方经济快速发展。

学术活动是沟通理论与实践的桥梁，开展学术活动将推动民族建筑保护研究事业的学术水平，推动学科的进步。我们要继续做好“中国民族建筑研究会学术年会”、“民族建筑（文物）保护与发展高峰论坛”、“中国营造技术保护与更新学术论坛”、“古建筑施工修缮与维护加固技术交流研讨会”等学术活动，进一步结合社会与行业的热点、疑点问题，深入开展更加专业、更加务实的学术交流活动，并积极开展与国际组织、海外机构之间的交流合作，努力开拓国际学术交流活动，将研究会建设成为中国民族建筑文化的国际交流中心，不断探索前进。

四、加强自身建设，迎接更大的挑战

随着研究会的影响力不断提升，队伍建设日益发展壮大，我们将面临新的发展形式，面对新的挑战。研究会上下要居安思危，解放思想，开阔视野，扎实工作，苦练内功，积极加强自身建设，提高工作能力，为了建设专业权威、影响广泛的全国一流学术组织，要认真做好以下四方面工作，准备迎接更大的挑战。

第一，加强队伍建设。加强队伍建设，首先要抓好领导班子建设，努力提高各级领导班子的领导水平和工作能力。高水平的领导班子才能带出高素质的队伍，才能创造一流工作业绩。研究会秘书处要解放思想，开阔视野，改革创新，不断完善体制机制，不拘一格招录、引进、培养、选拔、使用人才。建立人才继续教育培训体系与长效机制，使员工能够做到在工作中学习，在学习中工作，不断提升自己的知识与能力。

第二，重点抓好品牌建设。品牌建设工作是推动民族建筑保护与传承的重要手段，是提高研究会影响力和权威性的重要方式。我们要继续做好“中国民族优秀建筑授牌”、“第七届中国人居典范规划建筑设计竞赛”、“第二届中国民族建筑摄影年赛”等品牌活动，充分听取广大会员意见，根据行业发展需求，积极开创新的品牌活动，实施统一规划，分步实施，有序推进，重点抓好品牌建设工作，进一步提升研究会的影响力和权威性。

第三，加大分支机构管理与服务力度。分支机构是研究会发展的中坚力量，我们研究会目前有四个专业委员会：民族建筑风格艺术专业委员会、民族建筑房地产研究与应用专业委员会、民族建筑遗产研究与保护专业委员会、民居建筑专业委员会。下一步我们要积极争取先在全国五个自治区发展建立地方分会，然后逐步在其他省市发展建立地方分会组织。

研究会的工作开展要讲究统一性、整体性，各专业委员会是研究会的下属分支机构，专业委员会要在研究会的统一领导下，结合各自职责和自身实际情况，开展专业课题研究，定期沟通汇报工作进展，在研究会的统筹监督指导下，开展工作。此外，要充分调动各专业委员会的积极性，组织好专业委员会之间的学习交流，建立互动机制，积极帮助解决专业委员会的实际困难和问题。同时对专业研究成果不理想或工作开展不力的分支机构，实施警告、严重警告、批评通报和撤换负责人的管理措施，加大分支机构管理与服务力度，促进研究会整体协调发展。

第四，建立中国民族建筑保护基金，加快传承和发展步伐。加快建立完善中国民族建筑保护基金委员会的运营体系，积极响应中央关于民族复兴的号召，支持和帮助各地对民族建筑的保护与传承，改变目前单一依靠财政拨款进行保护的现状，弥补各地在民族建筑保护资金方面的不足，拓宽资金来源和渠道，建立设置民族建筑保护长效机制，号召动员社会各方面力量，争取更多的有志之士参与到民族建筑保护大业中来。基金会旨在搭建民族建筑保护参与渠道和平台，加大在学术研究、古建保护、创新发展等方面的资金投入，更快更好地促进我国民族建筑文化的传承和发展。

同志们，我们民族建筑研究会这十几年是伴随着伟大祖国改革开放不断发展的，是在国家民委领导和住房和城乡建设部指导下，是在前三届理事会组织全体会员共同努力而有所作为的结果，今天我们站在新的历史起点，肩负中华民族伟大复兴的历史重任，让我们紧密团结、解放思想，开拓思路，共同努力开创民族建筑研究工作的新局面，为早日实现中华民族的伟大复兴而努力奋斗。

（2009 年 11 月 28 日在“中国民族建筑研究会第四届会员代表大会”上的讲话）

注重民族建筑文化遗产的保护

大家好。今天我非常高兴地在遗产大省、天府之国四川成都参加“首届中国民族聚居区建筑文化遗产国际研讨会”。首先，我代表中国民族建筑研究会，向此次大会的隆重召开表示热烈的祝贺。对国家民族事务委员会、四川省民族事务委员会、四川省住房和城乡建设厅、四川省文物局，西南交通大学等单位对本次会议的关注和支持表示衷心的感谢。向来自国内外的专家学者和各界来宾表示热烈的欢迎和衷心的感谢，向获得中国民族建筑文化保护奖、传承奖、创新奖的优秀人物、单位和项目表示热烈的祝贺。

2004 年 8 月中国民族建筑研究会在成都和康定县召开了“亚洲民族建筑保护与发展研讨会”，并考察了甘孜藏族自治州丹巴县的梭坡古碉群和中国最美丽的村庄甲居藏寨。时隔六年，我们今天又来到这里，召开“首届中国民族聚居区建筑文化遗产国际研讨会”。是什么吸引着我们？是对四川多民族聚居区民族兄弟的热爱，是对四川建筑文化遗产的热爱，尤其是 5・12 大地震后，对受灾地区人民，寄托着一种情怀。

我国是统一的多民族国家，有 56 个民族，少数民族有一亿多人口，分布在全国各地，民族自治地方占国土面积的 64%，西部和边疆绝大部分地区都是少数民族聚居区。

民族聚居区建筑文化遗产以其数量之繁多、内容之丰富、历史之久远、价值之珍贵，在民族文化保护中占有重要地位。民族聚居区建筑文化遗产的多元性、原真性、地域性和独特性，是世界文化遗产的重要组成部分。今天我们聚集国内外来自第一线长期从事民族建筑文化研究与遗产保护和传承的政府官员、专家学者、企业家、规划师、建筑师、建造师一起学习、交流、研讨有关民族聚居区建筑文化遗产的挖掘、研究、保护、传承和发展的议题，责任重大、意义深远。

一、我国少数民族建筑文化遗产的保护取得了显著成效

中国有 5 个民族自治区，20 个民族自治州，90 个民族自治县、旗。60 年来，党和政府高度重视并有计划地开展了少数民族传统文化的保护和抢救，取得了显著成效。

自2003年实施非物质文化遗产保护工程以来，国务院已经公布了两批1028项国家级非物质文化遗产名录，其中，少数民族项目有367项，占35.7%。2007年和2008年，文化主管部门在全国分别设立了4个文化生态保护实验区，其中就有热贡文化和羌族文化两个少数民族文化生态保护实验区。国家实施非物质文化遗产保护工程，有力地推进了少数民族非物质文化遗产整体性保护工作。

在“保护为主，抢救第一”和“有效保护，合理利用，加强管理”的方针原则的指导下，到目前为止，民族自治地方的全国重点文物保护单位已达366处，西藏的布达拉宫和大昭寺、云南的丽江古城进入了世界文化遗产名录，云南“三江并流”景观、阿坝藏族自治州的九寨沟风景名胜区和黄龙风景名胜区进入了世界自然遗产名录。通过历史文化名城名镇名村保护体系的建立，拉萨、大理、吐鲁番、日喀则等一批历史文化名城名镇名村得到有效保护。

2008年5·12汶川大地震后，国家有关部门重点加强了藏羌民族文化遗产的保护，相继启动了理县桃坪羌族碉楼与村寨抢救修复工程和马尔康松岗直波雕楼抢救保护工程，并建立了“羌族文化数字博物馆”。

在中国建筑文化遗产的研究保护中涌现了一大批为这项事业作出突出贡献的优秀的专家学者。他们不辞辛苦、不计报酬，为中国文化遗产保护、传承和发展事业奉献着。如国家民委经济发展司组织在全国120多个地方开展民族特色村寨保护规划试点工作，中国建筑设计研究院建筑历史研究所在陈同滨所长的带领下为我国遗产申报和遗产保护规划作出了很大贡献。如四川省文物局朱小楠副局长、四川省古建专家雍朝勉先生、西南交通大学建筑学院张先进教授，沈阳建筑大学张福昌党委书记，还有将藏羌碉楼宣传到世界的四川大学育利康研究所弗德瑞克女士（法国）及一大批企事业单位的优秀工作者。在此，我代表中国民族建筑研究会对他们取得的成就表示敬意和衷心的感谢。

二、民族聚居区民族建筑文化遗产的价值无限

民族聚居区的民族建筑来自于田野，来自于山间，来自于大自然，来自于民族兄弟姐妹的劳动汗水和智慧。它是历史的写照，文化的写照，自然的写照，它的价值无限。

民族聚居区民族建筑文化遗产的特点是多元性、原真性、独特性和地域性。民族聚居区民族建筑文化遗产具有历史价值、社会价值、科技价值、经济价值、审美价值等五大价值，都值得我们深入挖掘、研究与交流。

一是具有重要的历史价值。它们见证了民族聚居区各民族人民的活动，对历史和今天所产生的深刻影响。保护民族聚居区民族建筑文化遗产，发掘其丰厚的文化底

蕴，将使绚丽多彩的历史画卷更加充实。同时，认识民族聚居区各民族群众活动的产生和发展，对研究人类的发展和各民族历史变迁与奋斗历史发展过程具有普遍的价值。

二是具有重要的社会价值。它们见证了人类和民族巨大变革时期社会的日常生活。蕴涵着民族兄弟千百年的劳动和智慧的创造。他们利用大自然，利用当地环境，利用当地的材料，运用各民族的风俗文化，包容并蓄，相互融合，生生不息，因地制宜，顺应自然，求生存发展。它联系着人的关系、生活的关系、生产的关系和社会的关系。

三是具有重要的科研价值。民族聚居区民族建筑文化与其相关的人类学、民族学、社会学、心理学、环境科学、地质学、建筑学、建筑工程、水利工程等涉及的十多个学科都可以或应该深入和广泛的研究。如藏羌碉楼为什么在5·12大地震中没有倒塌，几乎损害不大，前人用的什么建筑材料、它的结构原理和建造技术都非常值得研究和现代人学习和借鉴。

四是具有重要的经济价值。民族聚居区民族建筑文化遗产见证了民族建筑发展对经济社会的带动作用。保护和继承民族建筑遗产，制止民族建筑文化的遗失，这有助于民族聚居区文化的发展、旅游业的发展和经济的发展。保护好、管理好和利用好民族建筑是惠及子孙万代的大事，如安徽西递和宏村的每年旅游收入数以亿计。

五是具有重要的审美价值。民族聚居区民族建筑文化遗产的建筑外观、造型、色彩、材料及天人合一的环境都具有鲜明的特点，具有重要的审美价值。它使各族人民享受到了文化、历史、艺术之美，是广大人民群众精神与物质文化需要的重要组成部分。

三、注重并解决保护民族建筑文化遗产面临的问题

民族聚居区民族建筑文化遗产是民族兄弟和姐妹劳动和智慧的结晶。这些劳动和智慧的结晶为现代社会的科学和技术的发展作出巨大的贡献。我们所面临亟待解决的难题是：①我们要解决好保护与发展的问题，要在保护中发展，在发展中求保护；②要加强民族聚居区民族建筑文化研究的广度和深度，注重民族地区的特殊性、多样性和综合性研究；③研究建筑文化遗产申报前和申报后的保护规划所涉及的一系列问题；④结合好物质文化遗产和非物质文化遗产；⑤处理好在遗产保护中，国家、政府、地方、企业事业单位和个人的关系；⑥处理好社会效益和经济效益的关系，逐渐缩小民族地区经济和文化发展的差距。

同志们，民族建筑文化遗产是我们的、是世界的、是唯一的。让我们热爱它，挖掘它，研究它，保护它，传承它并发展它。同志们，让我们携起手来为民族建筑文化

遗产的保护事业做出我们每个人的贡献。衷心祝贺这次研讨会的成果能够引起社会各界的重视，能够为传承中华民族建筑作出贡献，能够为第二届、第三届等中国民族聚居区建筑文化遗产国际研讨会的成功举办积累经验，能够为从事民族研究的专家人士创建更好的舞台，营造更优越、更和谐的学习和研究的环境。谢谢大家。

（在“首届中国民族聚居区建筑文化遗产国际研讨会”讲话）

承上启下　继往开来
全力推动民族建筑研究工作再上新台阶

本届年会适逢中国民族建筑研究会成立十五周年，学术年会和高峰论坛将以“保持地方特色、民族特色和传统风格”为主题，总结和交流民族建筑研究的理论和学术成果，探讨和解决城乡建设发展中保护、传承、创新所面临的新问题、新挑战。在这次大会上，我们还将表彰多年来对民族建筑和文化遗产的研究、保护工作作出杰出贡献的先进个人和先进集体，将表彰为推动民族建筑学术水平而辛勤耕耘的优秀论文作者，还将表彰规划、设计、民居、建筑方面的优秀项目。

在会议正式开始之前，我首先对中国民族建筑研究会的工作做一个简单的回顾。

1995年，在中央“抓住机遇、深化改革、扩大开放、促进发展”的方针指引下，在国家民委、建设部、文化部、文物局的多位老领导、老专家倡议发起下，在全国各地民族事务、建设、文化主管部门以及科研院所、高等院校、古建施工、规划设计等单位的共同努力下，中国民族建筑研究会正式成立。

弹指一挥间，中国民族建筑研究会已经走过了整整十五个春秋。十五年来，中国民族建筑研究会在国家民委的正确领导下，在住房和城乡建设部、文化部、国家文物局等单位的科学指导下，在广大会员的大力支持下，在前三届理事会的正确带领下，从无到有、从小到大、从弱到强、从苦到甘，中国民族建筑研究会一步步走出了一条光明大道。在此，我谨代表中国民族建筑研究会第四届理事会对大家长期以来的支持和帮助，衷心地说声“谢谢”。

十五年来，中国民族建筑研究会认真按照中央对社团工作“提供服务、反映诉求、规范行为”的要求，始终坚持以服务政府、服务社会、服务会员为指导思想，积极开拓思路，增强服务意识，提高服务水平，加强交流沟通；根据不同需求，主动为政府、行业、会员提供专业务实的多元化服务，真正成为政府的参谋和助手，社会交流沟通的桥梁和纽带，会员单位可信赖和依托的组织。中国民族建筑研究会目前已发展成为拥有房地产研究与应用专业委员会、遗产研究与保护专业委员会、民居建筑专业委员会、建筑技术与工艺专业委员会、环境与居住文化专业委员会、民族村镇建筑文化研究专业委员会、民族建筑风格艺术专业委员会等七个专业委员会，发展了包括陕西古建园林建设有限公司、曲阜市园林古建筑工程有限公司、广东纪传英古建筑装饰设计有限公司、吉林省工程建设监理有限责任公司、中国古今集团、苏州新沧浪房地产开发有限公司、宁夏回族文化园实业发展有限公司等上百家会员单位和500多名个人会员。目前，中国民族建筑研究会的专业学术研究水平正稳步上升，社会影响力不断扩大，行业指导示范作用日益凸显。2004年研究会被民政部评为首届“全国优秀民间组织”。

2009年，根据国务院《社会团体登记管理条例》，以及国家民委社团管理要求，中国民族建筑研究会于11月在京召开了“中国民族建筑研究会第四届全体会员代表大会”。会议选举产生了第四届理事会领导班子，增补了一批在古建园林、规划设计、旅游开发以及建筑等方面德高望重的专家顾问，扩宽了研究会的研究领域，增强了研究会的专业力量。大会同时通过了中国民族建筑研究2010至2014五年工作规划，制定了把中国民族建筑研究会建设成中国民族建筑的国内外学术交流中心、信息中心和培训中心的战略目标，确立了中国民族建筑研究会未来的发展方向。

近年来，随着中国民族建筑研究会各项工作的不断深入，研究会所承担的历史责任越来越大，社会期望越来越高，这促使我们研究会以创新的观念、奋发进取的精神状态，全力做好民族建筑研究工作。2010年是中国民族建筑研究会实施五年战略规划的第一年，在新一届领导班子的带领下，主要开展了以下几个方面工作：

一、开展了现代居住文化评估体系专业课题研究

为了挖掘和发挥民族建筑文化内涵，满足现代居住文化发展需要，着眼于提升我国的房地产开发水平，引入更多更好的最新设计、适用技术，我会承担了住房和城乡建设部开展的《现代居住文化评估体系研究》工作。通过专业课题研究，形成若干个具有理论深度、实践指导作用的研究成果，并在此基础上逐步形成规范化、法制化，为建设人文住宅、低碳绿色住宅、科技环保住宅作出贡献。

二、成功举办“第二届营造技术保护与创新学术论坛”

2009年，我们成功举办了第一届“中国营造学社建社80周年纪念活动暨营造技术的保护与更新学术论坛”，在此基础上，我们今年又举办了第二届。论坛在弘扬中国营造学社发掘与传承中国民族建筑文化的历史功绩，宣传其营造理念和技术上的成就，探索传统民族建筑现代化和现代建筑本土化等方面，取得了良好的社会反响。

三、举办了“2010城市建设与建筑风水文化论坛”

（略）

四、在西安曲江成功召开了“第三届中华传统建筑文化与古建筑工艺技术学术研讨会暨西安曲江建筑文化传承经典案例推介会”

这次研讨会也是在前两届成功举办的基础上，由中国民族建筑研究会、《古建园林技术》杂志社、西安市曲江新区管委会共同主办的。在这次会议上，我们的马炳坚副会长倡议：结合曲江在传统建筑建设方面的经典案例和成功经验，采用先实地考察，后开会讨论的学术会议新模式。对传统建筑文化以及传统工艺技术的继承弘扬和传承创新展开了深入研讨，得到了与会代表的广泛好评，取得了良好的学术效果。与此同时，根据罗哲文罗老的提议，本届会议还起草通过了《关于认真贯彻中华人民共和国城乡规划原则的倡议书》，从不同角度、不同层面论述了继承弘扬中华传统建筑文化的若干理论问题和实践问题，重申了民族建筑文化研究对建设行业的健康持续发展的重要意义，强调了中国建筑文化的民族性、地域性，明确了行业未来的发展方向。

五、关注民族地区发展，促进民族建筑文化遗产研究，成功举办“首届中国民族聚居区建筑文化遗产国际研讨会”

民族聚居区建筑文化遗产拥有多元性、原真性、地域性和独特性等特征，其数量之繁多、内容之丰富，在民族建筑文化保护中占有重要地位。本次研讨会的召开，推动了我国民族聚居地区建筑文化遗产的价值研究、保护方法，为中外建筑文化遗产研究搭建了国际交流平台，有力地推动了少数民族文化遗产整体性保护研究工作。

六、加强国际交流合作，积极参加国际学术活动

今年，我们应美国建筑师学会（American Institute of Architects）及洛杉矶市规划局的邀请，中国民族建筑研究会组团参加了2010年美国建筑师学会年会及全美建筑设计展，期间还对美国城市规划与建筑等专业领域进行了考察。

同时，我们根据全国民族高校基本建设发展需要，我会组织民族高校相关负责人对德国亚琛大学、英国泰晤士河谷大学等相关高校进行了学习考察，并与各方就校园及公共建筑的规划建设、校园设施的管理、传统建筑的保护与修缮等问题进行了深入交流沟通，并相互交换经验，取得了多项学术成果。通过这两次活动，加强了中外建

筑行业间的交流与合作，学习和借鉴了国外城市及建筑的规划、设计、保护与利用的先进理念和技术。

七、利用研究会优势，大力开展品牌活动

一方面，我会充分利用自身优势，积极开展咨询服务工作。2010 年先后完成或即将完成《乌拉街镇总体规划》、《乌拉街镇历史文化名镇保护性规划》、《乌拉街镇城市风貌研究报告》、《富锦市博清小区详细规划》、《富锦市城市风貌论证报告》、《秦皇岛市国际婚庆城咨询论证项目》、《叶赫镇满族风情街规划设计》。满足了地方城镇保护发展建设的要求，受到了各委托单位的好评，提升了研究会在行业内的知名度，取得了很好的社会效果。

第二方面，继续开展抢救性授牌工作，推动城乡民族建筑的保护和传承。

中国民族优秀建筑授牌活动是经国家民委批准的一项活动，自 2007 年开展以来，在全国各地积极开展抢救性授牌工作，将散落在全国各地的古建筑、民族建筑，在未被评为国家文物保护单位之前，进行抢救性授牌，提高地方政府对古建筑的保护力度，有效地支持了国家文物保护工作。今年我会又先后对重庆市人民大礼堂、北京市古北口镇、北京市北二环城市公园城中村、吉林市龙潭区乌拉街满族镇、楚天都市金园等一批具有鲜明代表性的建筑进行了授牌。

第三，继续做好中国人居典范设计竞赛。

《中国人居典范建筑规划设计方案竞赛》是我会一个重要品牌活动，拥有一定的行业影响力和号召力。活动已连续成功举办了六届，推出了一大批集民族特色、宜居、节能、生态于一体的人居建筑精品。目前第七届人居竞赛活动正在全国范围内如火如荼开展，众多优秀规划设计项目不断加入，目前申报的项目已经达到 200 多个，到 12 月下旬，我们还要在这里，在人民大会堂召开《中国人居典范建筑规划设计方案竞赛》表彰大会。

第四，坚持搞好民族建筑优秀论文评选，提高民族建筑学术水平。

《中国民族建筑优秀论文评选》活动是研究会重点工作，在业内具有很高的权威性与影响力。今年已经办到第四届，得到了全国众多知名专业媒体的支持与帮助，目前有数千篇论文参加评选，在今天大会上，我们将表彰部分获奖论文作者。

第五，开展先进表彰工作，树立示范典型。

我会 2008 年对长期工作在民族建筑保护战线的罗哲文、郑孝燮、谢辰生三位老专家颁发“中国民族建筑终身成就奖”，在业内外引起巨大反响和好评，为了进一步表彰和鼓励长期从事民族建筑研究、保护和发展的先进单位和优秀人物，除了终身成就奖，又设置了“中国民族建筑事业杰出贡献奖、优秀人物奖”，本届大会期间我们

将对这些单位和个人予以颁奖表彰。除此之外，我会还继续开展了针对瓦作、木作、石作、扎作、油漆、彩画等各工种的中国营造技术名师和中国营造技术传承人物表彰工作，填补行业空白，为全社会弘扬民族建筑文化起到示范作用。

朋友们，路漫漫其修远兮，我们在做出成绩的同时，也面对着新的机遇和挑战，我们在不断地上下求索，在不断地拼搏奋斗，在不断的推进自身建设。针对出现的新情况，新问题，我们今年加大了各项硬件的投入，加强了专业人才吸纳，为研究会今后发展夯实基础。

一是对中国民族建筑网进行了全新改版。中国民族建筑网是我会重要的窗口和信息平台，今年进行了全新改版，并加设了英文版面，加强了网站内容的专业化、学术性、时效性，内容丰富多彩，信息量大，专业水平高，全年的点击量达到十几万次，受到了国家民委、住房和城乡建设部及民政部领导的重视，得到了业内专家学者、相关领导及广大会员的认可和好评。

二是积极吸纳专业人才，不断壮大专家队伍。专家团队是我会的宝贵财富，近年来，我会陆续聘请了罗哲文、牟本理、齐康、张锦秋、单德启、陈为邦等一批知名专家、业界泰斗作为顾问。今年又发展、吸纳了一批工作在古建、规划、旅游等专业领域的专家学者、学术带头人，他们已经成为研究会未来发展的中坚力量，成为研究会开展科研工作的强大后盾。

三是积极推进队伍建设，谋求更大发展。今年研究会秘书处新增补两名副秘书长，一名秘书长助理，加强了领导班子，实现了老中青结合，使研究会整体工作不断跃上新台阶。

朋友们，十五年风雨岁月，十五年春华秋实，中国民族建筑研究会今日的发展，离不开伟大的改革开放，离不开国家民委的正确领导，离不开住房和城乡建设部、文化部、国家文物局的科学指导，离不开全体会员的理解与支持，更离不开各位专家顾问的大力帮助。在此，我代表中国民族建筑研究会第四届理事会，再次由衷地向您表示感谢！朋友们！让我们以身处这个伟大的时代而自豪，让我们大家共同聚焦国家十二五规划，探寻行业发展新契机，承上启下，继往开来，全力推动民族建筑研究工作再上新台阶！

（在“第十三届中国民族建筑学术年会”上的发言）

贴近社会　抓实抓深　开创中国民族建筑事业发展新局面

首先，要把握文化大发展大繁荣的机遇。目前，民族建筑文化的自觉、自信还远远不够。作为民族建筑研究会，要搞好民族建筑文化，要抓住机遇去考虑工作如何上层次、上水平，要把民族建筑文化的产业、事业搞起来。

其次，要正视三个不足。一是社会重要性不足；二是工作创新不足；三是国际交流、交往不足。

第三，要树立七个观点。一是把民族建筑研究当作事业来干，要树立敬业精神；二是把活动做成品牌，不断地提高活动的水平；三是把合作上升为能力。民族建筑研究工作需跨行业、跨部门，要善于合作；四是把专家视为资源。专家是研究会的重要资源、资本，要吸收更多的专家来从事民族建筑研究工作；五是把企业家视为力量。研究会要提供合作机会，为企业创造商机，做好宣传；六是把同事看成缘分，秘书处所有工作人员能够走到一起是缘分，我们为能共同从事民族建筑研究而骄傲；七是把工作视为创新。

（在“中国民族建筑研究会第十四届年会”上的发言）

开展学术交流 促进中华民族建筑文化产业荣昌

今天，我们从四面八方汇集到山东省曲阜市，参加第十五届中国民族建筑研究会学术交流年会，我觉得非常的高兴，也特别值得纪念。曲阜是著名的历史文化名城，是一代先哲孔子的故乡和儒家文化的发源地，我们在这里缅怀圣贤，探讨儒家文化和民族建筑的深厚渊源，是一件十分有意义的事情。就在四个小时以前，伦敦奥运会的火炬在地球另一端点燃，举世瞩目的奥林匹克盛典也拉开了帷幕。我相信在今天这样一个特殊的时间、地点，我们研究民族建筑、传统建筑的众多专家、科研院所和高等院校的同志们，以及从事园林古建施工管理的企事业单位代表欢聚在一起，表彰先进典型，展示、交流近年来的丰硕成果，展望文化大繁荣背景下民族建筑事业的美好发展前景，是一件值得庆贺的盛事，我把它比作民族建筑的奥林匹克。我希望我们今天探讨的问题、表彰的先进典型和结识的专家、朋友，多年以后都能够留存在大家的记忆中。

中国民族建筑研究会发展到今天，已经走过了 17 个光辉岁月。今天的研究会，在第四届理事会的领导和以肖厚忠为首的秘书处同志们的共同努力下，无论科研学术活动还是社团经营管理，都取得了有目共睹的成绩，整体实力和社会影响力不断提高。这次学术交流年会，秘书处的同志们经过了长时间的筹备和精心组织，我希望各位代表来到这里，就像回到了自己家一样，放松身心，广交朋友，把各自的成果、业绩留下，把新思潮新观点和大家深情厚谊带回去。

今年是实施“十二五”规划承上启下的重要一年，也是中央深化文化体制改革、推动社会主义文化大发展大繁荣的第一年，如何抓好这个历史机遇，与时俱进地搞好行业的各项工作，促进中华民族建筑文化产业的繁荣昌盛，我想谈以下四点意见：

一、认真分析形势，学习、研究党和国家的政策文件，贯彻落实中央有关指示精神

2011 年中央召开了经济工作会议，确定 2012 年中国经济工作的总基调：稳中求进，把经济工作的主要目标明确为稳增长、控物价、调结构、惠民生、抓改革、促和谐。中央的对经济工作的这个定位是高度精练、富有远见卓识的，十八个字对国民经济各行各业都指明了方向、提出了要求，包括民族建筑行业在内。我们搞研究会的工

作也好，搞学术研究也好，搞文物保护、园林古建施工也好，都是为经济工作服务，或者说是直接参与到经济活动中，都要紧紧围绕中央的基调来开展工作。稳中求进有两个概念：一个是我们现在已经取得了重大成就的，还要继续促进各种发展；一个是我们目前还没有取得重大突破，还要下点功夫，我把它浓缩为两句话：成绩面前再努力，差距面前还要更努力。上到国家宏观层面，下到每个基层单位、经济实体和科研院所，我们都要根据这个总基调来制定自己的发展规划，调整工作计划，把自己的小个体融入中央大环境中，才能保证我们的各项工作始终走在一个正确的轨道上。

当今世界正处在大发展大变革大调整时期，随着科学技术日新月异，各种思想文化交流交融交锋更加频繁，文化在综合国力竞争中的地位和作用更加凸显，增强国家文化软实力、中华文化国际影响力要求更加紧迫。我们都是专注民族建筑、弘扬民族文化的从业人员，肩负着中华民族悠久灿烂的建筑文化在世界范围内传承、光大的历史使命，这就要求我们做好国情和行业普查，拓展工作思路，创新工作方法，坚持以经济建设为中心，在全面建设小康社会进程中、在科学发展道路上奋力开创社会主义文化建设新局面。

二、创造品牌效应，倡导理论联系实际，将科研成果转化为生产力

在当今社会，品牌越来越受到世界各国、各行各业人们的关注和追捧。我们做公益、做企业、做研究，同样离不开品牌效应。树立品牌的方式高招跌出，五花八门，但总的一条，必须具有强大的资源整合能力。

对研究会而言，我们要整合好政府资源、专家资源，借助专家的技术力量和权威号召力，大力发展会员，团结一大批对民族建筑有感情、有抱负的人员，并且组织他们开展各种各样的学术研讨、规划咨询、古建文化挖掘推广活动，真正为地方政府和人民保护开发利用好古建历史文化资源、加快城镇开发建设做好服务工作。2012 年 4 月份研究会在江苏连云港市组织了一次专家咨询服务，为南城古镇的保护开发进行规划论证。我受邀全程参加了这次活动，活动搞得很成功，连云港的市长书记一直陪同考察、参加座谈，对最后形成的考察报告也很满意，现在连云港的党政领导，还有直属企业，都知道有个民族建筑研究会，这就是一个活动创造的品牌效应。

对高校和科研机构而言，我们要整合好信息技术资源，牢牢把握当今世界建筑技术的发展方向以及建筑文化推广运用的崭新理念，通过知识传授、课题研究和学术交流，吸收他人的精髓，发扬自身的特长，脚踏实地，求真务实，把各项科研工成果推向社会，惠及民生。刚刚获得普利兹克建筑金奖的王澍老师，是中国美术学院建筑学院的院长，本来他接受研究会的邀请，今天要出席大会并发表演讲，但是由于他现在

名誉加身，各种活动日程一直排到了年底，所以很遗憾今天没有到场，他就是在南京博物馆的设计中融入了多处古建筑符号和民族元素，从而在众多世界顶尖级设计师的作品中脱颖而出，成为第一位获得普利兹克奖的华人公民，具有了国际品牌，这也再次应验了“越是民族的，也是世界的”这句真言。

对建筑施工企业而言，我们要整合好行业资源和人力资源，用优良的产品吸引客户，用知名品牌扎根市场。品牌是企业发展的基石和要务，多少企业为了打造企业知名度一掷千金，还有那么多企业为了品牌之争不惜对簿公堂，就是因为品牌关系到一个企业的生死存亡。我们国家从事古建园林行业的企业，圈子相对狭小，市场份额有限，这就更要求我们强化品牌意识，将企业本质的一面通过品牌展示给世人。比如以我们曲阜古建的董事长王树宝为代表的一批古建企业带头人，都是拼搏努力了二三十年，倾尽心血耗费青春才换来了今天的品牌。要想打造百年企业，一定要继续做好资源整合工作，加强与高校和科研机构的横向联系，不断将新技术、新工艺运用到生产实践中，这是我们立足不败、出奇制胜的法宝所在。

我这里特别要强调的一点是，高等院校和科研单位在从事理论课题研究时，一定要避免闭门造车，造成科研和市场脱节，科研成果不能转化为生产力，那我们的科研工作就失去了意义。要重视发展校企关系、院企关系，与企业建立广泛的合作关系，共同将科研成果造福于民，真正体现科研教学工作的价值所在。看得出来，这次研究会的同志们在组织会议的时候动了脑筋，专门把新闻联播报道过的修复再造大同古寺古典壁画的中央美院的师生们请到了年会现场，还有四川大学综合科学院的钟行恕院长也将受邀为大家展示西南少数民族地区民族建筑风貌设计改造的生动案例，他们都是将科研成果转化为生产力的典型代表。

三、加强与国际社会和港澳台地区的交流，促进世界民族建筑文化的和谐发展

文化是无国界的，要促进世界民族建筑文化的大融合大发展，不打开国门走出去，是永远实现不了的。不要以为民族建筑只是我们国内的一个研究领域，把中国的古建筑、古文物、古文化研究透彻就行了，一定要具备国际视野和国际标准，要和国际接轨。过去，我们在这方面有一些好的尝试，像苏州的史建华副会长就在研究会房地产专业委员会成立的时候，把英国皇家建造师协会的负责人引进到他那里，并且设立了英国皇家建造师协会园林分会，一举打开了通向国际舞台的大门。我们民居专业委员会利用临近港澳台地区的区位优势和人脉优势，积极开展海峡两岸民居建筑学术研讨活动，聚集了一批致力于两岸民居文化交流的能人志士，收到了很好的社会效益。

本次年会将主题定义为儒家文化和民族建筑的国际影响力，说明我们已经有了走出去、引进来的迫切愿望，显示出与国际建筑史和建筑文化界密切联系的积极态势。今后，研究会要多与港澳台地区、国际组织和相关机构建立联系，为国内的科研院所和企业牵线搭桥，在引进国外先进观念、先进技术的同时，也组织我们的人去国外考察学习，国际国内互动，东方西方联手，把我们中华民族建筑文化的独特魅力和深厚积淀放到国际舞台上去发扬光大。

四、做好新老人才交替，为民族建筑事业蓬勃发展提供有力的人才支撑

根据中央文件精神，推动社会主义文化大发展大繁荣，队伍是基础，人才是关键。对于我们搞民族建筑的来说，尊重专家、尊重知识更显得意义重大。我们的一些老专家，有 80 后甚至 90 后，像今天到场的宿白老先生、刘叙杰老先生、单德启老先生，他们都是为我国文物古建保护事业奉献了毕生心血、德高望重的学术泰斗，这次被授予中国民族建筑事业终身成就奖，确实是实至名归，令人敬仰。还有广州来的江道元先生，因为对民族建筑的执着和热爱，80 多岁了仍坚持来到我们的会场，我们表示热烈欢迎和衷心感谢。我特别要提到刚刚故去的古建宗师罗哲文先生，他也是我们研究会的老会长、顾问，多年来对研究会的发展倾注了满腔热忱，他的离世不仅仅是我们国家文物古建行业的巨大损失，也是我们民族建筑研究会的一大损失。在此我要恳请我们的老前辈、老专家们多多保重身体，注意劳逸结合，不要把身体累垮了，你们是民族建筑事业发展最宝贵的财富。

我们在尊重、保护老专家的同时，要坚持培养、发展中青年专业人才，把他们充实到理论研究、科技开发和生产实践的第一线，使他们在老一辈的带领下，尽快地成长为民族建筑事业发展的中坚力量。我们国家刚刚完成的神九飞船与天宫一号交汇对接，许多关键环节的技术骨干都是三十岁上下的年轻人，有的总指挥级别的负责人才四十多岁，这是非常了不起的事，有了他们，我们国家的航天事业就后继有人。

做任何事都离不开人，对民族建筑也是一个道理，我们有悠久的历史文化，有独特的建筑艺术，也有诸多的远大理想和宏伟目标，如果没有人去实施，一切都是纸上谈兵。毋庸回避，我们有的地区，有的技术面临着后继乏人的尴尬局面，新老交替出现了青黄不接的现象，短时间内，也许我们还意识不到问题的严重性，如果不尽快扭转这一局面，在不久的将来，我们的工作将难以为继，老一辈打下的大好江山将毁于一旦，这是对历史的犯罪，是对子孙万代的无以交代的遗憾。

培养中青年专家和年轻一代的技术人员，方法和手段不拘一格，核心是构建有利于人才成长的体制机制。另外，开展古建营造等方面的技术培训也不容忽视，目前在

国内建造师、造价师的培训铺天盖地，而园林古建方面的培训基本上是一个空白。希望我们在座的各位在接下来的交流中也关注一下这个问题，大家一起出谋划策，把这个空白填补上。

代表们、同志们，以上我从宏观上概括了做好民族建筑保护工作的四点意见，供大家参考讨论。接下来一天半的时间，大会安排了形式多样的学术座谈和演讲，从技术层面或者是学术研究上探讨民族建筑保护的有效办法，希望大家认真听取讲座，充分交流意见，把在曲阜的这两天行程安排得张弛有度，工作交友两不误，不辜负研究会同志为我们精心策划组织的这趟年度之约。

（2012 年 7 月 18 日在“第十五届中国民族建筑研究会学术年会”上的讲话）

强化规范管理　谋可持续发展

一、认清专业委员会工作的地位与作用，树立强烈的责任感与责任意识

要做好专业委员会的工作，必须认清专业委员会工作的地位与作用，树立强烈的责任感与责任意识，从民族精神、国家形象、文化价值、时代特色这四方面抓起，提升专业委员会的社会形象和自身价值。

二、明确专业委员会的工作特点，谋求活动的实效

活动的实效是专业委员会工作的核心，专业委员会必须明确自身特点，重视社团自我管理，努力研究创新，专家方面要更注重传承，还要最大限度拓宽服务面。

三、掌握社团工作方法，增强活动的科学性

想要增强活动的生命力，社团要重视跨领域（地区、行业、部门）资源的运用，将专家、企业家、社会活动家整合为一支强有力的团队，在实践中将协作办会的工作模式融会贯通，最终掌握社团工作的方法，增强活动的科学性。

四、总结专业委员会工作经验，提升活动的水平

专业委员会要从国家及政府层面提升活动的水平，通过著书立说、打造品牌活动等一系列手段强化品牌形象。

五、正确处理好十大关系，拓展活动思路

要处理好国情、行情普查与研究关系，尊重老专家与树立青年专家的关系，院校所、科研单位与民建相关企业的关系，命名、评选与研讨及培训教育的关系，发展会

员的多层次性与地方和团体会员的关系，协作与主办的关系，国际交流与港澳台的关系，专职与兼职的关系，资本经营与非营利组织的关系，专业委员会与研究会的关系。

专业委员会必须处理好上述十大关系，拓展活动思路，才会在总会的正确引导下专业委员会定会做好做大做强。

坚持服务宗旨，进行调查研究，反映企业的意见和要求。全年走访多个企业，多次召开座谈会；针对工程总承包方面存在的建设单位和开发单位违法分包以及招投标方面存在的低价中标、串通投标、缺乏监督等问题分析原因，提出了关于加强招投标市场管理、严格执行招投标法执法监督检查意见。秘书长还带领有关部门负责人深入企业召开现场办公会议，针对企业存在的问题进行综合分析，提出了引进人才，加强质量管理的建议。根据企业需求，委员会还开展了学术会议和与建设部干部学院开展培训工作。

（2012 年 7 月 3 日在“七大专业委员会 2012 年度工作会议”上的讲话）

民族建筑研究的理念、价值和基因

大家好，非常高兴在贵州见面。这次会议的题目一个是城镇化，一个是我们作为民族建筑的已任和传统民族建筑的技术的研究。今天参会的有很多从事民族建筑和古建筑方面的企业家和工程技术人员，还有从事中国民族建筑研究的院校和机关的研究人员，更多的是关心中国民族建筑和新型城镇化建设的爱心人士。此次会议在贵州召开具有特殊意义，尤其贵阳的城市建设发展速度相当之快。

首先，在工业化或者新型工业化中，其中强调新型建筑工业化，第二个是信息化，第三个是城镇化，第四个是农业现代化。这四化中我们特别重视作为城镇化对于全局性的作用，是带动整个国民地区的增长和拉动国民经济消费，提高我们国民经济水平的重要的一环。而城镇化又离不开以人为本，民族建筑更注重的是建筑的城镇化，在新型建筑工业化和城镇化之间，城镇化给建筑增加了一个整个市场的投资，增大投资来源。建筑水平决定着我们城镇化水平，搞一个什么样的城镇化，建筑是什么水平。在建筑当中特别重视中国民族建筑的作用，传统的民族建筑在新型城镇化建筑中有什么作用，需要大家进行深入进行探讨，我简要从几个方面说一下：

一是在城镇化建设中我们要重视民族建筑本身传承的三大关系，民族建筑受民族保护，我们传承就要掌握三大关系，一个传承与保护的关系，我们这几年建设的规模之大，可以说相当一部分城市都在大拆大建之中，民族建筑的镇民族建筑一条街需要保护起来。第二个是传承与弘扬的关系要发展，我们民族建筑与现代建筑怎么紧密结合起来，民族建筑当今的条件下怎么进行发展。第三，无论是理论研究还是我们民族建筑工匠与技术方面的研究，民族建筑的传承与民族建筑的研究要紧密结合起来。我们要发挥民族建筑研究会的三大优势，中国民族建筑研究会有三大优势，拥有跨行业、跨部门、跨地区的关系，不管是少数民族地区，还是相关政府部门，都跟民族建筑分不开，都有我们民族事务性工作。中国民族建筑研究会与众多政府部门、行业协会能够开展多层次、多渠道、多形式的协作和交流，大家要共同努力，把方方面面的力量与优势发挥出来，把中国民族建筑加以传承与弘扬。

我们在民族建筑研究方面要突破三大理念，一是传承的理念，现代人有责任去传承中华民族的建筑，这里包括少数民族建筑。第二个是保护的理念，国家政府部门要树立保护民族建筑遗址相关的建筑项目。第三，要发展民族理念，民族建筑要随着中华民族的腾飞，中华民族的发展而发展。古建筑公司在古建筑材料方面要研究其特性，即地资源特性、工美特性、文化特性及文物特性，我们需要从这些方面去研究民族建筑当中的材料问题。

我们要开发民族建筑的三大价值：一是交流价值，美国有中国园林，英国也建了中国园林，中国园林中有很多是民族建筑，这种国际交流对于国外了解中华民族起到了重要作用。二是旅游观赏价值，我们的少数民族建筑，包括中国长城、故宫博物院、上海城隍庙、四川都江堰等等，是中国民族建筑比较集中的地方，极具旅游价值、观赏价值。三是研究开发价值，全中国有相当一部分人员包括高等院校的院士、教授还有学生，他们都在从事中国民族建筑的理论研究开发。很多学生会员加入中国民族建筑研究会，表示要终身从事中国民族建筑的研究。

从理论研究来讲，要研究我们民族建筑的三大基因，第一个就是生态技能基因，中国的古建筑、民族建筑最初突出的是舒适、环保，很多民族建筑都是被动式房屋，资源通风，不要外力附加的能源设备，就用自动通风调节，把住宅建筑技能的基因应用到现代科学与建筑上来。第二个技术工艺基因，古建筑的技术工艺，比如住宅钢结构的发展比较缓慢，这与我们民族文化息息相关，民族建筑更体现中国的民族文化。

我们重视民族建筑的新型城镇化的地位和作用，更要重视从事民族建筑人才队伍的建设。第一个人才队伍是企业家人才队伍，今天参会的很多企业老板来自我们古建筑公司的企业家人才队伍，我们准备建立中国民族建筑古建筑联盟。为他们把传统建筑工艺和现代工艺相结合提供专业的交流平台。第二是我们的民族建筑专家的技术队伍，我们的院士、教授、科技工作人员，我们有自己的科技专家队伍。第三是从事民族建筑管理专家队伍，民族建筑无论是传承、保护发展都需要加强管理，发挥民族建筑的价值、提高民族建筑的作用都要从管理着手，我们的管理水平高低决定着我们民族建筑研究会的传承水平、弘扬水平和发展水平。第四是从事古建筑的工人技师队伍有很多工艺已经失传，我们要重视大量的民间工艺。现在国内也出现了技工荒，我们要给他们一定的地位，给他们尊重，使其技术工艺能够传承下来。

（在“新型城镇化建设民族建筑理论和技术应用交流会”上的讲话）

营造技术保护与创新

迎着和煦轻柔的海风，在美丽的南海之滨，第三届“中国营造技术保护与创新学术论坛”拉开了帷幕。回想四年之前的2009年，为纪念朱启钤先生及其创办中国营造学社八十周年，共同缅怀前辈筚路蓝缕的开创精神，弘扬中国营造学社发掘与传承中国民族建筑文化的历史功绩，我们中国民族建筑研究会在北京京西宾馆举办了首届“中国营造技术保护与创新学术论坛”，在业内产生了重要的影响。2010年，我们又举办了第二届营造技术大会。近两年来，行业人士呼吁继续举办营造技术论坛的呼声越来越高，传统建筑营造技法的保护和创新在建设美丽中国、实现中华民族伟大复兴的历史背景下也显示出越来越重要的作用，经过研究会秘书处同志们的充分准备和行业有关人士的共同努力，今天，我们汇聚一堂，迎来了“第三届中国营造技术的保护与创新学术论坛”的成功召开。

首先请让我谨代表中国民族建筑研究会，向出席本次大会的各位领导、嘉宾和朋友们表示热烈的欢迎和衷心的感谢。本次论坛的主题是中国营造技术的保护与创新。当前正值认真贯彻党中央、国务院全面建成小康社会、实现“中国梦”等一系列重要的战略思想和方针的时候，本次论坛的议题，正是体现了这种思想。传统建筑文化和营造技术具有深厚的文化底蕴，更是我们中华民族文化的宝贵财富，传统建筑文化遗产应受到全社会的重视，我们要让更多的人关注它、热爱它、共同来保护它，传承后世，这也是举办本次活动最大的意义。我们通过此次会议不仅要让业内外人士认知营造技术在建筑行业的影响力，更在于借机向社会普及中国建筑文化。

曾经的营造学社作为一个民间学术团体，对中国传统建筑研究和保护所作出的贡献是空前绝后的。经他们调查被重新发现的珍贵建筑遗存上起汉唐下至明清各历史时期均有分布，名扬海内的珍贵古建筑如应县木塔、蓟县独乐寺等都是经他们详细测绘研究而被人们重新认识的。营造学社不仅在学术上为后人留下了珍贵的资料，而且也培养了一大批优秀的建筑专业人才。朱启钤确可称为我国20世纪最早的一位中国古建筑研究的卓越组织者及开路先驱。故其被周恩来总理称为著名实业家、爱国老人、中国建筑历史学家；著名建筑学家梁思成、刘敦桢也尊他为启蒙老师。今天当我们在为北京中轴线上的明清建筑宫殿而骄傲时，北京奥运会可以彰显人文奥运的文化快乐时，为北京永定河畔园博园而赞叹的时候，不能不感谢为传统建设不懈奋斗的前辈们。通过营造技术论坛的举办，使我们传承建筑文化长河中的精神血脉，因为只有这些才能不断地为今日城市及其建筑注入无比丰富而细腻的文化内涵。

中国民族建筑研究会始终坚持“保护民族建筑，传承中国文化”的宗旨。希望通过本次论坛的召开，能使中国营造理念、营造技术上的成就在新的时期得到进一步保护、发展和弘扬。我们这次会议得到了建筑工程、修缮、文物保护、建筑材料、高等院校、研究机构、媒体等单位的广泛支持和关注，在会期间我们还要对南澳县具有传统建筑风格的项目进行参观考察。希望大家利用本次论坛多交流多学习，为探索传统民族建筑现代化和现代建筑本土化，保护民族建筑文化遗产献计献策，总结经验，以期取得丰硕的成果。同时，在本次论坛上也将对在中国营造技术上作出突出贡献的单位和个人进行表彰奖励。

（在“第三届中国营造技术保护与创新学术论坛”开幕式上的讲话）

保护自然和历史文化遗产，推动民族建筑保护工作新发展

本次大会主题是民族复兴背景下民族建筑的价值与使命，这正体现了当前国家实现民族伟大复兴之历史使命的发展战略。保护民族建筑优秀成果，创造性的发展民族建筑文化正是体现了这样的思想。民族建筑具有深厚的文化底蕴，民族建筑文化更是民族文化的充分反映。在政府指导支持下的物质文化遗产的保护维修，非物质文化遗产的整理弘扬，作为民族传统文化载体的传统城市、村镇，在目前具有重要意义。建筑文化遗产受到全社会的重视，让大家共同进行保护，留住特色文化之根是当前形势下，建立和谐社会的一个重要环节。

本次年会的召开是针对当前民族建筑保护的热点问题，为进一步推动我国民族建筑学术水平的创新和提高而举办的，同时也表彰、奖励一批我国在民族建筑及文物保护方面作出重大贡献的单位和个人。研究会始终坚持“保护民族建筑，传承中国文化”的宗旨，希望通过本次年会的召开，能使中华民族的优秀传统文化在新的时期得到进一步重现，得到进一步保护和弘扬。

我国各民族的传统优秀文化在党和政府的关怀下，不断得到保护、弘扬和发展，具有民族特色和地域特色的建筑文化蓬勃发展，它生动地体现了各地坚持社会主义文化的前进方向，体现了落实科学发展观，构建社会主义和谐社会具体要求，是实现中国民族伟大复兴梦想的体现。本次年会的举办也正值我国深化改革开放重要时机，自改革开放以来，民族建筑的保护得到了进一步的发展。通过本次年会的召开，我们将进一步认真贯彻十八大精神。利用本次年会和论坛这个平台，我们多交流多学习，为民族建筑和文物古建的规划和建设献计献策，总结经验，将研究会学术年会越办越好。

（2013年9月8日在北京“第十六届中国民族建筑研究会学术交流会”上的即席讲话）

研究会工作新的要求

当前研究会已经进入到了创新发展时期，我们要坚定信心，团结协作，现就今后研究会的工作开展提出以下几项议题供大家探讨：

首先，各部门拿出具体工作计划和职责汇总，形成研究会今后的工作指导标准；除学术交流、竞赛表彰、公益活动、教育培训、咨询研究这五大类外，要发挥目前七个专业委员会与六大部门的作用；在品牌化发展的同时，注重质量和品牌互动性，从而扩展影响力，使参与人数增多，并注重活动的可持续发展；保持与政府，相关团体及行业产业链上的各机构保持沟通与合作基础上，大力开拓“国内”、“海外”，以及港、澳、台合作范围。

其次，积极探索调整发展战略，转变发展方式，充分利用国家关于发展城镇化、绿色循环经济的有利时机，积极了解并协助建设部、农业部、国家民委等政府职能部门开展对于历史文化名城、名村、名镇的保护与发展的相关工作与研究，从中选择适合自身特长和市场优势的进行业务拓展，并把每项工作落到实处，保持稳中求进发展。

同时，要统计全国所有高校中的民族建筑院系，未来考虑成立民族建筑高校联盟，民族建筑图书馆、博物馆，就如何开展民族建筑高校教学问题进行研究；由民族建筑专家委员会建立民族建筑研究大纲目录，形成民族建筑出版系列化，并把它逐步完善，作为国际教纲。

中国古建企业不仅承担着中国民族建筑传承发展下当前景点建设的重任，还肩负着中国建筑业走出去，建设世界中国园林的目标，这也是中国古建企业的两大使命。今后，古建企业要注重自主创新方面的问题，把过去传统的工艺技法变成现代化流水线的生产方式，使之更加先进。因此，要着手成立古建企业联盟，凝聚联盟企业的优势，共同推动我国民族建筑事业的更快发展。

（2013 年 1 月 27 日在北京“中国民族建筑研究会 2013 年会长办公室”上的即席讲话）

争先创优　奋发向上
建立一支优秀的企业团队

我很高兴能够参加中景恒基集团2013年总结表彰大会，看着你们一张张熟悉的面孔，一路坎坷走来，与中景恒基一起成长，到今天获得成功并有所收获，我为你们骄傲，要向你们表示祝贺，你们是伟大的，你们是优秀的，你们是值得赞美的！

这次会议看上去是一次表彰会，实际上也是一次动员会，更是一次鼓劲会，2013年，对于集团公司，对于全体员工，都是非常值得总结，值得纪念的一年。回首过去的一年，集团五年发展战略已经迈开步伐，大家积极面对困难，以大局为重，迎难而上，克服了诸多不利因素，各项工作取得了长足进展，可喜可贺。中景恒基的发展道路需要你们这样的人，需要我们大家齐心协力向前迈进，希望接下来，大家能够一起继续弘扬企业精神和先进精神，脚踏实地，真抓实干，为实现集团发展的战略目标和今年的工作任务而努力奋斗！下面，我讲三点意见。

一、搞好领导班子建设，发现价值，创建有效的激励机制

领导班子是企业发展的领头军，没有充足的领导力，就不会有快速发展的前进动力，所以，积极加强领导班子建设至关重要。在集团各板块业务不断发展的关键时期，我们亟需大量的领导人才，亟需强有力的领导团队。我们的人力资源部门，今年要着重抓好领导班子建设工作，要重点落实班子人员配备，保证业务顺利开展；做好绩效考核工作，建立科学、规范的考核体系，本着客观、公正的原则，对每一位员工给予客观评价，给能者提供发挥才智的广阔平台，让他们的价值及时得到发现和肯定，通过创建有效的激励机制，激发员工的主观能动性和工作热情，促进企业和员工的效益双赢。

二、振奋精神，提升信心，明确工作奋斗目标

2013年，是中景恒基集团成立的第12个年头，是中景恒基创造效益，实现创造城市价值使命的关键一年，各项经营指标已明确，工作任务十分艰巨，希望广大员工在今后的工作中，振奋精神，提升信心，明确工作奋斗目标，切实增强全局意识、服

务意识，争做识大体、顾大局的表率，对任何一项工作都要满怀激情、满腔热情，有求上进、讲奉献的意识，有争上游、创一流的劲头，有锲而不舍、奋斗到底的精神，永不懈怠，永不停顿，永不放松，一步一个脚印地把工作推向前进，不断朝着新的更高的目标迈进。

三、加强管理，充分激发全体员工的主人翁精神

你们的成功是来之不易的，这是你们的攻坚克难、辛勤劳动、踏实工作的结果，也是对你们过去工作的肯定，今后的工作任务会更加艰巨而繁重。在新的一年，国家形势会有变化，市场会有变化，我们的思想也要有变化，但有必要强调的是，我们要坚持强化管理在日常工作中的作用，充分发挥全体员工的主人翁意识，增强企业的凝聚力，打造优秀的企业文化，这既是我们企业参与市场竞争的立身之本和取胜之道，也是企业保持旺盛的生机和活力、实现持续快速发展的必然要求。

最后，再次向你们表示祝贺，祝贺中景恒基集团能够取得今天的成绩，祝贺各位先进分子获得荣誉，我愿同你们一起，在新的一年里，继续保持良好的精神状态和工作干劲，继续发挥好表率和榜样作用，为中景恒基集团更美好明天而努力奋斗！谢谢！

（2014 年 1 月 20 日在“中景恒基集团 2013 年度总结表彰大会”上的发言）

让民族建筑文化助力中国梦

今天我们相聚临海，举办“第四届营造技术保护与传承学术研讨会暨中国民族建筑文化保护与可持续发展论坛”，我谨代表中国民族建筑研究会，向出席本次大会的各位领导、嘉宾和朋友们表示热烈的欢迎和衷心的感谢！

2009年，为纪念朱启钤先生及其创办中国营造学社八十周年，共同缅怀先辈在建筑技术领域的开创精神，弘扬中国营造学社精神，发掘与传承中国民族建筑文化的历史功绩，中国民族建筑研究会在北京京西宾馆举办了首届“中国营造技术保护与创新学术论坛”。会上，业内专家聚集一堂，120余名代表以及中央电视台、北京电视台、《中国建设报》、《中国文物报》等主流媒体积极参与，在业内产生了重要影响。继中国民族建筑研究会于2013年6月在汕头成功举办第三届论坛后，经过充分准备，我们在这里举办第四届会议。

此次论坛正值深入贯彻党中央、国务院全面建成小康社会、实现“中国梦”等一系列重要战略思想的论述之际，论坛以“让民族建筑文化助力中国梦”为主题。传统建筑文化和营造技术具有深厚的文化底蕴，更是我们中华民族文化的宝贵财富，传统建筑文化遗产应受到全社会的重视，我们要让更多的人关注它、热爱它、共同来保护它，传承后世，这也是举办本次活动最大的意义。通过此次会议不仅要让业内外人士认知营造技术在建筑行业的影响力，更在于借机向社会普及中国建筑文化。

曾经的营造学社作为一个民间学术团体，经他们调查被重新发现的珍贵建筑遗存，上起汉唐下至明清，各历史时期均有分布，名扬海内的珍贵古建筑如应县木塔、蓟县独乐寺等都是经其详细测绘研究而被人们重新认识。营造学社不仅在学术上为后人留下了珍贵的资料，而且也培养了一大批优秀的建筑专业人才。朱启钤先生被誉为我国20世纪古建筑研究的卓越组织者和开路先驱，更被周总理称为著名实业家、爱国老人、中国建筑历史学家，著名建筑学家梁思成、刘敦桢也尊他为启蒙老师。今天当我们在为北京中轴线上的明清建筑宫殿而骄傲时，为北京奥运会彰显人文奥运的文化快乐时，为北京永定河畔园博园而赞叹时，不能不感谢为传统建设不懈奋斗的前辈们。通过营造技术论坛的举办，使得建筑文化长河中的精神血脉得以传承，不断地为今日城市及其建筑注入无比丰富而细腻的文化内涵。

中国民族建筑研究会始终坚持“保护民族建筑，传承中国文化”的宗旨，希望通过本次论坛的召开，能使中国营造理念、营造技术上的成就在新的历史时期得到进一步保护、发展和弘扬。我们这次会议得到了建筑工程、修缮、文物保护、建筑材料、高等院校、研究机构、媒体等单位的广泛支持和关注，会议期间我们还要对临海市具有传统建筑风格的项目进行参观考察。希望大家利用本次论坛多交流、多学习，为探索传统民族建筑现代化和现代建筑本土化、保护民族建筑文化遗产献计献策，总结经验，以期取得丰硕成果。同时，在本次论坛上也将对在中国营造技术上做出突出贡献的单位和个人进行表彰。

感谢对本次会议做出贡献的大会协办单位——临海市广顺源古建筑工程有限公司对会议的召开所给予的支持。最后，我对会议的召开表示热烈的祝贺，预祝论坛取得圆满成功！

（2014 年 5 月 17 日在“第十四届营造技术保护与传承学术研讨会”上的发言）

中国古建力量应在城镇化建设中发挥更大作用

中国是具有五千年传统建筑文化持续发展的文明古国，中国有多项世界一流的不同时代的古建筑，这些传统建筑文化是现代中国城乡建筑事业的根，也是中华民族的根。在当代中国城乡建设中，没有传统建筑文化的城市是没有历史文化底蕴的城市。传承中华民族传统建筑文化，首先要明确什么叫民族传统建筑文化，并搞清楚民族传统建筑文化的历史与现状。

首先，什么叫民族传统建筑文化？就是中国各族人民的历史建筑的物质文明和精神文明的总体成就。传统民族建筑在中华大地上源远流长，无处不在。距今七千年的浙江余姚河姆渡遗址，西安半坡遗址，无疑是中华民族最古老的传统建筑之一。就中华传统民族建筑的规模和影响，大型的有世界闻名的万里长城等伟大建筑工程，小的则有中国贵州苗家吊脚楼，侗家风雨桥和布依人家的石板房等等。改革开放以来，国家对中华民族传统建筑的正确观念得以树立。在新旧世纪之交，开展对中华古建文化的理论研究，中华民族传统建筑的理论与实践活动，回到了正常的社会生态生活中。

第二，把民族传统建筑文化、传统技术、工艺和现代建筑科学、现代建筑材料、现代建筑工艺和现代国民社会生活要求结合起来，这是一项系统工程，对改革开放三十多年来民族传统建筑文化、技术与工艺的实际应用情况的回顾、总结与交流，对提升当代中国城乡建设的社会和经济效益，促进中国新型城镇化的发展，具有十分重要的意义。

第三，建筑水平决定着我们城镇化水平，在城镇化建设中我们要重视民族建筑本身传承的关系，一个是传承与弘扬的关系要发展，怎样使民族建筑与现代建筑紧密结合，民族建筑当今的条件下怎么进行发展。另一个是民族建筑技术方面的研究，要与我们的古建企业保护与施工紧密结合起来。

最后，要发挥研究会的三大优势，拥有跨行业、跨部门、跨地区的关系，不管是少数民族地区，还是相关政府部门，都跟民族建筑分不开，都有我们民族事务性工作。中国民族建筑研究会与众多政府部门、行业协会能够开展多层次、多渠道、多形式的协作和交流。此次古建企业联盟成立，将对国内所有从事历史建筑、传统建筑、少数民族建筑和文物保护的设计、施工、管理、材料的知名企业、科研所开放，扩大在国内外的影响，发挥构筑联盟与政府和市场的桥梁作用。大家要共同努力，把方方面面的力量与优势发挥出来，把中国民族建筑加以传承与弘扬。

（在“古建联盟成立会”上的即席讲话）

突出文化遗产的文化效益

首先，我代表主办单位中国民族建筑研究会，对第二届中国文化遗产保护与传承高峰论坛暨中国文化遗产探访之旅的举办表示祝贺，对各位嘉宾的到来表示欢迎！

国家第十二个五年规划纲要中提出繁荣发展文化事业和文化产业，"加强文物、历史文化名城名镇名村、非物质文化遗产和自然遗产保护，拓展文化遗产传承利用途径。"文化遗产是全人类的宝贵财富，而处理好文化遗产的保护与传承利用，特别是与旅游开发的关系也是全世界的共同课题。正确处理文化遗产保护的各种关系，使文化遗产事业与社会经济同步发展，就是对科学发展观的忠实实践，也是我们学术研讨中应深入探讨的议题。在此，我也提出一些思考与建议。

一、将文化遗产的保护利用与旅游开发研究相结合

近年来，文化遗产管理与开发利用等问题成为人们关注的焦点。一方面，以旅游开发等形式为主的对文化遗产的利用，促进了地区经济发展、增加了就业机会、改善了基础设施、提高了社会文化服务水平、增强了民众的文化认同及保护意识，但同时，也面临影响生物环境、破坏水土与空气质量，甚至遗产本身因过度开发造成损坏等突出问题。在世界各地，文化遗产也大都是主要旅游的核心景观，国外也在将文化遗产的保护管理与旅游研究紧密相结合，乃至将文化遗产放在旅游活动的背景下进行研究。

不论是物质文化遗产还是非物质文化遗产，都是特定文化的表现，是人们认识和理解民族、地区文化特点非常有效的媒介，也理所当然成为吸引旅游者的主要因素。中国这样历史文化遗产资源丰富的国家，文化遗产更是国内外旅游者体验的主要内容，这使得经济效益成为许多地区开发利用文化遗产的主要出发点。

二、突出文化遗产的文化效益

文化遗产作为文化的外在表现元素，起着记录、存储、传播、认知、教化、培育等一系列功能，既是社会发展的文明成果，体现了社会文化发展的水平和特点，又是社会文化传承的载体，是社会文化积累、创新的基础。同时，文化遗产也是不同文化

体系之间交流与融合的媒介。文化遗产在文化继承和文化交流中产生作用，促进文化发展，是其存在的最基本的意义、性质和功能。所以，应转变以文化遗产的旅游开发而谋求经济收益的基本观点，使旅游开发遵守文化效益第一的原则，追求社会文化利益。

三、重视民众参与原则

保护文化遗产，人人有责。文化遗产是文化的积淀，文化遗产不应该仅仅是专业工作者呵护的对象，而应融入社会生活，在保护中利用，在利用中进一步诠释和丰富它们的综合价值。应关注文化遗产对于提升民众生活质量、创造城市文化环境所具有的不可替代的作用。保护文化遗产不应排斥对其合理利用，而且合理利用恰恰是最好的保护。从文化遗产的特性来看，其生命力与社会文化活力和当地居民的社会文化活动息息相关。所以，在文化遗产的旅游开发过程中，应尊重居民的主导地位及其创新努力，将文化遗产的保护利用与居民生活紧密联系起来，才能保持文化遗产的生命力和吸引力，保障文化遗产旅游的可持续发展。实际上，无论是“保护”还是“利用”，都不是目的，“传承”才是真正的目的。传承是最有效的保护，发展是最深刻的弘扬。

国家文物局六月下发的“关于开展2011年中国文化遗产日活动的通知”中提出遗产日宣传口号是：

（1）文化遗产无价　保护行动有我；

（2）保护文化遗产　传承中华文明；

（3）珍重文化遗产　共筑幸福家园；

（4）手牵手保护文化遗产　心连心构建和谐社会；

（5）相约文化遗产日　品读中华五千年。

下面我讲一下“中国文化遗产探访之旅活动”：

该活动是由中国民族建筑研究会和中国文物保护基金会共同发起并主办，联合地方政府、投资界、学术界、企业界、新闻媒体等多方面力量于2010年推出的文化遗产保护传播大型文化公益活动。该活动旨在“保护文化遗产、传承民族文化”，我们积极倡导文化公益，呼吁社会各界共同关注人类文化瑰宝，为文化遗产的保护与传承奉献我们的绵薄之力！

2010年组办的第一次探访活动，于7月份“走进肃南裕固族”，本次活动针对少数民族地区文化遗产保护与旅游开发进行考察、研讨，领导专家为地方文化遗产申报和下一步的发展方向进行把脉、定位。第二次探访活动，于9月份“走进杭州东方文化园”，针对建筑文化遗产的保护的与民族文化的传承进行考察、座谈，通过央视、中国文化报等媒体对文化园历经十年艰辛所取得的成果进行宣传，从而更好地弘扬民族传统文化。第三次探访活动，于12月份“走进无锡灵山胜境”，隆重举办“创造新的文化遗产—无锡灵山论坛”，针对无锡灵山通过创造当代文化遗产来保护当代文化遗产、通过创造当代建筑经典来保护当代建筑文物的观点，领导、专家、各界嘉宾进行研讨、交流，并通过央视、光明日报、中国文物报、中国民族报、人民网等国内主流媒体，宣传报道灵山打造世界级文化旅游精品、为弘扬中华民族优秀文化传统做出的杰出成绩和贡献。

今年，中国文化遗产探访之旅的第一次活动是：“中景恒基·走进天府之国活动”，对成都金沙遗址、都江堰灾后重建项目取得的成果进行探访考察。在这里，我代表主办单位特别感谢中景恒基集团对本次活动给予的大力支持，对民族建筑事业的由衷热爱，中景恒基一直以来积极参与社会公益活动，关注民族建筑文化遗产的保护与传承。在十周年之际，更是以“公益之心、公益之行”组办这次“走进天府之国”的探访考察活动，针对灾后文物古建筑的修复成果、古镇的保护利用进行考察、拍摄，留下影像资料，用于研究、保护与传承。

中国民族建筑研究会自成立以来，致力于民族建筑文化的保护与传承，凝聚了一大批热爱民族建筑事业的专家、学者和工程技术人员。我们愿携同社会各界共同投入到文化遗产的挖掘、保护、传承和利用中，为人类文化遗产的保护的崇高事业作出更大贡献，为传承中华民族文化贡献自己的力量。

挖掘古村古镇文化价值
推动民族建筑的保护工作

今天我非常高兴参加中国民族建筑研究会和广西壮族自治区柳州市政府市联合举办“中国古村古镇保护与发展研讨会”。我代表建设部对会议的召开表示热烈的祝贺。

古村古镇是中华建筑文化的重要组成部分，不少建筑蕴涵丰富的历史、人文信息，具有较好的文化价值。近十年来国家和地方政府对传统文化的保护力度逐步加强，全社会都更加重视传统文化的保护和利用。对于古村古镇的保护和建筑文化挖掘工作经过政府部门、有关规划设计和保护单位的努力，已经取得了明显的实效，获得了较好的社会效益和经济效益，为此向从事古村古镇的保护工作人员、规划设计工作人员、研究机构的学者、大专院校的老师和从事古建保护建设者表示衷心的感谢。

下面就挖掘古村古镇文化价值，推动民族建筑的保护和弘扬的问题谈两点意见，供大家讨论。

一、正确充分认识保护和利用古村古镇的价值

建筑文化承载着中华文化的积淀。古村古镇建筑文化同其他文化一样，也有优劣之分，要弘扬其优秀的部分，摒弃其糟粕部分，这就要求我们必须认真进行深入的调整，系统地总结和提升民族建筑的创作和实践经验，增强民族的自信心和自豪感，创造具有中国特色的现代建筑风格。古村古镇至少具有以下四大价值：

1. 弘扬建筑文化的艺术价值

建筑文化是人类宝贵的精神财富，当今时代是中国建筑新文化繁荣发展的时代。

人类建筑文化内涵丰富，有“天人合一”的人与自然的和谐，有“人本主义”体现建筑对人的关怀，有丰富多彩的建筑美学。

建筑文化本来就是多元的，如潮湿地区产生的干栏建筑，黄土高坡的窑洞建筑，草原地带的各类帐篷，少数民族地区的民族建筑等。

建筑文化是人类创造活动的结晶，永远处在继承、发展、变化之中，可以说古村古镇各有特色，都揭示着种种的文化精神，对其保护和利用，是弘扬我国民族建筑文化的一项极有价值的重要工作。

2. 提升基础建筑理论的研究价值

建筑是科学的艺术，也是艺术的科学。建筑理论既要研究建筑本身的功能，寿命和魅力又要研究建筑所体现的人与自然、城市、乡村之间的关系，即所体现的生态关系的自然性，环境容量的合理性，构成要素的协同性，景观审美的和谐性，文脉相连的承续性。

建筑理论研究也是对人类生存文化的研究，是对不同时代不同地域建筑之魂的研究。

对于我国古村古镇建筑文化的再探索，是创造具有中国文化特色和时代特征的建筑理论与建筑实践必不可少的基础理论工作。在人类的历史长河中，人们必须尊重传统，不能低估传统的价值和力量。正如云南大学蒋高宸教授在一篇文章中提出的：继承和创新永远是相对而行，对于建筑传统的继承主要在于精神而不在于方法。因此建筑理论的深入，可以从古村古镇的建筑艺术中汲取精华。

3. 推进建筑技术的自主创新价值

我国的建筑事业正以空前的速度发展，祖国大地建筑欣欣向荣。建筑业也要走自主创新之路，既要吸纳消化世界各国建筑的精华，更要挖掘民族建筑之瑰宝，对世界各流派的建筑不能照抄照搬，或简单模仿而是吸纳世界先进文化的重构，使之民族化。

我国民族建筑离不开生理基因的相续，建筑的发展变化永远处在前人合理文化基因连续链上的升华，再升华，人为地割裂历史或者对历史采取虚无主义态度，其结果只能是上演悲剧。

一般地认为，古村古镇的“住文化”具有这样四点的基本功能即：创造“安乐”居住环境的功能，体现审美追求的功能，家庭及社会功能，保留传统的文化控制功能。而这些功能随着时代的变迁，经济的发展、文化的融合，在不同的时期，呈现不同的特点，所以研究古村古镇的建筑艺术，总结出其中的规律性的内容。这些研究成果又可以推进新农村及新型城镇建设过程的自主创新。

古村古镇的保护、利用和研究，对于我国建筑创新有着重要的“基因”相续作用，还有着建筑精神的激励作用，特别是在新农村建设这一建筑新天地上更具有重大的理论和实践的创新价值。

4. 愉悦观赏的知识价值

建筑是一门艺术、文化感染力强。建筑是一门技术，包含自然科学知识、社会科学知识等，内容丰富，也可以说博大精深。生活、浏览在建筑之乡，赏心悦目、心旷神怡，同时从中增长建筑知识，拓宽视野。

中国的建筑历史长、类型多，民族特色明显。从建筑形式上看，中国古建筑以木结构为主的三段式结构为基础，以严格的轴线与对称形式进行扩展，并强调建筑与自然的和谐。运用这些基本准则产生了丰富的建筑产品，包括宫殿、坛庙、园林、民居、桥梁、塔幢等众多形式。

传统建筑中除包含建筑技术以外，还反映当时的社会、经济、文化等方面情况，具有传承时代特征的作用。因此可以在观赏的过程中学习相应的知识。

二、做好古村古镇保护中的几个重要问题

1. 必须充分认识古村古镇保护的价值和意义

保护古村古镇，无疑是一件功在当代、利在千秋的重要工作。村镇是历史文化的载体的重要组成部分之一，每一个村镇都是历史文化片段的积累，它具有明显的地域性和民族性。村镇的这种外在表现特征和它所具有的内涵就是一种文化资源，这也是村镇今后能赖以发展的财富，比如茶马古道上的丽江、水乡风光的周庄等古村古镇也就是有赖于此。

保护古村古镇是传承中华文化的需要。人们关注古村古镇历史文化的抢救和保护，是因为古村古镇中的历史文化对中华民族的发展和传承有着不可替代的价值。不管是过去还是现在，村镇都是中国基层政权和文化的基本单元。相对大都市来讲，它虽然小，却既是承上启下的政权组织，又是诞生政治、经济、文化、科技、军事等各种人才和精英的摇篮，也是建筑技术的启蒙地。经济的繁荣，促使了文化的兴盛，这些古村古镇留下了许多文化活动的遗迹，包括：学宫坛庙、塔寺楼阁、亭台风景、先人题刻以及许多名人故居、大院深宅，都能印证历史上发生的事件和许多动人的故事。从某种意义上讲，古村古镇积淀的历史文化应该是中国农耕社会文明最具资格的代表。因此，保护古村古镇的历史文化是历史和时代落在当代人身上义不容辞的神圣使命和责任。

应该说近些年东部沿海地区和中西部大中城市的发展很快，不少地方村镇的面貌已发生了很大的变化，有的古村古镇通过科学的保护、开发，促进了当地经济的发展，也有不少历史文化名镇（名村）在进行“旧城改造”和“村镇治理和建设”过程中，由于没有充分认识到古建筑、传统街区、古村古镇（古村）近代少数民族建筑和历史风貌的宝贵价值，致使不少建筑遗产被损毁、拆除；由于没有从保持历史村镇特色风貌出发去规划建设，导致不少地方从规划方案到建设模式，都盲目模仿大中城市的风格，也不顾历史村镇的空间格局、尺度和当地文化传统，简单生硬地建广场、筑高楼、修宽马路、拓绿地，严重破坏了千百年以来形成的传统格局和历史脉络。

虽然近十几年建设部、国家文物局等单位先后公布了两批历史文化名镇名村，不少地方政府也出台了相应保护法规，使一些古村古镇得以保存，但还有大量的古村古镇亟待加强保护，挖掘其文化价值。因而经济的快速发展过程中，我们必须高度关注

古村古镇的保护，使经济发展促进保护工作，又使保护古村古镇的工作推动当地经济发展，形成良性循环，防止过度的人为破坏。

党的十六届五中全会提出的建设社会主义新农村的重大历史任务，要切实加强领导，动员全党全社会关心、支持和参与社会主义新农村建设。这是2004年以来中国连续第三个以农业、农村和农民为主题的中央“一号文件”，显示了中国领导人解决“三农”问题的决心，今年将迈出有力的一步。建设新农村是中国现代化进程的一个历史转折点。

当然建设好新农村是一个系统工程，涉及农民的经济发展问题、基础设施建设问题、资金来源等问题。不少问题还在探索中，但应该强调的是，新的村镇建设要做好规划，一定要突出特色，包括地域特色、民族特色、乡村特色，不能把新农村建成新城镇。

因此必须重视通过古村古镇文化价值的提炼，使其溶入新农村的建设过程中。

2. 抓好宣传，提高认识，因地制宜不搞一刀切

在广泛宣传的基础上，使居住在古村古镇的居民要认识其价值，增强保护的自觉性。客观上存在古村古镇的基础设施、居住环境等与居民现代生活不协调的问题，但各级政府也不能匆忙上阵，一定要做好计划，循序渐进。同时及时进行产业调整，采取措施增加居民的收入，加大政府投入力度，采用多种形式引进资金，方能有效地推动古村古镇的保护和建设工作。

做好古村古镇保护利用的基础工作，防止过度破坏。在搞好普查的基础上，制定和落实保护措施，处理好新区和旧区的保护关系。要注重落实国家提出的“科学规划、严格保护、合理开发、永续利用”的原则。江苏的周庄、山西乔家大院和安徽的西递宏村的保护和开发就是成功的范例，在那里游览的人们感受到的不仅是中国历史、文化的博大和厚重，还能获得民族自豪感和传统美德洗礼，这是其他教育形式所不能替代的。

3. 强调立法，规范管理

没有法制的约束，不可能做好保护工作。依法管理是社会主义市场经济的基本特征，各级政府要加强古村古镇的保护，必须要加快立法步伐，使其在具体工作中有法可依。在规范管理上，至少要有四点必须注重：

一是镇的总体规划和村的建设规划，要解决镇（村）的性质、规模和发展方向等重大原则问题，协调古村古镇新区和保护区的空间关系。通过古村古镇保护规划，明确保护范围、原则和要点。

二是在古村古镇范围内各项土地利用，必须符合总体规划（建设规划）和保护规划。出让古村古镇保护范围内国有土地使用权，必须符合保护规划的要求，必须在土地使用权出让合同中，载明有关对历史文化遗存的保护、传统风貌的协调等限制性规定。审批古村古镇保护范围内集体土地时，必须符合保护规划的要求，并在办理建设用地的规划审批手续时，对历史文化遗存的保护、传统风貌的协调等提出限制性要求。

三是在古村古镇的核心保护区和建设控制区范围内，安排布局各项建筑物、构筑物等，在体量、高度、色彩等方面都要符合保护规划的要求。

四是要充分听取群众意见。古村古镇是广大群众生活的基本场所，在建设和保护方面具有深刻的体会，这也确实关心他们的切身利益。因此做好这项工作一定要认真地听取他们的意见，争取他们支持，这也是我们做好保护工作的基础。

各位代表，中国民族建筑研究会作为一个全国性社团凝聚了一批热爱民族建筑事业的专家、学者和工程技术人员，每年都利用不同形式宣传民族建筑文化，推出研究成果，在社会上产生了较好的社会反响。希望你们在今后的工作中，不断创新，为传承中华民族文化作出更大贡献。

加强合作　共同促进新疆民族建筑的保护与发展

今天，我和我们中国民族建筑研究会的同事一行 8 人来到新疆，和各位朋友一起就加强双方合作，共同为新疆民族建筑的保护与发展进行座谈，首先，我代表中国民族建筑研究会对黄卫付主席的关心、自治区住房建设厅的大力支持盛情接待表示感谢！

下面，我首先简单介绍一下中国民族建筑研究会。中国民族建筑研究会是 1995 年经国家民委和建设部批准，在民政部注册的国家一级学术社团，民族建筑研究会自成立以来，得到了国家民委、建设部、文化部、国家文物局、国家旅游局等部委的大力支持，得到了包括罗哲文、郑孝燮、谢辰生、齐康、张锦秋、马克俭、单德启、陈为邦等上百名知名专家、业界泰斗的积极响应，发展、吸纳了一批工作在民族建筑、古建、规划、旅游等专业领域的专家学者、学术带头人作为研究会的专家和会员，他们已经成为研究会未来发展的中坚力量，成为研究会开展科研工作的强大后盾。

中国民族建筑研究会成立以来，认真按照中央对社团工作“提供服务、反映诉求、规范行为”的要求，始终坚持以服务政府、服务社会、服务会员为指导思想，积极开拓思路，增强服务意识，提高服务水平，加强交流沟通；根据不同需求，主动为政府、行业、会员提供专业务实的多元化服务，真正成为政府的参谋和助手、社会交流沟通的桥梁和纽带、会员单位可信赖和依托的组织。中国民族建筑研究会目前已发展成为拥有房地产研究与应用专业委员会、遗产研究与保护专业委员会、民居建筑专业委员会、建筑技术与工艺专业委员会、环境与居住文化专业委员会、民族村镇建筑文化研究专业委员会、民族建筑风格艺术专业委员会等七个专业委员会，拥有各类团体会员数百家，其中，包括中国城市规划设计院、中国建筑西北设计院、武汉设计院等一些在国内具有较大影响的规划院、设计院、房地产企业和建筑施工企业等。我看，像咱们新疆建筑设计院和在座的企业，有条件的话也应该加入到中国民族建筑研究会来。目前，中国民族建筑研究会的专业学术研究水平正稳步上升，社会影响力不断扩大，行业指导示范作用日益凸显。2004 年研究会被民政部评为首届“全国优秀民间组织”。目前，中国民族建筑研究会正在向民政部申请成为第一批 4A 级社团，也就是目前我国最高等级的优秀社团。

中国民族建筑研究会在 2006 年就得到了国家民委的正式授权，可以在全国范围内对优秀民族建筑进行授牌，今年开展的授牌项目包括：中国民族优秀建筑名镇、名村、名街，中国民族优秀建筑重点保护单位，中国民族优秀建筑营造技艺传承地、营造大师，中国民族优秀建筑特色建筑之乡等四个类别。这项工作开展以来，我们先后对一大批中国民族优秀建筑进行了抢救性授牌，许多的项目在我们授牌的基础上，得到当地政府和相关部门的高度重视，重点投入资金进行维修保护，更有一些项目，在此基础上，成为国家级的历史文化名镇名村和重点文物保护单位。以上是中国民族建筑研究会的简单情况。

新疆工作在党和国家工作全局中具有特殊重要的战略地位。在去年的5月份，中央专门召开了新疆工作座谈会，下发了《关于推进新疆跨越式发展和长治久安的意见》，同年7月，中央又下发了《关于深入实施西部大开发战略的若干意见》，明确提出了要重点支持新疆的发展。一年来，新疆各项建设事业突飞猛进，天山南北大开发、大建设、大发展热潮涌动，各族干部群众精神面貌焕然一新，新疆迈上了跨越式发展和长治久安的新征程。到目前为止，从中央层面上，只为新疆和西藏召开过座谈会，可见中央对新疆经济发展的重视程度。从召开新疆工作会议一年多的时间来看，新疆经济建设、民生建设、基础设施和生态环境建设都取得了重大进展，特别是我们住房和建设领域，取得的成绩更是有目共睹。

举办亚欧博览会是推进新疆跨越式发展和长治久安的重要举措。我们这一次到新疆来，恰逢亚欧博览会召开之际，这也是一种巧合，但是也说明，中央关于《关于深入实施西部大开发战略的若干意见》在新疆已经落实为具体的行动。中央明确提出“加大实施沿边开放战略力度，加快新疆与内地及周边国家物流大通道建设，努力将新疆打造成为我国对外开放的重要门户和基地。”举办亚欧博览会，发挥新疆东引西出、向西开放的地缘优势，将其打造成区域的国际交流平台，对拓展与中、西、南亚和欧洲各国全方位、多领域的经贸合作具有十分重要的意义，有利于推动形成我国“陆上开放”和“沿海开放”，并进的对外开放新格局，进一步发挥新疆在向西开放过程中的桥头堡和枢纽作用。各部委、各省市也不断加强对新疆的对口支持力度，19个援疆省市确定1300多个援疆项目，700多个项目已相继开工。这些成绩的取得，既有外部力量的支持，更主要的是我们新疆建设系统的全体同仁共同努力的结果。

在新疆大力发展经济的基础上，促进地区民族建筑保护，推动地方民族文化的发展，我们认为也是迫在眉睫，为此，我们也要调研了解一下新疆的民族建筑保护情况，愿意为响应中央和国务院的号召，为地方做些工作，为此，我讲几点意见：

(1) 结合中国民族建筑研究会在规划人才方面的优势，为地方打造具有鲜明新疆民族特色的新型城镇做好服务工作。

根据城乡规划法的规定，制定和实施城乡规划，应当保护自然资源和历史文化遗产，保持地方特色、民族特色和传统风貌。城乡规划法还将自然与历史文化遗产保护作为城市总体规划、镇总体规划的强制性内容，以及乡规划和村庄规划的内容。关于城乡规划的实施，规划法也做出明确规定：在城市新区的开发和建设中，严格保护自然资源和生态环境，体现地方特色；在旧城区改建中，保护历史文化遗产和传统风貌；在城乡建设和发展中，依法保护和合理利用风景名胜资源。

研究会作为国内唯一一家从事民族建筑研究的国家一级学术团体，在这方面具有得天独厚的优势，拥有大批从事民族特色建筑研究和规划研究的人才，例如研究会顾问王景慧先生，他作为中国城市规划研究院的总建筑师，从头至尾参与了规划法的编制工作，同时，王景慧先生还是中国历史文化名城评审专家委员会的秘书长，在这方面具有很高的权威，另外，象研究会专家陈同滨、单德启、晋宏逵等在这方面都有较深的研究。同时，研究会还专门成立了咨询部，专门从事民族特色和地方特色的城市规划方面的研究工作。新疆作为以维吾尔族为主的民族自治区，民族建筑和城市规划的地方特色非常鲜明，我们愿意利用研究会的专家优势，为地方打造具有民族特色的新型城镇，提供咨询服务。

（2）利用中国民族建筑研究会在国内外的影响力，结合新疆的区域优势，加快新疆民族特色和地域特色的旅游资源开发。

民族建筑在保护的同时，要合理的开发利用，充分挖掘民族建筑所包含地域文化和历史文化，为地方经济发展增添活力。中国民族建筑研究会在这方面做了一些有益的尝试，比如今年研究会经国家民委批准，在全国范围内开始评定中国民族优秀建筑特色民族建筑之乡，从前年就开始进行的文化遗产探访之旅，今年开展的中国传统建筑旅游目的地评审活动等，都是在保护民族建筑的同时，充分挖掘传统民族建筑的旅游功能，增加地方收入。研究会今年在全国范围内，组织了100多名的专家，组成了一个强大的专家团队，为地方的旅游事业的发展献言建策，咱们新疆社科院历史所的李娜研究员也是这个专家团队的成员之一。新疆作为少数民族的聚集地之一，有世界距海洋最远的城市，古丝绸之路的开辟曾使新疆繁荣昌盛，当下新欧亚大陆的开通，又让新疆成为"亚洲枢纽"；岩石壁画、塔里木盆地的史前文明、伏羲女娲蛇尾相交的神秘绢画、张骞出使西域、玄奘西行等等都使新疆充满了魅力。新疆的地方民族建筑特色鲜明，具有许多有代表性的民族建筑，旅游资源潜力巨大，我希望新疆在开发本地旅游资源的时候，不要只把目光放在自然景观方面，新疆更应该挖掘更深层次的地域文化，把自然景观和地域文化有机结合，所以，我建议，在旅游方面，中国民族建筑研究会和新疆也应该建立合作关系，为新疆创造更大的效益。

（3）充分利用中国民族建筑研究会的专家优势，加强新疆民族建筑的保护力度，提高新疆民族建筑的保护水平。

我刚才提到了要合理的进行旅游资源的开发，但是，无论是自然景观还是民族建筑的开发利用，都要建立在保护的基础之上，不能为了开发而开发，城市规划法明确规定，在城市规划的时候，应当保护自然资源和历史文化遗产，保持地方特色、民族特色和传统风貌。其实，不仅仅在城市规划的时候保护，在任何时候都要保护，这就出现了一个如何保护问题。我认为保护的主体是地方政府，如何引起地方政府的重视，是一个关键问题。中国民族建筑研究会在这方面也进行了一些有益的尝试，比如经国家民委批准进行的中国民族优秀建筑重点保护单位的评审活动，就是针对倘未取得国家级重点文物保护单位的优秀民族建筑，先行授牌，以期引起各级地方政府的重视。这项工作今年开展以来，全国各地响应非常热烈。同时，研究会拥有大批的古建筑和民族建筑专家，比如像罗哲文，大家可能都知道，国家文物局古建专家组组长，也是我们研究会的顾问，可以说，研究会基本上聚集齐了国内在古建筑和民族建筑方面知名的专家，当然不可能是全部，所以，在民族建筑和古建筑的研究保护方面，研究会具有绝对的优势。新疆作为古丝绸之路，文明古迹非常之多，我认为，对于新疆民族建筑如何更好地保护、利用，双方紧密合作，建立专项科研课题，并通过国家民委、住建部等国家部委申请专项科研经费，为新疆的建筑遗产保护做出贡献。

(4) 最后一个问题，加强中国民族建筑研究会和新疆建设部门的联系，为新疆的人才培养做出贡献。

刚才我谈到了开发利用，也谈到了保护发展，但无论如何，最后都要靠人才。中国民族建筑研究会今年计划在全国近 20 所高校建立民族建筑研究的专家组，明年可能会有更多的高校加入到这个行列，所以，中国民族建筑研究会在人才方面具有相当大的优势，在以后的人才培养方面，我们双方具有非常大的合作空间。

朋友们，总之，新疆是一个充满活动的地方，新疆是一片迷人的土地，新疆人民是好客的人民，新疆各级政府是拥有战斗力的政府，特别是新疆建设厅的领导班子，是精明强干的领导班子，我相信，新疆的明天会更美好，新疆的建设事业会更加的蒸蒸日上。

重视民族建筑文化的传承

今天非常高兴参加在九省通衢——武汉召开的“2011 中国民族建筑传承创新（武汉—恩施）论坛”。首先，我代表中国民族建筑研究会，向此次论坛的隆重召开表示热烈的祝贺；并对国家民族事务委员会、住房和城乡建设部、中国城市规划协会、清华大学建筑学院、湖北省住房和城乡建设厅、武汉市城乡建设委员会、武汉市建筑设计院、湖北恩施职业技术学院、利川腾龙风景区旅游资源开发有限公司、武汉大学、重庆大学、华中科技大学、云南设计院、中景恒基集团、南京金陵金箔股份有限公司等有关单位对本次会议的支持和帮助，表示衷心的感谢；向来自国内外的专家学者和各位同仁表示热烈的欢迎和衷心的感谢，向获得中国民族建筑传承创新奖的优秀人物、单位表示热烈的祝贺。

“文化是民族凝聚力和创造力的重要源泉，是综合国力竞争的重要因素”，这是在党的十七大上明确提出的。民族建筑作为中华民族文化的重要组成部分，是五十六个民族智慧的结晶，是民族文化的载体，蕴含着中华民族特有的精神价值、思维方式，体现着中华民族的生命力和创造力。研究民族建筑就是在传承和弘扬中华五十六个民族优秀的文化，加深民族情感，增进民族团结，维护国家统一；传承民族建筑是建设社会主义先进文化，贯彻落实科学发展观和构建和谐社会的必然要求，是实现中华民族伟大复兴的重要工作之一。中国民族建筑历经风雨传承，以人为本、天人合一的理念被世代建筑师所推崇，时至今日，民族建筑文化依然对我国城乡规划建设影响深远。

当前在全球经济一体化影响下，我国民族文化面对着强势的外来文化，我们要充分认识民族建筑传承创新的重要性和紧迫性。民族建筑是维系一个民族生存延续的灵魂和血脉，是传承民族优秀传统文化的有效载体。当前现代化正以飞快的速度冲击着传统的民族文化，使传统的民族文化逐渐丧失。比如：基诺族是 1979 年经国务院确认的民族，但该民族的传统文化在社会经济突飞猛进发展的同时却日渐衰落。早在 1990 年，就有专家预测：基诺族传统竹楼有可能在 10 年内被平房和楼房所取代，民族服饰可能在 20 年内消失，承载历史文化的基诺族歌舞可能在 30 年内消失，而无民族文字为载体的语言也可能在 50 年内消失。今天，基诺族的传统竹楼已大部分被平房和楼房所取代，民族文化消亡现状令人痛惜，然而，这种情况并不是基诺族独有的，目前许多民族都面临民族文化消失的情形。因此，传承创新民族建筑是一项任务紧迫、责任重大的民族文化复兴工程。

当前，伴随着我国城乡建设步伐不断加快，我们在民族建筑传承创新方面，面临着难得的发展机遇和严峻的挑战。近年来受全球化影响，城市风貌出现了“千城一面”，这让部分城市逐渐失去了经过成千上万年沉淀的深厚文化底蕴，失去了独特的城市魅力，留下了诸多疑惑、无限遗憾，造成了无法挽回的巨大损失，我记得北京市小学六年级语文中有这样一课，叫作《城市的标志》，其中有这样一段话：我们曾经千姿百态、各具风韵的城市，已被钢筋水泥、大同小异的高楼覆盖。最后只剩下了树，在忠心耿耿地守护着这一方水土；只剩下了树，在小心翼翼地维持着这座城市的性格；只剩下了树，用汁液和绿荫在滋润着这座城市中芸芸众生干涸的心灵。在这冷冰冰的建筑和街道中，它是最有耐心与人相伴的鲜活生命；在日益趋同的城市形状中，它是唯一不可被替代的印记，不可被置换的标志。这篇小学课文让人震撼，让人反思！继承、弘扬中华民族建筑文化，捍卫和发展中国自己的建筑文化，保持民族文化鲜明的个性和独立的品格，是我们每位从业者义不容辞的历史责任，更是中国民族建筑研究会的责任所在，举办本次论坛的重要意义也正是基于如此。

武汉是中国古代繁华的商埠，近代民主革命的中心，是一座历史悠久而又富有光荣革命传统的城市，历史文化积淀深厚，保存着十分丰富的历史文化遗产。武汉以其优越的地理条件和独特的经济地位蜚声国内外，其数度成为全国政治、军事、文化中心。昨天与会代表参观辛亥革命博物馆、东湖宾馆毛主席故居等，江城胜景、楚风汉韵，大家通过实地参观考察，充分感受到了武汉市厚重的历史文化，独具魅力的城市风情，看到了湖北省、武汉市在民族建筑传承和创新方面取得的一个个佳绩，希望通过两天的参观、交流、研讨，与会代表把武汉的经验带到全国，进一步推动全国各地民族建筑文化的传承与发展。

（在武汉恩施“2011 中国民族建筑传承创新论坛”上的讲话）

民族建筑文化发展之路

首先，我代表中国民族建筑研究会，对参加会议的各位领导、来宾表示热烈的欢迎！对清华大学建筑设计研究院、清华大学建筑学院、中景恒基集团、泸州老池酒业集团有限公司等协办、支持本次会议的单位表示感谢，对获得中国民族建筑研究会2011年度表彰活动奖项的单位与个人表示祝贺。

第十四届中国民族建筑研究会学术年会作为总结、展示与交流一年来学术成果与行业信息的年度盛会，将围绕城市建筑、文化遗产、绿色宜居的主题进行深入的交流与研讨。

民族建筑文化是中华民族文化的重要组成部分，是各民族智慧的结晶，也是珍贵的人类遗产。随着经济的发展及社会的进步，党和政府日益重视民族文化事业的发展。胡锦涛总书记在庆祝中国共产党成立90周年大会讲话时表示，要着眼于推动中华文化走向世界，加快发展文化事业和文化产业，形成与中国国际地位相对称的文化软实力，提高中华文化国际影响力。在其后的中央政治局第二十二次集体学习及中国共产党第十七届第六次会议时，胡主席又对我国文化建设发表了重要讲话，提出要精心打造中华民族文化品牌，提高我国文化产业国际竞争力，推动中华文化走向世界。在文化产业大发展的历史机遇前，顺应时代发展，结合建筑、文物等相关行业特点，走出一条民族建筑文化事业大发展的道路，值得我们深入思考与积极实践。

在此，我建议从三个方面加强相关工作。

一、深入挖掘与保护各民族建筑文化

中国是统一的多民族国家。各民族建筑文化，丰富多彩、风格迥异，表现出鲜明的特色和精湛的技艺，真实地反映了当地少数民族千百年来的生产、生活特点，也是各民族引以为自豪的亮丽名片。各民族建筑文化相互影响、相互交融，增强了中华文化的生命力和创造力，不断丰富和发展着中华文化的内涵，提高了中华民族的文化认同感和向心力。

保护文化遗产，保持民族文化的传承，是凝聚民族情感、增进民族团结、振奋民族精神、维护国家统一的重要文化基础，对弘扬中华文化，维护世界文化多样性和创造性，促进人类共同发展具有重要意义。应从对国家和历史负责的高度，从维护国家文化安全的高度，切实做好民族建筑文化遗产的保护与研究工作。

在中国经济高速发展阶段，特别是城镇化进程的加快，不少地区存在片面追求经济效益，大拆大建，牺牲城乡文化遗产的严重问题。许多传统建筑、历史建筑、民族建筑遗产短期内即荡然无存。我们应按照“保护为主、抢救第一、合理利用、传承发展”的业内外共识，深入挖掘与保护各民族建筑文化，制定保护规划，抢救珍贵遗产，注重人才培养，特别是不断提高全社会的保护意识，努力发挥文化遗产在社会主义先进文化建设中的重要作用。

二、扶持民族建筑文化产业发展

民族建筑文化产业及涉及规划、设计、开发、施工、材料、监理等建筑产业链的各个环节。改革开放以来，民族建筑领域建设规模迅速扩大，从业人员数量与整体素质实现了较大幅度提升。与此同时，建筑工程速度和质量也得到显著提高。进入21世纪，民族建筑业涌现出一批优质民族建筑工程，塑造了民族建筑品牌。还有不少企业走出了国门，在世界各地建设了许多具有民族风格的特色建筑，树立起一张张中国民族文化的名片。

民族建筑文化产业也关系到文化遗产的保护与旅游开发、非物质文化遗产传承等传统文化产业领域。从传统文化事业发展的角度，民族建筑文化事业发展需要构建现代化的民族建筑文化产业体系，细化管理，经营民族品牌。宏观来讲，我们应该健全民族建筑文化市场体系，创新民族建筑文化管理体系，完善民族建筑文化法制体系。微观来讲，我们应该着重加强三大管理机制的细化工作：一是民族建筑文化保护机制的完善工作。二是民族建筑文化传承机制的构建工作。三是民族建筑文化利用机制的监管工作。

一个产业的扶持离不开政府的支持。我们应积极争取政府部门加大政策引导和扶持力度，扩大财政投入及专项保护基金的规模，鼓励社会资金用于民族建筑文化传承和濒临消失的建筑文化遗产的抢救工作，强化保护法制监管，限制过度开发和使用文化遗产资源，倡导保护文化遗产人人有责的理念。表彰和鼓励战斗在保护和传承民族建筑文化产业一线的优秀单位和个人。

三、创新民族建筑文化发展理念、技术与渠道

创新思路将是推动民族建筑文化产业实现国际化拓展，实现腾飞之路的基石。增强民族建筑文化产业的核心竞争力，进一步实现多渠道、跨地区及各项相关产业的大融合，将有效延伸民族建筑文化产业链的集群式发展，提高附加产业价值，最终形成

规模化、集约化、专业化以及技术领先的中华民族建筑文化的软实力，增强国际话语权，有效推动中华民族建筑文化产业走向国际市场，充分发挥中华文化在世界的感召力和影响力，走巨龙腾飞之路。

民族建筑文化事业的发展同样需要我们从业人员的不懈努力与薪火相传。从事民族建筑事业是辛苦的，但也是光荣和幸福的。民族建筑文化产业的发展离不开老一辈工作者的奋斗拼搏与无私奉献。我们总能从他们的事迹中汲取智慧与力量。为此，本届大会将特别表彰吴良镛、郭黛姮、孙大章三位在民族建筑领域作出卓越贡献的老前辈。

（在“第十四届中国民族建筑研究会学术年会”上的致辞）

创新思路　实现民族建筑文化产业的大融合
保护传承　构建文化软实力走巨龙腾飞之路

今天我们借中国共产党第十七届第六次会议文化大发展的东风，在最高学府清华大学召开第十四届中国民族建筑研究会学术年会我感到很高兴。首先我代表主办单位中国民族建筑研究会，向来自祖国各地的嘉宾表示热烈的欢迎！向年会的举办表示由衷的祝贺！向获得中国民族建筑事业终身成就奖获得者吴良镛先生、郭黛姮女士、孙大章先生表示热烈的祝贺！向你们为民族建筑事业奋斗终生的精神和卓越的贡献表示崇高的敬意。向获得2011年度中国民族建筑事业杰出贡献奖的中国建筑设计研究院建筑历史研究所等先进单位和个人及项目表示热烈的祝贺。

第十四届中国民族建筑研究会学术年会作为中国民族建筑研究会一年一度的经典品牌会议，是行业最具影响力的大会之一。本届大会将响应党的十七大精神，大力促进文化建设，加强文化遗产保护、利用与传承，满足人民群众不断增长的精神文化需求。大会将围绕城市建筑、文化遗产、绿色宜居的主题进行交流与研讨，并深入探讨新时代机遇下，民族建筑文化的科学和技术的发展方向，为中华民族建筑文化的振兴做出贡献。

2011年10月18日中国共产党第十七届中央委员会第六次全体会议指出：要认为总结我国文化改革发展的丰富实践和宝贵经验。全会对推进文化改革发展做出了部署，强调要推进社会主义核心价值体系建设、巩固全党全国各族人民团结奋斗的共同思想道德基础，全面贯彻“二为”方向和“双百”方针、为人民提供更好更多的精神食粮，大力发展公益性文化事业、保障人民基本文化权益，加快发展文化产业、推动文化产业成为国民经济支柱性产业，进一步深化改革开放、加快构建有利于文化繁荣发展的体制机制。

全会指出，中国共产党从成立之日起，就既是中华优秀传统文化的忠实传承者和弘扬者，又是中国先进文化的积极倡导者和发展者。当前正是文化产业蓬勃发展的重要时期，面对这划时代的机遇我们如何迎接挑战，发展壮大起来呢？中国民族建筑事业如何发展，民族建筑事业在当前文化产业大发展战略中，如何抓住机遇，迎接挑战。

第一，首先，民族建筑事业自改革开放以来，特别是近年来，在生产规模迅速扩大的同时，不断加大生产投入，有效提高全员劳动生产率，企业整体素质实现了较大幅度提升，与此同时，建筑工程速度和质量也得到显著提高。进入 21 世纪，民族建筑业大力推动科技进步与技术创新工法，更加注重科技创新和成果应用，涌现出一批优质民族建筑工程，塑造了民族建筑品牌。在民族建筑事业欣欣向荣的同时，我们也面临诸多困难和挑战。由于许多古建筑被无限的开发使用，加上保护力度不够，保护资金短缺等现状，如何合理有效地保护、传承和利用好祖先留下的民族建筑的文化瑰宝将会是我们永远需要深思的课题。

我们应该从困难和挑战中找寻机遇，创造民族建筑文化发展的新契点。一直以来，合理有效地保护、传承和利用民族建筑文化遗产是我们民族建筑文化产业实现跨越式发展的薄弱环节。但面对新时代的号角和党的十七大精神的引领，保护、传承和利用民族建筑文化遗产将不再是阻碍历史车轮的绊脚石，我们可以找寻到新的发展契点。为此，本届大会特别邀请了张锦秋院士、郭黛姮教授、陈同滨所长为我们作精彩的主题演讲，针对民族建筑的环保理念和绿色宜居理念在城市规划、民族建筑的保护、传承和利用中的推广，民族建筑遗产保护的数字化应用的促进，古城古镇规划的和谐理念的探索与发展等方面。指点迷津，雪中送炭。我这里就不赘言了。

明确我们发展的目标，构建现代化的民族建筑文化产业体系，细化管理，经营民族品牌。我们目前肩负了新时代的使命，而任重道远。民族建筑文化事业发展的出路在于：构建现代化的民族建筑文化产业体系，细化管理，经营民族品牌。宏观来讲，我们应该健全民族建筑文化市场体系，创新民族建筑文化管理体系，完善民族建筑文化法制体系。从微观来讲，我们应该着重加强三大管理机制的细化工作：一是民族建筑文化保护机制的完善工作。二是民族建筑文化传承机制的构建工作。三是民族建筑文化利用机制的监管工作。为此，我们将会加大政策引导和扶持力度，扩大财政投入及专项保护基金的规模，鼓励社会资金用于民族建筑文化保护、传承和濒临消失的建筑文化遗产的抢救工作，强化保护法制监管，限制过度开发和使用文化遗产资源，倡导保护文化遗产人人有责的理念，表彰和鼓励战斗在保护和传承民族建筑文化产业一线的优秀单位和个人。

第三，实现民族建筑文化理念的国际拓展，走民族建筑文化产业腾飞之路。

首先，我们应该深入挖掘民族建筑文化理念的精髓。中华优秀民族建筑文化，不仅是先辈智慧的结晶，更积淀了中华民族历久弥新的文化底蕴。所以全面认识和深入挖掘中华民族建筑文化理念，繁荣和发展中华民族建筑文化事业，是我们肩负的义不容辞的使命和责任。

创新思路将是推动民族建筑文化产业实现国际化拓展，实现巨龙腾飞之路的基石。科技创新、模式创新和机制创新这三大创新战略中，科技创新是重中之重。只有提高科技含量，增强自主创新能力，增强民族建筑文化产业的核心竞争力，才能进一步实现多渠道、跨地区及各项相关产业的大融合，有效延伸民族建筑文化产业链的集群式发展，提高附加产业价值，最终形成规模化、集约化、专业化以及技术领先的中华民族建筑文化的软实力，增强国际话语权，有效推动中华民族建筑文化产业走向国际市场，充分发挥中华文化在世界的感召力和影响力，走巨龙腾飞之路。

中国民族建筑研究会作为本届大会的主办单位，得到民委和住建部领导的关注、指导和支持。研究会自成立以来，始终将弘扬民族建筑文化理念为己任，在民族建筑文化的保护、传承和发展方面，凝聚了海内外大批民族建筑事业的知名专家、学者和行业精英。我们愿携同社会各界有志之士，共同投入到民族建筑文化产业龙腾虎跃的时代洪流中，为中国民族建筑文化事业群策群力，锦上添花。

本届年会得到清华大学建筑设计研究院和中景恒基集团两家协办单位的大力支持。同时在这里，特别感谢泸州老窖酒业集团的鼎力相助。泸州老窖酒业集团的张总说："泸州老窖酒业集团一直以来积极参与各种社会公益活动，这次有机会关注和支持民族建筑文化事业的发展是一种殊荣，可以和中国民族建筑研究会携手为民族建筑事业做点事情，倍感荣幸。"我们再次感谢中国企业对中国民族建筑事业的爱心和贡献。

另外，大会议程中有三个重点期待大家的关注。

首先是表彰2011年度中国民族建筑事业先进活动的优秀单位、经典项目和杰出个人。研究会凭借国家一级社团的规模和影响力，评选活动本身的规范性和严谨性，以及评审委员会的权威性和公正性，得到社会各界的认可和关注。在中国民族建筑研究会历届传统奖项评比中，广受关注的是："中景恒基杯"终生成就奖。此奖项旨在表彰对中国民族建筑事业毕生追求及做出突出贡献的杰出人士。截止到2010年，全国共计10位享誉内外的专家获此殊荣，此项奖是中国民族建筑的最高奖，是一座丰碑，名誉海内外。

颁奖过后，大会将会为大家安排两天的文化大餐。我想精彩绝伦的学术论坛，定会让大家有余音环梁三日之感。

在30日，大会还为大家安排了一次学术考察活动。毛泽东同志曾说过："不到长城非好汉"。那我们就一起做一回好汉吧！

（在2011年11月28日"第十四届中国民族建筑研究会学术年会"上的讲话）

民族建筑文化遗产探访

今天非常高兴来到拥有8000年文明史、5000年建城史的历史文化名城杭州，参加“中国文化遗产探访之旅——走进杭州东方文化园活动”。在此，我谨代表中国民族建筑研究会向与会的各界嘉宾、媒体记者表示热烈欢迎，向长期以来深入文化遗产保护第一线、为文化遗产保护作出重要贡献的工作者表示崇高的敬意，并向为本次活动给予大力支持的中国非物质文化遗产保护中心、联合国教科文组织驻华代表处和杭州东方文化园旅业集团表示衷心的感谢。

在我国5000年文明史中，勤劳智慧的中华民族创造了光辉灿烂的历史文化，留下了灿若群星、独具特色的文化遗产。这些珍贵的文化遗产是我们民族悠久历史的鉴证，是民族智慧的结晶、民族精神的象征，是民族生命力和创造力的重要体现，也是人类文明的瑰宝。保护好、传承好、利用好、发展好这些文化遗产，对于继承和发扬中华民族优秀传统文化，推动社会主义文化大发展大繁荣，促进国际文化交流和人类共同发展，具有十分重要的意义。

党中央和国务院，历来高度重视对文化遗产的保护、发展工作。2005年12月，国务院确定每年6月的第二个星期六为我国的“文化遗产日”。党的十七大进一步从中国特色社会主义事业“四位一体”总体布局的高度，提出兴起社会主义文化建设新高潮、推动社会主义文化大发展大繁荣的战略任务，突出强调弘扬中华文化、建设中华民族共有精神家园的重要性，强调“加强对各民族文化的挖掘和保护，重视文物和非物质文化遗产保护”。

当前，我国社会主义文化建设面临着进一步繁荣发展的良好机遇，加快文化遗产保护和发展的步伐，是深入贯彻落实科学发展观、促进经济社会又好又快发展的迫切需要，是弘扬中华民族优秀传统文化、传播社会主义先进文化、推动社会主义文化大发展大繁荣的迫切需要，是提高国家文化软实力、增强中华文化国际影响力的迫切需要，是维护世界文化多样性和创造性、促进人类共同发展的迫切需要。中国民族建筑研究会自成立十五年来，一直致力于民族建筑文化的传承和保护，在民族建筑保护和传承中，对于规划设计、保护修缮、新兴材料运用等方面取得一系列的显著成果。但是对于从文化角度入手，深入挖掘的力度还不够，这次与基金会合作组办大型文化遗产保护活动“中国文化遗产探访之旅”，就是要更深入的挖掘历史文化资源，为各地方搭建一个长期交流、合作、展示、传播的平台，充分发挥行业组织机构的力量，抢救、保护、传承文化遗产，挖掘、整理、整合、创新资源，加快推进文化遗产强国建设，在新的起点上推动文化遗产事业实现新的跨越。此次走进杭州活动，我们针对文化遗产保护与旅游发展、非物质文化遗产名录的申报等问题进行交流研讨，介绍成功经验，促进各地文化遗产事业又快又好发展。

第一，提高文化遗产事业对经济社会发展的贡献。经济社会发展是保护、发展文化遗产的基础和前提，保护、发展文化遗产是经济社会发展的重要内容和有力支撑。要把保护、发展文化遗产与促进经济发展结合起来，合理利用文化遗产的宝贵资源，加快发展文化产业，积极开发旅游业，打造国内外知名的文化和旅游品牌，提高衍生产品和配套服务质量，使文化遗产成为促进经济发展的新亮点。要把保护、发展文化遗产与城乡建设结合起来，既加强对文化遗产的抢救保护，又充分展示城乡蕴藏的独特历史文化内涵，并在新的历史条件下不断丰富和发展，增强城乡的吸引力和影响力。

第二，积极开拓创新，保持文化遗产事业的生机和活力。要大力推进观念创新，妥善处理文化遗产保护、传承、利用、发展的关系，既要保护、传承好文化遗产，又要利用、发展好文化遗产，在保护、传承的基础上充分利用、发展，通过利用、发展促进保护、传承。要大力推进科技创新，充分运用现代科学技术研究和修缮文化遗产，破解古代发明创造和工艺成果，提高文化遗产保护的科技水平。要大力推进展示方法创新，注重介绍文化遗产发掘过程、历史背景、相关历史人物故事等信息，注重再现传统生产技术和工艺流程，注重运用声光电等现代科技手段提高震撼力和视觉效果，注重增强参与性、互动性、体验性和趣味性，帮助人们深入了解和亲身体验中华文明的丰富内涵和独特魅力。要与发展旅游业紧密结合，开发文化产品，拓展服务项目，在与产业和市场的结合中实现传承和可持续发展，在参与创造物质财富和精神财富的实践中焕发新的生机和活力。

第三，让中国的文化遗产走向世界，提高中华文化的国际影响力。文化遗产展览交流是传播历史文化的重要途径，是展示国家形象、提高文化软实力的有效手段，通过举办大型的展览展示活动，加强与国外文化遗产部门的交流合作，扩大对外文化遗产展览交流，向世界人民展示我国辉煌灿烂的文明成就与和平和谐的文化理念，增进世界各国人民对中华文化的了解，同时也汲取世界文化遗产保护、发展的有益成果，更好地推动我国文化遗产事业繁荣发展。

第四，加强政府的领导和支持，营造公众参与文化遗产保护、发展的良好环境。文化遗产事业作为文化建设的重要组成部分，是全社会的共同事业，必须充分调动各方面的积极性，切实把保护与发展放在重要位置。最主要的就是解决文化遗产保护的经费问题，鼓励引导更多社会资金投入文化遗产保护事业，要加强宣传普及工作，广泛介绍文化遗产知识，增强公民依法保护意识，积极培养文化遗产保护志愿者。营造保护文化遗产人人有责、文化遗产保护成果人人共享的社会环境，形成有利于文化遗产保护的舆论氛围。

同志们，文化遗产是民族的、是世界的、是唯一的，工作责任重大，希望文化遗产探访之旅活动能为各地的保护与发展提供更多的支持和帮助，也衷心祝愿活动的成果能够引起社会各界的重视，让我们携手为民族文化遗产的保护事业作出我们每个人的贡献。

（2010 年 9 月 25 日）

科学发展“两化生翼”“集中生智”江油腾飞

非常高兴中国民族建筑研究会受中共江油市委、市政府的委托，与中景恒基集团共同承办这次论坛。我代表承办方感谢各位代表参加此次论坛。

四川省委、省政府把加快推进新型工业化、新型城镇化作为“十二五”时期的重大任务，是着眼地方全局和长远发展的战略部署。江油市这次能够在北京召开这样的论坛，落实省委、省政府的工作，具有较好的前瞻性。

做好“两化”互动既是一个传统课题，也是一个新兴课题。随着国家“十二五”规划的落实，城镇化水平在不断提高，如何将工业化与城镇化有机结合，已成为今后城市建设中的一个重要课题。

从已进行的试点地区的经验和国外情况看，今后在“两化”互动建设中，主要有以下几种取向：

一是要坚持城镇化水平与工业化进程相一致的原则。城镇化水平快于工业化发展进程，社会将出现过度城镇化，导致城镇中出现秩序混乱，基础设施落后，居民生活水平不高，会影响整个社会经济的发展，反之亦然。

二是要坚持大、中、小城市与小城镇建设相协调的原则。今后我国的城镇化要从国情出发，形成城市与城镇的合理分工、互相配合的城镇体系。现在不少“大城市病”已十分严重，交通拥挤、环境污染、水资源缺乏等。对于江油这样的中小城市，要从这次互动中吸取好的经验，以发展中小城镇为主，合理分流人口，带动周边地区经济发展，并通过引导企业向中小成镇集聚，重点发展中小城镇。

三是要坚持抓好资源配置，引导新兴产业作为城镇化的重点。如何做好产业布局，发展特色产业，进行城市功能定位是保证城镇化的基础。没有新兴产业，新兴城镇将失去支撑，因此引导、利用、挖掘江油的资源优势十分重要。

四是要坚持战略、规划先行，建设模式多样的原则，必须做好“两化”互动的战略研究，要结合国家“十二五”的规划，四川省、绵阳市的区域经济发展目标，提出江油“两化”互动的发展战略，找准定位，明确目标。同时各项规划要及时跟进，可利用多种模式进行运作，包括政府主导、企业主导、及政企混合的模式，在建设中利用“BOT”等模式。

中国民族建筑研究会 1995 年成立后，作为以弘扬、继承、保护与发展中国建筑文化的全国性社团，多年来在传统建筑保护、城镇风貌规划等方面做了大量工作。研究会聚集了一大批专家学者、相关单位，为中央和国务院有关部门提供了大量的决策参考。研究会现有上千个会员，遍布全国各地，其专家顾问团队包括院士、行业内知名专家、骨干企业、高校等，下设有7个专业委员会，包括专业有规划、建筑、园林、施工设计、文物保护、旅游等。

这次会后，研究会可以为地方政府提供这样几个方面支持：

一是提供与“两化”有关的专家服务团队；

二是与有关部门建立联系，获得各方面的支持；

三是协助引进企业，解决具体问题。

希望江油市委、市政府，充分利用好研究会的资源，研究会也愿意为江油的“两化”建设作点贡献。

（2012年2月25日在江油“两化”互动发展示范片建设论坛”上的致辞）

弘扬传统文化　推动文化创新

“中国文化遗产探访之旅”活动是由中国民族建筑研究会和中国文物保护基金会共同发起，并联合联合国教科文组织驻华代表处、中国非物质文化遗产保护中心、地方政府、投资界、学术界、企业界、各文化遗产地、文化主题景区，以及国内外媒体等多方面力量于2010年推出的大型系列活动，我们非常高兴来到佛教文化圣地，在这里隆重举办“走进无锡灵山胜境”的活动。

今天，在当今时代建筑的典范“灵山梵宫”召开“创造新的文化遗产——无锡灵山论坛”，能够跟大家共同探讨“弘扬传统文化、推动文化创新”这个话题，深感荣幸。无锡灵山景区经过短短十余年的发展，取得令人瞩目的发展成就，我们看到，无锡灵山在发展中不仅弘扬了博大精深的佛教文化，更是走出了一条打造中国文化旅游的创新之路。从灵山的成功经验中，我谈三点看法：

第一，历史与实践证明，创新是文化的本质特征，是推动文化繁荣发展、提高国家文化软实力的不竭动力。

胡锦涛总书记在党的十七大报告中指出：“在时代的高起点上推动文化内容形式、体制机制、传播手段创新，解决和发展文化生产力，是繁荣文化的必由之路”。文化灵山的成功就是创新的成果，通过文化主题的创新，开创了中国佛教文化主题景区的先河；通过文化载体的创新，开创了中国旅游界“以互动创造感动”的先声；通过文化艺术、建筑形态、景观功能的创新，开创了中国创造全新世界文化遗产的先例。“文化灵山”因其独特的发展理念和创新的探索实践，被誉为当代中国旅游文化发展的一种崭新模式，这不仅是灵山人推动区域科学发展的新追求，也是奉献给人们的一个创新发展的新品牌。

第二，创新要以坚持弘扬传统文化为基础。

无锡灵山创造了全新文化遗产的标志性工程——灵山梵宫，梵宫以佛教建筑形态的创新、景观建筑功能的创新、佛教文化艺术的创新、佛教文化与科技的创新、旅游体验方式的创新，形成强大的宗教文化感召力，深厚的历史文化发散力，美好的人文旅游吸引力。整个建筑依山而建，集成了世界佛教三大语系的建筑精华，以其之“特”与灵山大佛之“大”、九龙灌浴之“奇”构成全新灵山胜境的三大奇观。无锡灵山梵宫汲取了中华传统木雕、石雕、玉雕等装饰精粹，不仅体现了佛教文化的博大精深与崇高，又融汇众多中国传统文化艺术瑰宝与时代特征，在国内首次集东阳木雕、敦煌壁画、扬州漆器、景泰蓝等中国众多千年文化遗产于一身，叹为观止的恢宏气势“震撼”海内外游客。我想，灵山梵宫可以作为我们这个时代建筑的典范，传之后世，永远成为我们民族建筑发展上的里程碑。

从灵山创造全新文化遗产的实践中给了我们启示：要像灵山，站在世界的、文化的、历史的高度，用“创新”和“文化”打造世界级传世之作，给后人留下“新的文化遗产”。

第三，企业在推动文化创新发展过程中，积极履行社会责任。

无锡灵山景区在创新发展的过程中，书写着一个崭新的时代责任，那就是坚持责任并举，道义共生，持续践行一个企业的社会责任，在社会效益和经济效益面前，无锡灵山的领导更注重社会效益。灵山人积极参与和开展各种公益慈善活动，弘扬慈善理念，推动慈善事业，为积极构建和谐社会贡献力量。无锡灵山坚持弘扬佛教慈善文化的是企业必须履行的责任与道义，这也是我国优秀的历史文化传统，截至目前，灵山向社会捐款累计达到数千万元。一个企业的社会责任，更主要的还是表现在公益事业方面，一个企业和企业家要有同情心，要有社会责任感，像温家宝总理前年在巴黎的国际企业家座谈会上讲到“要流着有道德的血液”，只有这样，企业才能与社会建立一种”共生、共荣和共赢”的和谐社会关系。灵山人的时代精神，是我们学习的楷模。

从以上三方面谈了看法：第一是创新的重要性，第二是创新必然坚持弘扬中国的传统文化，第三就是企业社会责任感。我们说灵山是文化，灵山也是品牌，灵山文化有今天它也是一个团队创造的。国平同志我很早就认识了，我在建设部搞建筑的，这一辈子就去做建筑的修桥补路了，国平同志的成绩很大，从建筑公司开始做起，灵山开始建设的时候我就来过，发展到今天，应该说这是我们生的价值，灵山有今天是以国平同志为首的一个团队，这个团队是一个暨时代精神，暨民族要求何以具有一种强烈的学习责任感于一身，这些东西都是学来的不是先天就有的，要学习我们中华民族优秀的历史传统文化，要学习世界对中华民族文化的评价，从而创造出我们今天这样一个灵山景区。

党中央十七届五中全会已经审议通过了第十二个五年发展规划，中央刚刚召开了明年经济工作会议，确定了六大经济工作任务。无论是第十二个五年规划，还是明年的经济工作都强调了两点：第一点是主题，主题是发展，只有坚持科学发展才是硬道理。第二点是主线，主线是转变经济方式，通过转变经济方式来提高我们的发展质量。无论是发展还是转变经济方式，它都涉及生产力与生产关系，经济基础与上层建筑，需要有政治建设、文化建设和社会建设的融合。今天来到灵山，看到这里的创新发展我们想，它既是经济建设更是文化建设，它带动了整个无锡地区的文化的繁荣。当年这里有我们很多老一代的，包括我们佛教的祖先给我们吸取了当初东南西北中五大佛，在灵山这个地方建立了一个东方大佛，经过中央领导的批准，得到了社会的公认，更是收到了良好的社会效应。

今天的中国，经过一代又一代人的共同努力，作为一个经济大国在全世界崛起，作为一个文化大国也在崛起。经济大国和文化大国的崛起，都是我们中国的使命。中国是一个对全世界负责任的大国，尤其是今天我们提出了要向低碳社会去发展，中国对全球、对全人类在若干的世界会议上，承担着节能减排的社会责任，承担着中国科学发展必须走中国特色的社会主义道路所应该承担的义务，其中特别强调的是文化，文化将是决定中华民族复兴和大国崛起的根本，中华民族的百年复兴是对中国历史的传承，创造新的文化产业、创造新的经验，是崭新的事物，在创造中，我们应该更好的弘扬传统文化，推动文化创新，这是我们为人类作出的贡献，更是我们为子孙后代做出的贡献。

2011 年，中国文化遗产探访之旅整装待发，我们将踏上新的征程，欢迎社会各界共同关注人类文化的瑰宝积极参与“2011 中国文化遗产探访之旅”的系列活动，共同“保护文化遗产，弘扬民族文化”。

传承古典建筑文化　建设当代美丽中国

为认真学习贯彻中共十八大关于建设中国特色社会主义美丽中国的精神，全面回顾总结改革开放以来我国城乡建设事业中民族传统建筑文化、传统技术与工艺的实际应用经验，继承和发扬中华五千年古典民族建筑的精美形式和科学内涵，避免在仿古建筑出现问题，使中华民族传统建筑文化技术与工艺在新型城镇化建设中发挥应有重要作用，经国家住建部、国家民委批准，由中国民族建筑研究会，民族建筑技术与工艺专业委员会于2013年在贵阳组织召开全国新型城镇化建设民族建筑理论与技术应用经验交流会。

这次会议的主题是：认真学习贯彻中共十八大精神，建设美丽中国，传承发展中华传统民族建筑文化，在新型城镇化建设中促进传统与现代建筑理念融合，促进传统民族建筑理论与技术工艺的现代应用与交流。

这次会议有三项重要内容。

一、充分认识传统建筑文化在新型城镇化建设中的重要意义

党的十八大关于建设特色社会主义美丽中国的重要精神，是我们召开这次全国民族建筑理论与技术应用交流会的动力源泉和行动指南。这次会议是我国建筑行业学习、领会、贯彻中共十八大精神，将民族传统建筑理论与中国新型城镇化建设实际相结合的实践步骤。中国民族建筑研究会自1995年成立以来，坚持理论与实践相结合，力求使传统建筑文化技术工艺在当代建筑实际应用中发挥更好的社会效益和经济效益。中国是具有五千年传统建筑文化持续发展的文明古国，中国有多项世界一流的不同时代的古建筑、有一流的传统建筑文化、技术与工艺。这些传统建筑文化、传统技术、传统工艺，是现代中国城乡建筑事业的根，也是中华民族的根。在当代中国城乡建设中，没有中华传统建筑文化的元素，就犹如一个没有灵魂的人；没有传统建筑文化的城市是没有历史文化底蕴的城市。把民族传统建筑文化、传统技术与传统工艺和现代建筑科学、现代建筑材料、现代建筑工艺和现代国民社会生活要求结合起来，这是一项系统工程，认真对改革开放三十多年来民族传统建筑文化、技术与工艺的实际应用情况的回顾、总结与交流，对提升当代中国城乡建设的社会和经济效益，促进中国新型城镇化的发展，对建设中国特色社会主义美丽中国，具有十分重要的意义。

二、重视对民族传统建筑文化的传承发写展

1. 关于民族传统建筑文化的传承

传承中华民族传统建筑文化，首先要明确什么叫民族传统建筑文化，并搞清楚民族传统建筑文化的历史与现状。什么叫民族传统建筑文化呢？所谓民族传统建筑文化，就是中国各族人民的古典历史建筑的物质文明和精神文明的总体成就。传统民族建筑在中华大地上源远流长，无处不在。中国最早的古建筑已无法考证，但距今七千年的浙江余姚河姆渡遗址，西安半坡遗址，无疑是中华民族最古老的传统建筑之一。而最新的民族历史建筑，则是近代广泛引进西方建筑理念，在中华民国前后修建的中西合璧的或欧美别墅，洋楼和教堂等建筑。就中华传统民族建筑的规模和影响，大型的有世界闻名的万里长城等伟大建筑工程，小的则有中国贵州苗家吊脚楼，侗家风雨桥和布依人家的石板房等等。在漫长的历史岁月中，中华传统建筑遭受地震，火灾，水灾的破坏，特别是遭受了兵灾的战争巨大破坏，很多令人魂牵梦绕的中华古建筑已不复存在，比如举世无双的中国清代圆明园，就被八国联军野蛮地抢光烧光了。新中国成立以来，在20世纪六七十年代曾广泛流行过否定和割断历史的错误思潮，在破四旧的口号下，全国古建筑遭到广泛毁损，特别是在十年“文革”浩劫中，中国古建筑遭受空前破坏，损失无法弥补。改革开放以来，党中央领导全国人民拨乱反正，对中华民族古典建筑的正确观念才得以树立起来。在新旧世纪之交，才开展对中华古建文化的理论研究，才使中华民族传统古典建筑的理论与实践活动，回到了正常的社会生态生活中。

2. 关于民族传统建筑的管理

中华民族传统建筑，都属于产权单位管理，就县级层次的民族传统建筑，大致分为建设局、旅游局、宗教局、文物局、民族事务局五个单位归口管理，如再往下面的层次细分，则为各具体实业单位所有和管理。由于古建筑实体分属不同部门单位所有和各自管理，相互阻隔很少交流，因此，中华民族古建筑的综合系统管理理论和切实措施都很薄弱，鉴于这种情况，在1995年前后实施行政《许可法》，下放国家机关行政职能中，由国家民委、国家住建部行文批准，由国家民政部办理资质，成立了中国民族建筑研究会，承担全国性的民族建筑研究和社会服务职能。中国民族建筑研究会成立十八年来，对中国传统民族建筑的理论与实践做了大量工作，共召开了十四次年会，召开了几十次专业学术会议和国际交流会议，取得了良好的社会效益和经济效益。目前研究总会已发展了七个专业工作委员会，各专业委员会协助各级政府做了大量民族建筑理论研究和社会服务工作。

中共十八大以来，就中国特色社会主义历史时期的民族传统建筑的科学管理，在

理论与实践中我们正在探讨一些新方式。这种新的古建筑的服务管理方式，就是要应用现代科学的系统数字信息手段，系统规划并分类分层把全国传统民族建筑项目纳入信息网络管理程序。要分类别分层次依数据指标把全国古典建筑按宫、殿、庙、宇、楼、台、亭、榭、宅、城、镇、村、路、桥等项，编辑权威书籍和电子档案，提供给政府部门、文化单位、经济实体、社会成员查询使用，并作为国际交流的重要文献。在开展这项重大系统工程中，要邀请广电报刊传媒广泛参与，要在全社会开展评选中华十大宫殿、十大名楼、十大民宅等活动，在全社会普及中华古典建筑文化知识，丰富中国特色社会主义文化内涵。

3. 关于传统民族建筑文化的发展

学习贯彻中共十八大精神，建设美丽中国，在新型城镇化建设中传承发展中华古典建筑文化，具有重要意义。我们这里所讲的古典建筑文化的发展，主要是讲在现代化新型城乡建设中，如何把中华古典建筑文化元素体现在新型城乡建筑实体中的问题。要达到这一高要求，必须努力做到以下几个结合。

一是要做到古典建筑和现代建筑理念的结合。在新型城镇化建设中，我们要在抢救、维修、管理和高效使用古建筑物的基础上，切实做好新型城镇化建设项目的设计规划施工的新老建筑理念、中外建筑理念的自然融合。在新型城镇化建设中，要切实保护有历史文化和技术含量的古建造物，古建筑构件，但同时也要注意不为刻意仿古而仿古。个别乡政府把办公楼仿建成成天安门城楼，建了就建了，但把县政府、乡政府办公楼都仿建成天安门城楼，这怎么能行呢？总之，古建筑物的抢救和重建，要因地制宜，实事求是。要充分体现社会、经济和生态效应。贵州黔东南地势崎岖，木料也多，苗族同胞建吊脚楼，侗族建风雨桥，因地制宜，千百年都这样，经济实用。黔中有好石材，布依族同胞要建石板房，这些都非常好。对这些千百年的古建筑，我们本地人习以为常，不觉得有什么特别之处，但从全国，全世界的角度，都是独一无二，都是一道道亮丽风景，建设生态贵州，这就是生态贵州的财富元素。

在新型城镇化建设中融汇古今中外建筑理念，不是指某地域或某个项目，不是指某个建筑项目的某个部分，而是从上到下从里到外从建筑到装修，从外观到室内，从观赏到实用，都要尽可能做到古今和中外的优秀建筑文化理念的科学结合。要不断总结建筑经验，不断优化建筑形态，不断提高建筑文化，不断升华建筑文明。

二是要做到古典技术材料和当代新技术材料的结合。在新型城镇化建设中，一方面，在历史古建筑的抢救，维修，拆迁，重建时，不要随意毁损古建筑整体形式和精美构件，在古建筑修缮和重建的时，要充分利用现代技术，现代工艺，现代材料。另一方面，在城乡新建项目中，从形式到内容，也要充分借用古典建筑的典雅精美形式和巧妙的技术工艺内涵。在新型城镇化建设中，要努力做到这两方面的结合，努力做到使城乡建设，城乡居住环境既舒适，又美观，又生态。

三是要注意把把传统建筑观赏性和适用性结合起来。在古建筑文化的传承、保护、发展中，要贯彻这种观赏性和适用相结合的原则观念。无论在全国性的大城市、在省会大城市、在地区中等城市、在乡镇，凡是维修保养得很好的古典建筑，一定是现代社会服务功能很健全的地方，中国的万里长城、北京的故宫博物院、上海的城隍庙、四川的都江堰等很多特大型或精典古建筑，都是中国古典建筑在当代社会充分发挥社会服务功能的好地方，充分发挥了古建筑的社会效益和经济效益的好地方，使这些古建筑群具有了跨时代的超强生命力。

四是要在新型城镇化建设中把当前建筑意识和未来城乡建筑发展意识联系起来，要有超前意识。近代世界大城市的迅速发展，当代中国大城市的迅速发展，是两个历史原因形成的：

一是由近代人类社会生产力发展水平决定的，这种生产力水平的体现是什么呢？就是机械与电力结合和的生产力时代，其主要特点是劳动力密集，近百年来全球各大城市的大量涌现，当代城市化的建筑意识特点，就是生产力要求人类生产生活的建筑实体与其相适应的产物。到数字与更高能源结合的生产力时代，这种趋势必然改变。

二是由现代社会形态行政功利意识驱动生产和生活资料人为畸形集中的表现。

这些现象将在日愈兴起的各种新型能源动力、日益强大的人工智能、日益丰富的生产与生活的新材料新技术新工艺的社会生产力的高度发展而使人类建筑方式转向，主要是向人与自生态结合转向，从而使人们从大城市的小水泥方格中回归自然。中国的特色社会主义新社会形态，将可能走在人类建筑改革的前列。贵阳作为全国生态建设试点城市，引起联合国和世界各国的极大兴趣和关注，这不是一个孤立和偶然的事件，这反映了国内外的人们都在日愈关注人类居住生态环境。

在充分发挥古建筑的现代社会服务功能方面，贵州有很多值得肯定的好经验。贵州遵义会议会址，是一幢中西合璧的古典建筑，几十年一直发挥着重大的革命传统教育功能。贵州安顺市周围的明太祖设置的十几万大军众多军事屯堡，不仅保存着六百年前军事与民用兼顾的军屯建筑风格，就这一大批明代军转民的后裔，依然穿戴着六百年前的服饰，走进安顺屯堡，就犹如回到了明朝。黔东南雷公山上的千户苗寨，黄果树瀑布周围的夜郎国腹地的布依族的石板房和石头寨，一千年前人们就在这些古老建筑中织布耕耘，一千年后的今天人们依然在这些石板房中织布耕耘。贵州的佛教、道教、天主教、伊斯兰教的众多宗教古建筑群，也在为贵州信教群众发挥很好的服务功能，特别是弘福寺、黔明寺、梵净山在贵州，在全国都有很高知名度。中国是一个宗教信仰自由的国家，中国的各宗教古典建筑，历史悠久，种类齐全，数量庞大，文化内涵十分丰富，是中华古建文化传承发展的重要内容。

三、加强对民族建筑技术与工艺人才队伍的服务

加强民族建筑技术与工艺人才队伍建设，特别是加强对城乡能工巧匠的社会服务和建设，是中国民族建筑研究总会和建筑行业协会的重要工作职能，是中国城乡传统民族建设事业发展的重要环节。中国传统建筑文化、传统技术与工艺的传承和发展的载体，除了现存建筑实物与文化典籍外，最重要的载体就是活生生的城乡技术工艺人才队伍，就是这数以百万计的城乡能工巧匠。民族建筑技术与工艺的传承和发展，必须通过建筑队伍的技术与工艺人才才能实现。但几十年来，这支重要的中国城乡民间古建筑技术人才队伍，生存在官方技术职称覆盖盲区，他们的技术得不到社会承认，他们的劳动力价值得不到公正兑现，他们的劳动安全得不到切实保障。这当中还存在着很大的不安定隐患。因此，开展对城乡建筑技术工艺人才队伍的服务，开展对城乡能工巧匠的服务，既是传承发展中华古典建筑文化的切实工作职能，也是开展社会综合服务的重要活动。要加强民族传统建筑技术与工艺人才队伍的建设，系统化，程序化地提高他们的综合素质，要对他们进行培训、考试、技术资格认证颁证，并维护他们在流动工作中的合法薪酬和工作安全等权益，这是做好民族建筑队伍建设最重要最基础的工作。开展对民族传统建筑技术与工艺人才队伍建设服务，主要做好以下工作：

一是进一步研究民族传统建筑文化，民族建筑技术、民族建筑工艺的内涵和外延，对这些概会进一步做出科学界定；并且要对全国民族传统建筑技术，民族建工艺标准制定规范的标准层级指数，分门别类建立相应的技术指标制度。

二是要对全国城乡民间建筑技术伍展开调查研究，针对这支队伍存在的问题，积极主动开展服务工作。针对这支队伍工作流动性大，薪资偏低，安全有隐患，继续教育是空白，能工巧匠难得到社会承认等问题，要对民间民族建筑技术人才、工艺人才、能工巧匠进行培训考试考核颁，使其劳动力价值得到社会公认。

三是要编写权威的切实可行的教材，研制切实可行的考试考核办法，建立民间民族建筑技术与工艺人才培训平台与考试考核渠道，从实抓起，着眼长效，形成机制。要积极探索和着手实抓民族建筑专业技术人员特别是文化低的城乡能工巧匠技术职级评定晋升，并改变对技术资格人为评审到注重具有实际技术工作能力认定、促进同工同酬和享受同等劳保安的重大转变。建筑社团组织要认真学习贯彻落实中央国家机关行政职能许可转变下放的相关业务，努力提高我国民族建筑队伍的综合素质。

各位代表，各位同仁，让我们共同努力，为贯彻党的十八大精神，把十八关于建设中国特色社会主义、建设美丽中国的精神落到实处，为建设中国特色社会主义、建设美丽中国作出应有贡献。

民族建筑文化的传承与保护

（2013年8月19日在贵阳“全国新型城镇化建设民族建筑理论与技术应用交流会”上讲话）

我谨代表第十六届中国民族建筑研究会学术年会的主办单位中国民族建筑研究会，对本次年会的召开和给予支持的主管单位国家民委、行业指导单位住房和城乡建设部，以及承办的各协办单位、支持单位表示感谢！另外，对出席本次大会的各位领导和来宾表示热烈的欢迎和衷心感谢！

本届学术年会地址所在贵州省，正值贯彻党的十八大提出的“四化同步”，加快推进城镇化建设等一系列重要战略思想的推进之际，城镇化建设即将面临多方面的挑战，区域发展，经济社会发展，人与自然和谐发展，国内发展和对外开放“五个统筹”，本次大会主题是民族复兴背景下民族建筑的价值与使命，这正体现了当前国家实现民族伟大复兴之历史使命的发展战略，保护民族建筑优秀成果，创造性的发展民族建筑文化正是体现了这种思想。民族建筑具有深厚的文化底蕴，民族建筑文化更是民族文化的充分反映，在民族精神支撑下的物质文化遗产的保护开发，非物质文化遗产的整理与传扬，作为民族传统文化载体的传统城市、村镇，在当前具有重要意义，建筑文化遗产受到全社会的重视，引入新文化进行保护，留住特色文化之根是当前形势下，建立和谐社会的一个重要环节。

本次年会的召开是针对当前民族建筑保护的热点问题，为进一步推动我国民族建筑学术水平的创新和提高而举办的，同时也为表彰一批我国在民族建筑及文物保护方面作出重大贡献的单位和个人，研究会秉承“保护民族建筑，传承中国文化”的宗旨，希望通过本次年会的召开，能使中华民族的优秀传统文化在新的时期得到进一步重视，得到进一步保护和传扬。

本次年会召开得到了建筑设计、规划、文物保护、建筑材料、学校、研究机构等单位的支持，约有300人参加本次年会，会议期间将安排两天的论坛和考察。论坛交流将对民族建筑的保护和创新、文物建筑的保护和利用等问题进行深入学术研讨。本次年会经过专家评审委员会公平、公开、公正的评审，还将评出了“中国民族建筑事业终身成就奖”、“中国民族建筑事业杰出贡献奖”、“中国民族建筑事业保护、传承、创新奖”等奖项，还将对获得“中国民族优秀建筑”奖项的单位进行授牌表彰。

结合本次年会论坛，我谈以下几个方面的体会。

民族建筑文化的传承与保护

我谨代表第十六届中国民族建筑研究会学术年会的主办单位中国民族建筑研究会，对本次年会的召开给予支持的主管单位国家民委、行业指导单位住房和城乡建设部、以及论坛的各协办单位、支持单位表示感谢。另外，对出席本次大会的各位领导和来宾表示热烈的欢迎和衷心感谢！

举办本次学术年会也正值认真贯彻党中央、国务院提出的实现中国梦，加快推进城镇化建设等一系列重要战略思想的论述之际，统筹兼顾即统筹城乡发展、区域发展、经济社会发展、人与自然和谐发展、国内发展和对外开放“五个统筹”。本次大会主题是民族复兴背景下民族建筑的价值与使命，这正体现了当前国家实现民族伟大复兴之历史使命的发展战略。保护民族建筑优秀成果，创造性的发展民族建筑文化正是体现了这样的思想。民族建筑具有深厚的文化底蕴，民族建筑文化更是民族文化的充分反映。在政府指导支持下的物质文化遗产的保护维修，非物质文化遗产的整理弘扬，作为民族传统文化载体的传统城市、村镇，在目前具有重要意义。建筑文化遗产受到全社会的重视，让大家共同进行保护，留住特色文化之根是当前形势下，建立和谐社会的一个重要环节。

本次年会的召开是针对当前民族建筑保护的热点问题，为进一步推动我国民族建筑学术水平的创新和提高而举办的，同时也表彰、奖励一批我国在民族建筑及文物保护方面作出重大贡献的单位和个人。研究会始终坚持“保护民族建筑，传承中国文化”的宗旨，希望通过本次年会的召开，能使中华民族的优秀传统文化在新的时期得到进一步重现，得到进一步保护和弘扬。

本次年会召开得到了建筑设计、规划、文物保护、建筑材料、学校、研究机构等单位的支持，约有300人参加本次年会，会议期间将安排两天的论坛和考察，论坛交流将对民族建筑的保护和创新、文物建筑的保护再利用等问题进行深入学术研讨。本次年会经过专家评审委员会公平、公开、公正的评审，还评选出了“中国民族建筑事业终身成就奖”、“中国民族建筑事业杰出贡献奖”、“中国民族建筑事业保护、传承、创新奖”等奖项，还将对获得“中国民族优秀建筑”奖项的单位进行授牌表彰。

结合本次年会论坛，我谈以下几个方面的体会。

一、高度重视各民族传统建筑文化的传承与保护

当今时代，文化越来越成为民族凝聚力和创造力的重要源泉，越来越成为综合国力竞争的重要因素，中华文化是中华民族生生不息、团结奋进的不竭动力。要全面认识祖国传统文化，取其精华，去其糟粕，使之与当代社会相适应、与现代文明相协调，保持民族性，体现时代性。加强中华优秀文化传统教育，运用现代科技手段开发利用民族文化丰厚资源。加强对各民族文化的挖掘和保护，重视文物和非物质文化遗产保护。

文化是民族的重要特征，而民族建筑又是民族文化的重要组成部分，因为她是民族文化传承的重要载体之一。正确认识和传承民族建筑文化，包括建筑文化在民族存在和发展过程中起的重要作用；确立民族建筑文化在中华民族大家庭悠久灿烂的文化发展中的地位和贡献，不仅有利于继承和弘扬各民族的优秀文化，同时在保护和发展中华民族文化的多样性；保持中华民族的创造性和生命活力，促进各民族间的和谐发展，实现 56 个中华民族的共同复兴都有十分重要的意义。

中国是一个多民族多宗教的国家，具有多元、一体、和而不同的优良文化传统。正是由于近年来党和国家的大力倡导，我国的民族建筑保护和传承工作有了长足的发展。很多地区都在积极地行动起来，十分重视民族建筑文化的挖掘、整理、研究、保护、传承等各方面，取得了可喜的成果。长期以来各地、各民族人民在历史发展的生产和实践过程中，创造了风格迥异、民族色彩浓郁、符合当地气候条件和生活习俗的、各式样丰富多彩的民族建筑文化，充实和丰富了中华文化的宝库。其中民族建筑在中华民族的建筑史上占有十分重要的地位，其建筑形式表现出鲜明的特色和精湛的技艺令人仰慕。比如侗族的鼓楼、羌族的碉楼、广东的碉楼、瑶族的民居、程阳的风雨桥、贵州西江千户苗寨的吊脚楼、傣族的竹楼等等，这些都是各民族优秀文化的结晶，真实地反映了当地少数民族千百年来的生活特点和状况，是我国民族文化的生动展示，也是各民族引以为自豪的亮丽名片。

改革开放以来，随着国家在民族建筑实践保护方面的力度不断加大，各级地方政府和有关方面都积极行动起来，从资金、人力以及专家智力支持等方面入手，逐步修缮、开发和新建了大量的具有浓郁民族特色的传统建筑和新式民族建筑。近年来各地逐步修缮和开发了一大批具有浓郁民族特点突出的民族建筑，特别是大量散落在广大乡镇农村的古村镇建筑得到了很好的恢复和修缮，有不少被列为国家和省级重点保护单位以及历史文化名城、名镇、名村，推动了民族建筑的保护。同时我们也十分欣喜地看到，在恢复修缮的过程中，对广大人民群众和各级政府管理部门来讲，也是很好的关于《历史文化名城名镇名村保护条例》贯彻与宣传教育的大课堂。

但是我们也要看到，还有很多具有民族特点的各类建筑，分布在经济欠发达地区，受到当地社会条件、条件经济的制约，使保护和利用的具体落实工作存在不少的困难，也有不少地方由于经济发展过程中忽略了对传统文化的保护，使部分有保护价值的民族建筑受到人为的损坏甚至完全损毁。可以说重视民族建筑保护工作迫在眉睫，需要我们积极地行动起来，高度重视这项惠及千秋万代的事业，并且抓紧落实、做好这项具体而艰巨的工作。

二、注重城乡规划，保护自然和历史文化遗产

一段时期以来，一些地方在建设中大拆大建，自然资源、文化遗产面临严重破坏。在城乡规划和建设的同时，如何保护自然资源，体现文化特色？城乡规划法作出了比较详细的规定。根据城乡规划法，制定和实施城乡规划，应当保护自然资源和历史文化遗产，保持地方特色、民族特色和传统风貌。法律还将自然与历史文化遗产保护作为城市总体规划、镇总体规划的强制性内容，以及乡规划和村庄规划的内容。关于城乡规划的实施，法律也作出明确规定：在城市新区的开发和建设中，严格保护自然资源和生态环境，体现地方特色；在旧城区改建中，保护历史文化遗产和传统风貌；在城乡建设和发展中，依法保护和合理利用风景名胜资源。

五项举措贯彻《城乡规划法》，重点开展以下几方面工作：

首先，要加速完善城乡规划法规体系。认真贯彻《历史文化名城名镇名村保护条例》；执行《村庄和集镇规划建设管理条例》；执行《城乡规划法》实施细则；施行《地下管线规划建设管理办法》的基础上，抓紧完善城乡规划技术法规体系。

第二，逐步完善城乡规划体系。逐步完善适合当前我国社会主义市场经济体制要求、城镇化快速发展时期特性和依法行政要求的城乡规划体系，规划的编制办法和深度要求要相应调整；制定规划编制“政府组织、专家领衔、部门合作、公众参与”这一原则的执行程序；城市规划编制首先要研究土地和水资源、能源、环境等城市长期发展的保障因素，重视以人为本，改善人居环境、处理好遗产保护与发展的关系、突出城市特色；制定严格、高效率的城乡规划成果审查程序。

第三，端正城乡规划建设的指导思想。城市规划重点落在面向中低收入家庭的住房建设、危旧房改造和城市生活污水、垃圾处理等必要的市政基础设施建设以及文化设施建设，改善人居环境，完善城市综合服务功能；乡和村庄规划要更好地为社会主义新农村建设服务。注意保护资源和生态环境，从满足乡村广大村民和居民需要出发，因地制宜，量力而行，实现农村和小城镇经济社会和生态环境的可持续发展。加强历史文化名城、名镇、名村的保护。

第四，推动城乡规划管理体制机制的改革。积极推动符合法律要求的管理队伍的

建设；根据法律要求，相应完善各级城乡规划行政主管部门的管理制度；完善城乡规划工作向人大汇报、向公众公示的具体办法和程序；研究城乡规划编制单位的改革和规划师执业制度。

第五，建立监督检查制度。总结城乡规划效能监察工作和规划督察员试点工作的经验，逐步扩大范围加大深度；制定上级城乡规划行政主管部门对下级城乡规划行政主管部门工作检查和纠错的办法；制定上级城乡规划行政主管部门建议对下级城乡规划行政主管部门工作人员处分的办法。

三、抓住机遇做好工作，推动民族建筑保护工作新发展

从目前看，国家有关部门和一些地方政府已经积极地行动起来，在保护和利用民族建筑上采取了不少有力的措施，出台了一系列的政策法规来保障自然资源和文化历史遗产。例如，《历史文化名城名镇名村保护条例》以及国家民委制定的《少数民族特色村寨保护发展十二五规划》，都对保护和发展民族文化事业以及保护民族建筑文化的内容进行专门规划和论述。另外国家还增加有关民族地区古村镇环境条件改善的投入；积极开展民族文化遗产的登记建档；逐步建立民族文化生态保护区；确立国家和地区的文物保护单位等等，这些措施在一定程度上为民族建筑文化的保护和传承提供了必要的条件，为民族建筑的保护、传承与利用提供了新的机遇。在我国各地各民族掀起了新的一轮保护、修缮和申办历史文化名城、名镇、名村的高潮。

我国各民族的传统优秀文化在党和政府的关怀下，不断得到保护、弘扬和发展，具有民族特色和地域特色的建筑文化蓬勃发展，它生动地体现了各地坚持社会主义文化的前进方向，体现了落实科学发展观，构建社会主义和谐社会具体要求，是实现中国民族伟大复兴梦想的体现。本次年会的举办也正值我国深化改革开放重要时机，自改革开放以来，民族建筑的保护得到了进一步的发展。通过本次年会的召开，我们将进一步认真贯彻十八大精神。利用本次年会和论坛这个平台，我们多交流多学习，为民族建筑和文物古建的规划和建设献计献策，总结经验，将研究会学术年会越办越好。

2013 年过去大半，我们在南澳县成功召开了第三届营造技术保护与创新学术论坛，7 月在西宁举办了西部建筑文化论坛，8 月在贵阳举办了“民族建筑保护与发展经验交流会”，研究会还在湖北恩施、云南大理开展了少数民族特色村寨保护和规划设计等工作，这些都是今年工作的亮点。“传统建筑文化旅游目的地评定”和“规划设计竞赛”正在开展中，我们年底还会再总结。

研究会秘书处最近一年来做了大量工作，举办会议、会员发展、专业委员会的协作等方面取得了很好的效果，在行业内的影响力也越来越大。去年民居专业委员会在

南宁举办的民居学术会议，今年建筑技术与工艺专业委员会在贵阳举办的民族建筑保护发展经验交流会都取得了很好的效果。近一年来会员的发展增加很快，目前将近3000个人会员。今年研究会工作得到了国家民委经济发展司、国家发改委发展规划司、商务部市场秩序司等政府部门的支持，国家民委经济司委托研究会在湖北恩施和云南大理开展少数民族特色村寨规划设计编制研究工作，国家发改委规划司对研究会城市规划设计战略发展提供专家支持，商务部和国资委批复我会进行行业等级信用资质评价工作。另外社会企业和个人对研究会也作出了贡献，例如，汕头南澳县的章绵桥同志在经济上支持了“第三届营造技术传承与保护”论坛的召开；四川东华综合科学研究院院长钟行恕在四川和西藏地区的设计合作和授牌项目合作方面为研究会做出了贡献；青海工作站的马扎·索南周扎先生潜心藏式建筑研究，顺利举办了西部建筑文化论坛；我会专家程茂澄先生协助研究会开展授牌、规划设计咨询工作等等，许多单位和个人都为研究会作出了贡献。希望各界同仁继续支持研究会的工作。

（2013年9月7日在“第十六届中国民族建筑研究会学术年会”开幕式上的讲话）

见证海峡两岸园林古建筑

今天，有幸见证海峡两岸园林古建筑专业人士汇聚一堂，共抒民族情怀，同谱建筑华章，很是高兴！

首先，请允许我介绍一下中国民族建筑研究会。中国民族建筑研究会成立于1995年，主管单位是中华人民共和国住房和城乡建设部和中华人民共和国国家民族事务委员会，属国家一级非营利性社团。研究会以发展中华民族建筑文化、振兴民族建筑产业为神圣使命，多年来，在城镇化建设，在古村镇和古建筑保护利用方面开展了大量卓有成效的工作，同时也凝聚了一大批具有国际水准的学术权威和专业英才。研究会非常重视对外交流与合作。值得一提的是，研究会于2013年在南京举办了第十届传统民居理论国际学术研讨会，这项品牌活动有力推动了海峡两岸在传统民居领域的交流合作。

其次，我想讲一讲为什么要加强海峡两岸在传统建筑文化方面的交流与合作。今年年初，习近平总书记在会见连战荣誉主席一行时指出："两岸同胞同属中华民族，都传承中华文化。""两岸同胞要携手同心，共圆中华民族伟大复兴的中国梦。"中华民族拥有五千年传统建筑文化，拥有多项世界一流的不同时代的古建筑，这些传统建筑文化是现代建筑产业的根，更是中华民族的根。促进海峡两岸在中华民族传统建筑领域的文化交流与经贸往来，系统总结与交流中华历史建筑的物质文明和精神文明的总体成就，有利于两岸建筑同仁共同发展现代建筑产业，有利于两岸同胞共同传承中华优秀传统文化，有利于两岸同胞共同实现中华民族伟大复兴！

在此，我想就海峡两岸在传统建筑文化方面的交流合作提几点建议：

(1) 加强海峡两岸的互访、互察，建立同行的友谊和战略合作关系。

(2) 加强民族建筑学术研究，在可能的条件下，定期轮流在两岸四地（大陆、港、澳、台）举办族建筑学术论坛或园林古建筑学术研讨会。

(3) 加强古建企业的交流和协作，共同加入古建筑联盟。

(4) 加强产、科、研、校合作，寻求合作项目，拓展合作领域，共同努力在国际建筑市场中发挥作用。

以上就是我的几点建议，供各位探讨。承蒙台湾沈春池文教基金会的盛情邀请及多方协调，才有了本次海峡两岸园林古建筑学术研讨会暨参访交流活动的顺利举办。在此，要再次致以最诚挚的谢意！

今年是甲午马年，让人不由得想起120年前的甲午战争，想起孙中山先生于那一年成立了兴中会，想起梁启超先生写到“唤起吾国四千年之大梦，实自甲午一役始也。”此时此地，祝愿两岸建筑同仁携手同心，共圆中华民族伟大复兴的中国梦！

（2014年5月20日在台湾）

传承古典建筑文化　建设当代美丽中国

首先，我代表主办单位对本次论坛的召开表示祝贺，对参加本次座谈会的代表和嘉宾表示衷心的感谢。为认真学习贯彻中共十八大关于建设中国特色社会主义美丽中国的精神，全面回顾总结改革开放以来我国城乡建设事业中民族传统建筑文化、传统技术与工艺的实际应用经验，继承和发扬中华五千年古典民族建筑的精美形式和科学内涵，使中华民族传统建筑文化技术与工艺在新型城镇化建设中发挥应有重要作用，由中国民族建筑研究会，民族建筑技术与工艺专业委员会联合举办的全国新型城镇化建设民族建筑理论与技术应用经验交流会今天在贵阳举办了。

这次会议的主题是：认真学习贯彻中共十八大精神，建设美丽中国，传承发展中华传统民族建筑文化，在新型城镇化建设中促进传统与现代建筑理念融合，促进传统民族建筑理论与技术工艺的现代应用与交流。

一、充分认识传统建筑文化在新型城镇化建设中的重要意义

党的十八大关于建设特色社会主义美丽中国的重要精神，是我们召开这次全国民族建筑理论与技术应用交流会的动力源泉和行动指南。这次会议是我国建筑行业学习、领会、贯彻中共十八大精神，将民族传统建筑理论与中国新型城镇化建设实际相结合的实践步骤。中国民族建筑研究会自1995年成立以来，坚持理论与实践相结合，力求使传统建筑文化技术工艺在当代建筑实际应用中发挥更好的社会效益和经济效益。中国是具有五千年传统建筑文化持续发展的文明古国，中国有多项世界一流的不同时代的古建筑、有一流的传统建筑文化、技术与工艺。这些传统建筑文化、传统技术、传统工艺，是现代中国城乡建筑事业的根，也是中华民族的根。在当代中国城乡建设中，没有中华传统建筑文化的元素，就犹如一个没有灵魂的人；没有传统建筑文化的城市是没有历史文化底蕴的城市。把民族传统建筑文化、传统技术与传统工艺和现代建筑科学、现代建筑材料、现代建筑工艺和现代国民社会生活要求结合起来，这是一项系统工程，认真对改革开放三十多年来民族传统建筑文化、技术与工艺的实际应用情况的回顾、总结与交流，对提升当代中国城乡建设的社会和经济效益，促进中国新型城镇化的发展，对建设中国特色社会主义美丽中国，具有十分重要的意义。

二、重视对民族传统建筑文化的传承与发展

1. 关于民族传统建筑文化的传承

传承中华民族传统建筑文化，首先要明确什么叫民族传统建筑文化，并搞清楚民族传统建筑文化的历史与现状。什么叫民族传统建筑文化呢？所谓民族传统建筑文化，就是中国各族人民的古典历史建筑的物质文明和精神文明的总体成就。传统民族建筑在中华大地上源远流长，无处不在。中国最早的古建筑已无法考证，但距今七千年的浙江余姚河姆渡遗址，西安半坡遗址，无疑是中华民族最古老的传统建筑之一。而最新的民族历史建筑，则是近代广泛引进西方建筑理念，在中华民国前后修建的中西合璧的或欧美别墅，洋楼和教堂等建筑。就中华传统民族建筑的规模和影响，大型的有世界闻名的万里长城等伟大建筑工程，小的则有中国贵州苗家吊脚楼，侗家风雨桥和布依人家的石板房等等。在漫长的历史岁月中，中华传统建筑遭受地震，火灾，水灾的破坏，特别是遭受了兵灾的战争巨大破坏，很多令人魂牵梦绕的中华古建筑已不复存在，比如举世无双的中国清代圆明园，就被八国联军野蛮地抢光烧光了。新中国成立以来，在20世纪六七十年代曾广泛流行过否定和割断历史的错误思潮，在破四旧的口号下，全国古建筑遭到广泛毁损，特别是在十年“文革”浩劫中，中国古建筑遭受空前破坏，损失无法弥补。改革开放以来，党中央领导全国人民拨乱反正，对中华民族古典建筑的正确观念才得以树立起来。在新旧世纪之交，才开展对中华古建文化的理论研究，才使中华民族传统古典建筑的理论与实践活动，回到了正常的社会生态生活中。

2. 关于民族传统建筑的管理

中华民族传统建筑，都属于产权单位管理，就县级层次的民族传统建筑，大致分为建设局、旅游局、宗教局、文物局、民族事务局五个单位归口管理，如再往下面的层次细分，则为各具体实业单位所有和管理。由于古建筑实体分属不同部门单位所有和各自管理，相互阻隔很少交流，因此，中华民族古建筑的综合系统管理理论和切实措施都很薄弱，鉴于这种情况，在1995年前后实施行政《许可法》，下放国家机关行政职能中，由国家民委、国家住建部行文批准，由国家民政部办理资质，成立了中国民族建筑研究会，承担全国性的民族建筑研究和社会服务职能。中国民族建筑研究会成立十八年来，对中国传统民族建筑的理论与实践做了大量工作，共召开了十四次年会，召开了几十次专业学术会议和国际交流会议，取得了良好的社会效益和经济效益。目前研究总会已发展了七个专业工作委员会，各专业委员会协助各级政府做了大量民族建筑理论研究和社会服务工作。中共十八大以来，就中国特色社会主义历史时期的民族传统建筑的科学管理，在理论与实践中我们正在探讨一些新方式。这种新的

古建筑的服务管理方式，就是要应用现代科学的系统数字信息手段，系统规划并分类分层把全国传统民族建筑项目纳入信息网络管理程序。要分类别分层次依数据指标把全国古典建筑按宫、殿、庙、宇、楼、台、亭、榭、宅、城、镇、村、路、桥等项，编辑成权威书籍和电子档案，提供给政府部门、文化单位、经济实体、社会成员查询使用，并作为国际交流的重要文献。在开展这项重大系统工程中，要邀请广电报刊传媒广泛参与，要在全社会开展评选中华十大宫殿、十大名楼、十大民宅等活动，在全社会普及中华古典建筑文化知识，丰富中国特色社会主义文化内涵。

三、加强对民族建筑技术与工艺人才队伍的培养

加强民族建筑技术与工艺人才队伍建设，特别是加强对城乡能工巧匠的社会服务和建设，是中国民族建筑研究总会和建筑行业协会的重要工作职能，是中国城乡传统民族建设事业发展的重要环节。中国传统建筑文化、传统技术与工艺的传承和发展的载体，除了现存建筑实物与文化典籍外，最重要的载体就是活生生的城乡技术工艺人才队伍，就是这数以百万计的城乡能工巧匠。民族建筑技术与工艺的传承和发展，必须通过建筑队伍的技术与工艺人才才能实现。但几十年来，这支重要的中国城乡民间古建筑技术人才队伍，生存在官方技术职称覆盖盲区，他们的技术得不到社会承认，他们的劳动力价值得不到公正兑现，他们的劳动安全得不到切实保障。这当中还存在着很大的不安定隐患。因此，开展对城乡建筑技术工艺人才队伍的服务，开展对城乡能工巧匠的服务，既是传承发展中华古典建筑文化的切实工作职能，也是开展社会综合服务的重要活动。要加强民族传统建筑技术与工艺人才队伍的建设，系统化、程序化地提高他们的综合素质，要对他们进行培训、考试、技术资格认证颁证，并维护他们在流动工作中的合法薪酬和工作安全等权益，这是做好民族建筑队伍建设最重要最基础的工作。开展对民族传统建筑技术与工艺人才队伍建设服务，主要做好以下工作：

一是进一步研究民族传统建筑文化，民族建筑技术、民族建筑工艺的内涵和外延，对这些概会进一步作出科学界定；并且要对全国民族传统建筑技术，民族建工艺标准制定规范的标准层级指数，分门别类建立相应的技术指标制度。

二是要对全国城乡民间建筑技术伍展开调查研究，针对这支队伍存在的问题，积极主动开展服务工作。针对这支队伍工作流动性大，薪资偏低，安全有隐患，继续教育是空白，能工巧匠难得到社会承认等问题，要对民间民族建筑技术人才、工艺人才、能工巧匠进行培训考试考核颁，使其劳动力价值得到社会公认。

三是要编制权威的切实可行的教材，研制切实可行的考试考核办法，建立民族建筑技术人才培训渠道与培训平台，从实抓起，着眼长效，形成机制。要积极探索民族

建筑专业技术人员职位职称从资格人为评审到具有实际技术和工作能力认定的重大转变。认真落实中央国家机关行政职能许可转变下放的相关业务，努力提高我国民族建筑队伍的综合素质。

各位代表，各位同仁，让我们共同努力，为贯彻党的十八大精神，把十八关于建设中国特色社会主义、建设美丽中国的精神落到实处，为建设中国特色社会主义、建设美丽中国作出应有贡献。

（2013 年 8 月 19 日在贵阳“全国新型城镇化建设民族建筑理论与技术应用交流会”上的讲话）

注重研究 突出服务 为民族建筑事业作出新贡献

从2009年到2014年中国民族建筑研究会在国家民委、住房城乡建设部、国家文物局等业务主管部门的指导和支持下，过去的五年是研究会蓬勃发展的五年，是研究会历经风雨、克服困难的五年，是研究会硕果累累，取得辉煌成绩的五年。

依据研究会2009～2014五年发展规划，五年来研究会的队伍壮大了，开展的业务活动范围更广，活动量更大，研究领域也更广泛更深入，研究水平也明显提高，开展的活动一年比一年生动丰富和充满活力。研究会在全社会及行业内明显提高了凝聚力、影响力和知名度，并得到社会各界的支持和赞誉。

下面分几个方面分别汇报。

一、学术水平和层次显著提高，学术研究活动内容丰富广泛

中国民族建筑研究会的核心工作组织学术研究活动。研究会致力于提升中国民族建筑科学技术的研究水平，致力于提升中国民族建筑保护和利用的水平。五年来研究会围绕村镇建设的实际问题，围绕民族建筑保护、发展中的各项学术会议中的重点、难点、热点问题深入地进行研究和分析。五年来研究会的学术研究水平越来越高，研究范围越来越广，面临的课题也越来越难。尤其这几年研究会敢于针对社会需求，挑战边缘和高难度课题，申报科研项目和组织有关学术活动。五年来研究会共召开两次国际会议、五年来各类大小研讨会共40多个，承担国家民委及有关部委科研课题六项。

研究会从一年开一次会到一年开几次会甚至十几次会；从在一个城市、一个村、一个镇开会到在人民大会堂开会；从在2009年在昆明召开的国际人类学民族学第十六界世界大会的族群聚落民族建筑专题会议到每年一届规模大档次高的学术年会；从组织几十人开会到组织几百人的大会；研究会有了较强的组织能力和凝聚力。因此五年来研究会一步步前进，年年上台阶，开展的业务活动丰富多彩，硕果累累，学术地位有很大提高，得到社会认可和广泛赞誉。

总结起来，研究会的学术活动有八个特点，注重一般问题和边缘、高难度课题的研究；注重物质文化遗产和非物质文化遗产的研究，注重少数民族建筑和汉族建筑的研究；注重开展活动与国家大形势相结合，与国家新颁布的法律和法规相结合；注重

城市民族建筑保护与村镇民族建筑保护相结合；保护与创新的相结合；注重学术研究理论与实践的相结合；注重会议研讨和实地考察相结合。由于这八大特点，研究会开展的学术活动有广度和有深度。

1. 注重少数民族建筑的研究

2009年到2011年，我会投入人员和精力开展国家民委课题“少数民族特色村寨保护与发展‘十二五’规划研究”工作，之后在研究基础上，2012到2014年，每年承担规划试点项目实践研究，先后完成了四川汶川卡子村、理县充克村、云南大理双廊村、黑龙江拉林古镇、贵州高荡村、湖南横岭村等七个少数民族特色村寨的保护与发展规划方案。目前，正在筹备少数民族特色村镇“十三五”前期研究工作。

中国民族建筑研究会2009年在昆明承办国际人类学民族学第十六届世界大会族群/聚落/民族建筑”专题会议；2013年研究会赴西藏昌都进行藏式建筑考察和并参加昌都建设发展论坛；2013年研究会在青海西宁与明轮藏建公司共同举办“藏式建筑论坛暨明轮藏建设计展览会”；2014年举办“明轮讲坛暨环喜马拉雅藏式建筑田野考察活动”。举办在2014年我会民居专业委员会在内蒙古召开第二十届中国民居学术会议。这些年研究会通过这些活动做了大量民族建筑文化的研究工作，有了一些经验并取得一定成绩。研究各民族村镇建筑文化的特点、多样性和相融性；研究民族村镇的民族性和地域性是研究会的重要业务范围和责任。以此，促进各民族的团结，促进各民族建筑文化遗产的保护和传承这是我们研究会主要工作的一个方面。

2. 注重古建筑修缮技术的研究

针对中国大量的古建筑损坏面临着保护和修缮的严峻形势，研究会联合国家文物保护基金会召开了几次召开有关民族建筑（文物）保护和古建筑修缮方面的研讨会，今年已经连续召开了四届中国营造技术保护与发展论坛。专家刘大可几次就“中国古建筑的营建特点、保护修缮方法”，专家王仲杰就“古建筑彩画修复技术与工艺程序”等题目进行演讲。从古建保护维修到古建筑传统工艺的失传，从古建公司竞争市场压价到假冒伪劣的古建修缮现象等问题都进行了广泛的交流和讨论。研究会还注重对古建筑工匠师的培训和关注，每年在会员内部都表彰一批基层的，工作在第一线的不同作系的工匠师。

3. 注重传统村镇建筑保护的研究

针对村镇民族建筑的保护和传统村落的建设，研究会组织了几次有关村镇民族建筑的保护和发展的会议，保护古村古镇是传承中华文化的需要、是中国社会发展的需要、是新型城镇化的需要。研究会响应中央新型城镇化工作会议号召，落实《国家新型城镇化规划（2014—2020）》的要求，就古村落、古建筑的保护与发展问题；城镇化人口和就业问题；修复古建的科学依据问题；古村落古建筑的防火问题；古村落如何在保护的前提下开发，走何种开发模式问题等等进行研讨。与绵阳市委党校就龙门镇保护发展研究进行课题研究，窑湾古镇、上海七宝老街、黑龙江拉林古镇等都作为研究对象，这些使研究会在“十二五”期间对传统村落的研究提升了一个新高度。下一步，研究会将借助住建部关于中国传统村落保护发展契机，加大研究和参与力度，为地方传统村落的保护和发展进行咨询和参与规划设计工作。

4. 注重边缘、高难度课题和专门领域的研究

研究会勇于挑战高精尖科研项目，为贯彻节能减排政策，2009年参加编制住房和城乡建设部行业标准——“建筑全生命周期可持续性影响评价标准”，本标准在规划和设计阶段对建筑工程项目全生命周期的资源，消耗和环境影响进行客观评价，为项目决策者提供参考，促进建筑业的可持续发展。

研究会2011年申报住建部科技项目，即“中国宜居宜业示范县标准”，该课题项目理论和实践相结合，在行业内受到广泛关注，受到地方的重视。“圆明园2010年罹劫150周年纪念启动仪式活动”，对北京中轴线建筑文化传承与发展进行了研讨，对中国现代民族建筑评价标准进行了研讨。这些研究领域是研究会过去从未涉及的，它面临着挑战，面临着困难，需要更广泛的知识要求和技术的要求。2014年，研究会计划申报《中国营造技术导则》科技项目研究课题，目前，正与国家发展改革委规划发展司洽商“十三五”有关课题项目。然而，研究会积极组织各方面专家学者的力量，面对挑战，刻苦专研，完成每次活动和任务。

5. 注重结合国家大形势及与国家新颁布的法律法规开展活动

中共十八大后，党中央国务院重视建筑文化的复兴和发展，先后召开了中央新型城镇化工作会议，明确提出城镇建设注重文化特点和地域特色，之后又出台《国家新型城镇化规划（2014－2020）》。围绕这些政策法规我会适时在四川绵阳和贵阳举办“新型城镇化发展研讨会”。国家民委在“十二五”期间就少数民族特色村寨出台了一系列政策，我会紧紧围绕这些主题开展调查、咨询研究、规划设计等等一系列工作。同时，我会一直围绕《历史文化名城名镇名村保护条例》，会同住建部门和文物部门，对历史文化名村名镇提供咨询服务工作。研究会就是积极贯彻和宣传政府的各项方针和政策，服务于政府，服务于行业的发展。

二、为政府服务，为行业服务，为企业服务，树立品牌建设工作，扩大社会影响

经过十几年的发展，研究会已经建立了一批在业内很有影响力品牌项目。正是这些品牌项目已经成为研究会的标志性旗帜，每年的品牌工作开展形成了质量不断提升的良好局面。

研究会的品牌建设项目是研究会的重要工作。五年来打造和树立研究会品牌活动

在民族建筑保护、发展中的影响和作用。全方位、多层次地提升研究会品牌价值，树立品牌形象，深入扎实地抓好各项品牌活动落实。

1.《中国人居典范建筑规划设计方案竞赛》活动效果显著

自2002年开展此活项动以来共成功举办了8届，我会根据主管部门的要求调整举办频率，2009年到现在共举办3届。这项设计方案竞赛活动每年都有不同主题活动，每年的竞赛活动都得到了业内的积极响应。几年来这项方案竞赛活动先后共接收到来会员单位和各地企事业单位的上千份申报方案，通过专家评审委员会的公开、公正、公平的评审程序，先后有300多个设计方案获奖。这些获奖项目都代表了每一届活动的新思路、新创新与新突破，为积极宣传优秀的、具有民族特色的、环保的、科技的规划设计方案，开辟了新的展示舞台。这项活动开展的力度和影响范围都对扩大宣传人居典范建筑规划设计方案的精品，促使更多的、优秀的规划设计方案走向市场，扩大民族建筑在古老与现代建筑中传承与表现力上所产生的巨大影响力和持久的民族文化魅力。

2. 以落实“弘扬、继承、发展”精神为目标，着力打造“中国民族优秀建筑授牌”

经过国家民委批准研究会从2006年开始，研究会发挥自身特色，组织专家在全国范围内评选出一批可反映传统风貌、地方民族特色的单体建筑及群体建筑。近五年研究会先后收到各地上报申请项目约近50个，几年中先后授予了湖北大冶“中国古建之乡”，授予上海南翔古镇、阆中南津关古镇、四川理县甘堡藏寨、上海闵行地产七宝老街等10多个项目“中国民族优秀建筑”称号。通过这项工作更好地保护我国民族建筑文化，弘扬各地民族建筑风采，使民族建筑特色与历史文化在社会发展中得以延续并发扬光大。

3. 持续开展中国民族建筑优秀论文评选活动

该活动每两年举办一次，是研究会重点学术工作，在业内具有很高的权威性与影响力。这项活动至今已成功举办六届。优秀论文评选活动得到了会内外的专业人士和大专院校师生的积极响应和好评，积极推动和提升了民族建筑的研究水平。

4. 适时开展鼓励先进和表彰活动，促进民族建筑事业的发展

在中国民族建筑研究会每年的学术年会上对长期从事民族建筑研究、保护和发展的优秀企业进行表彰。从2008年设立中国民族建筑事业终身成就奖以来，每年学术年会上还对长期工作在民族建筑保护战线的专家进行表彰，自从第一届对罗哲文、郑孝燮、谢辰生三位老专家进行了表彰后，截至今年已经有包括傅熹年、张锦秋、吴良镛等院士在内的19人获得此项奖励，在业内外引起巨大反响。

研究会还通过每年的“营造技术保护与发展论坛”对工匠和技师进行了表彰并授予荣誉称号，已经连续五年表彰了瓦作、木作、石作、扎作、油漆、彩画在内的50多名中国营造技术名师，30多位中国营造技术传承人物。对长期工作在民族建筑第一线的各类工匠的辛勤付出，给与了充分的肯定，在业内引起轰动。民族专业委员会每两年还对为我国民居建设事业做出贡献的专家学者进行表彰，这些活动都极大的鼓励了民族建筑行业的先进人物和先进企业。

5. 古建企业联盟成立，搭建企业家平台

2013年学术年会上，经过研究会的提议和响应，行业内20多家优秀企业在“中国古建企业联盟”书上签字，2014年4月由研究会牵头，在苏州召开了联盟成立大会。联盟的成立为行业内企业搭建了产业链平台，使得企业专长互补，集中整合资源共同撬动市场，为企业发展提供资源信息。未来几年，联盟将通过项目合作、交流研讨等形式更紧密的团结在一起，为传统建筑技术的发展不懈努力。

三、加强国际合作 搭建国际学术交流平台 展现中国优秀建筑文化

在国际交流合作方面研究会始终坚持，加强国际交流，广交朋友，搭建交流平台，充分展现我国优秀民族建筑文化风采。多年来我们通过走出去，引进来的方式举办各种形式的国际交流活动，积极寻求建立广泛的国际组织联系，与国外英美有关国际组织和港澳台有关建筑社团进行学术交流，建立友好合作关系。不断扩大中国民族建筑研究会在国际上的影响力，弘扬中华文化的博大精深和中国民族建筑的精髓。

几年中研究会根据会员需求，专门组织国内专家学者分别赴澳大利亚、新西兰、加拿大、西班牙和葡萄牙等国家实地考察当地民族建筑和城市规划。通过考察和学术交流，各考察团学习了解世界各地民族建筑风格与差异。五年来研究会共组织出国专业考察4次，组织国际会议和港澳台合作会议4次。

国际会议其中影响较大的有：在云南昆明“国际人类学民族学第十六届世界大会”上，中国民族建筑研究会承办的大会唯一建筑类专题活动“族群/聚落/民族建筑”专题会议及“中国民居建筑文化展”成功举办。本专题会议得到大会主席的赞扬，认为此专题会议规模最大、学术水平高、组织得好。“中国民居建筑文化展”荣获大会组委会颁发的“最佳组织奖”。通过与会代表的交流和探讨，通过不同地区，不同民族，过去、现在和未来人居环境、聚落和建筑的变迁和展望，体现世界大会“人类、发展与文化多样性”的主题。

2014年5月18日中国民族建筑研究会赴台学术交流暨参访活动，此次参访活动系台湾沈春池文教基金会邀请，由我会发起组织会员及相关人士参与，历时七天，以两岸园林古建学术交流研讨会为核心，还包含台湾古迹修复个例和文创园的考察，以及与当地营造公会专业人士的商谈会晤等内容。

研究会与国际组织友好往来。经与联合国教科文组织的友好往来，中国民族建筑

研究会向世界传播中国民族建筑文化，积极向有关方面捐赠民族建筑书籍，将《民族建筑》杂志和研究会专家撰写出版的《中国徽派建筑》和《经典卢宅》等书籍赠送给联合国教科文组织友人，并收入联合国图书馆。

四、为社会服务，为行业服务，做好培训和咨询服务工作

1. 研究会始终重视民族建筑专业人才培训工作，五年来共组织十几次各类培训班

培训中心根据年初的计划逐步展开工作。展开“中国营造师培训班”，承担建造师培训和项目管理师等培训项目。面对当前古建筑行业大量的培训需求，研究会还将进一步加强培训工作，调整思路，面向市场，做好行业服务工作。

2. 开展民族建筑咨询服务工作，是研究会的重要工作之一

研究会长期以来致力于民族建筑的保护和传承工作，充分利用自身和专家队伍优势，积极开展咨询服务工作，帮助企业和基层了解和理解国家有关方面的政策法规和管理条例的具体实施内容，有力促进了当地的民族建筑保护与发展，推进了当地的旅游和经济建设。

几年来受有关政府和单位的委托，研究会组织专家提供考察和技术咨询服务工作。一是组织专家确定古村古镇城市规划保护定位，提供城市建设发展指导性意见，完成城市风貌论证报告，先后完成了《长白朝鲜族自治县城市风貌咨询研究报告》、《关于对黑龙江省富锦市老城区改造的建议》，2012 年开始的国家民委委托项目，《少数民族特色村寨保护与发展规划》项目 7 个，2012 年《安徽巢湖烔炀老街保护与发展咨询报告》，2014 年《山东齐河县历史博物馆设子咨询服务项目》等近 20 多份文本报告。五年间，我会先后参与了连云港板浦老城、杭州湘湖、上海七宝老街、四川理县、西藏昌都、窑湾古镇、内蒙古武川、辽宁盘锦等保护规划与技术服务会议研讨 30 多个，我会专家参与人数达 60 多人，取得了很好的社会效果，受到了各委托单位的好评。利用专家智力优势，为地方政府和少数民族地区政府提供城市规划咨询服务工作。通过系统提出城市景观体系设计的目标定位、原则理念、基本构想和具体建议，以期促进城市风貌专项规划框架的形成和城市景观具体设计的开展，提升城市品味，体现城市独有风格。

2009 年为配合住房和城乡建设部《村庄和集镇规划建设管理条例》贯彻实施，开展古村古镇规划、保护和利用等咨询服务工作，大胆探讨古村镇投融资工作，组织了中国古镇投融资发展论坛暨项目推介会，为古村镇注入资本提供了合作交流平台。2013～2014 年为配合住房和城乡建设部中国传统村落保护与发展项目申报，我会积极推荐地方项目申报，并为地方提供文本申报和保护规划的咨询服务工作，为传统村落保护发展提供平台服务，为当地经济切实发展提供了帮助。

五、服务会员，加强信息交流，做好宣传工作

1. 改版《民族建筑》，丰富内容，加强学术性、信息性及实效性

《民族建筑》杂志是由研究会主办的会刊，是我会对外宣传的主要窗口。自2001年9月创刊至今已编辑出版152期，先后进行了七次改版升级。编委会在工作中不断克服各种困难，想方设法做大、做强、做精。目前，经过最新改版后刊物已出版三十六期，新版的会刊得到会长和会员的充分肯定与表扬，受到了国家民委、住房和城乡建设部和民政部领导的重视，也得到了业内专家学者、相关领导及广大企业的认可和好评。研究会正在不断努力将《民族建筑》杂志办成一本集知识性、学术性、艺术性、服务性为一体的新型学术期刊，成为行业信息交流、沟通的平台和桥梁。

2. 中国民族建筑网改版工作

中国民族建筑网是研究会的宣传窗口，是服务会员、服务行业的窗口。自2003年创立以来，研究会先后进行了五次大的整体改版。加强了网站内容的专业化、学术性，突出了信息的及时更新与时效性，不断提高了网站的传播和沟通的能力，搭建了强力有效的民族建筑信息传播平台。

去年进行了新版网站定位：权威的行业门户网站，是行业信息交换、学术交流的最高平台。研究会提出的改版原则是在体现中国民族建筑网行业门户形象的同时，能让浏览者有较好的访问体验与信息收获，认识研究会从网站开始的目的。现网站内容丰富多彩，信息量大，专业水平高，每年的浏览量近十几万，比前两年提高10倍，受到业内外的广泛关注与好评。

3. 合作编辑出版专业书籍

（1）2009年研究会民居专业委员会组织编写了《第十八届中国民居学术论文集》。2012年组织编写了《第十九届中国民居学术论文集》。2014年组织编写了《第二十届中国民居学术论文集》。

（2）2010年、2011年、2012年连续三年研究会收集近千个项目汇编成《中国人居典范建筑规划设计竞赛》。此书的发行，扩大了规划设计项目方案的社会影响。

（3）我会专业委员会每三年出版的《中国民居建筑年鉴》（2010—2013）已经出版，有我会原副会长陆元鼎先生主编，由中国建筑工业出版社出版发行。

（4）2009年出版了《族群/聚落/民族建筑——国际人类学与民族学联合会第十六届世界大会专题会议论文集》。

五年来，研究会组织出版的论文集和有关书籍，为传承和弘扬民族建筑做了大量工作，为学术水平提高做出的巨大努力，也为行业的学术交流作出了贡献。

六、抓好研究会队伍建设和内部管理工作

1. 以社会主义核心价值观为指导思想，不断提高政治和业务水平

第四届研究会理事会领导班子首先从内部管理工作入手，在开展各项工作中注重以人为本，人性化管理，调动每位员工的工作积极性。其表现为工作中领导积极挑重担，以身作则；加强了工作中部门和部门之间的工作协调以及人与人之间的沟通和理解；加强了经常性的思想政治工作；加强了布置工作和检查工作的力度，采取了每天的工作碰头会等措施。研究会上下能够做到坦诚、宽容、理解，有意见及时提、当面提，有问题及时沟通、及时解决。研究会形成了讲团结、讲合作、讲大局、讲和谐的工作氛围，大家尽心尽力，一个目标，一切为了把研究会工作做好。

在 2013 年的雅安地震发生后，研究会领导在第一时间内致电灾区会员，悉心询问灾区人员安危。研究会网站上迅速刊登了“心系灾区、心系灾区会员、心系灾区建筑遗产”的报道和图片。我会先后通过国家民委、住房城乡建设部和受灾员工为灾区人民共捐款 15000 元，我会秘书处负责人还参加了国家民委党组组织的捐款仪式。

2. 继续强化目标责任制 做好秘书处日常性工作

根据每年初制定的各部门工作目标和任务，树立为会员服务，为企业服务的意识，研究会秘书处在日常的工作中努力做好上联下通的工作，很好的完成了与国家民委、住房和城乡建设部等政府部门建立了顺畅的沟通和与各级会员单位、各界会员以及各有关方面的联系和接洽，做好服务工作。为今后更好的地为会员开展各项服务工作奠定良好的基础。

为使研究会秘书处的工作更加规范化，专业化，研究会秘书处建立工作通报和政治、业务理论学习制度。秘书处各部门明确了工作职责，强化了管理，工作中各部门协调配合，形成推动项目履行的合力。研究会秘书处工作人员从过去几个人增加到现在十几人。发文、函数量从过去一年几十份到现在一年上百份。在秘书处领导的正确带领下，研究会的工作质量和工作量都有很大提高。

3. 继续扩大研究会专家、顾问的聘任工作

专家队伍是研究会的智囊团。研究会秘书处下大力气抓好这项工作。不断与各理事单位和常务理事单位积极沟通配合，深入持久的开展专家、顾问的聘任工作。尤其近两年研究会的领导和专家在研究会的各项工作中提供专业指导、技术把关，在各项目活动中起到了中流砥柱的作用。通过沟通，邀请，在原有专家顾问团队的基础上新聘请国务院参事车书剑、中国工程院院士马克俭、中国工程院院士王小东为我会顾问。这两年，又新增加了很多业内专家，壮大了研究会的专家队伍。近几年来，研究会专家在研究会各项活动中发挥了积极和重要的作用，为行业的指导工作作出了

贡献。

4. 充实研究会组织机构，发展研究会会员

会员发展是研究会一项核心工作，研究会这几年会员发展有较大的进步，团体会员和个人会员不断增加。秘书处同时结合相关单位优势，协助合作单位在研究会允许的范围内积极发展新会员。加强与会员的沟通交流，加强对会员的服务。

为加强研究会民族建筑保护和发展的实力，研究会这几年积极发挥原有的和新成立专业委员会的积极性。研究会现有 7 个专业委员会，各专业委员会积极发挥各自的特长。为加强分支机构管理和组建等工作，进一步发挥分支机构在学术研究水平和开展活动方面的积极性，研究会将进一步强化分支机构管理协调和服务工作，开展一系列相关活动，充分支持和发挥各专业委员会的业务职能。

五年来，研究会严格执行国家民政部、国家民委等颁布的法律、法规和规章，充分发扬社团的民主管理体制。加强了与国家民委、住房和城乡建设部、国家文物局等相关部委的沟通，加强了与相关社团组织的协作。研究会以开创品牌，树立形象为中心内容，深入开展传统项目活动，扩大对外合作，抓住机遇，锐意进取，不断创新，提升研究会品牌价值，不断开拓研究会新局面。研究会在国家民委的领导下，积极贯彻执行国家的一系列民族政策，服务会员、服务政府、服务少数民族地区，服务企业。围绕传统建筑的保护和发展，突出文化传承和村镇保护规划，做好政府和业内桥梁和纽带的服务工作。

第四届理事会五年来取得的成绩，离不开国家民委和业务主管部门的指导和大力支持。在此，我代表第四届理事会对各位领导、专家表示衷心的感谢，对会员给予研究会的帮助和支持表示感谢。

七、存在的问题

在总结工作的同时，研究会秘书处在各项工作中还存在的不足和问题，需要我们进一步改进的几个方面：

一是分支机构的管理工作不完善，个别专业委员会没有发挥作用。二是会员发展工作还有待提高，应进一步调动会员单位和社会各界的力量。三是因经费紧张，限制了部分工作的开展。以上这些问题，希望新一届理事会能够将研究会推向一个新的阶段。

八、对新一届理事会的希望

值此中国民族建筑研究会第四届理事会即将结束，在第五届理事会即将产生之际，我们衷心预祝第五届理事会在国家民委和业务主管部门的关怀指导下，在广大会员的支持帮助下，使研究会成为一个在行业内更有权威性的交流平台，使研究会更有凝聚力，影响力，知名度，努力为我国的民族建筑事业大发展作出更多的贡献！

（2014 年 11 月 9 日在陕西西安“中国民族建筑研究会第四届理事会”的工作总结报告）

附　录

光电建筑一体化德国考察报告

此次光电建筑一体化德国考察，是中国建筑金属结构协会及光电建筑构件应用委员会，落实科学发展观，贯彻可持续发展战略，实施低碳经济的一次实践活动，也是一次极为重要的国际交流与学习活动。

本考察报告，是把此次考察活动的收获进行总结，将考察团成员的所见所闻、所思所感汇总起来，把考察团形成的统一认识提交出来，与国内的有关专家学者、企业家及所有关心中国光电建筑一体化应用事业发展的同仁，共同学习与交流。

一、考察说明

2010年3月23日至3月31日，中国建筑金属结构协会光电建筑构件应用委员会，应德国IBC SOLAR股份公司、KPM sun公司、欧洲能源论坛的邀请，由中国建筑金属结构协会姚兵会长带队，对德国光电建筑一体化应用与发展状况进行实地考察。

代表团由中国建筑金属结构协会会长姚兵任团长，协会光电建筑构件应用委员会主任梁岳峰任秘书长，团员由北京金易格幕墙装饰工程有限责任公司班广生、北京艺成园装修设计有限公司章放、浙江中南建设集团有限公司童林明、梁曙光和深圳市瑞华建设股份有限公司汤莉等5人组成。

此次考察的主要目的是：了解德国可再生能源发展政策；感受德国光电建筑一体化的发展现状；学习德国光电建筑一体化系统的设计理念、质量检测与认证、安装经验；通过相互交流、加强沟通、增进了解，为进一步做好委员会的工作，推进我国光电建筑一体化的进程，增长见识、开阔思路、明确方向、统一思想。

本次考察活动的形式由：报告会、座谈会、技术交流研讨会、现场观摩等方式组成。活动的主要内容有：参加纽伦堡国际门窗博览会；拜访IBC SOLAR公司、KPM sun公司、SUNIEC光伏系统安装公司、佛朗克太阳能系统研究院和欧洲能源论坛；参观已建成投产及在建的光电建筑一体化工程项目、IBC SOLAR公司的光伏组件测试场及检测中心；举行“中德战略合作协议”的签字仪式。考察期间，考察团针对考察中的阶段性收获，姚兵会长特别召开了三次临时工作会议，及时进行工作总结。在参加展览会期间，姚兵会长还接见了参加纽伦堡国际门窗博览会的全体团员，看望和慰问了中国参展企业。

二、考察见闻

1. 德国可再生能源发展的显著成就

访德期间，德国专家用专题演讲的方式，对德国可再生能源的发展情况向我们作了较为系统的介绍。

德国光电建筑一体化示范工程的建设始于20世纪90年代，自2000年出台了世界上第一部“可再生能源法”后，到2008年，德国的可再生能源生产总量已占全部能源消费总量的9.5%；可再生能源消费占电力消费的15.1%，且每年按2%的速率在增长。

光伏发电装机容量，1990年2兆瓦，2000年40兆瓦，2004年600兆瓦，2006年850兆瓦，2007年1100兆瓦，2008达到1500兆瓦；2008年累计装机容量5340兆瓦，占全球光伏太阳能装机总容量的27.4%；总发电量达到4300GWh；安装发电站50万个。2008年，德国通过可再生能源发电，实现二氧化碳减排总量7160万吨，提前实现《京都议定书》的减排目标。

截止到2008年，德国太阳能企业数量达到1万多家；可再生能源部门雇员总数达到27.8万人，比2004年增加近12万人。各类可再生能源建设工程实际投资总额为131亿欧元，其中光伏占工程总量的47.3%；各类可再生能源销售总额为157亿欧元，其中光伏太阳能占到销售总额的13.4%；光伏太阳能出口收入60亿欧元。

2. 政策导向

这些成就的取得，主要是依靠德国政府建立的科学、合理、有效的政策机制。

(1) 德国按照欧盟设定的可再生能源发展目标，到2020年，可再生能源在最终能源消费中要达到18%。

(2) 德国认为，发展可再生能源，不但可减少对常规能源的依赖，也可减少二氧化碳的排放量，降低对气候变化造成的负面影响，符合环境保护的需要；扶持高新技术的发展，培育可再生能源企业，即扩大了就业面，也增加了就业机会。

(3) 2000年4月，德国发布了《可再生能源优先法》，又于2004年8月和2009年1月，分别进行了两次修订。2009年新修订的《可再生能源优先法》规定，2020年可再生能源在电力消费中的占比目标为30%。同时还规定，电网运营商必须按法律规定的固定费率，收购可再生能源供应商的电力；国家对光伏发电补贴20年；将可再生能源入网价格由每千瓦时7.87欧分提高到9.30欧分；太阳能电价调降至每千瓦时33～43欧分，2010年下降8%至10%，以后每年降低9%。其他相应法规还包括：《能源投资补贴清单》、《能源供应电网接入法》、《能源行业法》、《促进可再生能源生产令》、《太阳能电池政府补贴规则》等。

（4）德国政府从1999年1月起，开始实施“10万太阳能屋顶计划”，财政预算投入达4.6亿欧元。同期，德国复兴信贷银行也开始了可再生能源贷款项目，为光伏产品、生物质能、沼气、风能、水能、地热等提供优惠贷款。

（5）德国经济技术部于2003年发起“可再生能源出口倡议”，每年提供约500万欧元的预算资金，通过举办专业报告会、组织企业参加专业展会、赴国外商业考察、对口洽谈会等活动，帮助企业与国外企业建立联系。

（6）此次门窗展透露出一个信息，德国调整了节能指标，门窗K值由1.5调整为0.8，致使门窗内腔增至为4～5层，完全可以达到保温墙体的效果，这对光伏幕墙组件技术性能的改进，具有重要的指导意义。

3. 激励机制

这次我们考察了三个屋顶电站。第一个是斯图加特市展览中心屋顶电站。该展览中心建筑属于斯图加特市政府，屋顶电站是由“国际绿色和平组织”投资，该组织即是电站的所有权人，也是享受补贴的直接受益者，电站总装机容量为3.8MW，由21312块单晶硅光伏组件构成。第二个是一个仓库屋顶电站，5000平方米，0.72MW，由3000块多晶硅光伏组件构成，转换率14.7%，有62个逆变器。该电站由仓库老板自己投资，投资额约120万欧元，预计8年收回投资。第三个是一个家庭屋顶电站，20kW，投资5万欧元，10年收回投资。

通过这三个屋顶电站项目，我们了解到，德国为促进可再生能源发展所实施的国家补贴政策，实际上形成了一种激励机制，这个机制的核心是利益驱动，它体现了一种买卖关系，吸引了社会的大量投资。据介绍，德国96%的家庭愿意使用太阳能。

这种激励机制有如下几个特征：①投资人是光伏电站的所有权人，是国家补贴的直接受益者；②投资人可以租赁他人的建筑建光伏电站；③投资人连续享受20年国家补贴，20年之后，投资人按电价获取售电收益；④投资额10万欧元以下，可以不用房屋抵押贷款；⑤购电电价每瓦20欧分，补贴电价每瓦39欧分。

德国专家还给我们举了一个1kWp小型光伏系统的例子。通过这个例子，我们可以清楚地看出这种利益驱动来。例如：1kWp电站的投资成本是3620欧元，建成后每年发电900KWh，并网电价补贴按每千瓦时0.43欧元计算，每年获得的补贴是0.43×900＝387欧元，补贴20年可得收益是387×20＝7740欧元，这就意味着10年即可收回投资，投资收益率为387÷3620×100%＝10.7%，比德国4%的存款利率高出了6.7个百分点。

难怪德国有位国会议员，说过这样一句发人深省的话：“我们通过确保并网、固定补贴、数量不封顶这三个要素，引导了可再生能源大量的投资。这些投资者的自主权是不依赖于电力部门的。只有这样，才能进行可再生能源的变革。”

4. 技术与创新

新能源技术是一种高新技术。所以，在这次考察活动中，我们比较关注光电建筑一体化的技术问题，无论是参加门窗展，还是访问研究院；无论是与专家进行讨论，还是去实地参观考察；我们都深切地感受到技术的力量，可以说，在德国光电建筑领域，科技创新受到极大的尊重，技术无处不在。

(1) 在门窗展中，一种新型的光伏推拉门向世人亮相。这说明，太阳能与建筑的结合，不仅是屋顶和墙体，而且涉及门窗、遮阳等部位。他们认为，建筑是一个整体，要全方位地利用太阳能。他们的理念是：光伏建筑＝建筑＋可再生能源；光伏建筑＝制造能源的建筑。通过技术的手段，可以让建筑可接受阳光的部分都产生能源。

(2) 在泰勒丰公司的技术讲座中，我们了解到，不论项目大小，他们都要利用计算机技术模拟铝合金型材在热传导和辐射中的热量损失，以此比较准确和合理的计算出建筑型材的保温数值，这充分体现出他们在技术上的精细程度。

(3) 在佛朗克研究院，专家介绍了光电幕墙与建筑内墙的温度匹配关系，光电玻璃透光率与人对光的舒适度关系，中空玻璃的散热原理分析，光伏组件测试参数分析，光电与光热一体化研究，聚光转换系统研究，气流散热幕墙体系研究，光伏构件与建筑主体同寿命研究等项目的研究情况。这些技术，有些已经推向市场，有些还处在研发阶段，但足以表明，科学技术是光伏建筑可持续发展的根本保证。

(4) 卡塞尔大学贝克教授通过 PPT 图片的展示，全面介绍了光电建筑一体化设计大赛的有关情况，使我们得以了解，什么是当今国际上光伏与建筑最佳结合的典范。

(5) IBC 公司董事长默先生在介绍公司的成长史中提到，IBC 公司得以实现 10 亿欧元的营业额，10 万套光电发电系统、装机容量 1GW 的安装业绩，其成功经验之一就是，坚持与研究院、大学等科研院所的密切合作，保持与专家学者们的私人友谊始终，让企业始终站在技术的最前沿。

(6) SUNIEC 光伏系统安装公司的两位年轻人，是这家公司的负责人，都是学可再生能源的。他们的公司现有 40 多人，7 个施工团队，目前已安装了 1100 个光伏系统，年营业额达到 2000 万欧元。他们认为，之所以能够取得现在的成绩，一方面取决于德国的可再生能源政策；一方面取决于 IBC 公司给予他们的系统方案设计和安装师培训。

5. 明确的管理环节

德国光电建筑项目管理普遍具有以下特征。

(1) 德国太阳能光伏产业链包括：生产商、系统商、安装商；其中，系统商成为产业链中的核心环节。

(2) 德国光电建筑项目，涉及这样几个主体：项目产权人、政府管理部门、系统商、安装商、供电商等。项目产权人是电站的投资人，他可能是该建筑的所有者，也可能通过租赁取得该建筑的电站使用权。政府管理部门是指州政府的审核部门，主要对大型地面电站进行用地审批。系统商主要负责项目评估、系统方案设计、光伏组件供应、安装商培训、质量认证。安装商主要负责项目申报、施工组织、系统安装、调试及维护。供电商负责项目在交付并网时，派工程师对光伏系统进行检测，并网后统计供电量，将收益转到产权人的银行账户中。

（3）光电建筑项目立项有两种情况：第一种是屋顶发电系统，所有个人和家庭都可以安装，无须申请立项，只是在系统并网时，要由有资格证书的电工检验合格。第二种是地面发电系统，一般由公司或集体投资，需要申请立项，主要是用地审批和环保评估。

（4）光电系统安装必须按照德国的建筑标准和电工标准，执行系统商提供的系统设计方案，取得系统商的培训认证资格，产品要经过系统商的检测。

（5）光电系统安装涉及电工、屋顶工、水暖工、通风空调工等，这些工种的负责人必须具有"师傅"资格。"师傅"必须通过德国工商业联合会的考试和认证，授予执业资格。

6. 市场的发展

在一次讲座中，有一张图片引起了我们极大的兴趣。这是一张从1992年到2006年，德国不同功率光伏并网发电系统的发展图表。它反映了13年中，德国光伏并网发电系统的市场需求走向。从图表中可以看出，1992年到2004年，小于2kW的光伏系统，市场占有率从40%降至0；1992年到2006年，2k～5kW的光伏系统，市场占有率从90%降到10%；2005年到2006年，5k～10kW的光伏系统、10k～20kW的光伏系统、20k～50kW的光伏系统，市场占有率基本保持在20%～30%之间；50k～1000kW的光伏系统，总共才占到市场份额的20%；1000kW以上的光伏系统，大概只占到市场份额的15%左右。

由此可见，德国太阳能光伏市场是从家庭住宅起步的；是按照自小到大的规律发展的；10k～50kW的光伏系统占据了市场的主导地位；大型光伏电站仅有15%的市场份额。

7. 未来的预测

在德国，未来各种能源的发展趋势和走向是大家讨论的热点。从他们展示给我们的图表中可以看出，2010年到2030年，风能、太阳能、地热能等可再生能源成长较快，但占全部能源的比重依然较小；2030年到2050年，太阳能所占比重将急剧扩大，太阳能发电比重急剧扩张；2050年到2100年，太阳能发电的比重远远超过其他所有能源的比重，甚至超过石油、煤炭、天然气等常规能源。对未来的把握就是他们的决策依据、热情所在、动力之源。值得我们认真思考。

三、考察感想

此次考察，时间短暂；所见所闻，感触良多。我们经过集思广益，去粗取精，形成以下几点思考。

1. 形势方面

世界能源危机、全球气候变暖、国际金融危机，引发了人类社会的能源革命。可再生能源伴随着人类的科学技术进步，正在改变着人类的社会和经济发展进程。世界发达国家，凭借着雄厚的资本和技术，又一次占据了世界经济的制高点。中国凭借改革开放以来的经济快速发展，已经抓住了这次历史机遇。这就是世界经济发展的趋势，也是可再生能源的发展图景。

光电建筑一体化，是顺时代潮流而动的新兴产业变革，是建筑领域的一次革命。它不仅使建筑行业的范围扩大，不仅使建筑更加节能，而且让建筑为人类提供取之不尽的清洁能源。面对这场能源革命和产业变革，一切有识之士都应该具有敏锐的洞察力，都应该把握住这一历史的机遇，都应该付诸行动去实施。这是历史的选择，是时代的选择。

2. 政策方面

“科学发展观”已经成为中国共产党的指导思想之一。“可持续发展”已经成为我国经济社会发展的基本战略。我国已经制定了以《节约能源法》和《可再生能源法》为主的可再生能源法规体系。“可再生能源中长期发展规划”和“可再生能源发展十一五规划”，已经展现了可再生能源的发展蓝图。此次新修订的《可再生能源法》，明确提出了“国家实行可再生能源发电全额保障性收购制度”。

由于我国幅员辽阔，人口众多，地区经济发展不平衡，快速的经济发展导致诸多的矛盾；太阳能发电成本相对较高；电力体制和电价体制改革还处于调整中，市场竞争的电价机制尚未形成。因此，类似于德国的可再生能源电价补贴机制还在择机出台。在我国《上网电价法》尚未出台之前，国家为了推动可再生能源的发展，先行颁布了 6 项财政补贴政策，以此引导可再生能源示范项目的发展；通过市场的扩大，吸引投资、降低成本，为可再生能源电价机制创造条件。

因此，发展可再生能源离不开政策的引导；激励机制的出台和光电建筑一体化的大发展，还需要一个发展的过程。在这个过程中，政策需要广泛的宣传和推广，对于行业组织来说，就是要积极配合各级政府部门，承担起向社会和企业的宣传责任。只有坚持不懈的宣传，才能使社会广泛的认知；只有社会广泛的认知，政策才能有效地实施。政策的落实，光讲政策条文不行，必须具体地执行政策。执行政策，就需要行业组织协助各级政府部门，搞好各地区的光电建筑发展规划，协助建设者搞好光伏系统设计方案，协助企业组织搞好光电建筑的施工管理和质量验收。政策还需要不断地完善，对于行业组织来说，就需要及时了解政策在实施过程中存在的问题，及时加以总结，积极向政府管理部门建言献策，使政策更加完善，制定更加及时。

3. 市场方面

我国光电建筑一体化市场已经启动。在城市，以光电屋顶和光电幕墙为主的光电示范项目，已经随着数量的增加正在向示范城市推广。在农村，以太阳能热水器和太阳能房为主的光热项目，已经开始向光电示范项目发展。

我国可居住区人口密度大，土地资源有限，建筑形式多为高层混凝土结构和钢结构，发展光伏屋顶面积相对过小，发展光伏幕墙工艺相对复杂，况且幕墙建筑多为公共建筑。因此，我国城市居民对光伏建筑的认识尚显不足。加之，我国的民间投资具有较大的投机性，国家引导性政策还不完备，行政分割遗留的部门利益之争依然存在。导致我国民间资金投入光伏建筑这一新能源领域的信心不足。

然而，我们已经看到，我国的城镇化发展速度异常迅猛，每年将有1500万农民进入城市，全国新兴小城镇的建设如火如荼。城镇化发展为光伏建筑带来了新的契机。新建建筑的太阳能利用，是新兴城镇的现代化标志。同时，我们也已经看到，我国的新农村运动已经开始，惠农政策超过以往的任何时期，农民的消费需求日益增加。新农村运动为光伏建筑带来了新的契机。光伏屋顶建设在我国新农村具有十分广阔的发展前景。另外，我们还应该看到，我国城乡既有建筑将近400亿平方米，随着建筑节能指标的提高，既有建筑节能改造工程规模庞大，任务艰巨。既有建筑节能改造为光伏建筑带来了新的契机。光伏屋顶建设在既有建筑节能改造中，将能发挥巨大的作用。

4. 技术方面

新能源技术和太阳能利用技术是新兴的技术。在目前阶段，这一技术还无法使可再生能源代替常规能源。但是，新能源技术代表了能源未来的发展方向。这一技术会不断地发展和创新。我国的光电幕墙技术与国际技术水平相差并不悬殊，应该说我们已经抓住了这次新技术的时代变革，甚至我们将有可能在这一技术方面赶超世界先进水平。我们的关键问题在科技创新机制。

产学研相结合是一种好形式，我们也知道企业是科技创新的主体。然而，在实际过程中，产学研还缺乏有机的结合，企业并没有发挥出主体的作用，技术研发的合力没有形成。这个问题为行业协会提出了挑战，特别是光电建筑技术，在科研院所技术研发尚显薄弱的时候，形成一个光电技术联盟，显得十分重要。

我们也十分重视技术标准的编制，当光伏建筑兴起之时，感叹标准缺失、呼吁编制标准之声此起彼伏；不同机构、不同层面争抢标准立项现象十分突出。然而，光电建筑标准迟迟不能出台，实际进展情况不能尽如人意。这个问题为行业协会提出了挑战，如何形成一个光电技术联盟，共同将标准的编制建立在技术管理的基础之上，显得十分必要。

我们的企业并不是不希望搞科技创新，尤其当我们的企业面临一个光电建筑项目时，非常需要技术力量的支持。然而，我们的企业此刻显得势单力薄，单个企业为一个来之不易的项目，要么质量难于保证，要么技术成本陡然增高。这个问题为行业协会提出了挑战，如何形成一个光电技术联盟，使企业的技术力量得到增强，真正发挥出企业在科技创新中的主体作用，是一件当务之急的事情。

5. 管理方面

我国的工程项目管理制度相对比较完备的。从建筑市场准入、城市规划、设计审查，到施工许可、质量安全检查、质量检测与验收；从项目经理制，到执业资格制；我们积累了比较丰富的建设经验，建立起了一整套工程项目管理制度。

由于光电建筑一体化工程在我国刚刚兴起，原有的建筑管理体制尚不能完全满足光电建筑的技术要求，一些工程项目已经出现了不规范的行为。因此，为了加快我国光电建筑一体化的进程，保证光电建筑的工程质量，行业组织应该协助建设管理部门，抓紧完善我国工程项目管理制度。

在市场准入方面，应该尽快开展“光电建筑一体化设计施工资质”、“光电建筑一体化工程招投标实施细则”、“光电建筑一体化工程合同示范文本”等课题的研究，及早使光电建筑一体化工程纳入制度化轨道。在设计方面，应该尽快对国内外光伏系统设计方案加以总结，将光伏系统设计纳入我国建筑设计范畴之中，及早出台光伏系统设计标准。在质量控制方面，应该尽快借鉴德国的光伏系统质量认证体系，把光伏系统质量认证纳入我国的工程质量检测体系之中。在职业培训方面，应该借鉴德国的光伏系统安装培训模式，结合我国的项目经理培训，搞好技术人才的培训。同时，借鉴工商管理硕士的教育经验，培养具有建筑学、结构学、光电学、管理学的光伏建筑工商管理人才。

6. 合作方面

我国经济发展所取得的举世瞩目的成就，得益于80年代的改革开放。改革开放的核心是对外开放。中国走出去，才知道自己落后了多少。把世界上先进的东西引进来，才缩短了我们与世界的距离。我国仍然处于社会主义的初级阶段，我们仍然属于发展中的国家。因此，我们仍然要继续坚持对外开放，坚持让世界了解中国，让中国了解世界。

委员会成立以后，及时与世界光伏技术领先的德国建立了合作关系。此次考察，委员会与德国IBC公司签署了“中德战略合作协议”，初期的合作在人才培训和质量认证方面，之后将在技术和项目上有更加广泛的合作。此次考察，我们感受到了德国对中国的友谊，对中国光电建筑应用发展的信心，对光电建筑构件应用委员会的认可。委员会应该抓住这个有利的契机，进一步扩大合作的形式与范围，尤其是可以联合多一些的国内企业参与合作。委员会应该与更多的国家建立联系，为中外企业之间的合资与合作搭建国际交流平台。

四、工作建议

第一，善于学习。光电建筑一体化不仅是新型的建筑技术，而且涉及新兴产业的崛起，关乎民生与社会的可持续发展，影响我国经济跨越式增长。所以，委员会要坚持调查研究，抓住事物的本质；从实践中学习，在工作中总结；向国外学习，向专家学习，向企业学习；要学政策，学经济，学技术；要成为“儒商、智商、行商之友”。

第二，善于组织。光电建筑一体化是以工程项目为核心，牵涉到国际与国内、城市和村镇；牵涉到各级政府主管部门、行业协会、科研院所、大专院校、施工企业、生产厂家；牵涉到规划与设计、施工与验收。所以，委员会要找到行之有效的组织形式，凝聚起行业中的知识力量，形成产业技术创新战略联盟，以适应这个时代的发展要求，真正成为“敬业、兴业、行业支柱”。

第三，善于服务。委员会作为非营利性社团组织，应以服务为基本理念指导一切工作。委员会要热心为政府管理机关服务，为行业内的企业服务；要积极协助各级政府主管部门做好光电建筑一体化的发展规划，协助工程项目建设方搞好光伏系统设计方案，协助施工企业把好工程质量验收关；要努力为行业内的一切相关方搭建交流平台，坚持对外开放，让更多的组织向世界学习。

以上是这次光电建筑一体化德国考察的感受及工作建议。其中的一些观点，我们还没有来得及做深入细致的分析和研究。因此，肯定还存在许多不足之处。我们希望与大家一同来学习。

光电建筑一体化德国考察团
全体成员
2010-4-19

海峡两岸民族建筑学术交流暨参访活动考察报告

为了促进海峡两岸在民族建筑领域的交流与合作，了解台湾古建筑保护与修缮的理念和实践，以及利用民族建筑提升影响力和发展经济的方式方法，应台湾沈春池文教基金会邀请，中国民族建筑研究会于2014年5月18日～24日举办了海峡两岸民族建筑学术研讨暨参访交流活动。

中国民族建筑研究会以发展中华民族建筑文化、振兴民族建筑产业为神圣使命，多年来在城镇化建设、古村镇和古建筑保护利用方面开展了大量卓有成效的工作，同时也凝聚了一大批具有国际水准的学术权威和专业英才。参加本次研讨参访活动的成员共十名，除了中国民族建筑研究会的领导及领队，其余8人均来自本会会员单位、民族建筑行业的企业代表。

活动邀请方台湾沈春池文教基金会是台湾最早以从事两岸文化交流为宗旨的专业非营利组织，交流活动范围遍及物质与非物质文化遗产、文化艺术、文化产业等方面，是“两岸文化论坛”等近年来极为重要的两岸文化交流项目的主要推手。该会连续被台湾行政院大陆委员会评定为“民间团体从事两岸活动绩优单位”，而且是全台唯一八届均获奖者。

本次学术参访活动由专题座谈、典型案例踏勘及台湾著名建筑遗产参观考察等三个内容组成，以下分别予以报告。

一、专题座谈

（1）与台湾国立艺术大学古迹艺术修复学系师生开展了题为《古迹建筑的危机与抢救》专题研讨。台湾社会在现代经济发展体制下，旧有的传统建筑在现代化发展过程内渐渐地失去了传统生活中的特殊地位，都市扩张的冲击，使得传统建物一栋栋消失在都市之中，那些曾经记载传统活用在民间艺术的事实，也随建筑物消失而离我们远去，不再有机会成为我们生活的一个部分。因此国立艺术大学古迹艺术修复系王庆台教授认为，如何将传统建筑核心技艺、概念植入学院教学，是一项挑战，也是一项时代为文化承担的任务，要抢在古迹整修或消失前，将各传统建筑的技艺原貌及派别差异逐一详细加以记录，藉本系之设立，将这批珍贵田野资料加以分类保存并研究。不论是石雕、木雕、交趾陶、剪粘或彩绘，都有着各系统中不同之承传重点，因此如何找出不同材料施作的过程，使成为古迹相关修护的原则。

台湾艺术大学古迹艺术修复系在建系之初，除已开立先机外，对古迹维护人才培育起到了立竿见影之效，尤以历史典故、稿作复图、粉本搜集、资料登录等项目，做出系统保存并建立完整体系。

(2) 与台中文创产业园的管理团队举行了交流座谈。台中文化创意产业园区是台湾文建会（今文化部）五大文化创意产业园区之一，被定位为“台湾建筑、设计与艺术展演中心”，台湾文化资产总管理处筹备处（今台湾文化部文化资产局）也设址于此。园区占地 5.6 公顷，1914 年创立的民营“赤司制酒场”为此区最初前身，1947 年后为台中酒厂，是目前全台湾各酒厂工业遗址中保存最完整的一个。5 月 20 日，资产总管理处全体成员与我们举行了座谈会，交流两岸在文化产业园区建设及管理运营方面的经验和措施。

(3) 与台湾营造公会的专业人士进行了友好会晤。营造公会是台湾建筑行业企业的联合组织，与内地的建筑业协会相类似，约 20 名台湾大型建筑企业的董事长和总经理参加了与我们团队的联谊活动，大家相互交流了两岸建筑行业发展的现状及存在的问题，对未来可能开展的合作进行了洽谈和展望。

二、修复案例现场踏勘

(1) 三峡清水祖师庙。位于台湾新北市三峡区著名的庙宇，主奉来自福建泉州安溪县的高僧清水祖师，也与艋舺祖师庙、淡水祖师庙合称台北地区三大祖师庙，素有“东方艺术殿堂”之称。三峡祖师庙在历经三次重建后，主要的建筑型式为三进九开间的殿堂式庙宇，其建筑风格和一般台湾庙宇不甚相同：在祖师庙中找不到如一般庙宇的彩绘壁画，所有壁面皆为石材，因此壁面的装饰也以石刻浮雕的手法呈现；梁与枋无彩绘、无拱形，皆以浮雕呈现，并加以贴金装饰；前殿、中殿、后殿皆作藻井，一般庙宇仅在前殿的三川殿与大殿做藻井；左右厢房一楼为钢筋混凝土建造，二楼采古法用木作。因此侧殿与钟鼓楼可说是第一层现代、第二层古代的建造手法；外形较一般庙宇来得瘦高，前殿的感觉特别明显，檐口比一般庙宇拉高许多。在石材的雕刻上，除基座的造型较为简洁外，其他庙体的建筑部分皆有繁美的石雕。最吸引人的是大殿 20 根步柱的石雕。除龙柱外，尚有双龙柱、单龙柱、花鸟柱与对联圆柱。大殿的“三层双龙柱”、“花鸟柱”与“百鸟朝梅柱”可说是庙中最重要的石柱雕。

(2) 板桥林家花园。林家花园总面积达 17300 多坪（每坪合 3.3057 平方米），是清代台湾规模最大的私家宅第，当年造价超过百万两银子。当园林全部竣工后仅两年，日军入侵，林家举家迁居厦门鼓浪屿，林家花园也由此衰落。为寄托对台湾林家花园的思念之情，林维源之子林尔嘉在鼓浪屿购地建造新花园，名曰“菽庄花园”。

其中的曲桥等建筑物与台湾林家花园有惊人的相似之处。如今，台湾林家花园的五座新大厝与白花厅都已改建为廉价民居，弼益馆早已夷为平地，剩下三座旧大厝成为古迹，供游人参观。

林家花园的回廊蜿蜒曲折，遍布园内各地，有些地方明明已经走到了尽头，过了一座宝瓶门，却是“柳暗花明又一村”，迎面而来的大好风光；有些地方直线距离明明只有十几公尺，但是却建了弯弯曲曲数十公尺长的回廊，走在其间，透过视觉观赏角度的转换，美景自然而然的映入眼中。

（3）雾峰林家古厝。位于台中市雾峰山麓，建于1893年（清光绪十九），主人是台湾文化界巨子林献堂先生的父亲林文钦。这座园林邸宅与台北板桥林家花园并称为台湾旧式邸宅的两大典型，是具有中国传统建筑与造园艺术的古迹之一。其面积较之台北板桥林家花园略小，但豪华程度却不逊于后者。园内有景薰楼、蓉镜斋、宫保第、二房宅第、莱园、祠堂、墓园等建筑群。其中，宫保第规模最大，有三个庭院，房舍众多，所有石料、木料等都从大陆云南、福建运去，精工部门均出自大陆的名匠之手。门前广场宽敞，有大榕树三棵，又置石狮、石羊等。该宅第整体为四进“回”字形四合院，其主要建筑前三进是客厅兼公堂，第四进才是住宅。宫保第门面宽达十一开间，据说是全台最大的官宅。

（4）鹿港古镇。位于彰化市鹿港溪西南靠近河口的地方，为台湾省重要的历史古镇之一，在清朝时是台湾第二大都市。这里自明朝郑成功时期开始，就是汉人移民登陆、开垦台湾中部地区的入口处。到了清朝康熙末年，已经发展成为台湾沿海岸的商港兼渔港，以捕乌鱼和载运米粮为主。到了乾隆四十九年，鹿港正式开港，是台湾省第二个与大陆通商的港口。鹿港镇的兴盛，从此时开始市况的繁荣，达到巅峰状态。

在早期的台湾文化史上称第四期文化为“鹿港期”，又有“一府二鹿三艋甲”之说。鹿港也曾掌握台湾全省经济、文化、军事命脉，为台湾中部地区的进出口门户，在台湾发展史上地位之重要可见一斑。

古镇最负盛名的有三大古迹、八景、十二胜。三大古迹是文祠、龙山寺、天后宫；八景是曲巷冬晴、隘门后车、宜楼掬月、瓮墙斜阳、兴化怀古、新宫读碑、北头晚霞、钟楼撷俗；十二胜为意楼春深、金厅迎喜、铳柜风云、语江烟雨、石碑敢当、半井思源、日茂观石、古渡寻碑、威灵遏刀、椿树对奔、圣亭惜字，并开辟有民俗文物馆、民俗艺术馆陈列保存鹿港文物，供游人观览先民历史遗迹。

（5）宫原眼科医院。建造于1927年的宫原眼科是日据时代台中规模最大的眼科诊所，原为一名留德日本籍医师宫原武熊所开设，曾一度成为台中市的卫生局，在1921地震中成了危楼废墟，2010年被台中知名的日出鳳梨酥买下，2012年1月份改造重生。“日出”团队请来两位建筑师与一位古迹修复博士，花了一年半时间把日据时代宫原眼科旧址打造成融合文化与建筑之美的创意空间，也成了台中最热门的观光新地标。“我们不只是修复古迹，而是重新赋予新生命!”日出经理表示，透过专家协助，宫原眼科的红砖墙、旧牌楼被完整保留，无法使用的古井、朽木则变成了募款箱、书架与藏书，在新与旧的强烈对比下，一座有如欧洲古典图书馆的宫原眼科全新诞生。

三、台湾著名建筑遗产参观

(1) 国立故宫博物院。故宫博物院是中国著名的历史与文化艺术史博物馆，坐落在台北市基隆河北岸士林区外双溪，始建于1962年，1965年夏落成，为中国宫殿式建筑，共4层。院前广场耸立由6根石柱组成的牌坊，气势宏伟，整座建筑庄重典雅，富有民族特色。院内设有20余间展览室，文化瑰宝不胜枚举。院内收藏有自北京故宫博物院、南京国立中央博物院、沈阳故宫、热河行宫、中国青铜器之乡－宝鸡运到台湾的二十四万余件文物，所藏的毛公鼎、散氏盘等商周青铜器，历代的玉器、陶瓷、古籍文献、名画碑帖等皆为稀世之珍，展馆每三个月更换一次展品。台北故宫博物院占地总面积约16公顷，依山傍水，气势宏伟，碧瓦黄墙，主体建筑分为四层，正院呈梅花形，充满了中国传统的宫殿色彩。

(2) 中台禅寺。中台禅寺地处南投县埔里镇一新里，建于民国83年，由著名建筑师李祖原先生结合中西建筑元素所设计。禅寺在台湾全省一共有80多家分院，会定期举行神修活动，成为众多善男信女的信仰中心，慕名而来的游客和信众络绎不绝。中台禅寺用石材作为主体建筑的主要材料，象征修行的坚固和永恒不变。从侧面看主体建筑，就像是一位在青山中禅坐的修行者，而正面外观像是一个蓄势待发的喷射机，象征禅宗“顿悟自心，直了成佛”的无上心法，设计兼具时代开创新意与绵长的禅宗古意。

在主体建筑的二楼上是大雄宝殿，殿堂中央由一尊印度红花岗岩雕琢而成的释迦牟尼佛镇坐。禅寺大雄宝殿的整体空间设计以灰、红为主色调，在两旁的多闻阿难尊者与苦行迦叶尊者威仪侍立，代表着修行的精神。大愿地藏王菩萨供奉在中台禅寺的地藏殿，神像由巴西白玉雕刻成，坐于刻着六道图相的莲台上，这六道图腾以浮雕呈现，整座背墙浮雕着“地藏王菩萨本愿功德经”全文共计10000多字，规模堪称台湾最大，实为令人惊叹。

中华民族拥有五千年传统建筑文化，拥有多项世界一流的不同时代的古建筑，这些传统建筑文化是现代建筑产业的根，更是中华民族的根。促进海峡两岸在中华民族传统建筑领域的文化交流与经贸往来，系统总结与交流中华历史建筑的物质文明和精神文明的总体成就，有利于两岸建筑同仁共同发展现代建筑产业，有利于两岸同胞共同传承中华优秀传统文化，有利于两岸同胞共同实现中华民族伟大复兴。这次为期一周的交流参访活动在中国民族建筑研究会的精心组织安排下，于5月24日圆满结束，概括起来可以用收获颇丰、行程顺利、团队精神良好来形容，达到了预期的目的，总结起来有以下几方面的收获：

一是增进了海峡两岸建筑文化行业的了解与互通，加深了友谊，奠定了未来合作的基础。

二是不仅展示了大陆园林古建企业的良好形象，对中国传统文化也是一种有益的传播

三是围绕古建筑保护与修复开展的学术研讨，对于古建筑保护发展的政策方针、传统技艺、民众意识等方面的促进、提升进行了积极探讨。

四是为今后加强海峡两岸的互访、互察，加强产、科、研、校合作，建立同行的友谊和战略合作关系打开了良好开局

在参访活动结束前的总结会上，各位团员都抒发了此次台湾之行的体会和感想。下面略摘一二：

姚兵：中国民族建筑研究会会长

这是近年我们第一次组团来台湾考察，可以用心情好、身体好、团队精神好来形容，团员们来自四面八方，在台期间还遇到了暴雨、地震和治安等事件，我们都平安度过，秘书处在组织工作上确实下了一番功夫。在台湾我们结识了不少当地的专业人士，同时也很好地展示了研究会和古建联盟的形象。

我们的收获很多。台湾把民族建筑看作是一种文化，归属文化部管理。台中在强烈地震后的重建工作中，对建筑遗产的保护很到位，修缮工程做得很精细。古建筑与现代建筑相结合处理得很好。此外古村落的保护，接班人的培养，处处可见他们对古建技术传承的重视。希望这次回去之后，团员们要好好总结，彼此之间要加强联系，特别是跟台湾的建筑行业人士保持联谊，多邀请他们来大陆看看，把两岸四地的建筑文化交流活动持续开展下去。

贾华勇：陕西园林古建有限公司董事长

我们是抱着学习的心态参加此次参访活动的。第一天到台北就遇到了十多年一次的妈祖祭祀活动，听台北国立艺术大学的王教授谈古迹艺术的危机，王教授本人既有理论知识，又有着高超的动手能力，而且用于进谏，敢于跟政府叫板，这种严于治学的精神值得学习。

林家花园与苏州园林相比很有特色，使用了很多罕见的工艺，我去过很多地方都没有见过，他们的石雕和木雕都值得学习。中台山禅寺也是一个相当典型的建筑，要是在国内，我认为也能得鲁班奖。整个台湾的水砂石工艺水平都很高，现在我们大陆很难找到这样的工匠了。

这次来不仅对古建企业联盟是一个宣传，对我们西安也是一种推广，将来有机会

我要把沈春池基金会的陈秘书长和台大的王教授请到西安去，把两岸的这种文化学术交流延续下去。

程茂澄：苏州东吴园林古建有限公司董事长

原来以为台湾地方小，没有多少可看的，这次来了之后觉得台湾地方虽小，但是在古建维修方面比我们要重视，我们参观的一些古建筑，每一道工序都完成得很精美，比我们做得更细致。比如说鹿港古镇上的妈祖庙的两根龙柱，虽然是钢筋混凝土结构，但达到了跟浮雕一样的效果，真了不起，让人不得不佩服，说明他们的保护意识很强，每一座仿古建筑都作为精品来保护。

另外就是台湾在古建技艺传承人的培养上面，注重理论和实践相结合，而我们大多是师傅带徒弟，加上受工期、定额等因素的制约，很难保证工程的质量。

张睿：中景恒基投资集团股份有限公司执行总裁

中华民族建筑博大精深，台湾的建筑就是一种体现，工艺精湛，注重细节处理；很多项目古今结合、新旧结合，用现代的技术手法来展现传统文化，值得我们借鉴和研究。这次在沈春池基金会的安排下，我们参观了许多普通游客看不到的建筑和景点，而且讲解员都是由专业的文史工作者担任，我们听了之后都受益匪浅。

桓朝晖：中景恒基投资集团股份有限公司副总裁

这一趟学习了很多古建技艺的专业知识，增长了知识，开阔了眼界，更加感受到古建筑技艺的深厚历史渊源。当地人的工作也非常敬业，比如鹿港古镇的解说员本来就是一名工程师，鹿港的古建筑修复他都参与过，还出版了24部专著，所以介绍起来显得非常专业，我们非常受用。

叶广云：中国民族建筑研究会常务副秘书长

这是一趟幸运之旅、收获之旅，团员们在七天的时间内相识相知，不但深化了友谊，有的还结成了合作伙伴；与台湾建筑界、学术界和文化界人士的座谈和联系，不仅加深了我们对台湾社会方方面面的认识，同时也是对大陆文化的一种传播，双方都留下了深刻的印象，奠定了良好的感情基础，相信今后还将对我们的工作产生深远影响。

二〇一四年六月十七日

中国建筑金属结构协会组团赴日开展钢结构住宅技术交流考察

日本与我国隔海相望，国土面积 37 万多平方公里，相当于我国云南省的面积，人口 1.3 亿，属于能源、资源匮乏，人口和土地的矛盾突出的国家。日本更是一个地震灾害频发的国家，据说每天都发生一次 3 级以上的地震，但建筑技术发展和抗震性能走在世界的前列。在 2011 年 3 月 11 日特大地震灾害中，因房屋倒塌的伤亡微乎其微。日本在发展钢结构住宅的做法，房屋抗震结构有哪些值得我们借鉴的经验？带着种种疑问、抱着学习的态度，5 月 13 日，由中国建筑金属结构协会组织的钢结构住宅技术交流考察团踏上了赴日行程。

背景：从 2011 年下半年，面对国内调整经济结构，转变增长方式的要求，建筑业走低碳节能的绿色建筑之路势在必行。为此，协会姚兵会长提出了在民用住宅领域推广钢结构住宅体系的建议，中国建筑金属结构协会作为建筑材料、建筑节能产品生产领域的行业组织，在推进绿色建筑活动中应发挥更大的作用，国家住建部将钢结构住宅产业化推进研究作为 2012 年上半年的软科学课题下达给了协会和部住宅产业化促进中心。

研究世界发达国家钢结构住宅发展条件和技术，提高我国钢结构住宅推广运用的水平，学习借鉴日本的钢结构建筑技术和经验，是做好课题研究的重要环节。为此，由协会联系日本铁骨建设业协会，协会领导带队，组织部分专家、企业技术骨干赴日行业组织和企业进行学习考察。当报告上报国家相关部委后，由于钢结构住宅的推广与当前国家提倡的绿色建筑节能密切相关，国务院领导破例批准了由姚兵会长带团前往日本进行钢结构住宅技术交流考察活动。

成行：应日本铁骨评介中心邀请，5 月中旬，中国建筑金属结构协会会长姚兵率钢结构住宅技术交流考察团赴日为期 6 天的公务考察活动，由于这次考察带着钢结构住宅产业化推进的课题任务，协会领导极为重视，在安排去考察的组成人员中，既有政府住宅产业促进中心和行业部门的代表，也有国内大型钢结构企业的负责人和技术人员、总工程师，有多年从事钢结构设计和施工的新老技术专家，也有住宅产业政策的研究人员，重点学习了解日本在推广运用钢结构住宅建筑技术和经验。

为了考察活动取得实际的效果，考察团在出发前专门召开预备会议，制定了详细的考察提纲，人手一份。根据姚兵会长的要求，考察团分成了政策研究组、技术组、标准规范组和综合组 4 个小组，每个组都有侧重的了解和考察的内容，明确各自的分工，最终为形成课题报告收集完整的资料和有价值的技术成果，为推动我国的钢结构住宅产业发挥积极的作用。

走访：考察团一下飞机，就进入工作状态，马不停蹄地走访了日本大和建设株式会社本部、大和株式会社综合技术研究所、日本铁骨建设业协会、日本铁骨评价中心、日本最大的房屋建筑承包商——鹿岛建设株式会社，建筑技术研究所；由于时间短、内容多、任务重，根据国家相关规定，姚兵会长所带的公务考察团除去路途，实际在日考察时间只有 4 天时间，所以，考察活动中的几次座谈会都超过预定的工作时间。

有几次在路途参观中，到了规定的时间还有人没回到车上，下去一找才知道，有专家发现了一座钢梁斜拉桥新的连接方式，正在和别人把照片拍下来；有的对所参观项目的钢结构住宅的板材和材质、固定结构发生兴趣，还在讨论研究，不觉过了时间；原本在繁华区安排半个小时自由活动，结果有的专家利用这点时间拎回了一大袋子有关钢结构技术规范方面的专业书籍。每个团员都十分珍惜这短短几天的考察，千方百计地想多看些、多了解一些，多些收获。

考察：几天的时间，考察了京都新干线车站、大阪空中花园钢结构工程，以及刚刚竣工的日本最高建筑——634 米高的“东京天空树”铁塔。在参观日本新干线京都车站、大阪 173 米高的空中花园项目时，考察团成员认真听取了曾经参与项目建设的我国知名钢结构专家、同济大学秦效启教授的讲解和介绍，对异型钢构的设计、施工吊装的难点解决，钢结构的新型连接方式等技术，考察团成员都一一细问，不放过一个疑问。

在考察鹿岛建筑技术研究所的过程中，考察团成员认真了解了日本建筑的抗震结构的实验室、风洞实验室、新型建筑材料实验室，向接待人员详细了解了建筑结构的性能，了解了墙板材料的保温、隔音、防火等技术的运用和实验数据。并对鹿岛建设新研究的建筑免震结构体系进行了详尽的了解，还亲身体验了两种体系在强震状态下对建筑物的破坏和影响的效果。

座谈：利用有限的时间，考察团与大和建设株式会社的大阪本部和海外业务部的高层人员、与大和综合技术研究所、日本铁骨评价中心社长、日本鹿岛建设技术研究所的管理和技术人员进行了座谈，座谈围绕日本钢结构建筑的发展历史，日方专家向考察团详细介绍了日本历史上三次特大地震灾害影响后，日本政府痛定思痛，不断立法对建筑抗震标准的修订，提高建筑设计等级和工程验收标准。对目前木质结构、钢混结构和钢结构在低层个人住宅、高层公寓和超高层公共建筑的运用情况也都做了详细的介绍，回答了考察团成员提出钢结构住宅建设开发的有关问题。

收获：在返程的途中，一些钢结构企业技术负责人反映收获很大，对日本推行钢结构住宅的背景、过程和历史阶段有了全新的了解、认识，对日本的建筑抗震技术、节能环保意识和绿色建材使用和建筑智能化的生活追求的印象尤为突出。在企业领导和技术人员中产生了一种强烈的共鸣，就是要研制和开发自有知识产权的钢结构住宅体系，加快新技术、新材料推广运用，尽快地提升我国的建筑技术水平，服务社会、造福人民。

由于考察活动时间紧，对一些关键技术和新型材料，还缺乏细的深入的了解，日方出于商业机密的需要，只是介绍一些表面的原理和方法，参观实验室都明确告知不准拍照，一些数据也作了屏蔽处理。由于语言障碍，对专业术语的沟通和理解，考察团成员有些不解渴，只能加上自己赴日观察和分析，得出初步的结论。尽管如此，在回国途中依旧在相互交流、探讨，对我国钢结构住宅的推进和实现真正意义上的绿色建筑目标充满信心。

在考察交流过程中，国内的一些钢结构企业与日方还就合作事项进行了商谈，中国巨大的建筑市场也吸引了日本建筑承包商的兴趣，日本的一些企业如大和、鹿岛、清水建设等等，已经在中国建厂和设点，在一些城市参与开发高层住宅建设项目。对我国的钢结构住宅的建设和开发，日本的企业表现出浓厚的兴趣和意愿，希望能与中国企业作深一步的合作。

附　件

《协会　行业　企业　发展研究》

著译者：姚兵

标准书号：978-7-112-14748-9

征订号：22811

定价：108.00 元

本书是中国建筑金属结构协会会长姚兵同志对协会的工作发展、建筑金属行业的科学改革和有关企业转型升级的一系列研究和思考，以提高协会工作的服务意识和专业水平，推动相关行业的创新、快速发展，鼓励从业企业提升自身竞争力为目的，全面、深刻地体现了作者应用理论、关注实际、切实解决问题的研究成果。

目　　录

发挥优势　恪尽职责
共同关注三大问题　不断改进与创新协会工作
协会要随经济发展方式的转变而转型
加强协会工作人员的能力建设
做强企业　壮大行业　创新协会工作思路
稳中求进　规划好协会工作
和谐与共勉

三、钢结构篇

开拓创新　奋力促进建筑钢结构的发展
注重钢结构的研究
钢结构工程质量创新
站在新的历史起点上　全面推进钢结构行业新型工业化的跨越式发展
以抗震救灾的精神扎实推广钢结构建筑
发挥专家作用　推进行业科学发展
钢结构工业房地产开发五大理念
把握低碳经济时代的发展方向　促进钢构产业和企业快速发展
钢结构行业发展的十大课题
坚持主题　突出主线
注重信用　自主创新　致力于企业家队伍的成长壮大
求真务实　科学严谨　做好钢结构住宅产业化的研究
创新钢结构住宅技术　推进钢结构住宅产业化进程

四、门窗幕墙及配套件篇

用科学的发展观指导行业健康发展
用工程质量的最新理念统筹门窗幕墙的创新和发展
塑料门窗产业发展的十大理念
增强发展信心　正视发展难题　共谋发展方略
创新思路　拓展活动
企业发展战略思考
专家的神圣使命
低碳经济导航　加快行业转型升级
站在新的历史起点上　谋求塑窗行业的新发展
弘扬门业品牌　提升房产质量

坚持“两个面向”促进地暖行业又好又快发展
三“家”结合　促进行业科学发展

八、采暖散热器篇

推进行业科技创新的七大要点
落实规划　提升采暖散热器会员企业的核心竞争力
品牌战略与企业文化

九、建筑业篇

关于人力资源开发的十大理念
工程质量新概念和管理标准体系
以人为本　安全发展
建筑业企业的转型升级
现代建筑管理创新
浅谈新型建筑工业化道路

十、建筑节能篇

建筑节能　商机无限
绿色建筑